国外电子与通信教材系列

电磁场基础

Fundamentals of Electromagnetics for Electrical and Computer Engineering

[美] Nannapaneni Narayana Rao 著

邵小桃 郭 勇 王国栋 译

邵小桃 审校

電子工業出版社
Publishing House of Electronics Industry
北京 · BEIJING

内 容 简 介

本书详细介绍了电磁场理论的基础知识，主要内容包括矢量和场的基本概念、时变场的麦克斯韦方程组的积分和微分形式、均匀平面波的传播特性、传输线理论、波导原理和天线基础。本书还在扩展部分介绍了平面波在电离媒质及各向异性媒质中的传播、电磁兼容与屏蔽、串扰、色散等其他相关内容。附录中对圆柱坐标系和球坐标系做了简要介绍，还介绍了三种坐标系下的旋度、散度和梯度的计算及物理意义。

本书是大学高年级本科生难得的专业基础教材之一，可作为高等院校通信工程及相关专业本科生的教材，可供有关学科教师、科研人员以及工程技术人员参考，还可作为电气、电子、通信领域工程师的重要参考书。

图书在版编目（CIP）数据

电磁场基础/（美）纳拉帕纳尼·纳拉亚纳·劳（Nannapaneni Narayana Rao）著；邵小桃等译. —北京：电子工业出版社，2017.3

书名原文：Fundamentals of Electromagnetics for Electrical and Computer Engineering

国外电子与通信教材系列

ISBN 978-7-121-30844-4

I. ①电…　II. ①纳…　②邵…　III. ①电磁场-高等学校-教材　IV. ①O441.4

中国版本图书馆 CIP 数据核字（2017）第 017541 号

策划编辑：马　岚
责任编辑：马　岚
印　　刷：涿州市京南印刷厂
装　　订：涿州市京南印刷厂
出版发行：电子工业出版社
　　　　　北京市海淀区万寿路 173 信箱　邮编　100036
开　　本：787×1092　1/16　印张：22.25　字数：612 千字
版　　次：2017 年 3 月第 1 版
印　　次：2021 年 11 月第 2 次印刷
定　　价：59.00 元

凡所购买电子工业出版社图书有缺损问题，请向购买书店调换。若书店售缺，请与本社发行部联系，联系及邮购电话：（010）88254888，88258888。

质量投诉请发邮件至 zlts@phei.com.cn，盗版侵权举报请发邮件至 dbqq@phei.com.cn。

本书咨询联系方式：classic-series-info@phei.com.cn。

再 版 序

本书是根据美国伊利诺伊大学电气与计算机工程系 N. Narayana Rao 博士所著的 *Fundamentals of Electromagnetics for Electrical and Computer Engineering*翻译而成的。

Rao 教授于 1965 年获得华盛顿大学电气工程博士学位，同年加入伊利诺伊大学 Urbana-Champaign 分校（UIUC）电气工程系（现为电气和计算机工程系）。2007 年 Rao 教授以电气和计算机工程的 Edward C. Jordan 荣誉教授从 UIUC 退休。在伊利诺伊大学 42 年的任职期间，Rao 教授致力于科研、教学、管理和国际活动，讲授了多门电气工程课程，并开设了电磁场和波传播的课程，出版了 6 个版本的 *Elements of Engineering Electromagnetics* 本科教材。Rao 教授因为他在电磁学教学和课程建设方面的出色贡献而获得了许多的奖励和荣誉。

Rao 教授汇集多年教学经验编写本书，用于一学期课程教学，是精简版的教科书。书中详细介绍了电磁场理论的基础知识。以分析研究时变电磁场的麦克斯韦方程组为起点，将其他不同类型的场作为麦克斯韦方程组的解，使用静态–准静态波引出了物理结构的频率特性。采用笛卡儿坐标系来处理物质的空间特性，使得几何结构简单且易于理解。本书主要内容包括矢量和场的基本概念、时变场的麦克斯韦方程组的积分形式和微分形式、均匀平面波的传播特性、传输线理论、波导原理、天线基础。本书还在扩展部分介绍了平面波在电离媒质以及各向异性媒质中的传播、电磁兼容与屏蔽、串扰、色散等其他相关内容。附录中对圆柱坐标系和球坐标系做了简要介绍，还介绍了三种坐标系下旋度、散度和梯度的计算以及物理意义。

电磁场理论是电气电子、信息以及计算机工程专业最重要的基础课程之一。本书内容编排简洁清晰，概念原理论述清楚，分析深入浅出，概括和总结了电磁场理论在电子和计算机工程领域的发展历程，是大学高年级本科生难得的专业基础教材之一。

本书的前言、第 2 章、第 3 章、第 9 章和附录 C 由郭勇博士翻译；第 1 章、第 4 章、第 5 章、第 8 章和附录 A 以及索引由邵小桃副教授翻译；第 6 章、第 7 章、第 10 章和附录 B 由王国栋副教授翻译，孟水仙硕士参与了第 10 章部分章节的翻译工作。邵小桃副教授负责全书的统稿和内容的审校。为了与英文版教材对照，本书中的矢量符号沿用英文版中的黑正体。

由于译者水平有限，时间较紧，虽然付出了最大的努力，但译文中仍然不可避免地会出现错误和疏漏，敬请各位读者指正。

译　者

于北京交通大学

前　　言

"……我正在谈论的是已经处于我们所知和所做的中心的科学和学术的领域，是曾经支持和引导我们，对我们思想非常重要的领域。正是已经如此重要的各种形式的电磁学萦绕我们和引导我们……"

—Nick Holonyak, Jr.，UIUC 电气和计算机工程与物理约翰·巴丁荣誉主席教授，半导体可见光 LED、激光和量子阱激光器的发明者。

"正如我们所知，电磁理论无疑是人类智慧和理性的一项至高成就。但其在科学和工程中的用处使其在任何技术和物理研究领域里成为必不可少的工具。"

—George W. Swenson, Jr.，UIUC 电气和计算机工程荣誉教授。

以上的两段言论来自我的两位杰出的 UIUC 同事，这两段话强调了电磁学在我们的生活中无处不在的事实。简言之，每一次我们打开电气动力或电子设备的开关，每一次我们按下电子计算机键盘上或移动电话上的按键，或每一次日常电子设备的使用，电磁学便开始发挥作用。它是电气和计算机工程技术的基础，覆盖整个电磁频谱，从直流到光频。因为这样，在工程教育过程中，电磁学对于电气和计算机工程的学习是极其重要的。而电磁学的基本原理却始终不变，但讲授电磁学的方式却可能随时间的流逝而变化，因为随着电气和计算机工程技术的发展，课程的要求和基本概念的重点会发生变化。

30 年前，我写了一本学时为一学期的教材，第一版的 *Elements of Engineering Electromagnetics*。由于伊利诺伊大学当时面对增加选修课和减少必修课的压力，要求电磁学的课程由三学期的系列课程缩减为一学期的课程。考虑到学生之前在工程物理中学习了静态场的传统方法，而到麦克斯韦方程组为止，因此学时一学期的教材使用的方法和传统的处理不同，是基于动态场和动态场的工程应用。在那之后不到 10 年，课程要求的放宽以及计算机的出现促成了第二版两学期用书的出版。后续的版本在本质上继承了第二版。

有趣的是，第一版中抛弃了传统处理的方法已经变得越来越适合新的形势，因为随着电气和计算机工程的发展，电磁学中基于动态场的基本概念的理解变得越来越重要了。*Elements of Engineering Electromagnetics* 第一版另的一个特性是在处理物质体积的时候笛卡儿坐标系的使用。在后续版本中，这一点有所放宽，主要因为有加入包含圆柱坐标系和球坐标系的结构的例题的空间，虽然这些例题对于基本概念的理解并不是必不可少的。

本书是学时为一学期的教材，保持了 *Elements of Engineering Electromagnetics* 第一版的特点，同时基本概念的处理随着电气和计算机工程技术的发展与时俱进。特别是，以麦克斯韦方程组作为开端来介绍基本概念的方法，并结合了将不同类型的场看做麦克斯韦方程组的解的处理方式，使用静态–准静态波作为线索引出物理结构的频率行为的方法。因此，本书前 9 章中包含如下显著的特性：

1. 使用笛卡儿坐标系来处理物质的体积保证几何结构简单，对学习物理概念和数学工具是足够的，在某些必要的地方采用其他的坐标系。
2. 在本书的前面首先介绍麦克斯韦方程组的积分形式，然后是麦克斯韦方程组的微分形式。

3. 通过求面电流密度为均匀正弦时变的无限大载流平面的解引入均匀平面波。
4. 通过考虑材料媒质与均匀平面波场的关系介绍了材料媒质。
5. 使用静态-准静态波作为线索引出物理结构的频率行为，进而发展到传输线和分布电路概念。
6. 在一章中覆盖了传输线频域和时域分析所必需的基本知识。
7. 通过讨论斜入射情况下均匀平面波的传播引入金属波导的概念，在讨论平面波的反射和折射之后引入介质波导的概念。
8. 通过对准静态场的解的扩展得到赫兹振子的完整解，该解能同时满足麦克斯韦两个旋度方程，然后发展天线的基本概念。

最后一章用来阐述 6 个补充的主题，每一个主题基于之前一章或多章的内容。教师可以在讲完相应的章节之后使用这些主题进行讨论。有关圆柱坐标和球坐标的内容在附录中给出，以便在讨论了笛卡儿坐标系相应的内容之后或者在必要的时候能够学习。

考虑到不同学校的学生的不同基础，许多超过了三个学分的课程内容的资料被加入本书。全书有许多给出详解的例题，并且在有些情况下，扩展了不同的概念。每章的小结和复习题便于读者的复习。

我要对众多从 1972 年开始就一直使用我的教材的 UIUC 同事表达感激之情，也要对世界范围的无数使用者表示感谢。技术的进步（电磁学在其中也起了很大的作用）已经给现在的时代带来了很多变化，以 1972 年 UIUC 我们系开设计算机工程的课程开始，接着 1984 年我们系更名为电气和计算机工程系，当今世界的生活方式已由本地化变成了全球化。

本书的标题体现了在电气工程和计算机工程中对电磁学这门核心课程永恒不变的重要性的认识，尤其是现在这个高速的时代。我任职的 UIUC 位于西方，而同时任职的 Amrita 大学位于东方，但由于当今的世界已由本地化转变为全球化，我能同时任职于两所学校真是一件令人愉快的事。东方不再仅仅是东方，西方也不再仅仅是西方，两者已经互相融合。

N. Narayana Rao

感激之心

那是50年前的1958年，我来到美国，身上只有50美元，还有我的祖国印度发给我的护照。除了这些，我所拥有的就是印度马德拉斯理工学院给予的本科教育，当时我的专业是电子技术领域。我在华盛顿大学获得电气工程的博士学位，随后于1965年成为UIUC电气与计算机工程系的一员。我被那时的系主任Edward C. Jordan先生深深吸引，正是他在1954—1979年的25年间为该系带来国内及国际的巨大声誉。经过42年的任教生涯，我作为电气和计算机工程系Edward C. Jordan荣誉教授于2007年6月1日正式退休。

近年来，我在印度从事工程教育。2005年12月，我得以结识博爱的精神领袖Amma Mata，她是Amrita大学的校长，人们都亲切地称她Amma，也就是妈妈的意思。从那之后，我与Amrita大学有了联系，并于2006年11月被该校授予杰出Amrita工程教授职位。我跟Amrita大学有着特别的开始，记得2006年的夏天，作为第一位来自美国的教员，我通过互动式卫星E-learning网络为偏远地区的学生授课，这是印美高等教育与研究校际互动计划的一部分。

我对很多人心怀感激。首先是年迈的父母，他们给了我太多。除此之外，印度的学习生活为我奠定了坚实的基础，美国则赠予我更多的教育还有成功的工作经历。为了所有这一切，我感谢心中的两个国家，一个是出生地印度，另一个则是美国。我还要感谢Amma Mata，她无比的个人魅力吸引我来到Amrita大学，从而令我有机会用这本书去“满足世界上不同地区学生的要求”，就像印度前总统Bharat Ratna所说的那样。

记得有人说，感恩是幸福生活的重要条件。它可以消除恨意、伤害甚至悲痛，它可以改变主观的认识，令人充满自尊、自信和安全感。作为本书的作者，我心怀感激，在过去的35年里，也就是从20世纪50年代起，我写就了相关的若干本书，为了向全世界的学生介绍电磁理论。

1957—1958学年的某一天，我有幸和William L. Everitt先生在马德拉斯理工学院餐厅里共享下午时光，在座的还有马德拉斯理工学院的电子学教员。当时，William L. Everitt先生是伊利诺伊大学工程学院院长，正出访印度，他受到William Ryland Hill先生之邀，代表伊利诺伊大学为印度理工学院的发展提供支持。William Ryland Hill先生来自西雅图华盛顿大学，在马德拉斯理工学院访问一年。

我当时恰是电子系的教员，之前于1952—1955年在马德拉斯大学总统学院接受本科教育，获得物理学学位，此外还有为时6个月的实践训练。学习期间选修的一门课程就是电磁理论，教材是时任伊利诺伊大学电气工程系主任Edward C. Jordan先生撰写的*Electromagnetic Waves and Radiating Systems*。我那时对电磁理论只有模糊的理解，对Jordan的著作更是一知半解。

我还记得S. D. Mani先生，他是我在马德拉斯理工学院学习期间了不起的讲师，那时他要去德里接受一份新工作，我们大家为他送行。欢送会之后大家来到学院旁边的Chromepet火车站做最后道别，在站台上等车的时候，他特别跟我说：“Narayana Rao，你今后将会成为一位公司总裁的。”

然而，跟Mani想的不同，我甚至没到公司上过班。倒是William Ryland Hill把我“带”到了华盛顿大学的电气工程学院，那还是1958年，当时的系主任Austin V. Eastman与Edward Jordan先生年纪相仿。在华盛顿大学我完成电气工程的研究生学业，并于1965年获得博士学位，研究领域为电离层物理学和电离层传播。我的导师是 Howard Myron Swarm，从 Akira Ishimaru 等老师的课程中我也获得了帮助。Eastman 给我机会让我在系里像其他教员一样授课，当然这多少也仰赖于我在马德拉斯理工学院的教学经验以及 Ryland Hill 的引荐之力。就在那时，我爱上了从电磁角度讲授"传输线路"，后来我的热情超出了"传输线路"的范围，最终令我撰写了这本书。

我从未想到 1965 年在华盛顿大学完成博士学业后，竟然有机会到伊利诺伊大学任教，而且在工程学院的电气与计算机工程系完成自己的著作，这里可是以 Jordan 和 Everitt 为名的地方。我也从未想到我能够从 1965 年始在 William L. Everitt 电气与计算机工程实验室空旷的大厅里度过整个职业生涯，我把它叫做"电气与计算机工程的圣殿"，与我共事的还有著名的 Nick Holonyak，Jr. 和 George W. Swenson，Jr. 。我更未想到自己竟然在撰写电磁学教材，就像 Jordan 做过的那样，还有幸成为教授，而我现在所拥有的荣誉教授头衔也是为了纪念 Jordan。

我觉得感激是一种无法言传的感受，甚至行动都没法加以表达。不过，在若干场合我曾试着表达感激之心，我愿意在这里与你们分享：

2004 年 2 月 26 日学院日，借 *Elements of Engineering Electromagnetics* 一书第 6 版发行之际，我向马德拉斯理工学院献上敬意，在场的还有当时的州长 Tamil Nadu，Sri P. S. Ramamohan Rao，他是我总统学院的同学。

马德拉斯理工学院，我亲爱的母校，
五十年前，我来到这里，
今天，向您献上这重要的著作，
它是我生命的结晶，
五十年前，是您为我打下基础，
令我至今充满感激，
请您接受这本书，作为我至高敬意的象征，
我以"奉老师如上帝"之崇敬之心献上这本书。
希望有机会带着第 7 版回到这里，
在 2007 年再次向您表达我的感激！

2007 年 1 月我真的回到母校，不过带回来的不是第 7 版而是第 6 版的印度专版，这也可以被看成第 7 版吧！

2004 年 4 月 14 日，我在电气与计算机工程 Edward C. Jordan 教授席位的授予仪式上做了发言，以下是结尾的几句：

献给本系之父 Edward C. Jordan 先生：
五十年前，我在您书中学习电磁学，心中充满疑问，
可今天，我向您献上这本电磁学的书，它是我满怀喜悦写就的成果，
谨以此书感激您对我职业进步所产生的巨大影响。

2006 年 4 月 28 日，华盛顿大学电气工程学院庆祝成立百年，作为启动仪式的主要发言人，我展示了 *Elements of Engineering Electromagnetics* 一书的第 6 版：

致华盛顿大学电气工程学院：
祝福来自由此毕业的研究生，他心中充满感激，
因为这里给予的 7 年坚实的学术基础，

使得之后伊利诺伊大学的学术生涯获得成功，
而这本有关电磁学的书籍也成为可能，
还有许许多多的学术活动，
在此百年欢庆之际，
请允许我献上此书以及我诚挚的谢意！

当你对生活怀抱感恩，生活会给予你更多。我没有想到2005年12月，我会和Amma Mata Amritanandamayi Devi的Amrita大学发生联系。机会缘自印美于2005年12月签署的谅解备忘录，参加各方包括美国的UIUC、华盛顿大学、印度空间研究组织的合作单位Amrita大学，以及印度政府的科技部。备忘录涉及印美高校教育与研究校际合作计划，允许美国教员在ISRO'S EDUSAT卫星网上通过E-learning授课，并与印度同行合作研究。整个计划由当时的印度总统Bharat Ratna A. P. J. Abdul Kalam于2005年12月8日在德里通过EDUSAT卫星网络开始启动。

美国代表团为此事赶赴印度，Amrita主校区的活动结束后，代表团于12月9日前往Kerala州的Amritapuri拜访Amma。就在那时，我认识了Amma，生活也变得不同。就在第二年，也就是2006年夏天，我成为第一位在EDUSAT卫星网上授课的教授，所授课程是纪念Edward C. Jordan的电气与计算机工程电磁学，学时为5周，所用教材是Pearson教育出版集团出版的*Elements of Engineering Electromagnetics*第6版的印度专版，里面有前总统Abdul Kalam的特别关照，UIUC校长Richard Herman，UIUC教务长Linda Katehi和ECE教授Nick Holonyak，Jr.的前言，以及UIUC ECE教员们针对“为什么学习电磁学”所做出的18种回答，这些见地深刻的回答形成导论部分。

就这样，我没有像S. D. Mani先生在Chromepet火车站台上所说的那样成为公司总裁，而是成为William L. Everitt电气与计算机工程实验室的一员，这里被称为“电气与计算机工程的圣殿”，更被冠以学校皇冠上的明珠，因为它提供的教育使得很多人日后成为公司的总裁。而这座圣殿就坐落在伊利诺伊大学Urbana-Champaign校区、Wright和Green大街交汇处的东北角上。

离开UIUC“电气与计算机工程的圣殿”，感恩之心将我带回半个世界以外的祖国。我更愿意把自己称为“印美人”，这个自创的词汇代表着美国和印度对我来说不可分割，前总统Abdul Kalam也曾有类似的说法。在印度Amma Mata Amritanandamayi的Amrita Vishwa Vidyapeetham，我接触到祖国的年轻人。下面是我跟他们的一张合照，里面还有我的妻子、女儿和其他一些教员，照片拍摄于2006年8月11日，那是我们在学校这所漂亮的主楼里结束课程的日子。

我听人说成功不是终点而是旅程。我在 Amrita 的旅程已经开始,而且正在进行。由于机缘种种,我于 2006 年 11 月成为 Amrita 大学杰出工程教授。那时,我决定写这本书,并在 Amrita 开始动笔。随后,我在 2007 年 6 月 1 日以电气与计算机工程荣誉教授身份从 UIUC 正式退休。因此,无论我的旅程到达世界的哪个角落,我都是伊利诺伊大学的荣誉教授和 Amrita 大学的杰出教授。

我一直坚信教育的力量,它跨越国家、种族和宗教,是世界未来的保障。我整个一生都与教育有关,做过学生、教授、研究者、教师、作者和管理者。我从工作中体会的乐趣让我创造出一个新词“感激之心”,这个词由“感激”和“态度”组成,意思是“感激的态度”。在我的生命旅程中,我为能够得到教育世界上青年人才的机会而满怀“感激之心”,无论是通过我的书、我的教学还是国际活动。我认识到带着“感激之心”工作一定会充满快乐。下面我愿意用一首诗来结束我有关“感激之心”的故事:

致全世界从 Jordan 和 Amrita 那里获得力量和启发的学生们:
这是有关电磁学的书,
让我们以一首我命名为电磁学之歌的诗歌开始,
如果你还不确定为什么学习电磁学,
让我用这首诗来告诉你,
首先你得认识到电磁学之美,
在于它简捷的形式,
人们熟悉的麦克斯韦方程组,
看起来似乎只是四行数学公式而已,
可背后却是大量与你相关的现象,
很多设备以此为基础,
日常的服务因此而可能,
没有麦克斯韦方程组的基本原理,
我们也许还生活在黑暗世界,
因为电能不会存在,
更不会有电子通信和计算机,
这些是电气和计算机工程的典型应用,
而电磁学是电气和计算机工程研究的基础。

如果你对电磁学有些好奇,
就让我们继续这首诗歌,

首先你得知道 **E** 代表的是电场，
而 **B** 则代表磁场，
静止的电场 **E** 和磁场 **B** 也许彼此独立，
可动态的电场 **E** 和磁场 **B** 则密不可分，
它们在任何空间中共存，
令电磁学魅力非凡，
也使当代生活充满乐趣，
电场 **E** 和磁场 **B** 的互动产生电磁波。
课程开始时，你们也许已经学习了电路理论，
那与电磁理论相近，
你看，人们总是本末倒置，
不过那样做也有些道理，
因为电路理论在低频是电磁理论很好的近似，
但高频段的电磁效应是主要的。
不管你是一名电气工程师，
还是一位计算机工程师，
无论你对高频电子学感兴趣，
还是对高速计算机通信网感兴趣，
学习电磁学基础都必不可少。

如果你对电磁学仍有疑问，
因为它抽象的数学表达，
或者有人不喜欢电磁学，
并抱怨它抽象的数学表达，
那么，你得了解正是数学的力量，
帮助麦克斯韦通过方程而成功预言，
电磁辐射的物理现象，
这甚至早于赫兹通过试验所发现的现象，
实际上，部分由于麦克斯韦的成功预言，
方程才由此得名，
其实这些方程并非出自麦克斯韦，
比如四个方程中的第一个，
是用数学形式写就的法拉第定律，
你看，数学是严密的手段，
体现着不为人知的物理现象，
所以，看到本书中随处可见的数学推导时千万不要沮丧，
我们要做的是通过数学推导而理解概念，
意识到数学只是扩展物理学的一种手段，
想象你自己正驾驭着数学之马，
去征服电磁学的新领域，
让你和我一起继续前行，
满怀“感激之心”而阔步向前吧！

N. Narayana Rao

目　　录

第 1 章　矢量和场 …… 1

1.1　矢量代数 …… 1

1.2　笛卡儿坐标系 …… 6

1.3　标量场和矢量场 …… 9

1.4　正弦时变场 …… 11

1.5　电场 …… 15

1.6　磁场 …… 19

小结 …… 22

复习思考题 …… 24

习题 …… 25

第 2 章　麦克斯韦方程组的积分形式 …… 28

2.1　线积分 …… 28

2.2　面积分 …… 32

2.3　法拉第定律 …… 36

2.4　安培环路定律 …… 39

2.5　电场的高斯定律 …… 43

2.6　磁场的高斯定律 …… 46

小结 …… 47

复习思考题 …… 49

习题 …… 50

第 3 章　麦克斯韦方程组的微分形式 …… 53

3.1　法拉第定律 …… 53

3.2　安培环路定律 …… 58

3.3　旋度和斯托克斯定理 …… 61

3.4　电场的高斯定律 …… 65

3.5　磁场的高斯定律 …… 68

3.6　散度和散度定理 …… 69

小结 …… 73

复习思考题 …… 76

习题 …… 77

第 4 章　波在自由空间中的传播 …… 79
4.1　无限大电流平面 …… 79
4.2　无限大电流平面附近的磁场 …… 80
4.3　麦克斯韦方程组的连续解 …… 82
4.4　波动方程的解 …… 85
4.5　均匀平面波 …… 87
4.6　坡印亭矢量和能量存储 …… 96
小结 …… 99
复习思考题 …… 100
习题 …… 101
第 5 章　波在材料媒质中的传播 …… 105
5.1　导体和电介质 …… 105
5.2　磁性材料 …… 110
5.3　波动方程及其解 …… 115
5.4　电介质和导体中的均匀平面波 …… 120
5.5　边界条件 …… 123
5.6　均匀平面波的反射和透射 …… 129
小结 …… 132
复习思考题 …… 134
习题 …… 135
第 6 章　静态场、准静态场和传输线 …… 139
6.1　梯度和电位 …… 139
6.2　泊松方程和拉普拉斯方程 …… 143
6.3　静态场和电路元件 …… 147
6.4　通过准静态分析低频特性 …… 153
6.5　分布电路概念和平行板传输线 …… 158
6.6　任意横截面的传输线 …… 162
小结 …… 167
复习思考题 …… 169
习题 …… 170
第 7 章　传输线分析 …… 173
7.1　短路传输线和频域特性 …… 174
7.2　传输线的不连续性 …… 180
7.3　Smith 圆图 …… 184
7.4　端接阻性负载的传输线 …… 191
7.5　有初始条件的传输线 …… 199
7.6　逻辑门之间的互连 …… 203

小结 …… 207
复习思考题 …… 209
习题 …… 211
第8章 波导原理 …… 216
8.1 沿任意方向传播的均匀平面波 …… 216
8.2 平行平板波导的横电波 …… 222
8.3 色散和群速 …… 227
8.4 矩形波导和谐振腔 …… 231
8.5 平面波的反射和透射 …… 236
8.6 介质板波导 …… 243
小结 …… 247
复习思考题 …… 249
习题 …… 250
第9章 天线基础 …… 253
9.1 赫兹振子 …… 253
9.2 辐射电阻和方向性系数 …… 258
9.3 半波振子 …… 263
9.4 天线阵列 …… 266
9.5 镜像天线 …… 269
9.6 接收特性 …… 271
小结 …… 274
复习思考题 …… 275
习题 …… 276
第10章 补充主题 …… 279
10.1 电离媒质中波的传播 …… 279
复习思考题 …… 281
习题 …… 282
10.2 各向异性媒质中波的传播 …… 282
复习思考题 …… 286
习题 …… 287
10.3 电磁兼容和屏蔽 …… 287
复习思考题 …… 292
习题 …… 293
10.4 传输线的串扰 …… 293
复习思考题 …… 298
习题 …… 299
10.5 平行板波导的不连续性 …… 299

复习思考题 …… 302
习题 …… 302
10.6　矢量磁位和环天线 …… 302
复习思考题 …… 306
习题 …… 306
附录 A　圆柱坐标系和球坐标系 …… 307
附录 B　圆柱坐标系和球坐标系中的旋度、散度和梯度 …… 312
附录 C　单位和量纲 …… 317
奇数编号习题答案 …… 321
推荐深入阅读的相关书籍 …… 329
中英文术语对照 …… 330

第1章 矢量和场

电磁场理论涉及电**场**和磁**场**的研究,显而易见,读者需要熟悉**场**的概念,特别是**电**场和**磁**场的概念。电场和磁场都是矢量,它们的特性由**麦克斯韦方程组**决定。麦克斯韦方程组的数学公式及其在电磁场理论基础学习中的后续应用,都需要首先学习与矢量数学变换有关的基本规则。鉴于此目的,本章将专门研究矢量和场。

首先学习与坐标系无关的矢量代数的简单规则,然后介绍笛卡儿坐标系(又称直角坐标系),笛卡儿坐标系在这本书中起着非常重要的作用。在学习了矢量代数的基本规则以后,通过一些具体的例子讨论了标量场和矢量场、静态场及时变场。特别研究了标量和矢量的正弦时变场,以及与正弦时变量有关的相量法。有了矢量和场的一般介绍,在本章的剩余部分,通过研究库仑实验定律和安培实验定律,介绍了电场和磁场的概念。

1.1 矢量代数

在基础物理的学习中,接触过一些物理量,如质量、温度、速度、加速度、力和电荷。其中一些量不仅与它们的大小有关,而且与它们在空间的方向有关,而其他一些量却仅仅由它们的大小来确定,前者被定义为**矢量**,后者则被定义为**标量**。质量、温度和电荷都是标量,而速度、加速度和力都是矢量。其他的例子如电压和电流是标量,电场和磁场是矢量。

矢量用黑体罗马字符表示,如 **A**[①],为了与标量区分,标量用细斜体字符来表示,如 A。矢量 **A** 的几何表示是箭头指向 **A** 的一条有向线段,线的长度与 **A** 的大小成比例,矢量 **A** 的模或大小用|**A**|或 A 表示。图 1.1(a)至图 1.1(d)给出了用相同比例画出的 4 个矢量。如果此页面的顶部代表向北,那么矢量 **A** 和 **B** 指向东,且 **B** 的大小是 **A** 的两倍。矢量 **C** 指向东北,且大小是 **A** 的三倍。矢量 **D** 指向西南,大小和 **C** 相同。由于矢量 **C** 和 **D** 大小相同且方向相反,因此一个是另一个的负值。值得注意的是,线的长度与物理量的**距离**没有关系,除非矢量就代表距离;它们与矢量表示的物理量的大小有关,正如速度、加速度或力。

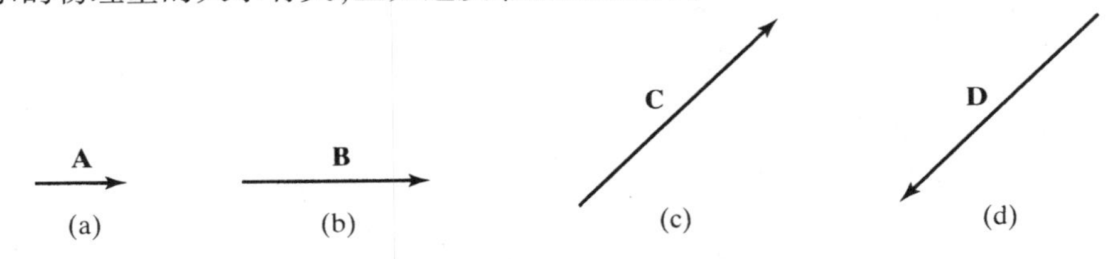

图 1.1 矢量的几何表示

由于一个矢量在三维空间可以有任意取向,就需要在空间的每一个点确定一组三个参考方向,根据这三个参考方向,可以描述画在这一点的矢量。最方便的就是选择三个相互正交的方向,如正东、正北和正上,或是矩形空间的三个相邻边。这样,考虑三个相互正交的参考方向,并

① 为与英文版教材对照,本书中的矢量符号沿用英文版中的黑正体。——编者注

且**单位矢量**沿着这三个方向，如图1.2(a)所示。单位矢量的模是1，即单位长度。单位矢量用符号 $\mathbf{a}$ 表示，下标表示它的方向，用下标1,2和3表示三个方向。这里应该注意，对于 $\mathbf{a}_1$ 的固定取向，$\mathbf{a}_2$ 和 $\mathbf{a}_3$ 的取向有两种可能的组合，如图1.2(a)和图1.2(b)所示。如果取右手螺旋，从 $\mathbf{a}_1$ 到 $\mathbf{a}_2$ 转过90°角，沿 $\mathbf{a}_3$ 的方向前进，如图1.2(a)所示，但图1.2(b)中 $\mathbf{a}_3$ 的方向却相反。另一种情况就是左手螺旋，即从 $\mathbf{a}_1$ 转到 $\mathbf{a}_2$，沿 $\mathbf{a}_3$ 的方向前进，如图1.2(b)所示。这样，图1.2(a)中的单位矢量与右手系统对应；图1.2(b)中的单位矢量与左手系统对应。按惯例，使用右手系统。

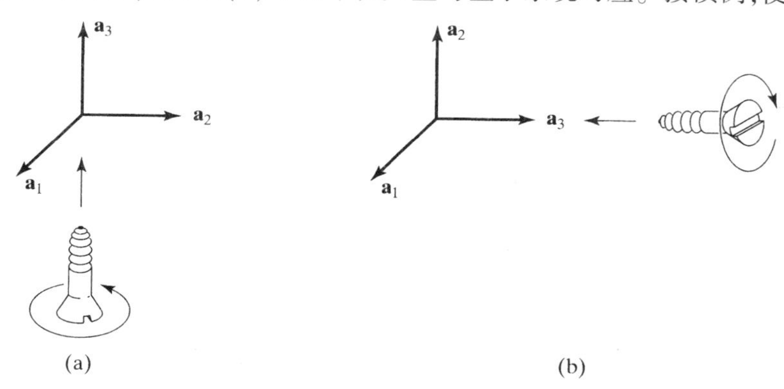

图1.2 (a)右手系统中的三个正交单位矢量组；(b)左手系统中的三个正交单位矢量组

大小不是单位长度、沿任何一个参考方向的矢量，可以用沿该方向的单位矢量来表示。那么，$4\mathbf{a}_1$ 表示沿 $\mathbf{a}_1$ 方向，大小是4个单位长度的矢量，$6\mathbf{a}_2$ 表示沿 $\mathbf{a}_2$ 方向，大小是6个单位长度的矢量，$-2\mathbf{a}_3$ 表示在 $\mathbf{a}_3$ 相反方向，大小是2个单位长度的矢量，以上矢量如图1.3所示。两个矢量的加法就是把第二个矢量的起点放在第一个矢量的末端，画出的合成矢量就是从第一个矢量的起点到第二个矢量的末端的连线。如果将 $4\mathbf{a}_1$ 和 $6\mathbf{a}_2$ 相加，仅移动 $6\mathbf{a}_2$ 并且不改变它的方向，直到它的起点与 $4\mathbf{a}_1$ 的末端恰好重合，则画出的矢量($4\mathbf{a}_1+6\mathbf{a}_2$)就是从 $4\mathbf{a}_1$ 的起点到 $6\mathbf{a}_2$ 的末端的连线，如图1.3所示。用相同的方法也可将 $-2\mathbf{a}_3$ 加到矢量($4\mathbf{a}_1+6\mathbf{a}_2$)上，得到的矢量($4\mathbf{a}_1+6\mathbf{a}_2-2\mathbf{a}_3$)如图1.3所示。

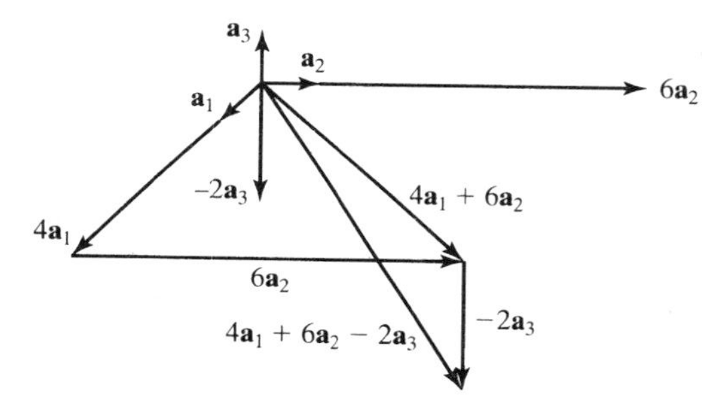

图1.3 矢量的几何加法

($4\mathbf{a}_1+6\mathbf{a}_2$)的模是 $\sqrt{4^2+6^2}$ 或7.211。($4\mathbf{a}_1+6\mathbf{a}_2-2\mathbf{a}_3$)的模是 $\sqrt{4^2+6^2+2^2}$ 或7.483。与前面的讨论相反，在一个给定点的矢量 $\mathbf{A}$ 也仅仅是三个矢量 $A_1\mathbf{a}_1$, $A_2\mathbf{a}_2$, $A_3\mathbf{a}_3$ 的叠加，其中 $A_1\mathbf{a}_1$, $A_2\mathbf{a}_2$ 和 $A_3\mathbf{a}_3$ 是矢量 $\mathbf{A}$ 在该点沿参考方向的投影，A_1, A_2 和 A_3 称为矢量 $\mathbf{A}$ 分别沿着1,2和3三个方向的分量。这样，

$$\mathbf{A} = A_1\mathbf{a}_1 + A_2\mathbf{a}_2 + A_3\mathbf{a}_3 \tag{1.1}$$

考虑以下三个矢量 $\mathbf{A}$, $\mathbf{B}$ 和 $\mathbf{C}$：

$$\mathbf{A} = A_1\mathbf{a}_1 + A_2\mathbf{a}_2 + A_3\mathbf{a}_3 \tag{1.2a}$$

$$\mathbf{B} = B_1\mathbf{a}_1 + B_2\mathbf{a}_2 + B_3\mathbf{a}_3 \tag{1.2b}$$

$$\mathbf{C} = C_1\mathbf{a}_1 + C_2\mathbf{a}_2 + C_3\mathbf{a}_3 \tag{1.2c}$$

下面就针对某一点讨论包含矢量的几个代数运算。

矢量的加法和减法

由于给定两个矢量的一对相同分量是平行的，故两个矢量的加法就是将它们的三对相同分量分别相加构成的，即

$$\begin{aligned}\mathbf{A}+\mathbf{B}&=(A_1\mathbf{a}_1+A_2\mathbf{a}_2+A_3\mathbf{a}_3)+(B_1\mathbf{a}_1+B_2\mathbf{a}_2+B_3\mathbf{a}_3)\\&=(A_1+B_1)\mathbf{a}_1+(A_2+B_2)\mathbf{a}_2+(A_3+B_3)\mathbf{a}_3\end{aligned}\tag{1.3}$$

矢量的减法是矢量加法的特殊情况，这样，

$$\begin{aligned}\mathbf{B}-\mathbf{C}=\mathbf{B}+(-\mathbf{C})&=(B_1\mathbf{a}_1+B_2\mathbf{a}_2+B_3\mathbf{a}_3)+(-C_1\mathbf{a}_1-C_2\mathbf{a}_2-C_3\mathbf{a}_3)\\&=(B_1-C_1)\mathbf{a}_1+(B_2-C_2)\mathbf{a}_2+(B_3-C_3)\mathbf{a}_3\end{aligned}\tag{1.4}$$

矢量与标量的乘法和除法

矢量 $\mathbf{A}$ 乘以标量 m 与矢量的多次相加是一样的，即

$$m\mathbf{A}=m(A_1\mathbf{a}_1+A_2\mathbf{a}_2+A_3\mathbf{a}_3)=mA_1\mathbf{a}_1+mA_2\mathbf{a}_2+mA_3\mathbf{a}_3\tag{1.5}$$

矢量除以标量是矢量乘以标量的特殊情况，这样，

$$\frac{\mathbf{B}}{n}=\frac{1}{n}(\mathbf{B})=\frac{B_1}{n}\mathbf{a}_1+\frac{B_2}{n}\mathbf{a}_2+\frac{B_3}{n}\mathbf{a}_3\tag{1.6}$$

矢量的模

从图 1.3 所示的结构以及相关讨论，可以推出

$$|\mathbf{A}|=|A_1\mathbf{a}_1+A_2\mathbf{a}_2+A_3\mathbf{a}_3|=\sqrt{A_1^2+A_2^2+A_3^2}\tag{1.7}$$

沿 A 的单位矢量

单位矢量 $\mathbf{a}_A$ 的模等于 1，方向与 $\mathbf{A}$ 相同，因此

$$\begin{aligned}\mathbf{a}_A&=\frac{\mathbf{A}}{|\mathbf{A}|}=\frac{A_1\mathbf{a}_1+A_2\mathbf{a}_2+A_3\mathbf{a}_3}{\sqrt{A_1^2+A_2^2+A_3^2}}\\&=\frac{A_1}{\sqrt{A_1^2+A_2^2+A_3^2}}\mathbf{a}_1+\frac{A_2}{\sqrt{A_1^2+A_2^2+A_3^2}}\mathbf{a}_2+\frac{A_3}{\sqrt{A_1^2+A_2^2+A_3^2}}\mathbf{a}_3\end{aligned}\tag{1.8}$$

两个矢量的标积或点积

两个矢量 $\mathbf{A}$ 和 $\mathbf{B}$ 的标积或点积是一个标量，它的值等于 $\mathbf{A}$ 和 $\mathbf{B}$ 的幅值与 $\mathbf{A}$ 和 $\mathbf{B}$ 之间夹角余弦的乘积，表示为在 $\mathbf{A}$ 和 $\mathbf{B}$ 之间有一个黑体的点。如果 $\mathbf{A}$ 和 $\mathbf{B}$ 之间的夹角为 α，则有

$$\mathbf{A}\cdot\mathbf{B}=|\mathbf{A}||\mathbf{B}|\cos\alpha=AB\cos\alpha\tag{1.9}$$

对于单位矢量 $\mathbf{a}_1,\mathbf{a}_2,\mathbf{a}_3$，则有

$$\mathbf{a}_1\cdot\mathbf{a}_1=1\qquad \mathbf{a}_1\cdot\mathbf{a}_2=0\qquad \mathbf{a}_1\cdot\mathbf{a}_3=0\tag{1.10a}$$

$$\mathbf{a}_2\cdot\mathbf{a}_1=0\qquad \mathbf{a}_2\cdot\mathbf{a}_2=1\qquad \mathbf{a}_2\cdot\mathbf{a}_3=0\tag{1.10b}$$

$$\mathbf{a}_3\cdot\mathbf{a}_1=0\qquad \mathbf{a}_3\cdot\mathbf{a}_2=0\qquad \mathbf{a}_3\cdot\mathbf{a}_3=1\tag{1.10c}$$

注意到 $\mathbf{A}\cdot\mathbf{B}=A(B\cos\alpha)=B(A\cos\alpha)$，可见点积运算是由一个矢量的模与第二个矢量在第一个矢量上的投影得到的标量相乘组成的，如图 1.4(a)和图 1.4(b)所示。点积运算满足交换律，即有

$$\mathbf{B}\cdot\mathbf{A}=BA\cos\alpha=AB\cos\alpha=\mathbf{A}\cdot\mathbf{B} \tag{1.11}$$

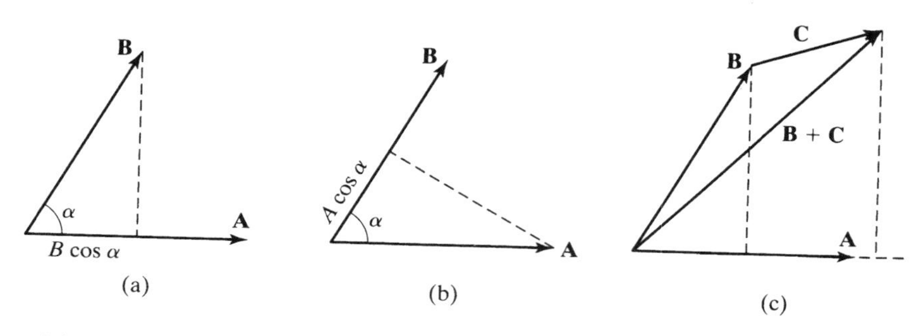

图 1.4　(a)和(b)给出两个矢量 **A** 和 **B** 的点积运算是由一个矢量的模与第二个矢量在第一个矢量上的投影相乘组成的；(c)证明点积运算的分配律

点积运算也满足分配律，从图 1.4(c)所示的结构中可以看出，即(**B**＋**C**)在 **A** 上的投影等于 **B** 和 **C** 在 **A** 上的投影相加。这样，

$$\mathbf{A}\cdot(\mathbf{B}+\mathbf{C})=\mathbf{A}\cdot\mathbf{B}+\mathbf{A}\cdot\mathbf{C} \tag{1.12}$$

运用这些特性及式(1.10a)至式(1.10c)，有

$$\begin{aligned}\mathbf{A}\cdot\mathbf{B}&=(A_1\mathbf{a}_1+A_2\mathbf{a}_2+A_3\mathbf{a}_3)\cdot(B_1\mathbf{a}_1+B_2\mathbf{a}_2+B_3\mathbf{a}_3)\\&=A_1\mathbf{a}_1\cdot B_1\mathbf{a}_1+A_1\mathbf{a}_1\cdot B_2\mathbf{a}_2+A_1\mathbf{a}_1\cdot B_3\mathbf{a}_3+\\&\quad A_2\mathbf{a}_2\cdot B_1\mathbf{a}_1+A_2\mathbf{a}_2\cdot B_2\mathbf{a}_2+A_2\mathbf{a}_2\cdot B_3\mathbf{a}_3+\\&\quad A_3\mathbf{a}_3\cdot B_1\mathbf{a}_1+A_3\mathbf{a}_3\cdot B_2\mathbf{a}_2+A_3\mathbf{a}_3\cdot B_3\mathbf{a}_3\\&=A_1B_1+A_2B_2+A_3B_3\end{aligned} \tag{1.13}$$

这样，两个矢量的点积就等于这两个矢量相同分量的乘积之和。

两个矢量的矢积或叉积

两个矢量 **A** 和 **B** 的矢积或叉积是一个矢量，它的幅值等于 **A** 和 **B** 的幅值与 **A** 和 **B** 之间所夹锐角 α 正弦的乘积，它的方向是从 **A** 到 **B** 按右手螺旋旋转 α 前进的方向，如图 1.5 所示，可表示为在 **A** 和 **B** 之间有一个黑体的叉。这样，如果 $\mathbf{a}_N$ 是右手螺旋前进方向的单位矢量，那么，

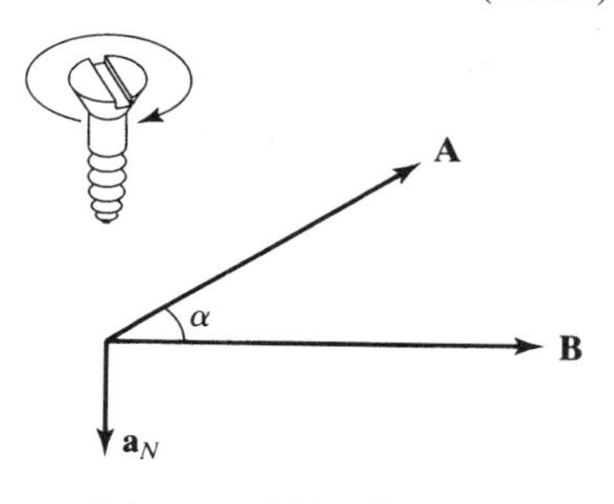

图 1.5　叉积运算 **A**×**B**

$$\mathbf{A}\times\mathbf{B}=|\mathbf{A}||\mathbf{B}|\sin\alpha\,\mathbf{a}_N=AB\sin\alpha\,\mathbf{a}_N \tag{1.14}$$

对 $\mathbf{a}_1,\mathbf{a}_2,\mathbf{a}_3$ 单位矢量，有

$$\mathbf{a}_1\times\mathbf{a}_1=0\qquad\mathbf{a}_1\times\mathbf{a}_2=\mathbf{a}_3\qquad\mathbf{a}_1\times\mathbf{a}_3=-\mathbf{a}_2 \tag{1.15a}$$

$$\mathbf{a}_2\times\mathbf{a}_1=-\mathbf{a}_3\qquad\mathbf{a}_2\times\mathbf{a}_2=0\qquad\mathbf{a}_2\times\mathbf{a}_3=\mathbf{a}_1 \tag{1.15b}$$

$$\mathbf{a}_3\times\mathbf{a}_1=\mathbf{a}_2\qquad\mathbf{a}_3\times\mathbf{a}_2=-\mathbf{a}_1\qquad\mathbf{a}_3\times\mathbf{a}_3=0 \tag{1.15c}$$

注意，相同矢量的叉积为零。如果以 $\mathbf{a}_1\mathbf{a}_2\mathbf{a}_3\mathbf{a}_1\mathbf{a}_2$ 的方式排列单位矢量，然后向右运算，则任意两个顺次连续的单位矢量的叉积都等于下一个单位矢量；如果向左运算，则任意两个连续的单位矢量的叉积都等于下一个单位矢量的负值。

叉积运算不满足交换律,因为

$$\mathbf{B}\times\mathbf{A} = |\mathbf{B}||\mathbf{A}|\sin\alpha\,(-\mathbf{a}_N) = -AB\sin\alpha\,\mathbf{a}_N = -\mathbf{A}\times\mathbf{B} \tag{1.16}$$

叉积运算满足分配律(将在本节后面证明),因此

$$\mathbf{A}\times(\mathbf{B}+\mathbf{C}) = \mathbf{A}\times\mathbf{B}+\mathbf{A}\times\mathbf{C} \tag{1.17}$$

运用这些特性以及关系式(1.15a)至式(1.15c),可以得到

$$\begin{aligned}\mathbf{A}\times\mathbf{B} &= (A_1\mathbf{a}_1 + A_2\mathbf{a}_2 + A_3\mathbf{a}_3)\times(B_1\mathbf{a}_1 + B_2\mathbf{a}_2 + B_3\mathbf{a}_3)\\ &= A_1\mathbf{a}_1\times B_1\mathbf{a}_1 + A_1\mathbf{a}_1\times B_2\mathbf{a}_2 + A_1\mathbf{a}_1\times B_3\mathbf{a}_3 +\\ &\quad A_2\mathbf{a}_2\times B_1\mathbf{a}_1 + A_2\mathbf{a}_2\times B_2\mathbf{a}_2 + A_2\mathbf{a}_2\times B_3\mathbf{a}_3 +\\ &\quad A_3\mathbf{a}_3\times B_1\mathbf{a}_1 + A_3\mathbf{a}_3\times B_2\mathbf{a}_2 + A_3\mathbf{a}_3\times B_3\mathbf{a}_3\\ &= A_1B_2\mathbf{a}_3 - A_1B_3\mathbf{a}_2 - A_2B_1\mathbf{a}_3 + A_2B_3\mathbf{a}_1 +\\ &\quad A_3B_1\mathbf{a}_2 - A_3B_2\mathbf{a}_1\\ &= (A_2B_3 - A_3B_2)\mathbf{a}_1 + (A_3B_1 - A_1B_3)\mathbf{a}_2 +\\ &\quad (A_1B_2 - A_2B_1)\mathbf{a}_3\end{aligned} \tag{1.18}$$

式(1.18)可以用行列式表示为

$$\mathbf{A}\times\mathbf{B} = \begin{vmatrix}\mathbf{a}_1 & \mathbf{a}_2 & \mathbf{a}_3\\ A_1 & A_2 & A_3\\ B_1 & B_2 & B_3\end{vmatrix} \tag{1.19}$$

一个矢量三重叉积包含三个矢量的两个叉积运算。在进行三重叉积计算时必须要注意,因为运算次序是非常重要的,如 $\mathbf{A}\times(\mathbf{B}\times\mathbf{C})$ 是不等于 $(\mathbf{A}\times\mathbf{B})\times\mathbf{C}$ 的。这也可以用一个包含单位矢量的简单例子进行说明。如果 $\mathbf{A}=\mathbf{a}_1$,$\mathbf{B}=\mathbf{a}_1$,$\mathbf{C}=\mathbf{a}_2$,那么,

$$\mathbf{A}\times(\mathbf{B}\times\mathbf{C}) = \mathbf{a}_1\times(\mathbf{a}_1\times\mathbf{a}_2) = \mathbf{a}_1\times\mathbf{a}_3 = -\mathbf{a}_2$$

而另一方面,

$$(\mathbf{A}\times\mathbf{B})\times\mathbf{C} = (\mathbf{a}_1\times\mathbf{a}_1)\times\mathbf{a}_2 = 0\times\mathbf{a}_2 = 0$$

标量三重积

标量三重积包含三个矢量的一个点积运算和一个叉积运算,例如 $\mathbf{A}\cdot\mathbf{B}\times\mathbf{C}$。没有必要加括弧,因为这个量的计算只有一种方式,那就是首先计算 $\mathbf{B}\times\mathbf{C}$,然后再把计算结果与矢量 $\mathbf{A}$ 做点积。先算点积的尝试是没有任何意义的,因为点积的结果是一个标量,从而不能继续进行叉积运算。由式(1.13)和式(1.19),有

$$\mathbf{A}\cdot\mathbf{B}\times\mathbf{C} = (A_1\mathbf{a}_1 + A_2\mathbf{a}_2 + A_3\mathbf{a}_3)\cdot\begin{vmatrix}\mathbf{a}_1 & \mathbf{a}_2 & \mathbf{a}_3\\ B_1 & B_2 & B_3\\ C_1 & C_2 & C_3\end{vmatrix} = \begin{vmatrix}A_1 & A_2 & A_3\\ B_1 & B_2 & B_3\\ C_1 & C_2 & C_3\end{vmatrix} \tag{1.20}$$

由于式(1.20)右边行列式的行以循环方式交换位置时,行列式的值是保持不变的,因此有

$$\mathbf{A}\cdot\mathbf{B}\times\mathbf{C} = \mathbf{B}\cdot\mathbf{C}\times\mathbf{A} = \mathbf{C}\cdot\mathbf{A}\times\mathbf{B} \tag{1.21}$$

现在利用式(1.21)来证明叉积运算满足分配律。考虑 $\mathbf{A}\times(\mathbf{B}+\mathbf{C})$,如果 $\mathbf{D}$ 是任意矢量,则有

$$\mathbf{D}\cdot\mathbf{A}\times(\mathbf{B}+\mathbf{C})=(\mathbf{B}+\mathbf{C})\cdot(\mathbf{D}\times\mathbf{A})=\mathbf{B}\cdot(\mathbf{D}\times\mathbf{A})+\mathbf{C}\cdot(\mathbf{D}\times\mathbf{A})$$
$$=\mathbf{D}\cdot\mathbf{A}\times\mathbf{B}+\mathbf{D}\cdot\mathbf{A}\times\mathbf{C}=\mathbf{D}\cdot(\mathbf{A}\times\mathbf{B}+\mathbf{A}\times\mathbf{C}) \tag{1.22}$$

这里使用了点积运算的分配律,因为式(1.22)对任何 $\mathbf{D}$ 都成立,因此有

$$\mathbf{A}\times(\mathbf{B}+\mathbf{C})=\mathbf{A}\times\mathbf{B}+\mathbf{A}\times\mathbf{C}$$

例 1.1

给定三个矢量,

$$\mathbf{A}=\mathbf{a}_1+\mathbf{a}_2$$
$$\mathbf{B}=\mathbf{a}_1+2\mathbf{a}_2-2\mathbf{a}_3$$
$$\mathbf{C}=\mathbf{a}_2+2\mathbf{a}_3$$

求解几种矢量代数运算。

(a) $\mathbf{A}+\mathbf{B}=(\mathbf{a}_1+\mathbf{a}_2)+(\mathbf{a}_1+2\mathbf{a}_2-2\mathbf{a}_3)=2\mathbf{a}_1+3\mathbf{a}_2-2\mathbf{a}_3$

(b) $\mathbf{B}-\mathbf{C}=(\mathbf{a}_1+2\mathbf{a}_2-2\mathbf{a}_3)-(\mathbf{a}_2+2\mathbf{a}_3)=\mathbf{a}_1+\mathbf{a}_2-4\mathbf{a}_3$

(c) $4\mathbf{C}=4(\mathbf{a}_2+2\mathbf{a}_3)=4\mathbf{a}_2+8\mathbf{a}_3$

(d) $|\mathbf{B}|=|\mathbf{a}_1+2\mathbf{a}_2-2\mathbf{a}_3|=\sqrt{(1)^2+(2)^2+(-2)^2}=3$

(e) $\mathbf{a}_B=\dfrac{\mathbf{B}}{|\mathbf{B}|}=\dfrac{\mathbf{a}_1+2\mathbf{a}_2-2\mathbf{a}_3}{3}=\dfrac{1}{3}\mathbf{a}_1+\dfrac{2}{3}\mathbf{a}_2-\dfrac{2}{3}\mathbf{a}_3$

(f) $\mathbf{A}\cdot\mathbf{B}=(\mathbf{a}_1+\mathbf{a}_2)\cdot(\mathbf{a}_1+2\mathbf{a}_2-2\mathbf{a}_3)=(1)\times(1)+(1)\times(2)+(0)\times(-2)=3$

(g) $\mathbf{A}\times\mathbf{B}=\begin{vmatrix}\mathbf{a}_1 & \mathbf{a}_2 & \mathbf{a}_3\\ 1 & 1 & 0\\ 1 & 2 & -2\end{vmatrix}=(-2-0)\mathbf{a}_1+(0+2)\mathbf{a}_2+(2-1)\mathbf{a}_3=-2\mathbf{a}_1+2\mathbf{a}_2+\mathbf{a}_3$

(h) $(\mathbf{A}\times\mathbf{B})\times\mathbf{C}=\begin{vmatrix}\mathbf{a}_1 & \mathbf{a}_2 & \mathbf{a}_3\\ -2 & 2 & 1\\ 0 & 1 & 2\end{vmatrix}=3\mathbf{a}_1+4\mathbf{a}_2-2\mathbf{a}_3$

(i) $\mathbf{A}\cdot\mathbf{B}\times\mathbf{C}=\begin{vmatrix}1 & 1 & 0\\ 1 & 2 & -2\\ 0 & 1 & 2\end{vmatrix}=(1)\times(6)+(1)\times(-2)+(0)\times(1)=4$

1.2 笛卡儿坐标系

在 1.1 节中,介绍了空间某点矢量的表示方法,它是根据矢量在该点沿着三个相互垂直方向的分量来表示的,而这三个方向是由该点的三个单位矢量确定的。为了说明空间某一点的矢量与空间其他点的矢量的关系,必须定义空间每一个点的一组参考方向,即需要建立坐标系统。虽然有几种不同的坐标系,这里将采用适合大部分研究,也是其中最简单的一种,即**笛卡儿坐标系**。笛卡儿坐标系使得几何结构简单,也能够满足学习电磁场基础的需要。然而在少数情况下,必须使用圆柱坐标系和球坐标系。因此,在附录 A 中专门对圆柱坐标系和球坐标系进行了讨论,本节只介绍笛卡儿坐标系。

笛卡儿坐标系是通过三个相互正交的平面来确定的,如图 1.6(a)所示。这三个平面的交点就是坐标的原点 O,原点是与确定空间其他点有关的参考点。每一对平面相交一条直线,这样三

个平面就可以确定坐标轴的三条直线。这些坐标轴分别被称为 x 轴，y 轴和 z 轴。x，y 和 z 的值可从原点测量，这样原点的坐标就是(0,0,0)，那么就有 $x=0$，$y=0$，$z=0$。x，y 和 z 的方向就是指向各自坐标值增加的方向，用箭头表示。相同的一组三个方向还被用来建立一组三个单位矢量，表示为 $\mathbf{a}_x$，$\mathbf{a}_y$ 和 $\mathbf{a}_z$，如图 1.6(a)所示，可以描述原点处画出的矢量。要注意的是，x，y 和 z 的方向选择是按右手系统的，即系统满足 $\mathbf{a}_x \times \mathbf{a}_y = \mathbf{a}_z$。

三个平面中的任何一个平面，如 yz 平面，x 的值是常数且为零，x 的值在原点，因为在 yz 平面上的位移不需要在 x 方向有任何移动。同样，在 zx 平面，y 的值是常数且为零，在 xy 平面，z 的值是常数且为零。除原点外的任何点都可以由三个相交的平面确定，这三个平面按合适的坐标增量得到。例如，将 $x=0$ 的平面在 x 的正方向移动 2 个单位长度，将 $y=0$ 的平面在 y 的正方向移动 5 个单位长度，将 $z=0$ 的平面在 z 的正方向移动 4 个单位长度，可以分别得到 $x=2$，$y=5$ 和 $z=4$ 三个平面，这三个平面的交点就是(2,5,4)，如图 1.6(b)所示。这些平面的相交处也确定了三条直线，这三条直线分别沿着指向 x，y 和 z 值增加方向的单位矢量 $\mathbf{a}_x$，$\mathbf{a}_y$ 和 $\mathbf{a}_z$，可以描述该点处画出的矢量。这三个单位矢量与从原点画出的三个对应的单位矢量互相平行，如图 1.6(b)所示，这对笛卡儿坐标系中任何一个点都适用。这样，笛卡儿坐标系中三个单位矢量中的每一个在所有的点都有相同的方向，所以是常矢量。然而，这个特性对于圆柱坐标系和球坐标系中的三个单位矢量却不成立。

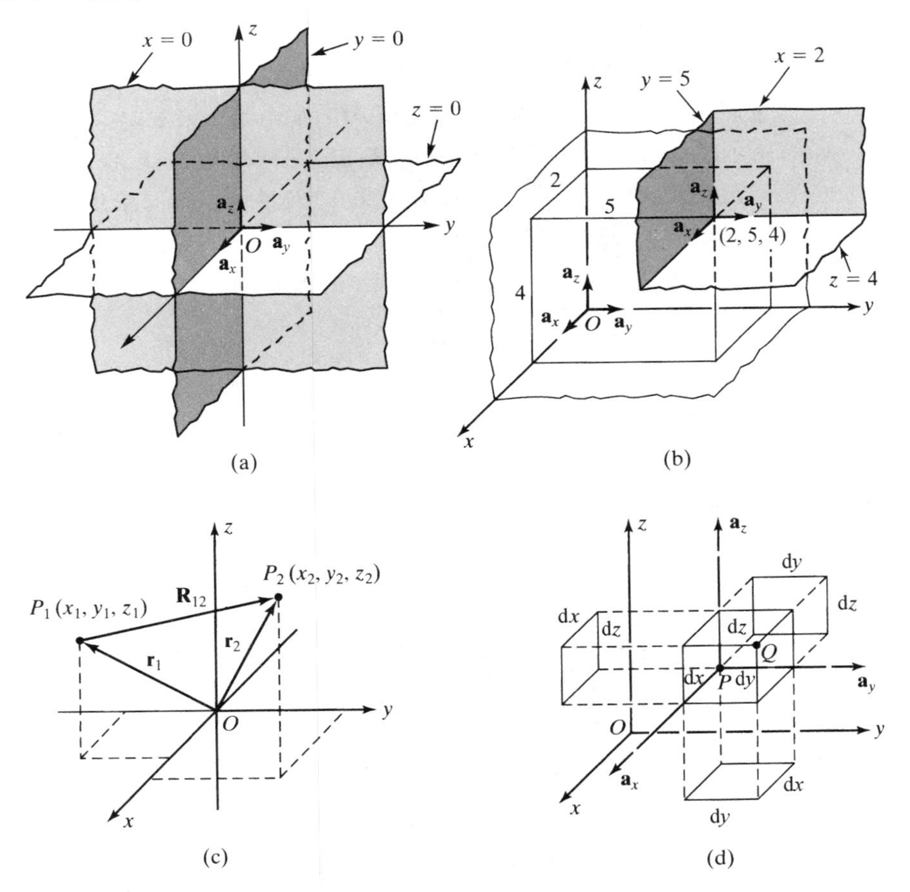

图 1.6　笛卡儿坐标系。(a) 确定坐标系的三个正交平面；(b) 任意点的单位矢量；(c) 一个任意点到其他点的矢量；(d) 坐标增量构成的微分长度、微分面积、微分体积

将1.1节已经学过的知识用到笛卡儿坐标系，将单位矢量和分量中的下标1,2和3分别替换为x,y和z，同样也要利用$\mathbf{a}_x$,$\mathbf{a}_y$和$\mathbf{a}_z$是常矢量的特性。如推导从点$P_1(x_1,y_1,z_1)$到点$P_2(x_2,y_2,z_2)$的距离矢量$\mathbf{R}_{12}$的表达式，如图1.6(c)所示，为了求解，给出从原点到P_1点的位置矢量$\mathbf{r}_1$:

$$\mathbf{r}_1 = x_1\mathbf{a}_x + y_1\mathbf{a}_y + z_1\mathbf{a}_z \tag{1.23}$$

从原点到P_2点的位置矢量$\mathbf{r}_2$为

$$\mathbf{r}_2 = x_2\mathbf{a}_x + y_2\mathbf{a}_y + z_2\mathbf{a}_z \tag{1.24}$$

由于位置矢量可以确定空间点的位置与原点的关系，故称为位置矢量。因此从矢量的加法规则$\mathbf{r}_1+\mathbf{R}_{12}=\mathbf{r}_2$，可以得到

$$\mathbf{R}_{12} = \mathbf{r}_2 - \mathbf{r}_1 = (x_2 - x_1)\mathbf{a}_x + (y_2 - y_1)\mathbf{a}_y + (z_2 - z_1)\mathbf{a}_z \tag{1.25}$$

在学习电磁场的过程中，必须使用线积分、面积分和体积分，在初等微分学中，线积分、面积分和体积分包含微分长度、微分面积和微分体积，这些微分元由无限小的坐标增量得到。在笛卡儿坐标系中代表长度的三个坐标，即微分长度元，是通过一次增加一个坐标量，其他两个坐标量保持不变得到的，如图1.6(d)所示，任意点$P(x,y,z)$在x,y和z坐标的微分长度元分别是$\mathrm{d}x\mathbf{a}_x$，$\mathrm{d}y\mathbf{a}_y$和$\mathrm{d}z\mathbf{a}_z$。这三个微分线元构成了一个矩形盒的相邻边，矩形盒中与P点成对角线的Q点的坐标为$(x+\mathrm{d}x,y+\mathrm{d}y,z+\mathrm{d}z)$。从$P$点到$Q$点的微分长度矢量$\mathrm{d}\mathbf{l}$就等于这三个微分长度元的矢量和，于是

$$\mathrm{d}\mathbf{l} = \mathrm{d}x\,\mathbf{a}_x + \mathrm{d}y\,\mathbf{a}_y + \mathrm{d}z\,\mathbf{a}_z \tag{1.26}$$

上述矩形盒有6个微分面积，每一个面积由三个长度元中的其中两个来确定，三个长度元投射到坐标面，如图1.6(d)所示。微分面积$\mathrm{d}S$的方向就是该面的法向单位矢量，也就是说，一个单位矢量垂直于该面的任何两个切向矢量。除非专门定义，法向矢量可以指向给定面的两个边中的任意一个。这样，微分面积就可以用一对微分长度元确定，即

$$\pm\mathrm{d}S\,\mathbf{a}_z = \pm\mathrm{d}x\,\mathrm{d}y\,\mathbf{a}_z = \pm\mathrm{d}x\,\mathbf{a}_x \times \mathrm{d}y\,\mathbf{a}_y \tag{1.27a}$$

$$\pm\mathrm{d}S\,\mathbf{a}_x = \pm\mathrm{d}y\,\mathrm{d}z\,\mathbf{a}_x = \pm\mathrm{d}y\,\mathbf{a}_y \times \mathrm{d}z\,\mathbf{a}_z \tag{1.27b}$$

$$\pm\mathrm{d}S\,\mathbf{a}_y = \pm\mathrm{d}z\,\mathrm{d}x\,\mathbf{a}_y = \pm\mathrm{d}z\,\mathbf{a}_z \times \mathrm{d}x\,\mathbf{a}_x \tag{1.27c}$$

最后，微分体积$\mathrm{d}v$由这三个微分长度元构成的矩形盒的体积来确定，即有

$$\mathrm{d}v = \mathrm{d}x\,\mathrm{d}y\,\mathrm{d}z \tag{1.28}$$

现在简单复习一下在电磁场的研究中非常有用的初等解析几何。一个任意的平面由下面的方程确定:

$$f(x, y, z) = 0 \tag{1.29}$$

特别地，一个在x,y和z轴分别有截距a,b和c的平面方程，可由下式给出:

$$\frac{x}{a} + \frac{y}{b} + \frac{z}{c} = 1 \tag{1.30}$$

两个面相交构成一条曲线，一条任意曲线就由一对方程确定，即

$$f(x, y, z) = 0 \quad 和 \quad g(x, y, z) = 0 \tag{1.31}$$

另一方面，一条曲线也可由一组三个参数方程确定:

$$x = x(t), \qquad y = y(t), \qquad z = z(t) \tag{1.32}$$

这里t是一个独立的参数。例如，一条直线通过原点，并且在x,y和z轴的正向形成相同的夹角，

这条直线可由 $y=x$ 和 $z=x$ 这样一对方程确定，也可由 $x=t,y=t$ 和 $z=t$ 的一组三个参数的方程确定。

例 1.2

确定垂直于如下平面的单位矢量。

$$5x+2y+4z=20$$

将上述方程写成下面的形式：

$$\frac{x}{4}+\frac{y}{10}+\frac{z}{5}=1$$

从上式可以确定这个平面在 x，y 和 z 轴上的截距分别是 4，10 和 5。图 1.7 给出了在八分之一坐标系中的部分平面图。

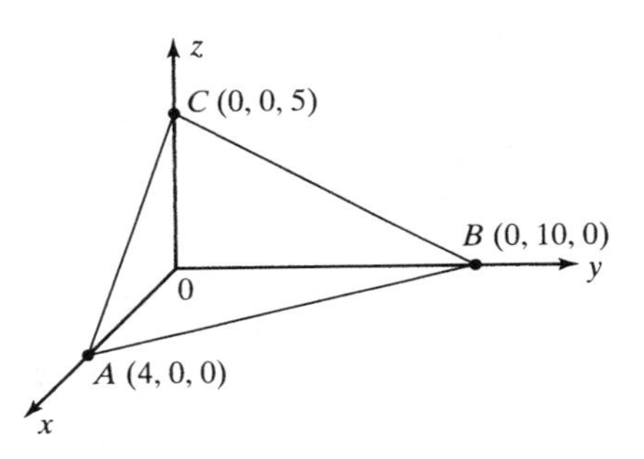

图 1.7　平面 $5x+2y+4z=20$

为了找出垂直于该平面的单位矢量，考虑平面上的两个矢量，并计算它们的叉积。计算 $\mathbf{R}_{AB}$ 和 $\mathbf{R}_{AC}$ 两个矢量，利用式(1.25)，可以得出

$$\mathbf{R}_{AB}=(0-4)\mathbf{a}_x+(10-0)\mathbf{a}_y+(0-0)\mathbf{a}_z=-4\mathbf{a}_x+10\mathbf{a}_y$$

$$\mathbf{R}_{AC}=(0-4)\mathbf{a}_x+(0-0)\mathbf{a}_y+(5-0)\mathbf{a}_z=-4\mathbf{a}_x+5\mathbf{a}_z$$

$\mathbf{R}_{AB}$ 和 $\mathbf{R}_{AC}$ 的叉积为

$$\mathbf{R}_{AB}\times\mathbf{R}_{AC}=\begin{vmatrix}\mathbf{a}_x & \mathbf{a}_y & \mathbf{a}_z\\ -4 & 10 & 0\\ -4 & 0 & 5\end{vmatrix}=50\mathbf{a}_x+20\mathbf{a}_y+40\mathbf{a}_z$$

$\mathbf{R}_{AB}\times\mathbf{R}_{AC}$ 矢量垂直于 $\mathbf{R}_{AB}$ 和 $\mathbf{R}_{AC}$，因此也就垂直于该平面。最终，用 $\mathbf{R}_{AB}\times\mathbf{R}_{AC}$ 除以它的模就是所求的单位矢量，单位矢量就等于

$$\frac{50\mathbf{a}_x+20\mathbf{a}_y+40\mathbf{a}_z}{|50\mathbf{a}_x+20\mathbf{a}_y+40\mathbf{a}_z|}=\frac{5\mathbf{a}_x+2\mathbf{a}_y+4\mathbf{a}_z}{\sqrt{25+4+16}}=\frac{1}{3\sqrt{5}}(5\mathbf{a}_x+2\mathbf{a}_y+4\mathbf{a}_z)$$

1.3　标量场和矢量场

在开始研究电磁场之前，必须理解**场**的含义。一个场与空间区域有关，如果一个物理现象与空间的点有关，我们就说在这个区域中存在场。例如，在日常生活中，我们都熟悉地球的万有引力场，虽然不能像看到光线那样“看”到万有引力场，但我们知道它是存在的，因为地球上的物体都会受到万有引力的作用。扩大范围，讨论任何物理量的场，可以是在场的区域中，物理量从一个点到另一个点是怎样变化的，以及物理量与时间的关系的数学描述或图形描述。标量场或矢量场取决于所关心的物理量是标量还是矢量。同样，静态场和时变场取决于所关心的物理量是独立的还是随时间变化的。

首先讨论一些标量场的简单例子。考虑圆锥体的情况，如图 1.8(a)所示。描述任一圆锥面到锥底面的高度就是包含两个变量的标量场，选择锥顶在圆锥底面上的投影为原点，在底面建立以 x,y 为变量的笛卡儿坐标系，可以得到以 x,y 为函数的高度场 $h(x,y)$：

$$h(x,y)=6-2\sqrt{x^2+y^2}\tag{1.33}$$

虽然通过第三个变量 h 可以表示圆锥面上点的高度变化，但是如果只有两个坐标变量，则在二维空间的情况下，可以用一组 xy 平面上的等高线来形象地描述高度场。在场的研究中，等高线是 xy 平面上的一组圆，圆心在原点，以相同的高度增量等间距排列，如图 1.8(a) 所示。

长方形空间内的任意一点到长方形一个顶点的距离就是三维标量场的例子，如图 1.8(b) 所示。为了简化计算，可以选择一个顶点为坐标原点 O，以该顶点的三个相邻边为坐标轴建立的笛卡儿坐标系。长方形空间内的每一个点都由一组 x,y 和 z 的坐标值来确定，从原点到这一点的距离 r 是 $\sqrt{x^2+y^2+z^2}$，从原点到长方形空间内的点的距离场由下式给出：

$$r(x,y,z)=\sqrt{x^2+y^2+z^2} \tag{1.34}$$

由于三个坐标已经用来确定场域中的点，因而只能通过一组等距面来形象地描述距离场，等距面是一个面，面上的点与恒定的 r 值相对应。在场的研究中，等距面是一个球面，球心在原点，以相同的距离增量等间距排列，如图 1.8(b) 所示。

以上讨论的都是静态场，时变标量场的简单例子就是温度场与空间点的关系，特别是当空间被加热或被冷却时。如图 1.8(b) 所示的距离场，建立一个三维坐标系，空间中一个点的位置与三个坐标值对应，一个数值代表某点的温度 T。由于点的温度随时间 t 变化，是时间的函数，可以用函数 $T(x,y,z,t)$ 来描述空间的时变温度场。在任何一个确定的时间，可以观察到一组恒定的温度面或等温面，它们与某时刻温度场的 T 值对应，对于不同的时间，将有一组不同的等温面。这样，用一组连续变化形状的等温面，就好像是运动的图片来形象地表示空间时变的温度场。

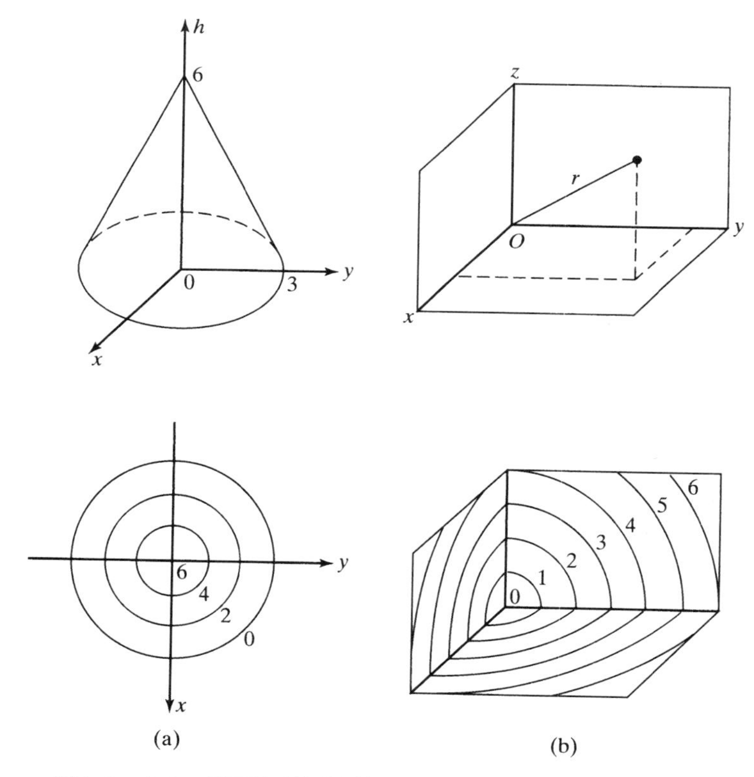

图 1.8 (a) xy 平面上的圆锥体，圆锥面上的一组等高线；(b) 矩形空间内的点到顶点的距离场的一组等距面示意图

以上讨论的都是标量场，现在要延伸到矢量场。矢量除了与空间的大小有关外，还与它在空间的方向有关。因此，为了描述矢量场，场区中每一点的矢量表示该点所代表物理量的大小和方向。由于一个给定点的矢量可以表示为沿该点的一组单位矢量的分量之和，因此矢量场的数学描述简单地说就是包含三个分量的标量场。这样，对于在笛卡儿坐标系中的矢量场 $\mathbf{F}$，有

$$\mathbf{F}(x,y,z,t) = F_x(x,y,z,t)\mathbf{a}_x + F_y(x,y,z,t)\mathbf{a}_y + F_z(x,y,z,t)\mathbf{a}_z \tag{1.35}$$

在圆柱坐标系和球坐标系也有类似的表达式。值得注意的是，在圆柱坐标系中的两个单位矢量，球坐标系中的全部单位矢量，均是各自坐标的函数，是变矢量。

为了画出矢量场的图形，考虑一个线性速度矢量场，它以恒定的角速度 ω rad/s 在一个圆盘上沿它的中心旋转。我们知道，圆盘上某一点的线速度的大小等于角速度 ω 与圆盘中心到该点径向距离的乘积，线速度的方向就是从该点在与圆盘同心的圆上所作的切线方向。因此，可以用图表示线速度的场，即在同心圆上作出通过一些点的切线方向，切线的长度与圆的半径成比例，如图1.9(a)所示，选择的点是以圆盘中心对称的圆对称场。然而，用这种方法表示的矢量场会导致矢量图的密集和拥挤，因此可以省去一些矢量，简单地用一些带有箭头的圆来表示，给出一组**方向线**，也就是**流量线**或**通量线**，线上的点可以简单地表示场的方向。对于所研究场的方向线也是一组速度大小相等的等值线，这样随着 r 的增加，相应增加方向线的密度，就能够表示速度大小的变化，如图1.9(b)所示。

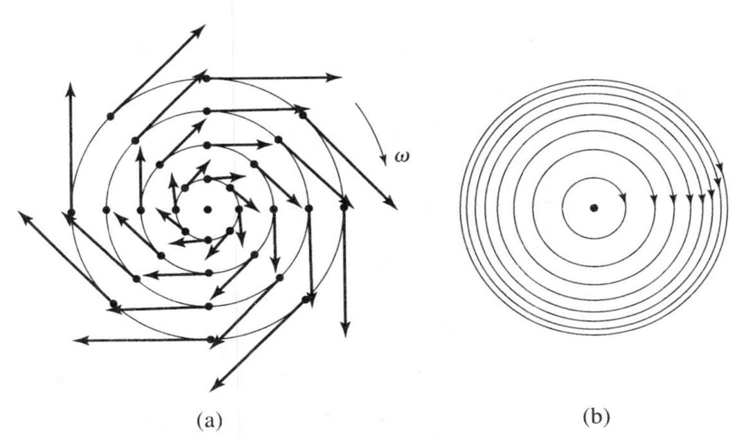

图1.9 (a) 旋转圆盘上点的线速度矢量场；(b) 与(a)相同，除了忽略矢量，用方向线的密度表示速度大小的变化

1.4 正弦时变场

在电磁场的研究中，对随时间变化的正弦场特别感兴趣，本节就将讨论正弦时变场。首先看一个形式为 $A\cos(\omega t+\phi)$ 的标量正弦时间函数，这里 A 是正弦变化的最大振幅，$\omega=2\pi f$ 是角频率或弧度频率，f 是线性频率，$(\omega t+\phi)$ 是相位，特别地，当 $t=0$ 时，相位就是 ϕ。画出这个函数对时间 t 的曲线如图1.10所示，图中给出了函数在正值和负值之间周期性变化的规律。如果现在有一个正弦时变的标量场，能够观察到场域中每一个点的场量随时间正弦变化，那么幅度和相位取决于空间场量。例如场 $Ae^{-\alpha z}\cos(\omega t-\beta z)$，其中 A，α 和 β 都是正常数，表示随着正弦时间的变化，振幅随 z 指数减小，相位在任何给定的时间随 z 线性减小。

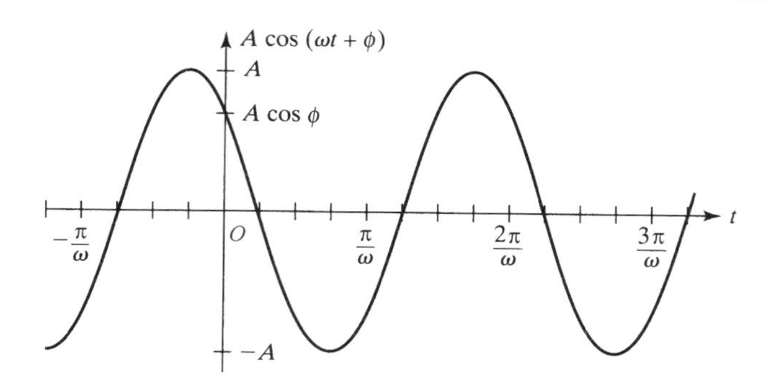

图 1.10　正弦时变标量函数 $A\cos(\omega t+\phi)$

对于正弦时变的矢量场,矢量场的每一个分量也可用此方法进行观察。假如在场的区域观察一个确定的点,这个点的个别分量随时间正弦变化,通过矢量改变它的大小和方向,图 1.11(a)所示为 x 分量的变化,由于矢量末端沿着与 x 轴平行的线来回地运动,那么矢量的 x 分量在 x 方向就称为**线极化**的。同样,矢量场的 y 分量随时间正弦变化也可观察到,通过矢量改变它的大小和方向,如图 1.11(b)所示,y 方向的振幅和相位与 x 方向不一定相同。由于 y 方向的矢量末端来回地运动且平行于 y 轴,矢量的 y 分量在 y 方向也称为线极化的。用相同的方法,矢量的 z 分量在 z 方向也是线极化的。

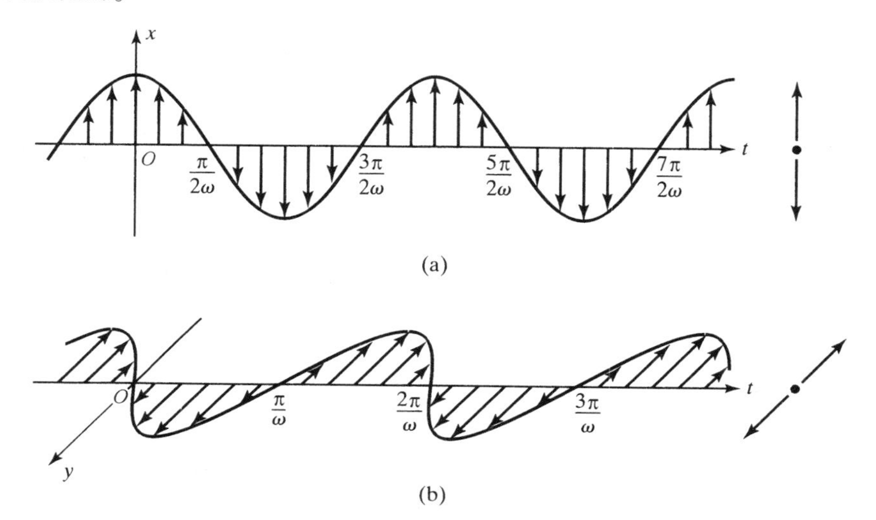

图 1.11　(a) 沿 x 方向随时间变化的线极化矢量;(b) 沿 y 方向随时间变化的线极化矢量

如果正弦时变矢量的两个分量的大小不同,但相位相同或相位相反,例如,

$$\mathbf{F}_1 = F_1\cos(\omega t+\phi)\,\mathbf{a}_x \tag{1.36a}$$

$$\mathbf{F}_2 = \pm F_2\cos(\omega t+\phi)\,\mathbf{a}_y \tag{1.36b}$$

那么两个矢量的合成矢量 $\mathbf{F}=\mathbf{F}_1+\mathbf{F}_2$ 是线极化的,方向与 x 轴有一个夹角:

$$\alpha = \arctan\frac{F_y}{F_x} = \arctan\frac{F_2}{F_1}$$

图 1.12 给出了在同相位的情况下,合成矢量 $\mathbf{F}$ 的大小和方向在一个周期内连续变化的示意图。

如果正弦时变矢量的两个分量的大小相同,互相垂直,相位差为 $\pi/2$,例如,

$$\mathbf{F}_1 = F_0 \cos(\omega t + \phi)\,\mathbf{a}_x \tag{1.37a}$$

$$\mathbf{F}_2 = F_0 \sin(\omega t + \phi)\,\mathbf{a}_y \tag{1.37b}$$

那么,为了确定合成矢量 $\mathbf{F}=\mathbf{F}_1+\mathbf{F}_2$ 的**极化特性**,合成矢量 $\mathbf{F}$ 的大小由下式确定:

$$|\mathbf{F}| = |F_0 \cos(\omega t + \phi)\,\mathbf{a}_x + F_0 \sin(\omega t + \phi)\,\mathbf{a}_y| = F_0 \tag{1.38}$$

合成矢量 $\mathbf{F}$ 与 x 方向的单位矢量 $\mathbf{a}_x$ 的夹角 α 为

$$\alpha = \arctan\frac{F_y}{F_x} = \arctan\left[\frac{F_0 \sin(\omega t + \phi)}{F_0 \cos(\omega t + \phi)}\right] = \omega t + \phi \tag{1.39}$$

合成矢量以相同幅度 F_0、角速度 ω rad/s 旋转,它的矢量末端画出一个圆,故合成矢量称为**圆极化**的。图 1.13 给出了合成矢量 $\mathbf{F}$ 的大小和方向在一个周期内连续变化的示意图。

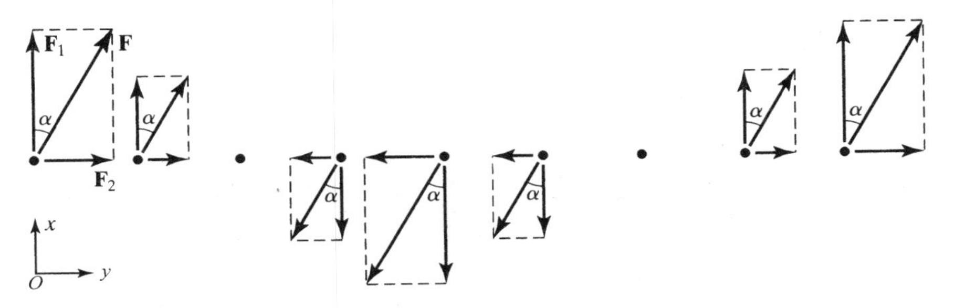

图 1.12　两个同相位的线极化矢量的合成矢量是线极化矢量

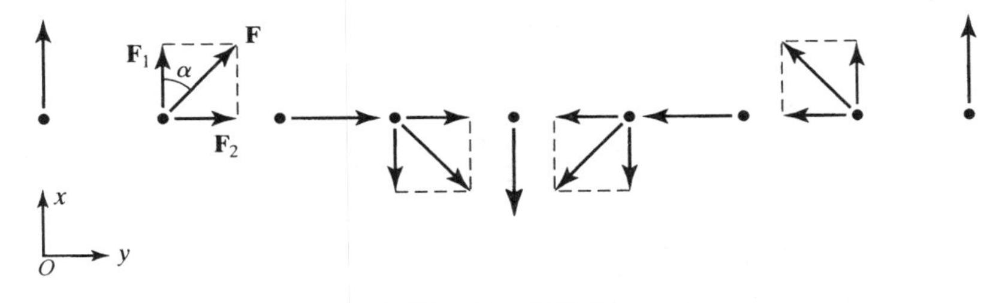

图 1.13　圆极化

对于一般的情况,即正弦时变矢量的两个分量的大小、方向和相位均为任意大小,它们的合成矢量就是**椭圆极化**的,合成矢量的末端轨迹是一个椭圆。

例 1.3

已知两个矢量 $\mathbf{F}_1=(3\mathbf{a}_x-4\mathbf{a}_z)\cos\omega t$ 和 $\mathbf{F}_2=5\mathbf{a}_y\sin\omega t$,确定矢量 $\mathbf{F}=\mathbf{F}_1+\mathbf{F}_2$ 的极化特性。

$\mathbf{F}_1$ 矢量包含 x 和 z 两个分量,两个分量的相位相反,$\mathbf{F}_1$ 是线极化的,大小为 $\sqrt{3^2+(-4)^2}$ 或 5,$\mathbf{F}_1$ 的大小与 $\mathbf{F}_2$ 相同。由于 $\mathbf{F}_1$ 随 $\cos\omega t$ 变化,而 $\mathbf{F}_2$ 随 $\sin\omega t$ 变化,则它们的相位差是 $\pi/2$,并且

$$\mathbf{F}_1\cdot\mathbf{F}_2 = (3\mathbf{a}_x - 4\mathbf{a}_z)\cdot 5\mathbf{a}_y = 0$$

因此,$\mathbf{F}_1$ 与 $\mathbf{F}_2$ 互相垂直。由于 $\mathbf{F}_1$ 与 $\mathbf{F}_2$ 是两个线极化矢量,方向相差 90°,相位差为 $\pi/2$,因此合成矢量 $\mathbf{F}=\mathbf{F}_1+\mathbf{F}_2$ 就是圆极化的。

在本节剩余的部分,简单复习一下相量法技术。学生也许已经在正弦稳态电路分析中学过相量法,相量法在正弦时变量的数学变换中也非常有用。看一个简单的例子,将 $10\cos\omega t$ 和 $10\sin(\omega t-30°)$ 相加,为了说明相量法技术的基础背景,具体实现下面的步骤:

$$\begin{aligned}10\cos\omega t+10\sin(\omega t-30^\circ)&=10\cos\omega t+10\cos(\omega t-120^\circ)\\&=\mathrm{Re}[10\mathrm{e}^{\mathrm{j}\omega t}]+\mathrm{Re}[10\mathrm{e}^{\mathrm{j}(\omega t-2\pi/3)}]\\&=\mathrm{Re}[10\mathrm{e}^{\mathrm{j}0}\mathrm{e}^{\mathrm{j}\omega t}]+\mathrm{Re}[10\mathrm{e}^{-\mathrm{j}2\pi/3}\mathrm{e}^{\mathrm{j}\omega t}]\\&=\mathrm{Re}[(10\mathrm{e}^{\mathrm{j}0}+10\mathrm{e}^{-\mathrm{j}2\pi/3})\mathrm{e}^{\mathrm{j}\omega t}]\\&=\mathrm{Re}[10\mathrm{e}^{-\mathrm{j}\pi/3}\mathrm{e}^{\mathrm{j}\omega t}]\\&=\mathrm{Re}[10\mathrm{e}^{\mathrm{j}(\omega t-\pi/3)}]\\&=10\cos(\omega t-60^\circ)\end{aligned}\tag{1.40}$$

式中，Re 代表**取实部**。两个复数 $10\mathrm{e}^{\mathrm{j}0}$ 和 $10\mathrm{e}^{-\mathrm{j}2\pi/3}$ 的加法首先是在复平面上确定它们的位置，然后利用平行四边形法则得到它们的复矢量和，如图 1.14 所示。另一方面，一个复数也可以表示成实部和虚部两部分，然后分别相加，再转换成指数形式，即有

$$\begin{aligned}10\mathrm{e}^{\mathrm{j}0}+10\mathrm{e}^{-\mathrm{j}2\pi/3}&=(10+\mathrm{j}0)+(-5-\mathrm{j}8.66)\\&=5-\mathrm{j}8.66=\sqrt{5^2+8.66^2}\mathrm{e}^{-\mathrm{j}\arctan 8.66/5}\\&=10\mathrm{e}^{-\mathrm{j}\pi/3}\end{aligned}\tag{1.41}$$

在实际计算中，不必写出式(1.40)的所有步骤。首先，将所有函数表示成余弦函数的形式，然后确定与每一个余弦函数对应的相量，复数的振幅等于余弦函数的振幅，相位角等于余弦函数在 $t=0$ 时的相位角，复数 $10\mathrm{e}^{\mathrm{j}0}$ 和 $10\mathrm{e}^{\mathrm{j}2\pi/3}$ 分别是与 $10\cos\omega t$ 和 $10\sin(\omega t-30^\circ)$ 对应的相量，然后将这两个相量相加得到和相量，最后由和相量写出所需的余弦函数。这样，具体步骤如图 1.15 所示。

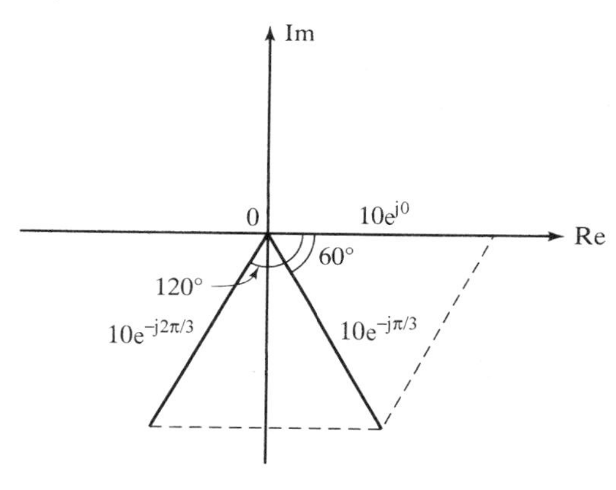

图 1.14 两个复数的加法

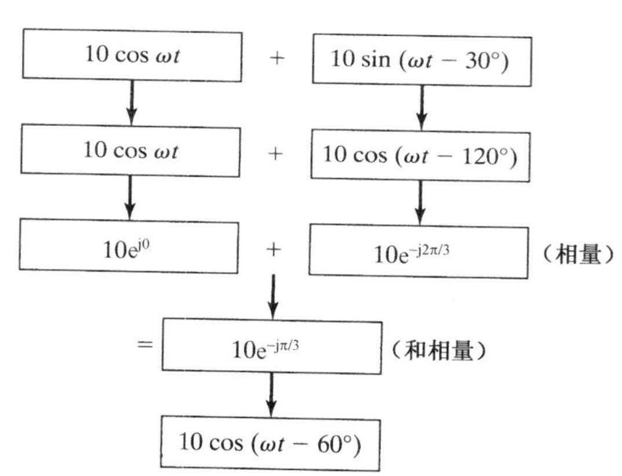

图 1.15 相量法在两个正弦时变函数相加中的应用框图

同样的方法也适用于微分方程的求解，例如，

$$\frac{\mathrm{d}}{\mathrm{d}t}[A\cos(\omega t+\theta)]=-A\omega\sin(\omega t+\theta)=A\omega\cos(\omega t+\theta+\pi/2)$$

对 $\frac{\mathrm{d}}{\mathrm{d}t}[A\cos(\omega t+\theta)]$ 的相量是

$$A\omega\mathrm{e}^{\mathrm{j}(\theta+\pi/2)}=A\omega\mathrm{e}^{\mathrm{j}\pi/2}\mathrm{e}^{\mathrm{j}\theta}=\mathrm{j}\omega A\mathrm{e}^{\mathrm{j}\theta}$$

或 $\mathrm{j}\omega$ 乘以 $A\cos(\omega t+\theta)$ 的相量。因此，在将微分方程转换为包含相量的代数方程时，用 $\mathrm{j}\omega$ 代替微分算子即可。为了具体讨论，考虑如下的微分方程：

$$10^{-3}\frac{\mathrm{d}i}{\mathrm{d}t} + i = 10\cos 1000t \tag{1.42}$$

满足上述方程的解 $i = I_0\cos(\omega t + \theta)$,可以确定 $\omega = 1000$,并将 $\mathrm{d}/\mathrm{d}t$ 用 j1000 代替,所有的时间函数都用相量表示,那么可以得到与之对应的代数方程,即

$$10^{-3}(\mathrm{j}1000\bar{I}) + \bar{I} = 10\mathrm{e}^{\mathrm{j}0} \tag{1.43}$$

或

$$\bar{I}(1 + \mathrm{j}1) = 10\mathrm{e}^{\mathrm{j}0} \tag{1.44}$$

式中,在 I 的上面加一个横条代表该量的复数特性。求解方程式(1.44)中的 $\bar{I}$,可以得到

$$\bar{I} = \frac{10\mathrm{e}^{\mathrm{j}0}}{1 + \mathrm{j}1} = \frac{10\mathrm{e}^{\mathrm{j}0}}{\sqrt{2}\mathrm{e}^{\mathrm{j}\pi/4}} = 7.07\mathrm{e}^{-\mathrm{j}\pi/4} \tag{1.45}$$

最终求出

$$i = 7.07\cos\left(1000t - \frac{\pi}{4}\right) \tag{1.46}$$

1.5 电场

学习电磁场理论基础最根本的就是要理解电场和磁场的概念。因此,在本节和下一节将介绍电场和磁场的概念。在基础物理中学过牛顿万有引力定律,万有引力场与物质的物理特性有关,这就是所谓的**质量**。牛顿实验表明,质量为 m_1 和 m_2、相距 R 的两个物质之间相吸的引力等于m_1m_2G/R^2,其中距离 R 比物质的尺寸大得多,这里 G 是万有引力常数。类似地,**电场**的力场也与物体所带的**电荷**有关。一个物体可以带正电荷也可以带负电荷,还可以没有净电荷。在本书采用的国际单位制中,电荷的单位是库仑,简写为 C。一个电子的电荷量是 $-1.602\,19\times10^{-19}$ C。另一方面,大约 6.24×10^{18}个电子表示 1 库仑的负电荷。

如果两个电荷的尺寸比它们之间的距离小得多,这类电荷就认为是**点电荷**。库仑实验针对两个点电荷验证了以下规律:

1. 作用力的大小与两个点电荷大小的乘积成正比。
2. 作用力的大小与两个点电荷之间的距离成反比。
3. 作用力的大小与介质有关。
4. 作用力的方向沿着两个电荷的连线。
5. 同性电荷相斥;异性电荷相吸。

在自由空间,比例常数是 $1/4\pi\epsilon_0$,其中 ϵ_0是自由空间或真空中的介电常数,大小等于 8.854×10^{-12}或近似等于 $10^{-9}/36\pi$。因此,如果考虑在自由空间相距 R m 的两个点电荷 Q_1 C 和 Q_2 C,如图 1.16 所示,Q_1 和 Q_2 受到的作用力 $\mathbf{F}_1$ 和 $\mathbf{F}_2$ 分别是

$$\mathbf{F}_1 = \frac{Q_1Q_2}{4\pi\epsilon_0R^2}\mathbf{a}_{21} \tag{1.47a}$$

和

$$\mathbf{F}_2 = \frac{Q_2Q_1}{4\pi\epsilon_0R^2}\mathbf{a}_{12} \tag{1.47b}$$

式中，$\mathbf{a}_{21}$和$\mathbf{a}_{12}$是沿Q_1和Q_2连线的单位矢量，如图1.16所示。式1.47(a)和式1.47(b)表示库仑定律。由于力的单位是牛顿，注意到ϵ_0的单位是(库仑)^2/牛顿·米^2，即$C^2/N\cdot m^2$，通常称为法拉/米(F/m)，其中1法拉就是1(库仑)^2/牛顿·米。

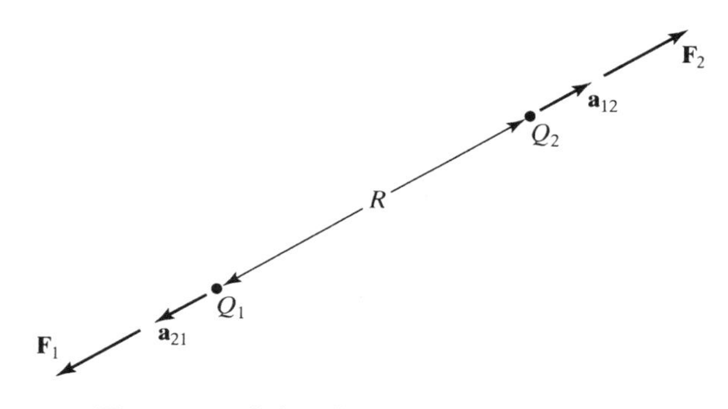

图1.16 两个点电荷Q_1和Q_2之间的作用力

在物质万有引力场的情况下，可以定义万有引力场强度，即单位质量的引力，它通过放在引力场中的一个小的试验物质受到的力来计算。用相同的方法，单位电荷的力就是电场强度，它也可通过放置在电场中的一个小的试验电荷受到的力来计算。**电场强度**用符号$\mathbf{E}$表示。另一方面，在一个空间区域，如果一个试验电荷受到的力是$\mathbf{F}$，那么这个区域中的电场强度$\mathbf{E}$可由下式确定：

$$\mathbf{E}=\frac{\mathbf{F}}{q} \tag{1.48}$$

电场强度的单位是牛顿/库仑，或用得更普遍的是伏特/米(V/m)，其中1伏特就等于1牛顿·米/库仑。试验电荷应该非常小，它的引入应该不会改变它所放置区域的电场。理想情况下，$\mathbf{E}$的定义应该是在电荷q趋于零的极限值，即

$$\mathbf{E}=\lim_{q\to 0}\frac{\mathbf{F}}{q} \tag{1.49}$$

式(1.49)是不考虑电场源时电场强度的定义方程，正如与质量有关的物体是作用于其他与质量有关的物体的引力场源，一个带电体是作用于其他带电体的电场源。在第2章中，我们将要学习存在的另外一种电场源，称为时变磁场。

现在回到库仑定律，在图1.16中，让两个点电荷中的一个如Q_2作为小的试验电荷q，即有

$$\mathbf{F}_2=\frac{Q_1 q}{4\pi\epsilon_0 R^2}\mathbf{a}_{12} \tag{1.50}$$

由点电荷Q_1在试验电荷处产生的电场强度$\mathbf{E}_2$可由下式确定：

$$\mathbf{E}_2=\frac{\mathbf{F}_2}{q}=\frac{Q_1}{4\pi\epsilon_0 R^2}\mathbf{a}_{12} \tag{1.51}$$

如果改变R，从上面的结果可以推出一般的结论，也就是说，通过在介质中移动试验电荷，写出试验电荷受力的表达式，用这个力除以该试验电荷，就可以得到点电荷Q产生的电场强度：

$$\mathbf{E}=\frac{Q}{4\pi\epsilon_0 R^2}\mathbf{a}_R \tag{1.52}$$

式中，R是点电荷Q到所求场点之间的距离；$\mathbf{a}_R$是沿着所求两点间连线的单位矢量，并指向离开

点电荷 Q 的方向。点电荷 Q 产生的电场强度是离开该点电荷并沿径向指向各场点，它的等幅面是一个中心在点电荷 Q 处的球面，如图1.17所示。

如果现在有几个点电荷 $Q_1, Q_2, \cdots$，如图1.18所示，那么位于 P 点的试验电荷受到的总电场力是该试验电荷分别受到每个点电荷作用力的矢量和，P 点的电场强度就是由各个点电荷产生的电场强度的叠加，即

$$\mathbf{E} = \frac{Q_1}{4\pi\epsilon_0 R_1^2}\mathbf{a}_{R_1} + \frac{Q_2}{4\pi\epsilon_0 R_2^2}\mathbf{a}_{R_2} + \cdots + \frac{Q_n}{4\pi\epsilon_0 R_n^2}\mathbf{a}_{R_n} \tag{1.53}$$

下面举例说明。

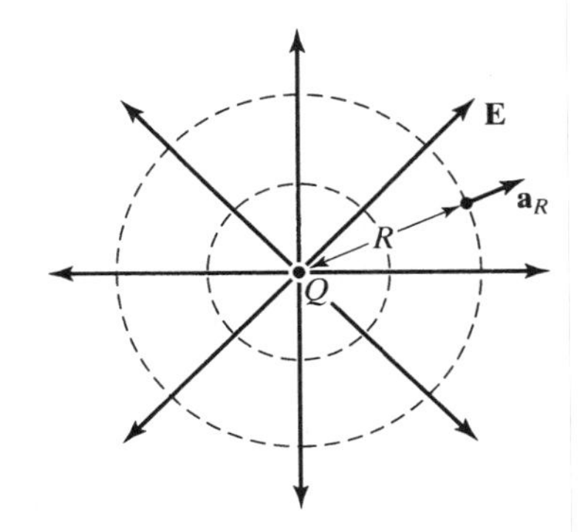

图1.17 点电荷产生的电场的方向线和等幅面

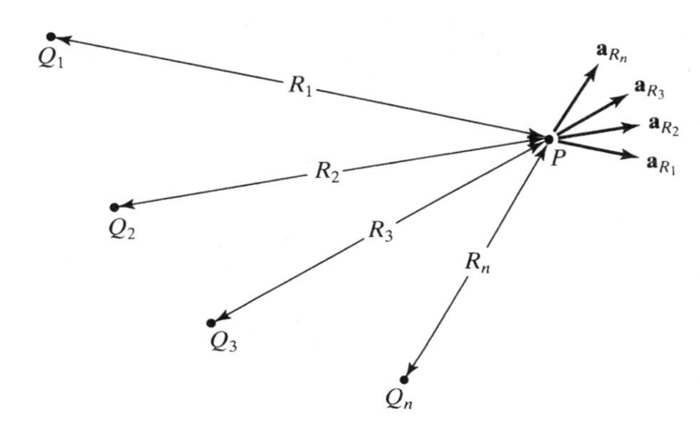

图1.18 聚集的点电荷和沿着它们在 P 点电场方向的单位矢量

例1.4

图1.19给出了分别位于正方体顶点的8个点电荷，求在任意一个点电荷处，由其余7个点电荷产生的电场强度。

首先，从式(1.52)可以确定由点 $A(x_1, y_1, z_1)$ 处的点电荷 Q 在点 $B(x_2, y_2, z_2)$ 处产生的电场强度为

$$\mathbf{E}_B = \frac{Q}{4\pi\epsilon_0(AB)^2}\mathbf{a}_{AB} = \frac{Q}{4\pi\epsilon_0(AB)^2}\frac{\mathbf{R}_{AB}}{(AB)} = \frac{Q(\mathbf{R}_{AB})}{4\pi\epsilon_0(AB)^3}$$

$$= \frac{Q}{4\pi\epsilon_0}\frac{(x_2 - x_1)\mathbf{a}_x + (y_2 - y_1)\mathbf{a}_y + (z_2 - z_1)\mathbf{a}_z}{[(x_2 - x_1)^2 + (y_2 - y_1)^2 + (z_2 - z_1)^2]^{3/2}} \tag{1.54}$$

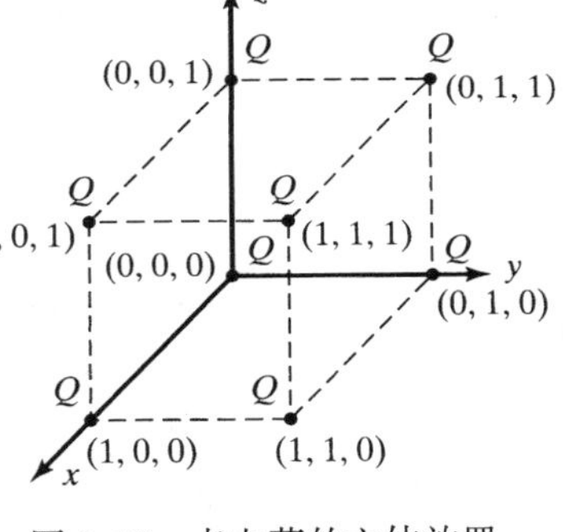

图1.19 点电荷的立体放置

使用 $\mathbf{R}_{AB}$ 表示从 A 点到 B 点的矢量。如果点(1,1,1)为所求场点，利用式(1.54)计算其余7个点电荷在点(1,1,1)处产生的电场强度，最后利用式(1.53)进行叠加，就可以求出点(1,1,1)处总的电场强度为

$$\mathbf{E}_{(1,1,1)} = \frac{Q}{4\pi\epsilon_0}\left[\frac{\mathbf{a}_x}{(1)^{3/2}} + \frac{\mathbf{a}_y}{(1)^{3/2}} + \frac{\mathbf{a}_z}{(1)^{3/2}} + \frac{\mathbf{a}_y + \mathbf{a}_z}{(2)^{3/2}} + \frac{\mathbf{a}_z + \mathbf{a}_x}{(2)^{3/2}} + \frac{\mathbf{a}_x + \mathbf{a}_y}{(2)^{3/2}} + \frac{\mathbf{a}_x + \mathbf{a}_y + \mathbf{a}_z}{(3)^{3/2}}\right]$$

$$= \frac{Q}{4\pi\epsilon_0}\left(1 + \frac{1}{\sqrt{2}} + \frac{1}{3\sqrt{3}}\right)(\mathbf{a}_x + \mathbf{a}_y + \mathbf{a}_z)$$

$$= \frac{3.29Q}{4\pi\epsilon_0}\left(\frac{\mathbf{a}_x + \mathbf{a}_y + \mathbf{a}_z}{\sqrt{3}}\right)$$

注意到$(\mathbf{a}_x+\mathbf{a}_y+\mathbf{a}_z)/\sqrt{3}$是从点(0,0,0)到点(1,1,1)的单位矢量，并且点(1,1,1)处电场强度的方向是沿着这两个点的对角线并指向离开点(0,0,0)的方向，大小等于$\dfrac{3.29Q}{4\pi\epsilon_0}$ N/C。考虑到对称性，任意一个点电荷由其余7个点电荷产生的电场强度，大小都等于$\dfrac{3.29Q}{4\pi\epsilon_0}$ N/C，指向离开该电荷对面顶角的方向。

以上叙述的是由多个点电荷产生的电场强度的计算，也可以将它推广到具有连续电荷分布的电场强度的计算，即依据线上、面上或体积内的电荷分布，将电荷所在的区域分成长度元、面元或体积元，而在每一个长度元、面元或体积元上的电荷，都可以看成一个点电荷，然后再进行叠加即可。对感兴趣的读者，下面将给出一些简单的例子。

首先考虑一个均匀分布、密度为N的电子云的运动，在如下时变电场强度的影响下：

$$\mathbf{E}=E_0\cos\omega t\,\mathbf{a}_x \tag{1.55}$$

每一个电子受到的力由下式给出：

$$\mathbf{F}=e\mathbf{E}=eE_0\cos\omega t\,\mathbf{a}_x \tag{1.56}$$

这里e是电子的电荷，电子运动的方程即为

$$m\frac{\mathrm{d}\mathbf{v}}{\mathrm{d}t}=eE_0\cos\omega t\,\mathbf{a}_x \tag{1.57}$$

式中，m是电子的质量；$\mathbf{v}$是电子的速度。求解方程式(1.57)，求出$\mathbf{v}$为

$$\mathbf{v}=\frac{eE_0}{m\omega}\sin\omega t\,\mathbf{a}_x+\mathbf{C} \tag{1.58}$$

这里$\mathbf{C}$是积分常数。假设对于$t=0$的初始条件$\mathbf{v}=0$，那么就有$\mathbf{C}=0$，式(1.58)可化简为

$$\mathbf{v}=\frac{eE_0}{m\omega}\sin\omega t\,\mathbf{a}_x=-\frac{|e|E_0}{m\omega}\sin\omega t\,\mathbf{a}_x \tag{1.59}$$

电子云的运动可以引起电流，下面找出垂直穿过无限小面元ΔS上的电流，ΔS的取向是该面的法线方向，并且与x方向的夹角为α，如图1.20所示。考虑一个无限小的时间间隔Δt，当v_x是负值时，在这个时间间隔内，从ΔS的右边到它的左边，穿过ΔS的电子数量就等于长度为$|v_x|\Delta t$、横截面为$\Delta S\cos\alpha$所考虑面积右边的圆柱体内存在的电子数量，这样在Δt内垂直穿过ΔS面、运动到它左边的负电荷ΔQ就是

$$\begin{aligned}\Delta Q&=(\Delta S\cos\alpha)(|v_x|\Delta t)Ne\\&=Ne|v_x|\Delta S\cos\alpha\,\Delta t\end{aligned} \tag{1.60}$$

从左边到右边穿过ΔS面的电流ΔI为

$$\begin{aligned}\Delta I&=\frac{|\Delta Q|}{\Delta t}=N|e||v_x|\Delta S\cos\alpha\\&=\frac{N|e|^2}{m\omega}E_0\sin\omega t\,\Delta S\cos\alpha\\&=\frac{Ne^2}{m\omega}E_0\sin\omega t\,\mathbf{a}_x\cdot\Delta S\,\mathbf{a}_n\end{aligned} \tag{1.61}$$

式中，$\mathbf{a}_n$是垂直于ΔS面的单位矢量，如图1.20所示。

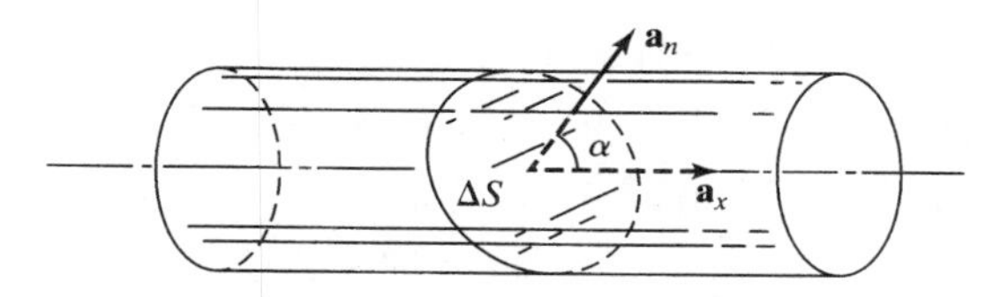

图 1.20　利用电子云的运动计算垂直穿过无限小面积的电流

现在讨论与电流流动有关的电流密度矢量 $\mathbf{J}$。电流密度矢量的大小等于单位面积的电流,方向是面的法向方向,此时面的取向可以得到垂直穿过它的最大电流。当 $\alpha=0$ 时,垂直穿过 ΔS 的电流最大,即 ΔS 的取向就是 $\mathbf{a}_n=\mathbf{a}_x$,单位面积的电流等于 $\frac{Ne^2}{m\omega}E_0\sin\omega t$,于是,电流密度矢量就等于

$$\begin{aligned}\mathbf{J} &= \frac{Ne^2}{m\omega}E_0\sin\omega t\,\mathbf{a}_x\\ &= Ne\mathbf{v}\end{aligned}\tag{1.62}$$

最后将式(1.62)代入式(1.61),可以得到垂直穿过任意面积 $\Delta\mathbf{S}=\Delta S\mathbf{a}_n$ 的电流就简单地等于 $\mathbf{J}\cdot\Delta\mathbf{S}$。

1.6　磁场

在前面介绍了库仑实验定律,库仑定律研究的电场力与两个点电荷有关,电场强度矢量则是电场中放置的试验电荷每单位电荷所受到的作用力。在本节中,将要介绍另外一个实验定律,称为**安培力定律**,与库仑定律类似,并利用它介绍磁场的概念。

安培力定律涉及**磁场**力,磁场力与依靠环内电荷运动的两个载流环有关。图 1.21 给出了两个分别载有电流 I_1 和 I_2 的电流环,每一个电流环可以分成许多个无限小的电流元,电流环受到的总力是组成电流环的无限小电流元受到力的矢量和,而每个无限小电流元受到的力又是组成第二个电流环的无限小电流元施加在其上作用力的矢量和。假如第一个电流环的电流元数为 m,第二个电流环的电流元数为 n,那么将有 $m\times n$ 个电流元对,一对磁力与每一对这样的电流元有关,正如一对电场力与一对点电荷有关一样。如果考虑电流环 1 的电流元 $d\mathbf{l}_1$,电流环 2 的电流元 $d\mathbf{l}_2$,那么电流元 $d\mathbf{l}_1$ 和 $d\mathbf{l}_2$ 分别受到的作用力 $d\mathbf{F}_1$ 和 $d\mathbf{F}_2$ 为

$$d\mathbf{F}_1 = I_1\,d\mathbf{l}_1\times\left(\frac{kI_2\,d\mathbf{l}_2\times\mathbf{a}_{21}}{R^2}\right)\tag{1.63a}$$

$$d\mathbf{F}_2 = I_2\,d\mathbf{l}_2\times\left(\frac{kI_1\,d\mathbf{l}_1\times\mathbf{a}_{12}}{R^2}\right)\tag{1.63b}$$

式中,$\mathbf{a}_{21}$ 和 $\mathbf{a}_{12}$ 是沿着两个电流元连线的单位矢量;R 是它们之间的距离;k 是与介质有关的比例系数。在自由空间,k 等于 $\mu_0/4\pi$,μ_0 是自由空间的磁导率,大小等于 $4\pi\times10^{-7}$。从式(1.63a)和式(1.63b)可以得出,μ_0 的单位是牛顿/安培^2,通常称为**亨利/米**(H/m),其中 1 亨利等于 1 牛顿·米/安培^2。

式(1.63a)和式(1.63b)表示用于一对电流元的安培力定律,从这两个方程可以得出以下特性。

1. 作用力的大小与两个电流的乘积和两个电流元长度的乘积成正比。

2. 作用力的大小与两个电流元之间距离的平方成反比。
3. 为了确定作用于电流元 $d\mathbf{l}_1$ 上力的方向，首先找出叉积 $d\mathbf{l}_2\times\mathbf{a}_{21}$，然后再叉乘 $d\mathbf{l}_1$ 得到最终矢量；类似地，确定作用于电流元 $d\mathbf{l}_2$ 上力的方向，首先找出叉积 $d\mathbf{l}_1\times\mathbf{a}_{12}$，然后再叉乘 $d\mathbf{l}_2$ 得到最终矢量。对于 $d\mathbf{l}_1$ 和 $d\mathbf{l}_2$ 任意取向的一般情况，这样求出的 $d\mathbf{F}_{12}$ 和 $d\mathbf{F}_{21}$ 是不相等并且是反向的，这并不违反牛顿第三定律，因为终端没有电荷的源和汇的孤立电流元是不存在的。然而，牛顿第三定律对整个电流环必须也确实成立。

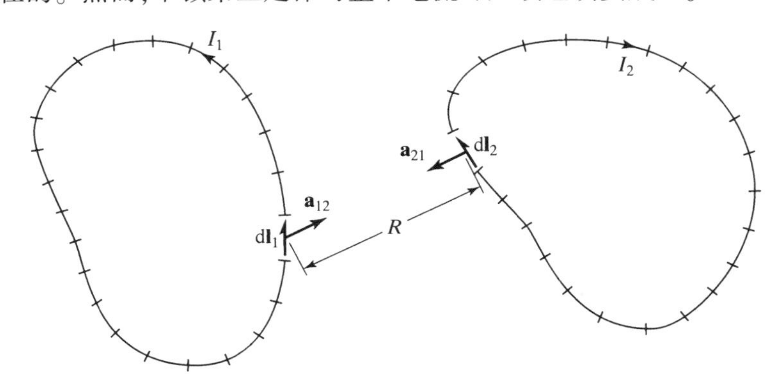

图 1.21　两个载流为 I_1 和 I_2 的导线环

式(1.63a)和式(1.63b)给出了一个电流元受到另一个电流元产生的场的作用。由定义可知，这个场就是磁场，用**磁通密度矢量**或磁感应强度来表示它的特性，符号为 $\mathbf{B}$。这样，从式(1.63b)可以推出电流元 $d\mathbf{l}_1$ 在电流元 $d\mathbf{l}_2$ 处产生的磁感应强度矢量为

$$\mathbf{B}_1=\frac{\mu_0}{4\pi}\frac{I_1\,d\mathbf{l}_1\times\mathbf{a}_{12}}{R^2}\tag{1.64}$$

并且磁感应强度作用在 $d\mathbf{l}_2$ 上产生的作用力就等于

$$d\mathbf{F}_2=I_2\,d\mathbf{l}_2\times\mathbf{B}_1\tag{1.65}$$

类似地，从式(1.63a)可以推出电流元 $d\mathbf{l}_2$ 在电流元 $d\mathbf{l}_1$ 处的磁感应强度矢量为

$$\mathbf{B}_2=\frac{\mu_0}{4\pi}\frac{I_2\,d\mathbf{l}_2\times\mathbf{a}_{21}}{R^2}\tag{1.66}$$

磁感应强度作用在 $d\mathbf{l}_1$ 上产生的作用力就等于

$$d\mathbf{F}_1=I_1\,d\mathbf{l}_1\times\mathbf{B}_2\tag{1.67}$$

从式(1.65)和式(1.67)可以看出，$\mathbf{B}$ 的单位是牛顿/安培·米，通常记为**韦伯/米²**（$\mathrm{Wb/m^2}$），或特斯拉(T)，其中 1 韦伯就等于 1 牛顿·米/安培。每单位面积韦伯的单位也给出了 $\mathbf{B}$ 的通量密度的特点。

$\mathbf{B}$ 有通量密度的特点，另一方面 $\mathbf{E}$ 有电场强度的特点，电场和磁场都是基本的场矢量，因为它们共同定义了作用在一个电场和磁场区域内的一个电荷上的力，这个作用力将在本节学习。位移通量密度矢量和磁场强度矢量将在第 2 章中介绍。

归纳式(1.64)和式(1.66)，可以得到长度为 $d\mathbf{l}$、载有电流 I 的无限小电流元产生的磁感应强度为

$$\mathbf{B}=\frac{\mu_0}{4\pi}\frac{I\,d\mathbf{l}\times\mathbf{a}_R}{R^2}\tag{1.68}$$

式中，R 是从电流元到所求场点 P 之间的距离；$\mathbf{a}_R$ 是沿电流元到所求场点 P 连线的单位矢量，并指向离开电流元的方向，如图 1.22 所示。方程式(1.68)称为**毕奥-萨伐尔定律**，类似于点电荷产生的电场强度的表达式。毕奥-萨伐尔定律告诉我们，所求场点 P 处 $\mathbf{B}$ 的大小与电流 I、电流元的长度 $\mathrm{d}\mathbf{l}$、电流元与 P 点和电流元连线夹角 α 的正弦成正比，与电流元到 P 点的距离 R 的平方成反比。因此，在沿电流元轴线方向的磁通密度为零，P 点 $\mathbf{B}$ 的方向垂直于包含电流元以及电流元与 P 点连线构成的平面，正如叉积运算 $\mathrm{d}\mathbf{l}\times\mathbf{a}_R$ 确定的方向，也就是对导线轴形成右手圆。分析一个有具体数字的例子，如电流元 $0.01\mathbf{a}_z$ 位于原点，电流元的电流为 2 A，点(0,1,1)的磁感应强度的大小等于 $10^{-9}/\sqrt{2}\ \mathrm{Wb/m^2}$，方向沿 $-\mathbf{a}_x$ 方向。一个给定电流分布的源产生的磁场，可通过将电流分布区间分割成许多无限小的电流元，利用毕奥-萨伐尔定律求出每一个电流元产生的磁场，然后进行叠加即可。对感兴趣的读者，下面给出一些简单的例子。

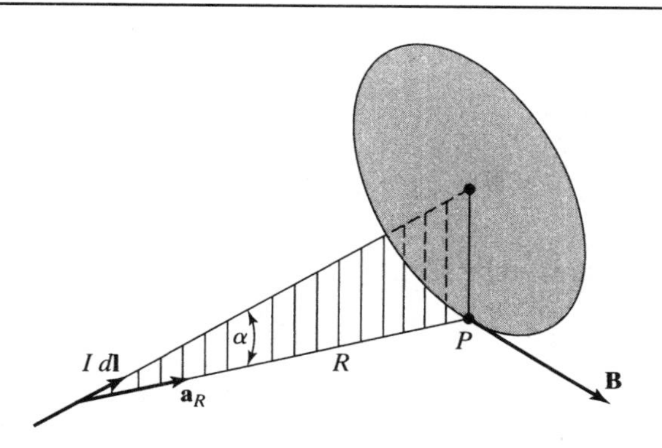

图 1.22　无限小的电流元产生的磁感应强度

现在回到式(1.65)和式(1.67)并进行归纳，一个长度为 $\mathrm{d}\mathbf{l}$、电流为 I 的电流元放置在磁感应强度为 $\mathbf{B}$ 的场中，电流元受到的力 $\mathrm{d}\mathbf{F}$ 为

$$\mathrm{d}\mathbf{F} = I\,\mathrm{d}\mathbf{l}\times\mathbf{B} \tag{1.69}$$

另一方面，如果一个电流元在区间受到力的作用，那么就认为这个区间具有磁场的特性。因为电流源于电荷的运动，式(1.69)也可以用产生电流的运动电荷来表示，这样，如果长度为 $\mathrm{d}\mathbf{l}$ 的电流元中包含的电荷为 $\mathrm{d}q$，以速度 $\mathbf{v}$ 穿过导体横截面的时间是 $\mathrm{d}t$，那么，$I=\mathrm{d}q/\mathrm{d}t$，$\mathrm{d}\mathbf{l}=\mathbf{v}\mathrm{d}t$，于是

$$\mathrm{d}\mathbf{F} = \frac{\mathrm{d}q}{\mathrm{d}t}\mathbf{v}\,\mathrm{d}t\times\mathbf{B} = \mathrm{d}q\,\mathbf{v}\times\mathbf{B} \tag{1.70}$$

以速度 $\mathbf{v}$ 运动的试验电荷 q 在磁感应强度为 $\mathbf{B}$ 的磁场中受到的作用力为

$$\mathbf{F} = q\mathbf{v}\times\mathbf{B} \tag{1.71}$$

现在依据运动的试验电荷来确定 $\mathbf{B}$ 的方程，从式(1.71)可知，磁力的方向垂直于 $\mathbf{v}$ 和 $\mathbf{B}$，如图 1.23 所示，磁力的大小等于 $qvB\sin\delta$，这里 δ 是 $\mathbf{v}$ 和 $\mathbf{B}$ 之间的夹角。以任意速度 $\mathbf{v}$ 运动的试验电荷上的作用力 $\mathbf{F}$ 仅仅提供的是 $B\sin\delta$ 的值。为了求出 $\mathbf{B}$，必须通过试验 $\mathbf{v}$ 的几个方向，保持 $\mathbf{v}$ 的大小不变，确定出当 δ 等于 90°时最大的力 qvB。如果这个最大的力是 $\mathbf{F}_m$，并且在速度为 $v\mathbf{a}_m$ 时出现，那么

$$\mathbf{B} = \frac{\mathbf{F}_m\times\mathbf{a}_m}{qv} \tag{1.72}$$

正如定义电场强度的情况，假设试验电荷也不改变原有磁场的大小，在理想情况下，在 qv 趋于零的极限下定义 $\mathbf{B}$，即

$$\mathbf{B} = \lim_{qv\to 0}\frac{\mathbf{F}_m\times\mathbf{a}_m}{qv} \tag{1.73}$$

式(1.73)是磁感应强度的定义方程并且不考虑磁场的源。在本节中已经学过电流或运动的电荷是产生磁场的源，在第 2 章将要学习存在的另外一种产生磁场的源，称为时变电场。

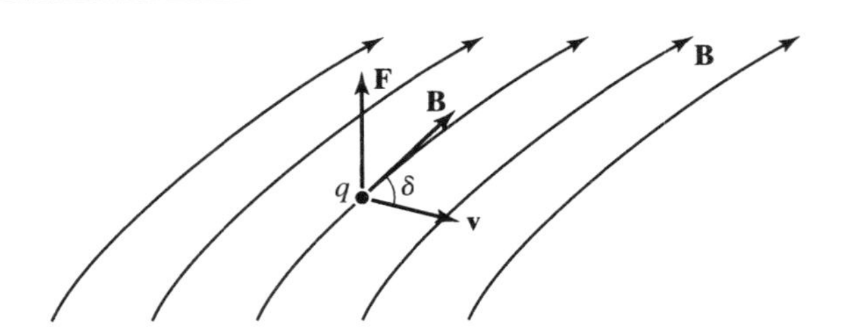

图 1.23 在磁场 **B** 中以速度 **v** 运动的试验电荷 q 受到的力

现在将式(1.48)和式(1.71)结合在一起,写出在电场强度为 **E** 和磁感应强度为 **B** 的区域内,以速度 **v** 运动的试验电荷 q 受到的总作用力为

$$\mathbf{F} = q\mathbf{E} + q\mathbf{v} \times \mathbf{B} = q(\mathbf{E} + \mathbf{v} \times \mathbf{B}) \tag{1.74}$$

方程式(1.74)称为**洛伦兹力方程**,现在举例说明。

例 1.5

在电场和磁场区域中的某一个点,以三种速度运动的试验电荷 q 受到的力分别为

$$\mathbf{F}_1 = q[E_0\mathbf{a}_x + (E_0 - v_0B_0)\mathbf{a}_y] \qquad \text{对于} \mathbf{v}_1 = v_0\mathbf{a}_x$$

$$\mathbf{F}_2 = q[(E_0 + v_0B_0)\mathbf{a}_x + E_0\mathbf{a}_y] \qquad \text{对于} \mathbf{v}_2 = v_0\mathbf{a}_y$$

$$\mathbf{F}_3 = q[E_0\mathbf{a}_x + E_0\mathbf{a}_y] \qquad \text{对于} \mathbf{v}_3 = v_0\mathbf{a}_z$$

式中,v_0,E_0 和 B_0 都是常数,求出该点的 **E** 和 **B**。

由洛伦兹力方程可得

$$q\mathbf{E} + qv_0\mathbf{a}_x \times \mathbf{B} = q[E_0\mathbf{a}_x + (E_0 - v_0B_0)\mathbf{a}_y] \tag{1.75a}$$

$$q\mathbf{E} + qv_0\mathbf{a}_y \times \mathbf{B} = q[(E_0 + v_0B_0)\mathbf{a}_x + E_0\mathbf{a}_y] \tag{1.75b}$$

$$q\mathbf{E} + qv_0\mathbf{a}_z \times \mathbf{B} = q[E_0\mathbf{a}_x + E_0\mathbf{a}_y] \tag{1.75c}$$

用式(1.75b)减去式(1.75a),并用式(1.75b)减去式(1.75c),消去 **E**,可以得到

$$(\mathbf{a}_y - \mathbf{a}_x) \times \mathbf{B} = B_0(\mathbf{a}_x + \mathbf{a}_y) \tag{1.76a}$$

$$(\mathbf{a}_y - \mathbf{a}_z) \times \mathbf{B} = B_0\mathbf{a}_x \tag{1.76b}$$

从上面的方程可以看出,**B** 垂直于($\mathbf{a}_x + \mathbf{a}_y$)和 $\mathbf{a}_x$,因此 **B** 等于 $\mathbf{C}(\mathbf{a}_x + \mathbf{a}_y) \times \mathbf{a}_x$ 或 $-C\mathbf{a}_z$,这里 C 是待定系数。为了确定待定系数,将 $\mathbf{B} = -C\mathbf{a}_z$ 代入式(1.76a)可以得到

$$(\mathbf{a}_y - \mathbf{a}_x) \times (-C\mathbf{a}_z) = B_0(\mathbf{a}_x + \mathbf{a}_y)$$

$$-C(\mathbf{a}_x + \mathbf{a}_y) = B_0(\mathbf{a}_x + \mathbf{a}_y)$$

或 $C = -B_0$,这样就有

$$\mathbf{B} = B_0\mathbf{a}_z$$

将这个结果代入式(1.75c)可求出

$$\mathbf{E} = E_0(\mathbf{a}_x + \mathbf{a}_y)$$

小结

在本章开始首先学习了矢量代数的一些规则,这些规则对于学习电磁场理论基础是必需的,可以依据矢量沿三个相互正交方向的分量来表示矢量。为了用系统的方法求出在空间不同点涉

及矢量的运算,介绍了笛卡儿坐标系,以及矢量代数规则在笛卡儿坐标系中的应用。为了总结这些规则,考虑以下三个矢量:

$$\mathbf{A} = A_x\mathbf{a}_x + A_y\mathbf{a}_y + A_z\mathbf{a}_z$$
$$\mathbf{B} = B_x\mathbf{a}_x + B_y\mathbf{a}_y + B_z\mathbf{a}_z$$
$$\mathbf{C} = C_x\mathbf{a}_x + C_y\mathbf{a}_y + C_z\mathbf{a}_z$$

在右手笛卡儿坐标系中,有 $\mathbf{a}_x \times \mathbf{a}_y = \mathbf{a}_z$ 成立,故

$$\mathbf{A} + \mathbf{B} = (A_x + B_x)\mathbf{a}_x + (A_y + B_y)\mathbf{a}_y + (A_z + B_z)\mathbf{a}_z$$
$$\mathbf{B} - \mathbf{C} = (B_x - C_x)\mathbf{a}_x + (B_y - C_y)\mathbf{a}_y + (B_z - C_z)\mathbf{a}_z$$
$$m\mathbf{A} = mA_x\mathbf{a}_x + mA_y\mathbf{a}_y + mA_z\mathbf{a}_z$$
$$\frac{\mathbf{B}}{n} = \frac{B_x}{n}\mathbf{a}_x + \frac{B_y}{n}\mathbf{a}_y + \frac{B_z}{n}\mathbf{a}_z$$
$$|\mathbf{A}| = \sqrt{A_x^2 + A_y^2 + A_z^2}$$
$$\mathbf{a}_A = \frac{A_x}{\sqrt{A_x^2 + A_y^2 + A_z^2}}\mathbf{a}_x + \frac{A_y}{\sqrt{A_x^2 + A_y^2 + A_z^2}}\mathbf{a}_y + \frac{A_z}{\sqrt{A_x^2 + A_y^2 + A_z^2}}\mathbf{a}_z$$
$$\mathbf{A} \cdot \mathbf{B} = A_xB_x + A_yB_y + A_zB_z$$
$$\mathbf{A} \times \mathbf{B} = \begin{vmatrix} \mathbf{a}_x & \mathbf{a}_y & \mathbf{a}_z \\ A_x & A_y & A_z \\ B_x & B_y & B_z \end{vmatrix}$$
$$\mathbf{A} \cdot \mathbf{B} \times \mathbf{C} = \begin{vmatrix} A_x & A_y & A_z \\ B_x & B_y & B_z \\ C_x & C_y & C_z \end{vmatrix}$$

其他有用的表示式为

$$d\mathbf{l} = dx\,\mathbf{a}_x + dy\,\mathbf{a}_y + dz\,\mathbf{a}_z$$
$$d\mathbf{S} = \pm dx\,dy\,\mathbf{a}_z, \qquad \pm dy\,dz\,\mathbf{a}_x, \qquad \pm dz\,dx\,\mathbf{a}_y$$
$$dv = dx\,dy\,dz$$

作为介绍电场和磁场的前言,首先通过一些简单的例子,如圆锥面上点的高度场、空间的温度场,以及与中心旋转方向有关的速度矢量场来讨论标量场和矢量场以及静态场和时变场的概念。根据矢量场中矢量线的方向,确定等幅线或等幅面来形象地描述场,特别介绍了正弦时变场。矢量场的极化,就是描述矢量场在某点的取向随时间变化的特性。我们也复习了相量法,相量法作为包含正弦时变量的数学运算的简化工具。

有了必需的矢量代数工具和物理场概念的基础,从库仑定律和安培力定律这两个实验定律出发,介绍了电场和磁场的概念。库仑定律与两个点电荷之间的作用力有关,安培力定律与两个电流元之间的作用力有关。从这些定律,可以推出由点电荷 Q 产生的电场强度 $\mathbf{E}$,以及由电流元 $I\mathrm{d}\mathbf{l}$ 产生的磁感应强度 $\mathbf{B}$,公式表示如下:

$$\mathbf{E} = \frac{Q}{4\pi\epsilon_0 R^2}\mathbf{a}_R$$
$$\mathbf{B} = \frac{\mu_0 I\,d\mathbf{l} \times \mathbf{a}_R}{4\pi R^2}$$

其中，ϵ_0和μ_0分别是自由空间的介电常数和磁导率；R是从源点到所求场点P之间的距离；$\mathbf{a}_R$是从源点指向场点P的单位矢量。电场是一个作用于电荷的力场，仅仅由电荷特性决定，电场力由下式确定：

$$\mathbf{F}=q\mathbf{E}$$

另一方面，磁场力仅仅作用于运动电荷或电流，由下式确定：

$$\mathbf{F}=\mathrm{d}q\,\mathbf{v}\times\mathbf{B}=I\mathrm{d}\mathbf{l}\times\mathbf{B}$$

综合电场和磁场的概念，最后介绍了洛伦兹力方程，在电场为$\mathbf{E}$和磁场为$\mathbf{B}$的区域中，一个以速度$\mathbf{v}$运动的电荷q受到的洛伦兹力为

$$\mathbf{F}=q(\mathbf{E}+\mathbf{v}\times\mathbf{B})$$

复习思考题

1.1 给出一些标量的例子。

1.2 给出一些矢量的例子。

1.3 指出$\mathbf{A}\cdot\mathbf{B}=0$的所有条件。

1.4 指出$\mathbf{A}\times\mathbf{B}=0$的所有条件。

1.5 $\mathbf{A}\cdot\mathbf{B}\times\mathbf{C}=0$含义是什么？

1.6 参考矢量$\mathbf{a}_1$，$\mathbf{a}_2$和$\mathbf{a}_3$成为正交系统需要满足什么条件？

1.7 指出$\mathbf{a}_1$，$\mathbf{a}_2$和$\mathbf{a}_3$分别指向西、向北和向下构成的是右手系还是左手系？

1.8 在笛卡儿坐标系中的单位矢量有什么特别的优点？

1.9 如何找出与一个平面垂直的矢量？

1.10 如何找出一个点到一个平面的垂直距离？

1.11 环绕半径为1 m的圆周长的总距离是多少？沿着圆的总矢量距离是多少？

1.12 边长为1 m的立方体的总表面面积是多少？如果每个面的法线方向均是正方体的外法线方向，那么正方体的总矢量面积是多少？

1.13 简述你对标量场概念的理解，并举例说明。

1.14 简述你对矢量场概念的理解，并举例说明。

1.15 如何图示地球的万有引力场？

1.16 一个正弦时变场矢量用它沿x，y和z轴的分量来表示，每个分量是什么极化？

1.17 两个线极化的正弦时变矢量的合成矢量是圆极化的条件是什么？

1.18 任意幅度、任意相位角和任意方向的两个正弦时变线极化矢量的合成矢量是什么极化？

1.19 将手表上的秒针看成一个矢量，指出它的极化特性，并说明它的频率。

1.20 什么是相量？

1.21 相量和矢量之间有何关系？请解释。

1.22 简述两个正弦时间函数相加的相量法。

1.23 简述微分方程的正弦稳态解的相量法。

1.24 叙述库仑定律，力学中的什么定律与库仑定律类似？

1.25 电场强度的定义是什么？

1.26 电场强度的单位是什么？

1.27　自由空间的介电常数是多少？它的单位是什么？
1.28　简述点电荷产生的电场。
1.29　如何求出连续电荷分布产生的电场强度？
1.30　电流密度如何定义？它的单位是什么？
1.31　如果一个电流流过一个平面，如何确定面上某一点的电流密度？它的单位是什么？
1.32　说明应用于电流元的安培力定律。
1.33　为什么电流元不需要满足牛顿第三定律？
1.34　自由空间的磁导率是多少？它的单位是什么？
1.35　简述电流元产生的磁场。
1.36　依据电流元上的作用力，如何确定磁感应强度？
1.37　依据运动电荷上的作用力，如何确定磁感应强度？
1.38　磁感应强度的单位是什么？
1.39　说明洛伦兹力方程。
1.40　如果假设没有电场，某一点的磁场可以通过以两个非共线速度运动的试验电荷上的作用力得到，请解释原因。

习题

1.1　某点的运动甲虫向北移动 1 m，向东移动 1/2 m，向南移动 1/4 m，向西移动 1/8 m，向北移动 1/16 m，等等，形成一个向右的 90°转角，且每次距离减半。试求：(a)运动甲虫走过的总距离是多少？(b)找出甲虫起始位置与最终位置之间的关系。(c)求出甲虫起始位置与最终位置的直线距离。

1.2　从下面的方程组求出 $\mathbf{A}$，$\mathbf{B}$ 和 $\mathbf{C}$：

$$\mathbf{A}+\mathbf{B}+\mathbf{C}=2\mathbf{a}_1+3\mathbf{a}_2+2\mathbf{a}_3$$
$$2\mathbf{A}+\mathbf{B}-\mathbf{C}=\mathbf{a}_1+3\mathbf{a}_2$$
$$\mathbf{A}-2\mathbf{B}+3\mathbf{C}=4\mathbf{a}_1+5\mathbf{a}_2+\mathbf{a}_3$$

1.3　证明 $(\mathbf{A}+\mathbf{B})\cdot(\mathbf{A}-\mathbf{B})=A^2-B^2$，$(\mathbf{A}+\mathbf{B})\times(\mathbf{A}-\mathbf{B})=2\mathbf{B}\times\mathbf{A}$。利用 $\mathbf{A}=3\mathbf{a}_1-5\mathbf{a}_2+4\mathbf{a}_3$ 和 $\mathbf{B}=\mathbf{a}_1+\mathbf{a}_2-2\mathbf{a}_3$ 验证上式。

1.4　给出 $\mathbf{A}=-2\mathbf{a}_1+\mathbf{a}_2$，$\mathbf{B}=\mathbf{a}_1-2\mathbf{a}_2+\mathbf{a}_3$，$\mathbf{C}=3\mathbf{a}_1+2\mathbf{a}_2+\mathbf{a}_3$，计算 $\mathbf{A}\times(\mathbf{B}\times\mathbf{C})+\mathbf{B}\times(\mathbf{C}\times\mathbf{A})+\mathbf{C}\times(\mathbf{A}\times\mathbf{B})$。

1.5　证明 $\frac{1}{2}|\mathbf{A}\times\mathbf{B}|$ 等于以 $\mathbf{A}$ 和 $\mathbf{B}$ 为两个边的三角形的面积，然后计算以点(1,2,1)，(−3,−4,5)和点(2,−1,−3)构成的三角形的面积。

1.6　证明 $\mathbf{A}\cdot\mathbf{B}\times\mathbf{C}$ 是以 $\mathbf{A}$，$\mathbf{B}$ 和 $\mathbf{C}$ 为相邻边的平行六面体的体积，然后计算 $\mathbf{A}=4\mathbf{a}_x$，$\mathbf{B}=2\mathbf{a}_x+\mathbf{a}_y+3\mathbf{a}_z$，$\mathbf{C}=2\mathbf{a}_y+6\mathbf{a}_z$ 的体积，并解释结果。

1.7　已知 $\mathbf{a}_x\times\mathbf{A}=-\mathbf{a}_y+2\mathbf{a}_z$，$\mathbf{a}_y\times\mathbf{A}=\mathbf{a}_x-2\mathbf{a}_z$，计算 $\mathbf{A}$。

1.8　计算从点(5,0,3)到点(3,3,2)的矢量沿着从点(6,2,4)到点(3,3,6)矢量方向上的分量。

1.9　求出平面 $4x-5y+3z=60$ 的法向单位矢量，然后计算从原点到该平面的距离。

1.10　写出点(1,2,8)沿直线 $y=2x$，$z=4y$ 的微分长度矢量 $d\mathbf{l}$，在 x 轴上的投影为 dx。

1.11　写出点(4,4,2)沿曲线 $x=y=z^2$ 的微分长度矢量 $d\mathbf{l}$，在 z 轴上的投影为 dz。

1.12　写出点(1,1,1/2)在平面 $x+2z=2$ 上的微分面积矢量 d**S**，在 xy 平面上的投影为 $dxdy$。

1.13　求出面 $y=x^2$ 在点(2,4,1)处的两个切向微分长度矢量，然后计算此面在该点的法向单位矢量。

1.14　半径为 2 m 的半球形碗底放在 xy 平面，它的中心在原点，写出碗上点以 x 和 y 为函数的高度标量场的表达式。

1.15　一个数等于它的坐标和，指定矩形空间内的每一个点的三个相邻边作为坐标轴，作出以该方法确定的数的场的等幅面草图。

1.16　写出从矩形空间中的一个顶点到矩形空间中的一个点的矢量距离的表达式，选择该点的三个边为坐标轴，简述与空间中的点有关的矢量距离场。

1.17　对于图 1.9 所示的旋转圆盘，写出与圆盘上点有关的线性速度矢量场，选取圆盘中心为 xy 坐标系的原点。

1.18　给定 $f(z,t)=10\cos(2\pi\times10^7t-0.1\pi z)$，(a)在 $t=0,\frac{1}{8}\times10^{-7},\frac{1}{4}\times10^{-7},\frac{3}{8}\times10^{-7}$和$\frac{1}{2}\times10^{-7}$ s 时刻，画出 f 与 z 的关系曲线，(b) 在 $z=0,2.5,5,7.5$ 和 10 m 处，画出 f 与 t 的关系曲线。从(a)所作的曲线，可以得出函数 $f(z,t)$ 的什么结论？

1.19　给定 $f(z,t)=10\cos(2\pi\times10^7t+0.1\pi z)$，重新计算习题 1.18 的问题。

1.20　给定 $f(z,t)=10\cos(2\pi\times10^7t)\cos(0.1\pi z)$，重新计算习题 1.18 的问题。

1.21　对下面每个矢量场，确定它们的极化特性。

(a) $1\ \cos(\omega t+30°)\mathbf{a}_x+\sqrt{2}\cos(\omega t+30°)\mathbf{a}_y$

(b) $1\ \cos(\omega t+30°)\mathbf{a}_x+1\ \cos(\omega t-60°)\mathbf{a}_y$

(c) $1\ \cos(\omega t+30°)\mathbf{a}_x+\sqrt{2}\cos(\omega t-60°)\mathbf{a}_y$

1.22　确定下面两个矢量场的合成矢量的极化特性。

$$\mathbf{F}_1=(-\sqrt{3}\mathbf{a}_x+\mathbf{a}_y)\cos\omega t$$

$$\mathbf{F}_2=\left(\frac{1}{2}\mathbf{a}_x+\frac{\sqrt{3}}{2}\mathbf{a}_y-\sqrt{3}\mathbf{a}_z\right)\sin\omega t$$

1.23　对矢量场 $1\cos\omega t\mathbf{a}_x+\sqrt{2}\sin\omega t\mathbf{a}_y$，画出类似于图 1.12 和图 1.13 的草图，并指出它的极化特性。

1.24　利用相量法，计算 $10\cos(\omega t-30°)+10\cos(\omega t+210°)$。

1.25　利用相量法，计算 $3\cos(\omega t+60°)-4\cos(\omega t+150°)$。

1.26　利用相量法，求解微分方程 $5\times10^{-6}\frac{di}{dt}+12i=13\cos10^6t$。

1.27　两个点电荷的质量为 m，电荷为 q，分别用长度为 l 的线悬挂在一个公共点上，当在公共点排列形成的角度为90°时，计算 q 的值。

1.28　点电荷 Q 和 $-Q$ 分别放在点(0,0,1)和点(0,0,－1)处，计算(a)在点(0,0,100)和(b)在点(100,0,0)处电场强度的近似值。

1.29　对于例 1.4 排列的点电荷，计算在点(2,2,2)处的 **E**。

1.30　一个线电荷的电荷分布沿着一条线，正如铅笔芯中的石墨。线电荷密度或单位长度的电荷，其单位是 C/m。确定电场强度在点(0,1,0)处的级数表达式，线电荷沿 z 轴放置，通过将点(0,0,－1)和点(0,0,1)之间等分成 100 段且有均匀密度为 10^{-3} C/m，将每段的电荷看成在每段中心放置的点电荷，应用叠加运算。

1.31 重复习题1.30的计算,线电荷密度为$10^{-3}|z|$ C/m。

1.32 电荷密度为10^{-3} C/m,电荷分布均匀半径为2 m的圆环,放置在xy平面,且中心在原点,利用习题1.30介绍的计算过程,计算点(0,0,1)的电场强度。

1.33 面电荷由面上的电荷分布组成,正如在桌面上喷漆。面电荷密度或单位面积的电荷,其单位是C/m^2。对均匀面电荷密度为10^{-3} C/m^2,求出该面在点(0,0,1)处电场强度的系列表达式,均匀电荷面的4个顶点分别为(1,1,0),(−1,1,0),(−1,−1,0)和(1,−1,0),放置在xy平面,将该面等分成10 000个小面,认为在每个小面的中心有一个点电荷,应用叠加运算。

1.34 重复习题1.33的计算,面电荷密度为$10^{-3}|xy^2|$ C/m^2。

1.35 均匀密度$N=10^{12}\,m^{-3}$的电子云,在电场$\mathbf{E}=10^{-3}\cos(2\pi\times10^7 t)\mathbf{a}_x$ V/m的作用下,计算(a)电流密度和(b)垂直穿过面$0.01(\mathbf{a}_x+\mathbf{a}_y)\,m^2$的电流。

1.36 一个质量为m、电荷为q的物体悬浮在弹性系数为k的弹簧上,物体上作用有地球万有引力场和平行于万有引力场的电场$E_0\cos\omega t$,求出该物体速度的稳态解。

1.37 电流元$I_1 d\mathbf{l}_1=I_1 dx\mathbf{a}_x$放在原点,$I_2 d\mathbf{l}_2=I_2 dy\mathbf{a}_y$放在点(0,1,0)处,计算$d\mathbf{F}_1$和$d\mathbf{F}_2$。

1.38 一个无限小的电流元$I dx(\mathbf{a}_x+2\mathbf{a}_y+2\mathbf{a}_z)$放在点(1,0,0)处,计算在(a)点(0,1,1)处和(b)点(2,2,2)处的磁感应强度。

1.39 边长为0.01 m的正方形导线环放在xy平面,它的边分别平行于x轴和y轴,中心在原点,导线环内电流为1 A,方向沿z轴正向为顺时针,计算在(a)点(0,0,1)处和(b)点(0,1,0)处的近似磁感应强度。

1.40 直导线沿z轴放置,通过电流为I,方向为z轴正向。考虑点(0,0,−1)和点(0,0,1)之间的部分导线,将该部分导线等分成100段,采用叠加法,计算点(0,1,0)处$\mathbf{B}$的系列表达式。

1.41 半径为2 m的圆环,放置在xy平面,中心在原点,圆环电流为I,方向沿z轴正向为顺时针,求出点(0,0,1)处的$\mathbf{B}$,将圆环等分成许多小段,采用叠加法计算。

1.42 电子云在圆轨道运动,圆轨道垂直于磁感应强度为B_0 Wb/m^2的均匀磁场,计算电子云的轨道频率,B_0的值为5×10^{-5}。

1.43 某点磁场$\mathbf{B}=B_0(\mathbf{a}_x+2\mathbf{a}_y-4\mathbf{a}_z)$,如果以速度$\mathbf{v}=v_0(3\mathbf{a}_x-\mathbf{a}_y+2\mathbf{a}_z)$运动的试验电荷受到的力为零,该点的电场强度是多少?

1.44 电场和磁场区域中某点的试验电荷,以三种不同的速度运动时,分别受到如下不同的作用力:

$$\mathbf{F}_1=0 \qquad 当\ \mathbf{v}=v_0\mathbf{a}_x$$
$$\mathbf{F}_2=0 \qquad 当\ \mathbf{v}=v_0\mathbf{a}_y$$
$$\mathbf{F}_3=-qE_0\mathbf{a}_z \qquad 当\ \mathbf{v}=v_0(\mathbf{a}_x+\mathbf{a}_y)$$

其中v_0和E_0是常数。(a)求出该点的$\mathbf{E}$和$\mathbf{B}$。(b)计算试验电荷以速度$\mathbf{v}=v_0(\mathbf{a}_x-\mathbf{a}_y)$运动时所受到的力。

第 2 章　麦克斯韦方程组的积分形式

在第 1 章中已经学习了矢量代数的简单运算规则,熟悉了场的基本概念,尤其是与电场和磁场有关的一些概念。现在已经具备了学习新工具的基础,这些工具是理解与麦克斯韦方程组有关的各种量所必需的,从而能够对麦克斯韦方程组进行讨论。在本章中,首先学习麦克斯韦方程组的积分形式,为下一章的麦克斯韦方程组的微分形式的推导做准备。麦克斯韦方程组的积分形式决定着空间区域中场和源的相互依赖关系。麦克斯韦方程组的微分形式则将某一点处的场矢量特性和该点处的源联系起来。

麦克斯韦方程组的积分形式是由几个实验发现和纯数学推导得到的一组定律,共有 4 个方程。然而,这里将它们作为公理,不仅要掌握麦克斯韦方程组的数学形式,而且还要深入理解其物理意义。方程中的源包括电荷和电流。场量则与电场矢量、磁场矢量的线积分和面积分有关。因此,这里首先介绍线积分和面积分,然后讨论积分形式的 4 个麦克斯韦方程。

2.1　线积分

考虑在电场 $\mathbf{E}$ 的区域中,沿着路径 C 将电荷 q 从 A 点移动到 B 点,如图 2.1(a)所示。在路径的每一个点上,电场对电荷都施加一个力,因此将电荷从一点移动一段无限小的距离到另一个点,电场对电荷做了一定量的功。为了获得将电荷从 A 点移到 B 点做功的总量,将路径分成很多无限小的段 $\Delta\mathbf{l}_1, \Delta\mathbf{l}_2, \Delta\mathbf{l}_3, \cdots, \Delta\mathbf{l}_n$,如图 2.1(b)所示。首先计算电场在每一个小段上做的功,然后将每一段上做的功加起来获得做功的总量。由于每一段的长度很小,可以认为每一段都是直的,电场在每个分段的所有点上都是一样大的,都等于分段起始处的值。

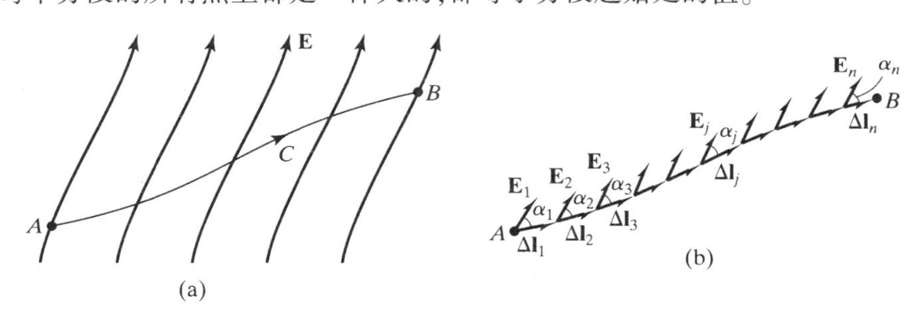

图 2.1　计算在电场中将试验电荷沿着路径 C 从 A 点移动 B 点做功的总量

如果考虑一小段线元的情况,如第 j 个分段,取电场沿着该段长度的分量,应该是 $E_j\cos\,\alpha_j$,其中 α_j 是电场矢量 $\mathbf{E}_j$ 的方向与第 j 个分段方向之间的夹角。电场强度矢量具有单位点电荷受到的电场力的物理意义,沿着第 j 个分段电场力即为 $qE_j\cos\,\alpha_j$,其中 q 是试验电荷所带电量。为了获得将试验电荷沿着第 j 个分段移动所做的功,将电场力的分量与分段的长度 Δl_j 相乘。因此对第 j 个分段来说,得到电场做功的结果为

$$\Delta W_j = qE_j \cos\alpha_j\,\Delta l_j \tag{2.1}$$

如果对所有的分段进行相同的计算，并将每段的贡献相加，则可以得到电场力将电荷从 A 移动到 B 所做的功的总量为

$$\begin{aligned} W_A^B &= \Delta W_1 + \Delta W_2 + \Delta W_3 + \cdots + \Delta W_n \\ &= qE_1\cos\alpha_1\,\Delta l_1 + qE_2\cos\alpha_2\,\Delta l_2 + qE_3\cos\alpha_3\,\Delta l_3 + \\ &\quad \cdots + qE_n\cos\alpha_n\,\Delta l_n \\ &= q\sum_{j=1}^{n} E_j\cos\alpha_j\,\Delta l_j \end{aligned} \tag{2.2}$$

通过采用两个矢量之间的点积运算，可以将总功表示成下面的矢量表示形式：

$$W_A^B = q\sum_{j=1}^{n}\mathbf{E}_j\cdot\Delta\mathbf{l}_j \tag{2.3}$$

例 2.1

考虑如下的电场：

$$\mathbf{E} = y\mathbf{a}_y$$

确定该电场移动电量为 3 μC 的电荷沿着图 2.2(a)所示的抛物线 $y=x^2$，$z=0$，从点 $A(0,0,0)$ 移到点 $B(1,1,0)$ 所做的功。

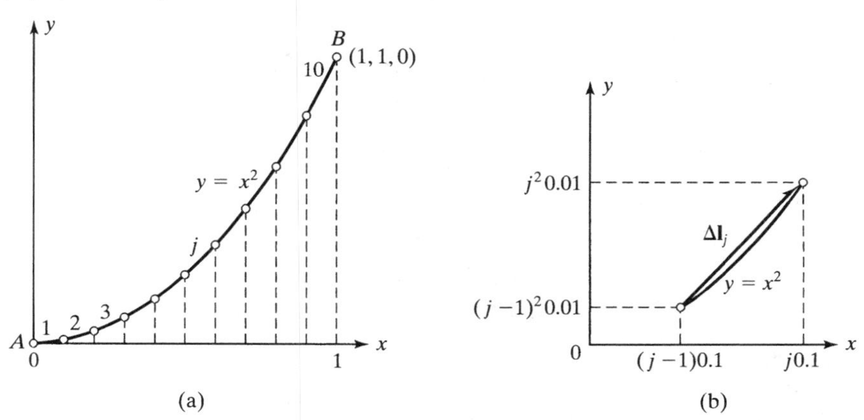

图 2.2　(a) 路径 $y=x^2$ 从点 $A(0,0,0)$ 到点 $B(1,1,0)$ 分成 10 段；(b) 对应(a)中第 j 个分段的长度矢量近似成直线

为简单起见，将该路径分成沿 x 方向等宽的 10 段，如图 2.2(a)所示。将分段以 1,2,3,…,10 进行编号。第 j 个分段的起点和终点坐标如图 2.2(b)所示。在第 j 个分段起点处的电场为

$$\mathbf{E}_j = (j-1)^2\,0.01\mathbf{a}_y$$

第 j 个分段对应的长度矢量可以近似看成连接其起点与终点的直线，其表达式为

$$\begin{aligned} \Delta\mathbf{l}_j &= 0.1\mathbf{a}_x + [j^2 - (j-1)^2]\,0.01\mathbf{a}_y \\ &= 0.1\mathbf{a}_x + (2j-1)\,0.01\mathbf{a}_y \end{aligned}$$

需要做的功为

$$\begin{aligned} W_A^B &= 3\times10^{-6}\sum_{j=1}^{10}\mathbf{E}_j\cdot\Delta\mathbf{l}_j \\ &= 3\times10^{-6}\sum_{j=1}^{10}[(j-1)^2 0.01\mathbf{a}_y]\cdot[0.1\mathbf{a}_x + (2j-1)0.01\mathbf{a}_y] \end{aligned}$$

$$= 3 \times 10^{-10} \sum_{j=1}^{10} (j-1)^2(2j-1)$$
$$= 3 \times 10^{-10}[0 + 3 + 20 + 63 + 144 + 275 + 468 + 735 + 1088 + 1539]$$
$$= 3 \times 10^{-10} \times 4335 = 1.3005\,\mu\text{J}$$

例 2.1 中获得的 W_A^B 的结果是近似的，因为从 A 到 B 的路径被分成了有限段，分的段数越多，得到的结果越精确。实际上，这个问题可以使用计算机方便地求解，使段数从小到大变化，可以看到解的收敛情况。解向分段数 $n=\infty$ 的结果进行收敛。此时式(2.3)中的求和变成积分，电场所做的功可以精确地表示为

$$W_A^B = q\int_A^B \mathbf{E}\cdot d\mathbf{l} \tag{2.4}$$

式(2.4)的右侧称为 **E 从 A 到 B 的线积分**。

例 2.2

本例通过精确计算例 2.1 中电场做功来演示线积分的计算。

注意到，曲线 $y=x^2, z=0$ 上的任意一点$(x,y,0)$处的无限小的长度矢量和曲线相切，可以表示成

$$\begin{aligned}d\mathbf{l} &= dx\,\mathbf{a}_x + dy\,\mathbf{a}_y\\ &= dx\,\mathbf{a}_x + d(x^2)\,\mathbf{a}_y\\ &= dx\,\mathbf{a}_x + 2x\,dx\,\mathbf{a}_y\end{aligned}$$

点$(x,y,0)$处 $\mathbf{E}\cdot d\mathbf{l}$ 的值为

$$\begin{aligned}\mathbf{E}\cdot d\mathbf{l} &= y\mathbf{a}_y\cdot(dx\,\mathbf{a}_x + dy\,\mathbf{a}_y)\\ &= x^2\mathbf{a}_y\cdot(dx\,\mathbf{a}_x + 2x\,dx\,\mathbf{a}_y)\\ &= 2x^3\,dx\end{aligned}$$

由此可以得到需要做的功为

$$\begin{aligned}W_A^B = q\int_A^B \mathbf{E}\cdot d\mathbf{l} &= 3\times10^{-6}\int_{(0,0,0)}^{(1,1,0)} 2x^3\,dx\\ &= 3\times10^{-6}\left[\frac{2x^4}{4}\right]_{x=0}^{x=1} = 1.5\,\mu\text{J}\end{aligned}$$

式(2.4)两边都除以 q，可以发现 $\mathbf{E}$ 从 A 到 B 的线积分的物理意义为电场将单位点电荷从 A 点移到 B 点所做的功。这个量称为 **A 和 B 之间的电压**，用符号 $[V]_A^B$ 来表示，单位为伏(V)，因此有

$$[V]_A^B = \int_A^B \mathbf{E}\cdot d\mathbf{l} \tag{2.5}$$

当路径 C 是一个闭合的路径，如图 2.3 所示，线积分的形式是在积分符号加上一个圆圈，形如$\oint_C \mathbf{E}\cdot d\mathbf{l}$。一个矢量沿闭合路径的线积分称为该矢量的**环量**。特别地，$\mathbf{E}$ 沿闭合路径的线积分是电场沿闭合路径移动单位点电荷对其所做的功，即为沿闭合路径的电压，也就是**电动势**。下面给出计算一个矢量沿闭合路径的线积分的例子。

例2.3

考虑如下力场：

$$\mathbf{F} = x\mathbf{a}_y$$

计算$\oint_C \mathbf{F}\cdot \mathrm{d}\mathbf{l}$，这里 C 为图2.4中的闭合路径 $ABCDA$。

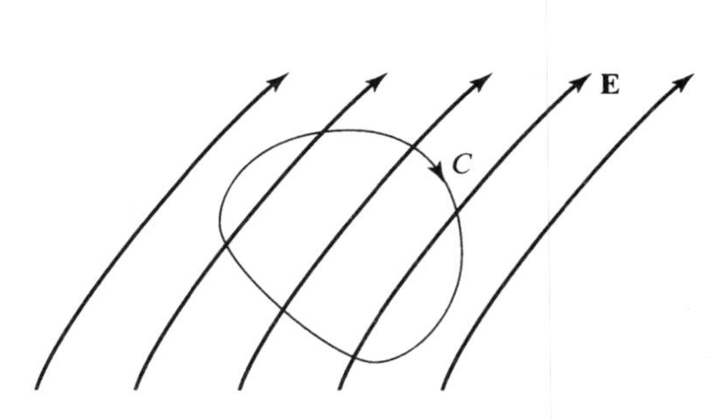

图2.3　电场区域中的闭合路径 C

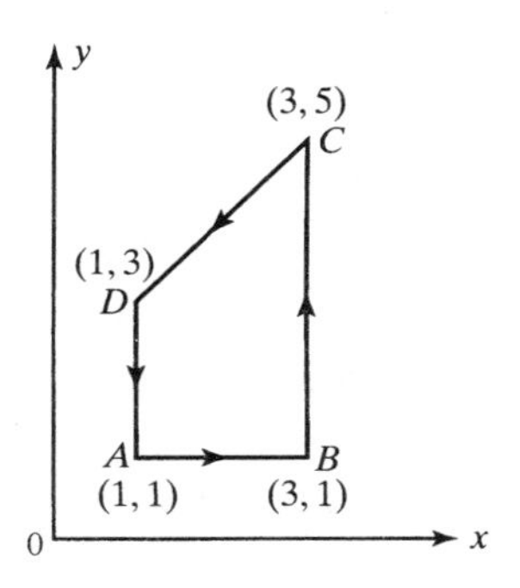

图2.4　计算力场沿闭合路径的线积分

注意到

$$\oint_{ABCDA} \mathbf{F}\cdot\mathrm{d}\mathbf{l} = \int_A^B \mathbf{F}\cdot\mathrm{d}\mathbf{l} + \int_B^C \mathbf{F}\cdot\mathrm{d}\mathbf{l} + \int_C^D \mathbf{F}\cdot\mathrm{d}\mathbf{l} + \int_D^A \mathbf{F}\cdot\mathrm{d}\mathbf{l} \tag{2.6}$$

可以分别计算式(2.6)右边的每一个线积分，然后将求得的结果加起来，即获得了所要求的结果。对 AB 边来说，

$$y = 1, \qquad \mathrm{d}y = 0, \qquad \mathrm{d}\mathbf{l} = \mathrm{d}x\,\mathbf{a}_x + (0)\mathbf{a}_y = \mathrm{d}x\,\mathbf{a}_x$$

$$\mathbf{F}\cdot\mathrm{d}\mathbf{l} = (x\mathbf{a}_y)\cdot(\mathrm{d}x\,\mathbf{a}_x) = 0$$

$$\int_A^B \mathbf{F}\cdot\mathrm{d}\mathbf{l} = 0$$

对 BC 边来说，

$$x = 3, \qquad \mathrm{d}x = 0, \qquad \mathrm{d}\mathbf{l} = (0)\mathbf{a}_x + \mathrm{d}y\,\mathbf{a}_y = \mathrm{d}y\,\mathbf{a}_y$$

$$\mathbf{F}\cdot\mathrm{d}\mathbf{l} = (3\mathbf{a}_y)\cdot(\mathrm{d}y\,\mathbf{a}_y) = 3\,\mathrm{d}y$$

$$\int_B^C \mathbf{F}\cdot\mathrm{d}\mathbf{l} = \int_1^5 3\,\mathrm{d}y = 12$$

对 CD 边来说，

$$y = 2 + x, \qquad \mathrm{d}y = \mathrm{d}x, \qquad \mathrm{d}\mathbf{l} = \mathrm{d}x\,\mathbf{a}_x + \mathrm{d}x\,\mathbf{a}_y$$

$$\mathbf{F}\cdot\mathrm{d}\mathbf{l} = (x\mathbf{a}_y)\cdot(\mathrm{d}x\,\mathbf{a}_x + \mathrm{d}x\,\mathbf{a}_y) = x\,\mathrm{d}x$$

$$\int_C^D \mathbf{F}\cdot\mathrm{d}\mathbf{l} = \int_3^1 x\,\mathrm{d}x = -4$$

对 DA 边来说，

$$x = 1, \qquad \mathrm{d}x = 0, \qquad \mathrm{d}\mathbf{l} = (0)\mathbf{a}_x + \mathrm{d}y\,\mathbf{a}_y$$

$$\mathbf{F}\cdot\mathrm{d}\mathbf{l} = (\mathbf{a}_y)\cdot(\mathrm{d}y\,\mathbf{a}_y) = \mathrm{d}y$$

$$\int_D^A \mathbf{F}\cdot\mathrm{d}\mathbf{l} = \int_3^1 \mathrm{d}y = -2$$

最后有

$$\oint_{ABCDA} \mathbf{F}\cdot d\mathbf{l} = 0 + 12 - 4 - 2 = 6$$

2.2 面积分

考虑磁场的一个区域和区域中某点处的一个无限小的面元，可以认为在该面元上磁通密度是均匀的，即使磁通密度在一个更宽广的区域可能是不均匀的。如果面元垂直于磁力线取向，如图 2.5(a)所示，则穿过该面元的磁通量为面元面积和磁通密度的乘积，即 $B\Delta S$。然而，如果面元平行于磁力线取向，如图 2.5(b)所示，则没有磁通量穿过该面元。如果面元的法线和磁力线形成一个夹角 α，如图 2.5(c)所示，则磁感应强度 **B** 垂直于面元的分量对磁通量有贡献，而 **B** 正切于面元的分量对磁通量没有贡献。**B** 垂直于面元的分量为 $B\cos\alpha$，正切于面元的分量为 $B\sin\alpha$。**B** 垂直于面元的分量产生 $(B\cos\alpha)\Delta S$ 大小的磁通量穿过该面元，而正切于面元的分量对磁通量没有贡献。所以，在这种情况下，穿过面元的磁通量为 $(B\cos\alpha)\Delta S$。这个结果也可以通过将面元投影到垂直于磁力线的平面上的方法来获得，面元的投影为 $\Delta S\cos\alpha$，因此穿过该面元的磁通量大小为 $(\Delta S\cos\alpha)B$，两种方法得到的结果是一样的。

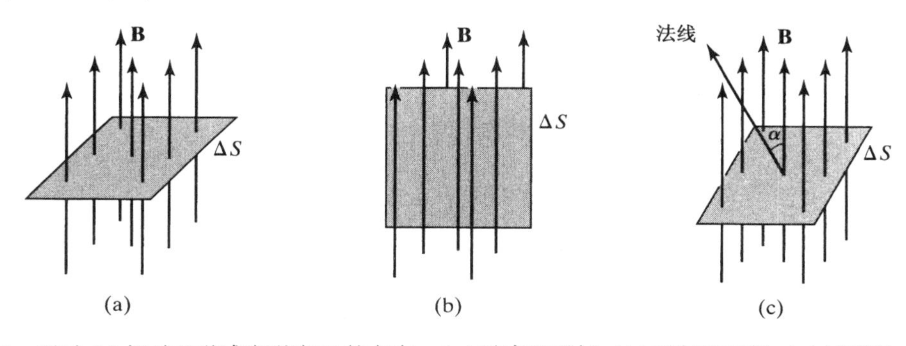

图 2.5 面元 ΔS 相对于磁感应强度 **B** 的方向。(a)垂直于磁场，(b)平行于磁场，(c)同磁场成 α 角

现在考虑磁场中的一个大的曲面 S，如图 2.6 所示。穿过这个曲面的磁通量可以通过将该曲面分成很多个无限小的面元 $\Delta S_1, \Delta S_2, \Delta S_3, \cdots, \Delta S_n$，然后将上述得出的结论应用到每一个无限小的面元，再将所有小面元的磁通量相加即可。为了获得第 j 个面元对磁通量的贡献，画出该面元的法向矢量，得到该面元的法向矢量与该面元处的磁通密度矢量 $\mathbf{B}_j$ 之间的夹角 α_j。由于面元是无限小的，取面元中心处的 **B** 作为 $\mathbf{B}_j$，相应地取该点处的法向矢量作为面元的法向矢量。第 j 个无限小的面元对总磁通量的贡献为

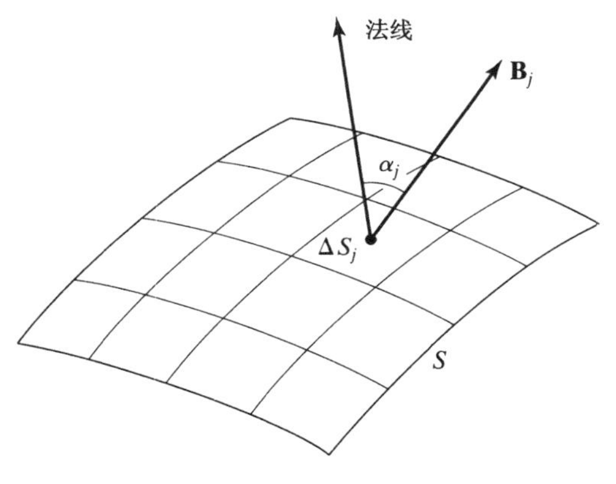

图 2.6 磁场中的大曲面分成很多个无限小的面元

$$\Delta\psi_j = B_j \cos\alpha_j\, \Delta S_j \tag{2.7}$$

式中，符号ψ代表磁通量。穿过曲面 S 的总磁通量为

$$\begin{aligned}[\psi]_S &= \Delta\psi_1 + \Delta\psi_2 + \Delta\psi_3 + \cdots + \Delta\psi_n \\ &= B_1\cos\alpha_1\,\Delta S_1 + B_2\cos\alpha_2\,\Delta S_2 + B_3\cos\alpha_3\,\Delta S_3 + \\ &\quad \cdots + B_n\cos\alpha_n\,\Delta S_n \\ &= \sum_{j=1}^{n} B_j\cos\alpha_j\,\Delta S_j \end{aligned} \tag{2.8}$$

总磁通量也可以利用矢量的点积运算写成矢量的形式：

$$[\psi]_S = \sum_{j=1}^{n} \mathbf{B}_j \cdot \Delta S_j\,\mathbf{a}_{nj} \tag{2.9}$$

式中，$\mathbf{a}_{nj}$是面元 ΔS_j 的单位法向矢量。实际上，无限小的面元可以看成一个矢量，其大小是面元的面积，方向是垂直于该面元的，即

$$\Delta\mathbf{S}_j = \Delta S_j\,\mathbf{a}_{nj} \tag{2.10}$$

因此可以将式(2.9)写成

$$[\psi]_S = \sum_{j=1}^{n} \mathbf{B}_j \cdot \Delta\mathbf{S}_j \tag{2.11}$$

例 2.4

形式为

$$\mathbf{B} = 3xy^2\mathbf{a}_z\ \mathrm{Wb/m^2}$$

的磁场，计算其穿过 xy 平面内介于 $x=0, x=1, y=0$和 $y=1$ 的曲面的磁通量。

为了简单起见，将曲面分成 25 个具有相同面积的面元，如图 2.7(a)所示。将正方形的面元标号为 11，12，…，15，21，22，…，55，第一个数字表示正方形在 x 方向的序号，第二个数字表示正方形在 y 方向的序号。第 ij 个正方形的中心处的 x 和 y 的坐标分别为$(2i-1)0.1$ 和$(2j-1)0.1$，如图 2.7(b)所示。第 ij 个正方形的中心处的磁场为

$$\mathbf{B}_{ij} = 3(2i-1)(2j-1)^2\,0.001\mathbf{a}_z$$

由于曲面被分成了具有相同面积的面元，并且所有的面元都位于 xy 平面，因此有

$$\Delta\mathbf{S}_{ij} = 0.04\,\mathbf{a}_z \qquad \text{对于所有的 } i \text{ 和 } j$$

所要求的磁通量为

$$\begin{aligned}[\psi]_S &= \sum_{i=1}^{5}\sum_{j=1}^{5} \mathbf{B}_{ij}\cdot\Delta\mathbf{S}_{ij} \\ &= \sum_{i=1}^{5}\sum_{j=1}^{5} 3(2i-1)(2j-1)^2 0.001\mathbf{a}_z \cdot 0.04\mathbf{a}_z \\ &= 0.000\,12\sum_{i=1}^{5}\sum_{j=1}^{5}(2i-1)(2j-1)^2 \\ &= 0.000\,12(1+3+5+7+9)(1+9+25+49+81) \\ &= 0.495\ \mathrm{Wb}\end{aligned}$$

因为在例 2.4 中将曲面 S 分成了有限数目的小面元，所以得到$[\psi]_S$ 的结果是近似的。对曲面划分得越细，则得到的结果就越精确。实际上，该问题可以使用计算机方便地求解，使划分的正方形数目从小到大变化，可以看到解的收敛情况。解向每个方向的正方形数目为无穷大时的结果收敛。此时式(2.11)中的求和号变成积分号，穿过该曲面的磁通量可以精确地表示为

$$[\psi]_S = \int_S \mathbf{B} \cdot \mathrm{d}\mathbf{S} \tag{2.12}$$

式中,积分号中的 S 表示积分在曲面 S 上进行。式(2.12)中右边的积分称为**B 在 S 上的面积分**。由于 $\mathrm{d}S$ 等于两个微分长度的乘积,所以面积分是双重积分。例 2.4 的内容说明了当 i 和 j 趋于无穷大时,双重求和变成了双重积分。

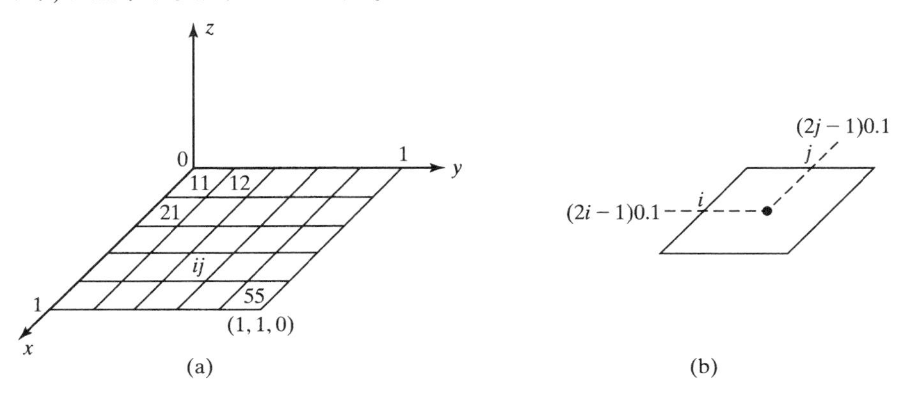

图 2.7 (a)将介于 $x=0, x=1, y=0$ 和 $y=1$ 之间的 xy 平面分成 25 个正方形;(b)对应第 ij 个正方形

例 2.5

这里通过计算例 2.4 中的磁通量的精确值来说明面积分的计算。

注意到曲面上的任意点(x,y),无限小的面元矢量可以表示为

$$\mathrm{d}\mathbf{S} = \mathrm{d}x\,\mathrm{d}y\,\mathbf{a}_z$$

在点(x,y)处 $\mathbf{B} \cdot \mathrm{d}\mathbf{S}$ 的值为

$$\begin{aligned}\mathbf{B} \cdot \mathrm{d}\mathbf{S} &= 3xy^2\,\mathbf{a}_z \cdot \mathrm{d}x\,\mathrm{d}y\,\mathbf{a}_z \\ &= 3xy^2\,\mathrm{d}x\,\mathrm{d}y\end{aligned}$$

因此,要求的磁通量为

$$\begin{aligned}[\psi]_S &= \int_S \mathbf{B} \cdot \mathrm{d}\mathbf{S} \\ &= \int_{x=0}^{1} \int_{y=0}^{1} 3xy^2\,\mathrm{d}x\,\mathrm{d}y = 0.5\ \mathrm{Wb}\end{aligned}$$

当曲面是一个闭合的曲面时,面积分公式的积分号要加上一个圆圈,形如$\oint_S \mathbf{B} \cdot \mathrm{d}\mathbf{S}$。$\mathbf{B}$ 在闭合曲面 S 上的面积分是从闭合曲面包围的空间中流出的磁通量。下面举一个计算闭合面积分的例子。

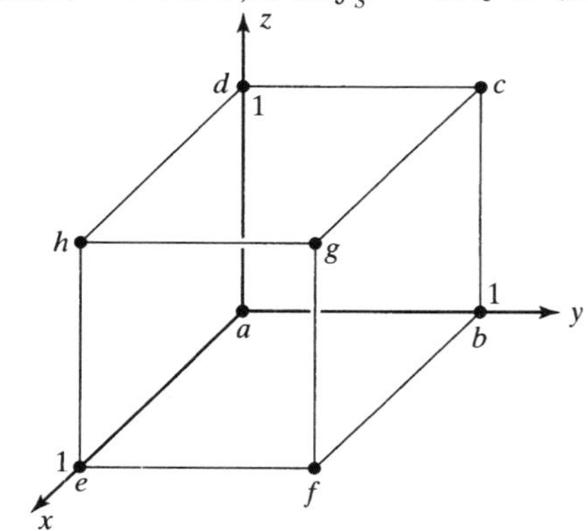

图 2.8 计算矢量在闭合曲面上的面积分

例 2.6

考虑如下形式的矢量场:

$$\mathbf{A} = (x+2)\mathbf{a}_x + (1-3y)\mathbf{a}_y + 2z\mathbf{a}_z$$

计算$\oint_S \mathbf{A} \cdot \mathrm{d}\mathbf{S}$,这里 S 为由下列平面围成的立方体:

$$\begin{aligned} x &= 0, \quad x = 1 \\ y &= 0, \quad y = 1 \\ z &= 0, \quad z = 1 \end{aligned}$$

如图 2.8 所示。

注意到

$$\oint_S \mathbf{A}\cdot d\mathbf{S} = \int_{abcd} \mathbf{A}\cdot d\mathbf{S} + \int_{efgh} \mathbf{A}\cdot d\mathbf{S} + \int_{aehd} \mathbf{A}\cdot d\mathbf{S} + \int_{bfgc} \mathbf{A}\cdot d\mathbf{S} + \int_{aefb} \mathbf{A}\cdot d\mathbf{S} + \int_{dhgc} \mathbf{A}\cdot d\mathbf{S} \tag{2.13}$$

只要计算式(2.13)右侧的每个面积分,然后将它们加起来即可以得到要求解的闭合面积分。若要这样做,由于要计算的量是 **A** 从盒子中流出的通磁量,应该将面元的法向取为由盒子内部指向外部,即外法线方向。因此,对 *abcd* 面来说,

$$x = 0, \qquad \mathbf{A} = 2\mathbf{a}_x + (1-3y)\mathbf{a}_y + 2z\mathbf{a}_z, \qquad d\mathbf{S} = -dy\,dz\,\mathbf{a}_x$$

$$\mathbf{A}\cdot d\mathbf{S} = -2\,dy\,dz$$

$$\int_{abcd} \mathbf{A}\cdot d\mathbf{S} = \int_{z=0}^{1}\int_{y=0}^{1}(-2)\,dy\,dz = -2$$

对 *efgh* 面来说,

$$x = 1, \qquad \mathbf{A} = 3\mathbf{a}_x + (1-3y)\mathbf{a}_y + 2z\mathbf{a}_z, \qquad d\mathbf{S} = dy\,dz\,\mathbf{a}_x$$

$$\mathbf{A}\cdot d\mathbf{S} = 3\,dy\,dz$$

$$\int_{efgh} \mathbf{A}\cdot d\mathbf{S} = \int_{z=0}^{1}\int_{y=0}^{1}3\,dy\,dz = 3$$

对 *aehd* 面来说,

$$y = 0, \qquad \mathbf{A} = (x+2)\mathbf{a}_x + 1\mathbf{a}_y + 2z\mathbf{a}_z, \qquad d\mathbf{S} = -dz\,dx\,\mathbf{a}_y$$

$$\mathbf{A}\cdot d\mathbf{S} = -dz\,dx$$

$$\int_{aehd} \mathbf{A}\cdot d\mathbf{S} = \int_{x=0}^{1}\int_{z=0}^{1}(-1)\,dz\,dx = -1$$

对 *bfgc* 面来说,

$$y = 1, \qquad \mathbf{A} = (x+2)\mathbf{a}_x - 2\mathbf{a}_y + 2z\mathbf{a}_z, \qquad d\mathbf{S} = dz\,dx\,\mathbf{a}_y$$

$$\mathbf{A}\cdot d\mathbf{S} = -2\,dz\,dx$$

$$\int_{bfgc} \mathbf{A}\cdot d\mathbf{S} = \int_{x=0}^{1}\int_{z=0}^{1}(-2)\,dz\,dx = -2$$

对 *aefb* 面来说,

$$z = 0, \qquad \mathbf{A} = (x+2)\mathbf{a}_x + (1-3y)\mathbf{a}_y + 0\mathbf{a}_z, \qquad d\mathbf{S} = -dx\,dy\,\mathbf{a}_z$$

$$\mathbf{A}\cdot d\mathbf{S} = 0$$

$$\int_{aefb} \mathbf{A}\cdot d\mathbf{S} = 0$$

对 *dhgc* 面来说,

$$z = 1, \qquad \mathbf{A} = (x+2)\mathbf{a}_x + (1-3y)\mathbf{a}_y + 2\mathbf{a}_z, \qquad d\mathbf{S} = dx\,dy\,\mathbf{a}_z$$

$$\mathbf{A}\cdot d\mathbf{S} = 2\,dx\,dy$$

$$\int_{dhgc} \mathbf{A}\cdot d\mathbf{S} = \int_{y=0}^{1}\int_{x=0}^{1}2\,dx\,dy = 2$$

最后有

$$\oint_S \mathbf{A}\cdot d\mathbf{S} = -2+3-1-2+0+2=0$$

2.3 法拉第定律

在前面的章节中，介绍了线积分和面积分，至此已经为讨论麦克斯韦方程组的积分形式做好了准备。本节讨论的第一个方程是迈克尔·法拉第(Michael Faraday)在1831年的一个实验中发现的结论，他在1831年发现变化的磁场可以产生电场，因此称为**法拉第定律**。法拉第发现当穿过闭合线圈的磁通量随时间发生变化时，闭合线圈中会有电流产生，这意味着环绕闭合线圈感应生成了电压或**电动势**，电动势简写为emf。磁通量的变化可以由穿过闭合线圈的磁通量随时间变化而引起，或者是在一个静态的磁场中移动线圈引起，或者是两者的共同作用，即在时变的磁场中移动线圈。

至此，只是简单地阐述了法拉第的发现，没有涉及环绕线圈的感生电动势的极性或者穿过闭合线圈的磁通量的方向。为了说明这一点，考虑如图2.9所示的位于纸面内的一个平面圆环。这样，以顺时针或逆时针的方向来讨论电动势的方向。顺时针方向的电动势是指电场$\mathbf{E}$环绕线圈的线积分$\oint \mathbf{E}\cdot d\mathbf{l}$以顺时针方向进行，如图2.9(a)和图2.9(b)所示。逆时针方向的电动势是指电场$\mathbf{E}$环绕线圈的线积分$\oint \mathbf{E}\cdot d\mathbf{l}$以逆时针方向进行，如图2.9(c)和图2.9(d)所示。两者必然互为相反数。类似地，可以讨论磁通量是从纸面里穿出的还是进入到纸面内的。穿过线圈进入到纸面内的磁通量是$\mathbf{B}$在线圈所张的曲面上进行的面积分($\int \mathbf{B}\cdot d\mathbf{S}$)，曲面的法向矢量指向纸面内部，如图2.9(a)和图2.9(c)所示。从纸面内穿出的磁通量也是$\mathbf{B}$在线圈所张的曲面上进行的面积分($\int \mathbf{B}\cdot d\mathbf{S}$)，但曲面的法向矢量指向纸面外部，如图2.9(b)和图2.9(d)所示。因此两者必然互为相反数。

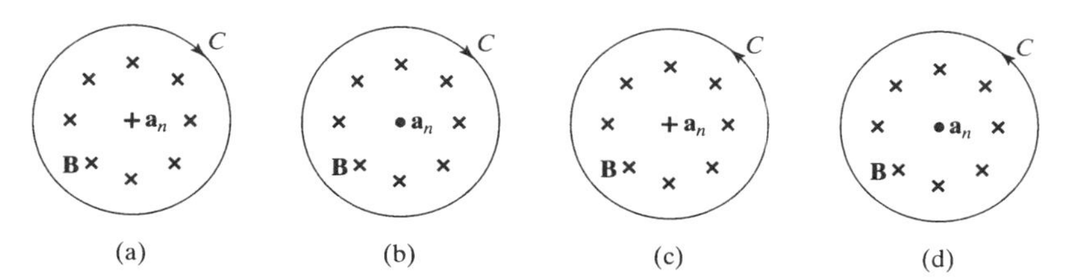

图2.9　环绕线圈的方向和线圈包围曲面的法向矢量的方向的4种可能组合

如果不考虑极性，根据线圈内的感生电动势和穿过线圈的磁通量，可以得到如下的4个方程：

$$[\text{emf}]_{\text{顺时针}} = \frac{d}{dt}[\text{磁通量}]_{\text{进入纸面}} \tag{2.14a}$$

$$[\text{emf}]_{\text{顺时针}} = \frac{d}{dt}[\text{磁通量}]_{\text{穿出纸面}} \tag{2.14b}$$

$$[\text{emf}]_{\text{逆时针}} = \frac{d}{dt}[\text{磁通量}]_{\text{进入纸面}} \tag{2.14c}$$

$$[\text{emf}]_{\text{逆时针}} = \frac{d}{dt}[\text{磁通量}]_{\text{穿出纸面}} \tag{2.14d}$$

第四个方程和第一个方程是一致的，第三个方程和第二个方程是一致的。因此，只要对第一个和第二个方程做出判断，因为这两个方程的电动势的结果互为相反数，其中只有一个是正确的。法拉第的实验表明第二个方程是正确的。如果要使用顺时针的感生电动势和进入纸面的磁通量（或者逆时针的感生电动势和从纸面穿出的磁通量），必须在时间微分的前面加一个负号。事实上，这是传统的做法。当图 2.10（a）和图 2.10（b）所示螺丝的旋转与圆圈的旋转方向一样时，曲面的法向方向选择为指向螺丝前进方向。这被称为**右手螺旋法则**，右手螺旋法则被应用到所有的电磁场定律中，所以很有必要在开始阶段理解这个法则。

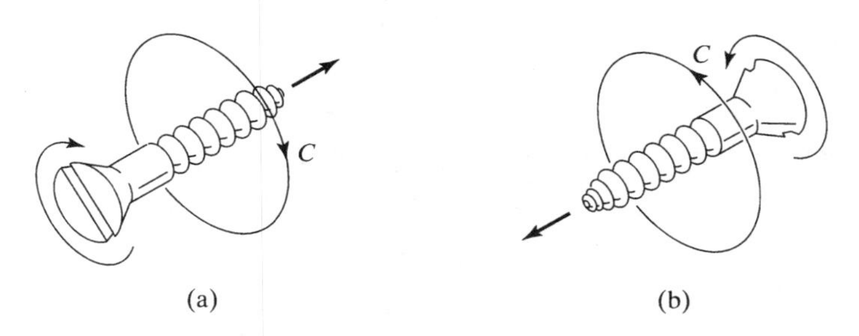

图 2.10　电磁场定理中采用的右手螺旋法则

现在可以将法拉第定律写成

$$\oint_C \mathbf{E}\cdot d\mathbf{l} = -\frac{d}{dt}\int_S \mathbf{B}\cdot d\mathbf{S} \tag{2.15}$$

式中，曲面 S 是曲线 C 所张的曲面。曲面 S 不必是平面，可以是曲线 C 所张的任一曲面，如图 2.11 所示。这意味着穿过曲线 C 所张的所有曲面的磁通量都是相同的。后面将会利用这一点。实际上，如果 C 不是平面环的话，C 就不可能张成一个平面。更有趣的一点是，C 不必是真实的闭合线圈，而可以是任何虚拟的闭合路径。这意味着时变的磁通量会感生出电场，会在闭合路径产生电动势。如果一个导电线圈放在闭合路径的位置，则感生电动势会在线圈中驱动电流流动，因为电荷被限制沿着导线移动。下面考虑一些例子。

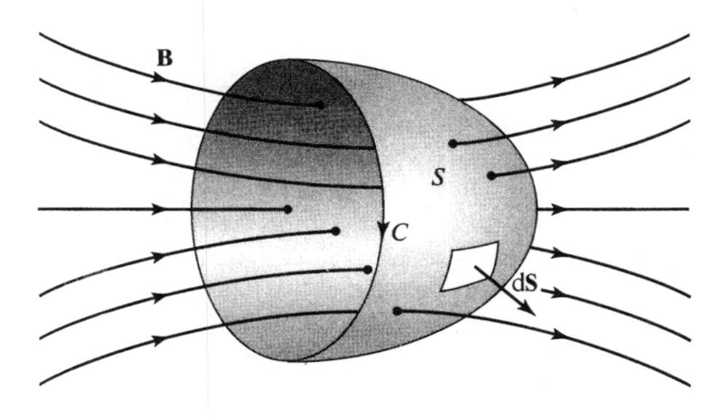

图 2.11　法拉第定律的示意图

例 2.7

一个矩形的线圈，其中三个边是固定的，一个边可以移动，该线圈放置在和均匀磁场 $\mathbf{B} = B_0\mathbf{a}_z$ 垂直的平面上，如图 2.12 所示。可移动的边是一个导体棒，沿着 y 方向以 v_0 的速度移动，可以预见在线圈中会有感生电动势。

将可移动边在时刻 t 的位置写成 $y_0 + v_0t$，得到穿过线圈进入纸面的磁通量为

$$\psi = (\text{线圈的面积})B_0$$
$$= l(y_0 + v_0 t)B_0$$

则线圈中顺时针方向的感生电动势为

$$\oint \mathbf{E} \cdot \mathrm{d}\mathbf{l} = -\frac{\mathrm{d}}{\mathrm{d}t}\psi$$
$$= -\frac{\mathrm{d}}{\mathrm{d}t}[l(y_0 + v_0 t)B_0]$$
$$= -B_0 l v_0$$

因此,如果导体棒向右侧移动,则感生电动势产生一个逆时针方向的电流。我们发现逆时针方向电流产生的磁场从纸面内部指向外部。感生电流产生的磁场的磁通量方向和原始的磁场方向相反,因此会减弱原来的磁场通量。这和楞次定律一致,**楞次定律**表述为:感生电动势总是要阻碍引起感生电动势的磁通量的**变化**。法拉第定律右侧的负号保证楞次定律总能满足。

令人感兴趣的是,感生电动势也可以解读为由于导体棒垂直于磁场进行移动而在其中产生的感生电场。导体棒中的电荷 Q 受到 $\mathbf{F} = Q\mathbf{v} \times \mathbf{B}$ 或者 $Qv_0\mathbf{a}_y \times B_0\mathbf{a}_z = Qv_0B_0\mathbf{a}_x$ 的力。对同导体棒一起移动的观察者来说,这个力可以看成由电场 $\mathbf{F}/Q = v_0B_0\mathbf{a}_x$ 施加的。从线圈内部来看,电场是逆时针方向的,因此感生电动势为 v_0B_0l,与法拉第定律推导的结果是一样的。这种感生电动势的概念称为**动生电动势**,该概念广泛应用于电动力学的研究中。

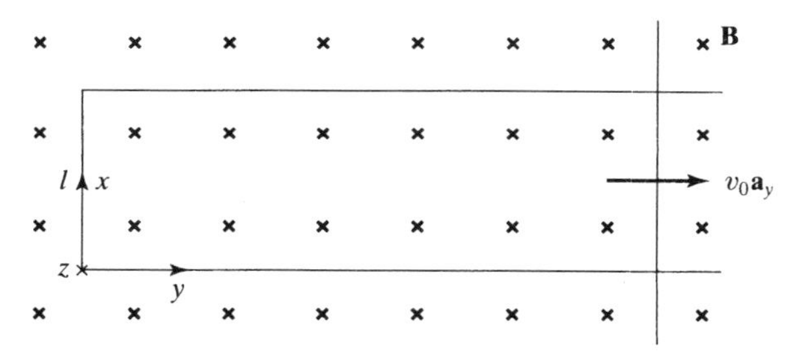

图 2.12 均匀磁场中有可移动边的矩形线圈

例 2.8

一个时变磁场如下:

$$\mathbf{B} = B_0 \cos \omega t \mathbf{a}_y$$

这里 B_0 为一个常数。会发现在图 2.13 所示 xz 平面中的矩形线圈中有感生电动势产生。

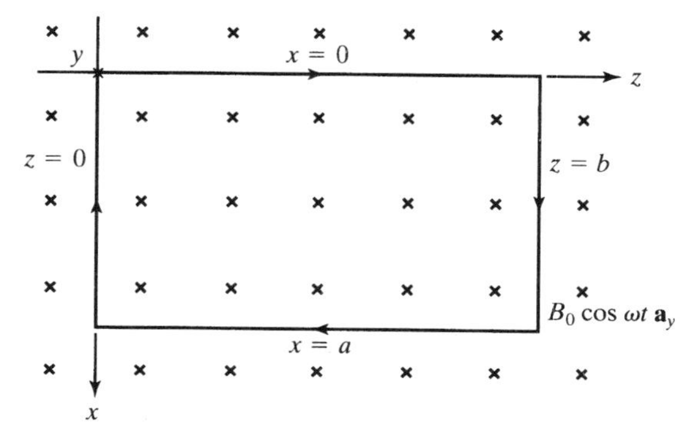

图 2.13 时变磁场中 xz 平面内的矩形线圈

穿过线圈进入纸面内部的磁通量为

$$\psi = \int_S \mathbf{B}\cdot \mathrm{d}\mathbf{S} = \int_{z=0}^{b}\int_{x=0}^{a} B_0 \cos \omega t\, \mathbf{a}_y \cdot \mathrm{d}x\, \mathrm{d}z\, \mathbf{a}_y$$

$$= B_0 \cos \omega t \int_{z=0}^{b}\int_{x=0}^{a} \mathrm{d}x\, \mathrm{d}z = abB_0 \cos \omega t$$

线圈中顺时针方向的感生电动势为

$$\oint_C \mathbf{E}\cdot \mathrm{d}\mathbf{l} = -\frac{\mathrm{d}}{\mathrm{d}t}\int_S \mathbf{B}\cdot \mathrm{d}\mathbf{S}$$

$$= -\frac{\mathrm{d}}{\mathrm{d}t}[abB_0 \cos \omega t] = abB_0\omega \sin \omega t$$

穿过图 2.13 中线圈的磁通量和感生电动势随时间的变化情况在图 2.14 中给出。可以看到,当穿过线圈的磁通量随时间减少时,感生电动势为正,产生一个顺时针方向的电流。顺时针方向的电流产生的磁场穿过线圈进入纸面内部,其作用为增加穿过线圈的磁通量。当穿过线圈的磁通量随时间增加时,感生电动势为负,产生一个逆时针方向的电流,该电流产生的磁场从纸面内部向外穿过线圈,其作用是减少穿过线圈的磁通量。这和楞次定律也是一致的。

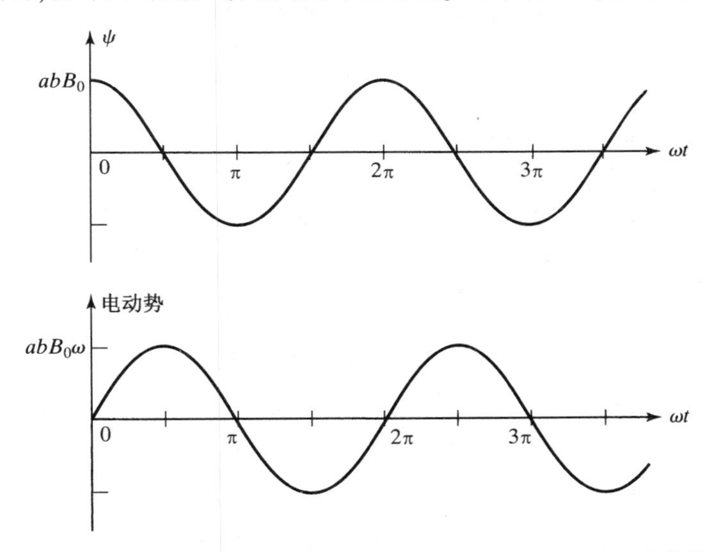

图 2.14　穿过图 2.13 中线圈的磁通量ψ和感生电动势随时间的变化情况

2.4　安培环路定律

前面介绍了麦克斯韦方程组的积分形式中的一个方程——法拉第定律。本节介绍另一个麦克斯韦方程组的积分形式。这个方程被称为**安培环路定律**。安培环路定律是奥斯特的电流产生磁场的实验发现和麦克斯韦对时变电场产生磁场的数学贡献的结合。正是麦克斯韦的贡献导致了电磁波传播的预言,即使先前在实验上并没有发现电磁波。安培环路定律在数学形式上同法拉第定律类似,其形式如下:

$$\oint_C \frac{\mathbf{B}}{\mu_0}\cdot \mathrm{d}\mathbf{l} = \int_S \mathbf{J}\cdot \mathrm{d}\mathbf{S} + \frac{\mathrm{d}}{\mathrm{d}t}\int_S \epsilon_0 \mathbf{E}\cdot \mathrm{d}\mathbf{S} \tag{2.16}$$

式中，S 为曲线 C 所张的任意曲面，如图 2.15 所示。为了计算式(2.16)右侧的面积分，这里同样选取曲面的法向矢量方向为：当沿着曲线 C 环绕时，曲面的方向是右手螺旋前进的方向，如同法拉第定律的情况。方程右侧的面积分必须在相同的曲面上进行。

式(2.16)右侧的 $\mathbf{J}$ 为体电流密度矢量，其大小为考察点处的单位面积电流的最大值，如 1.5 节讨论的一样。因此，量$\int_S \mathbf{J} \cdot \mathrm{d}\mathbf{S}$(即 $\mathbf{J}$ 在曲面 S 的面积分)有着电流的意义，该电流由穿过曲线 C 所张的曲面 S 的电荷流动形成。这个量也包括穿过曲线 C 的线电流和面电流。线电流即沿着极细的导线传输的电流，面电流为沿着带状导线流动的电流。因此，尽管$\int_S \mathbf{J} \cdot \mathrm{d}\mathbf{S}$ 在形式上是体电流密度矢量 $\mathbf{J}$ 的积分形式，但是却是所有的穿过曲面 S 的电流的代数和。

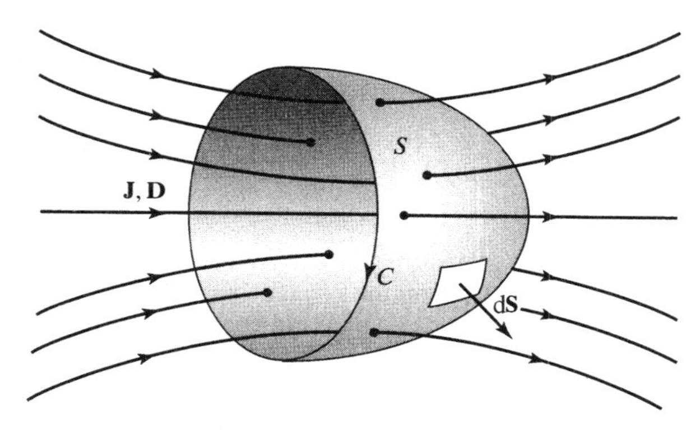

图 2.15　安培定律的示意图

式(2.16)右侧的$\int_S \epsilon_0 \mathbf{E} \cdot \mathrm{d}\mathbf{S}$ 是矢量场 $\epsilon_0 \mathbf{E}$ 穿过曲面 S 的通量。矢量 $\epsilon_0 \mathbf{E}$ 称为**电位移矢量**或**位移通量密度矢量**，用符号 $\mathbf{D}$ 表示。由式(1.52)可知，$\mathbf{E}$ 的单位为(电量)/[(介电常数)(距离)^2]，所以 $\mathbf{D}$ 的单位为库仑每平方米或 C/m^2。由此，$\int_S \epsilon_0 \mathbf{E} \cdot \mathrm{d}\mathbf{S}$ 即电位移通量有电量的单位，$\frac{\mathrm{d}}{\mathrm{d}t}\int_S \epsilon_0 \mathbf{E} \cdot \mathrm{d}\mathbf{S}$ 有对电量进行时间微分运算或电流的单位，即电流的单位，被称为**位移电流**。从物理上讲，即从电荷流动形成电流的意义上来说，它并不是电流，但从数学上看，它和电流穿过曲面 S 是等同的。

式(2.16)左侧的$\oint_C \frac{\mathbf{B}}{\mu_0} \cdot \mathrm{d}\mathbf{l}$ 是矢量 $\mathbf{B}/\mu_0$ 绕闭合曲线 C 的线积分。从 2.1 节可知，$\oint_C \mathbf{E} \cdot \mathrm{d}\mathbf{l}$ 的物理意义是场沿闭合曲线 C 移动电荷一周对单位电荷所做的功。$\oint_C \frac{\mathbf{B}}{\mu_0} \cdot \mathrm{d}\mathbf{l}$ 没有类似的物理意义。因为对运动电荷的磁场力是垂直于电荷运动方向的，并且也是垂直于磁场方向的，因此磁场在电荷的移动中是不做功的。$\mathbf{B}/\mu_0$ 被称为**磁场强度矢量**，用符号 $\mathbf{H}$ 表示。由式(1.68)可知，磁场 $\mathbf{B}$ 的单位为[(磁导率)(电流)(长度)]/[(距离)^2]，所以可知 $\mathbf{H}$ 的单位为安培每米或 A/m。这就使得$\oint_C \mathbf{H} \cdot \mathrm{d}\mathbf{l}$ 线积分后的单位为电流的单位安培。同电场绕闭合曲线的积分称为**电动势**类似，磁场强度绕闭合曲线的积分称为**磁动势**，简写为 mmf。

分别用 $\mathbf{H}$ 代替 $\mathbf{B}/\mu_0$，用 $\mathbf{D}$ 代替 $\epsilon_0 \mathbf{E}$(参见式 2.16)，安培环路定律可写成

$$\oint_C \mathbf{H} \cdot \mathrm{d}\mathbf{l} = \int_S \mathbf{J} \cdot \mathrm{d}\mathbf{S} + \frac{\mathrm{d}}{\mathrm{d}t}\int_S \mathbf{D} \cdot \mathrm{d}\mathbf{S} \tag{2.17}$$

式(2.17)说明了绕闭合曲线 C 的磁动势等于曲线 C 包围的所有电流，包括电荷流动形成的真实

的电流以及位移电流。曲线 C 包围的所有电流是指穿过曲线 C 所张的任意曲面的所有电流。这意味着穿过 C 所张的所有可能的曲面的电流一定是一样的，因为$\oint_C \mathbf{H} \cdot d\mathbf{l}$ 为一个唯一的值。

例 2.9

一个无限长的细直导线，沿着 z 轴方向放置，传输的电流为 I，方向为 z 轴正向。求 $\mathbf{H}$ 环绕 xy 平面内圆心为坐标原点、半径为 a 的圆的环量$\oint_C \mathbf{H} \cdot d\mathbf{l}$，如图 2.16 所示。

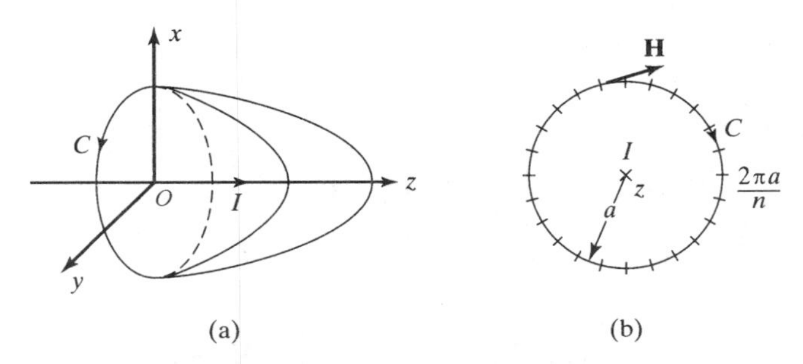

图 2.16　(a) 无限长的细直导线的情况下，闭合曲线包围的导线电流的唯一性；(b) 求电流产生的磁场

考虑曲线 C 所张的平面，穿过平面全部的电流完全由长直导线携带的电流 I 构成。由于导线无限长，所以穿过曲线 C 所张的无限多的曲面的电流都等于 I。这已经在图 2.16(a) 中任取的几个曲面中验证了。由于电流 I 被曲线 C 以右手螺旋方向包围，并且环量为唯一值，因此有

$$\oint_C \mathbf{H} \cdot d\mathbf{l} = I \tag{2.18}$$

得到环量之后，注意到场量的对称性，可以计算得到在圆形路径上各点的 $\mathbf{H}$。为了保证 $\oint_C \mathbf{H} \cdot d\mathbf{l}$ 的环量不为零，$\mathbf{H}$ 的方向一定要和圆形的路径相切（或者有切向的分量），然后由于导线位于圆心处，场量具有对称性，圆周上所有点处场的大小相等。从电流元产生的磁场结果可以推得，$\mathbf{H}$ 一定和圆形的路径完全相切。将圆分成很多相等长度的段，如 n 段，如图 2.16(b) 所示。每段的长度为 $2\pi a/n$，$\mathbf{H}$ 和每一段又都是平行的，对每一段来说 $\mathbf{H} \cdot d\mathbf{l}$ 等于 $(2\pi a/n)H$，并且有

$$\begin{aligned}\oint_C \mathbf{H} \cdot d\mathbf{l} &= \frac{2\pi a}{n} H(\text{段的数量}) \\ &= \frac{2\pi a}{n} H \cdot n = 2\pi a H\end{aligned}$$

由式(2.18)有

$$2\pi a H = I$$

或

$$H = \frac{I}{2\pi a}$$

因此，无限长直导线的磁场以右手螺旋的方向环绕电流，幅度为 $I/2\pi a$，其中 a 为场点距导线的距离。上面讨论的方法是针对分布具有某种对称性的电流求其产生的静态磁场的标准步骤。对感兴趣的读者给出了带有变化的问题。

如果例 2.9 中的导线为有限长度，如在 z 轴上从 $-d$ 到 $+d$，那么图 2.17 给出的结构表明了导线穿过了一些曲面，但没穿过另一些曲面。这种情况下，曲线 C 包围的传导电流的值就不唯一了。因此除了导线中的传导电流之外，还必须有位移电流穿过曲面，这样才能保证被曲线 C 包围的电流是

一个唯一的值。实际上，在导线的一端电荷积累，在导线的另一端电荷减少，电荷的变化所引起的时变电场提供了位移电流。如果考虑曲面 S_1 和 S_3，并且设定穿过两个曲面的总电流相等，则有

$$\int_{S_1}\mathbf{J}\cdot d\mathbf{S}+\frac{d}{dt}\int_{S_1}\mathbf{D}\cdot d\mathbf{S}=\int_{S_3}\mathbf{J}\cdot d\mathbf{S}+\frac{d}{dt}\int_{S_3}\mathbf{D}\cdot d\mathbf{S} \tag{2.19}$$

由于导线以右手螺旋方向穿过 S_1，所以有

$$\int_{S_1}\mathbf{J}\cdot d\mathbf{S}=I \tag{2.20}$$

导线没有穿过曲面 S_3，因此

$$\int_{S_3}\mathbf{J}\cdot d\mathbf{S}=0 \tag{2.21}$$

将式(2.20)和式(2.21)代入式(2.19)，可以得到

$$I+\frac{d}{dt}\int_{S_1}\mathbf{D}\cdot d\mathbf{S}=0+\frac{d}{dt}\int_{S_3}\mathbf{D}\cdot d\mathbf{S} \tag{2.22}$$

或

$$\frac{d}{dt}\int_{S_3}\mathbf{D}\cdot d\mathbf{S}-\frac{d}{dt}\int_{S_1}\mathbf{D}\cdot d\mathbf{S}=I \tag{2.23}$$

改变 **D** 在曲面 S_1 上面积分的计算面元的取向，则其前面的负号变成正号，可以得到

$$\frac{d}{dt}\oint_{S_3+S_1}\mathbf{D}\cdot d\mathbf{S}=I \tag{2.24}$$

即从闭合曲面 S_1+S_3 流出的位移电流等于 I。

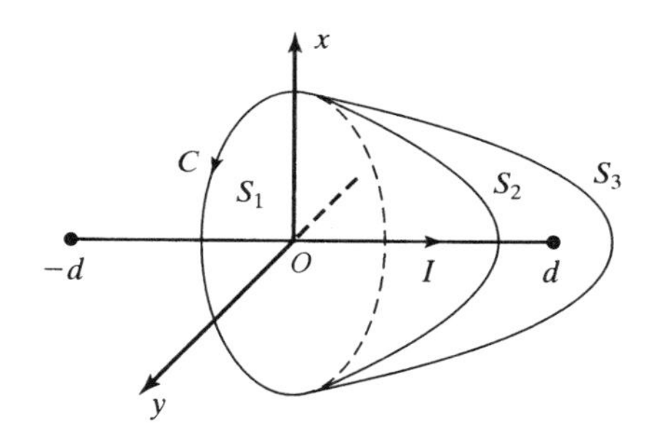

图 2.17 有限长导线情况下，曲线 C 包围的传导电流不是唯一值

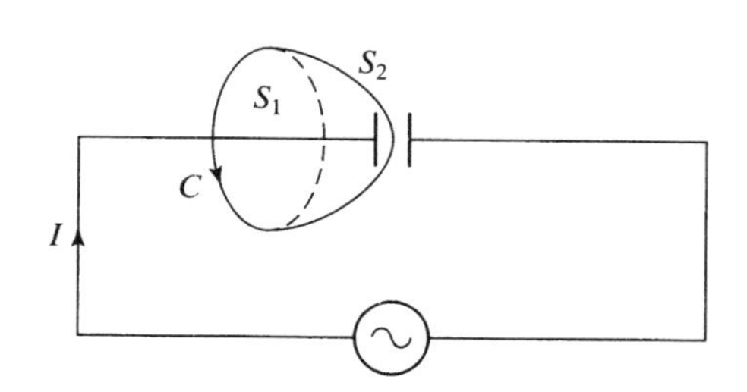

图 2.18 电容器电路中曲线 C 包围的传导电流值不唯一的示意图

图 2.18 给出了另一个闭合曲线 C 包围的传导电流不是唯一值的例子。电路为包含一个电容器的简单电路，由交变电压源驱动。考虑曲面 S_1 和 S_2，曲面 S_1 横切导线，而曲面 S_2 则在电容器的两个极板之间穿过，有

$$\int_{S_1}\mathbf{J}\cdot d\mathbf{S}=I \tag{2.25}$$

和

$$\int_{S_2}\mathbf{J}\cdot d\mathbf{S}=0 \tag{2.26}$$

如果忽略电容器的边缘效应,认为电场只存在于电容器的两个极板之间,则

$$\int_{S_1} \mathbf{D} \cdot d\mathbf{S} = 0 \tag{2.27}$$

由于$\oint_C \mathbf{H} \cdot d\mathbf{l}$的值为唯一,则

$$\int_{S_1} \mathbf{J} \cdot d\mathbf{S} + \frac{d}{dt}\int_{S_1} \mathbf{D} \cdot d\mathbf{S} = \int_{S_2} \mathbf{J} \cdot d\mathbf{S} + \frac{d}{dt}\int_{S_2} \mathbf{D} \cdot d\mathbf{S} \tag{2.28}$$

将式(2.25)、式(2.26)和式(2.27)代入式(2.28),有

$$\frac{d}{dt}\int_{S_2} \mathbf{D} \cdot d\mathbf{S} = I \tag{2.29}$$

这样,位移电流——电容器极板之间的电位移通量的时间变化率,等于传导电流。

例 2.10

时变电场

$$\mathbf{E} = E_0 z \sin \omega t \, \mathbf{a}_x$$

其中 E_0 为一个常数。求图 2.19 中的 yz 平面内的矩形线圈中的感生磁动势。

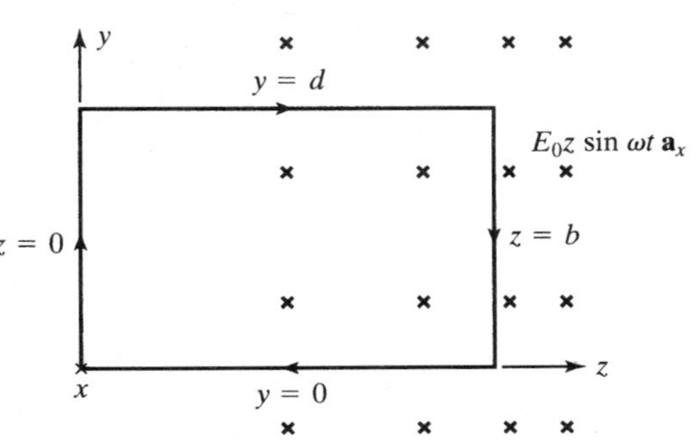

图 2.19　时变电场中的矩形线圈

所有的电流全是由位移电流组成的。穿过矩形线圈进入纸面的电位移通量为

$$\begin{aligned}
\int_S \mathbf{D} \cdot d\mathbf{S} &= \int_{z=0}^{b}\int_{y=0}^{d} \epsilon_0 E_0 z \sin \omega t \, \mathbf{a}_x \cdot dy\, dz\, \mathbf{a}_x \\
&= \epsilon_0 E_0 \sin \omega t \int_{z=0}^{b}\int_{y=0}^{d} z\, dy\, dz \\
&= \epsilon_0 \frac{b^2 d}{2} E_0 \sin \omega t
\end{aligned}$$

环绕 C 的感生磁动势为

$$\begin{aligned}
\oint_C \mathbf{H} \cdot d\mathbf{l} &= \frac{d}{dt}\int_S \mathbf{D} \cdot d\mathbf{S} \\
&= \frac{d}{dt}\left(\epsilon_0 \frac{b^2 d}{2} E_0 \sin \omega t\right) \\
&= \epsilon_0 \frac{b^2 d}{2} E_0 \omega \cos \omega t
\end{aligned}$$

2.5　电场的高斯定律

在前两节中,学习了 4 个麦克斯韦方程中的两个方程。这两个方程有关电场和磁场沿闭合曲线的线积分。将要学习的两个方程与电场和磁场在闭合曲面上的面积分有关。这些方程称为**高斯定律**。

电场的高斯定律表述为从闭合曲面 S 中流出的净电位移通量等于闭合曲面包围的空间中的电荷总量,如图 2.20 所示。尽管称为高斯定律,但是此定律起源于法拉第所做的实验。高斯定

律的数学形式为

$$\oint_S \mathbf{D} \cdot \mathrm{d}\mathbf{S} = \int_V \rho \, \mathrm{d}v \tag{2.30}$$

式中,ρ 为体积 V 中场点的体电荷密度。

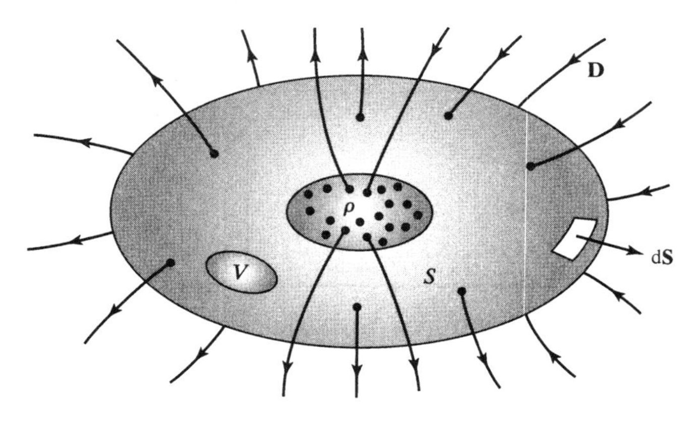

图 2.20　电场高斯定律的示意图

某点处的体电荷密度定义为在该点处当体积收缩趋于零的极限时,单位体积包含的电荷量($\mathrm{C/m^3}$)。因而有

$$\rho = \lim_{\Delta v \to 0} \frac{\Delta Q}{\Delta v} \tag{2.31}$$

对于已知电荷密度,计算给定体积中包含的电荷为了方便说明,考虑如下的电荷密度:

$$\rho = (x + y + z)\ \mathrm{C/m^3}$$

立方的体积 V 由平面 $x=0, x=1, y=0, y=1, z=0, z=1$ 包围而成。立方的体积中包含的电荷 Q 为

$$\begin{aligned}
Q &= \int_V \rho \, \mathrm{d}v = \int_{x=0}^{1}\int_{y=0}^{1}\int_{z=0}^{1} (x + y + z)\, \mathrm{d}x\, \mathrm{d}y\, \mathrm{d}z \\
&= \int_{x=0}^{1}\int_{y=0}^{1} \left[xz + yz + \frac{z^2}{2}\right]_{z=0}^{1} \mathrm{d}x\, \mathrm{d}y \\
&= \int_{x=0}^{1}\int_{y=0}^{1} \left(x + y + \frac{1}{2}\right) \mathrm{d}x\, \mathrm{d}y \\
&= \int_{x=0}^{1} \left[xy + \frac{y^2}{2} + \frac{y}{2}\right]_{y=0}^{1} \mathrm{d}x \\
&= \int_{x=0}^{1} (x + 1)\, \mathrm{d}x \\
&= \left[\frac{x^2}{2} + x\right]_{x=0}^{1} \\
&= \frac{3}{2}\ \mathrm{C}
\end{aligned}$$

式(2.30)右侧的量是闭合曲面 S 包围的体积 V 中包含的电荷量，该量和式(2.30)左侧的量相等。尽管它是以体电荷密度表示的，但是也包括曲面 S 包围着的面电荷、线电荷和点电荷。即它代表着体积 V 中包含的所有电荷的代数和。下面看两个例子。

例 2.11

点电荷 Q 位于原点。求 $\oint_S \mathbf{D}\cdot d\mathbf{S}$ 和球心在原点、半径为 a 的球面上的 $\mathbf{D}$。

根据电场的高斯定律，要求的电位移通量为

$$\oint_S \mathbf{D}\cdot d\mathbf{S} = Q \tag{2.32}$$

为了计算球面上的 $\mathbf{D}$，注意到要使 $\oint_S \mathbf{D}\cdot d\mathbf{S}$ 不为零，$\mathbf{D}$ 必须和球面垂直。由于球面以原点为中心，考虑到对称性，$\mathbf{D}$ 在球面的所有点上一定大小相同。由此，将球面分成很多无限小的面元，如图 2.21 所示。由于 $\mathbf{D}$ 和每个面元都是垂直的，对于每个面元来说，$\mathbf{D}\cdot d\mathbf{S}$ 等于 $D\,dS$。因此有

$$\begin{aligned}\oint_S \mathbf{D}\cdot d\mathbf{S} &= D\int_S dS \\ &= D\,(\text{球的表面积}) \\ &= 4\pi a^2 D\end{aligned}$$

由式(2.32)有

$$4\pi a^2 D = Q$$

或

$$D = \frac{Q}{4\pi a^2}$$

因此，点电荷的位移通量密度矢量方向为从电荷出发指向场点，大小为 $Q/4\pi a^2$，其中 a 为场点到该电荷的距离。这里讨论的方法是电荷分布具有对称性时求解静电场的标准步骤。本书为有兴趣的读者提供了一些带有变化的问题。

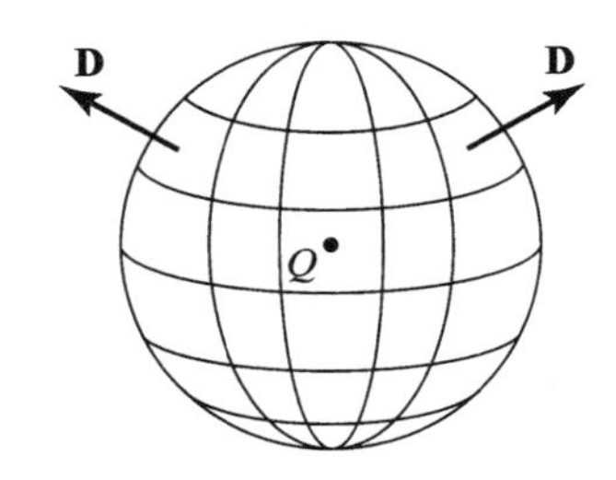

图 2.21　计算点电荷为中心的球面上的位移通量密度矢量

电场的高斯定律和安培环路定律不是独立的，这是因为如果从电荷守恒的观点来看，从闭合曲面 S 中流出的电荷形成的电流等于闭合曲面 S 包围的体积 V 中电荷减少的速率，即

$$\oint_S \mathbf{J}\cdot d\mathbf{S} = -\frac{d}{dt}\int_V \rho\, dv$$

或

$$\oint_S \mathbf{J}\cdot d\mathbf{S} + \frac{d}{dt}\int_V \rho\, dv = 0 \tag{2.33}$$

这被称为**电荷守恒定律**。正是这个定律导致了麦克斯韦对安培环路定律的数学贡献。安培环路定律的初始形式并不包含位移电流项，对时变电场来说，会发现安培环路定律和式(2.33)不一致。

回到高斯定律和安培环路定律通过式(2.33)关联的讨论上，考虑图 2.22 的几何结构，其中

有闭合曲线 C 以及 C 所张的两个曲面 S_1 和 S_2。对 C 和 S_1 以及 C 和 S_2 应用安培环路定律，分别有

$$\oint_C \mathbf{H}\cdot d\mathbf{l} = \int_{S_1} \mathbf{J}\cdot d\mathbf{S}_1 + \frac{d}{dt}\int_{S_1} \mathbf{D}\cdot d\mathbf{S}_1 \tag{2.34a}$$

和

$$\oint_C \mathbf{H}\cdot d\mathbf{l} = -\int_{S_2} \mathbf{J}\cdot d\mathbf{S}_2 - \frac{d}{dt}\int_{S_2} \mathbf{D}\cdot d\mathbf{S}_2 \tag{2.34b}$$

将式(2.34a)和式(2.34b)合并，有

$$\oint_{S_1+S_2} \mathbf{J}\cdot d\mathbf{S} + \frac{d}{dt}\oint_{S_1+S_2} \mathbf{D}\cdot d\mathbf{S} = 0 \tag{2.35}$$

现在使用式(2.33)，得到

$$-\frac{d}{dt}\int_V \rho\, dv + \frac{d}{dt}\oint_S \mathbf{D}\cdot d\mathbf{S} = 0$$

或者

$$\frac{d}{dt}\left[\oint_S \mathbf{D}\cdot d\mathbf{S} - \int_V \rho\, dv\right] = 0 \tag{2.36}$$

式中，用 S 代替 S_1+S_2；V 为被 S_1+S_2 包围的体积。由式(2.36)可以得到

$$\oint_S \mathbf{D}\cdot d\mathbf{S} - \int_V \rho\, dv = \text{不随时间变化的常量} \tag{2.37}$$

由于没有实验证据表明式(2.37)的右侧不为零，所以得到

$$\oint_S \mathbf{D}\cdot d\mathbf{S} = \int_V \rho\, dv$$

因此得到了电场的高斯定律。

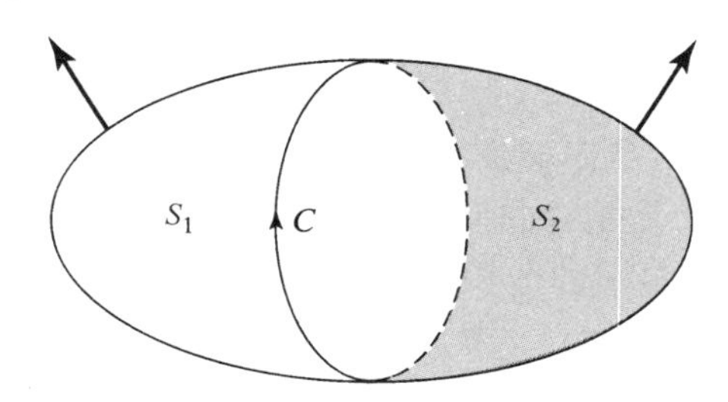

图 2.22 闭合曲线 C 和其所张的两个曲面 S_1 和 S_2

2.6 磁场的高斯定律

磁场的高斯定律表述为从闭合曲面 S 流出的磁通量等于零。其数学形式为

$$\oint_S \mathbf{B}\cdot d\mathbf{S} = 0 \tag{2.38}$$

在物理意义上，式(2.38)意味着磁荷不存在，并且磁通线是闭合的。任何的磁通线从闭合曲面

的某一部分进入(或离开)闭合曲面,一定从闭合曲面的其他部分离开(或进入)闭合曲面,如图 2.23 所示。

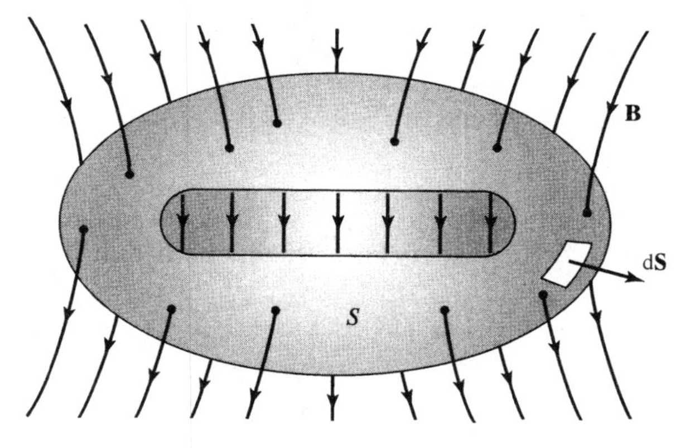

图 2.23　磁场的高斯定律示意图

式(2.38)和法拉第定律是相关联的。这可以通过考虑图 2.22 的几何结构看到。对曲线 C 和曲面 S_1 应用法拉第定律,有

$$\oint_C \mathbf{E}\cdot d\mathbf{l} = -\frac{d}{dt}\int_{S_1}\mathbf{B}\cdot d\mathbf{S}_1 \tag{2.39}$$

式中,$d\mathbf{S}_1$ 指向 S_1+S_2 形成的闭合曲面的外部。对曲线 C 和曲面 S_2 应用法拉第定律,有

$$\oint_C \mathbf{E}\cdot d\mathbf{l} = \frac{d}{dt}\int_{S_2}\mathbf{B}\cdot d\mathbf{S}_2 \tag{2.40}$$

式中,$d\mathbf{S}_2$ 指向 S_1+S_2 形成的闭合曲面的外部。联立式(2.39)和式(2.40),有

$$-\frac{d}{dt}\int_{S_1}\mathbf{B}\cdot d\mathbf{S}_1 = \frac{d}{dt}\int_{S_2}\mathbf{B}\cdot d\mathbf{S}_2 \tag{2.41}$$

或

$$\frac{d}{dt}\oint_{S_1+S_2}\mathbf{B}\cdot d\mathbf{S} = 0 \tag{2.42}$$

或

$$\oint_{S_1+S_2}\mathbf{B}\cdot d\mathbf{S} = \text{不随时间变化的常量} \tag{2.43}$$

由于没有实验证据表明式(2.43)右侧不为零,所以得到

$$\oint_S \mathbf{B}\cdot d\mathbf{S} = 0$$

式中,用 S 代替了 S_1+S_2。

小结

这一章首先学习了怎样计算矢量的线积分和面积分,然后介绍了麦克斯韦方程组的积分形式。这些方程构成了电磁场理论的基础。下面是这些方程的文字描述和数学形式,并且分别用图 2.11、图 2.15、图 2.20 和图 2.23 进行了说明。

法拉第定律。绕闭合路径 C 的电动势等于穿过该闭合路径的磁通量对时间的负导数,即

$$\oint_C \mathbf{E} \cdot \mathrm{d}\mathbf{l} = -\frac{\mathrm{d}}{\mathrm{d}t}\int_S \mathbf{B} \cdot \mathrm{d}\mathbf{S} \tag{2.44}$$

安培环路定律。绕闭合路径 C 的磁动势等于该闭合路径包含的电流总和。电流包括真实的电荷流动形成的电流和曲线 C 包含的位移通量随时间的变化率形成的位移电流,即

$$\oint_C \mathbf{H} \cdot \mathrm{d}\mathbf{l} = \int_S \mathbf{J} \cdot \mathrm{d}\mathbf{S} + \frac{\mathrm{d}}{\mathrm{d}t}\int_S \mathbf{D} \cdot \mathrm{d}\mathbf{S} \tag{2.45}$$

电场的高斯定律。从闭合曲面 S 流出的位移通量等于闭合曲面包围的电荷总量,即

$$\oint_S \mathbf{D} \cdot \mathrm{d}\mathbf{S} = \int_V \rho\, \mathrm{d}v \tag{2.46}$$

磁场的高斯定律。从闭合曲面流出的磁通量等于零,即

$$\oint_S \mathbf{B} \cdot \mathrm{d}\mathbf{S} = 0 \tag{2.47}$$

矢量 $\mathbf{D}$ 与 $\mathbf{H}$ 称为位移通量密度矢量和磁场强度矢量,与称为电场强度的 $\mathbf{E}$ 矢量、磁通密度矢量的 $\mathbf{B}$ 矢量有下面的关系:

$$\mathbf{D} = \epsilon_0 \mathbf{E} \tag{2.48}$$

$$\mathbf{H} = \frac{\mathbf{B}}{\mu_0} \tag{2.49}$$

式中,ϵ_0 和 μ_0 分别为真空中的介电常数和真空磁导率。在计算式(2.44)和式(2.45)的右侧时,曲面的法向矢量必须按照右手螺旋法则进行选取,即当绕 C 旋转时,选择右手螺丝旋转的前进方向为曲面的法向矢量的方向,如图 2.11 和图 2.15 所示。式(2.47)和式(2.44)不是相互独立的,并且式(2.46)可由式(2.45)借助电荷守恒定律得到,电荷守恒定律的数学形式为

$$\oint_S \mathbf{J} \cdot \mathrm{d}\mathbf{S} + \frac{\mathrm{d}}{\mathrm{d}t}\int_V \rho\, \mathrm{d}v = 0 \tag{2.50}$$

用文字来描述式(2.50)为:穿过闭合曲面 S 的电荷流动形成的电流总和加上闭合曲面 S 包围的体积 V 内的电荷随时间的增长率等于零。在式(2.46)、式(2.47)和式(2.50)中,闭合面积分的计算是为获得从曲面包围的体积中向外流出的通量。

最后,可以看到时变的电场和磁场是相关的,因为根据法拉第定律式(2.44),时变的磁场产生电场,而根据安培环路定律式(2.45),时变的电场可以产生磁场。而且,安培环路定律说明电流可以产生磁场。这些性质形成了电磁波辐射和传播现象的基础。为了给天线辐射提供一个简单的、定性的解释,以一段传输时变电流 $I(t)$ 的导线为例,如图 2.24 所示。时变的电流产生一个环绕导线的时变的磁场 $\mathbf{H}(t)$。时变的电场 $\mathbf{E}(t)$ 和磁场 $\mathbf{H}(t)$ 接连地产生,如图 2.24 所示,由此产生了电磁波。因此,就如在水池中投入一个石子产生水波一样,当给空间中的一段导线激励时变的电流,便会有电磁波的辐射。

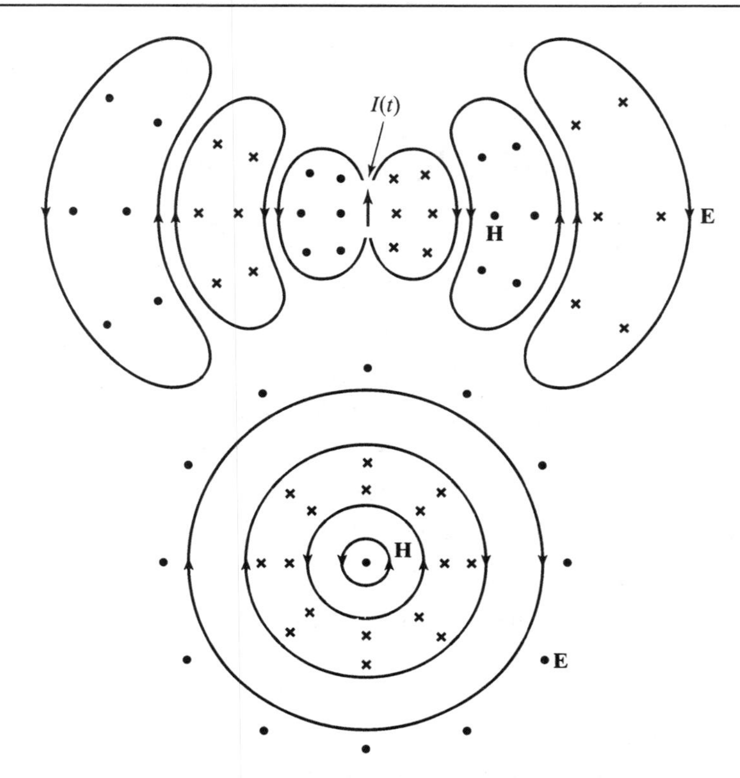

图 2.24　描述载有时变电流的一段导线产生电磁波辐射的两个简化的视图

复习思考题

2.1　怎样计算在电场中移动试验电荷无限小距离所做的功?

2.2　垂直于电场移动试验电荷,电场所做的功为多少?

2.3　A 和 B 两点之间的 $\mathbf{E}$ 的线积分的物理解释是什么?

2.4　怎么计算矢量沿给定路径的线积分的近似值?

2.5　怎样计算线积分的精确值?

2.6　地球重力场强度的线积分的物理意义是什么?

2.7　地球重力场强度沿闭合路径的线积分的值为多少?

2.8　怎样计算穿过无限小曲面的磁通量?

2.9　穿过和磁通密度矢量平行的无限小的曲面的磁通量是多少?

2.10　无限小的曲面和磁通密度矢量之间处于何种取向时穿过曲面的磁通量最大?

2.11　怎样计算一个给定曲面的面积分的近似值?

2.12　怎样计算面积分的精确值?

2.13　选择两个矢量,给出这两个矢量的闭合曲面面积分的物理解释。

2.14　叙述法拉第定律。

2.15　为什么法拉第定律右侧磁通量随时间的变化率前的负号是必须的?

2.16　什么是电动势?

2.17　在回路中感生出电动势有哪些不同的方法?

2.18 计算在平面回路中的感生电动势，是否必须要考虑穿过回路包围的平面的磁通量？
2.19 简单讨论动生电动势的概念。
2.20 楞次定律的内容是什么？
2.21 电磁波的磁场沿南北方向线性极化，怎样放置环形天线以获取最大接收信号？
2.22 说出法拉第定律的三个应用。
2.23 叙述安培环路定律。
2.24 磁场强度矢量的单位是什么？
2.25 位移通量密度矢量的单位是什么？
2.26 什么是位移电流？给出一个有关位移电流的例子。
2.27 为什么在安培环路定律右侧必须包含位移电流这一项？
2.28 什么情况下闭合曲线包围的导线中的电流是唯一定义的？给出两个例子。
2.29 给出一个闭合路径包围的导线中的电流不是唯一定义的例子。
2.30 为了计算环绕闭合路径的$\oint \mathbf{H} \cdot d\mathbf{l}$，考虑被闭合路径包围的两个不同的曲面来计算安培环路定律右侧的两个不同的电流是否有意义？
2.31 简单讨论应用安培环路定律由电流的分布来确定磁场。
2.32 叙述电场的高斯定律。
2.33 体电荷密度是怎样定义的？
2.34 叙述电荷守恒定律。
2.35 怎样从安培环路定律推导出电场的高斯定律？
2.36 简单讨论应用电场的高斯定律由电荷的分布来确定电场。
2.37 叙述磁场的高斯定律。怎样由法拉第定律推导出它？
2.38 磁场的高斯定律的物理解释是什么？
2.39 总结麦克斯韦组的积分形式。举一个例子来讨论时变电场和磁场的依赖关系。
2.40 麦克斯韦方程组中哪两个方程是独立的？

习题

2.1 对于力场 $\mathbf{F} = x^2\mathbf{a}_y$，计算其从原点到点(1,3,0)的直线路径 $\mathbf{F}$ 的线积分的近似值，将路径等分成10段。
2.2 对于力场 $\mathbf{F} = x^2\mathbf{a}_y$，如果将路径 $\mathbf{F}$ 等分成 n 段，可以得到其从原点到点(1,3,0)的直线路径的线积分的表达式为序列的形式。将序列的和写成闭式的形式，并计算 n 为5，10，100和∞时的线积分的值。
2.3 对于力场 $\mathbf{F} = x^2\mathbf{a}_y$，计算其从原点到点(1,3,0)的直线路径 $\mathbf{F}$ 的线积分的精确值。
2.4 给定电场为 $\mathbf{E} = y\mathbf{a}_x + x\mathbf{a}_y$，计算沿着如下路径的$\int_{(0,0,0)}^{(1,1,0)} \mathbf{E} \cdot d\mathbf{l}$：(a) $y = x, z = 0$ 的直线路径；(b)从点(0,0,0)到点(1,0,0)，然后再从点(1,0,0)到点(1,1,0)的直线路径；(c)自己任选一条路径。
2.5 证明对于任何的闭合路径 C，$\oint_C d\mathbf{l} = 0$。然后证明对于一个均匀的场 $\mathbf{F}$，$\oint_C \mathbf{F} \cdot d\mathbf{l} = 0$。
2.6 给定 $\mathbf{F} = y\mathbf{a}_x - x\mathbf{a}_y$，计算$\oint_C \mathbf{F} \cdot d\mathbf{l}$，这里 C 为包含如下部分的闭合路径：从点(0,0,0)到点(−1,1,0)的直线路径、从点(−1,1,0)到点(0,$\sqrt{2}$,0)的直线路径、从点(0,$\sqrt{2}$,0)到点(0,

1,0)的直线路径、圆心在点(0,0,0)的圆周上的从点(0,1,0)到点(1,0,0)的圆弧路径,以及从点(1,0,0)到点(0,0,0)的直线路径。

2.7　给定 $\mathbf{F}=xy\mathbf{a}_x+yz\mathbf{a}_y+zx\mathbf{a}_z$,计算$\oint_C \mathbf{F}\cdot d\mathbf{l}$,$C$ 为由以下的路径构成:从点(0,0,0)到点(1,1,1)、从点(1,1,1)到点(1,1,0)和从点(1,1,0)到点(0,0,0)的直线路径。

2.8　磁通量密度矢量为 $\mathbf{B}=x^2e^{-y}\mathbf{a}_z$ Wb/m^2,计算其穿过 xy 平面内介于 $x=0,x=1,y=0$ 和 $y=1$ 这部分平面的磁通量的近似值,将该部分面积等分为 100 份。

2.9　磁通量密度矢量为 $\mathbf{B}=x^2e^{-y}\mathbf{a}_z$ Wb/m^2,计算其穿过 xy 平面内的介于 $x=0,x=1,y=0$ 和 $y=1$ 这部分平面的磁通量时,如果将该部分面积等分为 n^2 份,得到的表达式是含有很多项的序列形式。将序列的和写成闭式的形式,并且计算 n 为 5,10,100 和∞时的结果。

2.10　磁通量密度矢量为 $\mathbf{B}=x^2e^{-y}\mathbf{a}_z$ Wb/m^2,通过计算 $\mathbf{B}$ 的面积分来计算其穿过 xy 平面内的介于 $x=0,x=1,y=0$ 和 $y=1$ 这部分平面的磁通量的精确值。

2.11　场 $\mathbf{A}=x\mathbf{a}_x+y\mathbf{a}_y+z\mathbf{a}_z$,计算$\int_S \mathbf{A}\cdot d\mathbf{S}$,这里 S 为球心在原点、半径为 2 m 的位于 xy 平面上方的上半球球面。

2.12　证明对于任意的闭合曲面 S,$\oint_S d\mathbf{S}=0$。然后证明对于均匀的场 $\mathbf{A}$,$\oint_S \mathbf{A}\cdot d\mathbf{S}=0$。

2.13　给定 $\mathbf{J}=3x\mathbf{a}_x+(y-3)\mathbf{a}_y+(2+z)\mathbf{a}_z$ A/m^2,计算$\oint_S \mathbf{J}\cdot d\mathbf{S}$,即计算从 $x=0,x=1,y=0,y=2,z=0$ 和 $z=3$ 这些平面围成的长方体中流出的电流。

2.14　给定电场为 $\mathbf{E}=(y\mathbf{a}_x-x\mathbf{a}_y)\cos\omega t$ V/m,计算沿 z 轴正向穿过 xy 平面内的闭合曲线的磁通量随时间的减少的速率,闭合曲线位于 xy 平面:沿 $y=0$ 从点(0,0,0)到点(1,0,0),沿 $x=1$ 从点(1,0,0)到点(1,1,0),沿 $y=x^3$ 从点(1,1,0)到点(0,0,0)。

2.15　xz 平面内的磁场 $\mathbf{B}=(B_0/x)\mathbf{a}_y$ Wb/m^2,B_0 为一个常数。一个刚性的矩形线圈放在 xz 平面,4 个顶点的位置为(x_0,z_0),(x_0,z_0+b),(x_0+a,z_0+b)和(x_0+a,z_0)。如果该线圈在该平面内以速度 $\mathbf{v}=v_0\mathbf{a}_x$ m/s 移动,v_0 为一个常数,使用法拉第定律计算环绕该线圈的感生电动势,环绕的方向为顺序连接以上 4 个顶点。使用动生电动势讨论得到的结果。

2.16　假设习题 2.15 中的线圈保持静止,如果磁场 $\mathbf{B}=(B_0/x)\cos\omega t\ \mathbf{a}_y$ Wb/m^2,计算环绕线圈的感生电动势。

2.17　假设习题 2.15 中的线圈以速度 $\mathbf{v}=v_0\mathbf{a}_x$ m/s 移动,如果磁场 $\mathbf{B}=(B_0/x)\cos\omega t\mathbf{a}_y$ Wb/m^2,计算环绕线圈的感生电动势。

2.18　磁场 $\mathbf{B}=B_0\cos\omega t\mathbf{a}_z$ Wb/m^2,计算环绕闭合路径的感生电动势,闭合路径由顺序直线连接点(0,0,0),(1,0,0.01),(1,1,0.02),(0,1,0.03),(0,0,0.04)和(0,0,0)组成。

2.19　重复习题 2.18 的计算,闭合路径由顺序直线连接点(0,0,0),(1,0,0.01),(1,1,0.02),(0,1,0.03),(0,0,0.04),(1,0,0.05),(1,1,0.06),(0,1,0.07),(0,0,0.08)和(0,0,0)组成。最后一段直线连接中为了避开点(0,0,0.04),在该点处有一个环。

2.20　一个刚性矩形线圈,面积为 A,垂直于 xy 平面放置,并且以 z 轴为对称轴。以角速度 ω_1 rad/s 绕 z 轴旋转,旋转方向遵循右手螺旋法则,右手的大拇指指向 z 轴正向,剩余的四指指向的方向即为线圈旋转的方向。如果 $\mathbf{B}=B_0\cos\omega_2 t\mathbf{a}_x$,这里 B_0 为常数,计算线圈中的感生电动势,并且证明感生电动势有$(\omega_1+\omega_2)$和$|\omega_1-\omega_2|$两个频率成分。

2.21　如果习题 2.20 中的磁场为 $\mathbf{B}=B_0(\cos\omega_1 t\mathbf{a}_x+\sin\omega_1 t\mathbf{a}_y)$,计算线圈中的感生电动势。

2.22　如果习题 2.20 中的磁场为 $\mathbf{B}=B_0(\cos\omega_1 t\mathbf{a}_x-\sin\omega_1 t\mathbf{a}_y)$,计算线圈中的感生电动势。

2.23　电流 I_1 从无限远处通过细长的导线沿 y 轴负半轴流向位于原点处的点电荷,电流 I_2 通过

细长的导线沿 y 轴正半轴从该点电荷流向无限远。考虑到$\oint_C \mathbf{H}\cdot d\mathbf{l}$ 的单值性，计算如下的位移电流：(a) 从圆心在点(2,2,2)、半径为 1 m 的球面流出的位移电流，(b) 从圆心在原点、半径为1 m 的球面流出的位移电流。

2.24 由于电荷流动形成的电流密度为 $\mathbf{J}=y\cos\omega t\mathbf{a}_y$ A/m²。考虑到$\oint_C \mathbf{H}\cdot d\mathbf{l}$ 的单值性，计算从由 $x=0, x=1, y=0, y=1, z=0$ 和 $z=1$ 这些平面围成的立方体中流出的位移电流。

2.25 半径为 a 的无限长圆柱形导线，其对称轴为 z 轴，电流方向为 z 轴正向，电流密度均匀，大小为 J_0 A/m²，计算导线内部和导线外部的 $\mathbf{H}$。

2.26 无限长中空的圆柱导线，内半径为 a，外半径为 b，其对称轴为 z 轴，电流方向为 z 轴正向，电流密度均匀，大小为 J_0 A/m²，计算空间各处的 $\mathbf{H}$。

2.27 无限长直导线沿 z 轴放置，其传输的电流为 I，计算沿如下路径的$\int_{(1,0,0)}^{(0,1,0)}\mathbf{H}\cdot d\mathbf{l}$：(a)半径为 1 m 的圆周路径，(b)直线路径。

2.28 给定 $\mathbf{D}=y\mathbf{a}_y$，计算由平面 $x=0, x+z=1, y=0, y=1$ 和 $z=0$ 构成的楔形空间中包含的电荷量。

2.29 给定 $\rho=xe^{-x^2}$ C/m³，计算由 $x=0, x=1, y=0, y=1, z=0$ 和 $z=1$ 这些平面围成的立方体中流出的位移通量。

2.30 电荷以密度 ρ_{L0} C/m 沿 z 轴均匀分布，使用电场的高斯定律计算线电荷产生的电场强度。

2.31 电荷在半径为 a m 的球形空间中均匀分布，密度为 ρ_0 C/m³，球心在原点处。使用电场的高斯定律计算球内、外的电场强度。

2.32 点电荷 Q C 放置在原点，计算如下的位移电流：(a)穿过 $x^2+y^2+z^2=1, x>0, y>0, z>0$ 的球面的位移通量，(b)穿过 $x+y+z=1, x>0, y>0, z>0$ 的平面的位移通量。

2.33 给定 $\mathbf{J}=x\mathbf{a}_x$ A/m²，计算 $x=0, x=1, y=0, y=1, z=0$ 和 $z=1$ 这些平面围成的立方体中包含的电荷随时间的增加速率。

2.34 给定 $\mathbf{J}=x\mathbf{a}_x$ A/m²，计算平面 $x=0, x+z=1, y=0, y=1$ 和 $z=0$ 构成的楔形空间中包含的电荷随时间的增加速率。

2.35 对于 $\mathbf{B}=y\mathbf{a}_x-x\mathbf{a}_y$，使用$\oint_S \mathbf{B}\cdot d\mathbf{S}=0$ 的性质，计算$\int \mathbf{B}\cdot d\mathbf{S}$ 在 $x=0, x=\pi, z=0$ 和 $z=1$ 区间内的 $y=\sin x$ 曲面上的绝对值。

2.36 针对顶点在(0,0,0)，(0,0,1)，(1,1,1)和(0,1,1)的平面矩形进行习题 2.35 的计算。

第 3 章　麦克斯韦方程组的微分形式

第 2 章讨论了麦克斯韦方程组的积分形式。在麦克斯韦方程组的积分形式中的量都是标量,电动势、磁动势、磁通量、位移通量、电荷和电流,这些量通过线积分、面积分和体积分与场矢量和源密度联系起来。因此,麦克斯韦方程组的积分形式虽然包含了空间中给定区域的场和源之间相互依赖关系的所有信息,却不能用来直接研究单个点处的场矢量之间的相互作用以及它们和源密度之间的关系。本章的目的就是推导出能直接应用于给定点处的场矢量和源密度的麦克斯韦方程组的微分形式。

推导麦克斯韦方程组的微分形式是通过将麦克斯韦方程组的积分形式应用于无限小的闭合路径、曲面和体积,极限情况下它们将会收缩成一点。微分方程将给定点处场矢量的空间微分和该点处的电荷密度和电流密度的时间微分联系起来。在推导过程中,要学习两个重要的矢量微积分运算:旋度和散度,以及两个相关的定理:斯托克斯定理和散度定理。

3.1　法拉第定律

由第 2 章可知,法拉第定律的积分形式表示为

$$\oint_C \mathbf{E}\cdot d\mathbf{l} = -\frac{d}{dt}\int_S \mathbf{B}\cdot d\mathbf{S} \tag{3.1}$$

式中 S 是以闭合曲线 C 为边界的任何曲面。在最一般的情况下,电场矢量和磁场矢量包含全部三个方向的分量(x,y,z),并且这三个分量与全部的三个坐标(x,y,z)以及时间(t)有关。简单起见,考虑电场只有 x 方向的分量,该分量只与 z 坐标和时间有关。因此有

$$\mathbf{E} = E_x(z,t)\mathbf{a}_x \tag{3.2}$$

换句话说,这个简单形式的时变电场的方向是处处指向 x 方向的,其大小在与 xy 平面平行的平面内是均匀的。

考虑与 xz 平面平行的平面内的一个尺寸无限小的矩形路径 C,该路径由点(x,z),$(x,z+\Delta z)$,$(x+\Delta x,z)$和$(x+\Delta x,z+\Delta z)$确定,如图 3.1 所示。根据法拉第定律,绕闭合路径 C 的电动势等于穿过闭合路径 C 的磁通量随时间的负变化率。电动势由 $\mathbf{E}$ 绕 C 的线积分得到。因此沿着矩形路径的 4 条边来计算 $\mathbf{E}$ 的线积分,可以得到

$$\int_{(x,z)}^{(x,z+\Delta z)} \mathbf{E}\cdot d\mathbf{l} = 0 \qquad \text{因为 } E_z = 0 \tag{3.3a}$$

$$\int_{(x,z+\Delta z)}^{(x+\Delta x,z+\Delta z)} \mathbf{E}\cdot d\mathbf{l} = [E_x]_{z+\Delta z}\,\Delta x \tag{3.3b}$$

$$\int_{(x+\Delta x,z+\Delta z)}^{(x+\Delta x,z)} \mathbf{E}\cdot d\mathbf{l} = 0 \qquad \text{因为 } E_z = 0 \tag{3.3c}$$

$$\int_{(x+\Delta x,\, z)}^{(x,\, z)} \mathbf{E} \cdot \mathrm{d}\mathbf{l} = -[E_x]_z \, \Delta x \tag{3.3d}$$

将式(3.3a)至式(3.3d)加起来，得到

$$\begin{aligned}\oint_C \mathbf{E} \cdot \mathrm{d}\mathbf{l} &= [E_x]_{z+\Delta z} \, \Delta x - [E_x]_z \, \Delta x \\ &= \{[E_x]_{z+\Delta z} - [E_x]_z\} \, \Delta x \end{aligned} \tag{3.4}$$

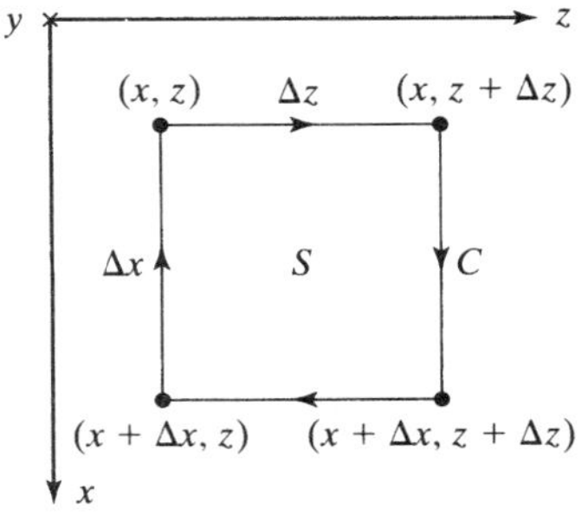

在式(3.3a)至式(3.3d)和式(3.4)中，$[E_x]_z$ 和 $[E_x]_{z+\Delta z}$ 分别表示在 $z=z$ 和 $z=z+\Delta z$ 路径的边上的 E_x 值。

为了获得穿过 C 的磁通量，考虑以 C 为边界的平面 S。根据右手螺旋法则，必须使用沿 y 轴正向穿过 S 的磁通量，即进入纸面的方向，因为路径 C 的绕向是顺时针方向。**B** 只有其 y 方向的分量是垂直于 S 的。而且，由于面积是无限小的，可以认为 B_y 在该面积内是均匀的，可以取点(x,z)处的值。要求的磁通量为

$$\int_S \mathbf{B} \cdot \mathrm{d}\mathbf{S} = [B_y]_{(x,\, z)} \, \Delta x \, \Delta z \tag{3.5}$$

图 3.1 与 xz 平面平行的平面内的无限小矩形路径

将式(3.4)和式(3.5)代入式(3.1)，对矩形路径 C 应用法拉第定律，则得到

$$\{[E_x]_{z+\Delta z} - [E_x]_z\} \, \Delta x = -\frac{\mathrm{d}}{\mathrm{d}t}\{[B_y]_{(x,\, z)} \, \Delta x \, \Delta z\}$$

或

$$\frac{[E_x]_{z+\Delta z} - [E_x]_z}{\Delta z} = -\frac{\partial [B_y]_{(x,\, z)}}{\partial t} \tag{3.6}$$

如果使 Δx 和 Δz 趋于零，让矩形路径收缩到点(x,z)，则得到

$$\lim_{\substack{\Delta x \to 0 \\ \Delta z \to 0}} \frac{[E_x]_{z+\Delta z} - [E_x]_z}{\Delta z} = -\lim_{\substack{\Delta x \to 0 \\ \Delta z \to 0}} \frac{\partial [B_y]_{(x,\, z)}}{\partial t}$$

或

$$\frac{\partial E_x}{\partial z} = -\frac{\partial B_y}{\partial t} \tag{3.7}$$

式(3.7)是式(3.2)给出的简单形式的电场 **E** 的法拉第定律的微分形式。该式将某一点的 E_x 对 z(空间)的微分与该点处的 B_y 对 t(时间)的微分联系起来。由于以上的推导可以对任意的点(x,y,z)进行，所以该式对所有点都成立。该式特别指出，某一点处时变的 B_y 引起该点处的 E_x 沿 z 方向有变化。这是可以预想到的，因为如果不是这样，那么沿无限小的矩形路径的$\oint \mathbf{E} \cdot \mathrm{d}\mathbf{l}$ 将为零。

例 3.1

已知 $\mathbf{B} = B_0 \cos \omega t \mathbf{a}_y$，并且已知 **E** 只有 x 方向的分量，求 E_x。

由式(3.6)有

$$\frac{\partial E_x}{\partial z} = -\frac{\partial B_y}{\partial t} = -\frac{\partial}{\partial t}(B_0 \cos \omega t) = \omega B_0 \sin \omega t$$

$$E_x = \omega B_0 z \sin \omega t$$

注意到均匀磁场产生随 z 线性变化的电场。

进一步，可以通过计算绕例 2.8 中的矩形路径的 $\oint \mathbf{E} \cdot \mathrm{d}\mathbf{l}$ 来验证该结果。该矩形路径如图 3.2 所示。要求的线积分为

$$\begin{aligned}\oint_C \mathbf{E} \cdot \mathrm{d}\mathbf{l} &= \int_{z=0}^{b} [E_z]_{x=0}\,\mathrm{d}z + \int_{x=0}^{a} [E_x]_{z=b}\,\mathrm{d}x + \\ &\quad \int_{z=b}^{0} [E_z]_{x=a}\,\mathrm{d}z + \int_{x=a}^{0} [E_x]_{z=0}\,\mathrm{d}x \\ &= 0 + [\omega B_0 b \sin \omega t]a + 0 + 0 \\ &= abB_0\omega \sin \omega t\end{aligned}$$

这与例 2.8 的结果一致。

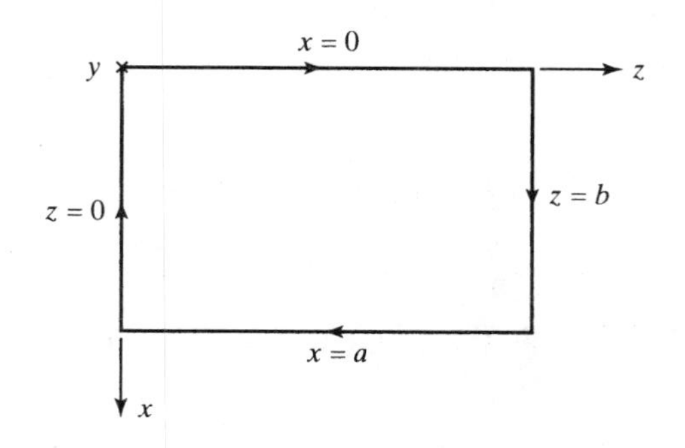

图 3.2　例 2.8 中的矩形路径

现在将式(3.7)推广到电场具有三个方向的分量(x,y 和 z)的一般情况。电场的每个方向的分量都和三个坐标分量(x,y 和 z)及时间(t)有关，即

$$\mathbf{E} = E_x(x, y, z, t)\mathbf{a}_x + E_y(x, y, z, t)\mathbf{a}_y + E_z(x, y, z, t)\mathbf{a}_z \tag{3.8}$$

为此，考虑图 3.3 中的与笛卡儿坐标系三个相互正交的坐标面平行的平面中的三个无限小的矩形路径。计算绕闭合路径 $abcda$, $adefa$ 和 $afgba$ 的 $\oint \mathbf{E} \cdot \mathrm{d}\mathbf{l}$，有

$$\begin{aligned}\oint_{abcda} \mathbf{E} \cdot \mathrm{d}\mathbf{l} &= [E_y]_{(x,\,z)}\,\Delta y + [E_z]_{(x,\,y+\Delta y)}\,\Delta z - \\ &\quad [E_y]_{(x,\,z+\Delta z)}\,\Delta y - [E_z]_{(x,\,y)}\,\Delta z\end{aligned} \tag{3.9a}$$

$$\begin{aligned}\oint_{adefa} \mathbf{E} \cdot \mathrm{d}\mathbf{l} &= [E_z]_{(x,\,y)}\,\Delta z + [E_x]_{(y,\,z+\Delta z)}\,\Delta x - \\ &\quad [E_z]_{(x+\Delta x,\,y)}\,\Delta z - [E_x]_{(y,\,z)}\,\Delta x\end{aligned} \tag{3.9b}$$

$$\begin{aligned}\oint_{afgba} \mathbf{E} \cdot \mathrm{d}\mathbf{l} &= [E_x]_{(y,\,z)}\,\Delta x + [E_y]_{(x+\Delta x,\,z)}\,\Delta y - \\ &\quad [E_x]_{(y+\Delta y,\,z)}\,\Delta x - [E_y]_{(x,\,z)}\,\Delta y\end{aligned} \tag{3.9c}$$

在式(3.9a)至式(3.9c)中，方程右边各项中场量的下标表示的是与各项对应的闭合路径的边中保

持不变的坐标。现在,计算在曲面 $abcd$,$adef$ 和 $afgb$ 上的$\int \mathbf{B}\cdot d\mathbf{S}$,要记住应用右手螺旋法则,有

$$\int_{abcd} \mathbf{B}\cdot d\mathbf{S} = [B_x]_{(x,y,z)}\,\Delta y\,\Delta z \tag{3.10a}$$

$$\int_{adef} \mathbf{B}\cdot d\mathbf{S} = [B_y]_{(x,y,z)}\,\Delta z\,\Delta x \tag{3.10b}$$

$$\int_{afgb} \mathbf{B}\cdot d\mathbf{S} = [B_z]_{(x,y,z)}\,\Delta x\,\Delta y \tag{3.10c}$$

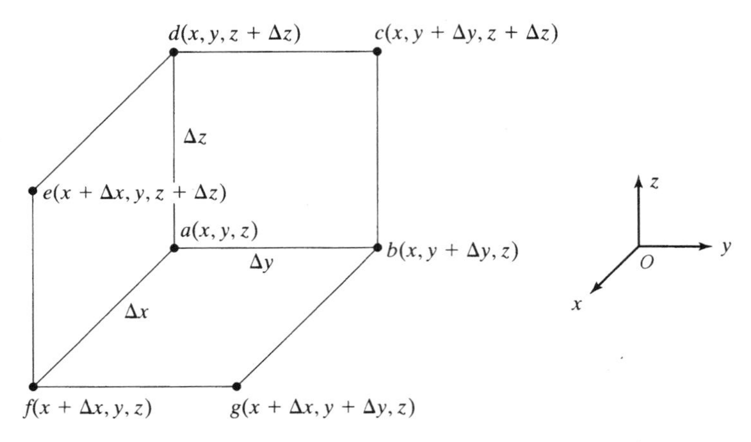

图 3.3　位于三个相互垂直的平面内的无限小的矩形路径

对三个闭合路径应用法拉第定律,利用式(3.9a)至式(3.9c)和式(3.10a)至式(3.10c),并化简,得到

$$\frac{[E_z]_{(x,y+\Delta y)}-[E_z]_{(x,y)}}{\Delta y}-\frac{[E_y]_{(x,z+\Delta z)}-[E_y]_{(x,z)}}{\Delta z}=-\frac{\partial[B_x]_{(x,y,z)}}{\partial t} \tag{3.11a}$$

$$\frac{[E_x]_{(y,z+\Delta z)}-[E_x]_{(y,z)}}{\Delta z}-\frac{[E_z]_{(x+\Delta x,y)}-[E_z]_{(x,y)}}{\Delta x}=-\frac{\partial[B_y]_{(x,y,z)}}{\partial t} \tag{3.11b}$$

$$\frac{[E_y]_{(x+\Delta x,z)}-[E_y]_{(x,z)}}{\Delta x}-\frac{[E_x]_{(y+\Delta y,z)}-[E_x]_{(y,z)}}{\Delta y}=-\frac{\partial[B_z]_{(x,y,z)}}{\partial t} \tag{3.11c}$$

如果使 Δx,Δy 和 Δz 趋于零,将所有的三个路径收缩到 a 点,那么式(3.11a)至式(3.11c)简化成

$$\frac{\partial E_z}{\partial y}-\frac{\partial E_y}{\partial z}=-\frac{\partial B_x}{\partial t} \tag{3.12a}$$

$$\frac{\partial E_x}{\partial z}-\frac{\partial E_z}{\partial x}=-\frac{\partial B_y}{\partial t} \tag{3.12b}$$

$$\frac{\partial E_y}{\partial x}-\frac{\partial E_x}{\partial y}=-\frac{\partial B_z}{\partial t} \tag{3.12c}$$

式(3.12a)至式(3.12c)决定了某一点处电场分量随空间的变化和磁场分量随时间的变化之间的关系。对上述三个方程的一个方程进行分析就足以发现这些关系的物理意义。例如,式(3.12a)说明某点处时变的 B_x 在该点产生的电场具有 y 和 z 方向的分量,因而和 x 方向垂直的总的右旋微分不等于零。E_y 在垂直于 x 方向的右旋微分是其在 $\mathbf{a}_y\times\mathbf{a}_x$ 方向或 $-\mathbf{a}_z$ 方向的导数,即 $\partial E_y/\partial(-z)$ 或 $-\partial E_y/\partial z$。E_z 在垂直于 x 方向的右旋微分是其在 $\mathbf{a}_z\times\mathbf{a}_x$ 方向或 $\mathbf{a}_y$ 方向的导数,即

$\partial E_z/\partial y$。因此，电场的 y 和 z 方向的分量在垂直于 x 方向的总的右旋微分为 $(-\partial E_y/\partial z)+(\partial E_z/\partial y)$ 或者 $(\partial E_z/\partial y-\partial E_y/\partial z)$。图 3.4(a) 中给出了一个虽然单独的导数不为零，但总的右旋微分等于零的例子。图 3.4(b) 中给出的则是总的右旋微分不等于零的例子。

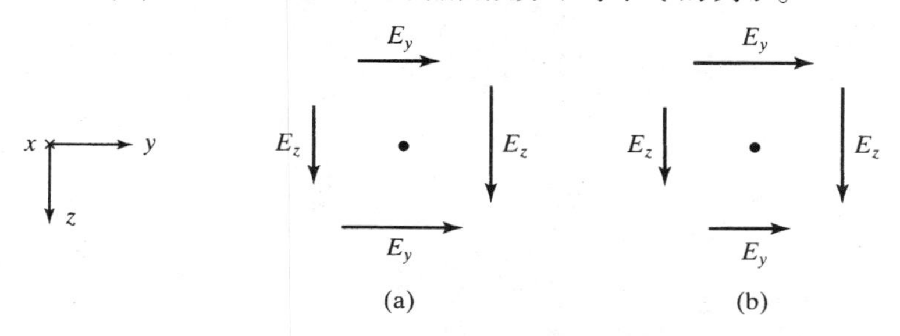

图 3.4　E_y 和 E_z 垂直于 x 方向的右旋微分的情况。(a) 等于零；(b) 不等于零

式(3.12a)至式(3.12c)可以写成如下简单的矢量形式：

$$\left(\frac{\partial E_z}{\partial y}-\frac{\partial E_y}{\partial z}\right)\mathbf{a}_x+\left(\frac{\partial E_x}{\partial z}-\frac{\partial E_z}{\partial x}\right)\mathbf{a}_y+\left(\frac{\partial E_y}{\partial x}-\frac{\partial E_x}{\partial y}\right)\mathbf{a}_z$$
$$=-\frac{\partial B_x}{\partial t}\mathbf{a}_x-\frac{\partial B_y}{\partial t}\mathbf{a}_y-\frac{\partial B_z}{\partial t}\mathbf{a}_z \tag{3.13}$$

也可以写成行列式的形式：

$$\begin{vmatrix}\mathbf{a}_x & \mathbf{a}_y & \mathbf{a}_z\\ \dfrac{\partial}{\partial x} & \dfrac{\partial}{\partial y} & \dfrac{\partial}{\partial z}\\ E_x & E_y & E_z\end{vmatrix}=-\frac{\partial \mathbf{B}}{\partial t} \tag{3.14}$$

或写成

$$\left(\mathbf{a}_x\frac{\partial}{\partial x}+\mathbf{a}_y\frac{\partial}{\partial y}+\mathbf{a}_z\frac{\partial}{\partial z}\right)\times(E_x\mathbf{a}_x+E_y\mathbf{a}_y+E_z\mathbf{a}_z)=-\frac{\partial \mathbf{B}}{\partial t} \tag{3.15}$$

式(3.14)和式(3.15)的左侧称为 $\mathbf{E}$ 的**旋度**，用 $\nabla\times\mathbf{E}$(del 叉乘 $\mathbf{E}$)表示，这里 ∇(del)是下面的矢量算子：

$$\nabla=\mathbf{a}_x\frac{\partial}{\partial x}+\mathbf{a}_y\frac{\partial}{\partial y}+\mathbf{a}_z\frac{\partial}{\partial z} \tag{3.16}$$

因此有

$$\nabla\times\mathbf{E}=-\frac{\partial \mathbf{B}}{\partial t} \tag{3.17}$$

式(3.17)是对应于法拉第定律的麦克斯韦方程组的微分形式。在 3.3 节中会进一步讨论旋度。

例 3.2

已知 $\mathbf{A}=y\mathbf{a}_x-x\mathbf{a}_y$，求 $\nabla\times\mathbf{A}$。

由矢量旋度的行列式的表达式，有

$$\nabla\times\mathbf{A}=\begin{vmatrix}\mathbf{a}_x & \mathbf{a}_y & \mathbf{a}_z\\ \dfrac{\partial}{\partial x} & \dfrac{\partial}{\partial y} & \dfrac{\partial}{\partial z}\\ y & -x & 0\end{vmatrix}$$
$$=\mathbf{a}_x\left[-\frac{\partial}{\partial z}(-x)\right]+\mathbf{a}_y\left[\frac{\partial}{\partial z}(y)\right]+\mathbf{a}_z\left[\frac{\partial}{\partial x}(-x)-\frac{\partial}{\partial y}(y)\right]$$
$$=-2\mathbf{a}_z$$

3.2 安培环路定律

在3.1节中,从法拉第定律的积分形式推导出了法拉第定律的微分形式。在本节中,将以完全相似的方式,从安培环路定律的积分形式出发推导其微分形式。由2.4节可知,安培环路定律的积分形式为

$$\oint_C \mathbf{H}\cdot d\mathbf{l} = \int_S \mathbf{J}\cdot d\mathbf{S} + \frac{d}{dt}\int_S \mathbf{D}\cdot d\mathbf{S} \tag{3.18}$$

式中,S为闭合路径C所张的任意曲面。简单起见,考虑磁场仅有y方向分量的情况,除了与时间有关外,仅与坐标z有关。因此有

$$\mathbf{H} = H_y(z,t)\mathbf{a}_y \tag{3.19}$$

换句话说,该简单形式的时变磁场是处处指向y方向的,并且在与xy平面平行的平面内是均匀的。

考虑与yz平面平行的平面内的闭合矩形路径C,矩形闭合路径由点(y,z),$(y,z+\Delta z)$,$(y+\Delta y,z+\Delta z)$和$(y+\Delta y,z)$确定,如图3.5所示。根据安培环路定律,绕闭合路径C的磁动势等于C所包围的总电流。因此,计算$\mathbf{H}$沿矩形路径的4个边的线积分,可以得到

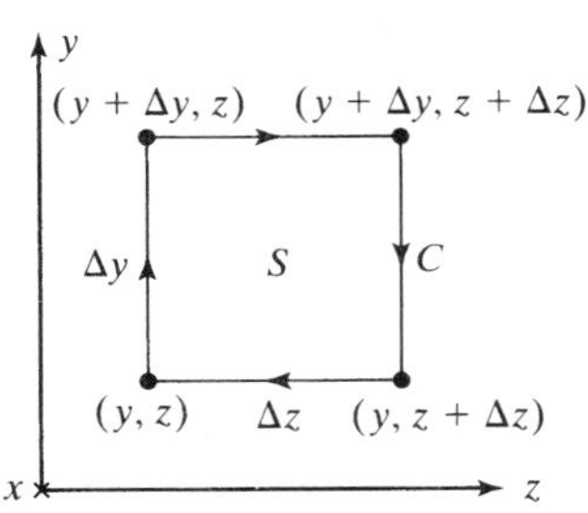

图3.5 与yz平面平行的平面内的无限小矩形路径

$$\begin{aligned}\oint_C \mathbf{H}\cdot d\mathbf{l} &= \int_{(y,z)}^{(y+\Delta y,z)} \mathbf{H}\cdot d\mathbf{l} + \int_{(y+\Delta y,z)}^{(y+\Delta y,z+\Delta z)} \mathbf{H}\cdot d\mathbf{l} + \\ &\quad \int_{(y+\Delta y,z+\Delta z)}^{(y,z+\Delta z)} \mathbf{H}\cdot d\mathbf{l} + \int_{(y,z+\Delta z)}^{(y,z)} \mathbf{H}\cdot d\mathbf{l} \\ &= [H_y]_z\,\Delta y + 0 - [H_y]_{z+\Delta z}\,\Delta y + 0 \\ &= -\{[H_y]_{z+\Delta z} - [H_y]_z\}\,\Delta z \end{aligned} \tag{3.20}$$

为了获得闭合路径C所包围的总电流,考虑C所张的平面S。根据右手螺旋法则,由于闭合路径是顺时针方向环绕的,可以得到穿过S的电流沿x的正方向,即垂直纸面向里。电流包括两部分:

$$\int_S \mathbf{J}\cdot d\mathbf{S} = [J_x]_{(y,z)}\Delta y\,\Delta z \tag{3.21a}$$

$$\frac{d}{dt}\int_S \mathbf{D}\cdot d\mathbf{S} = \frac{d}{dt}\{[D_x]_{(y,z)}\Delta y\,\Delta z\} = \frac{\partial [D_x]_{(y,z)}}{\partial t}\Delta y\,\Delta z \tag{3.21b}$$

这里,因为面积是无限小的,可以认为J_x和D_x在S内是均匀的,大小等于点(y,z)处的值。

将式(3.20)、式(3.21a)和式(3.21b)代入式(3.18)中,对闭合矩形路径应用安培环路定律,可以得到

$$-\{[H_y]_{z+\Delta z} - [H_y]_z\}\,\Delta y = \left[J_x + \frac{\partial D_x}{\partial t}\right]_{(y,z)}\Delta y\,\Delta z$$

或者

$$\frac{[H_y]_{z+\Delta z} - [H_y]_z}{\Delta z} = -\left[J_x + \frac{\partial D_x}{\partial t}\right]_{(y,z)} \tag{3.22}$$

如果使 Δy 和 Δz 趋于零,将闭合矩形路径收缩到点(y,z),则有

$$\lim_{\substack{\Delta y\to 0\\ \Delta z\to 0}}\frac{[H_y]_{z+\Delta z}-[H_y]_z}{\Delta z}=-\lim_{\substack{\Delta y\to 0\\ \Delta z\to 0}}\left[J_x+\frac{\partial D_x}{\partial t}\right]_{(y,z)}$$

或者

$$\frac{\partial H_y}{\partial z}=-J_x-\frac{\partial D_x}{\partial t}\tag{3.23}$$

式(3.23)是式(3.19)给出的简单形式的磁场 **H** 的安培环路定律的微分形式。该式将某点处 H_y 随 z(空间)的变化与该点处的电流密度 J_x 和 D_x 随 t(时间)的变化联系起来。既然可以对任意的点(x,y,z)进行上述的求导,那么该公式对所有点都是成立的。该式指出,某点处的电流密度 J_x 或者时变的 D_x,或者二者的非零组合会在该点处产生沿 z 方向具有微分的 H_y。这是可以预料的,因为如果不是这样的话,那么绕无限小的闭合矩形路径的$\oint \mathbf{H}\cdot d\mathbf{l}$ 将为零。

例 3.3

已知 $\mathbf{E}=E_0 z\sin\omega t\mathbf{a}_x$,$\mathbf{J}$ 等与 0,$\mathbf{B}$ 只有 y 方向的分量,求 B_y。

由式(3.23)有

$$\frac{\partial H_y}{\partial z}=-J_x-\frac{\partial D_x}{\partial t}=0-\frac{\partial}{\partial t}(\epsilon_0 E_0 z\sin\omega t)=-\omega\epsilon_0 E_0 z\cos\omega t$$

$$H_y=-\omega\epsilon_0 E_0\frac{z^2}{2}\cos\omega t$$

$$B_y=\mu_0 H_y=-\omega\mu_0\epsilon_0 E_0\frac{z^2}{2}\cos\omega t$$

注意到电场随 z 做线性变化导致磁场与 z^2 成正比。然而在例 3.1 中,根据法拉第定律的微分形式,随 z 线性变化的电场产生一个均匀的磁场。这两个结果的不一致性说明了无论是例 3.1 中的 E_x 和 B_y 的组合,还是本例中的 E_x 和 B_y 的组合都没有同时满足由式(3.7)和式(3.23)给出的麦克斯韦的两个方程的微分形式。例 3.1 中的 E_x 和 B_y 只满足式(3.7),而本例中的 E_x 和 B_y 只满足式(3.23)。后面的章节将会求解同时满足这两个麦克斯韦方程的 E_x 和 B_y 的组合。

例 3.4

考虑电流分布

$$\mathbf{J}=J_0\mathbf{a}_x\qquad \text{对于}-a<z<a$$

如图 3.6(a)所示,J_0 为一个常数,求空间各处的磁场。

既然电流密度与 x 和 y 无关,场也与 x 和 y 无关。而且,电流密度不是时间的函数,场为静态场。因此$(\partial D_x/\partial t)=0$,可以得到

$$\frac{\partial H_y}{\partial z}=-J_x$$

方程左右两边都对 z 进行积分,可以得到

$$H_y=-\int_{-\infty}^{z}J_x\,dz+C$$

式中,C 是积分常数。

J_x 随 z 的变化在图 3.6(b)中给出。将 $-J_x$ 对 z 进行积分,即求图 3.6(b)中曲线下的面积,再

乘以负号，该面积是 z 的函数，可以得到如图 3.6(c) 中虚线所示的 $-\int_{-\infty}^{z} J_x \mathrm{d}z$ 结果。考虑对称性，场在电流分布区域 $-a<z<a$ 的两侧一定大小相等、方向相反。因此，选择积分常数 C 等于 $J_0 a$，从而得到由图 3.6(c) 中的实线所示的 H_y 的结果。因而，给出的电流分布产生的磁场强度如下：

$$\mathbf{H}=\begin{cases} J_0 a\mathbf{a}_y & \text{对于} z<-a \\ -J_0 z\mathbf{a}_y & \text{对于} -a<z<a \\ -J_0 a\mathbf{a}_y & \text{对于} z>a \end{cases}$$

磁通密度 $\mathbf{B}$ 等于 $\mu_0\mathbf{H}$。

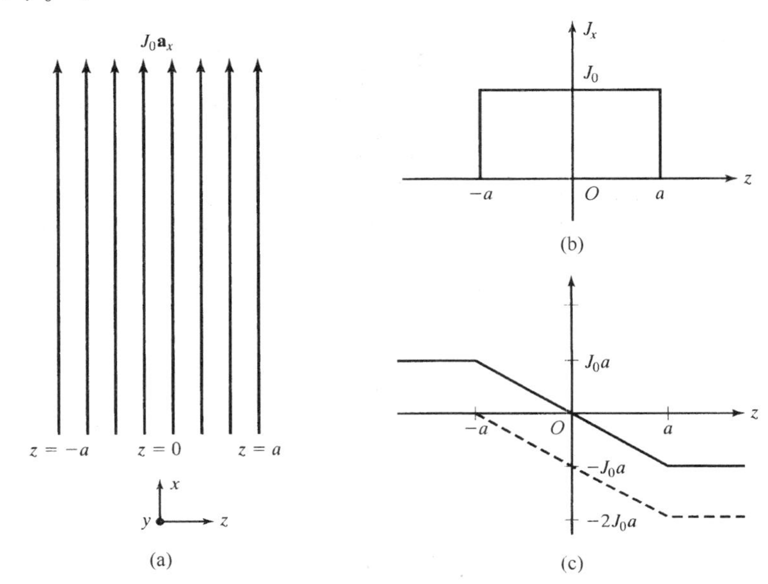

图 3.6 电流分布产生的磁场计算

现在将式(3.23)推广到磁场具有所有三个方向分量的一般情况，各个方向的分量除了和 t 有关，还和所有的三个坐标都有关，即

$$\mathbf{H}=H_x(x,y,z,t)\mathbf{a}_x+H_y(x,y,z,t)\mathbf{a}_y+H_z(x,y,z,t)\mathbf{a}_z \tag{3.24}$$

这里采用的处理方法与法拉第定律中对图 3.3 中三个无限小的矩形路径的处理方法相同。对三个闭合路径应用安培环路定律并进行化简，得到

$$\frac{[H_z]_{(x,y+\Delta y)}-[H_z]_{(x,y)}}{\Delta y}-\frac{[H_y]_{(x,z+\Delta z)}-[H_y]_{(x,z)}}{\Delta z}=\left[J_x+\frac{\partial D_x}{\partial t}\right]_{(x,y,z)} \tag{3.25a}$$

$$\frac{[H_x]_{(y,z+\Delta z)}-[H_x]_{(y,z)}}{\Delta z}-\frac{[H_z]_{(x+\Delta x,y)}-[H_z]_{(x,y)}}{\Delta x}=\left[J_y+\frac{\partial D_y}{\partial t}\right]_{(x,y,z)} \tag{3.25b}$$

$$\frac{[H_y]_{(x+\Delta x,z)}-[H_y]_{(x,z)}}{\Delta x}-\frac{[H_x]_{(y+\Delta y,z)}-[H_x]_{(y,z)}}{\Delta y}=\left[J_z+\frac{\partial D_z}{\partial t}\right]_{(x,y,z)} \tag{3.25c}$$

如果使 Δx，Δy 和 Δz 趋于零，使得三个路径收缩到点 a，则式(3.25a)至式(3.25c)简化为

$$\frac{\partial H_z}{\partial y}-\frac{\partial H_y}{\partial z}=J_x+\frac{\partial D_x}{\partial t} \tag{3.26a}$$

$$\frac{\partial H_x}{\partial z}-\frac{\partial H_z}{\partial x}=J_y+\frac{\partial D_y}{\partial t} \tag{3.26b}$$

$$\frac{\partial H_y}{\partial x}-\frac{\partial H_x}{\partial y}=J_z+\frac{\partial D_z}{\partial t} \tag{3.26c}$$

微分方程式(3.26a)至式(3.26c)决定着某点处磁场分量随空间的变化、电流密度的分量和电场分量随时间的变化三者之间的关系。对这三个方程的物理解释可以采用类似于法拉第定律中对式(3.12a)至式(3.12c)进行解释的方法。

式(3.26a)至式(3.26c)可以写成如下行列式形式的一个矢量方程：

$$\begin{vmatrix} \mathbf{a}_x & \mathbf{a}_y & \mathbf{a}_z \\ \dfrac{\partial}{\partial x} & \dfrac{\partial}{\partial y} & \dfrac{\partial}{\partial z} \\ H_x & H_y & H_z \end{vmatrix} = \mathbf{J}+\frac{\partial \mathbf{D}}{\partial t} \tag{3.27}$$

或

$$\nabla \times \mathbf{H} = \mathbf{J}+\frac{\partial \mathbf{D}}{\partial t} \tag{3.28}$$

式(3.28)是麦克斯韦方程组中安培环路定律的微分形式。$\partial \mathbf{D}/\partial t$ 称为**位移电流密度**。在下面章节会继续讨论旋度。

3.3　旋度和斯托克斯定理

在3.1节和3.2节中，从法拉第定律和安培环路定律的积分形式推导出了它们的微分形式。这些方程包含了一个新的矢量，称为矢量的**旋度**。本节将介绍旋度的定义，并给出旋度的物理解释。为此，考察安培环路定律的微分形式，简单起见，研究位移电流密度为零的简单情况，即

$$\nabla \times \mathbf{H} = \mathbf{J} \tag{3.29}$$

希望能够以该点处的 $\mathbf{H}$ 来表示$\nabla \times \mathbf{H}$。考虑该点处一个无限小的曲面 $\Delta \mathbf{S}$，式(3.29)两侧同时点乘 $\Delta \mathbf{S}$，得到

$$(\nabla \times \mathbf{H}) \cdot \Delta \mathbf{S} = \mathbf{J} \cdot \Delta \mathbf{S} \tag{3.30}$$

但 $\mathbf{J} \cdot \Delta \mathbf{S}$ 仅为穿过曲面 $\Delta \mathbf{S}$ 的电流，根据没有位移电流的安培环路定律的积分形式：

$$\oint_C \mathbf{H} \cdot d\mathbf{l} = \mathbf{J} \cdot \Delta \mathbf{S} \tag{3.31}$$

式中，C 是包围 $\Delta \mathbf{S}$ 的闭合路径。对比式(3.30)和式(3.31)，有

$$(\nabla \times \mathbf{H}) \cdot \Delta \mathbf{S} = \oint_C \mathbf{H} \cdot d\mathbf{l}$$

或

$$(\nabla \times \mathbf{H}) \cdot \Delta S\, \mathbf{a}_n = \oint_C \mathbf{H} \cdot d\mathbf{l} \tag{3.32}$$

式中，$\mathbf{a}_n$ 是垂直于 ΔS 的单位矢量，方向与 C 的绕向满足右手螺旋法则。式(3.32)两侧同除以 ΔS，得到

$$(\nabla \times \mathbf{H}) \cdot \mathbf{a}_n = \frac{\oint_C \mathbf{H} \cdot d\mathbf{l}}{\Delta S} \tag{3.33}$$

($\nabla\times\mathbf{H}$) · $\mathbf{a}_n$ 的最大值,同时也是式(3.33)右侧的最大值,发生在 $\mathbf{a}_n$ 的方向和 $\nabla\times\mathbf{H}$ 的方向平行的时候,即当曲面 ΔS 的取向同电流密度矢量 $\mathbf{J}$ 的方向垂直的时候。该最大值即为 $|\nabla\times\mathbf{H}|$。因而

$$|\nabla \times \mathbf{H}| = \left[\frac{\oint_C \mathbf{H}\cdot \mathrm{d}\mathbf{l}}{\Delta S}\right]_{\max} \tag{3.34}$$

由于 $\nabla\times\mathbf{H}$ 的方向和 $\mathbf{J}$ 的方向一致,或单位矢量的方向垂直于 ΔS,因此有

$$\nabla \times \mathbf{H} = \left[\frac{\oint_C \mathbf{H}\cdot \mathrm{d}\mathbf{l}}{\Delta S}\right]_{\max}\mathbf{a}_n \tag{3.35}$$

式(3.35)是近似的,因为式(3.32)只有在 ΔS 趋于零的极限情况下才是精确的。因此有

$$\nabla \times \mathbf{H} = \lim_{\Delta S\to 0}\left[\frac{\oint_C \mathbf{H}\cdot \mathrm{d}\mathbf{l}}{\Delta S}\right]_{\max}\mathbf{a}_n \tag{3.36}$$

式(3.36)是某点处的 $\nabla\times\mathbf{H}$ 用该点处的 $\mathbf{H}$ 来表示的表达式。尽管只是就矢量 $\mathbf{H}$ 进行了推导,但该结果却是一个通用的结果,事实上,该式通常作为引入旋度时旋度的定义公式。

式(3.36)表明,为了获得矢量场中某点处矢量的旋度,首先要考虑该点处一个无限小的曲面,然后计算闭合的线积分或该矢量绕该曲面边缘的环量,并调整该曲面使得该环量为最大值。然后将该环量除以曲面的面积,得到单位面积环量的最大值。既然计算的是曲面面积趋于零的极限情况下单位面积环量的最大值,可以通过逐渐地收缩该曲面面积,并确保每次计算单位面积环量的时候,曲面的取向保持在使该量为最大的方向上。单位面积环量最大值的收敛极限值即为旋度的大小。曲面法向矢量的收敛极限方向即为旋度的方向。计算旋度的工作可以简化,如果每次考虑场的一个分量,并计算与之对应的旋度,这时总是保持曲面的方向与分量的坐标轴垂直就可以了。实际上,这就是3.1节和3.2节中的处理方法,从而得到了旋度的行列式的表示形式。

现在借助被称为**旋度计**的设备来讨论旋度的物理意义。虽然旋度计的样式有很多种,这里采用的旋度计是由一个底部安装了一个螺旋桨在水中漂浮的圆盘构成的,如图3.7所示。圆盘上表面边缘处的圆点用来指示旋度计绕其轴所作的旋转运动,旋度计的轴也就是螺旋桨的轴。现在考虑矩形横截面的水流沿 z 方向流动,如图3.7(a)所示。假设水流的速度 $\mathbf{v}$ 和高度无关,但是从横截面两侧的零值线性增加到中心处的最大值 v_0,如图3.7(b)所示。考察旋度计垂直放置在水流中不同点处时的行为。假设旋度计的大小可以忽略不计,当考察其在水流中不同点处的行为时,旋度计不会影响水流的流动。

旋度计位于水流的正中央时,位于中线两侧的螺旋桨的叶片受到相同的速度冲击,螺旋桨不发生旋转。旋度计没有旋转运动顺流而下,旋度计的圆盘上表面的圆点相对于圆盘的中心保持相同的位置,如图3.7(c)所示。旋度计位于水流左侧的点时,螺旋桨右侧的叶片受到的冲击速度比左侧的叶片大,使得螺旋桨逆时针方向旋转。旋度计绕其轴逆时针方向旋转顺流而下,这由旋度计圆盘上表面的圆点与圆盘中心的相对位置的变化来指示,如图3.7(d)所示。当旋度计位于水流右侧的点时,螺旋桨左侧的叶片受到的冲击速度比右侧的叶片大,使得螺旋桨顺时针方向旋转。旋度计绕其轴顺时针方向旋转顺流而下,这由旋度计圆盘上表面的圆点与圆盘中心的相对位置的变化来指示,如图3.7(e)所示。

将之前旋度计行为的讨论与水流速度场的旋度联系起来,发现在水流中央的点处,垂直于螺旋桨轴的平面内,也即与水流表面平行的平面内的单位面积上速度矢量的环量值为零,因此旋度沿螺旋桨轴方向,即 x 方向的分量为零。而在水流中央两侧的点处,由于速度沿 y 方向的变

化，单位面积的环量不为零。在这些点处，旋度在 x 方向的分量不为零。而且，水流中央右侧点处的旋度在 x 方向的分量与左侧点处的旋度在 x 方向的分量是符号相反的，因为速度的微分是符号相反的。这些特性与旋度计的旋转运动是相似的。

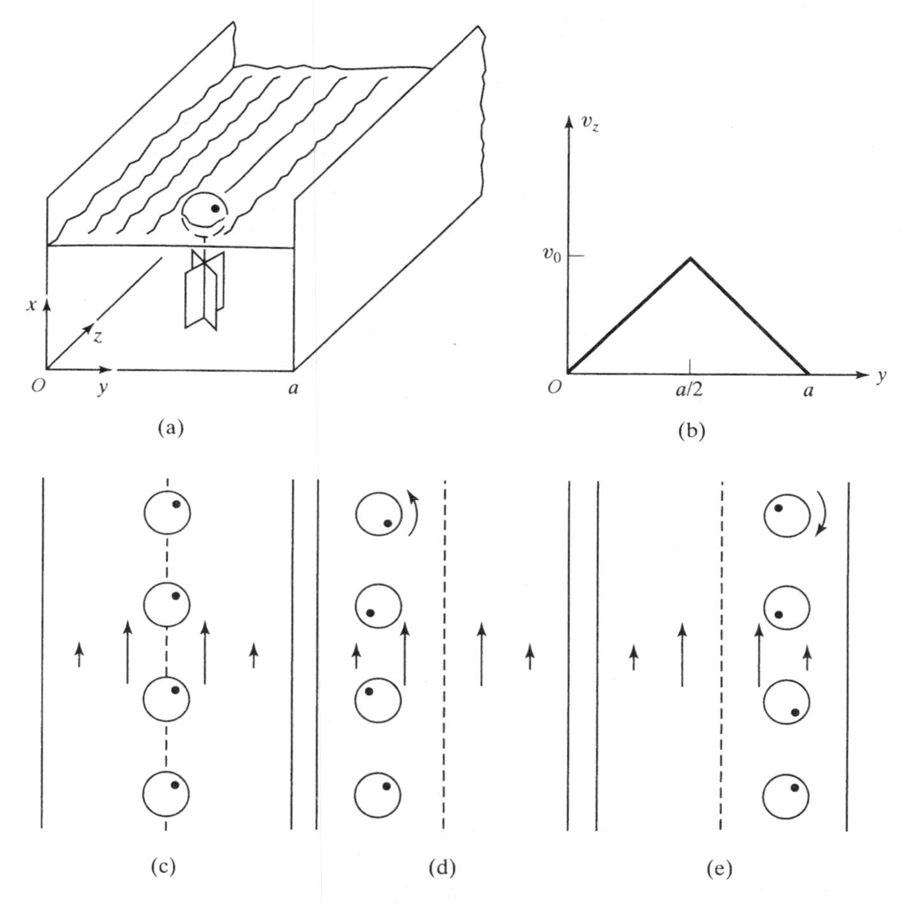

图 3.7　使用旋度计说明旋度的物理意义

如果拿起旋度计，将其轴与水流平面相平行地放入水中，旋度计将不会发生旋转，因为轴两侧的螺旋桨叶受到的作用力是一样的。旋度计的行为与速度矢量的水平分量为零的属性是相关的，因为速度沿 x 方向的变化为零。

前面的矢量场旋度的物理意义的说明可以用来预见电场和磁场的行为。例如，从

$$\nabla \times \mathbf{E} = -\frac{\partial \mathbf{B}}{\partial t}$$

可以知道，如果电磁场中某一点处$\partial \mathbf{B}/\partial t$ 不为零，则在垂直于矢量$\partial \mathbf{B}/\partial t$ 的平面内存在单位面积环量不为零的电场。类似地，从

$$\nabla \times \mathbf{H} = \mathbf{J} + \frac{\partial \mathbf{D}}{\partial t}$$

可以知道，如果电磁场中某一点处 $\mathbf{J} + \partial \mathbf{D}/\partial t$ 不为零，则在垂直于矢量 $\mathbf{J} + \partial \mathbf{D}/\partial t$ 的平面内存在单位面积环量不为零的磁场。

下面推导一个有用的矢量积分形式的定理——**斯托克斯定理**。该定理将矢量场的闭合线积分同该矢量场的旋度的面积分联系起来。考虑磁场中一任意的曲面,将该曲面分成很多无限小的曲面:$\Delta S_1,\Delta S_2,\Delta S_3,\cdots$,这些小的曲面分别由闭合的轮廓曲线 $C_1,C_2,C_3,\cdots$包围。将式(3.32)应用于每个小的曲面,并进行累加,得到

$$\sum_j (\nabla \times \mathbf{H})_j \cdot \Delta S_j \mathbf{a}_{nj} = \oint_{C_1} \mathbf{H} \cdot \mathrm{d}\mathbf{l} + \oint_{C_2} \mathbf{H} \cdot \mathrm{d}\mathbf{l} + \cdots \tag{3.37}$$

式中,$\mathbf{a}_{nj}$为垂直于 ΔS_j 的单位矢量,其方向与 ΔS_j 符合右手螺旋法则。极限情况下,小面元的数量趋于无穷大,式(3.37)的左边趋于 $\nabla\times\mathbf{H}$ 在曲面 S 的面积分。式(3.37)的右边为 $\mathbf{H}$ 绕闭合轮廓曲线 C 的线积分。因为 C 内部的线元对线积分的贡献会相互抵消,如图3.8所示,因此可以得到

$$\int_S (\nabla \times \mathbf{H}) \cdot \mathrm{d}\mathbf{S} = \oint_C \mathbf{H} \cdot \mathrm{d}\mathbf{l} \tag{3.38}$$

式(3.38)即为斯托克斯定理。虽然斯托克斯定理的推导是在磁场 $\mathbf{H}$ 中进行的,但是斯托克斯定理是普适的,对任何的矢量都是适用的。

例 3.5

通过矢量场

$$\mathbf{A} = y\mathbf{a}_x - x\mathbf{a}_y$$

和图3.9中的闭合路径 C 验证斯托克斯定理。

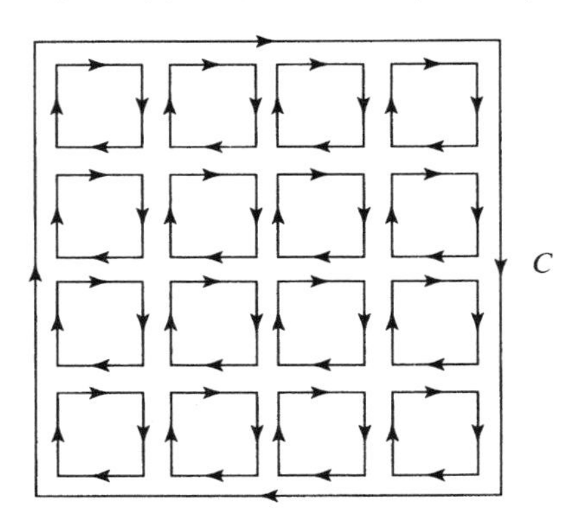

图3.8 斯托克斯定理的推导

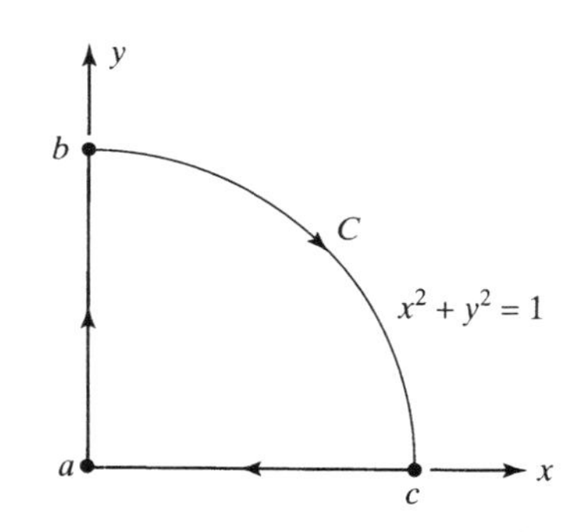

图3.9 验证斯托克斯定理的闭合路径

首先通过计算矢量沿着闭合路径 C 的三个部分的线积分来确定$\oint_C \mathbf{A}\cdot\mathrm{d}\mathbf{l}$。注意到 $\mathbf{A}\cdot\mathrm{d}\mathbf{l} = y\mathrm{d}x - x\mathrm{d}y$,则有从 a 到 b,$x=0$,$\mathrm{d}x=0$,$\mathbf{A}\cdot\mathrm{d}\mathbf{l}=0$,

$$\int_a^b \mathbf{A}\cdot\mathrm{d}\mathbf{l} = 0$$

从 b 到 c,$x^2+y^2=1$,$y=\sqrt{1-x^2}$,

$$2x\,\mathrm{d}x + 2y\,\mathrm{d}y = 0, \qquad \mathrm{d}y = -\frac{x\,\mathrm{d}x}{y} = -\frac{x}{\sqrt{1-x^2}}\mathrm{d}x$$

$$\mathbf{A}\cdot\mathrm{d}\mathbf{l} = \sqrt{1-x^2}\,\mathrm{d}x + \frac{x^2\,\mathrm{d}x}{\sqrt{1-x^2}} = \frac{\mathrm{d}x}{\sqrt{1-x^2}}$$

$$\int_b^c \mathbf{A}\cdot d\mathbf{l} = \int_0^1 \frac{dx}{\sqrt{1-x^2}} = \left[\arcsin x\right]_0^1 = \frac{\pi}{2}$$

从 c 到 $a, y=0, dy=0, \mathbf{A}\cdot d\mathbf{l}=0$,

$$\int_c^a \mathbf{A}\cdot d\mathbf{l} = 0$$

因而

$$\oint_C \mathbf{A}\cdot d\mathbf{l} = \int_a^b \mathbf{A}\cdot dl + \int_b^c \mathbf{A}\cdot d\mathbf{l} + \int_c^a \mathbf{A}\cdot d\mathbf{l}$$
$$= 0 + \frac{\pi}{2} + 0 = \frac{\pi}{2}$$

现在,使用斯托克斯定理来计算$\oint_C \mathbf{A}\cdot d\mathbf{l}$, 由例 3.2 有

$$\nabla\times\mathbf{A} = \nabla\times(y\mathbf{a}_x - x\mathbf{a}_y) = -2\mathbf{a}_z$$

对于 C 包围的曲面 S,

$$d\mathbf{S} = -dx\,dy\,\mathbf{a}_z$$

因而有

$$(\nabla\times\mathbf{A})\cdot d\mathbf{S} = -2\mathbf{a}_z\cdot(-dx\,dy\,\mathbf{a}_z) = 2\,dx\,dy$$

$$\int_S (\nabla\times\mathbf{A})\cdot d\mathbf{S} = \int_{x=0}^1\int_{y=0}^{\sqrt{1-x^2}} 2\,dx\,dy$$
$$= 2(C\text{ 包围的面积}) = 2\times\frac{\pi}{4} = \frac{\pi}{2}$$

由此,斯托克斯定理得到了验证。

3.4　电场的高斯定律

至此,已经推导了包含 **E** 和 **H** 的线积分的两个麦克斯韦方程的积分形式对应的麦克斯韦方程的微分形式,即分别是法拉第定律和安培环路定律。其余的两个麦克斯韦方程的积分形式,即电场的高斯定律和磁场的高斯定律,分别与 **D** 和 **B** 的闭合面积分有关。本节和下一节将推导这两个方程的微分形式。

回顾 2.5 节,电场的高斯定律由下式给出:

$$\oint_S \mathbf{D}\cdot d\mathbf{S} = \int_V \rho\,dv \tag{3.39}$$

式中,V 为闭合曲面 S 包围的体积。为了推导该方程的微分形式,考虑一个长方体,长方体的三个边长分别为无限小的 $\Delta x,\Delta y$ 和 Δz。长方体由 $x=x, x=x+\Delta x, y=y, y=y+\Delta y, z=z$ 和 $z=z+\Delta z$六个平面围成,如图 3.10 所示。电场为

$$\mathbf{D} = D_x(x,y,z,t)\mathbf{a}_x + D_y(x,y,z,t)\mathbf{a}_y + D_z(x,y,z,t)\mathbf{a}_z \tag{3.40}$$

电荷密度为 $\rho(x,y,z,t)$。根据电场的高斯定律,从长方体中流出的电位移通量等于长方体内包围的电荷总量。电位移的通量由 **D** 在长方体表面上的面积分给出,长方体由 6 个平面构成。计算流出长方体的电位移通量,要计算 **D** 在长方体的 6 个平面上的积分,有

$$\int \mathbf{D}\cdot d\mathbf{S} = -[D_x]_x\,\Delta y\,\Delta z \qquad 对于表面 x = x \tag{3.41a}$$

$$\int \mathbf{D}\cdot d\mathbf{S} = [D_x]_{x+\Delta x}\,\Delta y\,\Delta z \qquad 对于表面 x = x + \Delta x \tag{3.41b}$$

$$\int \mathbf{D}\cdot d\mathbf{S} = -[D_y]_y\,\Delta z\,\Delta x \qquad 对于表面 y = y \tag{3.41c}$$

$$\int \mathbf{D}\cdot d\mathbf{S} = [D_y]_{y+\Delta y}\,\Delta z\,\Delta x \qquad 对于表面 y = y + \Delta y \tag{3.41d}$$

$$\int \mathbf{D}\cdot d\mathbf{S} = -[D_z]_z\,\Delta x\,\Delta y \qquad 对于表面 z = z \tag{3.41e}$$

$$\int \mathbf{D}\cdot d\mathbf{S} = [D_z]_{z+\Delta z}\,\Delta x\,\Delta y \qquad 对于表面 z = z + \Delta z \tag{3.41f}$$

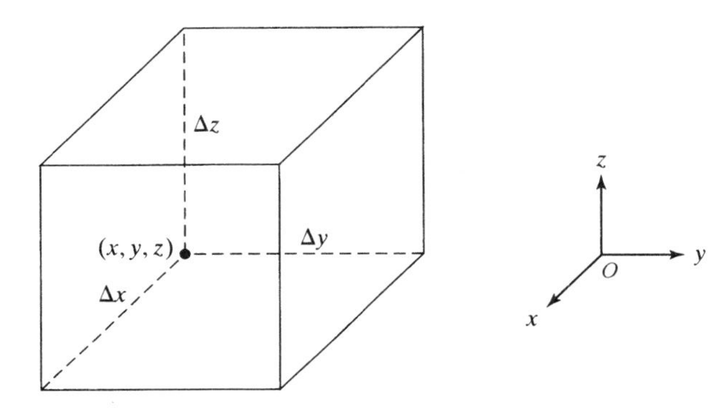

图 3.10　无限小的长方体

将式(3.41a)至式(3.41f)加起来,得到从长方体流出的总的电位移通量为

$$\oint_S \mathbf{D}\cdot d\mathbf{S} = \{[D_x]_{x+\Delta x} - [D_x]_x\}\,\Delta y\,\Delta z + \{[D_y]_{y+\Delta y} - [D_y]_y\}\,\Delta z\,\Delta x + \{[D_z]_{z+\Delta z} - [D_z]_z\}\,\Delta x\,\Delta y \tag{3.42}$$

长方体中包围的电荷总量为

$$\int_V \rho\, dv = \rho(x, y, z, t)\cdot\Delta x\,\Delta y\,\Delta z = \rho\,\Delta x\,\Delta y\,\Delta z \tag{3.43}$$

因为长方体的体积无限小,所以这里认为长方体内的 ρ 是均匀的,其值取点(x,y,z)处的电荷密度值。

将式(3.42)和式(3.43)代入式(3.39),对考察的长方体的表面应用电场的高斯定律,有

$$\{[D_x]_{x+\Delta x} - [D_x]_x\}\,\Delta y\,\Delta z + \{[D_y]_{y+\Delta y} - [D_y]_y\}\,\Delta z\,\Delta x + \{[D_z]_{z+\Delta z} - [D_z]_z\}\,\Delta x\,\Delta y = \rho\,\Delta x\,\Delta y\,\Delta z$$

或

$$\frac{[D_x]_{x+\Delta x} - [D_x]_x}{\Delta x} + \frac{[D_y]_{y+\Delta y} - [D_y]_y}{\Delta y} + \frac{[D_z]_{z+\Delta z} - [D_z]_z}{\Delta z} = \rho \tag{3.44}$$

如果将 Δx,Δy 和 Δz 趋于零,使长方体收缩到点(x,y,z),则可以得到

$$\lim_{\Delta x \to 0} \frac{[D_x]_{x+\Delta x} - [D_x]_x}{\Delta x} + \lim_{\Delta y \to 0} \frac{[D_y]_{y+\Delta y} - [D_y]_y}{\Delta y} + \lim_{\Delta z \to 0} \frac{[D_z]_{z+\Delta z} - [D_z]_z}{\Delta z} = \lim_{\substack{\Delta x \to 0 \\ \Delta y \to 0 \\ \Delta z \to 0}} \rho$$

或

$$\frac{\partial D_x}{\partial x} + \frac{\partial D_y}{\partial y} + \frac{\partial D_z}{\partial z} = \rho \tag{3.45}$$

式(3.45)表明总的 **D** 的分量的纵向微分,即 **D** 的分量沿着各自方向的导数的代数和,等于该点处的电荷密度。相反地,电场中某点处的电荷密度形成的 **D** 的分量总的纵向微分不为零。图 3.11(a)给出了虽然单独的导数不为零,而总的纵向微分等于零的例子。图 3.11(b)给出的例子则是总的纵向微分不等于零。式(3.45)写成矢量的表示形式为

$$\left(\mathbf{a}_x \frac{\partial}{\partial x} + \mathbf{a}_y \frac{\partial}{\partial y} + \mathbf{a}_z \frac{\partial}{\partial z}\right) \cdot (D_x \mathbf{a}_x + D_y \mathbf{a}_y + D_z \mathbf{a}_z) = \rho \tag{3.46}$$

式(3.46)的左边称为 **D** 的**散度**,记为 $\nabla \cdot \mathbf{D}$(del 点乘 **D**)。因而有

$$\nabla \cdot \mathbf{D} = \rho \tag{3.47}$$

式(3.47)是电场的高斯定律对应的麦克斯韦方程组的微分形式。3.6 节中还将深入讨论散度。

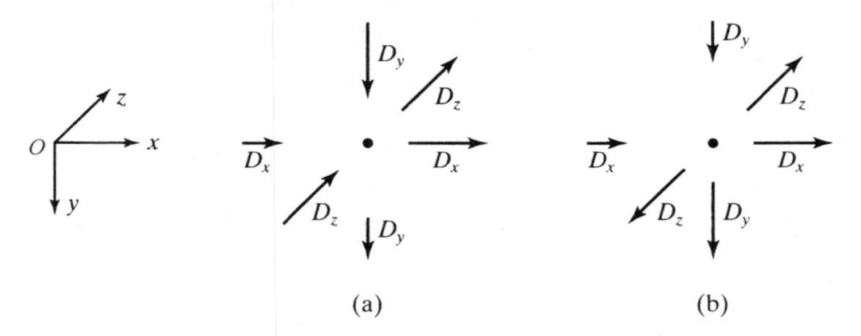

图 3.11　**D** 的分量总的纵向微分示意图。(a)等于零;(b)不等于零

例 3.6

给定 $\mathbf{A} = 3x\mathbf{a}_x + (y-3)\mathbf{a}_y + (2-z)\mathbf{a}_z$,求 $\nabla \cdot \mathbf{A}$。

由矢量的散度的展开式,有

$$\begin{aligned}\nabla \cdot \mathbf{A} &= \left(\mathbf{a}_x \frac{\partial}{\partial x} + \mathbf{a}_y \frac{\partial}{\partial y} + \mathbf{a}_z \frac{\partial}{\partial z}\right) \cdot [3x\mathbf{a}_x + (y-3)\mathbf{a}_y + (2-z)\mathbf{a}_z] \\ &= \frac{\partial}{\partial x}(3x) + \frac{\partial}{\partial y}(y-3) + \frac{\partial}{\partial z}(2-z) \\ &= 3 + 1 - 1 = 3\end{aligned}$$

例 3.7

考虑如下的电荷分布:

$$\rho = \begin{cases} -\rho_0 & \text{对于} -a < x < 0 \\ \rho_0 & \text{对于} 0 < x < a \end{cases}$$

如图 3.12(a)所示,这里 ρ_0 为常数,求各点的电场。

由于电荷密度与 y 和 z 无关，电场也与 y 和 z 无关，因此得到 $\partial D_y/\partial y = \partial D_z/\partial z = 0$，电场的高斯定律简化为

$$\frac{\partial D_x}{\partial x} = \rho$$

方程左右两边都对 x 积分，得到

$$D_x = \int_{-\infty}^{x} \rho \, \mathrm{d}x + C$$

式中，C 是积分常数。

ρ 随 x 的变化如图 3.12(b)所示。计算 ρ 对 x 的积分就是求图 3.12(b)中曲线下方的面积，该面积为 x 的函数，得到 $\int_{-\infty}^{x} \rho \mathrm{d}x$ 的结果在图 3.12(c)中给出。将电荷分布看成一系列的电荷薄层的叠加，由于电场在电荷分布的两侧具有等值、异号的对称性，所以积分常数 C 等于零，符合图 3.12(c)所示的结果。因此，给定的电荷分布产生的电位移通量密度为

$$\mathbf{D} = \begin{cases} 0 & \text{对于 } x < -a \\ -\rho_0(x + a)\mathbf{a}_x & \text{对于 } -a < x < 0 \\ \rho_0(x - a)\mathbf{a}_x & \text{对于 } 0 < x < a \\ 0 & \text{对于 } x > a \end{cases}$$

电场强度 $\mathbf{E}$ 等于 $\mathbf{D}/\epsilon_0$。

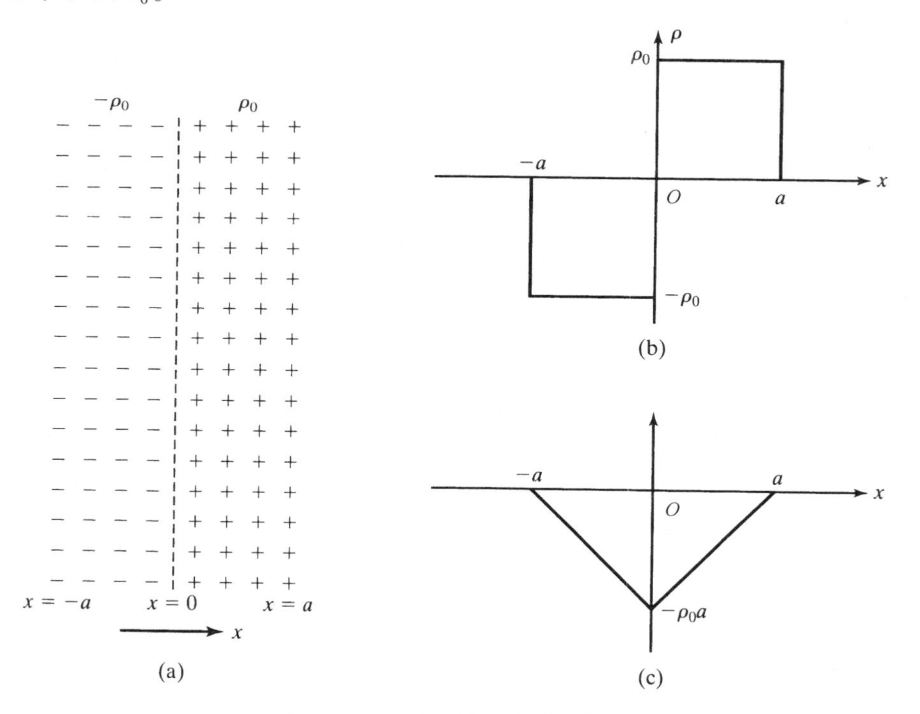

图 3.12 由电荷分布来确定电场

3.5 磁场的高斯定律

前面从电场的高斯定律的积分形式推导出了电场的高斯定律的微分形式。这一节由磁场的高斯定律的积分形式来推导其微分形式。由 2.6 节可知，磁场的高斯定律的积分形式如下：

$$\oint_S \mathbf{B} \cdot d\mathbf{S} = 0 \tag{3.48}$$

式中,S 为任意的闭合曲面。该方程指出从闭合曲面流出的磁通量为零。考虑如图 3.10 所示位于磁场中的无限小的长方体,磁场为

$$\mathbf{B} = B_x(x,y,z,t)\mathbf{a}_x + B_y(x,y,z,t)\mathbf{a}_y + B_z(x,y,z,t)\mathbf{a}_z \tag{3.49}$$

采用 3.4 节中计算电位移通量的类似方法来计算从立方体中流出的磁通量,然后代入式(3.48)中,可以得到

$$\{[B_x]_{x+\Delta x} - [B_x]_x\}\Delta y\, \Delta z + \{[B_y]_{y+\Delta y} - [B_y]_y\}\, \Delta z\, \Delta x + \{[B_z]_{z+\Delta z} - [B_z]_z\}\, \Delta x\, \Delta y = 0 \tag{3.50}$$

式(3.50)左右两边同除以 $\Delta x\Delta y\Delta z$,然后将 Δx,Δy 和 Δz 趋于零,使立方体收缩到点(x,y,z),可以得到

$$\lim_{\Delta x\to 0}\frac{[B_x]_{x+\Delta x} - [B_x]_x}{\Delta x} + \lim_{\Delta y\to 0}\frac{[B_y]_{y+\Delta y} - [B_y]_y}{\Delta y} + \lim_{\Delta z\to 0}\frac{[B_z]_{z+\Delta z} - [B_z]_z}{\Delta z} = 0$$

或

$$\frac{\partial B_x}{\partial x} + \frac{\partial B_y}{\partial y} + \frac{\partial B_z}{\partial z} = 0 \tag{3.51}$$

式(3.51)说明 $\mathbf{B}$ 的分量总的纵向微分等于零。该方程的矢量表示为

$$\nabla \cdot \mathbf{B} = 0 \tag{3.52}$$

式(3.52)是对应于磁场的高斯定律的麦克斯韦方程组的微分形式。后面的章节中还将深入讨论散度。

例 3.8

判断矢量 $\mathbf{A} = y\mathbf{a}_x - x\mathbf{a}_y$ 能否表示磁场 $\mathbf{B}$。

由式(3.52)可知,如果一个给定的矢量的散度等于零,则该矢量可以实现为磁场 $\mathbf{B}$。对 $\mathbf{A} = y\mathbf{a}_x - x\mathbf{a}_y$ 来说,有

$$\nabla \cdot \mathbf{A} = \frac{\partial}{\partial x}(y) + \frac{\partial}{\partial y}(-x) + \frac{\partial}{\partial z}(0) = 0$$

因此,给定的矢量可以表示磁场 $\mathbf{B}$。

3.6　散度和散度定理

在 3.4 节和 3.5 节中由电场和磁场的高斯定律的积分形式推导了它们的微分形式。这些微分方程包含一个新的量,即矢量场的**散度**。矢量场的散度是一个标量,而矢量场的旋度为一个矢量。本节中,将引入散度的定义,然后给出散度的物理解释。为此,考虑电场的高斯定律的微分形式,即

$$\nabla \cdot \mathbf{D} = \rho \tag{3.53}$$

希望电荷区域中某点处的 $\nabla \cdot \mathbf{D}$ 能用该点处的 $\mathbf{D}$ 来表示。如果考虑该点处一个无限小的体积 Δv,并且在式(3.53)左右两边同乘以 Δv,则可以得到

$$(\nabla \cdot \mathbf{D})\, \Delta v = \rho\, \Delta v \tag{3.54}$$

但 $\rho\Delta v$ 仅为体积 Δv 中的电量,根据电场的高斯定律的积分形式

$$\oint_S \mathbf{D} \cdot d\mathbf{S} = \rho \, \Delta v \tag{3.55}$$

式中,S 为包围 Δv 的闭合曲面。对比式(3.54)和式(3.55),可以得到

$$(\nabla \cdot \mathbf{D}) \, \Delta v = \oint_S \mathbf{D} \cdot d\mathbf{S} \tag{3.56}$$

式(3.56)两边同除以 Δv,得到

$$\nabla \cdot \mathbf{D} = \frac{\oint_S \mathbf{D} \cdot d\mathbf{S}}{\Delta v} \tag{3.57}$$

式(3.57)只是一个近似值,因为式(3.56)只有在 Δv 趋于零的极限时才是精确的。因而有

$$\nabla \cdot \mathbf{D} = \lim_{\Delta v \to 0} \frac{\oint_S \mathbf{D} \cdot d\mathbf{S}}{\Delta v} \tag{3.58}$$

式(3.58)是某点处的 $\nabla \cdot \mathbf{D}$ 用该点处的 $\mathbf{D}$ 来表示的表达式。虽然是针对 $\mathbf{D}$ 来推导的,但是该式是一个普适的结果,事实上,该式经常被作为引入散度时散度的定义式。

式(3.58)说明要想计算矢量场的散度,首先要在该点处取一个无限小的体积,然后计算矢量在包围该体积的曲面上的面积分,即矢量从该体积中流出的通量。之后,将该通量除以该体积得到单位体积的通量。由于需要得到的是体积趋于零时的单位体积通量的极限值,因此通过逐渐缩小体积来实现。单位体积通量逼近的极限值是矢量场在该点处的散度。

现在讨论散度的物理解释。为了简化起见,考虑式(2.33)给出的积分形式电荷守恒定律的微分形式,电荷守恒定律的积分形式如下:

$$\oint_S \mathbf{J} \cdot d\mathbf{S} = -\frac{d}{dt}\int_V \rho \, dv \tag{3.59}$$

式中,S 是包围体积 V 的曲面。对无限小的体积 Δv 应用式(3.59),得到

$$\oint_S \mathbf{J} \cdot d\mathbf{S} = -\frac{d}{dt}(\rho \, \Delta v) = -\frac{\partial \rho}{\partial t}\Delta v$$

或

$$\frac{\oint_S \mathbf{J} \cdot d\mathbf{S}}{\Delta v} = -\frac{\partial \rho}{\partial t} \tag{3.60}$$

现在对式(3.60)左右两边取 Δv 趋于零的极限,得到

$$\lim_{\Delta v \to 0} \frac{\oint \mathbf{J} \cdot d\mathbf{S}}{\Delta v} = \lim_{\Delta v \to 0} -\frac{\partial \rho}{\partial t} \tag{3.61}$$

或

$$\nabla \cdot \mathbf{J} = -\frac{\partial \rho}{\partial t} \tag{3.62}$$

或

$$\nabla \cdot \mathbf{J} + \frac{\partial \rho}{\partial t} = 0 \tag{3.63}$$

式(3.63)是电荷守恒定律的微分形式,称为**电流连续性方程**。该方程指出某点处的电流密度矢量的散度等于该点处电荷密度随时间减少的速率。

研究电荷密度随时间减少的速率的三种不同的情况:(a)正值,(b)负值和(c)零值。电荷密度随时间减少的速率即为该点处的电流密度矢量的散度值。借助被称为**散度计**的设备来进行研究,散度计可以被想象成是包围该点的一个微小的、有弹性的气球。当散度计被从该点处流出的电荷撞击时便会膨胀,当被从外部流入该点的电荷撞击时便会收缩。在情况(a)时,即该点处的电荷密度随时间减少的速率为正值时,在给定的时间有净电荷从该点流出,形成从该点流出的净电流,会使假想的气球膨胀。在情况(b)时,即该点处的电荷密度随时间的减少的速率为负值时,在给定的时间有净电荷流入该点,形成流入该点的净电流,会使假想的气球收缩。在情况(c)时,即电荷密度随时间减少的速率等于零时,气球大小保持不变,因为从该点流出的电荷和从外部流入该点的电荷相等。这三种情况分别在图 3.13(a)至图 3.13(c)中进行了说明。

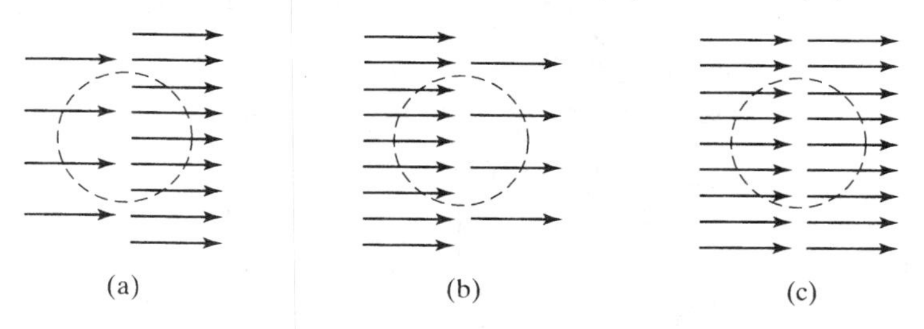

图 3.13　使用散度计来说明散度的物理意义

将之前对散度的物理意义的讨论推广到任意的矢量场,可以将矢量场想象成为作用于散度计的流动电荷的速度场,在大多数情况下得到一幅矢量场散度的定性的图像。如果散度计膨胀,则散度为正,在该点处存在矢量场通量的源。如果散度计收缩,则散度为负,在该点存在矢量场通量的汇。如果散度计没有变化,则该点既没有矢量场通量的源也没有矢量场通量的汇。或者说,该点可能存在一对强度相等的源和汇。

下面推导矢量微积分中一个有用的定理——**散度定理**。该定理将矢量场的闭合面积分同矢量场散度的体积分联系起来。为了推导该定理,考虑电场中的任意的一个体积 V,将该体积分成很多无限小的体积元:$\Delta v_1, \Delta v_2, \Delta v_3, \cdots$,这些小的体积元分别被曲面 $S_1, S_2, S_3, \cdots$包围。对其中每一个无限小的体积元应用式(3.56),并进行求和,可以得到

$$\sum_j (\nabla \cdot \mathbf{D})_j \Delta v_j = \oint_{S_1} \mathbf{D} \cdot d\mathbf{S} + \oint_{S_2} \mathbf{D} \cdot d\mathbf{S} + \cdots \tag{3.64}$$

在小体积元的数量趋于无限大的极限情况下,式(3.64)的左边趋于 $\nabla \cdot \mathbf{D}$ 在体积 V 上的体积分。式(3.64)的右边是 $\mathbf{D}$ 在闭合曲面 S 上的面积分,因为曲面 S 内部的曲面对面积分的贡献相互抵消了,如图 3.14 所示。因而得到

$$\int_V (\nabla \cdot \mathbf{D})\, dv = \oint_S \mathbf{D} \cdot d\mathbf{S} \tag{3.65}$$

式(3.65)就是散度定理。尽管该定理的推导是基于电场的,但是该定理是普适的,因此可以应用于任何的矢量场 $\mathbf{D}$。

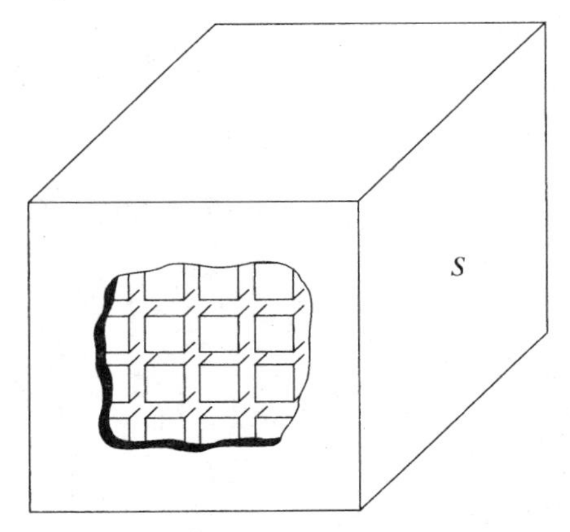

图 3.14　散度定理的推导示意图

例 3.9

对于给定的场

$$\mathbf{A} = 3x\mathbf{a}_x + (y-3)\mathbf{a}_y + (2-z)\mathbf{a}_z$$

和由 $x=0$,$x=1$,$y=0$,$y=2$,$z=0$ 和 $z=3$ 围成的长方体的闭合面,验证散度定理。

首先通过计算在长方体的6个表面上的面积分来确定$\oint_S \mathbf{A}\cdot \mathrm{d}\mathbf{S}$。对于 $x=0$ 的面,

$$\mathbf{A} = (y-3)\mathbf{a}_y + (2-z)\mathbf{a}_z, \quad \mathrm{d}\mathbf{S} = -\mathrm{d}y\,\mathrm{d}z\,\mathbf{a}_x$$

$$\mathbf{A}\cdot\mathrm{d}\mathbf{S} = 0$$

$$\int \mathbf{A}\cdot\mathrm{d}\mathbf{S} = 0$$

对于 $x=1$ 的面,

$$\mathbf{A} = 3\mathbf{a}_x + (y-3)\mathbf{a}_y + (2-z)\mathbf{a}_z, \quad \mathrm{d}\mathbf{S} = \mathrm{d}y\,\mathrm{d}z\,\mathbf{a}_x$$

$$\mathbf{A}\cdot\mathrm{d}\mathbf{S} = 3\,\mathrm{d}y\,\mathrm{d}z$$

$$\int \mathbf{A}\cdot\mathrm{d}\mathbf{S} = \int_{z=0}^{3}\int_{y=0}^{2} 3\,\mathrm{d}y\,\mathrm{d}z = 18$$

对于 $y=0$ 的面,

$$\mathbf{A} = 3x\mathbf{a}_x - 3\mathbf{a}_y + (2-z)\mathbf{a}_z, \quad \mathrm{d}\mathbf{S} = -\mathrm{d}z\,\mathrm{d}x\,\mathbf{a}_y$$

$$\mathbf{A}\cdot\mathrm{d}\mathbf{S} = 3\,\mathrm{d}z\,\mathrm{d}x$$

$$\int \mathbf{A}\cdot\mathrm{d}\mathbf{S} = \int_{x=0}^{1}\int_{z=0}^{3} 3\,\mathrm{d}z\,\mathrm{d}x = 9$$

对于 $y=2$ 的面,

$$\mathbf{A} = 3x\mathbf{a}_x - \mathbf{a}_y + (2-z)\mathbf{a}_z, \quad \mathrm{d}\mathbf{S} = \mathrm{d}z\,\mathrm{d}x\,\mathbf{a}_y$$

$$\mathbf{A}\cdot\mathrm{d}\mathbf{S} = -\mathrm{d}z\,\mathrm{d}x$$

$$\int \mathbf{A}\cdot\mathrm{d}\mathbf{S} = \int_{x=0}^{1}\int_{z=0}^{3} -\mathrm{d}z\,\mathrm{d}x = -3$$

对于 $z=0$ 的面,

$$\mathbf{A} = 3x\mathbf{a}_x + (y-3)\mathbf{a}_y + 2\mathbf{a}_z, \quad \mathrm{d}\mathbf{S} = -\mathrm{d}x\,\mathrm{d}y\,\mathbf{a}_z$$

$$\mathbf{A}\cdot\mathrm{d}\mathbf{S} = -2\,\mathrm{d}x\,\mathrm{d}y$$

$$\int \mathbf{A}\cdot\mathrm{d}\mathbf{S} = \int_{y=0}^{2}\int_{x=0}^{1} -2\,\mathrm{d}x\,\mathrm{d}y = -4$$

对于 $z=3$ 的面,

$$\mathbf{A} = 3x\mathbf{a}_x + (y-3)\mathbf{a}_y - \mathbf{a}_z, \quad \mathrm{d}\mathbf{S} = \mathrm{d}x\,\mathrm{d}y\,\mathbf{a}_z$$

$$\mathbf{A}\cdot\mathrm{d}\mathbf{S} = -\mathrm{d}x\,\mathrm{d}y$$

$$\int \mathbf{A}\cdot\mathrm{d}\mathbf{S} = \int_{y=0}^{2}\int_{x=0}^{1} -\mathrm{d}x\,\mathrm{d}y = -2$$

因而有

$$\oint_S \mathbf{A}\cdot\mathrm{d}\mathbf{S} = 0 + 18 + 9 - 3 - 4 - 2 = 18$$

现在利用散度定理来计算$\oint_S \mathbf{A}\cdot\mathrm{d}\mathbf{S}$,由例3.6可得

$$\nabla \cdot \mathbf{A} = \nabla \cdot [3x\mathbf{a}_x + (y-3)\mathbf{a}_y + (2-z)\mathbf{a}_z] = 3$$

对立方体包围的体积,有

$$\int (\nabla \cdot \mathbf{A})\, dv = \int_{z=0}^{3}\int_{y=0}^{2}\int_{x=0}^{1} 3\,dx\,dy\,dz = 18$$

因此验证了散度定理。

小结

本章中从第2章的麦克斯韦方程组的积分形式推导了麦克斯韦方程组的微分形式。对于电场和磁场有全部的三个分量(x,y,z),并且三个分量都和三个坐标(x,y,z)有关及时间(t)有关的一般情况,下面给出了麦克斯韦方程组的微分形式的文字描述和数学形式。

法拉第定律。电场强度的旋度等于磁通量密度对时间的负导数,即

$$\nabla \times \mathbf{E} = -\frac{\partial \mathbf{B}}{\partial t} \tag{3.66}$$

安培环路定律。磁场强度的旋度等于传导电流密度和位移电流密度的和,传导电流密度是由电荷流动引起的,而位移电流密度是电位移通量密度对时间的导数,即

$$\nabla \times \mathbf{H} = \mathbf{J} + \frac{\partial \mathbf{D}}{\partial t} \tag{3.67}$$

电场的高斯定律。电位移通量密度的散度等于电荷密度,即

$$\nabla \cdot \mathbf{D} = \rho \tag{3.68}$$

磁场的高斯定律。磁通密度的散度等于零,即

$$\nabla \cdot \mathbf{B} = 0 \tag{3.69}$$

电流连续性方程作为对式(3.66)至式(3.69)的补充,其表达式如下:

$$\nabla \cdot \mathbf{J} + \frac{\partial \rho}{\partial t} = 0 \tag{3.70}$$

电流连续性方程的微分形式指出了电荷流动产生的电流密度和电荷密度对时间的导数的和等于零。回顾

$$\mathbf{D} = \epsilon_0 \mathbf{E} \tag{3.71}$$

$$\mathbf{H} = \frac{\mathbf{B}}{\mu_0} \tag{3.72}$$

这两式分别将真空中的 **D** 和 **H** 与 **E** 和 **B** 联系起来。

学习了旋度和散度的基本定义,借助旋度计和散度计对散度和旋度的物理意义进行了讨论,旋度和散度分别定义为

$$\nabla \times \mathbf{A} = \lim_{\Delta S \to 0}\left[\frac{\oint_C \mathbf{A} \cdot d\mathbf{l}}{\Delta S}\right]_{\max} \mathbf{a}_n$$

$$\nabla \cdot \mathbf{A} = \lim_{\Delta v \to 0}\frac{\oint_S \mathbf{A} \cdot d\mathbf{S}}{\Delta v}$$

因此,某点处矢量场的旋度是一个矢量,它的大小是在面元的面积收缩到该点的极限情况下,面元的取向使得该矢量的单位面积环量的值为最大的取值。旋度的方向垂直于上面提到的极限情况下的面元,并且遵循右手螺旋法则。矢量场在某点处的散度是一个标量,其值为包围该点的体积收缩到该点的极限情况下该矢量的单位体积净流出通量。在笛卡儿坐标系下,旋度和散度的展开式分别为

$$\nabla \times \mathbf{A} = \begin{vmatrix} \mathbf{a}_x & \mathbf{a}_y & \mathbf{a}_z \\ \dfrac{\partial}{\partial x} & \dfrac{\partial}{\partial y} & \dfrac{\partial}{\partial z} \\ A_x & A_y & A_z \end{vmatrix}$$

$$= \left(\frac{\partial A_z}{\partial y} - \frac{\partial A_y}{\partial z}\right)\mathbf{a}_x + \left(\frac{\partial A_x}{\partial z} - \frac{\partial A_z}{\partial x}\right)\mathbf{a}_y + \left(\frac{\partial A_y}{\partial x} - \frac{\partial A_x}{\partial y}\right)\mathbf{a}_z$$

$$\nabla \cdot \mathbf{A} = \frac{\partial A_x}{\partial x} + \frac{\partial A_y}{\partial y} + \frac{\partial A_z}{\partial z}$$

因此,可以看到麦克斯韦方程组的微分形式将某点处的场矢量随空间的变化同该点处场矢量随时间的变化及该点处的电荷密度和电流密度联系起来。

本章中还学习了有关散度和旋度的两个定理,即斯托克斯定理和散度定理,分别表示如下:

$$\oint_C \mathbf{A} \cdot d\mathbf{l} = \int_S (\nabla \times \mathbf{A}) \cdot d\mathbf{S}$$

和

$$\oint_S \mathbf{A} \cdot d\mathbf{S} = \int_V (\nabla \cdot \mathbf{A})\, dv$$

根据斯托克斯定理,矢量场沿闭合曲线的线积分可以用该矢量场的旋度在该闭合曲线所张的任意曲面上的面积分代替,反之亦然。根据散度定理,矢量场在闭合曲面上的面积分可以用该矢量场的散度在该闭合曲面包围的体积上的体积分代替,反之亦然。

在第2章中,已经知道麦克斯韦方程组的积分形式之间是相关的。由于麦克斯韦方程组的微分形式由麦克斯韦方程组的积分形式推导而来,所以这个结论对麦克斯韦方程组的微分形式也是成立的。事实上,注意到(参见习题3.32),

$$\nabla \cdot \nabla \times \mathbf{A} \equiv 0 \tag{3.73}$$

将该式应用于式(3.66),得到

$$\nabla \cdot \left(-\frac{\partial \mathbf{B}}{\partial t}\right) = \nabla \cdot \nabla \times \mathbf{E} = 0$$

$$\frac{\partial}{\partial t}(\nabla \cdot \mathbf{B}) = 0$$

$$\nabla \cdot \mathbf{B} = \text{不随时间变化的常量} \tag{3.74}$$

类似地,将式(3.73)应用于式(3.67),得到

$$\nabla \cdot \left(\mathbf{J} + \frac{\partial \mathbf{D}}{\partial t}\right) = \nabla \cdot \nabla \times \mathbf{H} = 0$$

$$\nabla \cdot \mathbf{J} + \frac{\partial}{\partial t}(\nabla \cdot \mathbf{D}) = 0$$

利用式(3.70),得到

$$-\frac{\partial \rho}{\partial t}+\frac{\partial}{\partial t}(\boldsymbol{\nabla}\cdot\mathbf{D})=0$$

$$\frac{\partial}{\partial t}(\boldsymbol{\nabla}\cdot\mathbf{D}-\rho)=0$$

$$\boldsymbol{\nabla}\cdot\mathbf{D}-\rho=\text{不随时间变化的常量} \tag{3.75}$$

由于对空间中任何给定的点,式(3.74)和式(3.75)右边的常数在某些时刻等于零,则得到这两个常数总等于零,因而分别有式(3.69)和式(3.68)的结果。借助式(3.70),式(3.69)可以由式(3.66)推出,式(3.68)可以由式(3.67)推导出。

最后,对于如下简单、特殊的情况:

$$\mathbf{E}=E_x(z,t)\mathbf{a}_x$$

$$\mathbf{H}=H_y(z,t)\mathbf{a}_y$$

麦克斯韦的两个旋度方程简化为

$$\frac{\partial E_x}{\partial z}=-\frac{\partial B_y}{\partial t} \tag{3.76}$$

$$\frac{\partial H_y}{\partial z}=-J_x-\frac{\partial D_x}{\partial t} \tag{3.77}$$

实际上,本章是先推导这些简单、特殊的情况下的方程,然后是推导一般情况下的式(3.66)和式(3.67)给出的方程。在后面的章节中将使用式(3.76)和式(3.77)来研究电磁波的传播现象,电磁波的传播是由电场和磁场空间的变化和时间的变化之间相互依存的关系引起的。

事实上,麦克斯韦方程组的微分形式可以很好地定性讨论时变的电场和磁场之间相互依存的关系引起电磁波传播的现象。认识到散度和旋度的运算包含对空间坐标的偏导数,可以看到时变的电场和磁场在空间中共同存在,根据式(3.66),电场随空间的变化由磁场随时间的变化来决定,根据式(3.67),磁场随空间的变化由电场随随时间的变化来决定。因此,如果在式(3.67)中有时变的电流密度 $\mathbf{J}$ 或时变的电场$\partial\mathbf{D}/\partial t$,或者两者的组合,则可以想象到有磁场依照式(3.67)产生,反过来又依照式(3.66)来产生电场,接着电场反过来又依照式(3.67)来产生磁场,依次类推,如图 3.15 所示。注意 $\mathbf{J}$ 和 ρ 是有关联的,它们必须满足式(3.70)。而且,磁场自动满足式(3.69),因为式(3.69)独立于式(3.66)。

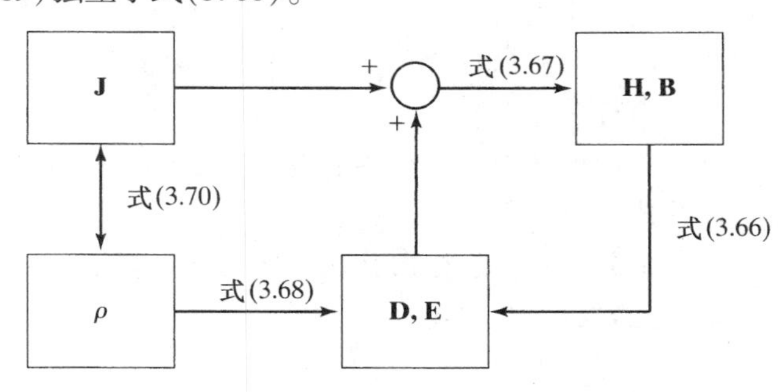

图 3.15　$\mathbf{J}$ 和 ρ 产生相互依存的电场和磁场

上面描述的过程正是电磁波传播的现象,电磁波以一定的速度传播,传播的速度由介质的参数决定,电磁波的其他特性也由介质的参数决定。在真空中,电磁波无衰减地传播,传播的速度为 $1/\sqrt{\mu_0\epsilon_0}$,通常也用符号 c 来表示真空的光速,这在第 4 章中会讲到。如果式(3.66)没有$\partial\mathbf{B}/\partial t$ 这一项或者式(3.67)没有$\partial \mathbf{D}/\partial t$这一项,则波的传播不会发生。正如已经指出的,在实验证实之前,通过在式(3.67)中加入$\partial \mathbf{D}/\partial t$这一项,麦克斯韦预言了电磁波的存在。

复习思考题

3.1 叙述简单形式的电场 $\mathbf{E}=E_x(z,t)\mathbf{a}_x$ 的法拉第定律的微分形式。怎样从法拉第定律的积分形式推导出法拉第定律的微分形式?

3.2 讨论简单形式电场 $\mathbf{E}=E_x(z,t)\mathbf{a}_x$ 的法拉第定律的微分形式的物理意义。

3.3 叙述一般任意形式的电场的法拉第定律的微分形式。怎样从法拉第定律的积分形式推导法拉第定律的微分形式?

3.4 矢量的 x 方向和 y 方向的分量垂直于 z 方向的总的右旋微分是什么?

3.5 给出 E_y 和 E_z 垂直于 x 方向的总的右旋微分等于零,而单独的微分不等于零的一个例子。

3.6 如果空间中某点处 B_y 随时间变化,而 B_x 和 B_z 不随时间变化,则该点处 $\mathbf{E}$ 的分量的情况是怎样的?

3.7 矢量的旋度的行列展开式是什么?

3.8 矢量的旋度等于零的意义是什么?

3.9 叙述简单形式的磁场 $\mathbf{H}=H_y(z,t)\mathbf{a}_y$ 的安培环路定律的微分形式。怎样从安培环路定律的积分形式推导出安培环路定律的微分形式?

3.10 讨论简单形式的磁场 $\mathbf{H}=H_y(z,t)\mathbf{a}_y$ 的安培环路定律的微分形式的物理意义。

3.11 叙述一般任意形式的磁场的安培环路定律的微分形式。怎样从安培环路定律的积分形式推导出安培环路定律的微分形式?

3.12 空间中某一点处 H_x 和 H_y 垂直于 z 方向的总的右旋微分不等于零,其意义是什么?

3.13 某一点处 $\mathbf{E}$ 和 $\mathbf{B}$ 满足法拉第定律的微分形式,是否也一定满足安培环路定律的微分形式?反之情况如何?

3.14 简单叙述和讨论矢量旋度的基本定义。

3.15 什么是旋度计?旋度计如何帮助理解矢量场旋度的行为?

3.16 给出两个矢量场的旋度不等于零的物理现象的例子。

3.17 叙述斯托克斯定理并讨论其应用。

3.18 叙述电场的高斯定律的微分形式,怎样由其积分形式推导而得?

3.19 矢量场分量的总的纵向微分是什么?

3.20 给出一个矢量场分量的总的纵向微分等于零的例子,要求单独的导数不等于零。

3.21 给出矢量场散度的展开式。

3.22 叙述磁场的高斯定律的微分形式。怎样由其积分形式推导而得?

3.23 怎样确定一个矢量是否能表示一个磁场?

3.24 叙述并简单讨论矢量散度的基本定义。

3.25 什么是散度计?散度计如何帮助理解矢量场散度的行为?

3.26 给出矢量场散度不等于零的物理现象的例子。

3.27 叙述电流连续性方程,讨论其物理意义。

3.28 通过实例来区分矢量场的旋度和散度的物理意义。

3.29 叙述散度定理并讨论其应用。

3.30　矢量旋度的散度是什么？

3.31　总结麦克斯韦方程组的微分形式。

3.32　是否所有的麦克斯韦方程组的微分形式都是独立的？如果不是，哪些方程是独立的？

3.33　基于麦克斯韦方程组的微分形式给出电磁波传播的一个定性的解释。

习题

3.1　给定 $\mathbf{B}=B_0 z\cos\omega t\mathbf{a}_y$，并且已知 $\mathbf{E}$ 只有 x 方向的分量，使用法拉第定律的微分形式来求 $\mathbf{E}$。使用法拉第定律的积分形式来验证求得的结果，验证时采用 xz 平面内的矩形闭合路径，该路径由 $x=0$，$x=a$，$z=0$ 和 $z=b$ 围成。

3.2　假设 $\mathbf{E}=E_y(z,t)\mathbf{a}_y$，考虑 yz 平面内的一个矩形闭合路径，与正文中相似进行法拉第定律的微分形式的推导。

3.3　计算下面矢量场的旋度：(a) $zx\mathbf{a}_x+xy\mathbf{a}_y+yz\mathbf{a}_z$；(b) $ye^{-x}\mathbf{a}_x-e^{-x}\mathbf{a}_y$。

3.4　对于 $\mathbf{A}=xy^2\mathbf{a}_x+x^2\mathbf{a}_y$，计算 A_x 和 A_y 垂直于 z 方向的总的右旋微分在点(2,1,0)处的值；(b)计算在哪些位置处该值等于零。

3.5　给定 $\mathbf{E}=10\cos(6\pi\times10^8 t-2\pi z)\mathbf{a}_x$ V/m，使用法拉第定律的微分形式计算 $\mathbf{B}$。

3.6　证明 $\left(\mathbf{a}_x\frac{\partial}{\partial x}+\mathbf{a}_y\frac{\partial}{\partial y}+\mathbf{a}_z\frac{\partial}{\partial z}\right)f$，即 ∇f 的旋度等于零，这里 f 是 x，y 和 z 的任意的标量函数，求 $\nabla f=y\mathbf{a}_x+x\mathbf{a}_y$ 的标量函数。

3.7　给定 $\mathbf{E}=E_0 z^2\sin\omega t\mathbf{a}_x$，并且已知 $\mathbf{J}$ 等于零，$\mathbf{B}$ 只有 y 方向的分量，使用安培环路定律的微分形式求 $\mathbf{B}$。然后通过法拉第定律的微分形式由 $\mathbf{B}$ 求 $\mathbf{E}$。解释计算的结果。

3.8　假设 $\mathbf{H}=H_x(z,t)\mathbf{a}_x$，考虑 xz 平面内矩形闭合路径，与正文中相似进行安培环路定律的微分形式的推导。

3.9　给定 $\mathbf{B}=\frac{10^{-7}}{3}\cos(6\pi\times10^8 t-2\pi z)\mathbf{a}_y$ Wb/m^2，并且已知 $\mathbf{J}=0$，使用安培环路定律的微分形式计算 $\mathbf{E}$。然后使用法拉第定律的微分形式由 $\mathbf{E}$ 求 $\mathbf{B}$。解释计算的结果。

3.10　假设 $\mathbf{J}=0$，确定下面给出的哪组 E_x 和 H_y 同时满足式(3.7)和式(3.23)的两个麦克斯韦方程组。

(a) $E_x=10\cos(2\pi z)\cos(6\pi\times10^8 t)$　　$H_y=\frac{1}{12\pi}\sin(2\pi z)\sin(6\pi\times10^8 t)$

(b) $E_x=(t-z\sqrt{\mu_0\epsilon_0})$　　$H_y=\sqrt{\frac{\epsilon_0}{\mu_0}}(t-z\sqrt{\mu_0\epsilon_0})$

(c) $E_x=z^2\sin\omega t$　　$H_y=-\frac{\omega\epsilon_0}{3}z^3\cos\omega t$

3.11　电流的分布为

$$\mathbf{J}=\begin{cases}-J_0\mathbf{a}_x & \text{对于 } -a<z<0\\ J_0\mathbf{a}_x & \text{对于 } 0<z<a\end{cases}$$

式中，J_0 为一个常数。使用安培环路定律的微分形式，并且考虑对称性，计算空间各处的磁场。

3.12　电流分布为

$$\mathbf{J}=J_0\left(1-\frac{|z|}{a}\right)\mathbf{a}_x \qquad \text{对于 } -a<z<a$$

式中，J_0 是一个常数。使用安培环路定律的微分形式，并且考虑对称性，计算空间各处的磁场。

3.13 假设图 3.7(a)中水流的速度从上表面处的最大值线性降低到下底面的最小值 0，上表面处的速度在图 3.7(b)中给出。借助旋度计讨论速度矢量场的旋度。

3.14 对矢量场 $\mathbf{r} = x\mathbf{a}_x + y\mathbf{a}_y + z\mathbf{a}_z$，讨论旋度计的行为，然后通过计算 $\mathbf{r}$ 的旋度进行验证。

3.15 借助旋度计讨论矢量场 $y\mathbf{a}_x - x\mathbf{a}_y$ 的旋度。

3.16 通过矢量场 $\mathbf{A} = y\mathbf{a}_x + z\mathbf{a}_y + x\mathbf{a}_z$ 和闭合路径来验证斯托克斯定理。闭合路径是由下面的直线构成的：从点(1,0,0)到点(0,1,0)、从点(0,1,0)到点(0,0,1)和从点(0,0,1)到点(1,0,0)。

3.17 通过矢量场 $\mathbf{A} = \mathrm{e}^{-y}\mathbf{a}_x - x\mathrm{e}^{-y}\mathbf{a}_y$ 和任选的闭合路径来验证斯托克斯定理。

3.18 使用斯托克斯定理证明矢量场 $\mathbf{A} = yz\mathbf{a}_x + zx\mathbf{a}_y + xy\mathbf{a}_z$ 对于任意的闭合路径 C 有$\oint_C \mathbf{A} \cdot \mathrm{d}\mathbf{l}$ 等于零。然后计算沿曲线 $x = \sqrt{2}\sin t, y = \sqrt{2}\sin t$ 和 $z = (8/\pi)t$，从原点到点(1,1,2)的$\int \mathbf{A} \cdot \mathrm{d}\mathbf{l}$ 的值。

3.19 求下面矢量的散度：

(a) $3xy^2\mathbf{a}_x + 3x^2y\mathbf{a}_y + z^3\mathbf{a}_z$；　(b) $2xy\mathbf{a}_x - y^2\mathbf{a}_y$

3.20 对于矢量场 $\mathbf{A} = xy\mathbf{a}_x + yz\mathbf{a}_y + ax\mathbf{a}_z$，(a)求 $\mathbf{A}$ 的分量的总的纵向微分在点(1,1,1)处的值，(b) 求在哪些点处 $\mathbf{A}$ 的分量的总的纵向微分等于零。

3.21 对下面的矢量求其旋度和散度，并讨论计算的结果。

(a) $xy\mathbf{a}_x$；(b) $y\mathbf{a}_x$；(c) $x\mathbf{a}_x$；(d) $y\mathbf{a}_x + x\mathbf{a}_y$

3.22 电荷分布如下：

$$\rho = \rho_0\left(1 - \frac{|x|}{a}\right) \qquad \text{对于} -a < x < a$$

式中，ρ_0 为常数。使用电场高斯定律的微分形式，并利用对称性，计算空间各处的电场。

3.23 电荷分布如下：

$$\rho = \rho_0 \frac{x}{a} \qquad \text{对于} -a < x < a$$

式中，ρ_0 为常数。使用电场高斯定律的微分形式，并利用对称性，计算空间各处的电场。

3.24 给定 $\mathbf{D} = x^2y\mathbf{a}_x - y^3\mathbf{a}_y$，计算如下场点的电荷密度：(a) 点(2,1,0)；(b) 点(3,2,0)。

3.25 确定下面哪个矢量可以表示磁通密度矢量 $\mathbf{B}$。

(a) $y\mathbf{a}_x - x\mathbf{a}_y$；(b) $x\mathbf{a}_x + y\mathbf{a}_y$；(c) $z^3\cos\omega t\mathbf{a}_y$

3.26 给定 $\mathbf{J} = \mathrm{e}^{-x^2}\mathbf{a}_x$，求电荷密度随时间减少的速率在下面点处的值：(a) 点(0,0,0)；(b) 点(1,0,0)。

3.27 对矢量场 $\mathbf{r} = x\mathbf{a}_x + y\mathbf{a}_y + z\mathbf{a}_z$，讨论散度计的行为，通过计算 $\mathbf{r}$ 的散度进行验证。

3.28 借助散度计讨论矢量场 $y\mathbf{a}_x - x\mathbf{a}_y$ 的散度。

3.29 通过矢量场 $\mathbf{A} = x\mathbf{a}_x + y\mathbf{a}_y + z\mathbf{a}_z$ 和球心在原点、半径为 1、位于 xy 平面上的闭合半球曲面来验证散度定理。

3.30 通过矢量场 $\mathbf{A} = xy\mathbf{a}_x + yz\mathbf{a}_y + zx\mathbf{a}_z$和由平面 $x = 0, x = 1, y = 0, y = 1, z = 0$ 和 $z = 1$ 围成的闭合体积表面来验证散度定理。

3.31 使用散度定理证明：矢量 $\mathbf{A} = y^2\mathbf{a}_y - 2yz\mathbf{a}_z$ 对任意的闭合曲面有$\oint_S \mathbf{A} \cdot \mathrm{d}\mathbf{S}$ 等于零。然后计算在曲面 $x + y + z = 1, x > 0, y > 0, z > 0$ 上$\int \mathbf{A} \cdot \mathrm{d}\mathbf{S}$ 的值。

3.32 对于任意的 $\mathbf{A}$，使用两种方法证明 $\nabla \cdot \nabla \times \mathbf{A} = 0$：(a) 在笛卡儿坐标系下计算 $\nabla \cdot \nabla \times \mathbf{A}$；(b) 使用斯托克斯定理和散度定理。

第4章　波在自由空间中的传播

在第2章和第3章中，学习了麦克斯韦方程组的积分形式和微分形式。有了电磁场基本定律的相关知识，现在可以开始研究它们的应用。许多应用以电磁波现象为基础，因此有必要理解波传播的基本原理，这也是本章的目的，特别是波在自由空间中的传播特性。第5章将要讨论波场与物质的相互作用，扩大麦克斯韦方程组对物质的应用，讨论波在材料媒质中的传播特性。

在本章中，不仅要学习电场和磁场在空间变化和时间变化的相互转换，正如麦克斯韦方程组所指出的，产生了波的传播，而且还要讨论天线辐射的基本原理，天线原理将在第9章中详细介绍。本章还将学习一些与场问题有关的分析方法，通过分析天线阵原理和极化原理，扩大波的辐射和传播的讨论范围。最后，将讨论与波传播有关的功率流动和能量存储，并介绍坡印亭矢量。

4.1　无限大电流平面

在第3章中，分别学习了电场分量和磁场分量的空间变化与磁场分量和电场分量的时间变化之间的关系，正是这种互相依存和互相转化产生了电磁波的传播现象。在一般情况下，电磁波的传播由多于一个分量的电场和磁场组成，每个分量除了与时间有关外，还与三维坐标有关。然而，在电磁波的研究中，一个简单且非常有用的波由互相垂直的电场和磁场组成，电场和磁场分别垂直于波的传播方向，而且在垂直于波的传播方向的平面内是均匀的。这种波称为**均匀平面波**。通过确定坐标轴的取向，使得电场方向为 x 方向，磁场方向为 y 方向，波的传播方向为 z 方向，如图4.1所示，即有

$$\mathbf{E} = E_x(z,t)\mathbf{a}_x \tag{4.1}$$

$$\mathbf{H} = H_y(z,t)\mathbf{a}_y \tag{4.2}$$

均匀平面波实际上是不存在的，因为它们不能由有限尺寸的天线产生，但在距离实际天线和地面非常远的地方，电磁波可以近似看成均匀平面波。此外，沿着传输线和波导传播的导行电磁波的原理，以及其他许多波的现象，均可依据均匀平面波来进行研究。这样，理解和掌握均匀平面波的传播原理就非常重要了。

为了阐述引起均匀平面电磁波传播的电场和磁场的相互作用现象，以及天线辐射电磁波的原理，考虑一个简单的、理想的假想源。该源由放置在 xy 平面内的无限大平面组成，如图4.2所示。该无限大平面载有均匀分布、随时间正弦变化且沿负 x 方向流动的电流。由于电流分布在面上，用面电流密度来表示电流分布。面电流密度用 $\mathbf{J}_S$ 表示，是一个矢量，其大小等于每单位宽度垂直穿过面上无限小线段的电流（A/m），取向为最大电流。$\mathbf{J}_S$ 的方向垂直于线的方向，指向电流流过的一边。这样，面电流密度为

$$\mathbf{J}_S = -J_{S0}\cos\omega t\,\mathbf{a}_x \qquad \text{对于}\, z = 0 \tag{4.3}$$

式中，J_{S0} 是常数；ω 是正弦时变电流密度的角频率。

由于无限大平面上的面电流密度是均匀的，考虑面上任何一条平行于 y 轴、宽度为 w 的直线，如图4.2所示。

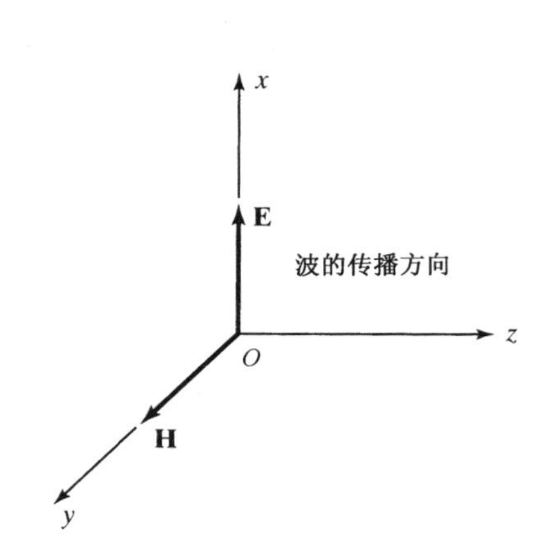

图 4.1 对于均匀平面波的简单情况电场和磁场的方向以及波的传播方向

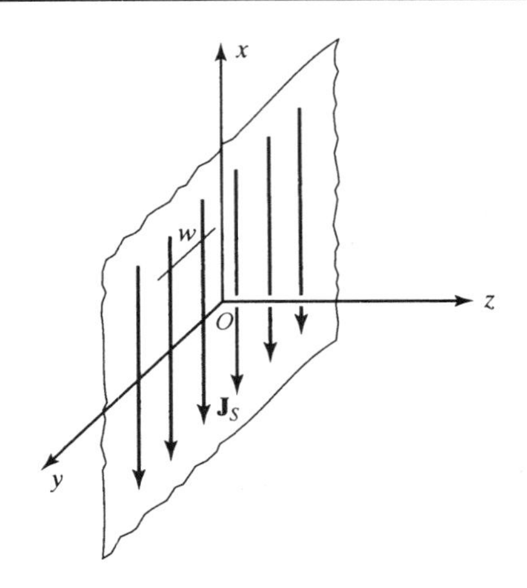

图 4.2 xy 平面上载有均匀面电流密度的无限大平面

垂直穿过该条直线的电流等于 w 乘以面电流密度,即 $wJ_{S0}\cos\omega t$。如果电流密度不均匀,则可以沿线的宽边做积分,求出垂直穿过该直线的电流。由于电流密度随时间正弦变化,垂直穿过 w 的电流实际上在正 x 方向和负 x 方向交替变化,即向上或向下流动。电流在一个周期内的正弦变化如图 4.3 所示,图中线的长度表示电流的大小。

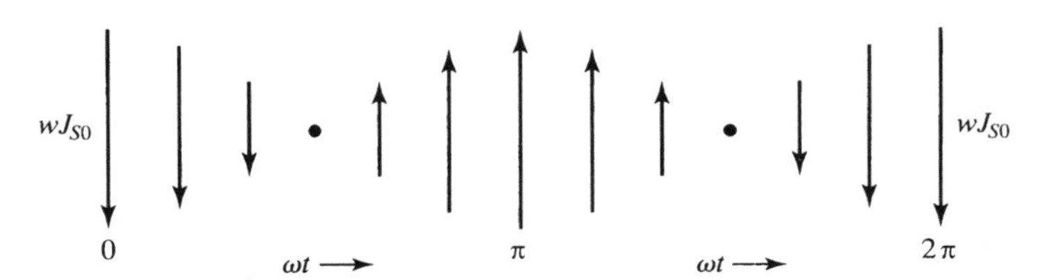

图 4.3 垂直穿过图 4.2 的电流面上平行于 y 轴、宽度为 w 的直线的电流流动时间变化曲线

4.2 无限大电流平面附近的磁场

在 4.1 节中,介绍了位于 xy 平面内的无限大电流面,在其上面电流密度为

$$\mathbf{J}_S = -J_{S0}\cos\omega t\,\mathbf{a}_x \tag{4.4}$$

为了求出时变电流产生的磁场,需要同时求解法拉第定律和安培环路定律。由于电流密度仅有 x 分量,且与 x 和 y 无关,故有下面方程成立:

$$\frac{\partial E_x}{\partial z} = -\frac{\partial B_y}{\partial t} \tag{4.5}$$

$$\frac{\partial H_y}{\partial z} = -\left(J_x + \frac{\partial D_x}{\partial t}\right) \tag{4.6}$$

式(4.6)右边的量 J_x 表示体电流密度,而此处却有面电流密度。而且,在面电流两侧的自由空间中的电流密度为零,因此上述微分方程可化简为

$$\frac{\partial E_x}{\partial z} = -\frac{\partial B_y}{\partial t} \tag{4.7}$$

$$\frac{\partial H_y}{\partial z} = -\frac{\partial D_x}{\partial t} \tag{4.8}$$

为了得到电流面两侧的 E_x 和 H_y，必须同时求解上述两个微分方程。

为了开始求解，首先需要考虑面电流分布，求出电流面附近的磁场，这可以利用安培环路定律的积分形式得到：

$$\oint_C \mathbf{H} \cdot \mathrm{d}\mathbf{l} = \int_S \mathbf{J} \cdot \mathrm{d}\mathbf{S} + \frac{\mathrm{d}}{\mathrm{d}t}\int_S \mathbf{D} \cdot \mathrm{d}\mathbf{S} \tag{4.9}$$

将上式应用到矩形闭合路径 $abcda$，如图 4.4 所示，其中边 ab 和边 cd 紧邻电流面，即分别在电流面的两侧并且与电流面相接。这里矩形闭合路径的选择不是任意的，而是为了求出所需的磁场特意选择的。由式(4.6)可知，x 方向的电流密度可以产生 y 方向的磁场。在此电流源上，磁场还必须有第三个方向上的微分，即 z 方向。实际上，从对称性考虑，在 ab 边和 cd 边上的 H_y 必须大小相等、方向相反。

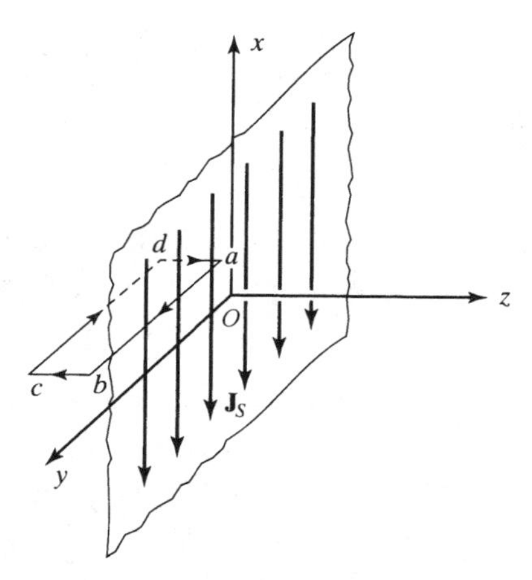

图 4.4　无限大电流面上包围部分电流的矩形路径

下面讨论 $\mathbf{H}$ 沿矩形闭合路径 $abcda$ 的线积分，即有

$$\int_{abcda} \mathbf{H} \cdot \mathrm{d}\mathbf{l} = \int_a^b \mathbf{H} \cdot \mathrm{d}\mathbf{l} + \int_b^c \mathbf{H} \cdot \mathrm{d}\mathbf{l} + \int_c^d \mathbf{H} \cdot \mathrm{d}\mathbf{l} + \int_d^a \mathbf{H} \cdot \mathrm{d}\mathbf{l} \tag{4.10}$$

式(4.10)右边的第二个和第四个积分值等于零，因为 $\mathbf{H}$ 垂直于边 bc 和边 da，而且 bc 和 da 是无限小的量。式(4.10)右边的第一个和第三个积分值为

$$\int_a^b \mathbf{H} \cdot \mathrm{d}\mathbf{l} = [H_y]_{ab}(ab)$$

$$\int_c^d \mathbf{H} \cdot \mathrm{d}\mathbf{l} = -[H_y]_{cd}(cd)$$

因此有

$$\oint_{abcda} \mathbf{H} \cdot \mathrm{d}\mathbf{l} = [H_y]_{ab}(ab) - [H_y]_{cd}(\mathrm{cd}) = 2[H_y]_{ab}(ab) \tag{4.11}$$

因为 $[H_y]_{cd} = -[H_y]_{ab}$。

现在已经计算出式(4.9)左边的值，为了求出电流面附近的磁场，下面需要计算式(4.9)右边的值，包括两项。其中第二项的值为零，因为电流面的厚度无限小，由矩形闭合路径构成的封闭面的面积为零。而第一项不为零，因为面上有电流流过，这样第一项的值就等于由路径 $abcda$ 以右手系包围的电流，即电流垂直穿过宽边 ab，指向负 x 方向，大小等于面电流密度乘以宽边 ab，即 $J_{S0}\cos\omega t(ab)$。这样，将上述结果代入式(4.9)的两边，即有

$$2[H_y]_{ab}(ab) = J_{S0}\cos\omega t\,(ab)$$

或

$$[H_y]_{ab} = \frac{J_{S0}}{2}\cos\omega t \tag{4.12}$$

接下来也有

$$[H_y]_{cd} = -\frac{J_{S0}}{2}\cos\omega t \tag{4.13}$$

这样,与电流面紧邻的磁场强度的幅度大小是$\frac{J_{S0}}{2}\cos\ \omega t$,在 $z>0$ 的一边,磁场强度的方向是正 y 方向,在 $z<0$ 的一边,磁场强度的方向是负 y 方向,如图4.5所示。值得注意的是,上述结果仅对那些与电流面紧邻的场点才成立,如果所求场点距离电流面较远,上述结果则不成立,因为式(4.9)右边第2项的值不再为零。

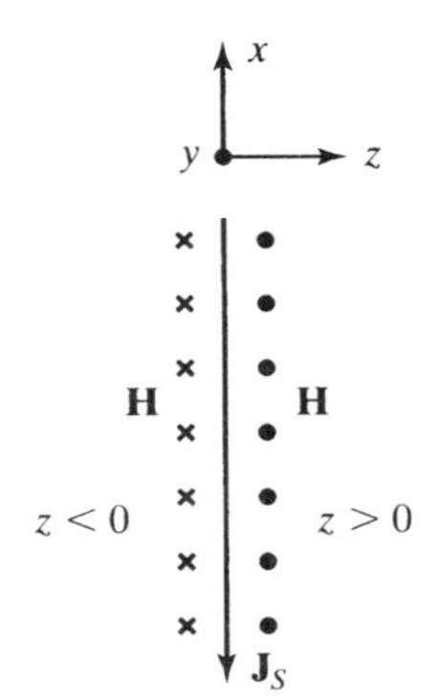

图4.5　无限大电流面两侧的磁场

利用安培环路定律的积分形式求解时变电流产生的磁场是一个常用的方法,正如第2章介绍的那样,由静电荷和电流分布可以求出静电场和恒定磁场,如果电荷分布或电流分布具有一定的对称性,则可以分别利用高斯定律和安培环路定律的积分形式求解静电场和恒定磁场。对于静态场,由于时间微分等于零,故安培环路定律可简化为

$$\oint_C \mathbf{H}\cdot d\mathbf{l} = \int_S \mathbf{J}\cdot d\mathbf{S}$$

这样,如果电流分布不随时间变化,为了计算磁场,则可以选择宽边 bc 任意的矩形路径,矩形路径包围相同的电流,称为在面上的电流。因此,磁场的大小与离开电流面两边的距离无关。静态场中有一些问题可以采用此方法求解。在这里将不讨论此问题,对感兴趣的读者,将在4.3节中讨论该问题的几种情况,并继续介绍由时变电流面引起的电磁场的导数运算。

4.3　麦克斯韦方程组的连续解①

在前几节中,已经求出了无限大电流面附近的磁场。现在要计算电流面两边任何场点的磁场。首先考虑 $z>0$ 的区域,该区域的磁场同时满足式(4.7)和式(4.8)两个微分方程,在 $z=0$ 处的磁场受到式(4.12)的约束。为了求出这些微分方程的解,可以选择由式(4.12)确定的 H_y 为初始解,然后逐次重复地求解,直到解最终满足式(4.7)和式(4.8)两个微分方程;还可以将该两个微分方程组合成一个方程,然后求解满足 $z=0$ 处约束的这一方程。虽然这些方法有些冗长,但是为了得出电场和磁场之间相互作用的原理,在本节中将介绍第一种方法,在4.4节中将介绍第二种方法和其他更方便的方法。

为了简化式(4.7)和式(4.8)两个微分方程重复求解的任务,这里使用相量法,即令

$$E_x(z,t) = \mathrm{Re}[\bar{E}_x(z)\mathrm{e}^{\mathrm{j}\omega t}] \tag{4.14}$$

$$H_y(z,t) = \mathrm{Re}[\bar{H}_y(z)\mathrm{e}^{\mathrm{j}\omega t}] \tag{4.15}$$

式中,Re 表示 $\bar{E}_x(z)$ 和 $\bar{H}_y(z)$ 的**实部**,$\bar{E}_x(z)$ 和 $\bar{H}_y(z)$ 分别是与时间函数 $E_x(z,t)$ 和 $H_y(z,t)$ 对应的相量。将式(4.7)和式(4.8)中的时间函数用对应的相量代替,$\partial/\partial t$ 用 $\mathrm{j}\omega$ 代替,可以得到与相量函数对应的微分方程为

$$\frac{\partial\bar{E}_x}{\partial z} = -\mathrm{j}\omega\bar{B}_y = -\mathrm{j}\omega\mu_0\bar{H}_y \tag{4.16}$$

① 本小节可以省略,不影响章节的连续性。

$$\frac{\partial \bar{H}_y}{\partial z} = -j\omega \bar{D}_x = -j\omega \epsilon_0 \bar{E}_x \tag{4.17}$$

式(4.12)也可写为

$$[H_y]_{ab} = \mathrm{Re}\left(\frac{J_{S0}}{2}e^{j\omega t}\right)$$

在 $z=0$ 处相量 $\bar{H}_y$ 的解是

$$[\bar{H}_y]_{z=0} = \frac{J_{S0}}{2} \tag{4.18}$$

选取式(4.18)为初始值,用逐次重复逼近的方法求解方程式(4.16)和式(4.17),在得到 $\bar{E}_x$ 和 $\bar{H}_y$ 的最终解以后,将它们分别代入式(4.14)和式(4.15),即可求出实际场的解。

这样,将(4.18)代入式(4.16),可以得到

$$\frac{\partial \bar{E}_x}{\partial z} = -j\omega\mu_0 \frac{J_{S0}}{2}$$

上述方程两边对 z 积分,有

$$\bar{E}_x = -j\omega\mu_0 \frac{J_{S0}z}{2} + \bar{C}$$

式中,$\bar{C}$ 是积分常数。这个积分常数必须等于$[\bar{E}_x]_{z=0}$,因为当 $z\to 0$ 时,方程式右边的第一项趋于零。因此

$$\bar{E}_x = -j\omega\mu_0 \frac{J_{S0}z}{2} + [\bar{E}_x]_{z=0} \tag{4.19}$$

现在将式(4.19)代入式(4.17),可以得到

$$\begin{aligned}
\frac{\partial \bar{H}_y}{\partial z} &= -j\omega\epsilon_0\left\{-j\omega\mu_0\frac{J_{S0}z}{2} + [\bar{E}_x]_{z=0}\right\} \\
&= -j\omega\epsilon_0[\bar{E}_x]_{z=0} - \omega^2\mu_0\epsilon_0\frac{J_{S0}z}{2} \\
\bar{H}_y &= -j\omega\epsilon_0 z[\bar{E}_x]_{z=0} - \omega^2\mu_0\epsilon_0\frac{J_{S0}z^2}{4} + [\bar{H}_y]_{z=0} \\
&= -j\omega\epsilon_0 z[\bar{E}_x]_{z=0} - \omega^2\mu_0\epsilon_0\frac{J_{S0}z^2}{4} + \frac{J_{S0}}{2} \\
&= -j\omega\epsilon_0 z[\bar{E}_x]_{z=0} + \frac{J_{S0}}{2}\left(1 - \frac{\omega^2\mu_0\epsilon_0 z^2}{2}\right)
\end{aligned} \tag{4.20}$$

已经得到 $\bar{H}_y$ 的二次解,然而该解并不满足式(4.16),其中 $\bar{E}_x$ 的解由式(4.19)给出,因此必须通过将式(4.20)代入式(4.16)一步一步地继续进行求解,求出 $\bar{E}_x$ 的高次解,以此类推。这样,将式(4.20)的解代入式(4.16),即有

$$\begin{aligned}
\frac{\partial \bar{E}_x}{\partial z} &= -j\omega\mu_0\left\{-j\omega\epsilon_0 z[\bar{E}_x]_{z=0} + \frac{J_{S0}}{2}\left(1 - \frac{\omega^2\mu_0\epsilon_0 z^2}{2}\right)\right\} \\
&= -\omega^2\mu_0\epsilon_0 z[\bar{E}_x]_{z=0} - j\omega\mu_0\frac{J_{S0}}{2}\left(1 - \frac{\omega^2\mu_0\epsilon_0 z^2}{2}\right) \\
\bar{E}_x &= -\omega^2\mu_0\epsilon_0\frac{z^2}{2}[\bar{E}_x]_{z=0} - j\omega\mu_0\frac{J_{S0}}{2}\left(z - \frac{\omega^2\mu_0\epsilon_0 z^3}{6}\right) + [\bar{E}_x]_{z=0} \\
&= [\bar{E}_x]_{z=0}\left(1 - \frac{\omega^2\mu_0\epsilon_0 z^2}{2}\right) - \frac{j\omega\mu_0 J_{S0}}{2}\left(z - \frac{\omega^2\mu_0\epsilon_0 z^3}{6}\right)
\end{aligned} \tag{4.21}$$

从式(4.17)可以得出

$$\frac{\partial \bar{H}_y}{\partial z} = -\mathrm{j}\omega\epsilon_0[\bar{E}_x]_{z=0}\left(1-\frac{\omega^2\mu_0\epsilon_0 z^2}{2}\right)-\frac{\omega^2\mu_0\epsilon_0 J_{S0}}{2}\left(z-\frac{\omega^2\mu_0\epsilon_0 z^3}{6}\right)$$

$$\begin{aligned}\bar{H}_y &= -\mathrm{j}\omega\epsilon_0[\bar{E}_x]_{z=0}\left(z-\frac{\omega^2\mu_0\epsilon_0 z^3}{6}\right)- \\ &\quad \frac{\omega^2\mu_0\epsilon_0 J_{S0}}{2}\left(\frac{z^2}{2}-\frac{\omega^2\mu_0\epsilon_0 z^4}{24}\right)+[\bar{H}_y]_{z=0} \\ &= -\mathrm{j}\omega\epsilon_0[\bar{E}_x]_{z=0}\left(z-\frac{\omega^2\mu_0\epsilon_0 z^3}{6}\right)+ \\ &\quad \frac{J_{S0}}{2}\left(1-\frac{\omega^2\mu_0\epsilon_0 z^2}{2}+\frac{\omega^4\mu_0^2\epsilon_0^2 z^4}{24}\right)\end{aligned} \tag{4.22}$$

继续重复上述计算过程,将得到$\bar{E}_x$和$\bar{H}_y$的无穷项序列表达式如下:

$$\begin{aligned}\bar{E}_x &= [\bar{E}_x]_{z=0}\left[1-\frac{(\beta z)^2}{2!}+\frac{(\beta z)^4}{4!}-\cdots\right]- \\ &\quad \mathrm{j}\frac{\eta_0 J_{S0}}{2}\left[\beta z-\frac{(\beta z)^3}{3!}+\frac{(\beta z)^5}{5!}-\cdots\right]\end{aligned} \tag{4.23}$$

$$\begin{aligned}\bar{H}_y &= -\mathrm{j}\frac{1}{\eta_0}[\bar{E}_x]_{z=0}\left[\beta z-\frac{(\beta z)^3}{3!}+\frac{(\beta z)^5}{5!}-\cdots\right]+ \\ &\quad \frac{J_{S0}}{2}\left[1-\frac{(\beta z)^2}{2!}+\frac{(\beta z)^4}{4!}-\cdots\right]\end{aligned} \tag{4.24}$$

其中已经介绍了下面两个符号:

$$\beta = \omega\sqrt{\mu_0\epsilon_0} \tag{4.25}$$

$$\eta_0 = \sqrt{\frac{\mu_0}{\epsilon_0}} \tag{4.26}$$

留给学生的作业就是证明式(4.23)和式(4.24)两个表达式同时满足微分方程式(4.16)和式(4.17),注意到下面两个恒等式:

$$\cos\beta z = 1-\frac{(\beta z)^2}{2!}+\frac{(\beta z)^4}{4!}-\cdots$$

$$\sin\beta z = \beta z-\frac{(\beta z)^3}{3!}+\frac{(\beta z)^5}{5!}+\cdots$$

将它们代入式(4.23)和式(4.24),即有

$$\bar{E}_x = [\bar{E}_x]_{z=0}\cos\beta z-\mathrm{j}\frac{\eta_0 J_{S0}}{2}\sin\beta z \tag{4.27}$$

$$\bar{H}_y = -\mathrm{j}\frac{1}{\eta_0}[\bar{E}_x]_{z=0}\sin\beta z+\frac{J_{S0}}{2}\cos\beta z \tag{4.28}$$

将上述表达式(4.27)和式(4.28)分别代入式(4.14)和式(4.15),可以得到实际的电场和磁场的表达式分别为

$$E_x(z,t) = \mathrm{Re}\left\{[\bar{E}_x]_{z=0}\cos\beta z\,\mathrm{e}^{\mathrm{j}\omega t} - \mathrm{j}\frac{\eta_0 J_{S0}}{2}\sin\beta z\,\mathrm{e}^{\mathrm{j}\omega t}\right\}$$

$$= \cos\beta z\,\mathrm{Re}\{[\bar{E}_x]_{z=0}\mathrm{e}^{\mathrm{j}\omega t}\} + \frac{\eta_0 J_{S0}}{2}\sin\beta z\,\mathrm{Re}[\mathrm{e}^{\mathrm{j}(\omega t-\pi/2)}]$$

$$= \cos\beta z\,(C\cos\omega t + D\sin\omega t) + \frac{\eta_0 J_{S0}}{2}\sin\beta z\sin\omega t \tag{4.29}$$

$$H_y(z,t) = \mathrm{Re}\left\{-\mathrm{j}\frac{1}{\eta_0}[\bar{E}_x]_{z=0}\sin\beta z\,\mathrm{e}^{\mathrm{j}\omega t} + \frac{J_{S0}}{2}\cos\beta z\,\mathrm{e}^{\mathrm{j}\omega t}\right\}$$

$$= \frac{1}{\eta_0}\sin\beta z\,\mathrm{Re}\{[\bar{E}_x]_{z=0}\mathrm{e}^{\mathrm{j}(\omega t-\pi/2)}\} + \frac{J_{S0}}{2}\cos\beta z\,\mathrm{Re}[\mathrm{e}^{\mathrm{j}\omega t}]$$

$$= \frac{1}{\eta_0}\sin\beta z\,(C\sin\omega t - D\cos\omega t) + \frac{J_{S0}}{2}\cos\beta z\cos\omega t \tag{4.30}$$

式中，用($C\cos\omega t + D\sin\omega t$)代替了 $\mathrm{Re}\{[\bar{E}_x]_{z=0}\mathrm{e}^{\mathrm{j}\omega t}\}$，其中 C 和 D 为待定系数。下面利用三角恒等式进一步进行化简，式(4.29)和式(4.30)可重新写为

$$E_x(z,t) = \frac{2C+\eta_0 J_{S0}}{4}\cos(\omega t-\beta z) + \frac{2C-\eta_0 J_{S0}}{4}\cos(\omega t+\beta z) + \frac{D}{2}\sin(\omega t-\beta z) + \frac{D}{2}\sin(\omega t+\beta z) \tag{4.31}$$

$$H_y(z,t) = \frac{2C+\eta J_{S0}}{4\eta_0}\cos(\omega t-\beta z) - \frac{2C-\eta_0 J_{S0}}{4\eta_0}\cos(\omega t+\beta z) + \frac{D}{2\eta_0}\sin(\omega t-\beta z) - \frac{D}{2\eta_0}\sin(\omega t+\beta z) \tag{4.32}$$

方程式(4.32)是 H_y 的解，同时方程式(4.31)是 E_x 的解，它们也满足式(4.7)和式(4.8)两个微分方程，并且在 $z=0$ 处，H_y 简化为式(4.12)。类似地，也可以用相同的方法求出 H_y 和 E_x 在 $z<0$ 区域的解，通过以式(4.13)作为$[H_y]_{z=0-}$的初始值，并且利用类似的方法进行处理。然而，我们还需要继续求解式(4.31)和式(4.32)中的待定系数 C 和 D，为此目的，首先必须理解函数$\cos(\omega t\mp\beta z)$和 $\sin(\omega t\mp\beta z)$的含义，这将在 4.5 节中进行讨论。

4.4　波动方程的解

在 4.3 节中，用逐次重复逼近的方法，逐步求出了同时满足式(4.7)和式(4.8)两个微分方程的解。本节将介绍另一种更加规范和常用的方法，即将两个微分方程合并成一个微分方程，然后求解。首先回忆一下在自由空间中，电流面两侧的电场和磁场同时满足的两个微分方程可写为

$$\frac{\partial E_x}{\partial z} = -\frac{\partial B_y}{\partial t} = -\mu_0\frac{\partial H_y}{\partial t} \tag{4.33}$$

$$\frac{\partial H_y}{\partial z} = -\frac{\partial D_x}{\partial t} = -\epsilon_0\frac{\partial E_x}{\partial t} \tag{4.34}$$

微分方程式(4.33)的两端对 z 求导并且将从式(4.34)导出的$\partial H_y/\partial z$ 代入，可以得到

$$\frac{\partial^2 E_x}{\partial z^2} = -\mu_0\frac{\partial}{\partial z}\left(\frac{\partial H_y}{\partial t}\right) = -\mu_0\frac{\partial}{\partial t}\left(\frac{\partial H_y}{\partial z}\right) = -\mu_0\frac{\partial}{\partial t}\left(-\epsilon_0\frac{\partial E_x}{\partial t}\right)$$

或

$$\frac{\partial^2 E_x}{\partial z^2} = \mu_0 \epsilon_0 \frac{\partial^2 E_x}{\partial t^2} \tag{4.35}$$

从式(4.33)和式(4.34)消去了 H_y,得到了仅包含 E_x 一个变量的二次偏微分方程。

式(4.35)称为**波动方程**,波动方程的求解采用**分离变量法**。由于波动方程包含 z 和 t 两个变量,分离变量法的解就是两个函数的乘积,一个是 z 的函数,另一个是 t 的函数。两个函数分别用 Z 和 T 表示,有

$$E_x(z,t) = Z(z)T(t) \tag{4.36}$$

将式(4.36)代入式(4.35),且两边同除以 $\mu_0\epsilon_0 Z(z)T(t)$,可以得到

$$\frac{1}{\mu_0\epsilon_0 Z}\frac{\mathrm{d}^2 Z}{\mathrm{d}z^2} = \frac{1}{T}\frac{\mathrm{d}^2 T}{\mathrm{d}t^2} \tag{4.37}$$

在式(4.37)中,左边仅是 z 的函数,而右边仅是 t 的函数。为了满足方程,方程式两边只能等于同一个常数。如果令它们等于常数 α^2,则可以得到

$$\frac{\mathrm{d}^2 Z}{\mathrm{d}z^2} = \alpha^2 \mu_0 \epsilon_0 Z \tag{4.38a}$$

$$\frac{\mathrm{d}^2 T}{\mathrm{d}t^2} = \alpha^2 T \tag{4.38b}$$

这样得到的两个常微分方程分别包含分离的两个变量 z 和 t,故这种方法称为**分离变量法**。

式(4.38a)和式(4.38b)中的 α^2 不是任意常数,因为正弦时变电流源产生的场的频率必须与正弦时变电流源的频率相同,尽管场和源的相位可以不同。这样,$T(t)$的解的形式为

$$T(t) = A\cos\omega t + B\sin\omega t \tag{4.39}$$

式中,A 和 B 是待定系数。将式(4.39)代入式(4.38b),可以得到 $\alpha^2 = -\omega^2$,进而得到式(4.38a)的解为

$$\begin{aligned} Z(z) &= A'\cos\omega\sqrt{\mu_0\epsilon_0}z + B'\sin\omega\sqrt{\mu_0\epsilon_0}z \\ &= A'\cos\beta z + B'\sin\beta z \end{aligned} \tag{4.40}$$

式中,A'和 B'是待定系数,已经定义

$$\beta = \omega\sqrt{\mu_0\epsilon_0} \tag{4.41}$$

那么 E_x 的解为

$$\begin{aligned} E_x &= (A'\cos\beta z + B'\sin\beta z)(A\cos\omega t + B\sin\omega t) \\ &= C\cos\beta z\cos\omega t + D\cos\beta z\sin\omega t + \\ &\quad C'\sin\beta z\cos\omega t + D'\sin\beta z\sin\omega t \end{aligned} \tag{4.42}$$

将式(4.42)代入式(4.33)和式(4.34)两个方程其中的一个,就可以求出 H_y 对应的解。因此,如果利用式(4.34),则可以得到

$$\begin{aligned} \frac{\partial H_y}{\partial z} &= -\epsilon_0[-\omega C\cos\beta z\sin\omega t + \omega D\cos\beta z\cos\omega t - \\ &\quad \omega C'\sin\beta z\sin\omega t + \omega D'\sin\beta z\cos\omega t] \end{aligned}$$

$$\begin{aligned} H_y &= \frac{\omega\epsilon_0}{\beta}[C\sin\beta z\sin\omega t - D\sin\beta z\cos\omega t - \\ &\quad C'\cos\beta z\sin\omega t + D'\cos\beta z\cos\omega t] \end{aligned}$$

定义

$$\eta_0 = \frac{\beta}{\omega\epsilon_0} = \frac{\omega\sqrt{\mu_0\epsilon_0}}{\omega\epsilon_0} = \sqrt{\frac{\mu_0}{\epsilon_0}} \tag{4.43}$$

有

$$H_y = \frac{1}{\eta_0}[C\sin\beta z\sin\omega t - D\sin\beta z\cos\omega t - C'\cos\beta z\sin\omega t + D'\cos\beta z\cos\omega t] \tag{4.44}$$

方程式(4.44)是 H_y 的通解,对电流面的两侧均成立。为了化简待定系数,首先回忆电流面附近的磁场:

$$H_y = \begin{cases} \dfrac{J_{S0}}{2}\cos\omega t & \text{对于 } z = 0+ \\ -\dfrac{J_{S0}}{2}\cos\omega t & \text{对于 } z = 0- \end{cases} \tag{4.45}$$

因此对于 $z>0$ 的区域,有

$$\frac{1}{\eta_0}[-C'\sin\omega t + D'\cos\omega t] = \frac{J_{S0}}{2}\cos\omega t$$

或

$$C' = 0 \quad \text{和} \quad D' = \frac{\eta_0 J_{S0}}{2}$$

故可以得到

$$H_y = \frac{J_{S0}}{2}\cos\beta z\cos\omega t + \frac{1}{\eta_0}\sin\beta z\,(C\sin\omega t - D\cos\omega t) \tag{4.46}$$

$$E_x = \frac{\eta_0 J_{S0}}{2}\sin\beta z\sin\omega t + \cos\beta z\,(C\cos\omega t + D\sin\omega t) \tag{4.47}$$

利用三角恒等式进一步化简,式(4.47)和式(4.46)可表示为

$$E_x(z,t) = \frac{2C + \eta_0 J_{S0}}{4}\cos(\omega t - \beta z) + \frac{2C - \eta_0 J_{S0}}{4}\cos(\omega t + \beta z) + \frac{D}{2}\sin(\omega t - \beta z) + \frac{D}{2}\sin(\omega t + \beta z) \tag{4.48}$$

$$H_y(z,t) = \frac{2C + \eta_0 J_{S0}}{4\eta_0}\cos(\omega t - \beta z) - \frac{2C - \eta_0 J_{S0}}{4\eta_0}\cos(\omega t + \beta z) + \frac{D}{2\eta_0}\sin(\omega t - \beta z) - \frac{D}{2\eta_0}\sin(\omega t + \beta z) \tag{4.49}$$

方程式(4.49)是 H_y 的解,同时方程式(4.48)是 E_x 的解,它们均满足式(4.7)和式(4.8)两个微分方程,在 $z=0$ 处简化为式(4.12)。类似地,也可在 $z<0$ 区域求出 H_y 和 E_x 的解,通过利用$[H_y]_{z=0-}$的值确定式(4.44)中的 C'和 D'。下面需要进一步确方程式(4.48)和式(4.49)中的待定系数 C 和 D,为此目的,首先必须理解函数 $\cos(\omega t \mp \beta z)$和 $\sin(\omega t \mp \beta z)$的含义。这将在 4.5 节中进行讨论。

4.5　均匀平面波

前两节推导了载有均匀正弦时变电流密度的无限大电流面,在 $z>0$ 的区域产生的 E_x 和 H_y,E_x 和 H_y 的解由与时间和距离有关的 $\cos(\omega t \mp \beta z)$和 $\sin(\omega t \mp \beta z)$两个函数组成。首先讨论函数 $\cos(\omega t - \beta z)$。为了理解该函数的特性,注意到对于一个确定的时间值,该函数随距离 z 余弦变

化，因此考虑 $t=0$，$t=\pi/4\omega$ 和 $t=\pi/2\omega$ 三个确定的时间，画出该函数在这三个确定的时间随 z 变化的曲线，与时间对应的三个函数表示如下：

$$\text{对于 } t=0,\quad \cos(\omega t-\beta z)=\cos(-\beta z)=\cos\beta z$$

$$\text{对于 } t=\frac{\pi}{4\omega},\quad \cos(\omega t-\beta z)=\cos\left(\frac{\pi}{4}-\beta z\right)$$

$$\text{对于 } t=\frac{\pi}{2\omega},\quad \cos(\omega t-\beta z)=\cos\left(\frac{\pi}{2}-\beta z\right)=\sin\beta z$$

画出三个函数曲线如图 4.6 所示。

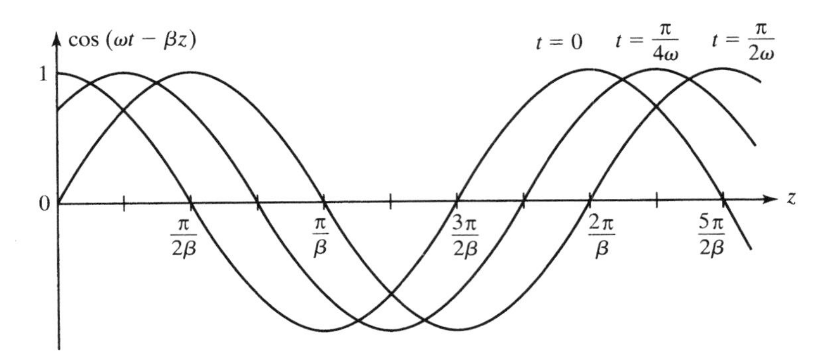

图 4.6　函数 $\cos(\omega t-\beta z)$ 在三个不同时间 t 随 z 变化的曲线

从图 4.6 中很显然可以看出，$t=\pi/4\omega$ 时刻的函数曲线是 $t=0$ 时刻的函数曲线沿正 z 方向平行移动了 $\pi/4\beta$ 的距离。类似地，$t=\pi/2\omega$ 时刻的函数曲线是 $t=0$ 时刻的函数曲线沿正 z 方向平行移动了 $\pi/2\beta$ 的距离，这样随着时间的推进，函数曲线向右平行移动，即指向 z 值增加的方向。利用函数移动的距离除以经过的时间也可以求出函数曲线运动的速度，即有

$$\begin{aligned}\text{速度} &= \frac{\pi/\beta-\pi/2\beta}{\pi/2\omega-0}=\frac{\omega}{\beta}=\frac{\omega}{\omega\sqrt{\mu_0\epsilon_0}}\\ &= \frac{1}{\sqrt{\mu_0\epsilon_0}}=\frac{1}{\sqrt{4\pi\times10^{-7}\times10^{-9}/36\pi}}\\ &= 3\times10^{8}\,\text{m/s}\end{aligned}$$

这就是在自由空间的光速，记为 c。函数 $\cos(\omega t-\beta z)$ 表示了以速度 ω/β 向 z 值增加的方向运动的**行波**，这种波称为**正向波**或**(+)波**。

类似地，也可以通过考虑三个确定的时间 $t=0$，$t=\pi/4\omega$ 和 $t=\pi/2\omega$，讨论函数 $\cos(\omega t+\beta z)$ 的特性，得出函数随 z 变化的曲线如图 4.7 所示。$\cos(\omega t+\beta z)$ 表示以速度 ω/β 向 z 减小的方向运动的**行波**，称为**负向波**或**(−)波**。由于正弦函数与余弦函数有 $\pi/2$ 的相位差，那么 $\sin(\omega t-\beta z)$ 和 $\sin(\omega t+\beta z)$ 就分别代表了向正 z 方向和向负 z 方向运动的行波。

重新回到由式(4.31)和式(4.32)或式(4.48)和式(4.49)确定的解 E_x 和 H_y，现在知道这些解是由离开和指向电流面的两个行波叠加而成的。在 $z>0$ 的区域，必须消去指向电流面的行波，因为这种情况需要在电流面的右侧存在一个波源，或者存在一个物体，它的反射波指向电流面，这样就有

$$D = 0$$

$$2C - \eta_0 J_{S0} = 0 \quad 或 \quad C = \frac{\eta_0 J_{S0}}{2}$$

最终可以推出

$$\left.\begin{aligned} E_x &= \frac{\eta_0 J_{S0}}{2}\cos(\omega t - \beta z) \\ H_y &= \frac{J_{S0}}{2}\cos(\omega t - \beta z) \end{aligned}\right\} \qquad 对于 z > 0 \tag{4.50}$$

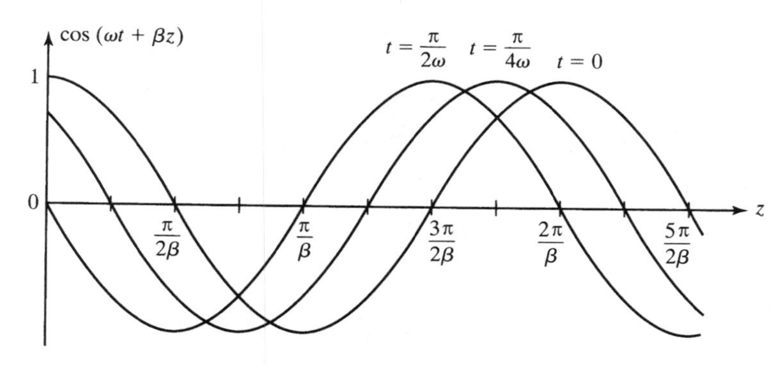

图 4.7　函数 $\cos(\omega t+\beta z)$在三个不同时间 t 随 z 变化的曲线

得到 $z>0$ 区域中场的解后,再来求 $z<0$ 区域中场的解。从 $\cos(\omega t\mp\beta z)$函数的讨论可知,此处解的形式应为函数 $\cos(\omega t+\beta z)$,因为该函数代表了向负 z 方向传播的行波,即在 $z<0$ 区域离开电流面的行波。重新回顾由下式确定的电流面附近左侧的磁场:

$$[H_y]_{z=0-} = -\frac{J_{S0}}{2}\cos\omega t$$

可以得出

$$H_y = -\frac{J_{S0}}{2}\cos(\omega t + \beta z) \qquad 对于 z < 0 \tag{4.51a}$$

对应的电场 E_x 的解也可以求出,仅需要将前面求出的 H_y 代入式(4.7)和式(4.8)两个微分方程中的一个,此处利用式(4.7),即有

$$\frac{\partial E_x}{\partial z} = -\frac{\partial B_y}{\partial t} = -\frac{\mu_0 J_{S0}}{2}\omega\sin(\omega t + \beta z)$$

$$E_x = \frac{\mu_0 J_{S0}}{2}\frac{\omega}{\beta}\cos(\omega t + \beta z)$$

$$= \frac{\eta_0 J_{S0}}{2}\cos(\omega t + \beta z) \qquad 对于 z < 0 \tag{4.51b}$$

合并式(4.50)和式(4.51),可以得到电流密度为

$$\mathbf{J}_S = -J_{S0}\cos\omega t\,\mathbf{a}_x$$

位于 xy 平面内的无限大电流面产生的电磁场为

$$\mathbf{E} = \frac{\eta_0 J_{S0}}{2}\cos(\omega t \mp \beta z)\,\mathbf{a}_x \qquad 对于 z \gtrless 0 \tag{4.52a}$$

$$\mathbf{H} = \pm\frac{J_{S0}}{2}\cos(\omega t \mp \beta z)\,\mathbf{a}_y \qquad 对于\ z \gtrless 0 \tag{4.52b}$$

上述结果如图4.8所示,图中给出了在三个确定的时间 t,面电流密度的变化以及电流面两侧的电场和磁场随距离的变化。从图4.8中可以看出,这种现象是一种电磁波的**辐射**,即电磁波从电流面两侧分别向外辐射,并且与面电流密度的时间变化同步。

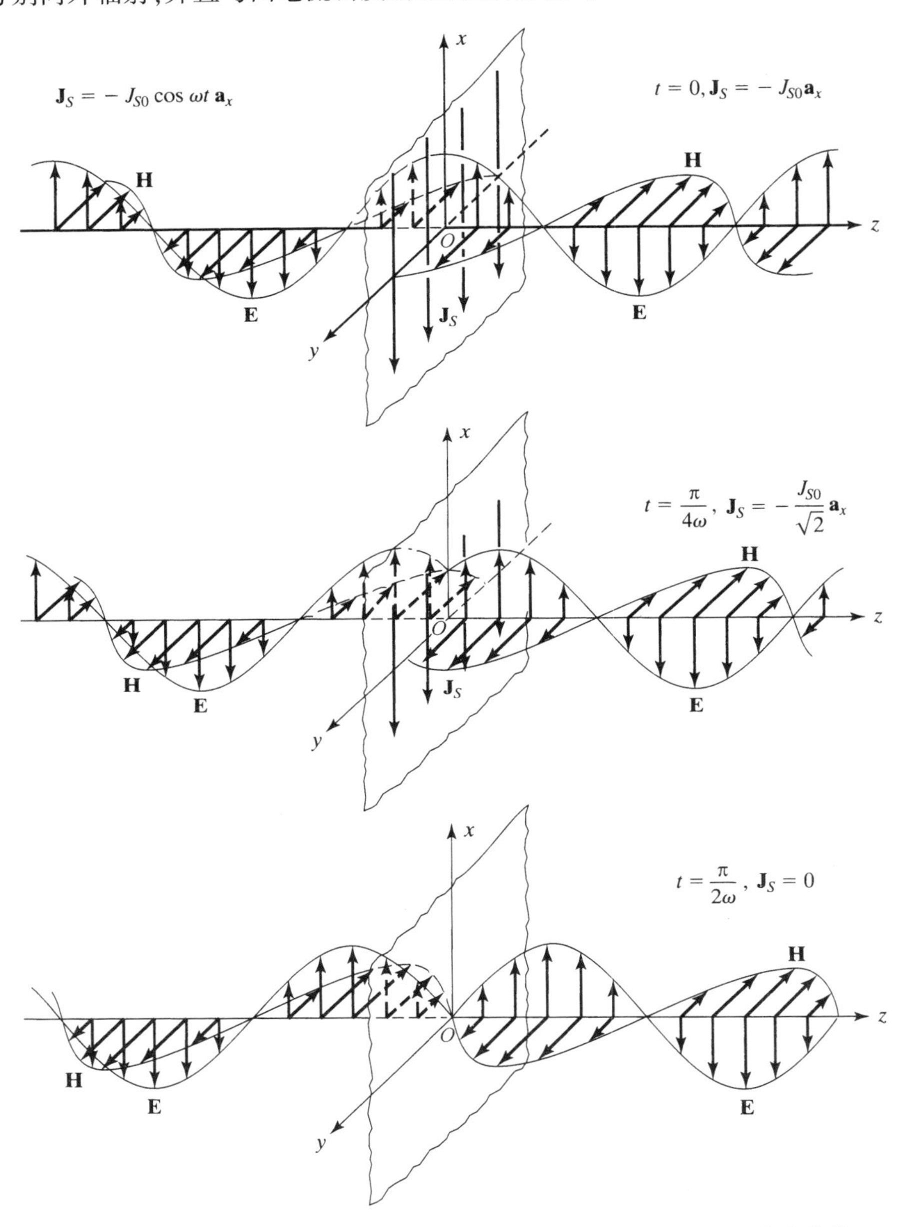

图4.8　自由空间中无限大电流面向外辐射的均匀平面波随时间的变化曲线

上面已经得出由时变的无限大电流面产生的场的解,与离开电流面两侧向外传播的**均匀平面电磁波**相对应。"均匀平面电磁波"这个专业术语起因于电场和磁场在 z 为常数的平面上是**均匀的**(也就是场不随位置变化)这一事实。这样,场的相位即($\omega t \pm \beta z$),以及场的幅度,在 z = 常数的**平面**上是均匀的。相位随距离 z 变化的速率大小在任何时间都是 β,因此 β 值称为**相位常**

数。由于波的传播速度就是 ω/β，它表示一个给定的常数相位沿 z 方向前进的速度，即沿波的传播方向前进的速度，因此 ω/β 又称为**相速**，用符号 v_p 表示，则有

$$v_p = \frac{\omega}{\beta} \tag{4.53}$$

对一个确定的时间，相位变化 2π 弧度的距离为 $2\pi/\beta$，$2\pi/\beta$ 称为**波长**，用符号 λ 表示，那么

$$\lambda = \frac{2\pi}{\beta} \tag{4.54}$$

将式(4.53)代入式(4.54)，可以得出

$$\lambda = \frac{2\pi}{\omega/v_p} = \frac{v_p}{f}$$

或

$$\lambda f = v_p \tag{4.55}$$

方程式(4.55)给出了波长 λ 与频率 f 的关系，其中波长 λ 是决定场在一个给定的时间随距离变化的参数，频率 f 是决定场在一个确定的位置 z 处随时间变化的参数。由于自由空间的相速 $v_p = 3\times10^8$ m/s，可以推出下面等式：

$$\begin{aligned}\lambda\,\text{m} \times f\ \text{Hz} &= 3\times10^8\\ \lambda\,\text{m}\times f\ \text{MHz} &= 300\end{aligned} \tag{4.56}$$

从式(4.52)也可以推出均匀平面波的其他特性，即电场和磁场在等相面上有分量，电场和磁场互相垂直，并且二者都垂直于波的传播方向。实际上，**E** 和 **H** 的叉积结果是一个矢量，方向指向波的传播方向，可以从下式看出

$$\begin{aligned}\mathbf{E}\times\mathbf{H} &= E_x\mathbf{a}_x \times H_y\mathbf{a}_y\\ &= \pm\frac{\eta_0 J_{S0}^2}{4}\cos^2(\omega t \mp \beta z)\,\mathbf{a}_z \qquad \text{对于 } z \gtrless 0\end{aligned} \tag{4.57}$$

最后，E_x 和 H_y 的比值为

$$\frac{E_x}{H_y} = \begin{cases}\eta_0 & \text{对于 } z>0,\ \text{也即对于}(+)\text{波}\\ -\eta_0 & \text{对于 } z<0,\ \text{也即对于}(-)\text{波}\end{cases} \tag{4.58}$$

式中，η_0 的值等于 $\sqrt{\mu_0/\epsilon_0}$，称为自由空间的**本征阻抗**。它的值可由下式求出：

$$\begin{aligned}\eta_0 &= \sqrt{\frac{(4\pi\times10^{-7})\ \text{H/m}}{(10^{-9}/36\pi)\ \text{F/m}}} = \sqrt{(144\pi^2\times10^2)\ \text{H/F}}\\ &= 120\pi\ \Omega = 377\ \Omega\end{aligned} \tag{4.59}$$

例 4.1

均匀平面波的电场为 $\mathbf{E} = 10\cos(3\pi\times10^8 t - \pi z)\,\mathbf{a}_x$ V/m，确定均匀平面波的相关参数。

由前面得出的公式，可以求出

$$\omega = 3\pi\times10^8\ \text{rad/s}$$

$$f = \frac{\omega}{2\pi} = 1.5\times10^8\ \text{Hz} = 150\ \text{MHz}$$

$$\beta = \pi \text{ rad/m}$$

$$\lambda = \frac{2\pi}{\beta} = 2 \text{ m}$$

$$v_p = \frac{\omega}{\beta} = \frac{3\pi \times 10^8}{\pi} = 3 \times 10^8 \text{ m/s}$$

以及 $\lambda f = v_p = 2 \times 1.5 \times 10^8 = 3 \times 10^8$ m/s。由于给定电场代表 a(+)波,从式(4.58)可求出磁场为

$$\mathbf{H} = \frac{E_x}{\eta_0}\mathbf{a}_y = \frac{10}{377}\cos(3\pi \times 10^8 t - \pi z)\,\mathbf{a}_y \text{ A/m}$$

例 4.2

一个天线阵由彼此间隔适当距离的两个或两个以上的天线元组成,用具有适当大小和相位的电流激励,以获得所需要的辐射特性。为了说明天线阵的原理,考虑两个无限大平行电流面,它们相距 $\lambda/4$,载有大小相同、相位相差 $\pi/2$ 的电流,电流密度由下式确定:

$$\mathbf{J}_{S1} = -J_{S0}\cos\omega t\,\mathbf{a}_x \qquad z = 0$$

$$\mathbf{J}_{S2} = -J_{S0}\sin\omega t\,\mathbf{a}_x \qquad z = \frac{\lambda}{4}$$

计算两个电流面构成的天线阵产生的电场。

对每个电流面分别利用式(4.52)的结果,然后利用矢量叠加求出由两个电流面构成的天线阵产生的合成电场。那么,对于放置在 $z=0$ 处的电流面有

$$\mathbf{E}_1 = \begin{cases} \dfrac{\eta_0 J_{S0}}{2}\cos(\omega t - \beta z)\,\mathbf{a}_x & \text{对于 } z > 0 \\ \dfrac{\eta_0 J_{S0}}{2}\cos(\omega t + \beta z)\,\mathbf{a}_x & \text{对于 } z < 0 \end{cases}$$

同样,对于放置在 $z=\lambda/4$ 处的电流面有

$$\mathbf{E}_2 = \begin{cases} \dfrac{\eta_0 J_{S0}}{2}\sin\left[\omega t - \beta\left(z - \dfrac{\lambda}{4}\right)\right]\mathbf{a}_x & \text{对于 } z > \dfrac{\lambda}{4} \\ \dfrac{\eta_0 J_{S0}}{2}\sin\left[\omega t + \beta\left(z - \dfrac{\lambda}{4}\right)\right]\mathbf{a}_x & \text{对于 } z < \dfrac{\lambda}{4} \end{cases}$$

$$= \begin{cases} \dfrac{\eta_0 J_{S0}}{2}\sin\left(\omega t - \beta z + \dfrac{\pi}{2}\right)\mathbf{a}_x & \text{对于 } z > \dfrac{\lambda}{4} \\ \dfrac{\eta_0 J_{S0}}{2}\sin\left(\omega t + \beta z - \dfrac{\pi}{2}\right)\mathbf{a}_x & \text{对于 } z < \dfrac{\lambda}{4} \end{cases}$$

$$= \begin{cases} \dfrac{\eta_0 J_{S0}}{2}\cos(\omega t - \beta z)\,\mathbf{a}_x & \text{对于 } z > \dfrac{\lambda}{4} \\ -\dfrac{\eta_0 J_{S0}}{2}\cos(\omega t + \beta z)\,\mathbf{a}_x & \text{对于 } z < \dfrac{\lambda}{4} \end{cases}$$

对上面所求的结果进行矢量叠加,即可求出两个电流面产生的合成电场:

$$\mathbf{E} = \mathbf{E}_1 + \mathbf{E}_2$$

$$= \begin{cases} \eta_0 J_{S0}\cos(\omega t - \beta z)\,\mathbf{a}_x & \text{对于 } z > \dfrac{\lambda}{4} \\ \eta_0 J_{S0}\sin\omega t\sin\beta z\,\mathbf{a}_x & \text{对于 } 0 < z < \dfrac{\lambda}{4} \\ 0 & \text{对于 } z < 0 \end{cases}$$

从上面结果可以看出，在 $z<0$ 的区域，合成电场为零，即在天线阵的一侧没有电磁波的辐射；在 $z>\lambda/4$ 的区域，合成电场的大小是单个电流面产生电场大小的两倍，这个现象从图 4.9 也可以观察到。图 4.9 分别给出了三个不同的时间 t 处单个 E_{x1} 和 E_{x2} 以及合成电场 $E_x=E_{x1}+E_{x2}$ 的波形图。这里可以得出这样的结果：由相距 $\lambda/4$，载有大小相同、相位差为 $\pi/2$ 的两个电流面构成的天线阵产生的合成电场，与一个**端射式**辐射方向图相对应。

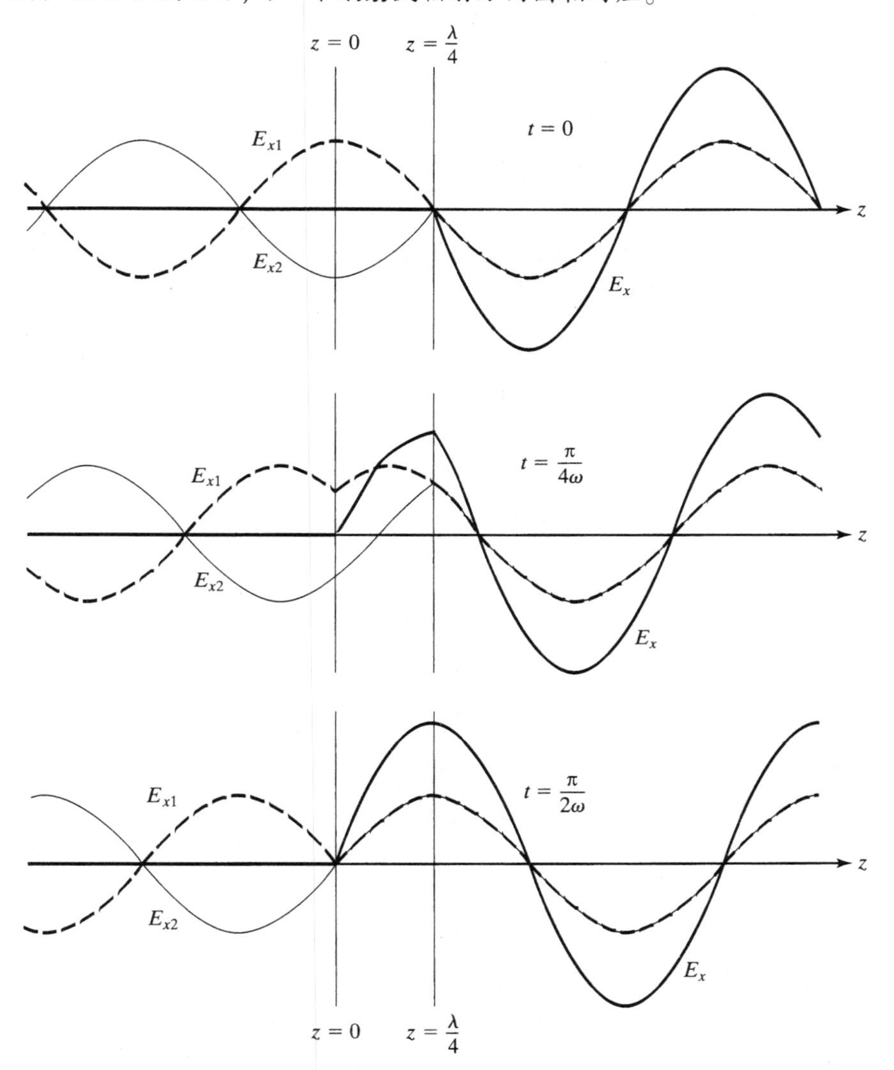

图 4.9　两个平行放置的无限大电流面的天线阵的单个电场以及合成电场的时间波形图

在 1.4 节中，介绍了正弦时变场的极化，极化特性与波的传播有关。此处将进一步进行讨论。对圆极化和椭圆极化来说，因为圆或椭圆可以沿与波的传播方向有关的两个相反方向之一旋转，这就是右旋或顺时针极化和左旋或逆时针极化。按常规，假如在一个给定的等相面上，圆极化波的场矢量末端的轨迹随时间沿着波的传播方向顺时针旋转，那么这个波就称为右旋圆极化波；如果圆极化波的场矢量末端的轨迹随时间沿着波的传播方向逆时针旋转，那么这个波就称为左旋圆极化波。同样也可以推出椭圆极化波的特性，因为在一般情况下，椭圆极化波可以分解为两个线极化波的叠加。

例如,均匀平面波向 $+z$ 方向传播,电场为

$$\mathbf{E} = 10\sin(3\pi\times 10^{8}t - \pi z)\,\mathbf{a}_x + 10\cos(3\pi\times 10^{8}t - \pi z)\,\mathbf{a}_y \text{ V/m} \tag{4.60}$$

从式(4.60)可以看出,电场 $\mathbf{E}$ 的两个分量的幅度相等、相互垂直,且相位差为 90°。因此这个波是圆极化波。为了确定该极化是右旋的还是左旋的,观察在 $z=0$ 平面内的电场矢量对应 $t=0$ 和 $t=\frac{1}{6}\times 10^{-8}$ s($3\pi\times 10^{8}t=\pi/2$)两个时刻的值。满足此条件的电场矢量如图 4.10 所示。随着时间的推移,沿波的传播方向 $+z$ 观察,电场矢量的末端按逆时针方向旋转,因此这个波是左旋圆极化的。

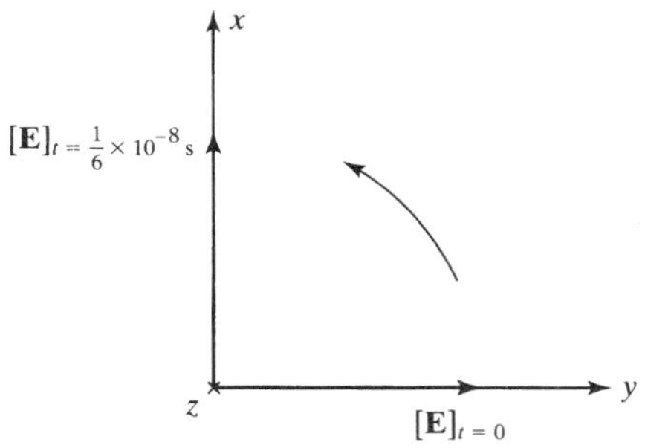

图 4.10 方程式(4.60)所示场的圆极化方向的确定

到此,已经讨论了单一频率的源,这种波在自由空间的传播特性为相速等于光速($=3\times 10^{8}$ m/s),本征阻抗为 η_0($=377\ \Omega$),与频率无关。下面讨论一个非正弦激励的电流面。由于非正弦激励的每一个频率分量的传播特性都是相同的,因此在任何给定的 z 值,产生的场随时间变化的波形与源的波形相同,也就是说传播波形不随时间变化。因此,一个无限大电流面的面电流密度为

$$\mathbf{J}_S(t) = -J_S(t)\mathbf{a}_x \qquad \text{对于} z = 0 \tag{4.61}$$

对应的电磁场的解如下:

$$\mathbf{E}(z,t) = \frac{\eta_0}{2}J_S\left(t \mp \frac{z}{v_p}\right)\mathbf{a}_x \qquad \text{对于} z \gtrless 0 \tag{4.62a}$$

$$\mathbf{H}(z,t) = \pm\frac{1}{2}J_S\left(t \mp \frac{z}{v_p}\right)\mathbf{a}_y \qquad \text{对于} z \gtrless 0 \tag{4.62b}$$

在 $z=$ 常数的面上,电场分量 E_x 随时间的变化与电流密度相同,仅仅是相位推迟了 $|z|/v_p$,幅度乘以 $\eta_0/2$;同样地,在 $z=$ 常数的面上,磁场分量 H_y 随时间的变化与电流密度相同,也仅仅是相位推迟了 $|z|/v_p$,幅度乘以 $\pm 1/2$, $\pm 1/2$ 的选择取决于 $z\gtrless 0$。利用这些特性,对于给定的 z 值可以做出电场分量和磁场分量随时间 t 变化的曲线;或对于给定的时间 t 值,也可以做出电场分量和磁场分量随 z 变化的曲线。

例 4.3

考虑式(4.61)中的电流密度函数 $J_S(t)$ 的分布曲线如图 4.11 所示。在下面的几种情况下,计算场量并画出对应曲线:(a) $z=300$ m,E_x 随 t 的变化曲线;(b) $z=-450$ m,H_y 随 t 的变化曲线;(c) $t=1$ μs,E_x 随 z 的变化曲线;(d) $t=2.5$ μs,H_y 随 z 的变化曲线。

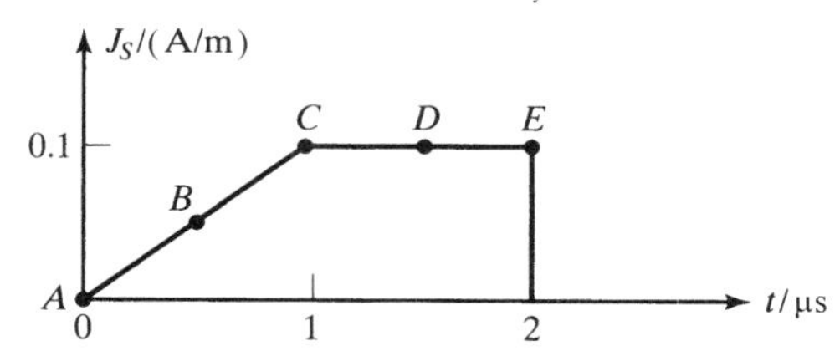

图 4.11 例 4.3 中电流密度 J_S 随 t 的变化曲线

(a) 由于 $v_p=c=3\times 10^{8}$ m/s,与 300 m 对应的时间延迟为 1 μs,那么在 $z=300$ m 处 E_x 随 t 的变化曲线与 $J_S(t)$ 相同,幅度乘以 $\eta_0/2$ 或 188.5,时间延迟 1 μs,如图 4.12(a)所示。

(b) $z=450$ m 对应的时间延迟为 1.5 μs，那么在 $z=-450$ m 处 H_y 随 t 的变化曲线与 $J_S(t)$ 相同，幅度乘以 $-1/2$，时间延迟 1.5 μs，如图 4.12(b)所示。

(c) 为了作出在确定时间 t，(如 t_1 时刻) E_x 随 z 的变化曲线，假设一个给定的 E_x 位于波源处，即在 t_1 之前的某时刻 t_2，当 $t=t_1$ 时，波离开波源传播的距离为 (t_1-t_2) 乘以 v_p，图 4.11 中的 A 点和 B 点对应的 E_x 值分别移到 $z=\pm300$ m 和 $z=\pm150$ m 处，与 C 点对应的 E_x 值正好在源点，这样，在 $t=1$ μs 时刻 E_x 随 z 的变化曲线如图 4.12(c)所示。图 4.11 中 C 点右边的点对应的时间为 $t>1$ μs，因此它们不出现在图 4.12(c)中。

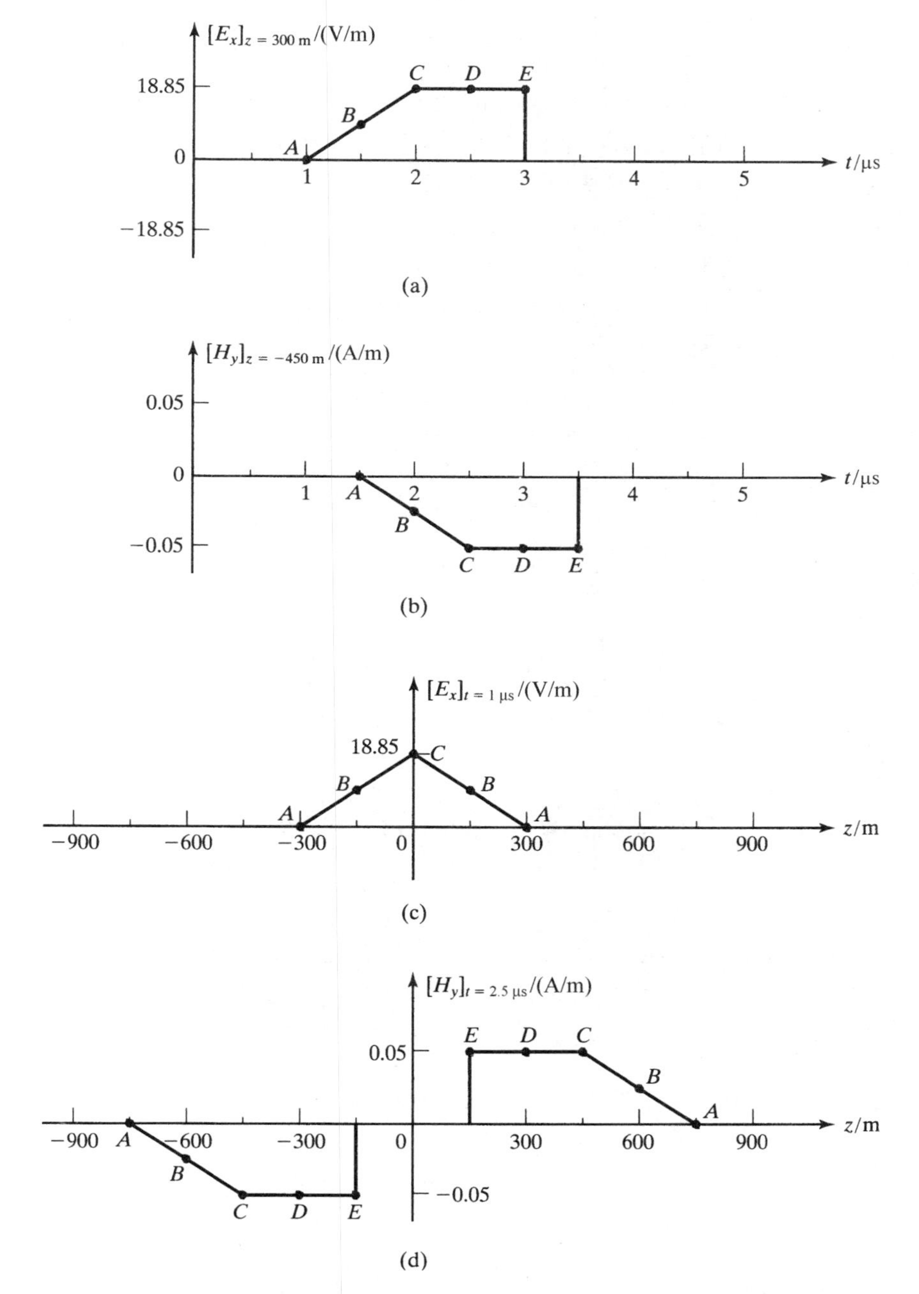

图 4.12　例 4.3 中在确定的 z 处场分量随 t 的变化曲线以及在确定的 t 时刻场分量随 z 的变化曲线

(d) 利用(c)中的假设,当 $t=2.5\ \mu s$ 时,图中的 A,B,C,D 和 E 点对应的 H_y 值分别移到 $z=\pm750\ m$, $\pm600\ m$, $\pm450\ m$, $\pm300\ m$ 和 $z=\pm150\ m$ 处,如图4.12(d)所示。从图4.12(d)中可以看出,波形为变量 z 的奇函数,因为 J_{S0} 乘以 $\pm1/2$ 得到 H_y 的幅度, $\pm1/2$ 取决于 $z\lessgtr0$。

4.6 坡印亭矢量和能量存储

在4.5节中,求出了放置在 $z=0$ 平面内的无限大电流面产生的电磁场,对于沿负 x 方向流动的面电流,面上电场的方向指向正 x 方向,因为电流流动的方向与电场产生的力的方向相反,因此电流源必须做一定量的功来维持面上电流的流动。考虑一个长为 Δx、宽为 Δy 的矩形面,如图4.13所示。因为面电流密度为 $J_{S0}\cos\omega t$,在时间 dt 内垂直穿过宽为 Δy 的电荷为 $dq=J_{S0}\Delta y\cos\omega t dt$,电场施加在该电荷上的作用力为

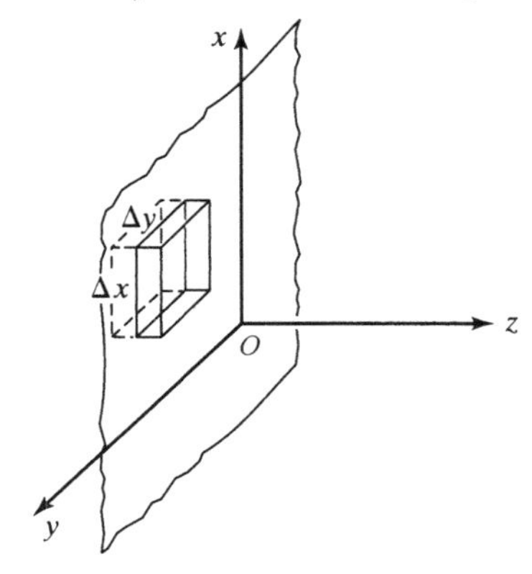

图4.13 与电磁场有关的功率流密度的确定

$$\mathbf{F} = dq\,\mathbf{E} = J_{S0}\,\Delta y\cos\omega t\,dt\,E_x\mathbf{a}_x \tag{4.63}$$

电荷移动 Δx 反抗电场所做的功为

$$dw = F_x\,\Delta x = J_{S0}\,E_x\cos\omega t\,dt\,\Delta x\,\Delta y \tag{4.64}$$

这样,由电流源提供的维持面 $\Delta x\ \Delta y$ 上的面电流所提供的功率为

$$\frac{dw}{dt} = J_{S0}\,E_x\cos\omega t\,\Delta x\,\Delta y \tag{4.65}$$

回顾电流面上的 E_x 为 $\eta_0\dfrac{J_{S0}}{2}\cos\omega t$,可得

$$\frac{dw}{dt} = \eta_0\frac{J_{S0}^2}{2}\cos^2\omega t\,\Delta x\,\Delta y \tag{4.66}$$

期望式(4.66)给出的功率是电磁波载有的,在电流面的两侧各传输一半,为了验证该结论,注意到 $\mathbf{E}\times\mathbf{H}$ 的单位为

$$\frac{牛顿}{库仑}\times\frac{安培}{米}=\frac{牛顿}{库仑}\times\frac{库仑}{秒\cdot米}\times\frac{米}{米}$$
$$=\frac{牛顿\cdot米}{秒}\times\frac{1}{(米)^2}=\frac{瓦特}{(米)^2}$$

$\mathbf{E}\times\mathbf{H}$ 的单位代表功率密度。现在考虑电流面上闭合面积为 $\Delta x\Delta y$ 的矩形盒,矩形盒的两个面在电流面的两侧,它的各边几乎接触到电流面的两边,如图4.13所示。重新观察式(4.57),计算 $\mathbf{E}\times\mathbf{H}$ 在矩形盒表面上的面积分,可以得到流出矩形盒的功率如下:

$$\begin{aligned}\oint \mathbf{E}\times\mathbf{H}\cdot d\mathbf{S} &= \eta_0\frac{J_{S0}^2}{4}\cos^2\omega t\,\mathbf{a}_z\cdot\Delta x\,\Delta y\,\mathbf{a}_z+\\ &\quad\left(-\eta_0\frac{J_{S0}^2}{4}\cos^2\omega t\,\mathbf{a}_z\right)\cdot(-\Delta x\,\Delta y\,\mathbf{a}_z)\\ &= \eta_0\frac{J_{S0}^2}{2}\cos^2\omega t\,\Delta x\,\Delta y\end{aligned} \tag{4.67}$$

此计算结果确实等于由式(4.66)给出的电流源提供的功率。

现在把 $\mathbf{E}\times\mathbf{H}$ 看成与电磁场有关的功率流动密度，以 J. H. Poynting 命名，称为**坡印亭矢量**，用符号 $\mathbf{P}$ 表示。虽然此处通过考虑由无限大电流面产生的电磁场的特殊情况来介绍坡印亭矢量，但有关 $\oint_S \mathbf{E}\times\mathbf{H}\cdot d\mathbf{S}$ 等于流出闭合面 S 的功率流的解释在一般的情况下也是适用的。

例 4.4

远离实际天线，即距离天线几个波长的地方，天线辐射的电磁波近似为均匀平面波，均匀平面波的等相面垂直于离开天线的半径方向，如图 4.14 所示的两个方向，利用坡印亭矢量和实际条件，证明由该天线产生的电场和磁场与离开天线的径向距离成反比。

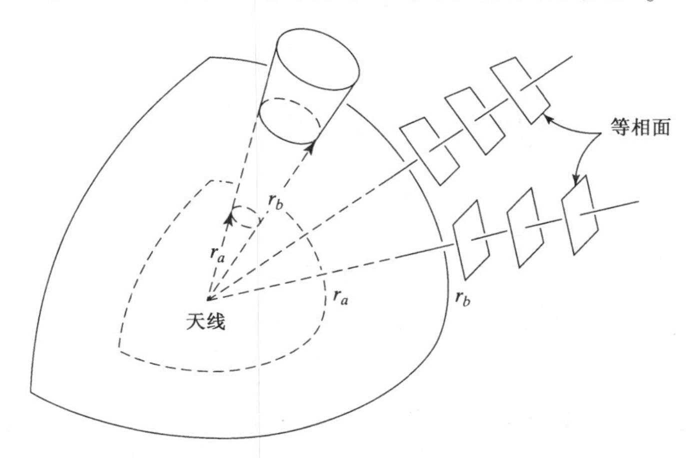

图 4.14　远离实际天线的电磁波的辐射

从考虑均匀平面波的电场和磁场出发，坡印亭矢量沿径向方向指向各处，表示离开天线向外辐射的功率流动，而且辐射的能量与电场强度的幅度平方成正比。如果考虑两个半径分别为 r_a 和 r_b、球心在天线处的球面，通过这两个面做一个圆锥，且圆锥的顶点在天线处，如图 4.14 所示。在圆锥内，垂直穿过半径为 r_b 的部分球面的功率应该与圆锥内穿过半径为 r_a 的部分球面的功率相同，因为这些面积与半径的平方成正比，而且由于坡印亭矢量的面积分给定功率的大小，因此坡印亭矢量一定与半径的平方成反比，这也就意味着电场强度和磁场强度一定和半径成反比。

从这些简单的讨论，可以得出远离辐射天线的电磁场与离开天线的径向距离成反比，这种与距离成反比的场强的衰减称为**自由空间的衰减**。例如考虑从地球到月球的通信，从地球到月球的距离大约为 38×10^4 km 或 38×10^7 m，这样场强的自由空间衰减因子是 $10^{-7}/38$，如果用分贝表示，衰减则为 $20\ \lg 38\times10^7$ dB 或 171.6 dB。

重新回到由无限大电流面在 $z>0$ 区域产生的电磁场，那么在此区域坡印亭矢量的幅度 P_z 大小为

$$P_z = E_x H_y = \eta_0 \frac{J_{S0}^2}{4}\cos^2(\omega t - \beta z) \tag{4.68}$$

在 $t=0$ 时 P_z 随 z 的变化如图 4.15 所示。如果现在考虑一个位于 $z=z$ 和 $z=z+\Delta z$ 平面间的矩形盒，沿 x 方向和 y 方向的长度分别为 Δx 和 Δy，在一般情况下，流出盒子的功率不为零，因为 $\partial P_z/\partial z$ 不是在任何地方都为零，这样就有一些能量存储在盒子内。那么，我们就要问自己这样一个问题："这些能量存储在哪里？"一种合理的解释就是能量的存储是由电场和磁场引起的。

为了进一步讨论电场和磁场中的能量存储，估算一下矩形盒流出的功率，即有

$$\oint_S \mathbf{P}\cdot d\mathbf{S} = [P_z]_{z+\Delta z}\,\Delta x\,\Delta y - [P_z]_z\,\Delta x\,\Delta y$$
$$= \frac{[P_z]_{z+\Delta z} - [P_z]_z}{\Delta z}\,\Delta x\,\Delta y\,\Delta z$$
$$= \frac{\partial P_z}{\partial z}\,\Delta v \tag{4.69}$$

式中，Δv 是盒子的体积。令 P_z 等于 E_xH_y，并使用式(4.7)和式(4.8)，可以得到

$$\oint_S \mathbf{P}\cdot d\mathbf{S} = \frac{\partial}{\partial z}[E_xH_y]\Delta v$$
$$= \left(H_y\frac{\partial E_x}{\partial z} + E_x\frac{\partial H_y}{\partial z}\right)\Delta v$$
$$= \left(-H_y\frac{\partial B_y}{\partial t} - E_x\frac{\partial D_x}{\partial t}\right)\Delta v$$
$$= -\mu_0 H_y\frac{\partial H_y}{\partial t}\,\Delta v - \epsilon_0 E_x\frac{\partial E_x}{\partial t}\,\Delta v$$
$$= -\frac{\partial}{\partial t}\left(\frac{1}{2}\,\mu_0 H_y^2\,\Delta v\right) - \frac{\partial}{\partial t}\left(\frac{1}{2}\,\epsilon_0 E_x^2\,\Delta v\right) \tag{4.70}$$

方程式(4.70)称为坡印亭定理。坡印亭定理表明流出盒子的功率等于单位时间内$\frac{1}{2}\epsilon_0 E_x^2\Delta v$ 和 $\frac{1}{2}\mu_0 H_y^2\Delta v$的减小量之和。很显然，这两个量分别是存储在体积为 Δv 的盒子内的电场能量和磁场能量，那么接下来与电场和磁场有关的能量密度则分别为$\frac{1}{2}\epsilon_0 E_x^2$ 和$\frac{1}{2}\mu_0 H_y^2$。留给同学们证明 $\frac{1}{2}\epsilon_0 E^2$ 和$\frac{1}{2}\mu_0 H^2$ 两个量的单位确实是 J/m³。同样地，虽然通过考虑均匀平面波的特殊情况推导出上述结论，但对一般情况同样也是成立的。

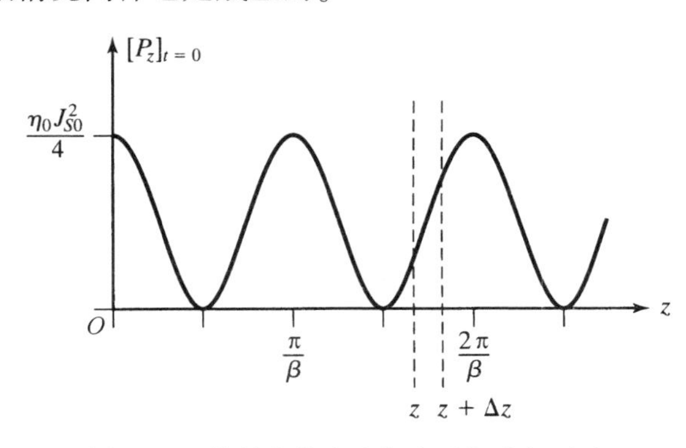

图 4.15　能量存储在电场和磁场中的讨论

归纳一下本节的内容，介绍了坡印亭矢量 $\mathbf{P}=\mathbf{E}\times\mathbf{H}$，坡印亭矢量是一个功率流密度，与由电场 $\mathbf{E}$ 和磁场 $\mathbf{H}$ 决定的电磁场的特性有关。坡印亭矢量 $\mathbf{P}$ 在一个闭合面上的面积分给出了流出该面的功率流，存储的能量与电场和磁场的能量密度有关，即

$$w_e = \frac{1}{2}\,\epsilon_0 E^2 \tag{4.71}$$

和

$$w_m = \frac{1}{2}\mu_0 H^2 \tag{4.72}$$

小结

在本章中,首先学习了均匀平面波在自由空间中的传播特性。均匀平面波是研究电磁波传播的基础,是从麦克斯韦旋度方程中电场和磁场的耦合得出解的最简单的一种。均匀平面波的电场和磁场互相垂直并且都垂直于波的传播方向,电场和磁场在与波的传播方向垂直的**平面**上也是**均匀的**。

依据麦克斯韦方程组,通过考虑位于 xy 平面内载有均匀面电流密度的无限大电流面产生的均匀平面波的解,均匀面电流密度为

$$\mathbf{J}_S = -J_{S0}\cos\omega t\,\mathbf{a}_x\ \mathrm{A/m} \tag{4.73}$$

由该电流面产生的电磁场为

$$\mathbf{E} = \frac{\eta_0 J_{S0}}{2}\cos(\omega t \mp \beta z)\,\mathbf{a}_x \qquad \text{对于 } z \gtrless 0 \tag{4.74a}$$

$$\mathbf{H} = \pm\frac{J_{S0}}{2}\cos(\omega t \mp \beta z)\,\mathbf{a}_y \qquad \text{对于 } z \gtrless 0 \tag{4.74b}$$

在式(4.74a)和式(4.74b)中,$\cos(\omega t-\beta z)$表示波向正 z 方向的运动,$\cos(\omega t+\beta z)$表示波向负 z 方向的运动,那么式(4.74a)和式(4.74b)分别与离开电流面向两边传播的波对应,因为场与 x 和 y 无关,这就说明场是均匀平面波。

量 $\beta(=\omega\sqrt{\mu_0\epsilon_0})$是相位常数,表示对一个确定的时间沿波的传播方向每单位距离相位变化的大小。相速为 v_p,即沿波的传播方向一个等相面前进的速度,即有

$$v_p = \frac{\omega}{\beta} \tag{4.75}$$

波长 λ,即对一个确定的时间沿波的传播方向相位改变 2π 移动的距离,即

$$\lambda = \frac{2\pi}{\beta} \tag{4.76}$$

波长与频率 f 的关系由下面的简单公式确定:

$$v_p = \lambda f \tag{4.77}$$

上式可由式(4.75)和式(4.76)推出。量 $\eta_0(=\sqrt{\mu_0/\epsilon_0})$是自由空间的本征阻抗,表示电场 $\mathbf{E}$ 和磁场 $\mathbf{H}$ 的幅度之比为 $120\pi\ \Omega$。

在推导无限大电流面产生的电磁场的过程中,使用了两种途径和学习了几个有用的方法,这些讨论如下:

1. 电流面附近磁场的计算采用了安培环路定律的积分形式:这种方法对电荷和电流呈对称分布的静态场的计算非常普遍。在第 5 章中将要介绍**边界条件**,讨论两种不同媒质分界面的两侧场之间的关系,通过利用麦克斯韦方程组的积分形式,对跨在边界上的闭合路径和闭合面进行积分计算,正如本章对电流面所做的那样。

2. 连续地、逐步地求解两个麦克斯韦旋度方程，得到与两个方程一致的最终解，从求解电流面附近的场解开始：这种方法给出了由时变电流分布产生的电磁波的**辐射**现象，表明了电场和磁场之间的相互作用。在第9章中，将要利用这种方法和这些知识来研究由基本天线产生的电磁场的波的传播特性，这也是实际天线研究的基础。
3. 求解波动方程的分离变量法：对于包含多个变量的偏微分方程的求解，这是一种标准的方法。
4. 微分方程求解的相量法的应用：相量法对正弦稳态问题的分析是非常方便的一种方法，正如第1章中学过的那样。

讨论了：(a)正弦时变场的极化，它适合均匀平面波的传播；(b)非正弦激励在自由空间产生形状不变的非正弦波的传播，依据相速与频率无关。

学习了与波的传播有关的功率流和能量存储，这些能量所做的功用来维持面上电流的流动。功率流密度用坡印亭矢量表示：

$$\mathbf{P} = \mathbf{E} \times \mathbf{H}$$

与电场和磁场有关的能量密度分别为

$$w_e = \frac{1}{2}\epsilon_0 E^2$$

$$w_m = \frac{1}{2}\mu_0 H^2$$

在给定的封闭面上，坡印亭矢量的面积分给出了流出封闭面构成的体积的所有功率流。

最后，扩大了均匀平面波在自由空间传播的研究，阐述了(a)天线阵的原理，(b)远离实际天线的场与距离成反比。

复习思考题

4.1 什么是均匀平面波？

4.2 为什么学习均匀平面波很重要？

4.3 面电流密度矢量如何确定？区别它与体电流密度矢量的不同。

4.4 如何求出垂直穿过面电流面上一条给定直线的电流？

4.5 为什么安培环路定律的积分形式经常被用来求解图4.2中电流面附近的磁场？

4.6 为什么计算图4.4的磁场路径选择是矩形的？

4.7 概述安培环路定律的积分形式在求解图4.2中电流面附近磁场的应用。

4.8 为什么在图4.4中矩形路径 $abcda$ 包围的位移电流等于零？

4.9 如何利用安培环路定律的微分形式计算电流面附近的磁场？

4.10 图4.2所示的无限大电流面的电流密度方向为正 y 方向，电流面附近两侧的磁场方向分别指向哪里？

4.11 为什么式(4.12)和式(4.13)确定的磁场的结果对离开电流面一定距离的点无效？

4.12 在什么条件下，图4.2所示的无限大电流面附近的磁场得到的结果在远离电流面的点是有效的？

4.13 简述与麦克斯韦方程组逐次求解有关的步骤。

4.14　麦克斯韦方程组逐次求解的方法是如何揭示电场和磁场之间相互作用产生波传播的机理的？
4.15　说明 $\mathbf{E} = E_x(z,t)\mathbf{a}_x$ 情况下的波动方程是如何推导的？
4.16　简述求解波动方程的分离变量法。
4.17　讨论函数 $\cos(\omega t - \beta z)$ 是如何表示波向正 z 方向传播的？
4.18　讨论函数 $\cos(\omega t + \beta z)$ 是如何表示波向负 z 方向传播的？
4.19　讨论式(4.52)确定的电磁场的解如何与均匀平面波对应。
4.20　为什么 $\cos(\omega t - \beta z)$ 中的 β 称为相位常数？
4.21　什么是相速？相速与角频率和相位常数有何关系？
4.22　给出波长的定义。它与相位常数的关系是什么？
4.23　频率、波长和相速之间的关系是什么？自由空间中，频率为 15 MHz 的波长是多少？
4.24　均匀平面波的电场的方向为负 y 方向，磁场的方向为正 z 方向，均匀平面波向什么方向传播？
4.25　均匀平面波向正 x 方向传播，电场方向为正 z 方向，磁场指向哪个方向？
4.26　什么是本征阻抗？自由空间的本征阻抗的值是多少？
4.27　讨论天线阵的原理。
4.28　两个密度均匀、大小相等的无限大平行电流面构成的天线阵，辐射只限于两个平面之间的区域，确定它们之间的间距和电流密度相位角之间的关系。
4.29　讨论正弦时变场的极化，它与均匀平面波的传播有关。
4.30　讨论一个非正弦时变面电流密度的无限大电流面产生的均匀平面波的传播。
4.31　为什么一定量的功与维持图 4.2 中面上的电流流动有关？这个功是如何计算的？
4.32　什么是坡印亭矢量？它有什么物理意义？
4.33　坡印亭矢量在一个闭合面上的面积分有什么物理意义？
4.34　讨论远离实际天线的场如何与离开天线的距离成反比？
4.35　讨论均匀平面波在电场和磁场中能量存储的意义。
4.36　与电场和磁场有关的能量密度是什么？

习题

4.1　无限大平面放置在 $z=0$ 的面上，载有均匀电流密度 $\mathbf{J}_S = -0.1\mathbf{a}_x$ A/m。计算垂直穿过下列直线的电流。(a)从点(0,0,0)到点(0,2,0)；(b) 从点(0,0,0)到点(2,0,0)；(c) 从点(0,0,0)到点(2,2,0)。
4.2　无限大平面放置在 $z=0$ 的面上，载有非均匀电流密度 $\mathbf{J}_S = -0.1e^{-|y|}\mathbf{a}_x$，计算垂直穿过下列直线的电流。(a) 从点(0,0,0)到点(0,1,0)；(b) 从点(0,0,0)到点(0,∞,0)；(c) 从点(0,0,0)到点(1,1,0)。
4.3　无限大平面放置在 $z=0$ 的面上，载有均匀电流密度

$$\mathbf{J}_S = (-0.1\cos\omega t\mathbf{a}_x + 0.1\sin\omega t\mathbf{a}_y)\ \text{A/m}$$

计算垂直穿过下列直线的电流。(a) 从点(0,0,0)到点(0,2,0)；(b) 从点(0,0,0)到点(2,0,0)；(c) 从点(0,0,0)到点(2,2,0)。

4.4 无限大平面放置在 $z=0$ 的面上,载有均匀电流密度

$$\mathbf{J}_S=(-0.2\cos\omega t\mathbf{a}_x+0.2\sin\omega t\mathbf{a}_y)\ \text{A/m}$$

计算电流面两侧附近的磁场强度,并指出场的极化特性。

4.5 无限大平面放置在 $z=0$ 的面上,载有非均匀电流密度 $\mathbf{J}_S=-0.2e^{-|y|}\cos\omega t\mathbf{a}_x$ A/m,计算电流面两侧附近在(a)点(0,1,0)和(b)点(2,2,0)处的磁场强度。

4.6 在 $|z|<a$ 的区域,均匀电流密度为 $\mathbf{J}=J_0\mathbf{a}_x$ A/m^2,利用安培环路定律的积分形式和考虑对称性,计算整个空间的 $\mathbf{H}$。

4.7 在 $|z|<a$ 的区域,非均匀电流密度为 $\mathbf{J}=J_0(1-|z|/a)\mathbf{a}_x$ A/m^2,J_0 为常数,利用安培环路定律的积分形式和考虑对称性,计算整个空间的 $\mathbf{H}$。

4.8 一个放置在 xy 平面的无限大电荷面,均匀面电荷密度为 ρ_{S0} C/m^2,利用电场高斯定律的积分形式和考虑对称性,计算电荷面两侧的电场强度。

4.9 电荷均匀分布在 $|x|<a$ 的区域,电荷密度为 $\rho=\rho_0$ C/m^3,利用电场高斯定律的积分形式和考虑对称性,计算整个空间电场强度 $\mathbf{E}$。

4.10 电荷分布在 $|x|<a$ 的区域,非均匀电荷密度为 $\rho=\rho_0(1-|x|/a)$ C/m^3,ρ_0 为常数,利用电场高斯定律的积分形式和考虑对称性,计算整个空间电场强度 $\mathbf{E}$。

4.11 证明表达式(4.23)和式(4.24)同时满足微分方程式(4.16)和式(4.17)。

4.12 放置在 $z=0$ 面上的无限大电流面,面电流密度为 $\mathbf{J}_S=-J_{S0}t\mathbf{a}_x$ A/m,其中 J_{S0} 是常数,计算电流面两侧的磁场。然后利用麦克斯韦方程组逐次求解的方法,证明当 $z>0$ 时,

$$E_x=\left(\frac{2C+\eta_0J_{S0}}{4}\right)(t-z\sqrt{\mu_0\epsilon_0})+\left(\frac{2C-\eta_0J_{S0}}{4}\right)(t+z\sqrt{\mu_0\epsilon_0})$$

$$H_y=\left(\frac{2C+\eta_0J_{S0}}{4\eta_0}\right)(t-z\sqrt{\mu_0\epsilon_0})-\left(\frac{2C-\eta_0J_{S0}}{4\eta_0}\right)(t+z\sqrt{\mu_0\epsilon_0})$$

其中 C 是常数。

4.13 放置在 $z=0$ 面上的无限大电流面,面电流密度为 $\mathbf{J}_S=-J_{S0}t^2\mathbf{a}_x$ A/m,其中 J_{S0} 是常数,计算电流面两侧的磁场。然后利用麦克斯韦方程组逐次求解的方法,证明当 $z>0$ 时,

$$E_x=\left(\frac{2C+\eta_0J_{S0}}{4}\right)(t-z\sqrt{\mu_0\epsilon_0})^2+\left(\frac{2C-\eta_0J_{S0}}{4}\right)(t+z\sqrt{\mu_0\epsilon_0})^2$$

$$H_y=\left(\frac{2C+\eta_0J_{S0}}{4\eta_0}\right)(t-z\sqrt{\mu_0\epsilon_0})^2-\left(\frac{2C-\eta_0J_{S0}}{4\eta_0}\right)(t+z\sqrt{\mu_0\epsilon_0})^2$$

其中 C 是常数。

4.14 验证表达式(4.48)和式(4.49)同时满足微分方程(4.7)和式(4.8),并且当 $z=0+$ 时,式(4.49)简化为式(4.12)。

4.15 证明 $(t-z\sqrt{\mu_0\epsilon_0})^2$ 和 $(t+z\sqrt{\mu_0\epsilon_0})^2$ 是波动方程的解。借助图形,讨论这些函数的特性。

4.16 对任意时变场,证明微分方程(4.33)和式(4.34)的解是

$$E_x=Af(t-z\sqrt{\mu_0\epsilon_0})+Bg(t+z\sqrt{\mu_0\epsilon_0})$$

$$H_y=\frac{1}{\eta_0}[Af(t-z\sqrt{\mu_0\epsilon_0})-Bg(t+z\sqrt{\mu_0\epsilon_0})]$$

其中 A 和 B 是任意常数,讨论函数 $f(t-z\sqrt{\mu_0\epsilon_0})$ 和 $g(t+z\sqrt{\mu_0\epsilon_0})$ 的特性。

4.17　在习题4.12和式(4.13)中,求常数 C 的值,得出 E_x 和 H_y 在 $z>0$ 区域内的解,然后写出 E_x 和 H_y 在 $z<0$ 区域内的解。

4.18　均匀平面波的电场强度为

$$\mathbf{E}=37.7\cos(6\pi\times10^8t+2\pi z)\mathbf{a}_y\ \text{V/m}$$

计算:(a) 频率;(b) 波长;(c) 相速;(d) 波的传播方向;(e) 相应的磁场强度矢量 $\mathbf{H}$。

4.19　一个放置在 $z=0$ 面上的无限大电流面,载有的面电流密度为

$$\mathbf{J}_S=(-0.2\cos 6\pi\times10^8t\mathbf{a}_x-0.1\cos 12\pi\times10^8t\mathbf{a}_x)\ \text{A/m}$$

计算电流面两侧的电场和磁场的表达式。

4.20　天线阵由两个平行放置的无限大电流面构成,电流密度分别为

$$\mathbf{J}_{S1}=-J_{S0}\cos\omega t\mathbf{a}_x\qquad z=0$$

$$\mathbf{J}_{S2}=-J_{S0}\cos\omega t\mathbf{a}_x\qquad z=\frac{\lambda}{2}$$

其中 J_{S0} 是常数。计算在以下三个区域中的电场强度:(a) $z<0$;(b) $0<z<\lambda/2$;(c) $z>\lambda/2$。

4.21　天线阵由两个平行放置的无限大电流面构成,确定它们的间距、幅度之间的关系以及相位之间的关系,使得天线阵产生的辐射场满足天线阵一侧的辐射场是天线阵另外一侧辐射场的两倍。

4.22　两个无限大平行放置的电流面,电流密度为

$$\mathbf{J}_{S1}=-J_{S0}\cos\omega t\mathbf{a}_x\qquad z=0$$

$$\mathbf{J}_{S2}=-J_{S0}\cos\omega t\mathbf{a}_y\qquad z=\frac{\lambda}{2}$$

其中 J_{S0} 是常数。计算在以下三个区域中的电场强度:(a) $z<0$;(b) $0<z<\lambda/2$;(c) $z>\lambda/2$。讨论在所有三个区域中场的极化特性。

4.23　对如下场,确定场是右旋圆极化还是左旋圆极化。

(a) $E_0\cos(\omega t-\beta y)\mathbf{a}_z+E_0\sin(\omega t-\beta y)\mathbf{a}_x$

(b) $E_0\cos(\omega t+\beta x)\mathbf{a}_y+E_0\sin(\omega t+\beta x)\mathbf{a}_z$

4.24　对如下场,确定场是右旋椭圆极化还是左旋椭圆极化。

(a) $E_0\cos(\omega t+\beta y)\mathbf{a}_x-2E_0\sin(\omega t+\beta y)\mathbf{a}_z$

(b) $E_0\cos(\omega t-\beta x)\mathbf{a}_z-E_0\sin(\omega t-\beta x+\pi/4)\mathbf{a}_y$

4.25　将下面给定的均匀平面波的电场表示成一个左旋圆极化和一个右旋圆极化的叠加:$E_0\mathbf{a}_x\cos(\omega t+\beta z)$。

4.26　对下面给定场,重复习题4.25的计算:$E_0\mathbf{a}_x\cos(\omega t-\beta z+\pi/3)-E_0\mathbf{a}_y\cos(\omega t-\beta z+\pi/6)$。

4.27　写出在自由空间传播的正弦时变均匀平面波的电场强度表达式,并具有以下特性:(a) $f=100$ MHz;(b) 波向 $+z$ 方向传播;(c) 右旋圆极化,并且电场在 $z=0$ 面上,在 $t=0$ 时有一个 x 分量等于 E_0,一个 y 分量等于 $0.75E_0$。

4.28　一个无限大平面放置在 $z=0$ 的面上,载有面电流密度为 $\mathbf{J}_S=-J_S(t)\mathbf{a}_x$,其中 $J_S(t)$ 是周期函数,如图4.16所示,计算并画出:(a)在 $z=0+$ 处,H_y 随 t 的变化曲线;(b)在 $z=150$ m 处,E_x 随 t 的变化曲线;(c) 在 $t=1$ μs 处,E_x 随 z 的变化曲线。

4.29　离开位于 $z=0$ 面上的无限大电流面的均匀平面波,在 $z=600$ m 面上的电场强度 E_x 随时间的变化是周期函数,如图4.17所示。计算和作图:(a) $z=200$ m 处,E_x 随 t 的变化;(b) $t=0$ 时,E_x 随 z 的变化;(c) $t=1/3$ μs 时,H_y 随 z 的变化。

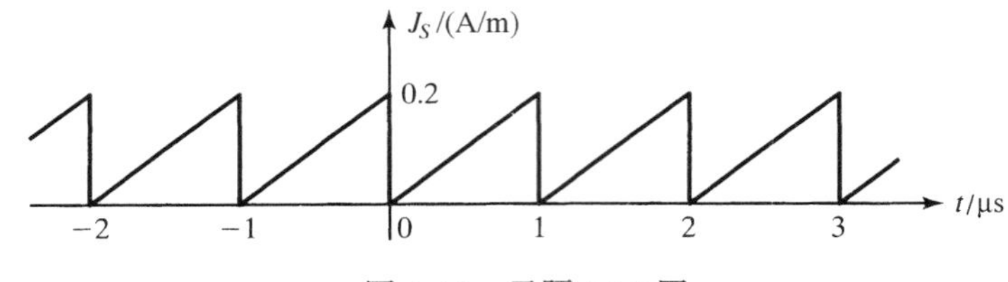

图 4.16 习题 4.28 图

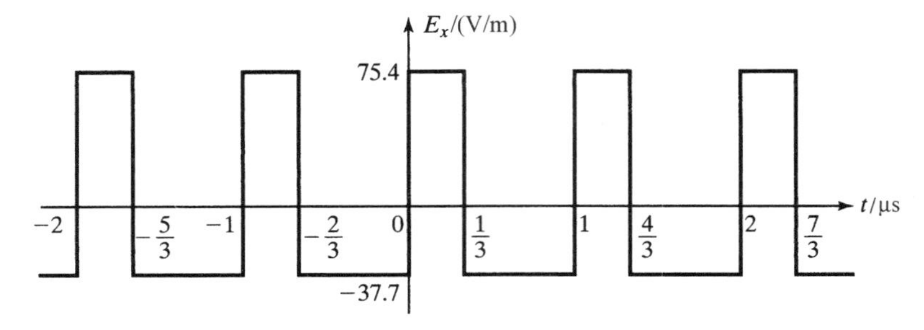

图 4.17 习题 4.29 图

4.30 离开位于 $z=0$ 面上的无限大电流面产生的均匀平面波，在 $z=300$ m 面上的电场强度 E_x 随时间的变化是非周期函数，如图 4.18 所示。计算和作图：(a) $z=600$ m 处，E_x 随 t 的变化；(b) $t=1$ μs 时，E_x 随 z 的变化；(c) $t=2$ μs 时，H_y 随 z 的变化。

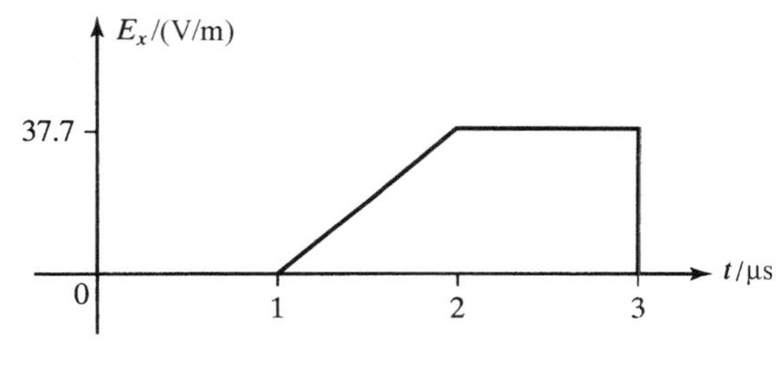

图 4.18 习题 4.30 图

4.31 证明由式(4.68)确定的坡印亭矢量大小的时间平均值是它的峰值的一半。一个天线辐射的时间平均功率是 150 kW，计算距离天线 100 km 处电场强度的峰值，假设天线在所有方向的辐射都相同。

4.32 沿 $+z$ 方向传播的均匀平面波的电场为

$$\mathbf{E}=E_0\cos(\omega t-\beta z)\mathbf{a}_x+E_0\sin(\omega t-\beta z)\mathbf{a}_y$$

其中 E_0 是常数。(a)计算对应的磁场 $\mathbf{H}$；(b)求出坡印亭矢量。

4.33 证明 $\frac{1}{2}\epsilon_0E^2$ 和 $\frac{1}{2}\mu_0H^2$ 的单位是 $\mathrm{J/m^3}$。

4.34 证明一个行波的电场和磁场中存储的能量相同。

第5章　波在材料媒质中的传播

在第4章中,通过对载有均匀时变电流密度的无限大电流面的讨论,介绍了波在自由空间中的传播。学习了无限大电流面产生的电磁场的解,该解代表了远离无限大电流面两侧的均匀平面波的传播。有了均匀平面波在自由空间中传播特性的知识,现在讨论波在材料媒质中的传播,这就是本章的目的。物质包含带电粒子,这些粒子在外加电场和磁场中发生效应并产生电流,故需要对波在自由空间中的传播特性进行修正。

本章将学习带电粒子与电场和磁场的相互作用所产生的三种基本现象:传导、极化和磁化。虽然一种给定的材料可以呈现出所有这三种特性,但根据物质的传导、极化或磁化哪一种现象为主要现象,可将物质材料分为三类:导体、电介质材料或磁性材料。这样,对于这三种材料将分别介绍它们的特性,建立称为"本构关系"的一组关系式,这就能够避免直接考虑带电粒子与场的相互作用。然后利用这些本构关系和麦克斯韦方程组,首先讨论均匀平面波在一般材料媒质中的传播,然后讨论几种特殊的情况。最后,引出**边界条件**,并且利用边界条件研究均匀平面波在平面边界上的反射和透射。

5.1　导体和电介质

回顾原子的传统模型,原子是一个带正电荷的原子核被自旋和沿原子核轨道运动的电子漫射云包围的紧密结合结构。在没有外加电磁场作用的情况下,带正电的原子核和带负电的电子之间的吸引力通过向外的离心力来平衡,以维持稳定的电子运动轨道。电子被分成**束缚**电子和**自由**或**导电**电子,束缚电子可以移动但不能离开原子核的影响。自由电子经常处于热运动的状态,能够被原来的原子在某点释放,又被其他的原子在不同的点再次俘获。

在没有外加场的情况下,自由电子的运动是完全随机的;在**宏观**范围内,即在与原子体积相比的一个大体积内,平均热速度为零,这样就没有净电流,电子云处在一个固定的位置。当有了外加电磁场,主要由于电场力的作用,额外的速度就叠加在随机速度上,这就导致电子的平均位置向外加电场相反的方向发生漂移。由于电子与原子晶格的碰撞产生了摩擦的机械作用,电子不是在外加电场的影响下加速的,而是以与外加电场大小成比例的平均漂移速度漂移的,这种情况称为**传导**,由电子漂移产生的电流称为**传导电流**。

在有些材料中,大量的电子可以参与传导过程,但在其他一些材料中,只有极少数或几乎没有电子参与传导,前面的一类材料称为**导体**,后面的一类材料则称为**电介质**或**绝缘体**。如果导体中参与传导的自由电子的数量为每立方米 N_e 个,那么导体的电流密度为

$$\mathbf{J}_c = N_e e \mathbf{v}_d \tag{5.1}$$

式中,e 是电子的电量;$\mathbf{v}_d$ 是电子的漂移速度,电子的漂移速度取决于电子与原子晶格之间连续碰撞的平均时间,并与此刻的外加电场有关:

$$\mathbf{v}_d = -\mu_e \mathbf{E} \tag{5.2}$$

式中，μ_e 称为电子的**迁移率**，将式(5.2)代入式(5.1)，即有

$$\mathbf{J}_c = -\mu_e N_e e\mathbf{E} = \mu_e N_e |e| \mathbf{E} \tag{5.3}$$

半导体材料的特点在于空穴的**漂移**，即除了电子的漂移，还有从共价键中脱离出来的电子形成的空穴。如果 N_e 和 N_h 分别表示每立方米的材料中电子和空穴的数量，μ_e 和 μ_h 分别表示电子和空穴的迁移率，那么半导体中的传导电流密度可以由下式确定：

$$\mathbf{J}_c = (\mu_e N_e |e| + \mu_h N_h |e|)\mathbf{E} \tag{5.4}$$

定义一个特征量 σ，称为材料的**电导率**，可由下式给出：

$$\sigma = \begin{cases} \mu_e N_e |e| & \text{对于导体} \\ \mu_e N_e |e| + \mu_h N_h |e| & \text{对于半导体} \end{cases} \tag{5.5}$$

这样就得到了简单而且重要的关系式：

$$\mathbf{J}_c = \sigma \mathbf{E} \tag{5.6}$$

即材料中的传导电流密度。方程式(5.6)称为欧姆定律的微分形式，适用于导体中的任一点，从中也可以推出电路理论中常见形式的欧姆定律。σ 的单位是西门子/米(S/m)，其中西门子(S)是每伏特1安培。部分材料的 σ 值已在表5.1中列出。考虑到电磁波在导电材料中的传播，式(5.6)确定的传导电流应该在安培环路定律右边的电流密度中起作用。这样，麦克斯韦旋度方程对于导电媒质中的 **H** 可以写成

$$\nabla \times \mathbf{H} = \mathbf{J}_c + \frac{\partial \mathbf{D}}{\partial t} = \sigma \mathbf{E} + \frac{\partial \mathbf{D}}{\partial t} \tag{5.7}$$

表5.1 部分材料的电导率

材料	电导率 S/m	材料	电导率 S/m
银	6.1×10^{7}	海水	4
铜	5.8×10^{7}	纯锗	2.2
金	4.1×10^{7}	纯硅	1.6×10^{-3}
铝	3.5×10^{7}	淡水	10^{-3}
钨	1.8×10^{7}	蒸馏水	2×10^{-4}
黄铜	1.5×10^{7}	干土	10^{-5}
钎(焊锡)	7.0×10^{6}	酚醛塑料	10^{-9}
铅	4.8×10^{6}	玻璃	$10^{-14}-10^{-10}$
康铜	2.0×10^{6}	云母	$10^{-15}\sim10^{-11}$
汞	1.0×10^{6}	熔融石英	0.4×10^{-17}

导体的特点是具有大量的**导电**或**自由**电子，能够在外加电场的作用下产生传导电流，而在电介质材料中则是**束缚**电子占主要地位。在外加电场的作用下，一个原子的束缚电子发生移动，电子云的质心偏离了原子核的质心。那么称该原子被极化了，极化产生了如图5.1(a)所示的**电偶极子**。这种极化称为**电子极化**。一个电偶极子的示意图如图5.1(b)所示。电偶极子的强度用电偶极矩 **p** 表示为

$$\mathbf{p} = Q\mathbf{d} \tag{5.8}$$

式中，**d** 是正负电荷质心之间的矢量位移，每个电荷的大小为 Q。

在某些电介质材料中，即使没有外加电场，材料的分子结构中仍可以存在极化，然而单个原子和分子的极化是随机取向的，从**宏观**范围来看，净极化为零。外加电场的应用导致转矩作用在**微观**极子上，如图5.2所示，在宏观范围内，将最初的随机极化转变为沿场方向局部一致的极化，这种极化称为**取向极化**。第三种极化称为**离子极化**，由分子中的正、负离子分离引起，离子是分

子中的电子从一个原子移动到另一个原子形成的。有些材料呈现永久磁化特性,即使没有外加电场的情况下也会发生极化。当允许的外加电场加强时,永久磁化的介质变成永久极化,铁电材料呈现自发的、永久的极化。

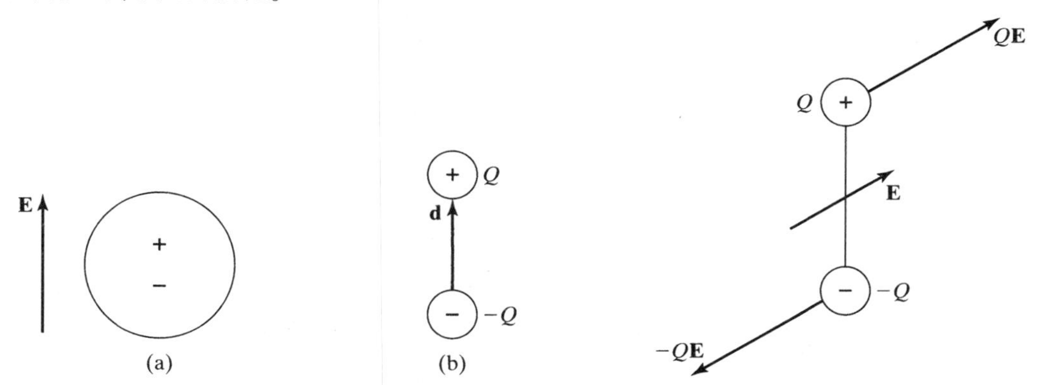

图 5.1 (a) 一个电偶极子;(b) 一个电偶极子的示意图　　图 5.2 外加电场中作用在电偶极子上的转矩

在一个宏观范围内,定义一个矢量 $\mathbf{P}$,称为**极化矢量**,也就是**单位体积内的电偶极矩**。如果 N 是材料中单位体积的分子数,那么体积 Δv 中有 $N\Delta v$ 个分子,并且有

$$\mathbf{P} = \frac{1}{\Delta v}\sum_{j=1}^{N\Delta v}\mathbf{p}_j = N\mathbf{p} \tag{5.9}$$

式中,$\mathbf{p}$ 是每个分子的平均偶极矩。$\mathbf{P}$ 的单位是库仑 · 米/米^3(C · m/m^3)或每平方米库仑(C/m^2)。在许多介质材料中发现极化矢量 $\mathbf{P}$ 与电场 $\mathbf{E}$ 有关系,其简单关系式为

$$\mathbf{P} = \epsilon_0\chi_e\mathbf{E} \tag{5.10}$$

式中,χ_e是没有量纲的参数,称为**电极化率**。χ_e可以衡量电介质极化的能力,不同的介质 χ_e 值不同。

为了讨论介质极化对介质媒质中电磁波传播的影响,仍然讨论图 4.8 中无限大电流面的情况——辐射均匀平面波,现在电流面两侧的空间是电介质媒质,而不是自由空间。在媒质中的电场会引起极化,极化反过来和其他因素一起又决定了电磁场的特性。对所考虑的情况,电场完全沿 x 方向,并且在 x 和 y 方向上是均匀的。这样,感应电偶极子的取向沿 x 方向,在宏观范围内,每单位体积内的偶极矩为

$$\mathbf{P} = P_x\mathbf{a}_x = \epsilon_0\chi_e E_x\mathbf{a}_x \tag{5.11}$$

式中,E_x 是 z 和 t 的函数。

现在考虑一个平行于 yz 平面、面积为 $\Delta y\Delta z$ 的无限小面元,可以写出与无限小面积相关的 E_x 等于 $E_0\cos\omega t$,其中 E_0 是常数。在电流源的一个完整周期内,可以画出与该面有关的感应电偶极子随时间的变化,如图 5.3 所示。由于电场随时间余弦变化,单个偶极子的偶极矩也随时间余弦变化,在 $t=0$ 时刻沿正 x 方向有最大强度,在 $t=\pi/2\omega$ 时刻按正弦变化减小为零强度,然后转向负 x 方向,在 $t=\pi/\omega$ 时刻沿该方向增加到最大强度,以此类推。

这种模型可以考虑为两个载有等值异号随时间变化的电荷平面极板,相距为 δ,沿 x 方向放置,如图 5.4 所示。为了求出其中一个极板电荷的大小,注意到单位体积的偶极矩为

$$P_x = \epsilon_0\chi_e E_0\cos\omega t \tag{5.12}$$

由于偶极矩占有的总体积为 $\delta\Delta y\Delta z$，与偶极子有关的整个偶极矩是 $\epsilon_0\chi_e E_0\cos\,\omega t(\delta\Delta y\Delta z)$，这两个等值异号电荷的偶极矩等于其中一个面电荷的大小乘以两个面电荷之间的位移。因此，可以求出其中一个面电荷的大小就等于$|\epsilon_0\chi_e E_0\cos\,\omega t\Delta y\Delta z|$。这样，有一种情况是一个面电荷 $Q_1 = \epsilon_0\chi_e E_0\cos\,\omega t\Delta y\Delta z$ 在该平面上方，面电荷 $Q_2 = -Q_1 = -\epsilon_0\chi_e E_0\cos\,\omega t\Delta y\Delta z$ 在该平面的下方，这与电流流过该平面等效，因为电荷是随时间变化的。

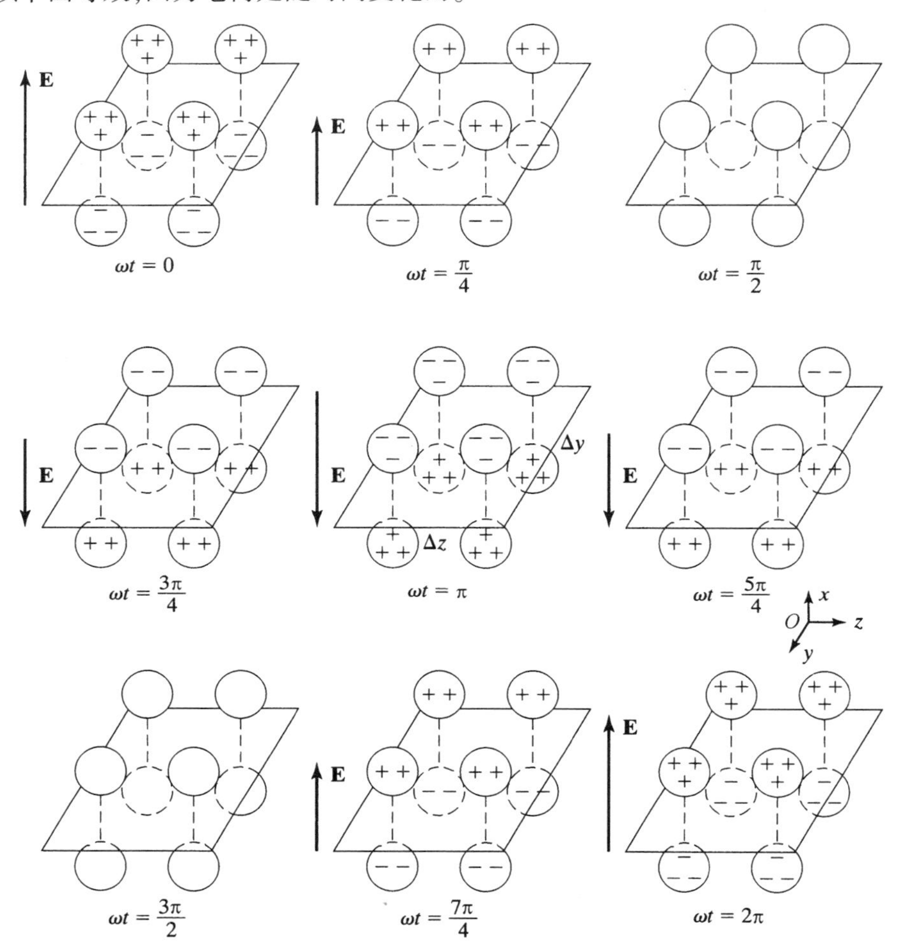

图 5.3 在正弦时变电场的影响下电介质材料中感应电偶极子的时间变化图

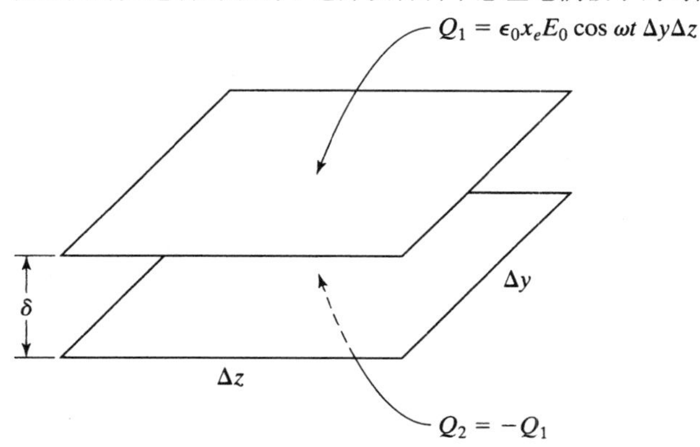

图 5.4 等效示意图 5.3 中载有等值异号的时变电荷的两个平面极板

称这种电流为**极化电流**,因为它是由于极化在介质中感应出的电偶极矩随时间变化引起的,这个极化电流沿正 x 方向,即从下到上穿过该平面,大小为

$$I_{px} = \frac{\mathrm{d}Q_1}{\mathrm{d}t} = -\epsilon_0\chi_e E_0 \omega \sin \omega t \, \Delta y \, \Delta z \tag{5.13}$$

式中,下标 p 代表极化。用 I_{px} 除以 $\Delta y \Delta z$,并令面积趋于零,可以得到与极板上点有关的极化电流密度:

$$\begin{aligned} J_{px} &= \lim_{\substack{\Delta y \to 0 \\ \Delta z \to 0}} \frac{I_{px}}{\Delta y \, \Delta z} = -\epsilon_0\chi_e E_0 \omega \sin \omega t \\ &= \frac{\partial}{\partial t}(\epsilon_0 \chi_e E_0 \cos \omega t) = \frac{\partial P_x}{\partial t} \end{aligned} \tag{5.14}$$

或

$$\mathbf{J}_p = \frac{\partial \mathbf{P}}{\partial t} \tag{5.15}$$

尽管是从无限大电流面的特殊情况得出这个结果,但这个结果对一般情况也是有效的,具有普遍意义。

下面讨论电磁波在介质中的传播。由式(5.15)确定的极化电流密度应该包含在安培环路定律右边的电流密度中。这样,考虑式(3.28)给出的一般情况下安培环定律的微分形式,有

$$\nabla \times \mathbf{H} = \mathbf{J} + \mathbf{J}_p + \frac{\partial}{\partial t}(\epsilon_0 \mathbf{E}) \tag{5.16}$$

将式(5.15)代入式(5.16),可得

$$\begin{aligned} \nabla \times \mathbf{H} &= \mathbf{J} + \frac{\partial \mathbf{P}}{\partial t} + \frac{\partial}{\partial t}(\epsilon_0 \mathbf{E}) \\ &= \mathbf{J} + \frac{\partial}{\partial t}(\epsilon_0 \mathbf{E} + \mathbf{P}) \end{aligned} \tag{5.17}$$

为了使式(5.17)与自由空间的式(3.28)对应一致,现在重新修正电位移矢量 **D** 的定义:

$$\mathbf{D} = \epsilon_0 \mathbf{E} + \mathbf{P} \tag{5.18}$$

对 **P** 应用式(5.10),可以得到

$$\begin{aligned} \mathbf{D} &= \epsilon_0 \mathbf{E} + \epsilon_0 \chi_e \mathbf{E} \\ &= \epsilon_0 (1 + \chi_e) \mathbf{E} \\ &= \epsilon_0 \epsilon_r \mathbf{E} \\ &= \epsilon \mathbf{E} \end{aligned} \tag{5.19}$$

式中,定义

$$\epsilon_r = 1 + \chi_e \tag{5.20}$$

和

$$\epsilon = \epsilon_0 \epsilon_r \tag{5.21}$$

参量 ϵ_r 称为电介质的**相对电容率**或**相对介电常数**,ϵ 称为电介质的**电容率**。**D** 的新定义允许使用自由空间的麦克斯韦方程组,仅需要用 ϵ 代替 ϵ_0,而不需要直接考虑极化电流密度。介电常数 ϵ 考虑了极化的效应,当用 ϵ 代替 ϵ_0 时,就没有必要再考虑极化的影响。相对介电常数是一个实验测量参数,表 5.2 中给出了部分电介质材料的相对介电常数值。

表 5.2 部分电介质材料的相对介电常数

材　料	相对介电常数	材　料	相对介电常数
空气	1.0006	干土	5
纸	2.0 ~ 3.0	云母	6
聚四氟乙烯	2.1	氯丁橡胶	6.7
聚苯乙烯	2.56	湿土	10
有机玻璃	2.6 ~ 3.5	普通酒精	24.3
尼龙	3.5	甘油	42.5
熔融石英	3.8	蒸馏水	81
酚醛塑料	4.9	二氧化钛	100

方程式(5.19)决定了电介质材料中 **D** 和 **E** 之间的关系。电介质材料的介电常数 ϵ 如果与方程式(5.19)表示的 **E** 的大小和方向没有关系,那么这种介质就称为**线性各向同性电介质**。对某些电介质材料,极化矢量的每一个分量与电场强度的所有分量有关。对于这种称为**各向异性介质材料**的材料,**D** 在一般情况下不平行于 **E**,两个参量的关系式用矩阵方程来表示,即有下式成立:

$$\begin{bmatrix} D_x \\ D_y \\ D_z \end{bmatrix} = \begin{bmatrix} \epsilon_{xx} & \epsilon_{xy} & \epsilon_{xz} \\ \epsilon_{yx} & \epsilon_{yy} & \epsilon_{yz} \\ \epsilon_{zx} & \epsilon_{zy} & \epsilon_{zz} \end{bmatrix} \begin{bmatrix} E_x \\ E_y \\ E_z \end{bmatrix} \tag{5.22}$$

方程式(5.22)中的 ϵ 方阵称为各向异性介质的**介电常数张量**。

例 5.1

一种各向异性介质材料,介电常数张量为

$$[\epsilon] = \begin{bmatrix} 7\epsilon_0 & 2\epsilon_0 & 0 \\ 2\epsilon_0 & 4\epsilon_0 & 0 \\ 0 & 0 & 3\epsilon_0 \end{bmatrix}$$

对于给定的几种 **E**,求 **D**。

将给定的介电常数张量矩阵代入式(5.22),可得

$$D_x = 7\epsilon_0 E_x + 2\epsilon_0 E_y$$

$$D_y = 2\epsilon_0 E_x + 4\epsilon_0 E_y$$

$$D_z = 3\epsilon_0 E_z$$

对于 $\mathbf{E} = E_0 \cos\,\omega t \mathbf{a}_z$,$\mathbf{D} = 3\epsilon_0 E_0 \cos\,\omega t \mathbf{a}_z$;**D** 平行于 **E**。

对于 $\mathbf{E} = E_0 \cos\,\omega t \mathbf{a}_x$,$\mathbf{D} = 7\epsilon_0 E_0 \cos\,\omega t \mathbf{a}_x + 2\epsilon_0 E_0 \cos\,\omega t \mathbf{a}_y$;**D** 不平行于 **E**。

对于 $\mathbf{E} = E_0 \cos\,\omega t \mathbf{a}_y$,$\mathbf{D} = 2\epsilon_0 E_0 \cos\,\omega t \mathbf{a}_x + 4\epsilon_0 E_0 \cos\,\omega t \mathbf{a}_y$;**D** 不平行于 **E**。

对于 $\mathbf{E} = E_0 \cos\,\omega t(\mathbf{a}_x + 2\mathbf{a}_y)$,$\mathbf{D} = 11\epsilon_0 E_0 \cos\,\omega t \mathbf{a}_x + 10\epsilon_0 E_0 \cos\,\omega t \mathbf{a}_y$;**D** 不平行于 **E**。

对于 $\mathbf{E} = \mathbf{E}_0 \cos\,\omega t(2\mathbf{a}_x + \mathbf{a}_y)$,$\mathbf{D} = 16\epsilon_0 E_0 \cos\,\omega t \mathbf{a}_x + 8\epsilon_0 E_0 \cos\,\omega t \mathbf{a}_y = 8\epsilon_0 \mathbf{E}$;**D** 平行于 **E**,与介电常数为 $8\epsilon_0$ 的**各向同性**介质的效果相同,即**各向异性**介质的有效介电常数在此情况下为 $8\epsilon_0$。

这样,求出了在一般情况下 **D** 不平行于 **E**,但对于 **E** 的某些极化,**D** 平行于 **E**。这种极化称为特性极化。

5.2 磁性材料

磁性材料的重要特性是**磁化**。磁化是在外加磁场的作用下,电子的轨道运动和自旋运动的一种现象。电子轨道相当于一个电流环,电流环是电偶极子的磁性比拟。沿磁偶极子的轴线以

及平面内的点看进去的一个磁偶极子的图形分别示意在图 5.5(a)和图 5.5(b)中。偶极子的强度可通过磁偶极矩 **m** 定义为，

$$\mathbf{m} = IA\mathbf{a}_n \tag{5.23}$$

式中，A 是电流环包围的面积；$\mathbf{a}_n$ 是满足右手螺旋法则的电流环面的法向单位矢量。

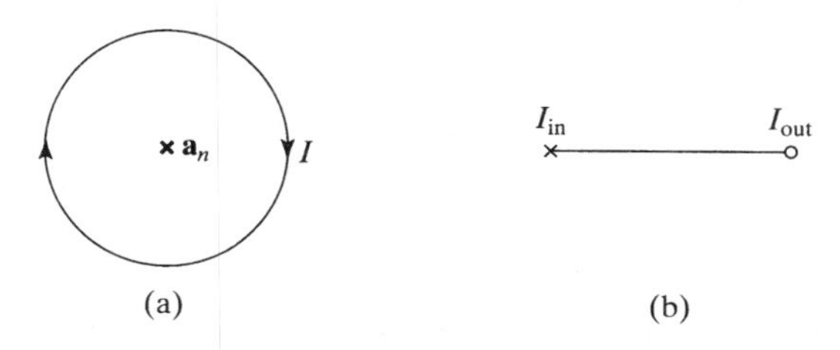

图 5.5　(a)沿其轴向观察和(b)沿其面中的点观察的磁偶极子示意图

在许多物质中，每个原子的净磁矩为零，也就是说与各种电子轨道和自旋运动相对应的磁偶极矩的总和为零。外部磁场通过改变电子在轨道上运行的角速度对净磁偶极距产生影响，从而使物质磁化。这种磁化称为**抗磁性**。实际上，抗磁性在所有材料中普遍存在。在某些**顺磁性材料**中，即使没有外部磁场，单个原子的净磁矩也为零。然而，永磁性物质中单个原子的磁偶极距是随机取向的，在宏观范围内其净磁化强度为零。外加磁场对单个永磁性磁偶极子施加转矩，如图 5.6 所示，从宏观角度上来讲，就是将最初随机排列转化为沿磁场的部分一致排列，即电流环的法线方向沿磁场方向。这种磁化称为**顺磁性**。还有一些称为**铁磁性**的、**抗铁磁性**的以及**亚铁磁性**的材料，都呈现永久磁化的特性，即使没有外加磁场也存在磁化。

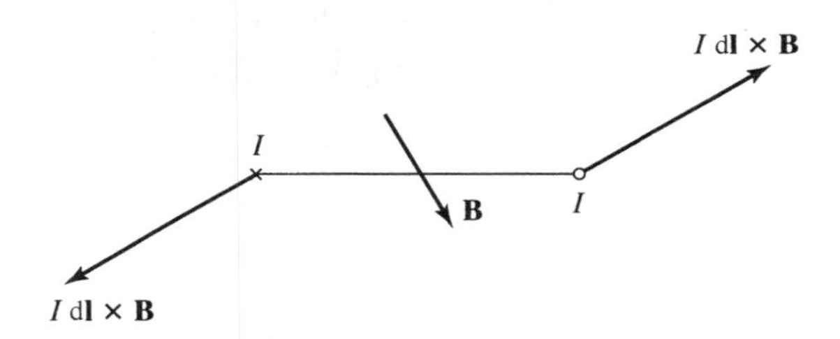

图 5.6　外加磁场作用于磁偶极子的转矩

在宏观范围内，定义一个矢量 **M**，称为**磁化矢量**，表示**单位体积的磁偶极距**。因此，如果 N 表示物质材料每单位体积内的分子数量，那么在体积 Δv 中就有 $N\Delta v$ 个分子，并且有

$$\mathbf{M} = \frac{1}{\Delta v}\sum_{j=1}^{N\Delta v}\mathbf{m}_j = N\mathbf{m} \tag{5.24}$$

式中，**m** 表示每个分子的平均磁偶极矩。磁化矢量 **M** 的单位为安培·米^2/米^3（A·m^2/m^3）或安培/米(A/m)。已经证实，许多磁性材料的磁化矢量与材料中的磁场 **B** 有关，由下式给出：

$$\mathbf{M} = \frac{\chi_m}{1+\chi_m}\frac{\mathbf{B}}{\mu_0} \tag{5.25}$$

式中，χ_m是一个无量纲参数，称为**磁化率**。它的大小反映了物质磁化的能力，而且不同的磁性材料χ_m的值不同。

为了讨论磁化对电磁波在磁性媒质中传播的影响,分析图 4.8 所示的无限大电流面,它可以辐射均匀平面波,在电流面的两侧空间,现在除了有电介质特性外,还具有磁性材料的特性。在媒质中的磁场感应出磁化,磁化同其他因素共同作用又影响到电磁场的特性。对所考虑的情况,磁场是完全沿 y 方向的,并且在 x 和 y 方向均匀。因此,感应偶极子的所有轴向都指向 y 方向。在宏观范围内,单位体积内的偶极矩为

$$\mathbf{M} = M_y\mathbf{a}_y = \frac{\chi_m}{1+\chi_m}\frac{B_y}{\mu_0}\mathbf{a}_y \tag{5.26}$$

式中,B_y 是 z 和 t 的函数。

现在考虑一个平行于 yz 平面且面积为 $\Delta y\Delta z$ 的无限小面元,其中与该面中心的左边和右边的两个面积 $\Delta y\Delta z$ 有关的磁偶极子如图 5.7(a)所示。由于 B_y 是 z 的函数,所以可以假设在任何给定的时间,左、右平面上的偶极子具有不同的极矩。如果单一偶极子在 x 方向的尺寸是 δ,那么与左半平面偶极子有关的总偶极矩为$[M_y]_{z-\Delta z/2}\delta\Delta y\Delta z$,与右半平面偶极子有关的总偶极矩为$[M_y]_{z+\Delta z/2}\delta\Delta y\Delta z$。

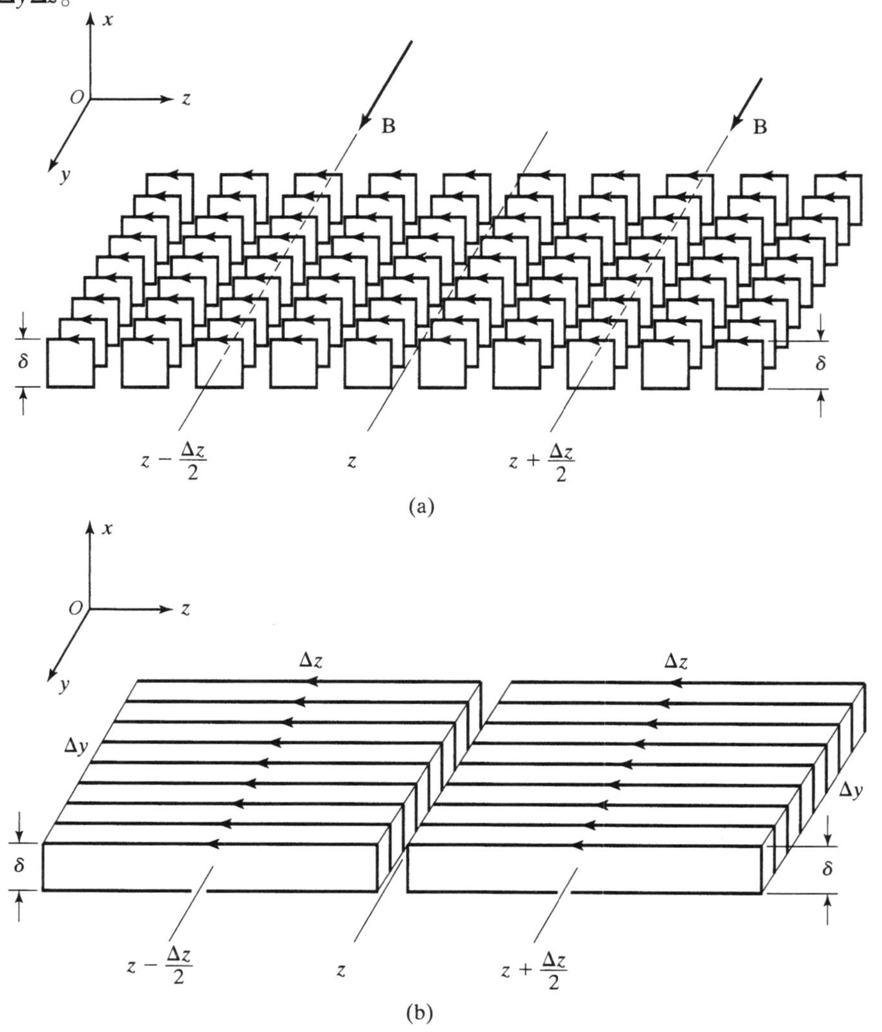

图 5.7 (a) 磁性材料中感应的磁偶极子;(b) 等效的面电流环

这样排列的偶极子可以等效为两个矩形面电流环，如图 5.7(b)所示。其中左侧电流环的偶极矩为$[M_y]_{z-\Delta z/2}\delta\Delta y\Delta z$，右侧电流环的偶极矩为$[M_y]_{z+\Delta z/2}\delta\Delta y\Delta z$。由于矩形面电流环的磁偶极矩等于面电流与环路的横截面积的乘积，与左侧环路有关的面电流为$[M_y]_{z-\Delta z/2}\Delta y$，与右侧环路有关的面电流为$[M_y]_{z+\Delta z/2}\Delta y$。因此，有这样一种情况：等于$[M_y]_{z-\Delta z/2}\Delta y$ 的电流就是沿正 x 方向垂直穿过面积 $\Delta y\Delta z$，等于$[M_y]_{z+\Delta z/2}\Delta y$ 的电流就是沿负 x 方向垂直穿过相同的面积，这相当于一个净电流流过该表面。

这种电流称为**磁化电流**，因为磁化电流是在磁性材料中由磁化感应出的磁偶极矩的空间变化而产生的。沿正 x 方向垂直穿过表面的净磁化电流为

$$I_{mx} = [M_y]_{z-\Delta z/2}\,\Delta y - [M_y]_{z+\Delta z/2}\,\Delta y \tag{5.27}$$

式中，下标 m 表示磁化。将 I_{mx} 除以 $\Delta y\Delta z$，并令面积 $\Delta y\Delta z$ 趋于零，可以得到面上该点的磁化电流密度：

$$\begin{aligned} J_{mx} &= \lim_{\substack{\Delta y\to 0\\ \Delta z\to 0}} \frac{I_{mx}}{\Delta y\,\Delta z} = \lim_{\Delta z\to 0}\frac{[M_y]_{z-\Delta z/2} - [M_y]_{z+\Delta z/2}}{\Delta z} \\ &= -\frac{\partial M_y}{\partial z} \end{aligned} \tag{5.28}$$

或

$$J_{mx}\mathbf{a}_x = \begin{vmatrix} \mathbf{a}_x & \mathbf{a}_y & \mathbf{a}_z \\ \dfrac{\partial}{\partial x} & \dfrac{\partial}{\partial y} & \dfrac{\partial}{\partial z} \\ 0 & M_y & 0 \end{vmatrix}$$

或

$$\mathbf{J}_m = \nabla \times \mathbf{M} \tag{5.29}$$

虽然在考虑无限大电流面的特殊情况下推出这一结果，但该结果对一般情况也同样有效。

当讨论电磁波在磁性材料中的传播时，由式(5.29)给出的磁化电流密度也应该包含在安培环路定律右边的电流密度中。因此，考虑一般情况下安培环路定律的微分形式[参见式(3.28)]，有

$$\nabla \times \frac{\mathbf{B}}{\mu_0} = \mathbf{J} + \mathbf{J}_m + \frac{\partial \mathbf{D}}{\partial t} \tag{5.30}$$

将式(5.29)代入式(5.30)，可以得到

$$\nabla \times \frac{\mathbf{B}}{\mu_0} = \mathbf{J} + \nabla \times \mathbf{M} + \frac{\partial \mathbf{D}}{\partial t}$$

或

$$\nabla \times \left(\frac{\mathbf{B}}{\mu_0} - \mathbf{M}\right) = \mathbf{J} + \frac{\partial \mathbf{D}}{\partial t} \tag{5.31}$$

为了使式(5.31)与自由空间的安培环路定律式(3.28)相对应，现在重新定义磁场强度矢量 $\mathbf{H}$ 为

$$\mathbf{H} = \frac{\mathbf{B}}{\mu_0} - \mathbf{M} \tag{5.32}$$

利用式(5.25)代替 $\mathbf{M}$，可以得到

$$\begin{aligned}\mathbf{H} &= \frac{\mathbf{B}}{\mu_0} - \frac{\chi_m}{1+\chi_m}\frac{\mathbf{B}}{\mu_0} \\ &= \frac{\mathbf{B}}{\mu_0(1+\chi_m)} \\ &= \frac{\mathbf{B}}{\mu_0\mu_r} \\ &= \frac{\mathbf{B}}{\mu}\end{aligned} \tag{5.33}$$

式中,定义

$$\mu_r = 1 + \chi_m \tag{5.34}$$

和

$$\mu = \mu_0\mu_r \tag{5.35}$$

μ_r 称为磁性材料的**相对磁导率**,μ 为磁性材料的**磁导率**。**H** 新的定义允许使用与自由空间相同的麦克斯韦方程组,只需要将 μ_0 用 μ 代替,而不需要考虑磁化电流密度,因为 μ 值已经考虑了磁化的影响。因此当用 μ 代替 μ_0 时,也就没必要考虑它们的影响。对于各向异性磁性材料,**H** 的方向与 **B** 的方向一般是不相同的,两者的关系由下面的矩阵方程确定:

$$\begin{bmatrix} B_x \\ B_y \\ B_z \end{bmatrix} = \begin{bmatrix} \mu_{xx} & \mu_{xy} & \mu_{xz} \\ \mu_{yx} & \mu_{yy} & \mu_{yz} \\ \mu_{zx} & \mu_{zy} & \mu_{zz} \end{bmatrix} \begin{bmatrix} H_x \\ H_y \\ H_z \end{bmatrix} \tag{5.36}$$

H 和 **B** 的关系与各向异性介质材料中 **D** 和 **E** 的关系一样。

对于许多磁性材料,**H** 和 **B** 的关系是线性的,其相对磁导率没有明显地不同,而对于线性的电介质材料,其相对介电常数可以非常大,具体可参见表 5.2。事实上,抗磁性材料的磁化率 χ_m 是一个非常小的负数,在 $-10^{-4} \sim -10^{-8}$ 量级,而另一方面,顺磁性材料的磁化率 χ_m 是一个非常小的正数,在 $10^{-7} \sim 10^{-3}$ 量级。然而铁磁性材料的相对磁导率却非常大,能达到几百、几千甚至更多。在这些材料中,**B** 和 **H** 不是线性关系,这就使得对于给定的材料 μ_r 也没有确定的值。实际上,这些材料具有磁滞的特性,即 **B** 和 **H** 之间的关系取决于这些材料过去历史的特性。

典型铁磁材料的 *B-H* **曲线**或者**磁滞曲线**如图 5.8 所示。从一个未磁化的样品材料开始,未磁化材料 *B* 和 *H* 的初始值都为零,与图 5.8 中的 *a* 点对应,材料的磁化从开始到饱和可以用曲线的 *ab* 段来表示。如果磁化此时逐渐减弱,并且改变极性,曲线并不是沿 *ab* 段返回的,而是沿曲线 *bcd* 在相反的方向到达饱和点 *e*,接着磁化减弱到零,并且还原成原始极性,沿曲线 *f* 和 *g* 回到 *b* 点,完成整个环路。此后连续重复该过程,点的轨迹沿磁滞回线 *bcdefgb* 循环反复。

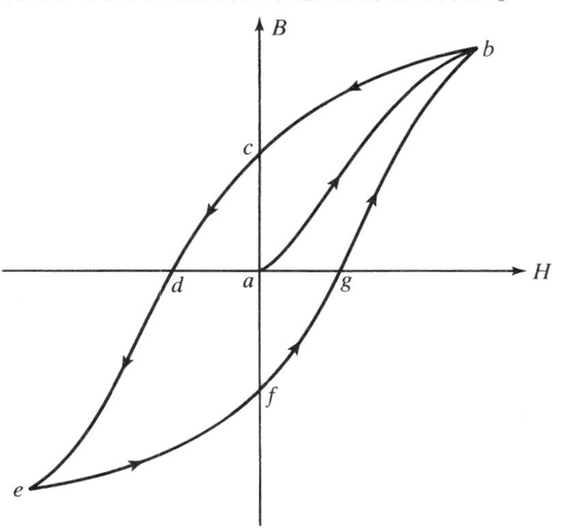

图 5.8 铁磁材料的磁滞回线

5.3 波动方程及其解

在前两节中，介绍了导体、电介质和磁性材料，了解了导体的特点在于传导电流，电介质的特点在于极化电流，而磁性材料的特点在于磁化电流。传导电流密度和电场强度通过导体的电导率 σ 联系起来。考虑到极化的作用，通过引入电介质的介电常数 ϵ，修正了 $\mathbf{D}$ 和 $\mathbf{E}$ 之间的关系。类似地，如果考虑磁化的作用，也可以通过引入磁性材料的磁导率 μ，修正 $\mathbf{H}$ 和 $\mathbf{B}$ 之间的关系。表征媒质宏观电磁特性的三个适当的关系式称为**本构关系**，它们是

$$\mathbf{J}_c = \sigma\mathbf{E} \tag{5.37a}$$

$$\mathbf{D} = \epsilon\mathbf{E} \tag{5.37b}$$

$$\mathbf{H} = \frac{\mathbf{B}}{\mu} \tag{5.37c}$$

一个给定的材料可以同时具有全部的三个特性，但通常只有一个占主导地位。因此，在本节中，将通过 σ，ϵ 和 μ 来考虑材料媒质的特性。媒质中的麦克斯韦旋度方程为

$$\nabla\times\mathbf{E} = -\frac{\partial\mathbf{B}}{\partial t} = -\mu\frac{\partial\mathbf{H}}{\partial t} \tag{5.38}$$

$$\nabla\times\mathbf{H} = \mathbf{J} + \frac{\partial\mathbf{D}}{\partial t} = \mathbf{J}_c + \frac{\partial\mathbf{D}}{\partial t} = \sigma\mathbf{E} + \epsilon\frac{\partial\mathbf{E}}{\partial t} \tag{5.39}$$

为了讨论电磁波在材料媒质中的传播，考虑图 4.8 中的无限大电流平面，不同的是该电流平面两侧的媒质是材料而不是自由空间，如图 5.9 所示。

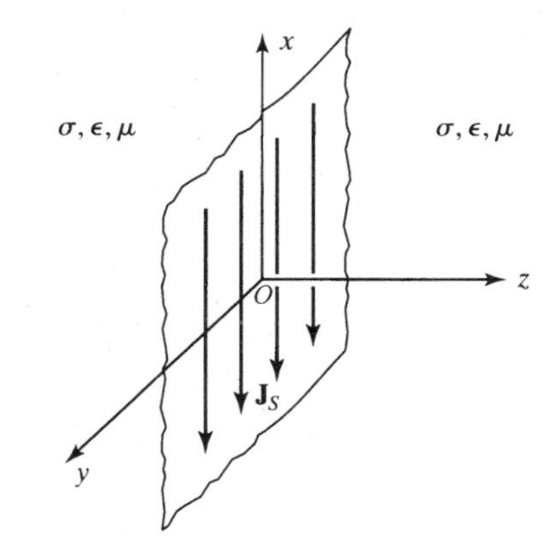

图 5.9　材料媒质中的无限大电流平面

无限大电流面位于 $z=0$ 的面上，均匀分布着沿负 x 方向的电流，电流密度为

$$\mathbf{J}_S = -J_{S0}\cos\omega t\,\mathbf{a}_x \tag{5.40}$$

这种简单情况的电场和磁场可表示为

$$\mathbf{E} = E_x(z,t)\mathbf{a}_x \tag{5.41a}$$

$$\mathbf{H} = H_y(z,t)\mathbf{a}_y \tag{5.41b}$$

对应的麦克斯韦旋度方程的简化形式为

$$\frac{\partial E_x}{\partial z} = -\mu\frac{\partial H_y}{\partial t} \tag{5.42}$$

$$\frac{\partial H_y}{\partial z} = -\sigma E_x - \epsilon\frac{\partial E_x}{\partial t} \tag{5.43}$$

利用相量法来求解这些方程。因此，令

$$E_x(z,t) = \mathrm{Re}\,[\bar{E}_x(z)\mathrm{e}^{\mathrm{j}\omega t}] \tag{5.44a}$$

$$H_y(z,t) = \mathrm{Re}\,[\bar{H}_y(z)\mathrm{e}^{\mathrm{j}\omega t}] \tag{5.44b}$$

分别将式(5.42)和式(5.43)中的 E_x 和 H_y 用它们的相量形式 $\bar{E}_x$ 和 $\bar{H}_y$ 替换，$\partial/\partial t$ 用 $\mathrm{j}\omega$ 代换，可以得出对应相量形式 $\bar{E}_x$ 和 $\bar{H}_y$ 的微分方程，即有

$$\frac{\partial\bar{E}_x}{\partial z} = -\mathrm{j}\omega\mu\bar{H}_y \tag{5.45}$$

$$\frac{\partial \bar{H}_y}{\partial z} = -\sigma \bar{E}_x - \mathrm{j}\omega\epsilon \bar{E}_x = -(\sigma + \mathrm{j}\omega\epsilon)\bar{E}_x \tag{5.46}$$

方程式(5.45)两边对 z 求导,并利用方程式(5.46),可以得到

$$\frac{\partial^2 \bar{E}_x}{\partial z^2} = -\mathrm{j}\omega\mu\frac{\partial \bar{H}_y}{\partial z} = \mathrm{j}\omega\mu(\sigma + \mathrm{j}\omega\epsilon)\bar{E}_x \tag{5.47}$$

定义

$$\bar{\gamma} = \sqrt{\mathrm{j}\omega\mu(\sigma + \mathrm{j}\omega\epsilon)} \tag{5.48}$$

并代入方程式(5.47),则有

$$\frac{\partial^2 \bar{E}_x}{\partial z^2} = \bar{\gamma}^2 \bar{E}_x \tag{5.49}$$

方程式(5.49)是 $\bar{E}_x$ 在材料媒质中的波动方程,它的解为

$$\bar{E}_x(z) = \bar{A}\mathrm{e}^{-\bar{\gamma}z} + \bar{B}\mathrm{e}^{\bar{\gamma}z} \tag{5.50}$$

式中,$\bar{A}$ 和 $\bar{B}$ 是任意常数。注意 $\bar{\gamma}$ 是一个复数,可写为

$$\bar{\gamma} = \alpha + \mathrm{j}\beta \tag{5.51}$$

也可以写出 $\bar{A}$ 和 $\bar{B}$ 的指数形式分别为 $A\mathrm{e}^{\mathrm{j}\theta}$和 $B\mathrm{e}^{\mathrm{j}\phi}$,那么

$$\bar{E}_x(z) = A\mathrm{e}^{\mathrm{j}\theta}\mathrm{e}^{-\alpha z}\mathrm{e}^{-\mathrm{j}\beta z} + B\mathrm{e}^{\mathrm{j}\phi}\mathrm{e}^{\alpha z}\mathrm{e}^{\mathrm{j}\beta z}$$

或

$$\begin{aligned} E_x(z,t) &= \mathrm{Re}\,[\bar{E}_x(z)\mathrm{e}^{\mathrm{j}\omega t}] \\ &= \mathrm{Re}\,[A\mathrm{e}^{\mathrm{j}\theta}\mathrm{e}^{-\alpha z}\mathrm{e}^{-\mathrm{j}\beta z}\mathrm{e}^{\mathrm{j}\omega t} + B\mathrm{e}^{\mathrm{j}\phi}\mathrm{e}^{\alpha z}\mathrm{e}^{\mathrm{j}\beta z}\mathrm{e}^{\mathrm{j}\omega t}] \\ &= A\mathrm{e}^{-\alpha z}\cos(\omega t - \beta z + \theta) + B\mathrm{e}^{\alpha z}\cos(\omega t + \beta z + \phi) \end{aligned} \tag{5.52}$$

分别考虑因子 $\cos(\omega t - \beta z + \theta)$和 $\cos(\omega t + \beta z + \phi)$,现在可以确定方程式(5.52)右边两项分别代表了均匀平面波向正 z 方向和负 z 方向的传播,相位常数为 β。然而,它们又分别乘以 $\mathrm{e}^{-\alpha z}$和 $\mathrm{e}^{\alpha z}$,因此场的振幅从一个等相面到另一个等相面是不同的。由于在 $z<0$ 的区域内,即在载流平面的左侧,不可能有正向前进波;在 $z>0$ 的区域内,即在载流平面的右侧,不可能有负向前进波,因此电场的解可写为

$$E_x(z,t) = \begin{cases} A\mathrm{e}^{-\alpha z}\cos(\omega t - \beta z + \theta) & \text{对于 } z > 0 \\ B\mathrm{e}^{\alpha z}\cos(\omega t + \beta z + \phi) & \text{对于 } z < 0 \end{cases} \tag{5.53}$$

为了讨论在载流平面两侧 E_x 的振幅随 z 如何变化,注意到由于 σ,ϵ 和 μ 均为正值,$\mathrm{j}\omega\mu(\sigma + \mathrm{j}\omega\epsilon)$的相角在 90°到 180°之间,因此 $\bar{\gamma}$ 的相角在 45°到 90°之间,使得 α 和 β 均为正值,这就意味随着 z 值的增大,即沿正 z 方向,$\mathrm{e}^{-\alpha z}$减小;随着 z 值的减小,即沿负 z 方向,$\mathrm{e}^{\alpha z}$减小。这样,与式(5.53)中 E_x 解有关的指数 $\mathrm{e}^{-\alpha z}$和 $\mathrm{e}^{\alpha z}$有减小场的振幅的效应,也就是说,波在离开载流面向两侧传播时,幅度在衰减。基于这个原因,α 称为**衰减常数**。每单位长度的衰减量等于 e^{α}。如采用分贝单位,则等于 $20\ \lg\mathrm{e}^{\alpha}$ 或者 8.686α dB。α 的单位是奈培每米,简写为 Np/m。$\bar{\gamma}$ 称为**传播常数**,它的实部 α 和虚部 β,即波的衰减和相移,共同决定了波的传播特性。

重新回到 $\bar{\gamma}$ 的表达式(5.48),通过对等式两边平方,并且令两边的实部和虚部分别相等,可以得到 α 和 β 的表达式。因此

$$\bar{\gamma}^2 = (\alpha + \mathrm{j}\beta)^2 = \mathrm{j}\omega\mu(\sigma + \mathrm{j}\omega\epsilon)$$

或

$$\alpha^2 - \beta^2 = -\omega^2\mu\epsilon \tag{5.54a}$$

$$2\alpha\beta = \omega\mu\sigma \tag{5.54b}$$

现将式(5.54a)和式(5.54b)两边平方并且相加,然后取平方根,可以得出

$$\alpha^2 + \beta^2 = \omega^2\mu\epsilon\sqrt{1 + \left(\frac{\sigma}{\omega\epsilon}\right)^2} \tag{5.55}$$

从式(5.54a)和式(5.55)中可得

$$\alpha^2 = \frac{1}{2}\left[-\omega^2\mu\epsilon + \omega^2\mu\epsilon\sqrt{1 + \left(\frac{\sigma}{\omega\epsilon}\right)^2}\right]$$

$$\beta^2 = \frac{1}{2}\left[\omega^2\mu\epsilon + \omega^2\mu\epsilon\sqrt{1 + \left(\frac{\sigma}{\omega\epsilon}\right)^2}\right]$$

由于 α 和 β 都是正值,最终得到

$$\alpha = \frac{\omega\sqrt{\mu\epsilon}}{\sqrt{2}}\left[\sqrt{1 + \left(\frac{\sigma}{\omega\epsilon}\right)^2} - 1\right]^{1/2} \tag{5.56}$$

$$\beta = \frac{\omega\sqrt{\mu\epsilon}}{\sqrt{2}}\left[\sqrt{1 + \left(\frac{\sigma}{\omega\epsilon}\right)^2} + 1\right]^{1/2} \tag{5.57}$$

从式(5.56)和式(5.57)中看出,α 和 β 都通过 $\sigma/\omega\epsilon$ 与 σ 有关,$\sigma/\omega\epsilon$ 称为**损耗角正切**,是材料媒质中传导电流密度 $\sigma\bar{E}_x$ 的幅度与位移电流密度 $\mathrm{j}\omega\epsilon\bar{E}_x$ 的幅度的比值。实际上,损耗角正切并不是简单地与 ω 成反比,因为 σ 和 ϵ 通常都是频率的函数。

沿波传播方向的相速为

$$v_p = \frac{\omega}{\beta} = \frac{\sqrt{2}}{\sqrt{\mu\epsilon}}\left[\sqrt{1 + \left(\frac{\sigma}{\omega\epsilon}\right)^2} + 1\right]^{-1/2} \tag{5.58}$$

相速与波的频率有关。波的频率不同,则传播的相速也不同,也就是说,在任何确定的时间,相位随 z 的变化经历不同的速率。材料媒质的这种特性引起的现象称为**色散**。色散的特性将在 8.3 节中进行讨论。媒质中的波长为

$$\lambda = \frac{2\pi}{\beta} = \frac{\sqrt{2}}{f\sqrt{\mu\epsilon}}\left[\sqrt{1 + \left(\frac{\sigma}{\omega\epsilon}\right)^2} + 1\right]^{-1/2} \tag{5.59}$$

有了波的电场的解,并且讨论了它的一般特性,现在将 $\bar{E}_x$ 代入式(5.45)中,推导对应磁场的解,即有

$$\begin{aligned}\bar{H}_y &= -\frac{1}{\mathrm{j}\omega\mu}\frac{\partial\bar{E}_x}{\partial z} = \frac{\bar{\gamma}}{\mathrm{j}\omega\mu}(\bar{A}\mathrm{e}^{-\bar{\gamma}z} - \bar{B}\mathrm{e}^{\bar{\gamma}z}) \\ &= \sqrt{\frac{\sigma + \mathrm{j}\omega\epsilon}{\mathrm{j}\omega\mu}}(\bar{A}\mathrm{e}^{-\bar{\gamma}z} - \bar{B}\mathrm{e}^{\bar{\gamma}z}) \\ &= \frac{1}{\bar{\eta}}(\bar{A}\mathrm{e}^{-\bar{\gamma}z} - \bar{B}\mathrm{e}^{\bar{\gamma}z})\end{aligned} \tag{5.60}$$

式中,

$$\bar{\eta} = \sqrt{\frac{\mathrm{j}\omega\mu}{\sigma + \mathrm{j}\omega\epsilon}} \tag{5.61}$$

是媒质的本征阻抗。写为

$$\bar{\eta} = |\bar{\eta}|e^{j\tau} \tag{5.62}$$

可以得到 $H_y(z,t)$ 的解

$$\begin{aligned} H_y(z,t) &= \text{Re}\,[\bar{H}_y(z)e^{j\omega t}] \\ &= \text{Re}\left[\frac{1}{|\bar{\eta}|e^{j\tau}}Ae^{j\theta}e^{-\alpha z}e^{-j\beta z}e^{j\omega t} - \frac{1}{|\bar{\eta}|e^{j\tau}}Be^{j\phi}e^{\alpha z}e^{j\beta z}e^{j\omega t}\right] \\ &= \frac{A}{|\bar{\eta}|}e^{-\alpha z}\cos(\omega t - \beta z + \theta - \tau) - \frac{B}{|\bar{\eta}|}e^{\alpha z}\cos(\omega t + \beta z + \phi - \tau) \end{aligned} \tag{5.63}$$

记住,式(5.63)右侧的第一项和第二项分别对应(+)波和(-)波,因此代表了在 $z>0$ 区域和 $z<0$ 区域内磁场的解,回顾电流面附近的 H_y 的解为

$$H_y = \begin{cases} \dfrac{J_{S0}}{2}\cos\omega t & 对于 z = 0+ \\ -\dfrac{J_{S0}}{2}\cos\omega t & 对于 z = 0- \end{cases} \tag{5.64}$$

可以得到

$$A = \frac{|\bar{\eta}|J_{S0}}{2}, \qquad \theta = \tau \tag{5.65a}$$

$$B = \frac{|\bar{\eta}|J_{S0}}{2}, \qquad \phi = \tau \tag{5.65b}$$

因此,位于 xy 平面内的无限大电流面的电流密度为

$$\mathbf{J}_S = -J_{S0}\cos\omega t\,\mathbf{a}_x$$

电流面两侧的材料媒质由 σ,ϵ 和 μ 确定,那么电流面两侧的电磁场为

$$\mathbf{E}(z,t) = \frac{|\bar{\eta}|J_{S0}}{2}e^{\mp\alpha z}\cos(\omega t \mp \beta z + \tau)\,\mathbf{a}_x \quad 对于 z \gtrless 0 \tag{5.66a}$$

$$\mathbf{H}(z,t) = \pm\frac{J_{S0}}{2}e^{\mp\alpha z}\cos(\omega t \mp \beta z)\,\mathbf{a}_y \quad 对于 z \gtrless 0 \tag{5.66b}$$

从式(5.66a)和式(5.66b)中可以看出,电磁波在材料媒质中传播时,**E** 和 **H** 之间除了衰减之外,它们的相位也不同。图 5.10 给出了这些特性,图中示意了在几个不同的时间 t,载流平面上电流密度的变化以及载流平面两侧电场和磁场随距离的变化曲线。

因为场在它们各自的传播方向上衰减,所以媒质有功率损耗的特性。实际上,可以估算流出放置在 z 到 $z+\Delta z$ 之间的矩形盒的功率,矩形盒在 x 和 y 方向的尺寸分别为 Δx 和 Δy,正如 4.6 节中所做的那样,可以得到

$$\begin{aligned} \oint_S \mathbf{P}\cdot d\mathbf{S} &= \frac{\partial P_z}{\partial z}\Delta x\,\Delta y\,\Delta z = \frac{\partial}{\partial z}(E_x H_y)\,\Delta v \\ &= \left(E_x\frac{\partial H_y}{\partial z} + H_y\frac{\partial E_x}{\partial z}\right)\Delta v \\ &= \left[E_x\left(-\sigma E_x - \epsilon\frac{\partial E_x}{\partial t}\right) + H_y\left(-\mu\frac{\partial H_y}{\partial t}\right)\right]\Delta v \\ &= -\sigma E_x^2\,\Delta v - \frac{\partial}{\partial t}\left(\frac{1}{2}\epsilon E_x^2\,\Delta v\right) - \frac{\partial}{\partial t}\left(\frac{1}{2}\mu H_y^2\,\Delta v\right) \end{aligned} \tag{5.67}$$

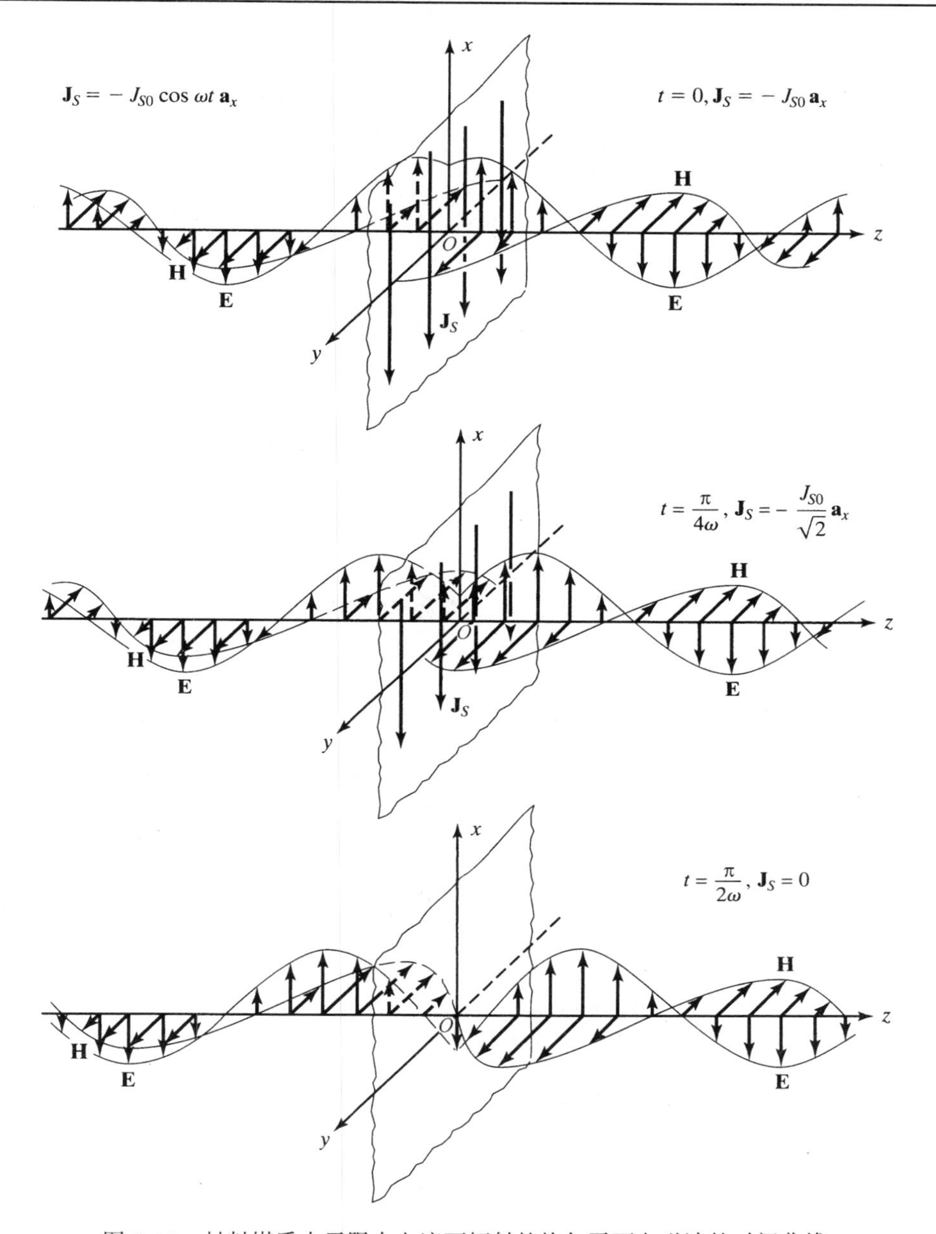

图 5.10　材料媒质中无限大电流面辐射的均匀平面电磁波的时间曲线

参量 $\sigma E_x^2 \Delta v$ 显然是在体积元 Δv 内由于衰减造成的功率损耗，参量 $\frac{1}{2}\epsilon E_x^2 \Delta v$ 和 $\frac{1}{2}\mu\, H_y^2 \Delta v$ 分别是存储在体积元 Δv 内的电场和磁场的能量。这样，功率损耗密度、与电场有关的储能密度以及与磁场有关的储能密度分别为

$$P_d = \sigma E_x^2 \tag{5.68}$$

$$w_e = \frac{1}{2}\epsilon E_x^2 \tag{5.69}$$

和

$$w_m = \frac{1}{2}\mu H_y^2 \tag{5.70}$$

方程式(5.67)是自由空间中坡印亭定理式(4.70)在媒质中的推广。

5.4 电介质和导体中的均匀平面波

在5.3节中，讨论了电磁波在电导率为σ、介电常数为ϵ、磁导率为μ的一般材料媒质中的传播特性。得到了衰减常数α、相移常数β、相速v_p、波长λ和本征阻抗$\bar{\eta}$的一般表达式，这些分别由式(5.56)、式(5.57)、式(5.58)、式(5.59)和式(5.61)给出。对于$\sigma=0$的**理想介质**，传播特性为

$$\alpha = 0 \tag{5.71a}$$

$$\beta = \omega\sqrt{\mu\epsilon} \tag{5.71b}$$

$$v_p = \frac{1}{\sqrt{\mu\epsilon}} \tag{5.71c}$$

$$\lambda = \frac{1}{f\sqrt{\mu\epsilon}} \tag{5.71d}$$

$$\bar{\eta} = \sqrt{\frac{\mu}{\epsilon}} \tag{5.71e}$$

因此，电磁波在理想介质中正如在真空中一样无损耗地传播，只是ϵ_0和μ_0分别用ϵ和μ代替。对σ不为零，有两种特殊情况：(a)非理想介质或不良导体；(b)良导体。第一种情况的特征是传导电流的大小小于位移电流的大小；第二种情况的特性则恰好相反。

这样，考虑**非理想介质**的情况，有$|\sigma\bar{E}_x| \ll |j\omega\epsilon\bar{E}_x|$或$\sigma/\omega\epsilon \ll 1$。可以得到$\alpha,\beta,v_p,\lambda$和$\bar{\eta}$的近似表达式如下：

$$\begin{aligned}\alpha &= \frac{\omega\sqrt{\mu\epsilon}}{\sqrt{2}}\left[\sqrt{1+\left(\frac{\sigma}{\omega\epsilon}\right)^2}-1\right]^{1/2}\\ &= \frac{\omega\sqrt{\mu\epsilon}}{\sqrt{2}}\left[1+\frac{\sigma^2}{2\omega^2\epsilon^2}-\frac{\sigma^4}{8\omega^4\epsilon^4}+\cdots-1\right]^{1/2}\\ &\approx \frac{\omega\sqrt{\mu\epsilon}}{\sqrt{2}}\frac{\sigma}{\sqrt{2}\omega\epsilon}\left[1-\frac{\sigma^2}{4\omega^2\epsilon^2}\right]^{1/2}\\ &\approx \frac{\sigma}{2}\sqrt{\frac{\mu}{\epsilon}}\left(1-\frac{\sigma^2}{8\omega^2\epsilon^2}\right)\end{aligned} \tag{5.72a}$$

$$\begin{aligned}\beta &= \frac{\omega\sqrt{\mu\epsilon}}{\sqrt{2}}\left[\sqrt{1+\left(\frac{\sigma}{\omega\epsilon}\right)^2}+1\right]^{1/2}\\ &\approx \frac{\omega\sqrt{\mu\epsilon}}{\sqrt{2}}\left[2+\frac{\sigma^2}{2\omega^2\epsilon^2}\right]^{1/2}\\ &\approx \omega\sqrt{\mu\epsilon}\left(1+\frac{\sigma^2}{8\omega^2\epsilon^2}\right)\end{aligned} \tag{5.72b}$$

$$\begin{aligned}v_p &= \frac{\sqrt{2}}{\sqrt{\mu\epsilon}}\left[\sqrt{1+\left(\frac{\sigma}{\omega\epsilon}\right)^2}+1\right]^{-1/2}\\ &\approx \frac{\sqrt{2}}{\sqrt{\mu\epsilon}}\left[2+\frac{\sigma^2}{2\omega^2\epsilon^2}\right]^{-1/2}\\ &\approx \frac{1}{\sqrt{\mu\epsilon}}\left(1-\frac{\sigma^2}{8\omega^2\epsilon^2}\right)\end{aligned} \tag{5.72c}$$

$$\lambda = \frac{\sqrt{2}}{f\sqrt{\mu\epsilon}}\left[\sqrt{1+\left(\frac{\sigma}{\omega\epsilon}\right)^2}+1\right]^{-1/2}$$

$$\approx \frac{1}{f\sqrt{\mu\epsilon}}\left(1-\frac{\sigma^2}{8\omega^2\epsilon^2}\right) \tag{5.72d}$$

$$\bar{\eta} = \sqrt{\frac{\mathrm{j}\omega\mu}{\sigma+\mathrm{j}\omega\epsilon}} = \sqrt{\frac{\mathrm{j}\omega\mu}{\mathrm{j}\omega\epsilon}}\left(1-\mathrm{j}\frac{\sigma}{\omega\epsilon}\right)^{-1/2}$$

$$= \sqrt{\frac{\mu}{\epsilon}}\left[1+\mathrm{j}\frac{\sigma}{2\omega\epsilon}-\frac{3}{8}\frac{\sigma^2}{\omega^2\epsilon^2}-\cdots\right]$$

$$\approx \sqrt{\frac{\mu}{\epsilon}}\left[\left(1-\frac{3}{8}\frac{\sigma^2}{\omega^2\epsilon^2}\right)+\mathrm{j}\frac{\sigma}{2\omega\epsilon}\right] \tag{5.72e}$$

在式(5.72a)至式(5.72e)中,保留了包含直到 $\sigma/\omega\epsilon$ 二次方的所有项,忽略了全部的高次项。当 $\sigma/\omega\epsilon$ 的值等于0.1时,参数 β, v_p 及 λ 的值与理想介质的这些对应值不同,有比例因子0.01/8或1/800。另一方面,其本征阻抗的实部与理想介质媒质中的本征阻抗不同,有比例因子3/800,而它的虚部是理想介质中的本征阻抗的1/20。所以,与理想介质中仅有的显著不同就是衰减。

例 5.2

一种物质属于 $\sigma/\omega\epsilon < 0.1$ 的一类电介质,计算在下列三种物质中的电磁波的几个传播参数的值:云母、干土和海水。

由 $\sigma/\omega\epsilon = 1$ 确定的频率设为 f_q,可计算出 $f_q = \sigma/2\pi\epsilon$,假设 σ 和 ϵ 与频率无关。对 $f > 10f_q$,σ,ϵ 和 f_q 的值,以及几个传播参数的近似值列在表5.3中。其中 c 为真空中的光速,β_0 和 λ_0 是电磁波在真空中传播时与工作频率对应的相移常数和波长。从表5.3中可以看出,云母对几乎所有的频率都表现为电介质的特征,而海水只对大于10 GHz的频率才表现为电介质。注意,由于云母的 α 值很小,云母是良介质;但海水的 α 值较大,是不良介质。

表 5.3　三种材料在电介质频率范围内的几个传播参数的值

材　料	σ(S/m)	ϵ_r	f_q(Hz)	α(Np/m)	β/β_0	v_p/c	λ/λ_0	$\bar{\eta}$(Ω)
云母	10^{-11}	6	3×10^{-2}	77×10^{-11}	2.45	0.408	0.408	153.9
干土	10^{-5}	5	3.6×10^{4}	84×10^{-5}	2.24	0.447	0.447	168.6
海水	4	80	0.9×10^{9}	84.3	8.94	0.112	0.112	42.15

现在回到**良导体**的情况,由于 $|\sigma\bar{E}_x| \gg |\mathrm{j}\omega\epsilon\bar{E}_x|$ 或 $\sigma/\omega\epsilon \gg 1$。可以得到 $\alpha, \beta, v_p, \lambda$ 和 $\bar{\eta}$ 的近似表达式如下:

$$\alpha = \frac{\omega\sqrt{\mu\epsilon}}{\sqrt{2}}\left[\sqrt{1+\left(\frac{\sigma}{\omega\epsilon}\right)^2}-1\right]^{1/2}$$

$$\approx \frac{\omega\sqrt{\mu\epsilon}}{\sqrt{2}}\sqrt{\frac{\sigma}{\omega\epsilon}} = \sqrt{\frac{\omega\mu\sigma}{2}}$$

$$= \sqrt{\pi f\mu\sigma} \tag{5.73a}$$

$$\beta = \frac{\omega\sqrt{\mu\epsilon}}{\sqrt{2}}\left[\sqrt{1+\left(\frac{\sigma}{\omega\epsilon}\right)^2}+1\right]^{1/2}$$

$$\approx \frac{\omega\sqrt{\mu\epsilon}}{\sqrt{2}}\sqrt{\frac{\sigma}{\omega\epsilon}}$$

$$= \sqrt{\pi f\mu\sigma} \tag{5.73b}$$

$$
\begin{aligned}
v_p &= \frac{\sqrt{2}}{\sqrt{\mu\epsilon}}\left[\sqrt{1+\left(\frac{\sigma}{\omega\epsilon}\right)^2}+1\right]^{-1/2} \\
&\approx \frac{\sqrt{2}}{\sqrt{\mu\epsilon}}\sqrt{\frac{\omega\epsilon}{\sigma}} = \sqrt{\frac{2\omega}{\mu\sigma}} \\
&= \sqrt{\frac{4\pi f}{\mu\sigma}}
\end{aligned} \tag{5.73c}
$$

$$
\begin{aligned}
\lambda &= \frac{\sqrt{2}}{f\sqrt{\mu\epsilon}}\left[\sqrt{1+\left(\frac{\sigma}{\omega\epsilon}\right)^2}+1\right]^{-1/2} \\
&\approx \sqrt{\frac{4\pi}{f\mu\sigma}}
\end{aligned} \tag{5.73d}
$$

$$
\begin{aligned}
\bar{\eta} &= \sqrt{\frac{\mathrm{j}\omega\mu}{\sigma+\mathrm{j}\omega\epsilon}} \approx \sqrt{\frac{\mathrm{j}\omega\mu}{\sigma}} \\
&= (1+\mathrm{j})\sqrt{\frac{\pi f\mu}{\sigma}}
\end{aligned} \tag{5.73e}
$$

如果 σ 和 μ 是常数，则 α,β,v_p 和 $\bar{\eta}$ 与 $\sqrt{f}$ 成正比。

为了讨论电磁波在良导体中的传播特性，以铜为例。铜的常数 $\sigma=5.80\times10^7$ S/m，$\epsilon=\epsilon_0$，$\mu=\mu_0$，所以，在 $\sigma=\omega\epsilon$ 时，铜频率为 $5.80\times10^7/2\pi\epsilon_0$ 或 1.04×10^{18} Hz。可见，即使对于几 GHz 的频率，铜仍然是极好的导体。为了得到电磁波在导体中的衰减情况，注意到经历一个波长距离的衰减等于 $e^{-\alpha\lambda}$ 或 $e^{-2\pi}$。以分贝表示，则等于 $20\ \lg e^{2\pi}=54.58$ dB。实际上，场在距离等于 $1/\alpha$ 时，衰减了 e^{-1} 或 0.368，这个距离称为**趋肤深度**，用符号 δ 表示。从式(5.73a)可得

$$
\delta = \frac{1}{\sqrt{\pi f\mu\sigma}} \tag{5.74}
$$

铜的趋肤深度等于

$$
\frac{1}{\sqrt{\pi f\times4\pi\times10^{-7}\times5.8\times10^7}} = \frac{0.066}{\sqrt{f}}\ \mathrm{m}
$$

那么，即使在 1 MHz 的低频时，铜中的场也会在 0.066 mm 的距离内衰减到初值 e^{-1}，导致场主要集中在导体表面附近，这种现象称为**趋肤效应**。它也可以解释导体的**屏蔽**，屏蔽将在 10.3 节中讨论。

为了进一步讨论电磁波在良导体中的传播特性，注意到具有相同的 ϵ 和 μ 的导体媒质的波长和电介质媒质的波长之比为

$$
\frac{\lambda_{\text{conductor}}}{\lambda_{\text{dielectric}}} \approx \frac{\sqrt{4\pi/f\mu\sigma}}{1/f\sqrt{\mu\epsilon}} = \sqrt{\frac{4\pi f\epsilon}{\sigma}} = \sqrt{\frac{2\omega\epsilon}{\sigma}} \tag{5.75}
$$

由于 $\sigma/\omega\epsilon \gg 1$，因此 $\lambda_{\text{conductor}} \ll \lambda_{\text{dielectric}}$。例如，在海水中，$\sigma=4$ S/m，$\epsilon=80\epsilon_0$，$\mu=\mu_0$，当 $f=$ 25 kHz 时，两波长的比值为 0.007 45。所以，在 $f=25$ kHz 时，海水中的波长是与海水有相同 ϵ 和 μ 值的电介质中的波长的 1/134，仍然是自由空间波长的很小部分。同时，频率越低，这个比值越小。由于它是电长度，即相对波长的长度，代替了决定天线辐射效率的物理长度，这就意味着在海水中使用的天线比在真空中使用的天线要短得多。同时考虑 $\alpha\propto\sqrt{f}$ 这一特性，说明了低频信号比高频信号更适合在水下通信，以及利用水下物体。

从方程式(5.73e)可以看出,良导体的本征阻抗具有 45°相位角。那么,良导体中电场和磁场就有 45°的相位差。本征阻抗的幅值为

$$|\bar{\eta}| = \left|(1+\mathrm{j})\sqrt{\frac{\pi f\mu}{\sigma}}\right| = \sqrt{\frac{2\pi f\mu}{\sigma}} \tag{5.76}$$

以铜为例,代入具体参数,本征阻抗的幅值为

$$\sqrt{\frac{2\pi f \times 4\pi \times 10^{-7}}{5.8 \times 10^{7}}} = 3.69 \times 10^{-7}\sqrt{f}\ \Omega$$

所以,即使对于 10^{12} 的频率,铜的本征阻抗也仅有 0.369 Ω 的大小。实际上,考虑到

$$|\bar{\eta}| = \sqrt{\frac{2\pi f\mu}{\sigma}} = \sqrt{\frac{\omega\epsilon}{\sigma}}\sqrt{\frac{\mu}{\epsilon}} \tag{5.77}$$

从上式可知,良导体的本征阻抗的幅值远小于有相同 ϵ 和 μ 值的电介质的本征阻抗的幅值。由此得出,对于相同的电场,良导体中的磁场比有相同的 ϵ 和 μ 值的电介质中的磁场大得多。

最后,对于 $\sigma = \infty$,这种媒质就是**理想导体**,是良导体的理想化情况。从式(5.74)可知,此时趋肤深度为零,没有场的透入。因此,理想导体中不可能存在时变电磁场。

5.5　边界条件

在电磁场理论的学习中,经常需要考虑包含多于一种媒质的问题。为了解决涉及两种不同媒质边界的问题,需要知道场的分量在不同边界上所满足的条件,这就是**边界条件**。边界条件是一组联系边界一侧靠近边界的点的场分量与边界另一侧靠近边界的对应点的场分量的关系式。这些关系式来自这样一个事实:包含闭合路径或闭合曲面的麦克斯韦方程组的积分形式,必须满足所有可能的闭合路径和闭合曲面,无论它们整个是在一种媒质中,还是边界部分环绕在两种不同媒质之间。对于后一种情况,麦克斯韦方程组的积分形式,必须通过边界两侧的场共同满足,由此推出边界条件。

下面通过考虑麦克斯韦方程组的积分形式:

$$\oint_C \mathbf{E}\cdot d\mathbf{l} = -\frac{d}{dt}\int_S \mathbf{B}\cdot d\mathbf{S} \tag{5.78a}$$

$$\oint_C \mathbf{H}\cdot d\mathbf{l} = \int_S \mathbf{J}\cdot d\mathbf{S} + \frac{d}{dt}\int_S \mathbf{D}\cdot d\mathbf{S} \tag{5.78b}$$

$$\oint_S \mathbf{D}\cdot d\mathbf{S} = \int_V \rho\, dv \tag{5.78c}$$

$$\oint_S \mathbf{B}\cdot d\mathbf{S} = 0 \tag{5.78d}$$

逐一将它们应用到环绕边界的闭合路径或闭合曲面,而且把闭合路径构成的面积或者闭合曲面构成的体积的极限值趋于零,推导出边界条件。下面考虑由一个平面边界分成的两种半无限大的媒质,如图 5.11 所示。用下标 1 表示与媒质 1 有关的量,下标 2 表示与媒质 2 有关的量。$\mathbf{a}_n$ 是边界上的法向单位矢量,并且指向媒质 1,如图 5.11 所示。在两种媒质的边界上,场的所有法向分量都用沿 $\mathbf{a}_n$ 指向的另一个下标 n 来表示。

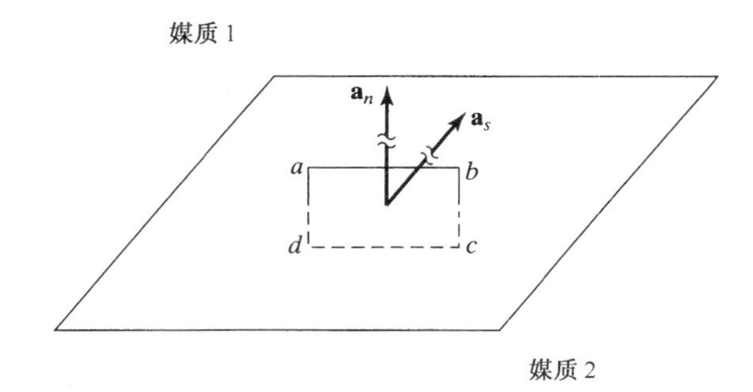

图 5.11 法拉第定律和安培环路定律推导边界条件的示意图

假定边界上的面电荷密度(C/m^2)和面电流密度 A/m 分别为 ρ_S 和 $\mathbf{J}_S$。注意,一般情况下,两种媒质边界上的场以及面电荷密度和面电流密度都是边界上位置的函数。

首先考虑一个面积无限小的矩形闭合路径 *abcda*,在垂直于边界的平面中,其中 *ab* 和 *cd* 位于边界两侧,并且与边界平行,如图 5.11 所示。将法拉第定律式(5.78a)应用到该路径,通过使 *abcd* 的面积趋于零,而 *ab* 和 *cd* 仍然保持在边界的两侧,得到 *ad* 和 *bc* 趋于零的极限,即有

$$\lim_{\substack{ad\to 0\\ bc\to 0}}\oint_{abcda}\mathbf{E}\cdot \mathrm{d}\mathbf{l} = -\lim_{\substack{ad\to 0\\ bc\to 0}}\frac{\mathrm{d}}{\mathrm{d}t}\int_{\text{面}\ abcd}\mathbf{B}\cdot \mathrm{d}\mathbf{S} \tag{5.79}$$

在此极限下,式(5.79)左边中 *ad* 和 *bc* 的积分贡献为零。由于 *ab* 和 *cd* 是无限小的,*ab* 和 *cd* 的贡献之和可以写成$[E_{ab}(ab)+E_{cd}(cd)]$,其中 E_{ab} 和 E_{cd} 分别是 $\mathbf{E}_1$ 和 $\mathbf{E}_2$ 沿 *ab* 和 *cd* 方向的分量。式(5.79)右边的值等于零,因为当面积 *abcd* 趋于零时,穿过 *abcd* 面的磁通量也趋于零。这样,式(5.79)可写成

$$E_{ab}(ab) + E_{cd}(\mathrm{cd}) = 0$$

因为 *ab* 和 *cd* 相等,且 $E_{dc}=-E_{cd}$,所以有

$$E_{ab} - E_{dc} = 0 \tag{5.80}$$

现在定义 $\mathbf{a}_s$ 是垂直于面 *abcd* 的单位矢量,并且与闭合路径 *abcda* 的环绕方向满足右手螺旋前进的方向,因此 $\mathbf{a}_s\times\mathbf{a}_n$ 是沿 *ab* 方向的单位矢量,式(5.80)可写为

$$\mathbf{a}_s\times\mathbf{a}_n\cdot(\mathbf{E}_1-\mathbf{E}_2)=0$$

重排标量三倍积的运算次序,可得

$$\mathbf{a}_s\cdot\mathbf{a}_n\times(\mathbf{E}_1-\mathbf{E}_2)=0 \tag{5.81}$$

因为矩形 *abcd* 可以选择在垂直于边界的任意平面内,所以式(5.81)必须对所有的 $\mathbf{a}_s$ 取向都成立,即有下式成立:

$$\mathbf{a}_n\times(\mathbf{E}_1-\mathbf{E}_2)=0 \tag{5.82a}$$

写成标量形式为

$$E_{t1}-E_{t2}=0 \tag{5.82b}$$

式中,E_{t1} 和 E_{t2} 分别是 $\mathbf{E}_1$ 和 $\mathbf{E}_2$ 的切向分量。总之,式(5.82a)和式(5.82b)表明,**在边界上的任意点处,电场强度 $\mathbf{E}_1$ 和 $\mathbf{E}_2$ 的切向分量相等**。

类似地，在 ad 和 bc 都趋于零的极限下，将安培环路定律式(5.78b)应用到闭合路径 $abcda$，即有

$$\lim_{\substack{ad\to 0\\ bc\to 0}}\oint_{abcda}\mathbf{H}\cdot d\mathbf{l}=\lim_{\substack{ad\to 0\\ bc\to 0}}\int_{\substack{\text{面}\\ abcd}}\mathbf{J}\cdot d\mathbf{S}+\lim_{\substack{ad\to 0\\ bc\to 0}}\frac{d}{dt}\int_{\substack{\text{面}\\ abcd}}\mathbf{D}\cdot d\mathbf{S}\tag{5.83}$$

采用与式(5.79)中左边相同的分析方法，可得式(5.83)左边的值等于$[H_{ab}(ab)+H_{cd}(cd)]$，其中 H_{ab}和 H_{cd}分别是 $\mathbf{H}_1$ 和 $\mathbf{H}_2$ 沿 ab 和 cd 方向上的分量。式(5.83)右边的第二项积分值等于零，因为穿过面 $abcd$ 的电通量趋于零，除了来自边界上面电流的贡献外，式(5.83)右边的第一项积分值也等于零，因为使面积 $abcd$ 趋于零而 ab 和 cd 在边界的两边，减小的仅仅是体电流，如果有体电流，则它包围的体电流也为零，但它包围的面电流依然存在。流过垂直于面积 $abcd$ 趋于零的直线的面电流，对式(5.83)右边的第一项积分的贡献，即就是$[\mathbf{J}_S\cdot\mathbf{a}_s](ab)$，这样式(5.83)可写为

$$H_{ab}(ab)+H_{cd}(cd)=(\mathbf{J}_S\cdot\mathbf{a}_s)(ab)$$

因为 ab 等于 cd，且 $H_{dc}=-H_{cd}$，所以有

$$H_{ab}-H_{dc}=\mathbf{J}_S\cdot\mathbf{a}_s\tag{5.84}$$

写成 $\mathbf{H}_1$ 和 $\mathbf{H}_2$ 的形式就有

$$\mathbf{a}_s\times\mathbf{a}_n\cdot(\mathbf{H}_1-\mathbf{H}_2)=\mathbf{J}_S\cdot\mathbf{a}_s$$

或

$$\mathbf{a}_s\cdot\mathbf{a}_n\times(\mathbf{H}_1-\mathbf{H}_2)=\mathbf{a}_s\cdot\mathbf{J}_S\tag{5.85}$$

因为式(5.85)必须满足 $\mathbf{a}_s$ 全部可能的取向，即对垂直于界面的任何平面中的矩形 $abcd$，有下式成立：

$$\mathbf{a}_n\times(\mathbf{H}_1-\mathbf{H}_2)=\mathbf{J}_S\tag{5.86a}$$

或写成标量形式为

$$H_{t1}-H_{t2}=J_S\tag{5.86b}$$

式中，H_{t1}和 H_{t2}分别是 $\mathbf{H}_1$ 和 $\mathbf{H}_2$ 的切向分量。总之，式(5.86a)和式(5.86b)表明，**在边界上任意点处，$\mathbf{H}_1$ 和 $\mathbf{H}_2$ 的切向分量是不连续的，总量等于边界上该点的面电流密度**。应该注意，式(5.86a)中考虑了 $\mathbf{J}_S$ 的方向与$(\mathbf{H}_1-\mathbf{H}_2)$方向之间的关系，但式(5.86b)中并没有体现。这样，在一般情况下，式(5.86b)并不完备，必须使用式(5.86a)。

现在讨论体积无限小的矩形盒 $abcdefgh$，矩形盒由平行于边界的无限小的面闭合构成，如图5.12所示。通过使矩形盒的体积趋于零，但边 $abcd$ 和 $efgh$ 仍然保持在边界两侧，得到矩形盒的侧面面积(简写为 ss)趋于零的极限，将电场的高斯定律式(5.78c)应用到这个矩形盒，即有

$$\lim_{ss\to 0}\oint_{\substack{\text{矩形盒}\\ \text{的表面}}}\mathbf{D}\cdot d\mathbf{S}=\lim_{ss\to 0}\int_{\substack{\text{矩形盒}\\ \text{的体积}}}\rho\,dv\tag{5.87}$$

在此极限下，式(5.87)左边与侧面对应的积分贡献趋于零。由于 $abcd$ 和 $efgh$ 非常小，来自上、下面对应的积分之和就变成了$[D_{n1}(abcd)-D_{n2}(efgh)]$。除了边界上的电荷之外，式(5.87)右边的积分也为零，因为使矩形盒的体积趋于零，而边 $abcd$ 和 $efgh$ 在边界的两侧，减小的仅仅是体电荷，如果有体电荷，则它包围的体电荷也为零，但它包围的面电荷依然存在。这个面电荷就等于

$\rho_S(abcd)$,这样式(5.87)可写为

$$D_{n1}(abcd) - D_{n2}(efgh) = \rho_S(abcd)$$

另外,因为 *abcd* 和 *efgh* 相等,所以

$$D_{n1} - D_{n2} = \rho_S \tag{5.88a}$$

根据 $\mathbf{D}_1$ 和 $\mathbf{D}_2$,式(5.88a)可写为

$$\mathbf{a}_n \cdot (\mathbf{D}_1 - \mathbf{D}_2) = \rho_S \tag{5.88b}$$

总之,式(5.88a)和式(5.88b)表明,**边界上任意点处,$\mathbf{D}_1$ 和 $\mathbf{D}_2$ 的法向分量是不连续的,总量等于该点的面电荷密度。**

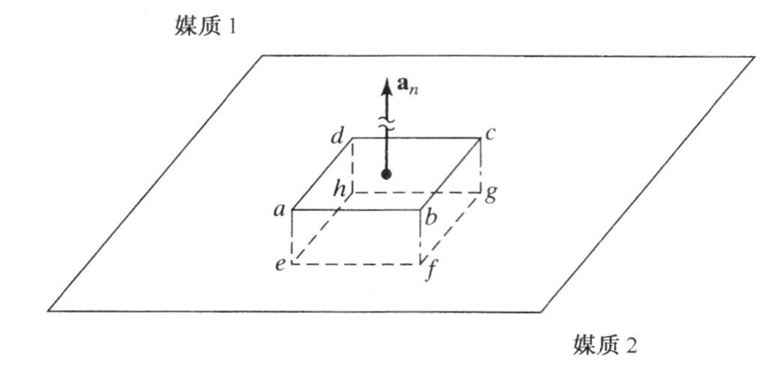

图 5.12　高斯定律推导边界条件示意图

类似地,在矩形盒 *abcdefgh* 侧面趋于零的极限下,将磁场的高斯定理式(5.78d)应用到该矩形盒,即有

$$\lim_{ss\to 0} \oint_{\substack{\text{矩形盒}\\\text{表面}}} \mathbf{B} \cdot d\mathbf{S} = 0 \tag{5.89}$$

使用与式(5.87)左边相同的结论,可得式(5.89)左边的量等于$[B_{n1}(abcd) - B_{n2}(efgh)]$。这样,式(5.89)可以写成

$$B_{n1}(abcd) - B_{n2}(efgh) = 0$$

另外,由于 *abcd* 和 *efgh* 相等,则

$$B_{n1} - B_{n2} = 0 \tag{5.90a}$$

根据 $\mathbf{B}_1$ 和 $\mathbf{B}_2$,式(5.90a)可写为

$$\mathbf{a}_n \cdot (\mathbf{B}_1 - \mathbf{B}_2) = 0 \tag{5.90b}$$

总之,式(5.90a)和式(5.90b)表明,**边界上任意点处,$\mathbf{B}_1$ 和 $\mathbf{B}_2$ 的法向分量是相等的。**

归纳所有的边界条件,可得

$$\mathbf{a}_n \times (\mathbf{E}_1 - \mathbf{E}_2) = 0 \tag{5.91a}$$

$$\mathbf{a}_n \times (\mathbf{H}_1 - \mathbf{H}_2) = \mathbf{J}_S \tag{5.91b}$$

$$\mathbf{a}_n \cdot (\mathbf{D}_1 - \mathbf{D}_2) = \rho_S \tag{5.91c}$$

$$\mathbf{a}_n \cdot (\mathbf{B}_1 - \mathbf{B}_2) = 0 \tag{5.91d}$$

写成标量形式为

$$E_{t1} - E_{t2} = 0 \tag{5.92a}$$

$$H_{t1} - H_{t2} = J_S \tag{5.92b}$$

$$D_{n1} - D_{n2} = \rho_S \tag{5.92c}$$

$$B_{n1} - B_{n2} = 0 \tag{5.92d}$$

各个分量的关系在图 5.13 中都已经标出。虽然上述公式都是在考虑两种媒质的边界为平面的情况下推出的，但是很明显，对于其他任意形状的边界也可以得出相同的结论，除了使矩形的边 ad 和 bc 以及矩形盒的侧面都趋于零的极限，只需要令矩形的边 ab 和 cd 都趋于零，以及矩形盒的上下面都趋于零。

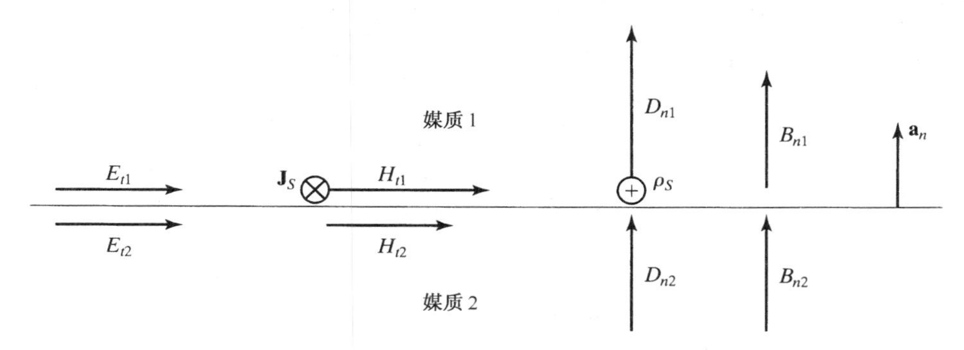

图 5.13　图示两种不同媒质边界上的边界条件

式(5.91a)至式(5.91d)给出的是一般情况下的边界条件。当它们应用到一些特殊情况时，与媒质有关的特殊性质就显现出来。下面考虑两种特殊的边界情况。

两种理想介质边界

对于理想介质的电导率有 $\sigma=0$，$\mathbf{J}_c=\sigma\mathbf{E}=0$，这样在理想介质中不存在传导电流，也就排除了理想介质表面上有自由电荷的任何积累。因此，在将边界条件式(5.91a)至式(5.91d)应用到两种理想介质的边界时，设置 ρ_S 和 $\mathbf{J}_S$ 都等于零，因此可得

$$\mathbf{a}_n \times (\mathbf{E}_1 - \mathbf{E}_2) = 0 \tag{5.93a}$$

$$\mathbf{a}_n \times (\mathbf{H}_1 - \mathbf{H}_2) = 0 \tag{5.93b}$$

$$\mathbf{a}_n \cdot (\mathbf{D}_1 - \mathbf{D}_2) = 0 \tag{5.93c}$$

$$\mathbf{a}_n \cdot (\mathbf{B}_1 - \mathbf{B}_2) = 0 \tag{5.93d}$$

上述边界条件说明，在两种理想介质的边界上，**E** 和 **H** 的切向分量以及 **D** 和 **B** 的法向分量都是连续的。

理想导体表面

理想导体中不存在时变场，鉴于此，通过将式(5.91a)至式(5.91d)中下标为 2 的场量置为零，就可以推出理想导体表面的边界条件，可得

$$\mathbf{a}_n \times \mathbf{E} = 0 \tag{5.94a}$$

$$\mathbf{a}_n \times \mathbf{H} = \mathbf{J}_S \tag{5.94b}$$

$$\mathbf{a}_n \cdot \mathbf{D} = \rho_S \tag{5.94c}$$

$$\mathbf{a}_n \cdot \mathbf{B} = 0 \tag{5.94d}$$

式中省略了下标 1，因此式中的 **E**，**H**，**D** 和 **B** 就是理想导体表面的场量。从式(5.94a)和式(5.94d)

可知,理想导体表面电场强度 **E** 的切向分量和磁感应强度 **B** 的法向分量都为零。因此电场必须完全垂直于导体表面,而磁场则必须完全平行于导体表面。其余两个边界条件式(5.94b)和式(5.94c)说明,导体表面电位移通量 **D** 的法向分量等于导体表面的面电荷密度,磁场强度 **H** 的切向分量等于导体表面传导面电流密度的大小。

例 5.3

如图 5.14 所示,$x<0$ 的区域是理想导体,$0<x<d$ 的区域是 $\epsilon=2\epsilon_0$ 和 $\mu=\mu_0$ 的理想介质,$x>d$ 的区域是自由空间。在某一特定时刻,$0<x<d$ 区域中的电场和磁场分别为

$$\mathbf{E} = E_1 \cos \pi x \sin 2\pi z\, \mathbf{a}_x + E_2 \sin \pi x \cos 2\pi z\, \mathbf{a}_z$$
$$\mathbf{H} = H_1 \cos \pi x \sin 2\pi z\, \mathbf{a}_y$$

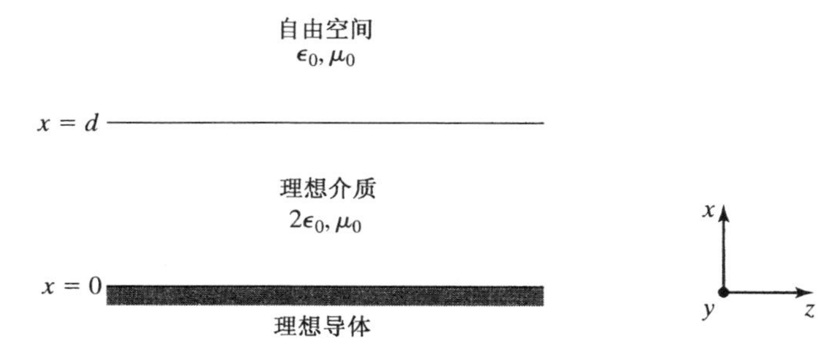

图 5.14 图示边界条件的应用

试求:(a) 平面 $x=0$ 上的 $\mathbf{J}_S$ 和 ρ_S;(b)在边界 $x=d+$,即与平面 $x=d$ 紧邻,在自由空间一侧的 **E** 和 **H**。

(a) 指定理想介质区域($0<x<d$)为媒质 1,理想导体区域($x>d$)为媒质 2,有 $\mathbf{a}_n=\mathbf{a}_x$。下标为 2 的全部场量都等于零,由式(5.91c)和式(5.91b)可得

$$\begin{aligned}
[\rho_S]_{x=0} &= \mathbf{a}_n \cdot [\mathbf{D}_1]_{x=0} = \mathbf{a}_x \cdot 2\epsilon_0 E_1 \sin 2\pi z\, \mathbf{a}_x \\
&= 2\epsilon_0 E_1 \sin 2\pi z \\
[\mathbf{J}_S]_{x=0} &= \mathbf{a}_n \times [\mathbf{H}_1]_{x=0} = \mathbf{a}_x \times H_1 \sin 2\pi z\, \mathbf{a}_y \\
&= H_1 \sin 2\pi z\, \mathbf{a}_z
\end{aligned}$$

注意,其他两个边界条件式(5.91a)和式(5.91d)也已经满足给定的场,因为 E_y 和 B_x 都不存在,并且 $x=0$ 时,$E_z=0$。还要注意,在这里所做的与使用边界条件式(5.94a)至式(5.94d)是等效的,因为边界面就是理想导体表面。

(b) 指定理想介质区域($0<x<d$)为媒质 1,自由空间区域($x>d$)为媒质 2,令 $\rho_S=0$,由式(5.91a)和式(5.91c)可得

$$\begin{aligned}
[E_y]_{x=d+} &= [E_y]_{x=d-} = 0 \\
[E_z]_{x=d+} &= [E_z]_{x=d-} = E_2 \sin \pi d \cos 2\pi z \\
[D_x]_{x=d+} &= [D_x]_{x=d-} = 2\epsilon_0 [E_x]_{x=d-} \\
&= 2\epsilon_0 E_1 \cos \pi d \sin 2\pi z \\
[E_x]_{x=d+} &= \frac{1}{\epsilon_0}[D_x]_{x=d+} \\
&= 2E_1 \cos \pi d \sin 2\pi z
\end{aligned}$$

因此

$$[\mathbf{E}]_{x=d+} = 2E_1 \cos \pi d \sin 2\pi z\, \mathbf{a}_x + E_2 \sin \pi d \cos 2\pi z\, \mathbf{a}_z$$

令 $\mathbf{J}_S = 0$，并由式(5.91b)和式(5.91d)可得

$$[H_y]_{x=d+} = [H_y]_{x=d-} = H_1 \cos \pi d \sin 2\pi z$$
$$[H_z]_{x=d+} = [H_z]_{x=d-} = 0$$
$$[B_x]_{x=d+} = [B_x]_{x=d-} = 0$$

那么

$$[\mathbf{H}]_{x=d+} = H_1 \cos \pi d \sin 2\pi z\, \mathbf{a}_y$$

同样，此处所做的与使用边界条件式(5.93a)至式(5.93d)是等效的，因为是两种理想介质的边界。

5.6 均匀平面波的反射和透射

现在为止，已经讨论了均匀平面波在无限大媒质中的传播。实际的情况是包含几种不同媒质的波的传播特性。当波入射到两种不同媒质的边界上，就会产生反射波。另外，如果第二种媒质不是理想导体，也会产生透射波。在两种媒质的边界上，入射波、反射波和透射波必须满足电磁场的边界条件。在本节中，将讨论电磁波垂直入射到平面边界的问题。

首先讨论图 5.15 所示的情况，角频率为 ω 的均匀平面波，垂直入射到两种媒质边界 $z=0$ 的界面上，建立了稳定状态，两种媒质的特点在于两组不同的 σ, ϵ 和 μ 值，其中 $\sigma \neq \infty$。假设透射(+)波是从媒质 1($z<0$)入射到边界上，因此在该媒质中就产生了反射(−)波，在媒质 2($z>0$)中产生了透射(+)波。为方便起见，用相量或复场分量进行计算。这样，考虑到电场沿 x 方向，磁场沿 y 方向，可以写出媒质 1 中复场分量的解为

$$\bar{E}_{1x}(z) = \bar{E}_1^+ e^{-\bar{\gamma}_1 z} + \bar{E}_1^- e^{\bar{\gamma}_1 z} \tag{5.95a}$$

$$\bar{H}_{1y}(z) = \bar{H}_1^+ e^{-\bar{\gamma}_1 z} + \bar{H}_1^- e^{\bar{\gamma}_1 z}$$
$$= \frac{1}{\bar{\eta}_1}\left(\bar{E}_1^+ e^{-\bar{\gamma}_1 z} - \bar{E}_1^- e^{\bar{\gamma}_1 z}\right) \tag{5.95b}$$

式中，$\bar{E}_1^+$，$\bar{E}_1^-$，$\bar{H}_1^+$ 和 $\bar{H}_1^-$ 分别是媒质 1 中 $z=0-$ 处入射波和反射波的电场分量和磁场分量，并且

$$\bar{\gamma}_1 = \sqrt{j\omega\mu_1(\sigma_1 + j\omega\epsilon_1)} \tag{5.96a}$$

$$\bar{\eta}_1 = \sqrt{\frac{j\omega\mu_1}{\sigma_1 + j\omega\epsilon_1}} \tag{5.96b}$$

回顾一下，实际场的大小是通过复场分量乘以 $e^{j\omega t}$ 再取乘积的实部得到的。媒质 2 中的复场分量为

$$\bar{E}_{2x}(z) = \bar{E}_2^+ e^{-\bar{\gamma}_2 z} \tag{5.97a}$$

$$\bar{H}_{2y}(z) = \bar{H}_2^+ e^{-\bar{\gamma}_2 z}$$
$$= \frac{\bar{E}_2^+}{\bar{\eta}_2} e^{-\bar{\gamma}_2 z} \tag{5.97b}$$

式中，$\bar{E}_2^+$ 和 $\bar{H}_2^+$ 分别是媒质 2 中 $z=0+$ 处透射波的电场分量和磁场分量，并且

$$\bar{\gamma}_2 = \sqrt{j\omega\mu_2(\sigma_2 + j\omega\epsilon_2)} \tag{5.98a}$$

$$\bar{\eta}_2 = \sqrt{\frac{j\omega\mu_2}{\sigma_2 + j\omega\epsilon_2}} \tag{5.98b}$$

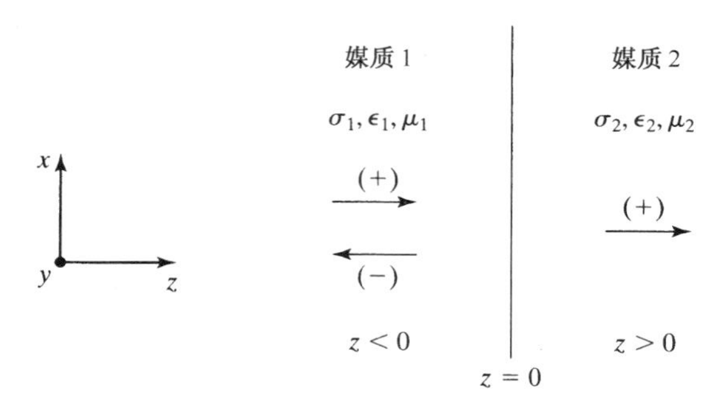

图 5.15　均匀平面波在两种不同媒质边界上的垂直入射

为了满足在 $z=0$ 处的边界条件，注意到(1)电场分量和磁场分量都是边界的切线方向，(2)鉴于媒质的有限传导性，界面上不存在面电流(电流在媒质中流动)。所以，从相量形式的边界条件式(5.92a)和式(5.92b)，有

$$[\bar{E}_{1x}]_{z=0} = [\bar{E}_{2x}]_{z=0} \tag{5.99a}$$

$$[\bar{H}_{1y}]_{z=0} = [\bar{H}_{2y}]_{z=0} \tag{5.99b}$$

将这些结果应用到式(5.95a，b)和式(5.97a，b)给出的一对解，则可以得到

$$\bar{E}_1^+ + \bar{E}_1^- = \bar{E}_2^+ \tag{5.100a}$$

$$\frac{1}{\bar{\eta}_1}\left(\bar{E}_1^+ - \bar{E}_1^-\right) = \frac{1}{\bar{\eta}_2}\bar{E}_2^+ \tag{5.100b}$$

现在定义边界上的**反射系数**，用符号 $\bar{\Gamma}$ 表示，即为边界上反射波电场和边界上入射波电场的比值。从式(5.100a)和式(5.100b)，可得

$$\bar{\Gamma} = \frac{\bar{E}_1^-}{\bar{E}_1^+} = \frac{\bar{\eta}_2 - \bar{\eta}_1}{\bar{\eta}_2 + \bar{\eta}_1} \tag{5.101}$$

注意到边界上的反射波磁场和边界上的入射波磁场之比为

$$\frac{\bar{H}_1^-}{\bar{H}_1^+} = \frac{-\bar{E}_1^-/\bar{\eta}_1}{\bar{E}_1^+/\bar{\eta}_1} = -\frac{\bar{E}_1^-}{\bar{E}_1^+} = -\bar{\Gamma} \tag{5.102}$$

边界上的透射波电场和边界上的入射波电场之比称为**透射系数**，用符号 $\bar{\tau}$ 表示，有

$$\bar{\tau} = \frac{\bar{E}_2^+}{\bar{E}_1^+} = \frac{\bar{E}_1^+ + \bar{E}_1^-}{\bar{E}_1^+} = 1 + \bar{\Gamma} \tag{5.103}$$

其中使用了式(5.100a)。边界上透射波磁场和边界上入射波磁场之比为

$$\frac{\bar{H}_2^+}{\bar{H}_1^+} = \frac{\bar{H}_1^+ + \bar{H}_1^-}{\bar{H}_1^+} = 1 - \bar{\Gamma} \tag{5.104}$$

式(5.101)和式(5.103)分别给出了边界上的反射系数和透射系数，对于给定的入射波的场，能够求出反射波和透射波的场。$\bar{\Gamma}$ 和 $\bar{\tau}$ 具有以下性质：

1. 当 $\bar{\eta}_2 = \bar{\eta}_1$，$\bar{\Gamma}=0$ 和 $\bar{\tau}=1$ 时，入射波完全透射，这种情况与“匹配”条件相对应。当两种媒质有相同的材料参数值时，这种情况将会发生。
2. 当 $\sigma_1=\sigma_2=0$ 时，即当两种媒质都是理想介质时，$\bar{\eta}_1$ 和 $\bar{\eta}_2$ 都是实数，因此 $\bar{\Gamma}$ 和 $\bar{\tau}$ 也都是实数。特别地，如果两种媒质具有相同的磁导率 μ 和不同的介电常数 ϵ_1 和 ϵ_2，那么

$$\bar{\Gamma} = \frac{\sqrt{\mu/\epsilon_2} - \sqrt{\mu/\epsilon_1}}{\sqrt{\mu/\epsilon_2} + \sqrt{\mu/\epsilon_1}} = \frac{1 - \sqrt{\epsilon_2/\epsilon_1}}{1 + \sqrt{\epsilon_2/\epsilon_1}} \tag{5.105}$$

$$\bar{\tau} = \frac{2}{1 + \sqrt{\epsilon_2/\epsilon_1}} \tag{5.106}$$

3. 当 $\sigma_2 \to \infty$，$\bar{\eta}_2 \to 0$ 时，$\bar{\Gamma} \to -1$ 以及 $\bar{\tau} \to 0$。因此，如果媒质 2 是理想导体，那么入射波则完全反射，因为理想导体中不可能存在任何时变场。反射波和入射波的叠加，将会在媒质 1 中产生所谓的完全驻波或纯驻波。完全驻波和部分驻波将在第 7 章中进行讨论。

例 5.4

区域 1（$z<0$）是自由空间，区域 2（$z>0$）是一种 $\sigma = 10^{-4}$ S/m，$\epsilon = 5\epsilon_0$，且 $\mu = \mu_0$ 的材料媒质。对于一个均匀平面波，有如下电场：

$$\mathbf{E}_i = E_0 \cos(3\pi \times 10^5 t - 10^{-3}\pi z)\, \mathbf{a}_x \text{ V/m}$$

均匀平面波从区域 1 入射到 $z=0$ 的界面，计算反射波和透射波的电场和磁场的表达式。

将 $\sigma = 10^{-4}$ S/m，$\epsilon = 5\epsilon_0$，$\mu = \mu_0$，以及 $f = (3\pi \times 10^5)/2\pi = 150\ 000$ Hz 代入式(5.98a)和式(5.98b)，可以得到

$$\bar{\gamma}_2 = (6.283 + \mathrm{j}9.425) \times 10^{-3}$$

$$\bar{\eta}_2 = 104.559\angle 33.69^\circ = 104.559\angle 0.1872\pi$$

因为 $\bar{\eta}_1 = \eta_0$，所以

$$\bar{\Gamma} = \frac{\bar{\eta}_2 - \eta_0}{\bar{\eta}_2 + \eta_0} = \frac{104.559\angle 33.69^\circ - 377}{104.559\angle 33.69^\circ + 377} = 0.6325\angle 161.565^\circ = 0.6325\angle 0.8976\pi$$

$$\bar{\tau} = 1 + \bar{\Gamma} = 1 + 0.6325\angle 161.565^\circ = 0.4472\angle 26.565^\circ = 0.4472\angle 0.1476\pi$$

这样反射波和透射波的电场和磁场为

$$\mathbf{E}_r = 0.6325E_0 \cos(3\pi \times 10^5 t + 10^{-3}\pi z + 0.8976\pi)\, \mathbf{a}_x \text{ V/m}$$

$$\mathbf{H}_r = -\frac{0.6325E_0}{377}\cos(3\pi \times 10^5 t + 10^{-3}\pi z + 0.8976\pi)\, \mathbf{a}_y \text{ A/m} = -1.678 \times 10^{-3} E_0 \cos(3\pi \times 10^5 t + 10^{-3}\pi z + 0.8976\pi)\, \mathbf{a}_y \text{ A/m}$$

$$\mathbf{E}_t = 0.4472E_0 e^{-6.283\times 10^{-3} z} \cdot \cos(3\pi \times 10^5 t - 9.425 \times 10^{-3} z + 0.1476\pi)\, \mathbf{a}_x \text{ V/m}$$

$$\mathbf{H}_t = \frac{0.4472E_0}{104.559} e^{-6.283\times 10^{-3} z} \cdot \cos(3\pi \times 10^5 t - 9.425 \times 10^{-3} z + 0.1476\pi - 0.1872\pi)\, \mathbf{a}_y \text{ A/m} = 4.277 \times 10^{-3} E_0 e^{-6.283\times 10^{-3} z} \cdot \cos(3\pi \times 10^5 t - 9.425 \times 10^{-3} z - 0.0396\pi)\, \mathbf{a}_y \text{ A/m}$$

注意到在 $z=0$ 处，边界条件 $\mathbf{E}_i + \mathbf{E}_r = \mathbf{E}_t$ 和 $\mathbf{H}_i + \mathbf{H}_r = \mathbf{H}_t$ 必须满足，由于

$$E_0 + 0.6325E_0 \cos 0.8976\pi = 0.4472E_0 \cos 0.1476\pi$$

和

$$\frac{E_0}{377} - 1.678 \times 10^{-3} E_0 \cos 0.8976\pi = 4.277 \times 10^{-3} E_0 \cos(-0.0396\pi)$$

小结

在本章中,学习了均匀平面波在材料媒质中的传播原理。材料媒质可以分为三类:(a)导体,(b)电介质和(c)磁性材料。媒质的特性取决于材料中的带电粒子对外加场反应出的特征。导体的特点在于传导,这是在外加电场的作用下自由电子稳定的漂移现象;电介质的特点在于极化,电介质的极化就是产生了电偶极子的净直线排列的一种现象,由于外加电场的作用,由电子云的质心从原子的原子核质心的位移形成,沿外加电场的方向;磁性材料的特点在于磁化,磁性材料的磁化就是产生了磁偶极子的轴向为净直线排列的现象,由于外加磁场的作用,由围绕原子核的电子轨道运动以及自旋运动形成,沿外加磁场方向。

在外加电磁场的影响下,上面描述的所有三种现象在材料中均产生了电流,这些电流反过来又影响了波的传播。对导体、电介质和磁性材料来说,这些电流分别称为传导电流、极化电流和磁化电流。它们在安培环路定律右边的第一项中应该考虑进去,即积分形式下的$\int_S \mathbf{J} \cdot d\mathbf{S}$以及微分形式下的$\mathbf{J}$。传导电流密度由下式给出:

$$\mathbf{J}_c = \sigma \mathbf{E} \tag{5.107}$$

式中,σ是材料的电导率。通过用$\mathbf{J}_c$替换$\mathbf{J}$,传导电流就被直接考虑进去。而极化电流和磁化电流,则是通过修正的电位移通量密度矢量和磁场强度密度矢量定义间接地加以考虑,可写为

$$\mathbf{D} = \epsilon_0 \mathbf{E} + \mathbf{P} \tag{5.108}$$

$$\mathbf{H} = \frac{\mathbf{B}}{\mu_0} - \mathbf{M} \tag{5.109}$$

式中,$\mathbf{P}$和$\mathbf{M}$分别为极化矢量和磁化矢量。对于线性各向同性的材料,式(5.108)和式(5.109)可以简化为

$$\mathbf{D} = \epsilon \mathbf{E} \tag{5.110}$$

$$\mathbf{H} = \frac{\mathbf{B}}{\mu} \tag{5.111}$$

式中,

$$\epsilon = \epsilon_0 \epsilon_r$$

$$\mu = \mu_0 \mu_r$$

分别是材料的介电常数和磁导率,参量ϵ_r和μ_r则分别是材料的相对介电常数和相对磁导率。材料的特性参数σ,ϵ和μ随材料的不同而不同,而且一般也与波的频率有关。方程式(5.107)、式(5.110)和式(5.111)称为场矢量间的本构关系。对于各向异性的材料来说,由于材料的特性参数是张量,则这些关系式可用矩阵形式来表示。

场矢量间的本构关系以及麦克斯韦方程组,共同决定了材料媒质中电磁场的特性。因此,材料媒质中的麦克斯韦旋度方程为

$$\nabla \times \mathbf{E} = -\frac{\partial \mathbf{B}}{\partial t} = -\mu \frac{\partial \mathbf{H}}{\partial t}$$

$$\nabla \times \mathbf{H} = \mathbf{J}_c + \frac{\partial \mathbf{D}}{\partial t} = \sigma \mathbf{E} + \epsilon \frac{\partial \mathbf{E}}{\partial t}$$

在$\mathbf{E} = E_x(z,t)\mathbf{a}_x$和$\mathbf{H} = H_y(z,t)\mathbf{a}_y$的简单情况下,利用上述方程,通过考虑位于$xy$平面内载有

如下均匀面电流密度的无限大平面,得到均匀平面波的解。

$$\mathbf{J}_S = -\mathbf{J}_{S0}\cos\omega t\,\mathbf{a}_x$$

这样,在它两侧的材料媒质中,求出由电流面产生的电场和磁场分别为

$$\mathbf{E} = \frac{|\bar{\eta}|J_{S0}}{2}e^{\mp\alpha z}\cos(\omega t \mp \beta z + \tau)\,\mathbf{a}_x \quad 对于 z \gtrless 0 \tag{5.112a}$$

$$\mathbf{H} = \pm\frac{J_{S0}}{2}e^{\mp\alpha z}\cos(\omega t \mp \beta z)\,\mathbf{a}_y \quad 对于 z \gtrless 0 \tag{5.112b}$$

在式(5.112a)和式(5.112b)中,α 和 β 分别是衰减常数和相位常数,即传播常数 $\bar{\gamma}$ 的实部和虚部,因此

$$\bar{\gamma} = \alpha + j\beta = \sqrt{j\omega\mu(\sigma + j\omega\epsilon)}$$

$|\bar{\eta}|$ 和 τ 分别是媒质的本征阻抗 $\bar{\eta}$ 的幅度和相位,即

$$\bar{\eta} = |\bar{\eta}|e^{j\tau} = \sqrt{\frac{j\omega\mu}{\sigma + j\omega\epsilon}}$$

由式(5.112a)和式(5.112b)确定的均匀平面波的解说明,在媒质中传播的电磁波的特点在于衰减,表示为 $e^{\mp\alpha z}$,$\mathbf{E}$ 和 $\mathbf{H}$ 之间的总量为 τ 的相位差。我们知道波的衰减引起了功率损耗,源于传导电流在媒质中的流动。功率损耗密度为

$$p_d = \sigma E_x^2$$

媒质中与电场和磁场有关的存储能量密度由下式确定:

$$w_e = \frac{1}{2}\epsilon E^2$$

$$w_m = \frac{1}{2}\mu H^2$$

讨论了媒质特性参数为 σ,ϵ 和 μ 的一般情况下均匀平面波的传播特性,然后又考虑几种特殊情况。下面将具体给出:

理想介质。对于这些材料,$\sigma=0$。波的传播没有衰减,正如在自由空间中的传播,仅仅需要用传播参数 ϵ 和 μ 分别代替 ϵ_0 和 μ_0。

非理想介质。$\sigma \ll \omega\epsilon$ 的材料为非理想介质,也就是说,传导电流密度在幅度上比位移电流密度小得多。与在理想介质中传播相比,电磁波在非理想介质中传播唯一的特征就是波有衰减。

良导体。$\sigma \gg \omega\epsilon$ 的材料为良导体,也就是说,传导电流密度在幅度上比位移电流密度大得多。波在良导体中传播的衰减常数和相位常数都等于 $\sqrt{\pi f\mu\sigma}$。因此,对于 f 和 σ 非常大或其中一个非常大,电磁场不会在导体中透入很深,这种现象称为趋肤效应。对于一个固定的 σ,衰减和波长均与频率有关,我们知道低频更适合水下目标的通信。如果良导体与某种电介质有相同的 ϵ 和 μ,那么良导体的本征阻抗的幅度要比电介质的本征阻抗的幅度小很多。

理想导体。这些是良导体在极限 $\sigma\to\infty$ 时的理想化。对于 $\sigma=\infty$,趋肤深度为零,即场在导体中衰减到表面处的 e^{-1} 的距离为零,即场不能透入理想导体。

作为讨论包含两种媒质问题的前奏,将麦克斯韦方程组的积分形式应用到两种媒质边界上的闭合回路和闭合面,在闭合回路形成的面以及闭合面构成的体积都趋于零的情况下,推出了边界条件。这些边界条件为

$$\mathbf{a}_n \times (\mathbf{E}_1 - \mathbf{E}_2) = 0$$
$$\mathbf{a}_n \times (\mathbf{H}_1 - \mathbf{H}_2) = \mathbf{J}_S$$
$$\mathbf{a}_n \cdot (\mathbf{D}_1 - \mathbf{D}_2) = \rho_S$$
$$\mathbf{a}_n \cdot (\mathbf{B}_1 - \mathbf{B}_2) = 0$$

式中,下标1和2分别代表媒质1和媒质2;$\mathbf{a}_n$ 是在所求点处的垂直于边界的单位矢量,并且指向媒质1。总之,边界条件表明,在边界上的某点处 **E** 的切向分量和 **B** 的法向分量都是连续的;另一方面,**H** 的切向分量不连续且总量等于该点的 J_S,而且 **D** 的法向分量也不连续且总量等于该点的 ρ_S。

两种重要的特殊情况下的边界条件列举如下:(a)在两种理想介质的边界,**E** 和 **H** 的切向分量以及 **D** 和 **B** 的法向分量都是连续的。(b)在理想导体表面,**E** 的切向分量和 **B** 的法向分量都等于零,但是 **D** 的法向分量等于导体表面面电荷密度,而且 **H** 的切向分量等于导体表面传导面电流密度的大小。

最后,讨论了均匀平面波垂直入射到两种媒质平面边界的情况,学习了在给定入射波场的条件下,如何计算反射波和透射波的场。

复习思考题

5.1 区分一个原子中的束缚电子和自由电子。

5.2 简单地描述传导的现象。

5.3 叙述欧姆定律在一点的应用。在麦克斯韦方程组中如何考虑?

5.4 简单地描述电介质的极化现象。

5.5 什么是电偶极子?它的强度如何确定?

5.6 电介质的极化有哪些不同的种类?

5.7 什么是极化矢量?它与电场强度的关系如何?

5.8 讨论在电介质材料中极化电流是如何产生的。

5.9 论述极化电流密度和电场强度之间的关系。在麦克斯韦方程组中如何考虑?

5.10 **D** 的修正定义是什么?

5.11 说明电介质材料中 **D** 和 **E** 之间的关系。它是如何简化涉及电介质的场的求解问题的?

5.12 什么是各向异性电介质材料?

5.13 对各向异性电介质材料,什么情况下可以定义有效介电常数?

5.14 简单地描述磁介质的磁化现象。

5.15 什么是磁偶极子?它的强度如何定义?

5.16 磁性材料有哪些不同的种类?

5.17 什么是磁化矢量?它与磁通量密度的关系如何?

5.18 讨论在磁性材料中磁化电流是如何产生的。

5.19 说明磁化电流密度和磁通密度之间的关系。在麦克斯韦方程组中如何考虑?

5.20 **H** 的修正定义是什么?

5.21 说明磁性材料中 **H** 和 **B** 之间的关系。它是如何简化涉及磁性材料的场的求解问题的?

5.22 什么是各向异性磁性材料?

5.23 对铁磁材料,讨论 B 和 H 之间的关系。

5.24　对材料媒质,总结本构关系。

5.25　媒质材料的传播常数是什么?讨论它的实部与虚部的意义。

5.26　讨论材料媒质中波的相速与频率的逻辑关系。

5.27　什么是损耗正切?讨论它的意义。

5.28　什么是材料媒质的本征阻抗?它的复数特性的意义是什么?

5.29　波在材料媒质中传输,如何解释衰减产生的原因。

5.30　非零电导率媒质中的功率散耗密度是什么?

5.31　在材料媒质中,与电场和磁场有关的存储能量密度是什么?

5.32　一种媒质成为理想介质的条件是什么?波在理想介质中的传播特性与在自由空间中的传播特性有什么不同?

5.33　一种材料是非理想介质的标准是什么?波在非理想介质中的传播特性与波在理想介质中的传播特性相比,最大的不同是什么?

5.34　请给出频率降到零时,仍然呈现良电介质特性的两种材料。

5.35　一种材料成为良导体的标准是什么?

5.36　请举出频率达到几 kHz 时呈现良导体特性的两种材料。

5.37　什么是趋肤效应?讨论趋肤深度,给出一些具体数值。

5.38　为什么低频率波比高频率波更适合水下物体的通信?

5.39　讨论良导体的本征阻抗比有相同 ϵ 和 μ 的电介质的本征阻抗小的意义。

5.40　为什么在理想导体内部没有场?

5.41　什么是边界条件?边界条件是如何形成和如何推导的?

5.42　总结适用于任意两种媒质边界的一般情况下的边界条件,并指出推导它们所对应的麦克斯韦方程组的积分形式。

5.43　讨论两种理想介质表面上的边界条件。

5.44　讨论理想导体表面上的边界条件。

5.45　一个波垂直入射到两种媒质间的平面边界,讨论从入射波的场如何确定反射波和透射波的场。

5.46　一个波入射到理想导体上的结果是什么?

习题

5.1　对于以下几种材料,计算产生垂直于场、穿过面积为 1 cm^2 的 0.1 A 电流所需的电场强度:(a)铜;(b)铝和(c)海水。然后计算沿平行于电场 1 cm 长度所对应的电压降,并且求出对应每种材料的电压降对电流(电阻)的比值。

5.2　银中的自由电子密度是 $5.80\times10^{28}\ \mathrm{m}^{-3}$。(a)计算银中电子的迁移率。(b)当外加电场强度为 0.1 V/m 时,计算电子的漂移速度。

5.3　利用电流连续性方程、欧姆定律以及电场的高斯定律,证明导体内部的某一点的电荷密度随时间的变化由下面的微分方程确定:

$$\frac{\partial\rho}{\partial t}+\frac{\sigma}{\epsilon_0}\rho=0$$

然后证明导体内部的电荷密度随着时间常数 ϵ_0/σ 指数衰减,并计算铜的时间常数值。

5.4 证明由外加电场 $\mathbf{E}$ 引起的、作用在一个极矩为 $\mathbf{p}$ 的电偶极子上的转矩为 $\mathbf{p}\times\mathbf{E}$。

5.5 一个外加电场 $\mathbf{E}=0.1\cos 2\pi\times10^9 t\ \mathbf{a}_x$ V/m,对于下面几种材料,计算垂直于场穿过面积为 1 cm^2 的极化电流的大小:(a)聚苯乙烯;(b)云母和(c)蒸馏水。

5.6 一种各向异性电介质材料,其介电常数张量由例 5.1 给出,如果 $\mathbf{E}=E_0(\cos\omega t\mathbf{a}_x+\sin\omega t\mathbf{a}_y)$,求出对应的 $\mathbf{D}$。解释你的结果。

5.7 一种各向异性电介质材料,其介电常数张量为

$$[\epsilon]=\epsilon_0\begin{bmatrix}4&2&2\\2&4&2\\2&2&4\end{bmatrix}$$

(a)当 $\mathbf{E}=E_0\mathbf{a}_x$ 时,求出 $\mathbf{D}$。(b) 当 $\mathbf{E}=E_0(\mathbf{a}_x+\mathbf{a}_y+\mathbf{a}_z)$时,求出 $\mathbf{D}$。(c)求出 $\mathbf{E}$,使得 $\mathbf{D}=4\epsilon_0E_0\mathbf{a}_x$。

5.8 一种各向异性电介质材料,其介电常数张量为

$$[\epsilon]=\begin{bmatrix}\epsilon_{xx}&\epsilon_{xy}&0\\\epsilon_{yx}&\epsilon_{yy}&0\\0&0&\epsilon_{zz}\end{bmatrix}$$

当 $\mathbf{E}=(E_x\mathbf{a}_x+E_y\mathbf{a}_y)\cos\omega t$ 时,对于 $\mathbf{D}$ 平行于 $\mathbf{E}$,计算 E_y/E_x 的值。并求出每一种情况下的有效介电常数。

5.9 计算垂直于均匀磁感应强度 B_0、在半径为 a 的圆轨道上的一个电子的磁偶极矩。并求当 $a=10^{-3}$ cm,$B_0=5\times10^{-5}$ Wb/m^2 时磁偶极矩的具体值。

5.10 证明由外加磁场 $\mathbf{B}$ 引起的、作用在一个极矩为 $\mathbf{m}$ 的磁偶极子上的转矩为 $\mathbf{m}\times\mathbf{B}$。为简单起见,考虑一个位于 xy 平面内的矩形环,并且 $\mathbf{B}=B_x\mathbf{a}_x+B_y\mathbf{a}_y+B_z\mathbf{a}_z$。

5.11 一个外加磁场 $\mathbf{B}=10^{-6}\cos 2\pi z\mathbf{a}_y$ Wb/m^2,对$\chi_m=10^{-3}$的磁性材料,计算垂直于 x 方向穿过 1 cm^2 面上的磁化电流。

5.12 一种各向异性电介质材料,其介电常数张量为

$$[\mu]=\mu_0\begin{bmatrix}7&6&0\\6&12&0\\0&0&3\end{bmatrix}$$

对于 $\mathbf{H}=H_0(3\mathbf{a}_x-2\mathbf{a}_y)\cos\omega t$,求出有效介电常数。

5.13 推导 $\bar{H}_y$ 满足的波动方程,类似于由式(5.49)给出的 $\bar{E}_x$ 的波动方程。

5.14 推导一个均匀平面波,在具有 σ,ϵ 和 μ 的材料媒质中传播时,每单位波长所经历衰减的表达式。$\sigma/\omega\epsilon$ 使用对数比例,画出用分贝表示的每单位波长的衰减随 $\sigma/\omega\epsilon$ 的变化曲线。

5.15 对于干土,$\sigma=10^{-5}$ S/m,$\epsilon=5\epsilon_0$ 和 $\mu=\mu_0$。当 $f=100$ kHz 时,计算 α,β,v_p,λ 以及 $\bar{\eta}$ 的值。

5.16 推导由式(5.61)给出的一种材料媒质的本征阻抗的实部与虚部的表达式。

5.17 一个无限大电流面位于 xy 平面内,载有如下的均匀电流密度:

$$\mathbf{J}_S=-0.1\cos 2\pi\times10^6 t\mathbf{a}_x\ \text{A/m}$$

载流面两边的媒质具有 $\sigma=10^{-3}$ S/m,$\epsilon=18\epsilon_0$ 和 $\mu=\mu_0$ 的特征,计算载流面两侧的 $\mathbf{E}$ 与 $\mathbf{H}$。

5.18 对于习题 5.17,如果

$$\mathbf{J}_S=-0.1(\cos 2\pi\times10^6 t\mathbf{a}_x+\cos 4\pi\times10^6 t\mathbf{a}_x)\ \text{A/m}$$

重新计算载流面的 $\mathbf{E}$ 与 $\mathbf{H}$。

5.19　两个载有均匀电流密度的无限大平行电流面，放置在具有 $\sigma = 10^{-3}$ S/m，$\epsilon = 18\epsilon_0$ 和 $\mu = \mu_0$ 特性的媒质中，当 $f = 10^6$ Hz，计算得到端射辐射特性的两个电流面之间的间距、相对幅度以及电流密度的相角。

5.20　证明对于 $\sigma \neq 0$ 的材料媒质，电场和磁场中的储能是不相等的。

5.21　一个均匀平面波在 $\mu = \mu_0$ 的理想介质中传播，其电场为

$$\mathbf{E} = 10\cos(6\pi \times 10^7 t - 0.4\pi z)\mathbf{a}_x \text{ V/m}$$

计算：(a)频率；(b)波长；(c)相速度；(d)媒质的介电常数和(e)对应的磁场矢量 $\mathbf{H}$。

5.22　在理想介质中传播的均匀平面波的电场和磁场如下：

$$\mathbf{E} = 10\cos(6\pi \times 10^7 t - 0.8\pi z)\mathbf{a}_x \text{ V/m}$$

$$\mathbf{H} = \frac{1}{6\pi}\cos(6\pi \times 10^7 t - 0.8\pi z)\mathbf{a}_y \text{ A/m}$$

求媒质的介电常数和磁导率。

5.23　如果电流面两边的理想介质是 $\epsilon = 9\epsilon_0$ 和 $\mu = \mu_0$，重新计算习题 4.29。

5.24　对于以下每种材料，计算 f_q：(a) 熔融石英；(b)酚醛塑料和(c)蒸馏水。然后对于非理想介质的频率范围，计算每一种材料的 $\alpha, \beta, v_p, \lambda$ 以及 $\bar{\eta}$ 的值。

5.25　均匀平面波在淡水($\sigma = 10^{-3}$ S/m，$\epsilon = 80\epsilon_0$ 和 $\mu = \mu_0$)中传播，对于下面两种频率，计算 α，β, v_p, λ 以及 $\bar{\eta}$ 的值：(a) $f = 100$ MHz 和(b) $f = 10$ kHz。

5.26　证明对于一种给定的材料，良导体频率范围的衰减常数与非理想介质频率范围的衰减常数之比等于 $\sqrt{2\omega\epsilon/\sigma}$。$\omega$ 在良导体的频率范围内。

5.27　在图 5.16 中，点 1 和 2 分别位于两种理想介质媒质 1 和 2 的边界两侧附近。点 1 处的场用下标 1 表示，点 2 处的场用下标 2 表示，假设媒质 1 具有 $\epsilon = 12\epsilon_0$ 和 $\mu = 2\mu_0$ 的特征，而媒质 2 具有 $\epsilon = 9\epsilon_0$ 和 $\mu = \mu_0$ 的特征。如果 $\mathbf{E}_1 = E_0(3\mathbf{a}_x + 2\mathbf{a}_y - 6\mathbf{a}_z)$ 和 $\mathbf{H}_1 = H_0(2\mathbf{a}_x - 3\mathbf{a}_y)$，计算 $\mathbf{E}_2$ 和 $\mathbf{H}_2$。

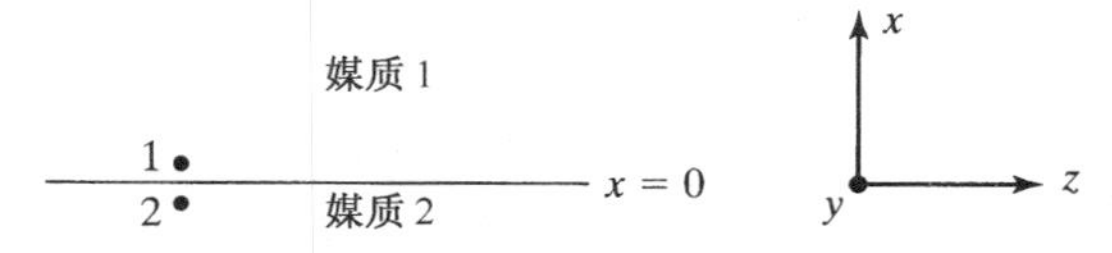

图 5.16　习题 5.27 和习题 5.28 图

5.28　在图 5.16 中，假设媒质 1 具有 $\epsilon = 4\epsilon_0$ 和 $\mu = 3\mu_0$ 的特性，而媒质 2 具有 $\epsilon = 16\epsilon_0$ 和 $\mu = 9\mu_0$ 的特性。如果 $\mathbf{D}_1 = D_0(\mathbf{a}_x - 2\mathbf{a}_y + \mathbf{a}_z)$ 和 $\mathbf{B}_1 = B_0(\mathbf{a}_x + 2\mathbf{a}_y + 3\mathbf{a}_z)$，计算 $\mathbf{D}_2$ 和 $\mathbf{B}_2$。

5.29　一个边界将自由空间和理想介质分开，在边界上的某一点，在自由空间一边的电场强度为 $\mathbf{E}_1 = E_0(4\mathbf{a}_x + 2\mathbf{a}_y + 5\mathbf{a}_z)$，而在理想介质一边的电场强度为 $\mathbf{E}_2 = 3E_0(\mathbf{a}_x + \mathbf{a}_z)$，其中 E_0 是常数，计算理想介质的介电常数。

5.30　平面 $x + 2y + 3z = 5$ 定义了一个理想导体的表面，找出导体表面上某一点的电场强度可能的方向。

5.31　给定 $\mathbf{E} = y\mathbf{a}_x + x\mathbf{a}_y$，确定一个理想导体平面是否能够放置在 $xy = 2$ 的平面内而没有干扰该场。

5.32　一个理想导体占有区域 $x + 2y \leq 2$，当 $\mathbf{H} = H_0\mathbf{a}_z$，计算导体表面上某一点的面电流密度。

5.33　理想导体表面上某一点的电位移通量密度为 $\mathbf{D} = D_0(\mathbf{a}_x + \sqrt{3}\mathbf{a}_y + 2\sqrt{3}\mathbf{a}_z)$，计算该点面电荷密度的大小。

5.34 已知理想导体表面上某一点的 $\mathbf{D}=D_0(\mathbf{a}_x+2\mathbf{a}_y+2\mathbf{a}_z)$，$\mathbf{H}=H_0(2\mathbf{a}_x-2\mathbf{a}_y+\mathbf{a}_z)$，$\rho_S$ 是正值。计算该点的 ρ_S 和 $\mathbf{J}_S$。

5.35 两个无限大导体平面位于 $x=0$ 和 $x=0.1$ m 的平面内，一个给定的电场强度如下：

$$\mathbf{E}=E_0\sin 10\pi x\cos 3\pi\times10^9 t\ \mathbf{a}_z$$

其中 E_0 是常数，该电场存在于这两个平面之间的自由空间区域。(a)证明 $\mathbf{E}$ 满足面上的边界条件。(b)计算与给定 $\mathbf{E}$ 相关的 $\mathbf{H}$。(c)计算两个面上的面电流密度。

5.36 区域 1($z<0$)是自由空间，区域 2($z>0$)是材料媒质，而且具有 $\sigma=10^{-3}$ S/m，$\epsilon=12\epsilon_0$ 和 $\mu=\mu_0$ 的特征。电场为

$$\mathbf{E}_i=E_0\cos(3\pi\times10^6 t-0.01\pi z)\mathbf{a}_x\ \text{V/m}$$

的均匀平面波从区域 1 入射到 $z=0$ 的边界。求出电场和磁场的反射波和透射波的表达式。

5.37 区域 $z<0$ 和 $z>0$ 分别是介电常数为 ϵ_1 和 ϵ_2 的非磁性($\mu=\mu_0$)理想介质。一个均匀平面波从区域 $z<0$ 垂直入射到 $z=0$ 的边界上，计算在 $z=0$ 的界面上满足下面每一种条件的 ϵ_1/ϵ_2。

(a)反射波电场是入射波电场的 $-1/3$；(b)透射波电场是入射波电场的 0.4 倍；(c) 透射波电场是反射波电场的 6 倍。

5.38 一个均匀平面波沿 $+z$ 方向传播，电场为 $\mathbf{E}_i=E_{xi}(t)\mathbf{a}_x$，其中在 $z=0$ 的平面上的 $E_{xi}(t)$ 如图 5.17 所示，均匀平面波从自由空间($z<0$)垂直入射到非磁性($\mu=\mu_0$)、介电常数为 $4\epsilon_0$ 的理想介质($z>0$)中。计算并画出以下图形：(a)当 $t=1$ μs 时，E_x 随 z 的变化曲线；(b) 当 $t=1$ μs 时，H_y 随 z 的变化曲线。

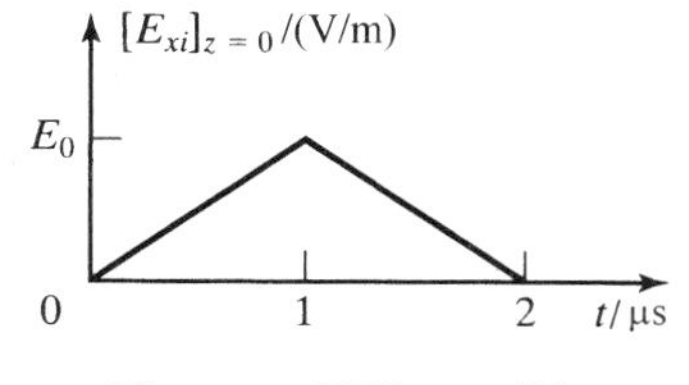

图 5.17 习题 5.38 图

5.39 区域 $z<0$ 是理想介质，区域 $z>0$ 是理想导体。一个均匀平面波有如下的电场和磁场：

$$\mathbf{E}_i=E_0\cos(\omega t-\beta z)\mathbf{a}_x$$

$$\mathbf{H}_i=\frac{E_0}{\eta}\cos(\omega t-\beta z)\mathbf{a}_y$$

其中 $\beta=\omega\sqrt{\mu\epsilon}$ 和 $\eta=\sqrt{\mu/\epsilon}$，求出电场和磁场的反射波表达式，从而计算出介质中总的(入射波 + 反射波)电场和磁场的表达式，以及理想导体表面的电流密度。

5.40 在图 5.18 中，媒质 3 扩展到无限大使得在该媒质中不存在反射(−)波。电场为

$$\mathbf{E}_i=E_0\cos(3\times10^8\pi t-\pi z)\mathbf{a}_x\ \text{V/m}$$

的均匀平面波从媒质 1 入射到 $z=0$ 的边界，求出在三种媒质中电场分量和磁场分量的相量表达式。

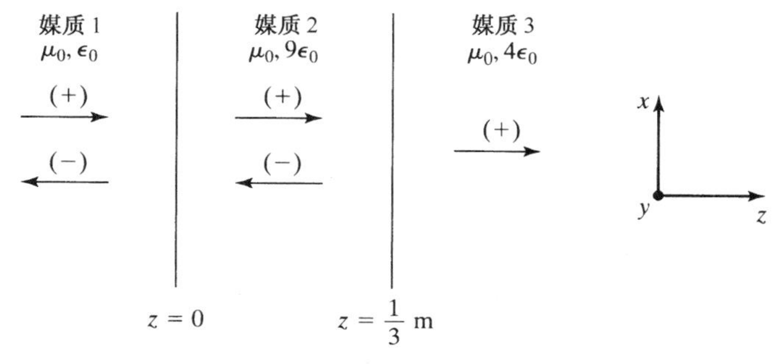

图 5.18 习题 5.40 图

第 6 章　静态场、准静态场和传输线

在前面的几章中,学习了波传播的现象是以时变或动态电场和磁场之间的相互作用为基础的。本章将顺着静态-准静态波的思路揭示物理结构的频率特性。把麦克斯韦方程组中时间导数项设为零即可研究静态场。在不同类别的静态场中,将引入电路理论中熟悉的**集总**电路元件。对于非零频率,场是动态的,其精确解是时变场的完整麦克斯韦方程组的解。然而,通常所说的准静态场这类场可作为静态场的低频扩展来研究,其解是精确解的近似。对于准静态场,物理结构输入特性的等效电路与对应静态场的等效集总电路同等重要。当频率增大到超出准静态场的近似范围时,等效集总电路就失效了,等效**分布**电路开始起作用,就引出了传输线。

本章从电位开始。电位是标量,通过一种称为**梯度**的矢量运算,与静电场的电场强度联系起来。引入梯度和电位后,介绍两个重要的微分方程,即通常所说的**泊松方程**和**拉普拉斯方程**。将从涉及到拉普拉斯方程的解的静态场开始,基于静态-准静态波的思路着手分析。

6.1　梯度和电位

对于静态场,$\partial/\partial t=0$,由

$$\nabla\times\mathbf{E}=-\frac{\partial\mathbf{B}}{\partial t}\tag{6.1}$$

$$\nabla\times\mathbf{H}=\mathbf{J}+\frac{\partial\mathbf{D}}{\partial t}\tag{6.2}$$

给出的时变场的麦克斯韦旋度方程组可以推出

$$\nabla\times\mathbf{E}=0\tag{6.3}$$

$$\nabla\times\mathbf{H}=\mathbf{J}\tag{6.4}$$

式(6.3)表明,静电场的旋度等于零。由于标量的梯度的旋度恒等于零,如果一个矢量的旋度等于零,那么该矢量可表示为一个标量的**梯度**。标量 Φ 的梯度,表示为$\nabla\Phi$,在笛卡儿坐标系下为

$$\begin{aligned}\nabla\Phi&=\left(\mathbf{a}_x\frac{\partial}{\partial x}+\mathbf{a}_y\frac{\partial}{\partial y}+\mathbf{a}_z\frac{\partial}{\partial z}\right)\Phi\\&=\frac{\partial\Phi}{\partial x}\mathbf{a}_x+\frac{\partial\Phi}{\partial y}\mathbf{a}_y+\frac{\partial\Phi}{\partial z}\mathbf{a}_z\end{aligned}\tag{6.5}$$

$\nabla\Phi$ 的旋度为

$$\begin{aligned}\nabla\times\nabla\Phi&=\begin{vmatrix}\mathbf{a}_x&\mathbf{a}_y&\mathbf{a}_z\\\frac{\partial}{\partial x}&\frac{\partial}{\partial y}&\frac{\partial}{\partial z}\\(\nabla\Phi)_x&(\nabla\Phi)_y&(\nabla\Phi)_z\end{vmatrix}\\&=\begin{vmatrix}\mathbf{a}_x&\mathbf{a}_y&\mathbf{a}_z\\\frac{\partial}{\partial x}&\frac{\partial}{\partial y}&\frac{\partial}{\partial z}\\\frac{\partial\Phi}{\partial x}&\frac{\partial\Phi}{\partial y}&\frac{\partial\Phi}{\partial z}\end{vmatrix}\\&=0\end{aligned}\tag{6.6}$$

为讨论梯度的物理解释,注意到

$$
\begin{aligned}
\boldsymbol{\nabla}\Phi\cdot \mathrm{d}\mathbf{l} &= \left(\frac{\partial\Phi}{\partial x}\mathbf{a}_x+\frac{\partial\Phi}{\partial y}\mathbf{a}_y+\frac{\partial\Phi}{\partial z}\mathbf{a}_z\right)\cdot(\mathrm{d}x\,\mathbf{a}_x+\mathrm{d}y\,\mathbf{a}_y+\mathrm{d}z\,\mathbf{a}_z)\\
&=\frac{\partial\Phi}{\partial x}\mathrm{d}x+\frac{\partial\Phi}{\partial y}\mathrm{d}y+\frac{\partial\Phi}{\partial z}\mathrm{d}z\\
&=\mathrm{d}\Phi
\end{aligned}\tag{6.7}
$$

考虑 Φ 为常数 Φ_0 的曲面,曲面上有一个点 P,如图6.1(a)所示。如果考虑同一曲面上的另一个点 Q_1,该点与点 P 的距离无穷小,由于曲面的 Φ 是常数,因此两点之间的 $\mathrm{d}\Phi$ 为零。因而,对于从点 P 到点 Q_1 的矢量 $\mathrm{d}\mathbf{l}_1$,$\nabla\Phi]_P\cdot\mathrm{d}\mathbf{l}_1=0$,这样 $[\nabla\Phi]_P$ 垂直于 $\mathrm{d}\mathbf{l}_1$。既然对于 Φ 为常数的曲面上的所有点 $Q_1,Q_2,Q_3,\cdots$ 这种情况都成立,那么 $[\nabla\Phi]_P$ 必须正交于从点 P 引出的所有可能的无穷小位移矢量 $\mathrm{d}\mathbf{l}_1,\mathrm{d}\mathbf{l}_2,\mathrm{d}\mathbf{l}_3,\cdots$,这样也与曲面正交。$\mathbf{a}_n$ 表示点 P 处曲面的单位法线矢量,可以得到

$$
[\boldsymbol{\nabla}\Phi]_P=|\boldsymbol{\nabla}\Phi|_P\,\mathbf{a}_n \tag{6.8}
$$

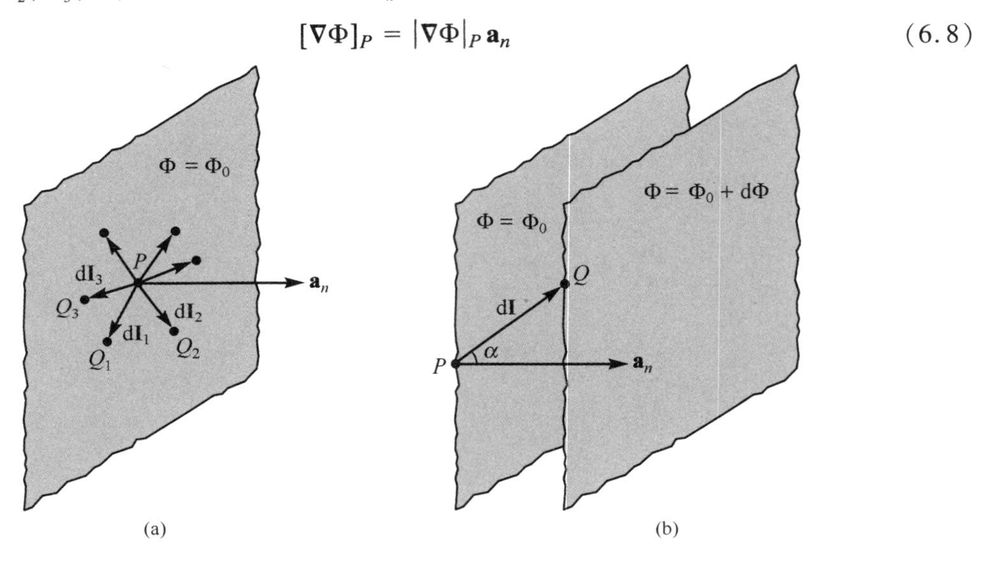

图 6.1 用于讨论标量函数的梯度的物理解释

现在考虑 Φ 为常数的两个曲面,其值为 Φ_0 和 $\Phi_0+\mathrm{d}\Phi$,如图 6.1(b)所示。令 P 和 Q 分别是 $\Phi=\Phi_0$ 和 $\Phi=\Phi_0+\mathrm{d}\Phi$ 曲面上的点,$\mathrm{d}\mathbf{l}$ 是从点 P 到点 Q 的矢量。从式(6.7)和式(6.8)可得

$$
\begin{aligned}
\mathrm{d}\Phi &= [\boldsymbol{\nabla}\Phi]_P\cdot\mathrm{d}\mathbf{l}\\
&=|\boldsymbol{\nabla}\Phi|_P\,\mathbf{a}_n\cdot\mathrm{d}\mathbf{l}\\
&=|\boldsymbol{\nabla}\Phi|_P\,\mathrm{d}l\cos\alpha
\end{aligned}\tag{6.9}
$$

式中,α 是点 P 处 $\mathbf{a}_n$ 和 $\mathrm{d}\mathbf{l}$ 之间的夹角。因而

$$
|\boldsymbol{\nabla}\Phi|_P=\frac{\mathrm{d}\Phi}{\mathrm{d}l\cos\alpha}\tag{6.10}
$$

因为 $\mathrm{d}l\cos\alpha$ 是两曲面之间沿 $\mathbf{a}_n$ 方向的距离,因此也就是它们之间的最短距离,因而 $|\nabla\Phi|_P$ 就是 Φ 在点 P 的最大增加率。这样标量函数 Φ 在某点的梯度是一个矢量,其大小等于点 Φ 的最大增加率,并指向最大增加率的方向,且该方向正交于经过该点的等 Φ 曲面。标量函数梯度的概念常用于确定正交于该曲面的单位矢量。举例说明如下。

例 6.1

应用标量的梯度概念，求在点(2,4,1)与曲面 $y=x^2$ 正交的单位矢量。

将曲面的方程写为

$$x^2 - y = 0$$

注意到曲面上为常数的标量函数表示为

$$\Phi(x, y, z) = x^2 - y$$

则该标量函数的梯度为

$$\begin{aligned}\nabla\Phi &= \nabla(x^2 - y)\\ &= \frac{\partial(x^2 - y)}{\partial x}\mathbf{a}_x + \frac{\partial(x^2 - y)}{\partial y}\mathbf{a}_y + \frac{\partial(x^2 - y)}{\partial z}\mathbf{a}_z\\ &= 2x\mathbf{a}_x - \mathbf{a}_y\end{aligned}$$

梯度在点(2,4,1)处的值是 $2(2)\mathbf{a}_x - \mathbf{a}_y = 4\mathbf{a}_x - \mathbf{a}_y$。因此，所求的单位矢量是

$$\mathbf{a}_n = \pm\frac{4\mathbf{a}_x - \mathbf{a}_y}{|4\mathbf{a}_x - \mathbf{a}_y|} = \pm\left(\frac{4}{\sqrt{17}}\mathbf{a}_x - \frac{1}{\sqrt{17}}\mathbf{a}_y\right)$$

返回式(6.3)给出的静电场的麦克斯韦旋度方程，现将 **E** 表示为标量函数 Φ 的梯度。问题就转变为这个标量函数是什么。为了获得答案，考虑一个静电场区域。画出一组处处与场线正交的曲面，如图 6.2 所示。这些曲面相当于等 Φ 曲面。既然在这样的任何一个曲面上 $\mathbf{E}\cdot d\mathbf{l}=0$，一个试验电荷从曲面上一点到另一点的移动不涉及做功的问题。这样的曲面称为**等位面**。既然它们正交于场线，因此物理上可以由导体代替且不影响场的分布。

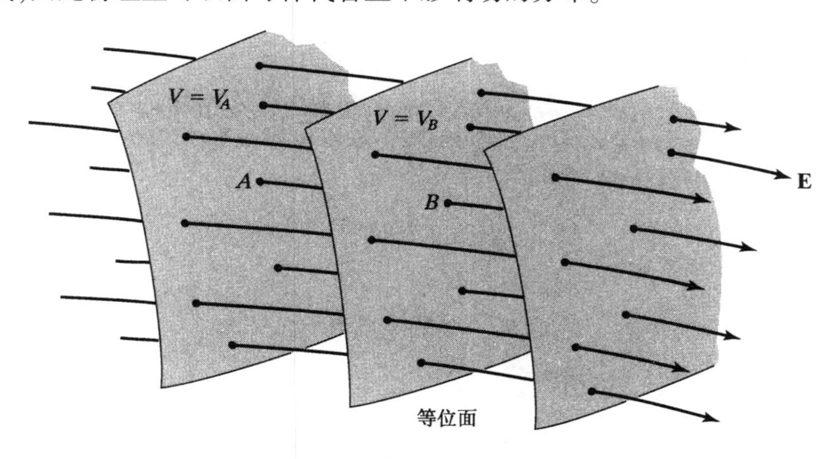

图 6.2　静电场区域的一组等位面

一个试验电荷从一个等位面的 A 点移动到另一个等位面的 B 点，需要电场做一定量的功，对于单位电荷其值等于 $\int_A^B \mathbf{E}\cdot d\mathbf{l}$。这个量称为 A 和 B 点之间的**电位差**，表示为 $[V]_A^B$，单位为伏特。如果由电场做功，则从 A 到 B 电位下降；如果由外电源逆场做功，则从 A 到 B 电位升高。这种情形类似于球的重力场。对于重力场，一个物体从较高的一点移动到较低的一点时伴随着位势下降，相反情况下位势升高。

对每个点定义**电位**是很便利的。A 点的电位表示为 V_A，就是 A 点和参考点 O 之间的电位差。该电位就是把一个试验电荷从 A 点移动到 O 点时，对于单位电荷电场所做的功的总量，或

者是由外源从 O 点到 A 点移动试验电荷时,对于单位电荷反抗电场所做的功的总量。这样可得

$$V_A = \int_A^O \mathbf{E}\cdot d\mathbf{l} = -\int_O^A \mathbf{E}\cdot d\mathbf{l} \tag{6.11}$$

和

$$\begin{aligned}[V]_A^B &= \int_A^B \mathbf{E}\cdot d\mathbf{l} = \int_A^O \mathbf{E}\cdot d\mathbf{l} + \int_O^B \mathbf{E}\cdot d\mathbf{l}\\ &= \int_A^O \mathbf{E}\cdot d\mathbf{l} - \int_B^O \mathbf{E}\cdot d\mathbf{l}\\ &= V_A - V_B \end{aligned}\tag{6.12}$$

现在考虑相距无穷小距离 $d\mathbf{l}$ 的 A 点和 B 点,那么从 A 到 B 下降的电位增量是 $\mathbf{E}_A\cdot d\mathbf{l}$,或沿 $d\mathbf{l}$ 递增的电位升量 dV 由下式给出:

$$dV = -\mathbf{E}_A\cdot d\mathbf{l} \tag{6.13}$$

写为

$$dV = [\nabla V]_A\cdot d\mathbf{l} \tag{6.14}$$

根据式(6.7),可以得到

$$[\nabla V]_A\cdot d\mathbf{l} = -\mathbf{E}_A\cdot d\mathbf{l} \tag{6.15}$$

既然静电场中任意点 A 处式(6.15)都成立,因此可得

$$\mathbf{E} = -\nabla V \tag{6.16}$$

这样就得到结论:静电场的电场强度是电位梯度的负数。

在继续下一步之前,注意到这里定义的电位差与 2.1 节定义的两点间的电压意义相同。然而,时变场中 A 和 B 两点间的电压一般与用于计算 $\int_A^B \mathbf{E}\cdot d\mathbf{l}$ 的从 A 到 B 的路径有关,既然这样,根据法拉第定理,

$$\oint_C \mathbf{E}\cdot d\mathbf{l} = -\frac{d}{dt}\int_S \mathbf{B}\cdot d\mathbf{S} \tag{6.17}$$

一般不等于零。另一方面,静电场中 A 和 B 两点间的电位差(或电压)与用于计算 $\int_A^B \mathbf{E}\cdot d\mathbf{l}$ 的从 A 到 B 的路径无关,既然这样,对于静电场,$\partial/\partial t = 0$,且式(6.17)可简化为

$$\oint_C \mathbf{E}\cdot d\mathbf{l} = 0 \tag{6.18}$$

因此,静电场中两点之间的电位差有唯一值。沿闭合路径的线积分为零的场称为**保守场**。静电场是保守场。地球的重力场是保守场的另一个例子,因为移动物体沿闭合路径所做的功等于零。

现在重新讨论电位,考虑一个点电荷的电场并研究该点电荷引起的电位。为此,回顾 1.5 节中一个点电荷引起的电场强度的方向是从点电荷 Q 处呈径向放射状,其大小是 $Q/4\pi\epsilon_0 R^2$,这里 R 为点电荷的径向距离。既然等位面处处正交于场线,可以推断该等位面是以点电荷为中心的球面,如图 6.3 中的横截面视图所示。如果现在考虑径向距离为 R 和 $R + dR$ 的两个等位面,从径向距离 R 的等位面到径向距离 $R + dR$ 的等位面的电位降是 $(Q/4\pi\epsilon_0 R^2)\,dR$,或递增的电位升量 dV 由下式给出:

$$dV = -\frac{Q}{4\pi\epsilon_0 R^2}dR = d\left(\frac{Q}{4\pi\epsilon_0 R} + C\right) \tag{6.19}$$

式中，C 为常数。这样可得

$$V(R) = \frac{Q}{4\pi\epsilon_0 R} + C \tag{6.20}$$

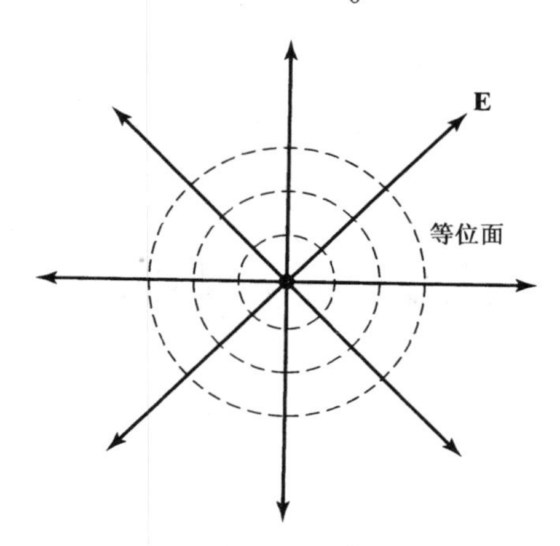

图 6.3　等位面的横截面视图和点电荷的电力线

注意到 $V(\infty)$ 等于 C 且选择 $R=\infty$ 作为参考点，就可以方便地设 C 等于零。这样，点电荷 Q 引起的电位是

$$V = \frac{Q}{4\pi\epsilon_0 R} \tag{6.21}$$

注意到电位与距点电荷的径向距离成反比下降。通常先应用式(6.21)计算由静电荷分布产生的电位，随后应用式(6.16)确定电场强度。

6.2　泊松方程和拉普拉斯方程

在前面的章节中，学习了对于静电场，$\nabla\times\mathbf{E}$ 等于零，因此

$$\mathbf{E} = -\nabla V$$

将该结果代入 $\mathbf{D}$ 的麦克斯韦散度方程，并假定 ϵ 是均匀的，得到

$$\nabla\cdot\mathbf{D} = \nabla\cdot\epsilon\mathbf{E} = \epsilon\nabla\cdot\mathbf{E} = \epsilon\nabla\cdot(-\nabla V) = \rho$$

或

$$\nabla\cdot\nabla V = -\frac{\rho}{\epsilon}$$

量 $\nabla\cdot\nabla V$ 称为 V 的**拉普拉斯算子**，表示为 $\nabla^2 V$。因此可以得到

$$\nabla^2 V = -\frac{\rho}{\epsilon} \tag{6.22}$$

该方程称为**泊松方程**。该方程决定了某区域内的体电荷密度ρ与该区域内电位的关系。在笛卡儿坐标系下,有

$$\begin{aligned}\nabla^2 V &= \nabla \cdot \nabla V \\ &= \left(\mathbf{a}_x \frac{\partial}{\partial x} + \mathbf{a}_y \frac{\partial}{\partial y} + \mathbf{a}_z \frac{\partial}{\partial z}\right) \cdot \left(\frac{\partial V}{\partial x}\mathbf{a}_x + \frac{\partial V}{\partial y}\mathbf{a}_y + \frac{\partial V}{\partial z}\mathbf{a}_z\right) \\ &= \frac{\partial^2 V}{\partial x^2} + \frac{\partial^2 V}{\partial y^2} + \frac{\partial^2 V}{\partial z^2}\end{aligned} \tag{6.23}$$

且泊松方程变为

$$\frac{\partial^2 V}{\partial x^2} + \frac{\partial^2 V}{\partial y^2} + \frac{\partial^2 V}{\partial z^2} = -\frac{\rho}{\epsilon} \tag{6.24}$$

对于一维情况,V只随x变化,$\partial^2 V/\partial y^2$和$\partial^2 V/\partial z^2$都等于零,式(6.24)简化为

$$\frac{\partial^2 V}{\partial x^2} = \frac{\mathrm{d}^2 V}{\mathrm{d}x^2} = -\frac{\rho}{\epsilon} \tag{6.25}$$

将举例说明式(6.25)的应用。

例 6.2

一个零偏置的半导体内 p-n 结的空间电荷层,如图 6.4(a)所示,$x<0$区域是 p 型掺杂,$x>0$区域是 n 型掺杂。简要回顾空间电荷层的构造,注意到由于 p 区的空穴密度大于 n 区的空穴密度,空穴趋于扩散到 n 区并与电子复合。类似地,n 区的电子趋于扩散到 p 区并与空穴复合。空穴扩散留下了带负电荷的受主离子,自由电子扩散留下了带正电荷的施主离子。由于受主离子和施主离子不能移动,在结区构成一个空间电荷层,也称为**耗尽层**,其负电荷在 p 区,正电荷在 n 区。该空间电荷产生从结的 n 区指向 p 区的电场,因而该电场对抗可动载流子①穿越结的扩散,从而达到平衡。为简便起见,考虑突变结,也就是杂质浓度在结的各区都是常数的结。令N_A和N_D分别是受主离子密度和施主离子密度,d_p和d_n分别是耗尽层的 p 区和 n 区的宽度。空间电荷密度ρ由下式给出:

$$\rho = \begin{cases} -|e|N_A & \text{对于} -d_p < x < 0 \\ |e|N_D & \text{对于} 0 < x < d_n \end{cases} \tag{6.26}$$

如图 6.4(b)所示,$|e|$是一个电子电荷量的大小。由于半导体是电中性的,总的受主电荷量必须等于总的施主电荷量,即

$$|e|N_A d_p = |e|N_D d_n \tag{6.27}$$

根据耗尽层横断面的电位差以及受主离子密度和施主离子密度,求出耗尽层内的电位分布和耗尽层宽度。

将式(6.26)代入式(6.25),得到决定电位分布的方程:

$$\frac{\mathrm{d}^2 V}{\mathrm{d}x^2} = \begin{cases} \dfrac{|e|N_A}{\epsilon} & \text{对于} -d_p < x < 0 \\ -\dfrac{|e|N_D}{\epsilon} & \text{对于} 0 < x < d_n \end{cases} \tag{6.28}$$

① 自由电子和空穴统称为载流子。——译者注

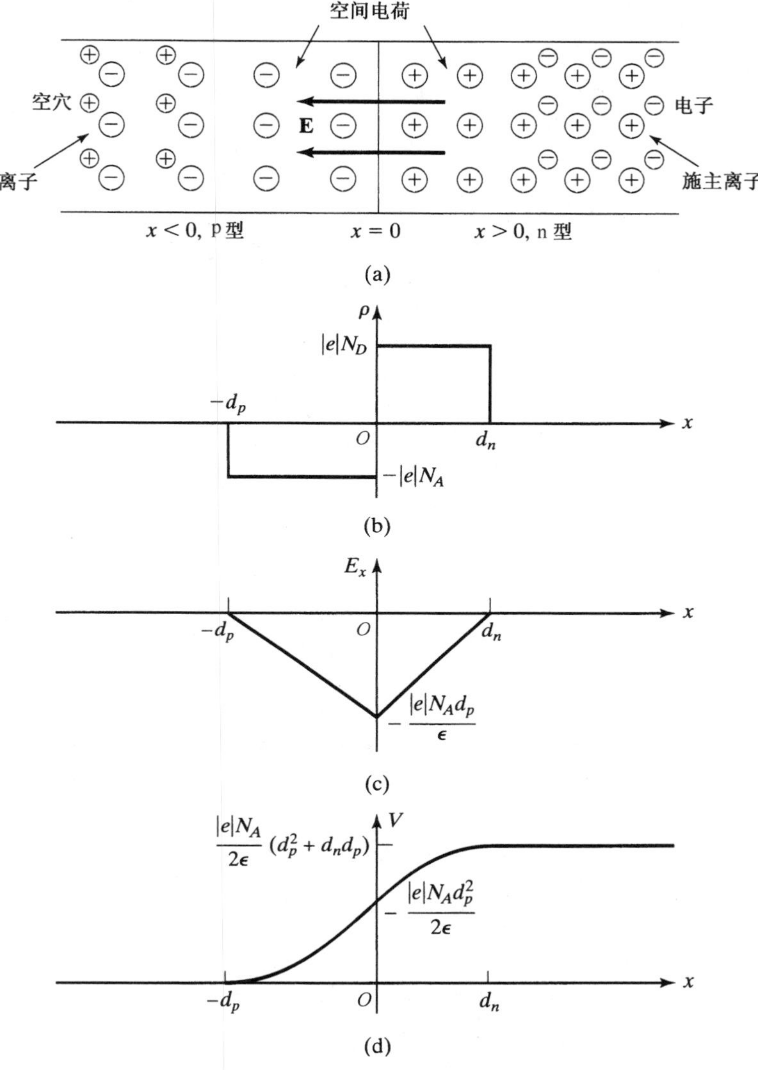

图6.4　图示泊松方程应用于确定p-n结半导体的电位分布

为求解V,对上式积分可以得到

$$\frac{\mathrm{d}V}{\mathrm{d}x}=\begin{cases}\frac{|e|N_A}{\epsilon}x+C_1 & 对于-d_p<x<0\\ -\frac{|e|N_D}{\epsilon}x+C_2 & 对于0<x<d_n\end{cases}$$

式中,C_1和C_2是积分常数。为求C_1和C_2的值,注意到由于$\mathbf{E}=-\nabla V=-(\partial V/\partial x)\mathbf{a}_x$,$\partial V/\partial x$简单等于$-E_x$。由于电力线始于正电荷并止于负电荷,再根据式(6.27),电场即$\partial V/\partial x$在$x=-d_p$和$x=d_n$处必须变成零,可以得到

$$\frac{\mathrm{d}V}{\mathrm{d}x}=\begin{cases}\frac{|e|N_A}{\epsilon}(x+d_p) & 对于-d_p<x<0\\ -\frac{|e|N_D}{\epsilon}(x-d_n) & 对于0<x<d_n\end{cases}\tag{6.29}$$

电场强度即$-\mathrm{d}V/\mathrm{d}x$可看成x的函数而作图,如图6.4(c)所示。

进一步,积分式(6.29)可得

$$V=\begin{cases}\dfrac{|e|N_A}{2\epsilon}(x+d_p)^2+C_3 & \text{对于} -d_p<x<0\\ -\dfrac{|e|N_D}{2\epsilon}(x-d_n)^2+C_4 & \text{对于} 0<x<d_n\end{cases}$$

式中,C_3 和 C_4 是积分常数。为求 C_3 和 C_4 的值,首先可特意设 $x=-d_p$ 处的电位等于零,使 C_3 等于零。然后应用电位在 $x=0$ 处连续的条件,由于 dV/dx 在 $x=0$ 处的突变是有限的,得到

$$\frac{|e|N_A}{2\epsilon}d_p^2=-\frac{|e|N_D}{2\epsilon}d_n^2+C_4$$

或

$$C_4=\frac{|e|}{2\epsilon}(N_Ad_p^2+N_Dd_n^2)$$

在 V 的表达式中用该值替代 C_4 并设 C_3 等于零,得到需要的解:

$$V=\begin{cases}\dfrac{|e|N_A}{2\epsilon}(x+d_p)^2 & \text{对于} -d_p<x<0\\ -\dfrac{|e|N_D}{2\epsilon}(x^2-2xd_n)+\dfrac{|e|N_A}{2\epsilon}d_p^2 & \text{对于} 0<x<d_n\end{cases}\tag{6.30}$$

式(6.30)给出了电位与 x 的变化关系,如图6.4(d)所示。

通过设置 $V(d_n)$ 等于接触电压 V_0,即耗尽层内电场产生的横切面上的电位差,进一步得到耗尽层的宽度 $d=d_p+d_n$。因此

$$\begin{aligned}V_0=V(d_n)&=\frac{|e|N_D}{2\epsilon}d_n^2+\frac{|e|N_A}{2\epsilon}d_p^2\\&=\frac{|e|}{2\epsilon}\frac{N_D(N_A+N_D)}{N_A+N_D}d_n^2+\frac{|e|}{2\epsilon}\frac{N_A(N_A+N_D)}{N_A+N_D}d_p^2\\&=\frac{|e|}{2\epsilon}\frac{N_AN_D}{N_A+N_D}(d_n^2+d_p^2+2d_nd_p)\\&=\frac{|e|}{2\epsilon}\frac{N_AN_D}{N_A+N_D}d^2\end{aligned}$$

式中使用了式(6.27)。最后,得到结果

$$d=\sqrt{\frac{2\epsilon V_0}{|e|}\left(\frac{1}{N_A}+\frac{1}{N_D}\right)}$$

上式说明,耗尽层宽度越小,掺杂越重。该特性应用于隧道二极管,相比常规的 p-n 结 10^{-4} cm 量级的层宽,通过重掺杂可获得 10^{-6} cm 量级的层宽。

刚演示了一个例子,应用泊松方程求已知电荷分布时电位分布的解。对于求解已知电位和电荷密度的函数关系而电荷分布是待定量的问题,泊松方程甚至更有用。然而,此处不再深入这个主题。

如果区域的电荷密度为零,那么泊松方程可简化为

$$\nabla^2V=0\tag{6.31}$$

该方程称为**拉普拉斯方程**。它决定了无源区域电位的状态。在笛卡儿坐标系下,由下式给出:

$$\frac{\partial^2 V}{\partial x^2}+\frac{\partial^2 V}{\partial y^2}+\frac{\partial^2 V}{\partial z^2}=0 \tag{6.32}$$

可适用拉普拉斯方程的问题是：在已知导体表面电荷分布或已知导体电位分布，或已知两种情况的组合时，得到两个导体间的区域内的电位分布。该过程为在导体表面的边界条件下求解拉普拉斯方程。在下一节进行介绍。

6.3　静态场和电路元件

在前面两节中，研究了只与静电场有关的静态场。在本节中，为引入电路元件，将之扩展到静态场的所有类型。这样，对于静态场，$\partial/\partial t=0$。麦克斯韦方程组的积分形式和电荷守恒定理变成

$$\oint_C \mathbf{E}\cdot d\mathbf{l}=0 \tag{6.33a}$$

$$\oint_C \mathbf{H}\cdot d\mathbf{l}=\int_S \mathbf{J}\cdot d\mathbf{S} \tag{6.33b}$$

$$\oint_S \mathbf{D}\cdot d\mathbf{S}=\int_V \rho\, dv \tag{6.33c}$$

$$\oint_S \mathbf{B}\cdot d\mathbf{S}=0 \tag{6.33d}$$

$$\oint_S \mathbf{J}\cdot d\mathbf{S}=0 \tag{6.33e}$$

反之，麦克斯韦方程组的微分形式和连续方程可简化为

$$\nabla\times\mathbf{E}=0 \tag{6.34a}$$

$$\nabla\times\mathbf{H}=\mathbf{J} \tag{6.34b}$$

$$\nabla\cdot\mathbf{D}=\rho \tag{6.34c}$$

$$\nabla\cdot\mathbf{B}=0 \tag{6.34d}$$

$$\nabla\cdot\mathbf{J}=0 \tag{6.34e}$$

立刻可以看出，除非 $\mathbf{J}$ 包括由传导电流引入的分量，涉及电场的方程与涉及磁场的方程完全无关。这样，场可分为**静电场**，由式(6.33a)和式(6.33c)或式(6.34a)和式(6.34c)决定，和**静磁场**，由式(6.33b)和式(6.33d)或式(6.34b)和式(6.34d)决定。静电场的源是 ρ，反之静磁场的源是 $\mathbf{J}$。从式(6.33e)或式(6.34e)也可以看出 $\mathbf{J}$ 和 ρ 无关。如果 $\mathbf{J}$ 包括由传导电流引入的分量，那么，既然 $\mathbf{J}_c=\sigma\mathbf{E}$，电场和磁场间就存在耦合，因为总场的耦合部分通过 $\mathbf{J}_c$ 发生联系。然而，既然式(6.33a)或式(6.34a)的右侧仍是零，耦合仅是单向的。那么，这种场归类于**静电磁场**。也可以看到，为保持一致性，既然式(6.33e)和式(6.34e)的右侧为零，式(6.33c)和式(6.34c)的右侧必须为零。将分别研究三类静态场中的每一类，并讨论一些基本特征。

静电场和电容

令人感兴趣的方程是式(6.33a)和式(6.33c)或式(6.34a)和式(6.34c)。每对方程的第一个方程只是简单说明静电场是保守场，且每对方程的第二个方程原则上确定已知电荷分布时的静电场。此外，泊松方程[参见式(6.22)]可用于求解 V，由此应用式(6.16)确定电场强度。

在无源区域，泊松方程简化为拉普拉斯方程，即式(6.31)。场由区域外的电荷产生，例如限定区域边界的导体上的表面电荷。这是求解边值问题的情形之一，将举例说明。

例 6.3

图 6.5(a)是平行板布置,其中两个平行的理想导体板($\sigma=\infty$,$\mathbf{E}=0$)位于 $x=0$ 和 $x=d$ 平面,其沿 y 轴的尺寸是 w,沿 z 轴的尺寸是 l。平板间的区域是材料参数为 ϵ 和 μ 的理想介质($\sigma=0$)。为便于演示,平板的厚度显示有所夸大。通过在 $z=-l$ 的一端连接直流电压源,平板间保持电位差 V_0。如果由于垂直于 x 轴的结构的有限尺寸引起的场的边缘现象可忽略,或者如果假定该结构是垂直于 x 轴的广度无限的结构的一部分,那么该问题可视为 x 为变量的一维问题,且式(6.31)可简化为

$$\frac{\mathrm{d}^2V}{\mathrm{d}x^2}=0 \tag{6.35}$$

要求完成这种布置下的静电场分析。

在平板间的无源区域内,电位的解由下式给出:

$$V(x)=\frac{V_0}{d}(d-x) \tag{6.36}$$

该式满足式(6.35)以及在 $x=d$ 处 $V=0$ 和在 $x=0$ 处 $V=V_0$ 的边界条件。然后,平板间的电场强度由下式给出:

$$\mathbf{E}=-\nabla V=\frac{V_0}{d}\mathbf{a}_x \tag{6.37}$$

如图 6.5(b)中的横截面视图所示,进而得到位移通量密度为

$$\mathbf{D}=\frac{\epsilon V_0}{d}\mathbf{a}_x \tag{6.38}$$

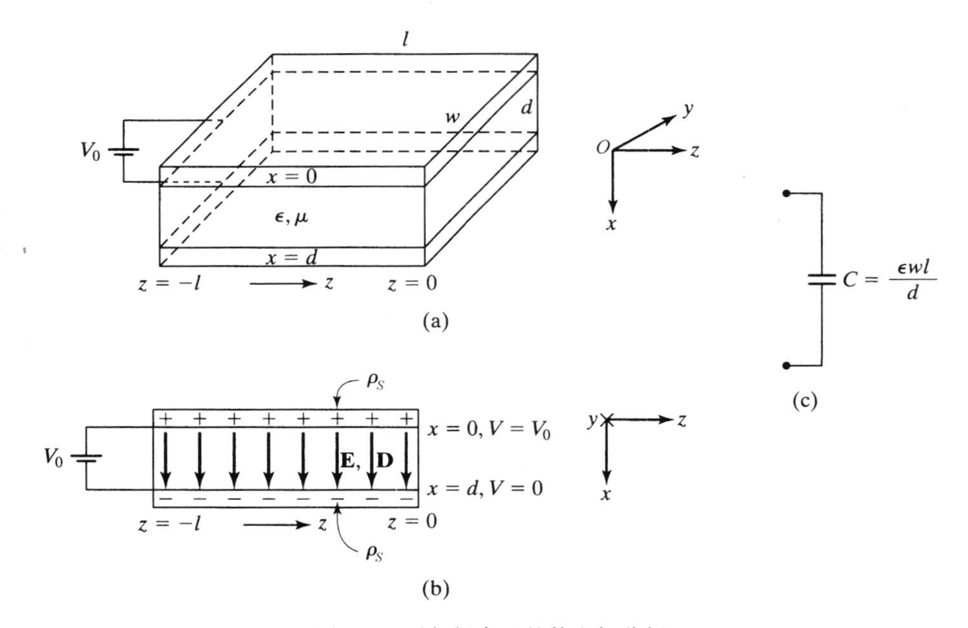

图 6.5 平行板布置的静电场分析

然后,利用式(5.94c)给出的 $\mathbf{D}$ 的法向分量的边界条件,得到任一平板上的电荷量的大小为

$$Q=\left(\frac{\epsilon V_0}{d}\right)(wl)=\frac{\epsilon wl}{d}V_0 \tag{6.39}$$

现在发现了熟悉的电路参数——平行板布置的电容 C。电容定义为任一平板上的电荷量的

大小与电位差 V_0 的比值。因此

$$C = \frac{Q}{V_0} = \frac{\epsilon wl}{d} \tag{6.40}$$

注意,C 的单位是 ϵ 的单位乘以米,即法[拉]。与这种布置联系在一起的现象是能量以平板间的电场能量的方式存储在电容里,由下式给出:

$$\begin{aligned} W_e &= \left(\frac{1}{2}\epsilon E_x^2\right)(wld) \\ &= \frac{1}{2}\left(\frac{\epsilon wl}{d}\right)V_0^2 \\ &= \frac{1}{2}CV_0^2 \end{aligned} \tag{6.41}$$

上式是熟悉的能量存储在电容里的表达式。

静磁场和电感

令人感兴趣的方程是式(6.33b)和式(6.33d)或式(6.34b)和式(6.34d)。每对方程的第二个方程只是简单说明静磁场是无散场,众所周知,它对任何磁场都有效。每对方程的第一个方程原则上确定已知电流分布时的静磁场。

在无源区域,$\mathbf{J}=0$。场由区域外的电流产生,例如限定区域边界的导体上的表面电流。这是求解边值问题的情形之一,就像式(6.31)的情况。然而,既然边界条件式(5.94b)直接建立磁场与表面电流密度的联系,应用式(6.34b)和式(6.34d)直接求解磁场不但简明,而且更方便。将举例说明。

例 6.4

图 6.6(a)是图 6.5(a)的平行板布置,并在 $z=0$ 末端用另一块导体将平行板连接,且在 $z=-l$ 的末端用直流源 I_0 驱动。如果由于垂直于 x 方向的结构的有限尺寸引起的场的边缘现象可忽略,或者如果假定该结构是垂直于 x 方向的广度无限的结构的一部分,那么该问题可视为 x 为变量的一维问题,且将平板上的电流密度写为

$$\mathbf{J}_S = \begin{cases} (I_0/w)\mathbf{a}_z & \text{在平板 } x=0 \text{ 上} \\ (I_0/w)\mathbf{a}_x & \text{在平板 } z=0 \text{ 上} \\ -(I_0/w)\mathbf{a}_z & \text{在平板 } x=d \text{ 上} \end{cases} \tag{6.42}$$

要求完成这种布置下的静磁场分析。

在平板间的无源区域内,式(6.34b)简化为

$$\begin{vmatrix} \mathbf{a}_x & \mathbf{a}_y & \mathbf{a}_z \\ \dfrac{\partial}{\partial x} & 0 & 0 \\ H_x & H_y & H_z \end{vmatrix} = 0 \tag{6.43}$$

式(6.34d)简化为

$$\frac{\partial B_x}{\partial x} = 0 \tag{6.44}$$

因此,如果场的分量存在,该分量必须是均匀的。这自动强制 H_x 和 H_z 为零,因为这些分量不为零的值将不满足平板上的边界条件式(5.94b)和式(5.94d)。记住,场完全在导体间的区域。这

样，正如图 6.6(b) 中的横截面视图所示，

$$\mathbf{H} = \frac{I_0}{w}\mathbf{a}_y \tag{6.45}$$

该式满足所有平板上的边界条件式(5.94b)，得到磁通密度为

$$\mathbf{B} = \frac{\mu I_0}{w}\mathbf{a}_y \tag{6.46}$$

与电流 I_0 关联的磁通ψ由下式给出：

$$\psi = \left(\frac{\mu I_0}{w}\right)(\mathrm{d}l) = \left(\frac{\mu dl}{w}\right)I_0 \tag{6.47}$$

现在发现了熟悉的电路参数——平行板布置的电感 L。电感定义为与电流关联的磁通与电流的比值。因此

$$L = \frac{\psi}{I_0} = \frac{\mu dl}{w} \tag{6.48}$$

注意：L 的单位是 μ 的单位乘以米，即亨[利]。与这种布置联系在一起的现象是能量以平板间的磁场能量的方式存储在电感里，由下式给出：

$$\begin{aligned} W_m &= \left(\frac{1}{2}\mu H^2\right)(wld) \\ &= \frac{1}{2}\left(\frac{\mu \mathrm{d}l}{w}\right)I_0^2 \\ &= \frac{1}{2}LI_0^2 \end{aligned} \tag{6.49}$$

上式是熟悉的能量存储在电感里的表达式。

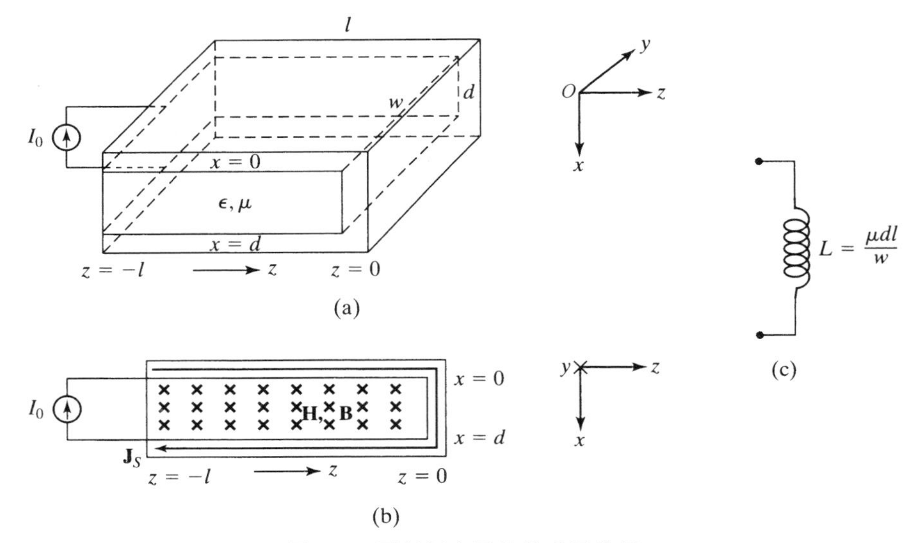

图 6.6 平行板布置的静磁场分析

电磁场和电导

令人感兴趣的方程是

$$\oint_C \mathbf{E}\cdot \mathrm{d}\mathbf{l} = 0 \tag{6.50a}$$

$$\oint_C \mathbf{H}\cdot d\mathbf{l} = \oint_S \mathbf{J}_c\cdot d\mathbf{S} = \sigma\oint_S \mathbf{E}\cdot d\mathbf{S} \tag{6.50b}$$

$$\oint_S \mathbf{D}\cdot d\mathbf{S} = 0 \tag{6.50c}$$

$$\oint_S \mathbf{B}\cdot d\mathbf{S} = 0 \tag{6.50d}$$

或微分形式：

$$\nabla\times\mathbf{E} = 0 \tag{6.51a}$$

$$\nabla\times\mathbf{H} = \mathbf{J}_c = \sigma\mathbf{E} \tag{6.51b}$$

$$\nabla\cdot\mathbf{D} = 0 \tag{6.51c}$$

$$\nabla\cdot\mathbf{B} = 0 \tag{6.51d}$$

从式(6.51a)和式(6.51c)，注意到两式满足静电位的拉普拉斯方程式(6.31)。因此，对于给定的问题，可以像图6.6中例子的情况一样以同样方式建立电场。然后，应用式(6.51b)建立磁场，且确保满足式(6.51d)。将举例说明。

例6.5

图6.7(a)是图6.5(a)的平行板布置，但平板间是材料参数为σ，ϵ和μ的非理想介质。要求完成这种布置下的静电磁场分析。

平板间的电场与式(6.37)给出的相同，即

$$\mathbf{E} = \frac{V_0}{d}\mathbf{a}_x \tag{6.52}$$

得到传导电流密度为

$$\mathbf{J}_c = \frac{\sigma V_0}{d}\mathbf{a}_x \tag{6.53}$$

传导电流密度从顶部平板流向底部平板，正如图6.7(b)中的横截面视图所示。既然在平板间的边界处$\partial\rho/\partial t=0$，平板上表面电流的流量满足电流的连续性。在输入端$z=-l$，这个从源流出的面电流必须等于从顶部平板流向底部平板的总电流。总电流由下式给出：

$$I_c = \left(\frac{\sigma V_0}{d}\right)(wl) = \frac{\sigma wl}{d}V_0 \tag{6.54}$$

现在发现了熟悉的电路参数——平行板布置的电导G。电导定义为与从源流出的电流与源电压V_0的比值。因此

$$G = \frac{I_c}{V_0} = \frac{\sigma wl}{d} \tag{6.55}$$

注意，G的单位是σ的单位乘以米，即西门子。电导的倒数，即平行板布置的电阻R由下式给出：

$$R = \frac{V_0}{I_c} = \frac{d}{\sigma wl} \tag{6.56}$$

电阻R的单位是欧姆。与这种布置联系在一起的现象是功率耗散在平板间的材料里，由下式给出：

$$
\begin{aligned}
P_d &= (\sigma E^2)(wl\mathrm{d}) \\
&= \left(\frac{\sigma wl}{d}\right)V_0^2 \\
&= GV_0^2 \\
&= \frac{V_0^2}{R}
\end{aligned}
\tag{6.57}
$$

上式是熟悉的耗散在电阻里的功率表达式。

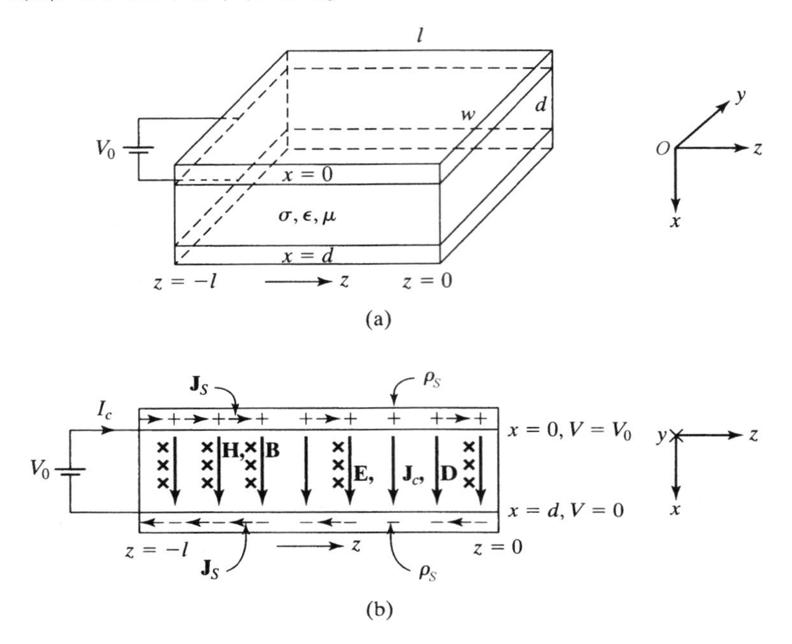

图 6.7 平行板布置的静电磁场分析

进一步,利用式(6.51b)得到磁场,并注意到这种情形的几何结构要求与 z 相关的 $\mathbf{H}$ 的 y 分量满足方程。因此

$$\mathbf{H} = H_y(z)\mathbf{a}_y \tag{6.58a}$$

$$\frac{\partial H_y}{\partial z} = -\frac{\sigma V_0}{d} \tag{6.58b}$$

$$\mathbf{H} = -\frac{\sigma V_0}{d} z\,\mathbf{a}_y \tag{6.58c}$$

既然在 $z=0$ 处的边界条件要求 $z=0$ 时 H_y 为零,因此这里积分常数设为零。注意,磁场指向正 y 方向(因为 z 是负数)且从 $z=0$ 到 $z=-l$ 线性增大,如图 6.7(b)所示。根据磁场在 $z=-l$ 处与从源流出的电流一致,为 $w[H_y]_{z=-l}=(\sigma V_0/d)(wl)=I_c$,磁场也满足 $z=-l$ 处的边界条件。

因为存在磁场,所以电感可表现为这种布置的特色,电感可应用磁链概念或能量方法得到。为应用磁链概念,认识到在 z 等于$(z'-dz')$和 z 等于 z'(这里 $-l<z'<0$)之间的微分量 $\mathrm{d}\psi'=\mu H_y d(\mathrm{d}z')$只链接了从顶部平板流向底部平板的 $z=z'$和 $z=0$ 之间的部分电流,因而设 N 等于$(-z'/l)$作为链接的总电流的份额比。那么,该电感即熟知的内电感表示为 L_i,因为该电感起因于电流分布引起的内部磁场,而式(6.48)中的电感则起因于电流分布引起的外部磁场,内电感 L_i 可由下式给出:

$$
\begin{aligned}
L_i &= \frac{1}{I_c}\int_{z'=-l}^{0} N\,\mathrm{d}\psi' \\
&= \frac{1}{3}\frac{\mu \mathrm{d}l}{w}
\end{aligned} \tag{6.59}
$$

或者，如果 $\sigma=0$ 且平板在 $z=0$ 处连接，如图 6.6(b)所示，等于该结构的电感的 1/3 倍。

另一方面，如果应用能量方法计算存储在磁场里的能量且设其等于 $1/2L_iI_c^2$，那么就有

$$
\begin{aligned}
L_i &= \frac{1}{I_c^2}(\mathrm{d}w)\int_{z=-l}^{0} \mu H_y^2\,\mathrm{d}z \\
&= \frac{1}{3}\frac{\mu \mathrm{d}l}{w}
\end{aligned} \tag{6.60}
$$

与式(6.59)一致。

最后，由于认识到能量存储与平板间的电场有关，注意到也可将这种布置与等于 $\epsilon wl/d$ 的电容 C 联系起来。这样，电导、电容和电感所有的三种特性都与该结构联系起来了。既然对于 $\sigma=0$ 这种情况可简化为图 6.5 的情形，可将图 6.7 的布置等效为图 6.8 所示的电路。注意，电容充电到电压 V_0 且流经电容的电流为零(开路状态)；穿过电感上的电压为零(短路状态)且流经电感的电流是 V_0/R。这样，从电压源流出的电流是 V_0/R，既然只关注从电压源流出的电流，那么电压源可视为单个的电阻 R。

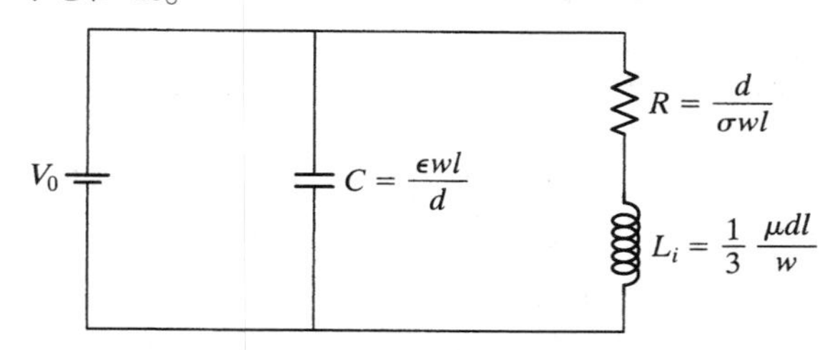

图 6.8　图 6.7 布置的等效电路

6.4　通过准静态分析低频特性

在前面的章节中，通过静态场引入电路元件。某类动态场可称为**准静态场**，可以把该类场当成是静态的来分析其特性。当激励某物理结构的信号源的频率为零，或场可以看成由麦克斯韦方程组的完整解得到的该结构中的时变场的低频近似时，依据频域特性，这类场就是结构中静态场的扩展。在本节中，研究静态场的低频扩展方法。这样，对于一个特定结构，首先研究时变场，该场具有与该结构中的静态场的解相同的空间特性，并得到场的解，解只包含 ω 的一次幂(最低幂)项及其幅度。根据占主导地位的静态场是电场还是磁场，准静态场被称为**电准静态场**或**磁准静态场**。现在分别研究这些场。

电准静态场

对于电准静态场，首先研究与特定结构中的静态场的解空间相关的电场。将举例说明。

例 6.6

图 6.9 显示了图 6.5(a)布置的横截面视图，且由正弦时变电压源 $V_g(t)=V_0\cos\omega t$ 取代了直流电压源进行激励。要求完成这种布置下的电准静态场分析。

根据式(6.37)，可以写出

$$\mathbf{E}_0 = \frac{V_0}{d}\cos\omega t\mathbf{a}_x \tag{6.61}$$

式中，下标0表示场的幅度是ω中零次幂的幅度。可产生一个与由式(3.28)给出的$\mathbf{H}$旋度的麦克斯韦方程组相对应的磁场。这样，注意到鉴于材料是理想介质，$\mathbf{J}=0$，对于这种布置的几何关系，有

$$\frac{\partial H_{y1}}{\partial z} = -\frac{\partial D_{x0}}{\partial t} = \frac{\omega\epsilon V_0}{d}\sin\omega t$$

$$\mathbf{H}_1 = \frac{\omega\epsilon V_0 z}{d}\sin\omega t\,\mathbf{a}_y \tag{6.62}$$

式中，通过选择积分常数使$[H_{y1}]_{z=0}$为零满足了$z=0$处的边界条件，且下标1表示场的幅度是ω中一次幂的幅度。注意，H_{y1}的幅度从$z=0$处的零到$z=-l$处的最大值，随z线性变化。

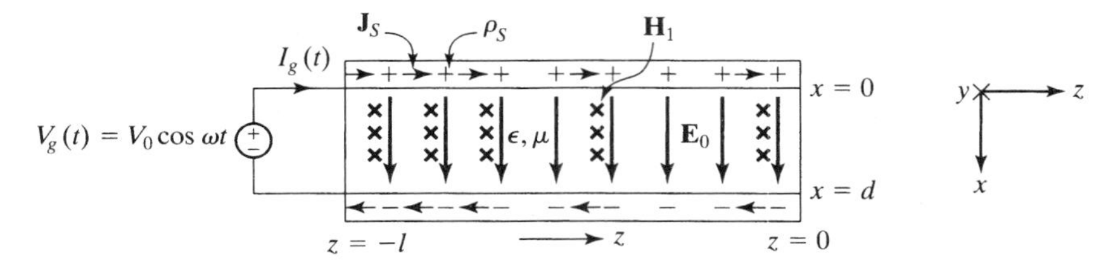

图6.9 图6.5的平行板结构的电准静态场分析

停止这里的求解，因为若继续求解，将式(6.62)代入麦克斯韦旋度方程式(3.17)求解$\mathbf{E}$，可随之得到电场，但该电场中的一项的幅度与ω的二次幂成正比。这简单意味着由式(6.61)和式(6.62)给出一对场不满足式(3.17)，因而不是麦克斯韦方程组的完整解。该场是准静态场。完整解通过同时求解麦克斯韦方程组得到且满足特定问题的边界条件。

进一步，得到从电压源流出的电流：

$$\begin{aligned}I_g(t) &= w[H_{y1}]_{z=-l}\\ &= -\omega\left(\frac{\epsilon wl}{d}\right)V_0\sin\omega t\\ &= C\frac{\mathrm{d}V_g(t)}{\mathrm{d}t}\end{aligned} \tag{6.63a}$$

或

$$\bar{I}_g = \mathrm{j}\omega C\bar{V}_g \tag{6.63b}$$

式中，$C=(\epsilon wl/d)$是从静态场角度得到的该布置的电容。这样，该结构的输入导纳是$\mathrm{j}\omega C$，因而其低频特性本质上就是一个单电容的特性，该电容的值与从这个结构的静态场分析中得到的电容相同。事实上，考虑到功率流并应用坡印亭定理，得到流入该结构的功率为

$$\begin{aligned}P_{\text{in}} &= wd[E_{x0}H_{y1}]_{z=0}\\ &= -\left(\frac{\epsilon wl}{d}\right)\omega V_0^2\sin\omega t\cos\omega t\\ &= \frac{\mathrm{d}}{\mathrm{d}t}\left(\frac{1}{2}CV_g^2\right)\end{aligned} \tag{6.64}$$

该功率与式(6.41)给出的静态情况下存储在该结构里的电能一致。

磁准静态场

对于磁准静态场，首先研究与特定结构中的静态场的解空间相关的磁场。将举例说明。

例 6.7

图 6.10 显示了图 6.6(a) 布置的横截面视图，且由正弦时变电流源 $I_g(t) = I_0\cos\omega t$ 取代了直流电流源进行激励。要求完成这种布置下的磁准静态场分析。

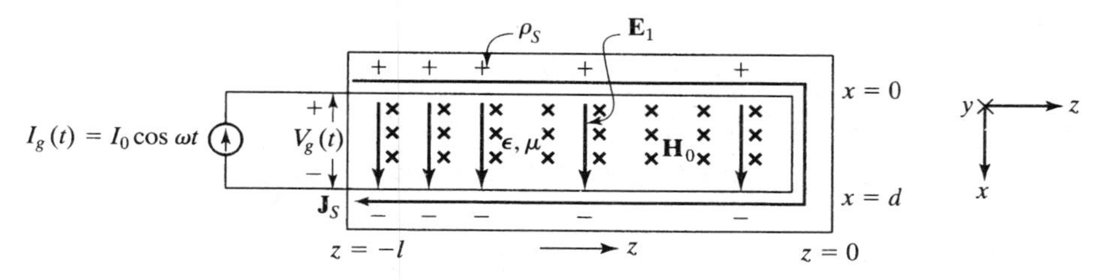

图 6.10　图 6.6 的平行板结构的磁准静态场分析

根据式(6.45)，将其写为

$$\mathbf{H}_0 = \frac{I_0}{w}\cos\omega t\,\mathbf{a}_y \tag{6.65}$$

式中，下标 0 再次表示场的幅度是 ω 中零次幂的幅度。依据 **E** 的麦克斯韦旋度方程，可产生一个电场，由式(3.17)得到。这样，对于该布置的几何学有

$$\frac{\partial E_{x1}}{\partial z} = -\frac{\partial B_{y0}}{\partial t} = \frac{\omega\mu I_0}{w}\sin\omega t$$

$$\mathbf{E}_1 = \frac{\omega\mu I_0 z}{w}\sin\omega t\,\mathbf{a}_x \tag{6.66}$$

这里通过选择积分常数使$[E_{x1}]_{z=0}$为零满足了 $z=0$ 处的边界条件，且下标 1 再次表示场的幅度是 ω 中一次幂的幅度。注意，E_{x1} 的幅度从 $z=0$ 处的零到 $z=-l$ 处的最大值，随 z 线性变化。

与在电准静态场的情况一样，停止这里的求解，因为若继续求解，将式(6.66)代入麦克斯韦旋度方程式(3.28)求解 **H**，可随之得到磁场，但该磁场中的一项的幅度与 ω 的二次幂成正比。这简单意味着由式(6.65)和式(6.66)给出一对场不满足式(3.28)，因而不是麦克斯韦方程组的完整解。该场是准静态场。完整解通过同时求解麦克斯韦方程组得到且满足特定问题的边界条件。

进一步，得到电流源上的电压为

$$\begin{aligned} V_g(t) &= d[E_{x1}]_{z=-l} \\ &= -\omega\left(\frac{\mu dl}{w}\right)I_0\sin\omega t \\ &= L\frac{dI_g(t)}{dt} \end{aligned} \tag{6.67a}$$

或

$$\bar{V}_g = j\omega L\bar{I}_g \tag{6.67b}$$

式中，$L = (\mu dl/w)$ 是从静态场角度得到的该布置的电感。这样，该结构的输入阻抗是 $j\omega L$，因而其低频特性本质上就是一个单电感的特性，该电感的值与从这个结构的静态场分析中得到的电感相同。事实上，考虑到功率流并应用坡印亭定理，得到流入该结构的功率是

$$\begin{aligned}P_{\text{in}} &= wd[E_{x1}H_{y0}]_{z=-l} \\ &= -\left(\frac{\mu dl}{w}\right)\omega I_0^2 \sin\omega t\cos\omega t \\ &= \frac{\mathrm{d}}{\mathrm{d}t}\left(\frac{1}{2}LI_g^2\right)\end{aligned} \tag{6.68}$$

该功率与式(6.49)给出的静态情况下存储在该结构里的磁能一致。

导体中的准静态场

如果一个布置中的介质板是导体，那么因为有传导电流，像在6.3节中静态电磁场讨论的一样，在这种静态情况下电场和磁场都存在。此外，幅度与 ω 的一次幂成正比的电场促成幅度与 ω 的一次幂成正比的磁场的产生，再加上幅度与 ω 的零次幂成正比的电场促成产生的磁场。举例说明如下。

例6.8

图6.9的布置中介质板是导体，如图6.11(a)所示，完成这种布置下的准静态场分析。

应用图6.7的布置的静态场分析结果，得到图6.11(a)布置的结果：

$$\mathbf{E}_0 = \frac{V_0}{d}\cos\omega t\,\mathbf{a}_x \tag{6.69}$$

$$\mathbf{J}_{c0} = \sigma\mathbf{E}_0 = \frac{\sigma V_0}{d}\cos\omega t\,\mathbf{a}_x \tag{6.70}$$

$$\mathbf{H}_0 = -\frac{\sigma V_0 z}{d}\cos\omega t\,\mathbf{a}_y \tag{6.71}$$

结果如图6.11(a)所示。同样，E_{x0}和 H_{y0}的幅度随 z 的变化如图6.11(b)所示。

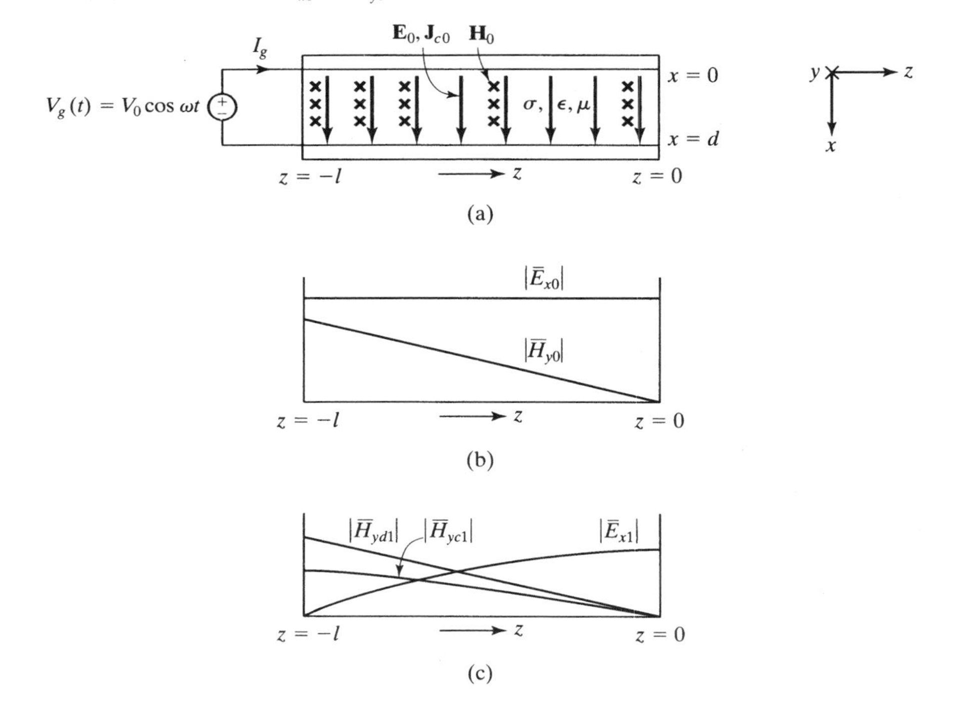

图6.11 (a)图6.7的平行板结构的零阶场；(b)零阶场幅度随结构的变化；(c)一阶场幅度随结构的变化

依据 **E** 的麦克斯韦旋度方程式(3.17)，式(6.69)给出的磁场引起幅度与 ω 的一次幂成正比的电场。因此

$$\frac{\partial E_{x1}}{\partial z} = -\frac{\partial B_{y0}}{\partial t} = -\frac{\omega\mu\sigma V_0 z}{d}\sin\omega t$$

$$E_{x1} = -\frac{\omega\mu\sigma V_0}{2d}(z^2 - l^2)\sin\omega t \tag{6.72}$$

式中也要确保满足 $z=-l$ 处的边界条件。该边界条件需要在 $z=-l$ 处 E_x 等于 V_g/d。既然单独应用 E_{x0} 即可满足，那么在 $z=-l$ 处 E_{x1} 必须为零。

依据 **H** 的麦克斯韦旋度方程式(3.28)，式(6.69)和式(6.72)一起给出的电场引起幅度与 ω 的一次幂成正比的磁场。因此

$$\begin{aligned}\frac{\partial H_{y1}}{\partial z} &= -\sigma E_{x1} - \epsilon\frac{\partial E_{x0}}{\partial t}\\ &= \frac{\omega\mu\sigma^2 V_0}{2d}(z^2 - l^2)\sin\omega t + \frac{\omega\epsilon V_0}{d}\sin\omega t\end{aligned}$$

$$H_{y1} = \frac{\omega\mu\sigma^2 V_0(z^3 - 3zl^2)}{6d}\sin\omega t + \frac{\omega\epsilon V_0 z}{d}\sin\omega t \tag{6.73}$$

式中也要确保满足 $z=0$ 处的边界条件。该边界条件需要在 $z=0$ 处 H_y 等于零，这意味着在 $z=0$ 处磁场的所有项必须为零。注意，式(6.73)右端第一项是由 E_{x1} 产生的材料里的传导电流的贡献，第二项是由 E_{x0} 产生的位移电流的贡献。将其分别表示为 H_{yc1} 和 H_{yd1}。在图 6.11(c)中显示了与幅度 ω 的一次幂成正比的所有场分量的幅度随 z 的变化。

现在，将每个场的贡献加起来，得到总的电场和磁场，这些场包括幅度与 ω 的一次幂成正比的项：

$$E_x = \frac{V_0}{d}\cos\omega t - \frac{\omega\mu\sigma V_0}{2d}(z^2 - l^2)\sin\omega t \tag{6.74a}$$

$$H_y = -\frac{\sigma V_0 z}{d}\cos\omega t + \frac{\omega\epsilon V_0 z}{d}\sin\omega t + \frac{\omega\mu\sigma^2 V_0(z^3 - 3zl^2)}{6d}\sin\omega t \tag{6.74b}$$

或

$$\bar{E}_x = \frac{\bar{V}_g}{d} + \mathrm{j}\omega\frac{\mu\sigma}{2d}(z^2 - l^2)\bar{V}_g \tag{6.75a}$$

$$\bar{H}_y = -\frac{\sigma z}{d}\bar{V}_g - \mathrm{j}\omega\frac{\epsilon z}{d}\bar{V}_g - \mathrm{j}\omega\frac{\mu\sigma^2(z^3 - 3zl^2)}{6d}\bar{V}_g \tag{6.75b}$$

最后，从电压源流出的电流由下式给出：

$$\begin{aligned}\bar{I}_g &= w[\bar{H}_y]_{z=-l}\\ &= \left(\frac{\sigma wl}{d} + \mathrm{j}\omega\frac{\epsilon wl}{d} - \mathrm{j}\omega\frac{\mu\sigma^2 wl^3}{3d}\right)\bar{V}_g\end{aligned} \tag{6.76}$$

该结构的输入导纳由下式给出：

$$\begin{aligned}\bar{Y}_{\text{in}} &= \frac{\bar{I}_g}{\bar{V}_g} = \mathrm{j}\omega\frac{\epsilon wl}{d} + \frac{\sigma wl}{d}\left(1 - \mathrm{j}\omega\frac{\mu\sigma l^2}{3}\right)\\ &\approx \mathrm{j}\omega\frac{\epsilon wl}{d} + \frac{1}{\dfrac{d}{\sigma wl}\left(1 + \mathrm{j}\omega\dfrac{\mu\sigma l^2}{3}\right)}\end{aligned} \tag{6.77}$$

式中，使用了近似式 $[1 + \mathrm{j}\omega(\mu\sigma l^2/3)]^{-1} \approx [1 - \mathrm{j}\omega(\mu\sigma l^2/3)]$。进一步，可以得到

$$\bar{Y}_{in} = j\omega\frac{\epsilon wl}{d} + \frac{1}{\dfrac{d}{\sigma wl} + j\omega\dfrac{\mu dl}{3w}}$$

$$= j\omega C + \frac{1}{R + j\omega L_i} \tag{6.78}$$

式中，如果材料是理想介质，那么 $C = \epsilon wl/d$ 是该结构的电容，$R = d/\sigma wl$ 是该结构的电阻，且 $L_i = \mu dl/3w$ 是该结构的内自感，所有这些都是根据该结构的静态场分析计算的。

与式(6.78)对应的等效电路由电容 C 与电阻 R 和内自感的 L_i 串联组合并联组成，与图 6.8 所示的等效电路一样。这样，理解了该结构的输入导纳也必须近似于一阶项，其低频输入特性本质上与图 6.8 所示的等效电路的特性一样。注意，对于 $\sigma = 0$，该结构的输入导纳是纯电容。对于非零 σ，σ 等于 $\sqrt{3\epsilon/\mu l^2}$ 的临界值存在，并使输入导纳为纯电感。对于小于临界值的 σ 值，输入导纳是复数且为容性；对于大于临界值的 σ 值，输入导纳是复数且为感性。

6.5 分布电路概念和平行板传输线

在 6.4 节中，从电路的观点，图 6.5 的平行结构的特性类似静态情况下的电容，且该电容本质上保持了正弦时变激励下的电容输入特性，且频率要低至足以使准静态近似有效的范围内。同样地，从电路的观点，图 6.6 的平行结构的特性类似静态情况下的电感，且该电感本质上保持了正弦时变激励下的电感输入特性，且频率要低至足以使准静态近似有效的范围内。对于两种结构，在任意足够高的频率下，只能够通过获得麦克斯韦方程组的完整(波)解来得到输入特性，且满足合适的边界条件。

这里有两个问题要问：(1)是否有表示结构本身的等效电路，与终端无关，可表示发生在结构内的现象，且在任意频率都有效，到了材料参数本身与频率无关的程度？(2)对频率的限制是什么？超出限制后准静态近似就不再有效。在一定条件下，第一个问题的答案是肯定的。将引出分布电路的概念，并通过考虑平行板结构在本节展开这个概念，并将平行板结构称为**平行板传输线**。条件是沿结构传播的波是所谓的**横电磁波**或 TEM 波，意味着电场和磁场的方向完全垂直波的传播方向。第二个问题的答案是，若准静态近似有效，与平板间电介质区域内电源的频率相对应的波长相比，沿波传播方向的物理结构的长度必须很小。当通过扩展准静态情况下的解，该解的项数要多于麦克斯韦方程组的连续解(参见 4.3 节)中 ω 的一次项，且发现在 ω 的一次项占支配地位的条件下，更直接的是借助麦克斯韦方程组的联立解得到精确解，并发现精确解与准静态解近似的条件。在 7.1 节中通过将图 6.10 的结构考虑为短路传输线并得到其输入阻抗，实现这个想法。

现在，为展开并讨论分布电路的概念，考虑图 6.7(a)的平行板布置，它由任意频率的正弦时变源激励，如图 6.12(a)所示。那么，为了得到精确解，要求解的方程是

$$\nabla \times \mathbf{E} = -\frac{\partial \mathbf{B}}{\partial t} = -\mu\frac{\partial \mathbf{H}}{\partial t} \tag{6.79a}$$

$$\nabla \times \mathbf{H} = \mathbf{J}_c + \frac{\partial \mathbf{D}}{\partial t} = \sigma\mathbf{E} + \epsilon\frac{\partial \mathbf{E}}{\partial t} \tag{6.79b}$$

对于这种布置的几何结构，忽略边缘处的场或假定该结构是极大尺寸设置的一部分，$\mathbf{E} = E_x(z,t)\,\mathbf{a}_x$ 和 $\mathbf{H} = H_y(z,t)\,\mathbf{a}_y$，所以式(6.79a)和式(6.79b)简化为

$$\frac{\partial E_x}{\partial z} = -\mu \frac{\partial H_y}{\partial t} \tag{6.80a}$$

$$\frac{\partial H_y}{\partial z} = -\sigma E_x - \epsilon \frac{\partial E_x}{\partial t} \tag{6.80b}$$

这是均匀平面波由导体导向沿 z 轴传播的情况。既然所有的边界条件都满足，就像导体并不存在似的，那么就有了**平行板传输线**的简单例子。现在，由于在给定的 z 为常数的平面内 E_z 和 H_z 为零，即**垂直**波传播方向的平面，如图 6.12(b) 所示，可以根据这个平面里的电场强度唯一地定义平板间的电压，以及根据这个平面里的磁场强度定义横越该平面的电流，且电流在顶部平面为某方向，在底部平面为相反方向。这些参量由下式给出：

$$V(z,t) = \int_{x=0}^{d} E_x(z,t)\,\mathrm{d}x = E_x(z,t)\int_{x=0}^{d}\mathrm{d}x = \mathrm{d}E_x(z,t) \tag{6.81a}$$

$$\begin{aligned} I(z,t) &= \int_{y=0}^{w} J_S(z,t)\,\mathrm{d}y = \int_{y=0}^{w} H_y(z,t)\,\mathrm{d}y = H_y(z,t)\int_{y=0}^{w}\mathrm{d}y \\ &= wH_y(z,t) \end{aligned} \tag{6.81b}$$

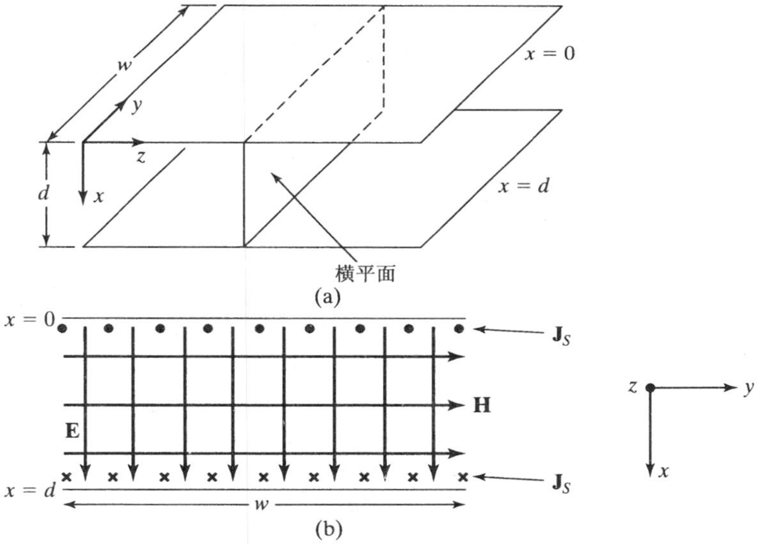

图 6.12　(a) 平行板传输线；(b) 平行板传输线的一个横平面

进一步，通过求坡印亭矢量在给定的横平面上的面积分，可以得到沿传输线而下的功率流。这样可得

$$\begin{aligned} P(z,t) &= \int_{\text{横平面}} (\mathbf{E}\times\mathbf{H})\cdot \mathrm{d}\mathbf{S} \\ &= \int_{x=0}^{d}\int_{y=0}^{w} E_x(z,t)H_y(z,t)\,\mathbf{a}_z\cdot \mathrm{d}x\,\mathrm{d}y\,\mathbf{a}_z \\ &= \int_{x=0}^{d}\int_{y=0}^{w} \frac{V(z,t)}{d}\frac{I(z,t)}{w}\,\mathrm{d}x\,\mathrm{d}y \\ &= V(z,t)I(z,t) \end{aligned} \tag{6.82}$$

式(6.82)是电路理论中常见的关系式。

从式(6.81a)和式(6.81b),可得

$$E_x = \frac{V}{d} \tag{6.83a}$$

$$H_y = \frac{I}{w} \tag{6.83b}$$

根据式(6.83a)和式(6.83b),分别替代式(6.80a)和式(6.80b)中的 E_x 和 H_y,现在得到两个沿传输线的电压和电流的微分方程:

$$\frac{\partial}{\partial z}\left(\frac{V}{d}\right) = -\mu\frac{\partial}{\partial t}\left(\frac{I}{w}\right) \tag{6.84a}$$

$$\frac{\partial}{\partial z}\left(\frac{I}{w}\right) = -\sigma\left(\frac{V}{d}\right) - \epsilon\frac{\partial}{\partial t}\left(\frac{V}{d}\right) \tag{6.84b}$$

或

$$\frac{\partial V}{\partial z} = -\left(\frac{\mu d}{w}\right)\frac{\partial I}{\partial t} \tag{6.85a}$$

$$\frac{\partial I}{\partial z} = -\left(\frac{\sigma w}{d}\right)V - \left(\frac{\epsilon w}{d}\right)\frac{\partial V}{\partial t} \tag{6.85b}$$

现在把式(6.85a)和式(6.85b)圆括号中的量看成电路参数 L,G 和 C 除以该结构沿 z 方向的长度 l 以后的结果。这样,这些量就是传输线的每单位长度的电感、每单位长度的电容和每单位长度的电导,分别表示为$\mathscr{L}$,$\mathscr{C}$和$\mathscr{G}$,且据这些参数把方程写为

$$\frac{\partial V}{\partial z} = -\mathscr{L}\frac{\partial I}{\partial t} \tag{6.86a}$$

$$\frac{\partial I}{\partial z} = -\mathscr{G}V - \mathscr{C}\frac{\partial V}{\partial t} \tag{6.86b}$$

式中,

$$\mathscr{L} = \frac{\mu d}{w} \tag{6.87a}$$

$$\mathscr{C} = \frac{\epsilon w}{d} \tag{6.87b}$$

$$\mathscr{G} = \frac{\sigma w}{d} \tag{6.87c}$$

注意到$\mathscr{L}$,$\mathscr{C}$,$\mathscr{G}$完全取决于传输线的尺寸,且

$$\mathscr{L}\mathscr{C} = \mu\epsilon \tag{6.88a}$$

$$\frac{\mathscr{G}}{\mathscr{C}} = \frac{\sigma}{\epsilon} \tag{6.88b}$$

式(6.86a)和式(6.86b)称为**传输线方程**。方程以电路参数代替场量表现了沿传输线的波传播特性。然而,不应忘记实际现象是被传输线的导体导引的一种电磁波。

习惯上由传输线方程式(6.86a)和式(6.86b)推出,用其等效电路的方法表示传输线。为此,考虑介于 z 和 $z+\Delta z$ 之间的无穷小长度 Δz 的一段。根据式(6.86a),得到

$$\lim_{\Delta z\to 0}\frac{V(z+\Delta z,t) - V(z,t)}{\Delta z} = -\mathscr{L}\frac{\partial I(z,t)}{\partial t}$$

或对于 $\Delta z \to 0$,

$$V(z+\Delta z,t) - V(z,t) = -\mathscr{L}\,\Delta z\,\frac{\partial I(z,t)}{\partial t} \tag{6.89a}$$

该方程可以由图 6.13(a)所示的等效电路表示,既然该方程满足沿 $abcda$ 环路的基尔霍夫电压定理。类似地,根据式(6.86b),得到

$$\lim_{\Delta z\to 0}\frac{I(z+\Delta z,t)-I(z,t)}{\Delta z}=\lim_{\Delta z\to 0}\left[-\mathscr{G}V(z+\Delta z,t)-\mathscr{C}\frac{\partial V(z+\Delta z,t)}{\partial t}\right]$$

或对于 $\Delta z\to 0$,

$$I(z+\Delta z,t)-I(z,t)=-\mathscr{G}\,\Delta z\,V(z+\Delta z,t)-\mathscr{C}\Delta z\frac{\partial V(z+\Delta z,t)}{\partial t} \tag{6.89b}$$

该方程可以由图 6.13(b)所示的等效电路表示,既然该方程满足结点 c 的基尔霍夫电流定理。结合这两个方程,可以得到由图 6.13(c)所示的传输线 Δz 一段的等效电路。然后,随之而来的是由无数这样的小段级联组成的长度为 l 的一部分传输线的电路表示,如图 6.14 所示。这样的电路称为**分布电路**,与电路理论里熟知的**集总电路**相反。由此事实引出分布电路的概念,即电感、电容和电导沿传输线是均匀分布且重叠的。

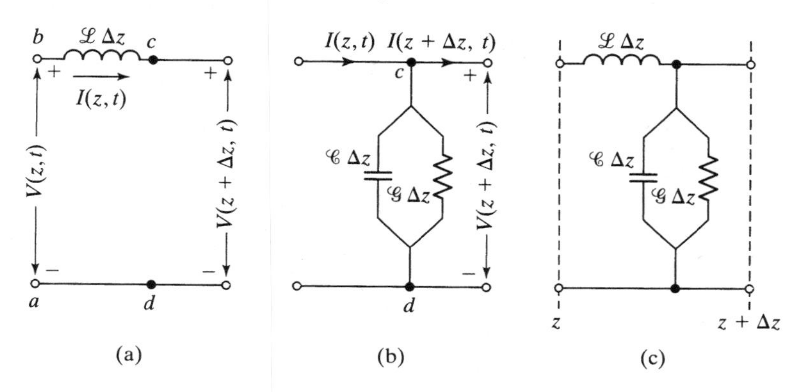

图 6.13　无限小长度 Δz 的传输线的等效电路的演变

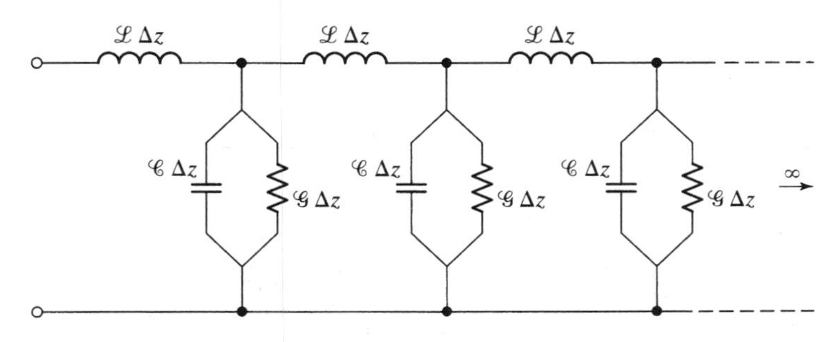

图 6.14　传输线的分布电路表示

分布电路概念的更物理化的解释可以从对能量的考虑中得出。知道传输线导体间的均匀平面波的传播由电场和磁场里的能量存储以及传导电流引起的功率耗散来表现其特征。如果考虑传输线的一段 Δz,那么 Δz 存储在这一段内的电场的能量由下式给出:

$$\begin{aligned}W_e&=\frac{1}{2}\epsilon E_x^2(\text{体积})=\frac{1}{2}\epsilon E_x^2(\mathrm{d}w\,\Delta z)\\&=\frac{1}{2}\frac{\epsilon w}{d}(E_x d)^2\,\Delta z=\frac{1}{2}\mathscr{C}\,\Delta z\,V^2\end{aligned} \tag{6.90a}$$

存储在 Δz 这一段内的磁场里的能量由下式给出：

$$\begin{aligned}W_m &= \frac{1}{2}\mu H_y^2(\text{体积}) = \frac{1}{2}\mu H_y^2(\mathrm{d}w\,\Delta z)\\ &= \frac{1}{2}\frac{\mu \mathrm{d}}{w}(H_y w)^2\,\Delta z = \frac{1}{2}\mathscr{L}\,\Delta z\, I^2\end{aligned} \tag{6.90b}$$

耗散在 Δz 这一段内的由传导电流引起的功率由下式给出：

$$\begin{aligned}P_d &= \sigma E_x^2(\text{体积}) = \sigma E_x^2(\mathrm{d}w\,\Delta z)\\ &= \frac{\sigma w}{d}(E_x d)^2\,\Delta z = \mathscr{G}\,\Delta z\, V^2\end{aligned} \tag{6.90c}$$

这样，对于给定的无限小的一段传输线，$\mathscr{L}$，$\mathscr{C}$和$\mathscr{G}$这些参数就分别与磁场中存储的能量、电场中存储的能量和由电介质中的传导电流耗散的功率联系起来了。既然这些现象连续发生且重叠，那么电感、电容和电导必须沿传输线均匀分布且重叠。在实际应用中，传输线的导体是非理想的，依据趋肤效应现象，会导致场轻微透入导体中。这会引起功率耗散和导体中的磁场能量存储，就要考虑在传输线等效电路的串联支路里增加一个电阻和附加的电感。

6.6 任意横截面的传输线

在6.5节中，考虑了由位于 $x=0$ 和 $x=d$ 平面的理想导体板组成的平行板传输线，因而均匀平面波可满足电场的切向分量为零和磁场的法向分量为零的边界条件，均匀平面波由下面的场来表示：

$$\mathbf{E} = E_x(z,t)\mathbf{a}_x$$
$$\mathbf{H} = H_y(z,t)\mathbf{a}_y$$

这将导致这样的情况：传输线的导体导引均匀平面波。然而，在一般情况下，传输线的导体的横截面是任意的，而且场由 x 分量和 y 分量组成，以及除了 z 坐标外，场还与 x 和 y 坐标相关。这样，导体之间的场由下式给出：

$$\mathbf{E} = E_x(x,y,z,t)\mathbf{a}_x + E_y(x,y,z,t)\mathbf{a}_y$$
$$\mathbf{H} = H_x(x,y,z,t)\mathbf{a}_x + H_y(x,y,z,t)\mathbf{a}_y$$

这些场在 x 和 y 坐标中不再是均匀的，但完全地指向传播方向的横向，传播方向即 z 轴，传输线的轴。因而，它们被称为**横电磁波**或 **TEM 波**。均匀平面波是横电磁波的简单特例。

为了将传输线参数$\mathscr{L}$，$\mathscr{C}$和$\mathscr{G}$的计算扩展到一般情形，考虑一条由平行的、具有任意横截面的理想导体组成的传输线，如图6.15(a)中的横截面视图所示。假定内导体相对于外导体为正，且电流在内导体沿正 z 轴（进入页面）流动，在外导体沿负 z 轴（穿出页面）流动。基于以下考虑：(a)既然理想导体表面上的电场的切向分量必须为零，电力线必须起始并垂直于内导体且必须终止并垂直于外导体。(b)磁力线必须处处垂直于电力线，虽然这一点可由严格的数学证明说明，但直观上很显然，由于首先磁力线在导体表面附近必须是切向的，其次在任意一点处场都与局部均匀平面波的场一致。可画出**场图**，即导体间的场的趋势线草图。这样，假定起始于内导体并在表面的几个点处画几条垂直于表面的线，如图6.15(b)所示。然后离开导体画一条曲线且曲线处处垂直于图6.15(b)中的电力线，如图6.15(c)所示。这条轮廓线表示磁力线且构成电力线进一步扩展的基础，如图6.15(d)所示。然后画出第二条磁力线，因而也是处处垂直于扩展的电力线的，如图 6.15(e)所示。重复进行这一过程，直到两组正交的轮廓线填满了导体间的横截面，如图 6.15(f)所示，因而产生了由曲线连成的长方形(简称曲线长方形)组成的场图。

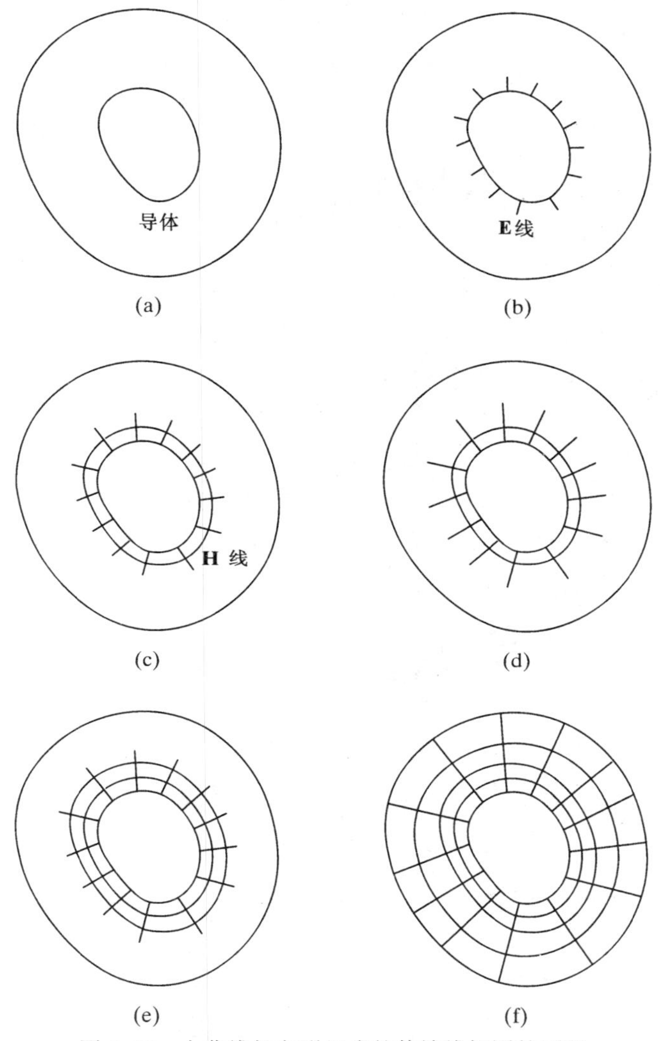

图 6.15　由曲线长方形组成的传输线场图的历程

通过以很小的间隔画场线，可使长方形小到可看成平行板线的横截面。事实上，通过选择合适的间隔，甚至可把它们做成一组正方形。如果现在用理想导体替代磁力线，由于这样没有违反任何边界条件，那么这种布置可看成平行组合，在角方向有 m 个串联组合，在径向有 n 个平行板线，这里 m 是角方向，即沿磁力线的正方形的数目，n 是径向，即沿电力线的正方形的数目。然后可用下列方式得到$\mathscr{L}$,$\mathscr{C}$和$\mathscr{G}$的简单表达式。

简单考虑一下图 6.16 所示的场图，由角方向的 1,2,…,8 的 8 段和径向的 a,b 两段组成。然后这个布置就是平行组合，角方向有 8 个串联组合，径向有两条线，组合的每一个都有一个由曲线连成的长方形横截面。令 I_1,I_2,…,I_8 分别是与 1,2,…,8 段有关的电流，且令ψ_a 和ψ_b 分别是与 a 和 b 段有关的 z 轴的单位长度的磁通。那么，传输线单位长度的电感由下式给出：

$$\mathscr{L} = \frac{\psi}{I} = \frac{\psi_a + \psi_b}{I_1 + I_2 + \cdots + I_8}$$

$$= \frac{1}{\dfrac{I_1}{\psi_a} + \dfrac{I_2}{\psi_a} + \cdots \dfrac{I_8}{\psi_a}} + \frac{1}{\dfrac{I_1}{\psi_b} + \dfrac{I_2}{\psi_b} \cdots + \dfrac{I_8}{\psi_b}}$$

$$= \frac{1}{\dfrac{1}{\mathscr{L}_{1a}} + \dfrac{1}{\mathscr{L}_{2a}} + \cdots + \dfrac{1}{\mathscr{L}_{8a}}} + \frac{1}{\dfrac{1}{\mathscr{L}_{1b}} + \dfrac{1}{\mathscr{L}_{2b}} + \cdots + \dfrac{1}{\mathscr{L}_{8b}}} \tag{6.91a}$$

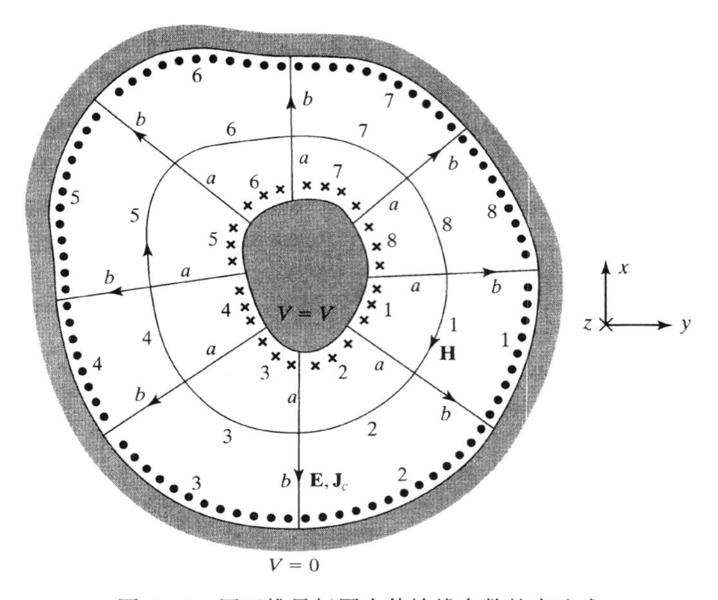

图 6.16 用于推导场图中传输线参数的表达式

令 $Q_1,Q_2,\cdots,Q_8$ 分别是与 1,2,…,8 段有关的 z 方向上单位长度的电荷，且令 V_a 和 V_b 分别是与 a 和 b 段有关的电压。那么，传输线单位长度的电容由下式给出：

$$\mathscr{C} = \frac{Q}{V} = \frac{Q_1 + Q_2 + \cdots + Q_8}{V_a + V_b}$$

$$= \frac{1}{\dfrac{V_a}{Q_1} + \dfrac{V_b}{Q_1}} + \frac{1}{\dfrac{V_a}{Q_2} + \dfrac{V_b}{Q_2}} + \cdots + \frac{1}{\dfrac{V_a}{Q_8} + \dfrac{V_b}{Q_8}}$$

$$= \frac{1}{\dfrac{1}{\mathscr{C}_{1a}} + \dfrac{1}{\mathscr{C}_{1b}}} + \frac{1}{\dfrac{1}{\mathscr{C}_{2a}} + \dfrac{1}{\mathscr{C}_{2b}}} + \cdots + \frac{1}{\dfrac{1}{\mathscr{C}_{8a}} + \dfrac{1}{\mathscr{C}_{8b}}} \tag{6.91b}$$

令 $I_{c1},I_{c2},\cdots,I_{c8}$ 分别是与 1,2,…,8 段有关的 z 方向上单位长度的传导电流。那么，传输线单位长度的电导由下式给出：

$$\mathscr{G} = \frac{I_c}{V} = \frac{I_{c1} + I_{c2} + \cdots + I_{c8}}{V_a + V_b}$$

$$= \frac{1}{\dfrac{V_a}{I_{c1}} + \dfrac{V_b}{I_{c1}}} + \frac{1}{\dfrac{V_a}{I_{c2}} + \dfrac{V_b}{I_{c2}}} + \cdots + \frac{1}{\dfrac{V_a}{I_{c8}} + \dfrac{V_b}{I_{c8}}}$$

$$= \frac{1}{\dfrac{1}{\mathscr{G}_{1a}} + \dfrac{1}{\mathscr{G}_{1b}}} + \frac{1}{\dfrac{1}{\mathscr{G}_{2a}} + \dfrac{1}{\mathscr{G}_{2b}}} + \cdots + \frac{1}{\dfrac{1}{\mathscr{G}_{8a}} + \dfrac{1}{\mathscr{G}_{8b}}} \tag{6.91c}$$

将式(6.91a)、式(6.91b)和式(6.91c)推广到角方向有 m 段和径向有 n 段,得到

$$\mathscr{L} = \sum_{j=1}^{n} \frac{1}{\sum_{i=1}^{m} \frac{1}{\mathscr{L}_{ij}}} \tag{6.92a}$$

$$\mathscr{C} = \sum_{i=1}^{m} \frac{1}{\sum_{j=1}^{n} \frac{1}{\mathscr{C}_{ij}}} \tag{6.92b}$$

$$\mathscr{G} = \sum_{i=1}^{m} \frac{1}{\sum_{j=1}^{n} \frac{1}{\mathscr{G}_{ij}}} \tag{6.92c}$$

式中,$\mathscr{L}_{ij}$,$\mathscr{C}_{ij}$和$\mathscr{G}_{ij}$是对应于长方形 ij 的单位长度的电感、电容和电导。如果场图由曲线正方形组成,那么根据式(6.87a)、式(6.87b)和式(6.87c),可知$\mathscr{L}_{ij}$,$\mathscr{C}_{ij}$和$\mathscr{G}_{ij}$分别等于 μ,ϵ 和 σ。因为平板的宽度 w 等于平板的间距 d。这样,得到$\mathscr{L}$,$\mathscr{C}$和$\mathscr{G}$的简单表达式:

$$\mathscr{L} = \mu \frac{n}{m} \tag{6.93a}$$

$$\mathscr{C} = \epsilon \frac{m}{n} \tag{6.93b}$$

$$\mathscr{G} = \sigma \frac{m}{n} \tag{6.93c}$$

那么$\mathscr{L}$,$\mathscr{C}$和$\mathscr{G}$的计算由以下步骤完成:绘制由曲线正方形组成的场图,数出每个方向上的正方形数目,并且将这些值代入式(6.93a)、式(6.93b)和式(6.93c)。再次注意到

$$\mathscr{L}\mathscr{C} = \mu\epsilon \tag{6.94a}$$

$$\frac{\mathscr{G}}{\mathscr{C}} = \frac{\sigma}{\epsilon} \tag{6.94b}$$

现在考虑一个应用曲线正方形技术的例子。

例 6.9

同轴电缆是由平行的、同轴的和圆柱的导体组成的。令内导体的半径是 a 且外导体的半径是 b。要求应用曲线正方形技术得到同轴电缆的$\mathscr{L}$,$\mathscr{C}$和$\mathscr{G}$的表达式。

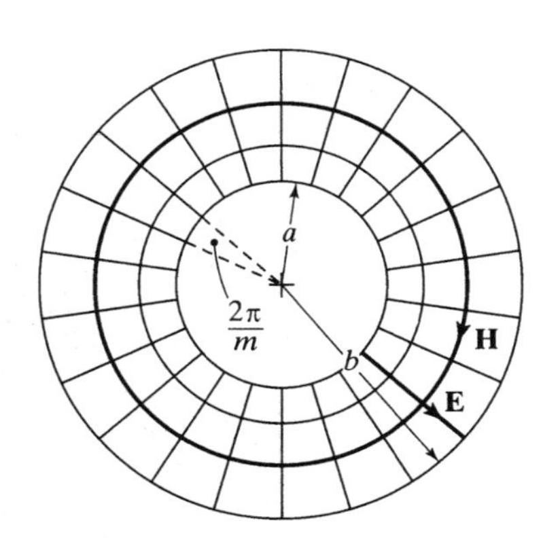

图 6.17　对于同轴电缆,由曲线正方形组成的场图

图 6.17 显示了同轴电缆的横截面视图和场图。鉴于与导体结构联系在一起的对称性,在这种情况下简化了场图的历程。电力线是从一个导体到另一个导体的径向线,磁力线是以导体为同心的圆,如图 6.17 所示。令角方向的曲线正方形的数目是 m。然后为得到径向的曲线正方形的数目,注意到对着导体中心相邻电力线对之间的角是 $2\pi/m$。这样,在两导体间任意半径 r 处,曲线正方形的边等于 $r(2\pi/m)$。沿径向在无限小距离 dr 中的正方形的数目是$\dfrac{dr}{r(2\pi/m)}$或$\dfrac{m}{2\pi}\dfrac{dr}{r}$。沿径向从内导体到外导体的正方形的总数目由下式给出:

$$n = \int_{r=a}^{b} \frac{m}{2\pi}\frac{dr}{r} = \frac{m}{2\pi}\ln\frac{b}{a}$$

$\mathscr{L}$,$\mathscr{C}$和$\mathscr{G}$需要的表达式由下式给出：

$$\mathscr{L} = \mu\frac{n}{m} = \frac{\mu}{2\pi}\ln\frac{b}{a} \tag{6.95a}$$

$$\mathscr{C} = \epsilon\frac{m}{n} = \frac{2\pi\epsilon}{\ln(b/a)} \tag{6.95b}$$

$$\mathscr{G} = \sigma\frac{m}{n} = \frac{2\pi\sigma}{\ln(b/a)} \tag{6.95c}$$

这些表达式是精确的。因为涉及到的几何结构，在这种情况下能够得到精确的表达式。如果几何结构不这么简单，就只能得到$\mathscr{L}$,$\mathscr{C}$和$\mathscr{G}$的近似值。

只讨论了一个确定同轴传输线参数$\mathscr{L}$,$\mathscr{C}$和$\mathscr{G}$的例子。对于其他具有不同横截面的结构，可以应用曲线正方形技术或者应用解析或实验技术得到这些参数。对于一些可得到精确表达式的情况，参数列在表6.1中，随同平板线和同轴一起给出了参数。

表6.1 对于一些具有图6.18所示横截面的无限长导体组成的结构，每单位长度的电导、电容和电感

类型	每单位长度的电容$\mathscr{C}$	每单位长度的电导$\mathscr{G}$	每单位长度的电感$\mathscr{L}$
平行板导体，图6.18(a)	$\epsilon\frac{w}{d}$	$\sigma\frac{w}{d}$	$\mu\frac{d}{w}$
同轴圆柱的导体，图6.18(b)	$\frac{2\pi\epsilon}{\ln(b/a)}$	$\frac{2\pi\sigma}{\ln(b/a)}$	$\frac{\mu}{2\pi}\ln\frac{b}{a}$
平行圆柱线，图6.18(c)	$\frac{\pi\epsilon}{\operatorname{arcosh}(d/a)}$	$\frac{\pi\sigma}{\operatorname{arcosh}(d/a)}$	$\frac{\mu}{\pi}\operatorname{arcosh}\frac{d}{a}$
偏心内导体，图6.18(d)	$\frac{2\pi\epsilon}{\operatorname{arcosh}\left(\frac{a^2+b^2-d^2}{2ab}\right)}$	$\frac{2\pi\sigma}{\operatorname{arcosh}\left(\frac{a^2+b^2-d^2}{2ab}\right)}$	$\frac{\mu}{2\pi}\operatorname{arcosh}\left(\frac{a^2+b^2+d^2}{2ab}\right)$
屏蔽的平行圆柱线，图6.18(e)	$\frac{\pi\epsilon}{\ln\frac{d(b^2-d^2/4)}{a(b^2+d^2/4)}}$	$\frac{\pi\sigma}{\ln\frac{d(b^2-d^2/4)}{a(b^2+d^2/4)}}$	$\frac{\mu}{\pi}\ln\frac{d(b^2-d^2/4)}{a(b^2+d^2/4)}$

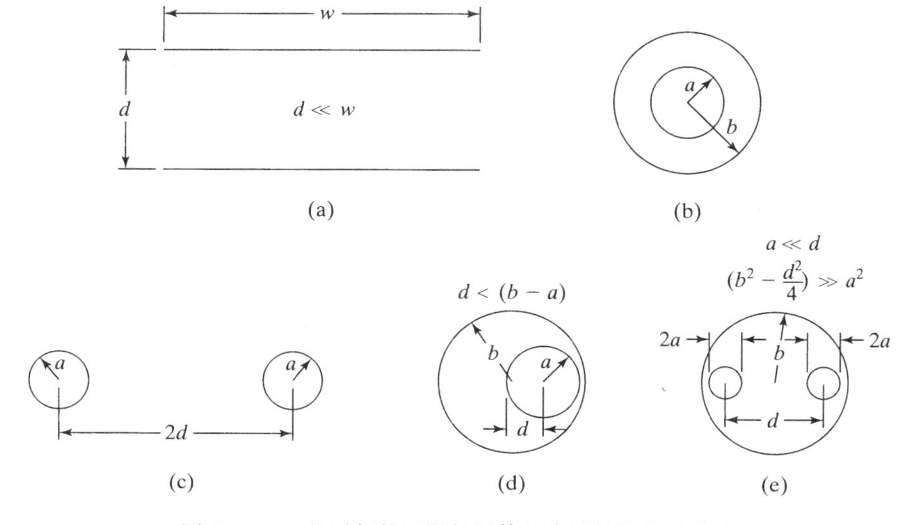

图6.18 一些平行的无限长导体的常见结构的横截面

小结

本章，首先根据以下静态场的事实引入了电位：

$$\nabla \times \mathbf{E} = 0 \tag{6.96}$$

而且，既然一个标量函数的梯度的旋度恒等于零，那么 **E** 可以表示为一个标量函数的梯度。笛卡儿坐标下一个标量函数 Φ 的梯度由下式给出：

$$\nabla\Phi = \frac{\partial\Phi}{\partial x}\mathbf{a}_x + \frac{\partial\Phi}{\partial y}\mathbf{a}_y + \frac{\partial\Phi}{\partial z}\mathbf{a}_z$$

在一个已知点的 $\nabla\Phi$ 的大小等于该点 Φ 的最大增加率，且其指向是此最大增加率的方向，即正交于经过该点的等 Φ 曲面。

考虑到与试验电荷在静电场中的移动联系在一起的功，发现对于静电场的情形，这个标量函数是 $-V$，因而

$$\mathbf{E} = -\nabla V \tag{6.97}$$

式中，V 是电位。点 A 的电位 V_A 是在场中将试验电荷从点 A 移动到参考点 O 时场所做的每单位电荷量的功的总量。该电位是点 A 和点 O 间的电位差。因而

$$V_A = [V]_A^O = \int_A^O \mathbf{E}\cdot d\mathbf{l} = -\int_O^A \mathbf{E}\cdot d\mathbf{l}$$

两点间的电位差与两点间的电压有相同的物理意义。然而，由于时变场中的电压取决于计算电压时采用的路径，因此不是一个唯一值；反之，静态场中的电位差与路径无关，有唯一值。

考虑一个点电荷的电位场，得到点电荷的电位为

$$V = \frac{Q}{4\pi\epsilon R}$$

式中，R 是离开点电荷的径向距离。因而点电荷的等电位面是以点电荷为中心的球面。

将式(6.97)代入 **D** 的麦克斯韦散度方程，推导出泊松方程

$$\nabla^2 V = -\frac{\rho}{\epsilon} \tag{6.98}$$

这说明在某点的电位的拉普拉斯算子等于 $-1/\epsilon$ 乘以该点的体电荷密度。在笛卡儿坐标系下，

$$\nabla^2 V = \frac{\partial^2 V}{\partial x^2} + \frac{\partial^2 V}{\partial y^2} + \frac{\partial^2 V}{\partial z^2}$$

对于电荷密度只是 x 的函数的一维情况，式(6.98)简化为

$$\frac{\partial^2 V}{\partial x^2} = \frac{\partial^2 V}{\partial x^2} = -\frac{\rho}{\epsilon}$$

通过考虑 p-n 结二极管的例子，举例说明了这个方程的解。

如果 $\rho = 0$，那么泊松方程简化为拉普拉斯方程

$$\nabla^2 V = 0 \tag{6.99}$$

该方程应用于无电荷的电介质区域以及导电媒质。

为引入电路元件，下面从静态场的麦克斯韦方程组的微分形式和电流连续性方程开始，由下式给出：

$$\nabla \times \mathbf{E} = 0 \tag{6.100a}$$

$$\nabla \times \mathbf{H} = \mathbf{J} \tag{6.100b}$$

$$\nabla \cdot \mathbf{D} = \rho \tag{6.100c}$$

$$\nabla \cdot \mathbf{B} = 0 \tag{6.100d}$$

$$\nabla \cdot \mathbf{J} = 0 \tag{6.100e}$$

考虑了静态场的三种情况：(a)静电场；(b)静磁场和(c)静电磁场。从这三种情况，通过分析平行板布置，分别引入了电路元件电容(C)、电感(L)和电导(G)。

然后为获得物理结构的低频特性，将静态场的解扩展到准静态。这种准静态场方法从时变场开始，该时变场与物理结构中的静态场有相同的空间特性，然后通过应用时变场的麦克斯韦旋度方程，得到包含频域一次幂项在内的场解。像静态场一样，在同样的三种情况中应用这种方法，发现结构的输入特性与相应的静态场情况本质上保持一致。

在7.1节推导出，当与源频率对应的波长大于沿波传播方向的结构的长度时，准静态场近似对此频率有效。超出准静态场近似的有效范围后，只能通过获得麦克斯韦方程组的完整解并符合边界条件来得到输入特性，这将引出分布电路的概念，且平行板结构变成平行板传输线。推导出**传输线方程**

$$\frac{\partial V}{\partial z} = -\mathscr{L}\frac{\partial I}{\partial t} \tag{6.101a}$$

$$\frac{\partial I}{\partial z} = -\mathscr{G}V - \mathscr{C}\frac{\partial V}{\partial t} \tag{6.101b}$$

这些方程应用于所有传输线，由横电磁波表现其特性。依据电路量代替了依据场量，这些方程决定了沿传输线波的传播。

参数$\mathscr{L}$，$\mathscr{C}$和$\mathscr{G}$是传输线的每单位长度的电感、电容和电导，一种传输线与另一种传输线的参数不同。对于平板宽度为w和平板间距为d的平行板传输线，这些参数为

$$\mathscr{L} = \frac{\mu d}{w}$$

$$\mathscr{C} = \frac{\epsilon w}{d}$$

$$\mathscr{G} = \frac{\sigma w}{d}$$

式中，μ，ϵ和σ是平板间媒质的材料参数且忽略了场的边缘效应。通过构造横电磁波场的场图，场图由传输线的横截面上的曲线正方形组成，学习了如何计算任意横截面传输线的$\mathscr{L}$，$\mathscr{C}$和$\mathscr{G}$。如果m是导体切向的正方形的数目且n是导体法向的正方形的数目，那么

$$\mathscr{L} = \mu\frac{n}{m}$$

$$\mathscr{C} = \epsilon\frac{m}{n}$$

$$\mathscr{G} = \sigma\frac{m}{n}$$

将此技术应用到同轴电缆，对于内导体半径为a和外导体半径为b的电缆，有

$$\mathscr{L} = \frac{\mu}{2\pi}\ln\frac{b}{a}$$

$$\mathscr{C} = \frac{2\pi\epsilon}{\ln(b/a)}$$

$$\mathscr{G} = \frac{2\pi\sigma}{\ln(b/a)}$$

复习思考题

6.1　简述静态场的麦克斯韦旋度方程。

6.2　一个标量的梯度在笛卡儿坐标系下的展开式是什么？一个矢量在什么时候可表示为一个标量的梯度？

6.3　讨论一个标量函数的梯度的物理解释。

6.4　为确定垂直于一个曲面的单位矢量，讨论梯度概念的应用。

6.5　你如何应用梯度概念得到一个标量函数沿特定方向的增加率？

6.6　定义电位。电位与静电场强度的关系是什么？

6.7　区分电位差和应用于时变场的电压。

6.8　什么是保守场？给出两个保守场的例子。

6.9　描述一个点电荷的等电位面。

6.10　讨论应用电位的概念确定由电荷分布引起的电场强度。

6.11　一个标量的拉普拉斯算子是什么？它在笛卡儿坐标系下的展开式是什么？

6.12　简述泊松方程。

6.13　略述在已知电荷密度沿一维变化的区域中电位的泊松方程的解。

6.14　简述拉普拉斯方程。在什么区域中该方程有效？

6.15　简述静态场的麦克斯韦方程组的(a)积分形式和(b)微分形式。

6.16　参考麦克斯韦方程组的子集，讨论静态场的分类。

6.17　略述平行板结构的静电场分析及确定其电容的步骤。

6.18　略述平行板结构的静磁场分析及确定其电感的步骤。

6.19　略述平行板结构的静电磁场分析及确定其等效电路的步骤。

6.20　解释术语**内自感**。

6.21　在物理结构中的静态场的准静态扩展意味着什么？

6.22　略述平行板结构的电准静态场分析及确定其输入特性的步骤。与静电场比较输入特性。

6.23　略述平行板结构的磁准静态场分析及确定其输入特性的步骤。与静磁场比较输入特性。

6.24　略述平板间安装导体板的平行板结构的磁准静态场分析及确定其输入特性的步骤。与静电磁场比较输入特性。

6.25　讨论在任意频率下沿平行板结构发生的现象，并讨论概念的必要性。

6.26　对频率的限制是什么？超出此限制，对于物理结构的输入特性，准静态近似不再有效。

6.27　平行板传输线的已知横截面内两导体间的电压与平板内的电场怎样联系起来？

6.28　穿过平行板传输线的已知横截面，流过平板的电流与平板内的磁场怎样联系起来？

6.29　什么是传输线方程？怎样从麦克斯韦方程组获得传输线方程？

6.30　什么是平行板传输线的每单位长度的电感$\mathscr{L}$、每电位长度的电容$\mathscr{C}$和每单位长度的电导$\mathscr{G}$的表达式？

6.31　三个参数$\mathscr{L}$，$\mathscr{C}$和$\mathscr{G}$无关吗？如果相关，它们之间怎样相关？

6.32　画出传输线等效电路。怎样从传输线方程推出它？

6.33　讨论分布电路的概念，并与集总电路比较。

6.34　讨论与传输线等效电路里每个元件联系起来的物理现象。

6.35 什么是横电磁波？

6.36 什么是场图？对于任意横截面的传输线，描述绘制其场图的过程。

6.37 两个相同的平行圆柱导体构成传输线，圆柱导体轴间距是圆柱导体半径的4倍，画出该传输线场图的草图。

6.38 描述根据场图计算传输线参数$\mathscr{L}$，$\mathscr{C}$和$\mathscr{G}$的过程。

6.39 由曲线正方形组成的场图怎样简化了传输线参数的计算？

6.40 讨论应用曲线正方形技术确定同轴电缆的参数$\mathscr{L}$，$\mathscr{C}$和$\mathscr{G}$。

习题

6.1 求解下列标量函数的梯度：(a) $\sqrt{x^2+y^2+z^2}$；(b) xyz。

6.2 确定下列矢量中哪些可表示为标量函数的梯度：(a) $y\mathbf{a}_x - x\mathbf{a}_y$；(b) $x\mathbf{a}_x + y\mathbf{a}_y + z\mathbf{a}_z$；(c) $2xy^3z\mathbf{a}_x + 3x^2y^2z\mathbf{a}_y + x^2y^3\mathbf{a}_z$。

6.3 求解与平面 $5x+2y+4z=20$ 垂直的单位矢量。

6.4 求解与曲面 $x^2-y^2=5$ 在点(3,2,1)垂直的单位矢量。

6.5 求解标量函数 x^2y 在点(1,2,1)沿矢量 $\mathbf{a}_x-\mathbf{a}_y$ 方向的增加率？

6.6 对于由 $\mathbf{E}=y\mathbf{a}_x+x\mathbf{a}_y$ 给出的静电场，求解点 $A(1,1,1)$ 和点 $B(2,2,2)$ 之间的电位差。

6.7 对于位于点(1,2,0)的点电荷 Q，求解点 $A(3,4,1)$ 和点 $B(5,5,0)$ 之间的电位差。

6.8 对于由分别位于点$(0,0,d/2)$和点$(0,0,-d/2)$的点电荷 Q 和 $-Q$ 组成的线性电偶极子，与 d 相比，在距离偶极子足够远处，求解电位的表达式，并进而求解电场强度。

6.9 对于位于沿 z 轴点(0,0,−1)和点(0,0,1)之间的均匀密度为 10^{-3} C/m 的线电荷，通过将线电荷分成100等分段，并把每段电荷看成位于该段中心的点电荷，求解位于点$(0,y,0)$的电位的级数表达式。然后求解位于点(0,1,0)的电场强度的级数表达式。

6.10 重复习题6.9，假定线电荷密度为 $10^{-3}|z|$ C/m。

6.11 一个真空二极管的简化模型由位于 $x=0$ 平面的阴极和位于 $x=d$ 平面的阳极组成，阳极相对于阴极的电位是 V_0。该模型内的电位分布为

$$V=V_0\left(\frac{x}{d}\right)^{4/3} \qquad 0<x<d$$

(a) 求解 $0<x<d$ 区域里的空间电荷密度分布。

(b) 求解阴极和阳极上的表面电荷密度。

6.12 对于图6.4(a)中的p-n结二极管，证明在 $x=0$ 处位移通量密度的法向分量的连续性边界条件自动被式(6.29)满足。

6.13 假定图6.4(a)中的p-n结二极管的杂质浓度是穿越结的距离的线性函数。然后空间电荷密度分布由下式给出：

$$\rho=kx \qquad -d/2<x<d/2$$

式中，d 是空间电荷区域的宽度；k 是比例常数。求解空间电荷区域的电位的解。

6.14 空间电荷密度分布由下式给出：

$$\rho=\begin{cases}\rho_0\sin x & -\pi<x<\pi\\ 0 & x\text{ 为其他值}\end{cases}$$

式中，ρ_0 是常数。对所有 x，画出电位 V 对 x 变化的示意图。假定对于 $x=0$，$V=0$。

6.15　图 6.5 所示的两平板间的区域填充了两种理想介质。对于 $0<x<t$，介电常数为 ϵ_1；对于 $t<x<d$，介电常数为 ϵ_2。(a)求在 $0<x<t$ 和 $t<x<d$ 两个区域里电位的解。(b)求解在边界$x=t$ 的电位。(c)求解这种布置的电容。

6.16　对于非均匀介电常数的电介质，证明泊松方程由下式给出：

$$\epsilon \nabla^2 V + \nabla\epsilon \cdot \nabla V = -\rho$$

假定图 6.5 所示的两平板间的区域填充了非均匀介电常数的理想介质：

$$\epsilon = \frac{\epsilon_0}{1-(x/2d)}$$

求平板间的电位的解，且求平板的每单位面积电容的表达式。

6.17　图 6.6 所示的两平板间的区域被 y 轴平分两半。假定一半填充了磁导率为 μ_1 的材料，另一半填充了磁导率为 μ_2 的材料。求解这种布置的电感。

6.18　图 6.7 所示的两平板间的区域填充了两种非理想介质。对于 $0<x<t$，电导率为 σ_1；对于 $t<x<d$，电导率为 σ_2。(a)求在 $0<x<t$ 和 $t<x<d$ 两个区域里电位的解。(b)求解在边界$x=t$ 的电位。

6.19　对于图 6.9 所示的结构，继续超越准静态扩展后的分析，求解修正到 ω 的三次幂的输入阻抗。确定等效电路。

6.20　对于图 6.10 所示的结构，继续超越准静态扩展后的分析，求解修正到 ω 的三次幂的输入阻抗。确定等效电路。

6.21　对于图 6.10 所示的结构，假定平板间的媒质是电导率为 σ 的非理想介质。(a)证明修正到 ω 的一次幂的输入阻抗与 σ 为零时的相同。(b)求解修正到 ω 的二次幂的输入阻抗并确定等效电路。

6.22　求解条件。在该条件下，图 6.11 所示的结构的准静态输入特性本质上等同于(a)与电阻并联的电容和(b)与电感串联的电阻。

6.23　宽为 $w=0.1$ m 且位于 $x=0$ 和 $x=0.02$ m 平面的理想导体组成了平行板传输线。导体间的媒质是理想介质 $\mu=\mu_0$。一个在导体间传播的均匀平面波的电场为

$$\mathbf{E} = 100\pi\cos(2\pi\times10^6 t - 0.02\pi z)\,\mathbf{a}_x \text{ V/m}$$

求解(a)导体间的电压，(b)沿导体的电流和(c)沿传输线的功率流。

6.24　理想导体组成了平行板传输线，$\mathcal{L}$等于 10^{-7} H/m。如果平板间的媒质特性为 $\sigma=10^{-11}$ S/m，$\epsilon=6\epsilon_0$，$\mu=\mu_0$。求解传输线的$\mathcal{G}$和$\mathcal{C}$。

6.25　如果传输线的导体是非理想的，那么传输线等效电路在串联支路里包含一个电阻和一个附加的电感。假定平行板传输线的(非理想)导体的厚度在感兴趣的频率处是几个趋肤深度。证明：考虑到良导体媒质中的趋肤效应，沿导体的每单位长度的电阻和电感分别是 $2/\sigma_c\delta w$ 和 $2/\omega\sigma_c\delta w$，这里 σ_c 是(非理想)导体的电导率，w 是宽度，δ 是趋肤深度。因为是 2 个导体，所以出现因子 2。

6.26　如图 6.19(a)和图 6.19(b)所示，证明传输线方程式(6.86a)和式(6.86b)的等效电路的这两种可选表示法。

6.27　证明：对于横电磁波，分别依据在已知平面内的电场和磁场，可唯一定义此平面内导体间的电压和沿导体的电流。

6.28　对于 $b/a=3.5$ 的同轴电缆，通过构造由曲线正方形组成的场图，依据电介质的 μ，ϵ 和 σ 求解传输线参数$\mathcal{L}$，$\mathcal{C}$和$\mathcal{G}$的近似值。比较近似值和例 6.9 中推导出的表达式给出的精确值。

6.29　对于 $d/a=2$ 的平行金属线，如图 6.18(c) 所示，构造由曲线正方形组成的场图，求解传输线参数 $\mathscr{L}$, $\mathscr{C}$ 和 $\mathscr{G}$ 的近似值。比较近似值和表 6.1 中的表达式给出的精确值。

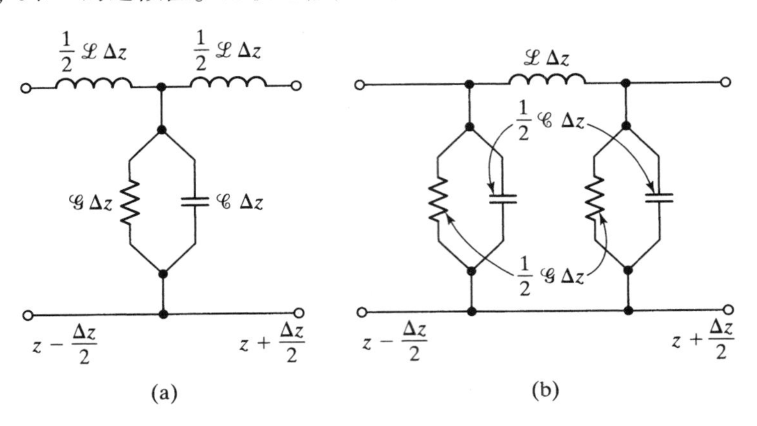

图 6.19　习题 6.26 图

6.30　应用于微波集成电路的屏蔽带状线，其中心导体光刻在夹在两导体间的两层基质的内表面，如图 6.20 的横截面视图所示。对于图中所示的尺寸，构造由曲线正方形组成的场图，并考虑到基质是 $\epsilon=9\epsilon_0$ 和 $\mu=\mu_0$ 的理想介质，计算 $\mathscr{L}$ 和 $\mathscr{C}$。假定为了简化，场限制在基质区域。

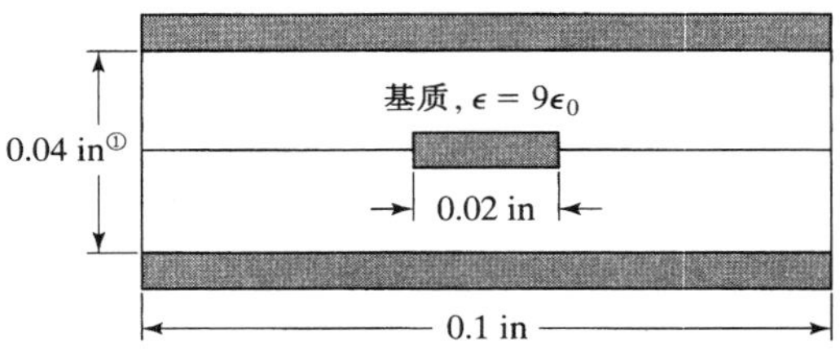

图 6.20　习题 6.30 图

6.31　一个偏心同轴电缆的横截面[参见图 6.18(d)]由半径 $a=5$ cm 的外圆和半径 $b=2$ cm 的内圆组成，其中心间隔为 $d=2$ cm。通过构造由曲线正方形组成的场图，依据电介质的 μ, ϵ 和 σ 求解传输线参数 $\mathscr{L}$, $\mathscr{C}$ 和 $\mathscr{G}$ 的近似值。

6.32　考虑具有图 6.21 所示横截面的传输线。内导体是半径为 a 的圆，外导体是边长为 $2a$ 的正方形。应用曲线正方形技术，求解 $\mathscr{L}$, $\mathscr{C}$ 和 $\mathscr{G}$ 的近似值。①

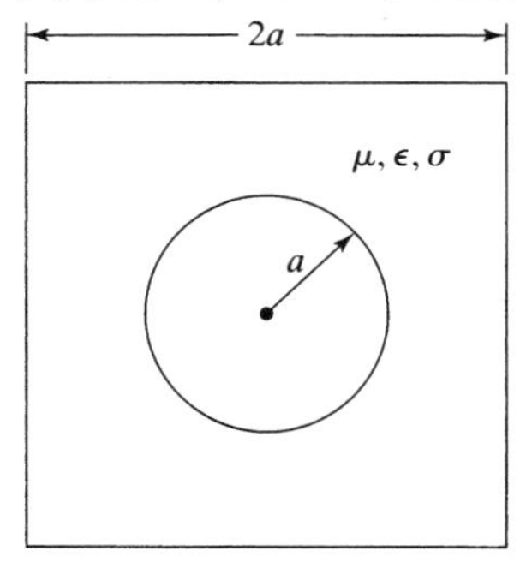

图 6.21　习题 6.32 图

① in(英寸)是非法定长度计量单位，1 in = 0.0254 m。——编者注

第 7 章　传输线分析

在第 6 章中，介绍了传输线和传输线方程。应用传输线方程，可以用电路参量代替场量，讨论沿着具有均匀横截面的两个平行导体的波传播现象。本章首先在频域，也就是正弦稳态，然后在时域，即任意时变状态，分析无耗传输线系统。

在频域，通过分析短路传输线，学习**驻波**现象。从短路传输线的输入阻抗的频率相关性，可以得到结论：物理结构的输入特性的准静态近似的条件是该结构的物理长度必须是波长的一小部分。然后，分析两条串联传输线的连接处的反射和传输，并引入一种求解传输线问题时很有用的图形工具——史密斯[①]圆图。

在时域，将从端接阻性负载的传输线开始，介绍**反弹图**技术。对于恒定电压源以及对于脉冲电压源，该技术用于研究传输线上的波的前向和后向瞬态反射。然后，将反弹图技术应用于初始时刻充电的传输线。最后，引入**负载-线**技术，用于分析端接非线性负载的传输线，并用于分析逻辑门的互连。

A. 频域

在第 6 章中，介绍了传输线，传输线上的电压和电流是由传输线方程决定的，即

$$\frac{\partial V}{\partial z} = -\mathscr{L}\frac{\partial I}{\partial t} \tag{7.1a}$$

$$\frac{\partial I}{\partial z} = -\mathscr{G}V - \mathscr{C}\frac{\partial V}{\partial t} \tag{7.1b}$$

正弦时变的情况下，对于复数形式的电压 $\bar{V}$ 和电流 $\bar{I}$，相应的微分方程组为

$$\frac{\partial \bar{V}}{\partial z} = -\mathrm{j}\omega\mathscr{L}\bar{I} \tag{7.2a}$$

$$\frac{\partial \bar{I}}{\partial z} = -\mathscr{G}\bar{V} - \mathrm{j}\omega\mathscr{C}\bar{V} = -(\mathscr{G} + \mathrm{j}\omega\mathscr{C})\bar{V} \tag{7.2b}$$

联立式(7.2a)和式(7.2b)，消去 $\bar{I}$，得到 $\bar{V}$ 的波动方程：

$$\begin{aligned}\frac{\partial^2 \bar{V}}{\partial z^2} &= -\mathrm{j}\omega\mathscr{L}\frac{\partial \bar{I}}{\partial z} = \mathrm{j}\omega\mathscr{L}(\mathscr{G} + \mathrm{j}\omega\mathscr{C})\bar{V} \\ &= \bar{\gamma}^2\bar{V}\end{aligned} \tag{7.3}$$

式中，

$$\bar{\gamma} = \sqrt{\mathrm{j}\omega\mathscr{L}(\mathscr{G} + \mathrm{j}\omega\mathscr{C})} \tag{7.4}$$

是与传输线上的波传播联系在一起的传播常数。$\bar{V}$ 的解为

$$\bar{V}(z) = \bar{A}\mathrm{e}^{-\bar{\gamma}z} + \bar{B}\mathrm{e}^{\bar{\gamma}z} \tag{7.5}$$

式中，$\bar{A}$ 和 $\bar{B}$ 是由边界条件确定的任意常数。$\bar{I}$ 的相应的解为

---

① Simth(史密斯)圆图是模拟仪器公司(Analog Instrument Co., P. O. Box 950, New Providence, NJ 07974, USA)的注册商标。

$$\begin{aligned}\bar{I}(z) &= -\frac{1}{\mathrm{j}\omega\mathscr{L}}\frac{\partial\bar{V}}{\partial z} = -\frac{1}{\mathrm{j}\omega\mathscr{L}}(-\bar{\gamma}\bar{A}\mathrm{e}^{-\bar{\gamma}z} + \bar{\gamma}\bar{B}\mathrm{e}^{\bar{\gamma}z}) \\ &= \sqrt{\frac{\mathscr{G} + \mathrm{j}\omega\mathscr{C}}{\mathrm{j}\omega\mathscr{L}}}(\bar{A}\mathrm{e}^{-\bar{\gamma}z} - \bar{B}\mathrm{e}^{\bar{\gamma}z}) \\ &= \frac{1}{\bar{Z}_0}(\bar{A}\mathrm{e}^{-\bar{\gamma}z} - \bar{B}\mathrm{e}^{\bar{\gamma}z})\end{aligned} \tag{7.6}$$

式中，

$$\bar{Z}_0 = \sqrt{\frac{\mathrm{j}\omega\mathscr{L}}{\mathscr{G} + \mathrm{j}\omega\mathscr{C}}} \tag{7.7}$$

称为传输线的**特性阻抗**。

由式(7.5)和式(7.6)分别给出的传输线电压和电流的解分别表示(+)波和(−)波的叠加，即分别沿正 z 轴和负 z 轴传播的波的叠加。该解完全类似于传输线导体间的媒质里电场和磁场的解。事实上，式(7.4)给出的传播常数与传播常数 $\sqrt{\mathrm{j}\omega\mu(\sigma+\mathrm{j}\omega\epsilon)}$ 一样，也应该一样。传输线的特性阻抗类似但不等于传输线导体间的材料媒质的本征阻抗。

对于**无耗传输线**，即传输线的导体间为理想介质，$\mathscr{G}=0$，且

$$\bar{\gamma} = \alpha + \mathrm{j}\beta = \sqrt{\mathrm{j}\omega\mathscr{L}\cdot\mathrm{j}\omega\mathscr{C}} = \mathrm{j}\omega\sqrt{\mathscr{L}\mathscr{C}} \tag{7.8}$$

这样，衰减常数 α 等于零，这也是我们所期望的，且相位常数 β 等于 $\omega\sqrt{\mathscr{L}\mathscr{C}}$。然后将 $\bar{V}$ 和 $\bar{I}$ 的解写为

$$\bar{V}(z) = \bar{A}\mathrm{e}^{-\mathrm{j}\beta z} + \bar{B}\mathrm{e}^{\mathrm{j}\beta z} \tag{7.9a}$$

$$\bar{I}(z) = \frac{1}{Z_0}(\bar{A}\mathrm{e}^{-\mathrm{j}\beta z} - \bar{B}\mathrm{e}^{\mathrm{j}\beta z}) \tag{7.9b}$$

式中，

$$Z_0 = \sqrt{\frac{\mathscr{L}}{\mathscr{C}}} \tag{7.10}$$

是实数且与频率无关。还注意到

$$v_p = \frac{\omega}{\beta} = \frac{1}{\sqrt{\mathscr{L}\mathscr{C}}} = \frac{1}{\sqrt{\mu\epsilon}} \tag{7.11}$$

也与频率无关。

这样，假设$\mathscr{L}$和$\mathscr{C}$与频率无关，也就是说，在这种情况下，μ 和 ε 与频率无关且传输线是均匀的，即波传播方向的横断向尺寸保持常数，则无耗传输性特性由 8.3 节中讨论的无色散现象描述。本书中，我们只关注这样的传输线。

7.1 短路传输线和频域特性

现在分析在 $z=0$ 远端短路的无耗传输线，如图 7.1(a)所示，图中平行双线表示传输线的导体。注意，传输线特性由等效于特定的$\mathscr{L}$，$\mathscr{C}$和 ω 的 Z_0 和 β 描述。实际中，例如这种布置可能由良好导电的薄片连接平行板传输线的两个导体来组成，如图 7.1(b)所示，或由良好导电的环状薄片连接同轴电缆的两个导体来组成，如图 7.1(c)所示。我们假定传输线由频率为 ω 的电压发

生器在左端 $z=-l$ 处驱动，这样传输线上就有了波。在 $z=0$ 处的短路要求构成短路的导体表面上的切向电场为零。既然传输线导体间的电压与在导体的横切向的电场成比例，则得出短路上的电压必须为零。这样，可以得到

$$\bar{V}(0)=0 \tag{7.12}$$

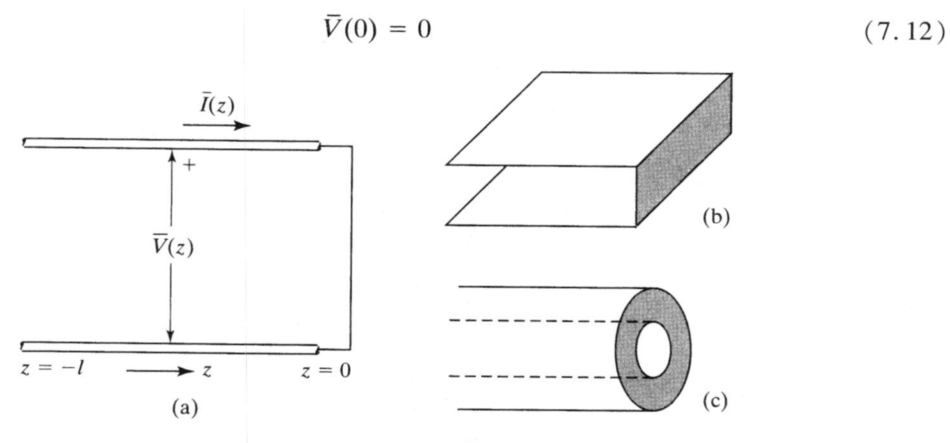

图 7.1　远端短路的传输线

将式(7.12)给出的边界条件应用于式(7.9a)给出的 $\bar{V}$ 的通解，可得

$$\bar{V}(0)=\bar{A}\mathrm{e}^{-\mathrm{j}\beta(0)}+\bar{B}\mathrm{e}^{\mathrm{j}\beta(0)}=0$$

或

$$\bar{B}=-\bar{A} \tag{7.13}$$

这样得到结论，短路处引起一个（ – ）波或反射波，其电压正好是（ + ）波或入射波电压的负值。将此结果代入式(7.9a)和式(7.9b)，得到短路传输线上复数电压和电流的特解，即

$$\bar{V}(z)=\bar{A}\mathrm{e}^{-\mathrm{j}\beta z}-\bar{A}\mathrm{e}^{\mathrm{j}\beta z}=-2\mathrm{j}\bar{A}\sin\beta z \tag{7.14a}$$

$$\bar{I}(z)=\frac{1}{Z_0}(\bar{A}\mathrm{e}^{-\mathrm{j}\beta z}+\bar{A}\mathrm{e}^{\mathrm{j}\beta z})=\frac{2\bar{A}}{Z_0}\cos\beta z \tag{7.14b}$$

那么电压的实部和电流的瞬时值为

$$\begin{aligned}V(z,t)&=\mathrm{Re}[\bar{V}(z)\mathrm{e}^{\mathrm{j}\omega t}]=\mathrm{Re}(2\mathrm{e}^{-\mathrm{j}\pi/2}A\mathrm{e}^{\mathrm{j}\theta}\sin\beta z\,\mathrm{e}^{\mathrm{j}\omega t})\\&=2A\sin\beta z\sin(\omega t+\theta)\end{aligned} \tag{7.15a}$$

$$\begin{aligned}I(z,t)&=\mathrm{Re}[\bar{I}(z)\mathrm{e}^{\mathrm{j}\omega t}]=\mathrm{Re}\left[\frac{2}{Z_0}A\mathrm{e}^{\mathrm{j}\theta}\cos\beta z\,\mathrm{e}^{\mathrm{j}\omega t}\right]\\&=\frac{2A}{Z_0}\cos\beta z\cos(\omega t+\theta)\end{aligned} \tag{7.15b}$$

式中，用 $A\mathrm{e}^{\mathrm{j}\theta}$ 替代了 $\bar{A}$，用 $\mathrm{e}^{-\mathrm{j}\pi/2}$ 替代了 $-\mathrm{j}$。沿传输线的瞬时功率流为

$$\begin{aligned}P(z,t)&=V(z,t)I(z,t)\\&=\frac{4A^2}{Z_0}\sin\beta z\cos\beta z\sin(\omega t+\theta)\cos(\omega t+\theta)\\&=\frac{A^2}{Z_0}\sin 2\beta z\sin 2(\omega t+\theta)\end{aligned} \tag{7.15c}$$

图 7.2 说明了分别由式(7.15a)、式(7.15b)和式(7.15c)给出的短路传输线上电压、电流和功率流的结果,演示了这些参量在不同时刻随着离开短路点的距离不同而变化的情况。图 7.2 中曲线旁的数字 1,2,3,…,9 表示曲线的序号,对应着$(\omega t+\theta)$等于 0,$\pi/4$,$\pi/2$,…,2π。可以看出,电压、电流和功率流随时间正弦振荡,传输线上不同位置处幅度不同,而与行波的情况不同,行波波形上的给定点的位置随时间前移。因此这些波称为**驻波**。特别地,鉴于在传输线上特定位置处的电压、电流和功率流的幅度为零,如图 7.2 所示,这些波表示**纯驻波**。

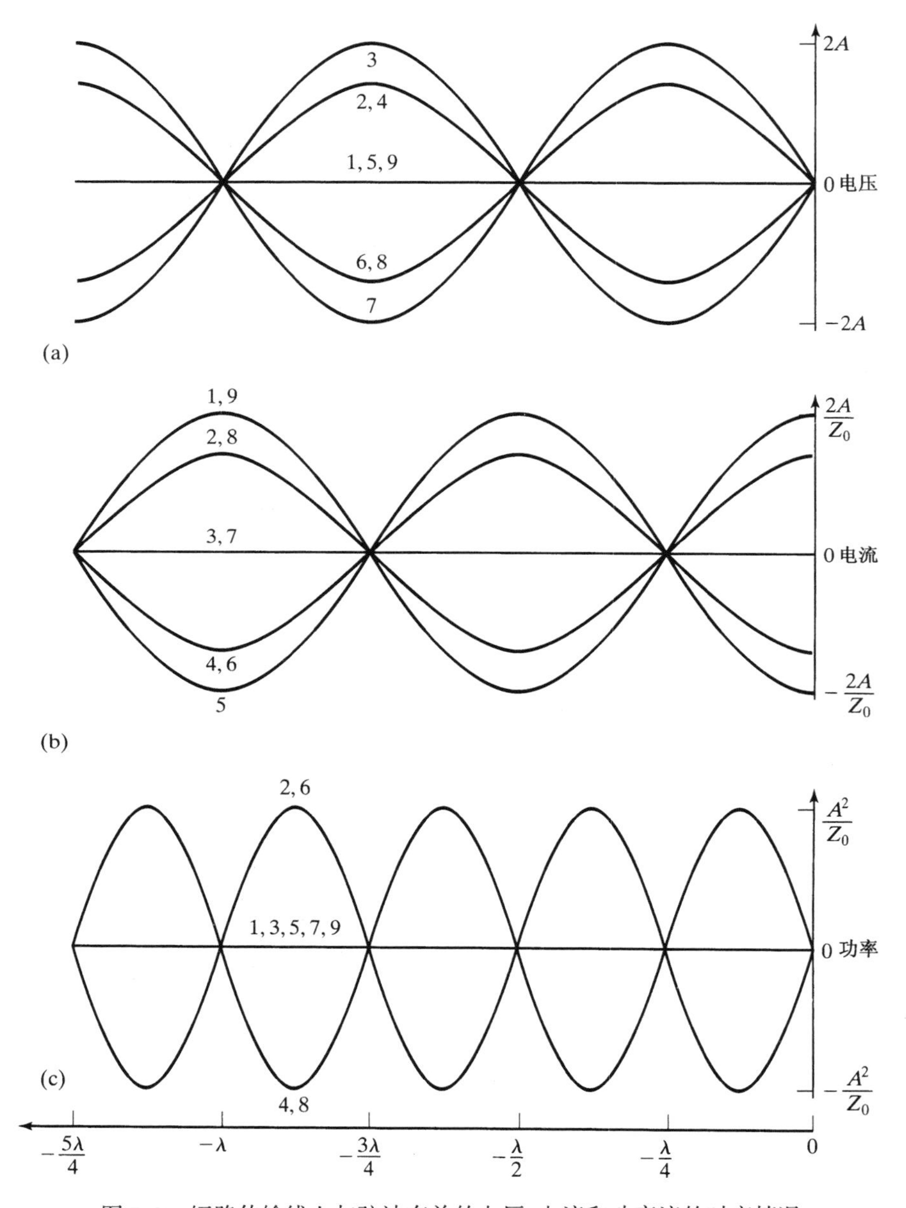

图 7.2 短路传输线上与驻波有关的电压、电流和功率流的时变情况

对于由 $\sin\beta z=0$ 或 $\beta z=-m\pi(m=1,2,3,\cdots)$ 或 $z=-m\lambda/2(m=1,2,3,\cdots)$ 给出的 z 值,换句话说,在距离短路点 $\lambda/2$ 的整数倍处,传输线电压幅度为零。对于由 $\cos\beta z=0$ 或 $\beta z=-(2m+1)\pi/2(m=0,1,2,3,\cdots)$ 给出的 z 值,或 $z=-(2m+1)\lambda/4(m=0,1,2,3,\cdots)$,换句话说,在距离

短路点 $\lambda/4$ 的奇数倍处，传输线电流幅度为零。对于由 $\sin 2\beta z=0$ 或 $\beta z=-m\pi/2(m=1,2,3,\cdots)$ 给出的 z 值，或 $z=-m\lambda/4(m=1,2,3,\cdots)$，换句话说，在距离短路点 $\lambda/4$ 的整数倍处，传输线的功率流幅度为零。进一步，沿传输线的功率流的时间平均值，即一个周期内电压源的功率流的平均值为

$$\begin{aligned}\langle P\rangle &= \frac{1}{T}\int_{t=0}^{T} P(z,t)\,\mathrm{d}t = \frac{\omega}{2\pi}\int_{t=0}^{2\pi/\omega} P(z,t)\,\mathrm{d}t \\ &= \frac{\omega}{2\pi}\frac{A^2}{Z_0}\sin 2\beta z\int_{t=0}^{2\pi/\omega}\sin 2(\omega t+\theta)\,\mathrm{d}t = 0\end{aligned}$$

因此，传输线上所有位置的功率流的时间平均值为零。这是纯驻波的特性。

根据式(7.14a)和式(7.14b)或式(7.15a)和式(7.15b)，或者根据图 7.2(a)和图 7.2(b)，传输线电压和传输线电流的正弦时变的幅度是沿传输线距离的函数，为

$$|\bar{V}(z)| = 2A|\sin\beta z| = 2A\left|\sin\frac{2\pi}{\lambda}z\right| \tag{7.16a}$$

$$|\bar{I}(z)| = \frac{2A}{Z_0}|\cos\beta z| = \frac{2A}{Z_0}\left|\cos\frac{2\pi}{\lambda}z\right| \tag{7.16b}$$

这些参量随 z 变化的图形如图 7.3 所示，称为**驻波图**。这里是传输线电压和传输线电流的图形，如果在传输线的导体间连接交流电压表并在传输线的一个导体上串联交流电流表，并观察沿传输线不同位置的读数，就可以得到这些图形。此外，可以采用探针采样电场和磁场。

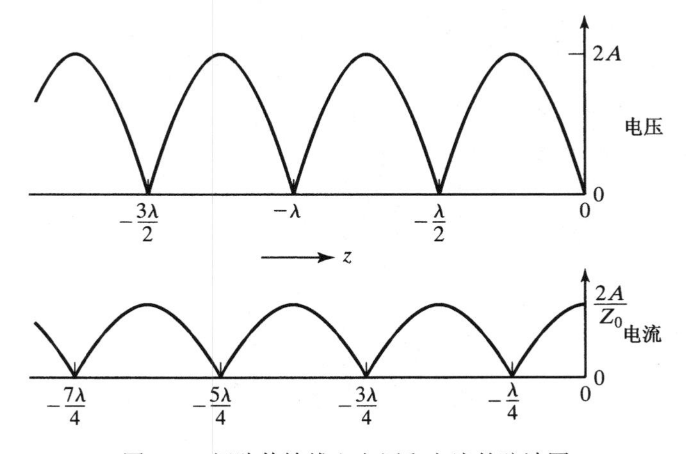

图 7.3　短路传输线上电压和电流的驻波图

现在回到分别由式(7.14a)和式(7.14b)给出的 $\bar{V}(z)$ 和 $\bar{I}(z)$ 的解，通过求解在输入端 $z=-l$ 处的复数传输线电压和复数传输线电流的比，可以得到长度为 l 的短路传输线的输入阻抗，即

$$\begin{aligned}\bar{Z}_{\text{in}} &= \frac{\bar{V}(-l)}{\bar{I}(-l)} = \frac{-2\mathrm{j}\bar{A}\sin\beta(-l)}{\dfrac{2\bar{A}}{Z_0}\cos\beta(-l)} \\ &= \mathrm{j}Z_0\tan\beta l = \mathrm{j}Z_0\tan\frac{2\pi}{\lambda}l \\ &= \mathrm{j}Z_0\tan\frac{2\pi f}{v_p}l \end{aligned} \tag{7.17}$$

根据式(7.17)，注意到短路传输线的输入阻抗是纯电抗性的。随着频率由低向高变化，输入电抗从感性变为容性，再变回感性，如此反复，如图7.4所示。频率等于$v_p/2l$的倍数时，输入电抗为零，这些频率对应的l等于$\lambda/2$的倍数，这样传输线输入端的电压为零，因而输入端看上去为短路。频率等于$v_p/4l$的奇数倍时，输入电抗为无穷大，这些频率对应的l等于$\lambda/4$的奇数倍，这样传输线输入端的电流为零，因而输入端看上去为开路。

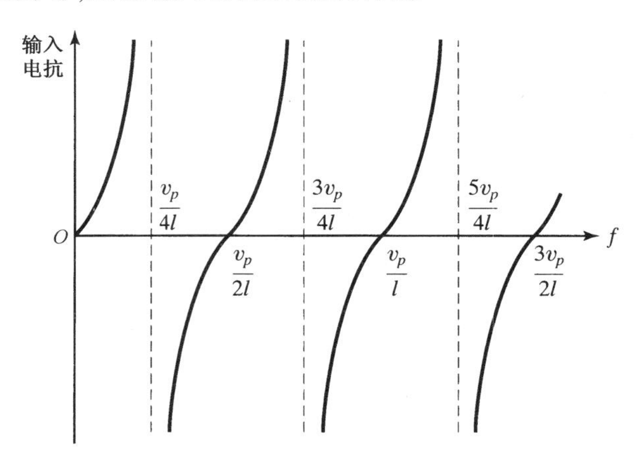

图7.4　短路传输线的输入电抗随频率的变化

例7.1

根据前面对短路传输线的输入电抗的讨论，当信号源的频率连续增大时，从信号源流出的电流交替经历最大值和最小值，分别对应着零输入电抗和无穷大输入电抗的情况。这种特性可用于确定传输线上短路的位置。

既然输入电抗值为零和无穷大对应的一对相邻频率的差是$v_p/4l$，那么根据图7.4，从信号源流出的电流达到极大值和极小值对应的一对相邻频率的差是$v_p/4l$。举个数值例子，如果对于空气介质的传输线，频率从50 MHz开始增大，电流在50.01 MHz达到极小值，然后在50.04 MHz达到极大值，那么短路点与信号源的距离l由下式给出：

$$\frac{v_p}{4l} = (50.04 - 50.01) \times 10^6 = 0.03 \times 10^6 = 3 \times 10^4$$

由于$v_p = 3 \times 10^8$ m/s，因此可得

$$l = \frac{3 \times 10^8}{4 \times 3 \times 10^4} = 2500\ \text{m} = 2.5\ \text{km}$$

例7.2

长度为l的短路传输线的输入阻抗为

$$\bar{Z}_{\text{in}} = \text{j}Z_0 \tan \beta l$$

分析该输入阻抗的低频特性。

首先，对于βl的任意值，有

$$\tan \beta l = \beta l + \frac{1}{3}(\beta l)^3 + \frac{2}{15}(\beta l)^5 + \cdots$$

对于$\beta l \ll 1$，即$\frac{2\pi}{\lambda} l \ll 1$，或$l \ll \frac{\lambda}{2\pi}$，或$f \ll \frac{v_p}{2\pi l}$，可得

$$\tan \beta l \approx \beta l$$

$$\bar{Z}_{\text{in}} \approx \text{j}Z_0\beta l = \text{j}\sqrt{\frac{\mathscr{L}}{\mathscr{C}}}\omega\sqrt{\mathscr{L}\mathscr{C}}l = \text{j}\omega\mathscr{L}l$$

这样，对于频率 $f \ll v_p/2\pi l$，从输入端看去，短路传输线的特性本质上就像一个值为 $\mathscr{L}l$ 的单电感，如图 7.5(a)所示。

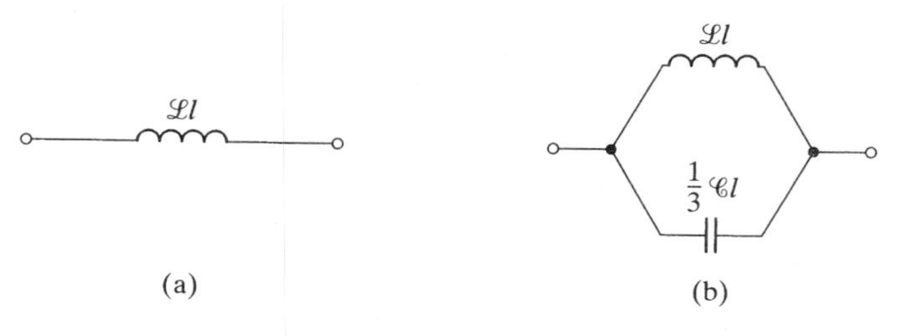

图 7.5　短路传输线的输入特性的等效电路

进一步，如果频率稍微超出上述近似的有效范围，那么

$$\tan \beta l \approx \beta l + \frac{1}{3}(\beta l)^3$$

$$\begin{aligned}
\bar{Z}_{\text{in}} &\approx \text{j}Z_0\left(\beta l + \frac{1}{3}\beta^3 l^3\right) \\
&= \text{j}\sqrt{\frac{\mathscr{L}}{\mathscr{C}}}\left(\omega\sqrt{\mathscr{L}\mathscr{C}}\,l + \frac{1}{3}\omega^3\mathscr{L}^{3/2}\mathscr{C}^{3/2}l^3\right) \\
&= \text{j}\omega\mathscr{L}l\left(1 + \frac{1}{3}\omega^2\mathscr{L}\mathscr{C}l^2\right)
\end{aligned}$$

$$\begin{aligned}
\bar{Y}_{\text{in}} &= \frac{1}{\bar{Z}_{\text{in}}} = \frac{1}{\text{j}\omega\mathscr{L}l}\left(1 + \frac{1}{3}\omega^2\mathscr{L}\mathscr{C}l^2\right)^{-1} \\
&\approx \frac{1}{\text{j}\omega\mathscr{L}l}\left(1 - \frac{1}{3}\omega^2\mathscr{L}\mathscr{C}l^2\right) \\
&= \frac{1}{\text{j}\omega\mathscr{L}l} + \text{j}\frac{1}{3}\omega\mathscr{C}l
\end{aligned}$$

这样，对于稍微超出近似 $f \ll v_p/2\pi l$ 有效范围的频率，从输入端看去，短路传输线的特性本质上就像一个值为 $\mathscr{L}l$ 的电感和一个值为 $\frac{1}{3}\mathscr{C}l$ 的电容的并联，如图 7.5(b)所示。

这些结论说明：如果一个物理结构在低频 $f \ll v_p/2\pi l$ 时可看成一个电感，当频率增大到超出有效范围时，其特性就不再像一个电感了。事实上，有一个寄生电容和它连在一起。当频率继续增大，等效电路会更复杂。参考 6.5 节提出的问题，频率超出范围后，物理结构的输入特性的准静态近似就不再有效了，现在可以看出条件 $\beta l \ll 1$ 指示了这种准静态近似的有效范围。依据信号源频率，该条件意味着 $f \ll v_p/2\pi l$，或依据周期 $T = 1/f$，这意味着 $T \gg 2\pi(l/v_p)$。这样，准静态场是时变场的低频近似。时变场是麦克斯韦方程组的完整解，表示波传播现象，且只有当周期远远大于与结构长度 l 对应的传播时间 l/v_p 时，可近似为准静态。依据场在固定时刻的空间变化，波长 $\lambda(=2\pi/\beta)$ 必须满足 $l \ll \lambda/2\pi$；这样，结构的物理长度必须是波长的一小部分。就传输线电压和电流幅度而言，意味着在结构的整个长度上，这些幅度是图 7.3 中在 $z=0$ 处的第一个四分之一象限内的正弦变化的一小部分，并且必须满足结构两端的边界条件。这样，因为 z 轴上的

V 取决于 $\sin\beta z$,所以传输线电压幅度随 z 线性变化;然而因为 z 轴上的 I 取决于 $\cos\beta z$,所以传输线电流幅度本质上是常数。这些正好是零阶电场和一阶磁场变化的本质,就像在例 6.7 中讨论的磁准静态场。

7.2 传输线的不连续性

现在分析两条传输线的情况,传输线 1 和 2 分别具有不同的特性阻抗 Z_{01} 和 Z_{02},以及相位常数 β_1 和 β_2,两条传输线级联,并在传输线 1 的左端由信号源驱动,如图 7.6(a)所示。物理上,这种布置可能由具有不同介质的两个平行板传输线或同轴电缆级联组成,分别如图 7.6(b)和图 7.6(c)所示。鉴于在两条传输线间的连接处 $z=0$ 的不连续性,入射(+)波在连接处引起传输线 1 上的反射(-)波和传输线 2 上的透射(+)波。假定传输线 2 无限长,则该线上无(-)波。

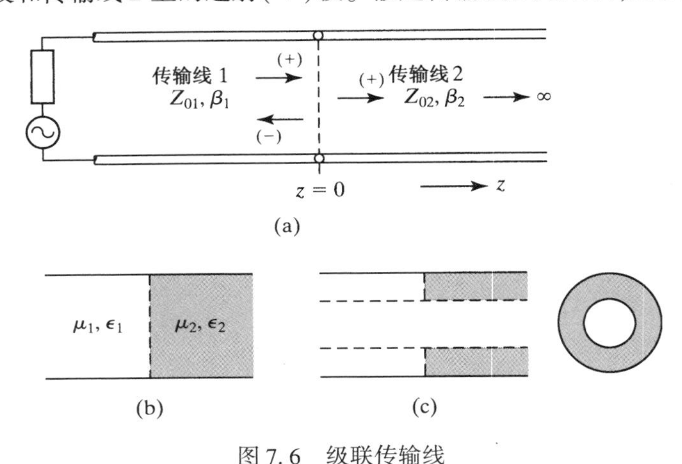

图 7.6 级联传输线

在传输线 1 上的复数电压和复数电流的解可写为

$$\bar{V}_1(z)=\bar{V}_1^+e^{-j\beta_1 z}+\bar{V}_1^-e^{j\beta_1 z} \tag{7.18a}$$

$$\begin{aligned}\bar{I}_1(z)&=\bar{I}_1^+e^{-j\beta_1 z}+\bar{I}_1^-e^{j\beta_1 z}\\&=\frac{1}{Z_{01}}(\bar{V}_1^+e^{-j\beta_1 z}-\bar{V}_1^-e^{j\beta_1 z})\end{aligned} \tag{7.18b}$$

式中,$\bar{V}_1^+,\bar{V}_1^-,\bar{I}_1^+$ 和 $\bar{I}_1^-$ 是传输线 1 在 $Z=0-$ 处(即连接处的左侧)的(+)波和(-)波的电压和电流。在传输线 2 上的复数电压和复数电流的解是

$$\bar{V}_2(z)=\bar{V}_2^+e^{-j\beta_2 z} \tag{7.19a}$$

$$\bar{I}_2(z)=\bar{I}_2^+e^{-j\beta_2 z}=\frac{1}{Z_{02}}\bar{V}_2^+e^{-j\beta_2 z} \tag{7.19b}$$

式中,$\bar{V}_2^+$ 和 $\bar{I}_2^+$ 是传输线 2 在 $Z=0+$ 处(即连接处的右侧)的(+)波的电压和电流。

在连接处,边界条件要求介质边界处 **E** 和 **H** 的切向分量连续,例如,如图 7.7(a)中的平行板布置所示。事实上,既然传输线的场完全在传播方向的横切面内,那么切向分量也是唯一存在的分量。既然传输线电压和电流分别与电场和磁场相关,那么传输线电压和电流在连接处连续,如图 7.7(b)所示。这样,用传输线电压和电流来表示,连接处的边界条件为

$$[\bar{V}_1]_{z=0-} = [\bar{V}_2]_{z=0+} \tag{7.20a}$$

$$[\bar{I}_1]_{z=0-} = [\bar{I}_2]_{z=0+} \tag{7.20b}$$

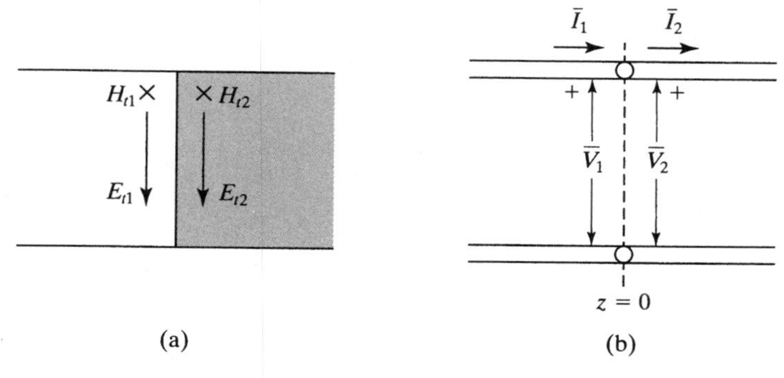

图 7.7　在两条传输线的连接处应用边界条件

对式(7.18a)和式(7.18b)给出的解应用边界条件,可得

$$\bar{V}_1^+ + \bar{V}_1^- = \bar{V}_2^+ \tag{7.21a}$$

$$\frac{1}{Z_{01}}(\bar{V}_1^+ - \bar{V}_1^-) = \frac{1}{Z_{02}}\bar{V}_2^+ \tag{7.21b}$$

从式(7.21a)和式(7.21b)中消去 $\bar{V}_2^+$,可得

$$\bar{V}_1^+\left(\frac{1}{Z_{02}} - \frac{1}{Z_{01}}\right) + \bar{V}_1^-\left(\frac{1}{Z_{02}} + \frac{1}{Z_{01}}\right) = 0$$

或

$$\bar{V}_1^- = \bar{V}_1^+\frac{Z_{02} - Z_{01}}{Z_{02} + Z_{01}} \tag{7.22}$$

电压反射系数 Γ_V 定义为连接处的反射波电压($\bar{V}_1^-$)与入射波电压($\bar{V}_1^+$)的比值。因此

$$\Gamma_V = \frac{\bar{V}_1^-}{\bar{V}_1^+} = \frac{Z_{02} - Z_{01}}{Z_{02} + Z_{01}} \tag{7.23}$$

电流反射系数 Γ_I 定义为连接处的反射波电流($\bar{I}_1^-$)与入射波电流($\bar{I}_1^+$)的比值。因此

$$\Gamma_I = \frac{\bar{I}_1^-}{\bar{I}_1^+} = \frac{-\bar{V}_1^-/Z_{01}}{\bar{V}_1^+/Z_{01}} = -\frac{\bar{V}_1^-}{\bar{V}_1^+} = -\Gamma_V \tag{7.24}$$

电压透射系数 τ_V 定义为连接处的透射波电压($\bar{V}_2^+$)与入射波电压($\bar{V}_1^+$)的比值。因此

$$\tau_V = \frac{\bar{V}_2^+}{\bar{V}_1^+} = \frac{\bar{V}_1^+ + \bar{V}_1^-}{\bar{V}_1^+} = 1 + \frac{\bar{V}_1^-}{\bar{V}_1^+} = 1 + \Gamma_V \tag{7.25}$$

电流透射系数 τ_I 定义为连接处的透射波电流($\bar{I}_2^+$)与入射波电流($\bar{I}_1^+$)的比值。因此

$$\tau_I = \frac{\bar{I}_2^+}{\bar{I}_1^+} = \frac{\bar{I}_1^+ + \bar{I}_1^-}{\bar{I}_1^+} = 1 + \frac{\bar{I}_1^-}{\bar{I}_1^+} = 1 - \Gamma_V \tag{7.26}$$

注意到对于 $Z_{02} = Z_{01}$,$\Gamma_V = 0$,$\Gamma_I = 0$,$\tau_V = 1$ 且 $\tau_I = 1$。这样,既然连接处没有不连续,入射波被完全透射。

例 7.3

两条特性阻抗分别为 $Z_{01}=50\ \Omega$ 和 $Z_{02}=75\ \Omega$ 的传输线相连接，如图 7.8 所示。计算各参量。

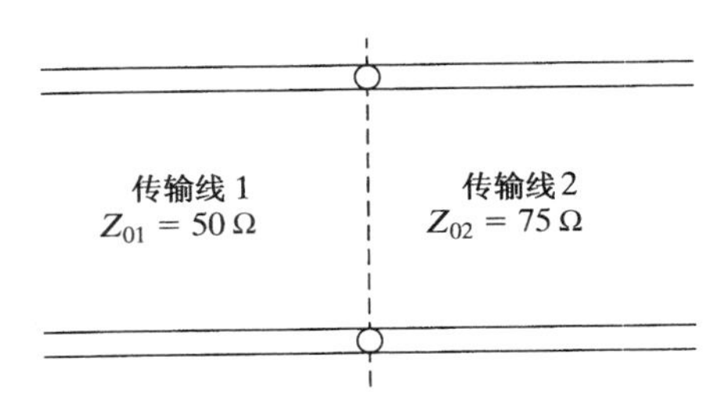

图 7.8　计算与两条传输线连接处的反射和透射有关的几个参量

由式(7.23)至式(7.26)，可得

$$\Gamma_V=\frac{75-50}{75+50}=\frac{25}{125}=\frac{1}{5};\qquad \bar{V}_1^-=\frac{1}{5}\bar{V}_1^+$$

$$\Gamma_I=-\Gamma_V=-\frac{1}{5};\qquad \bar{I}_1^-=-\frac{1}{5}\bar{I}_1^+$$

$$\tau_V=1+\Gamma_V=1+\frac{1}{5}=\frac{6}{5};\qquad \bar{V}_2^+=\frac{6}{5}\bar{V}_1^+$$

$$\tau_I=1-\Gamma_V=1-\frac{1}{5}=\frac{4}{5};\qquad \bar{I}_2^+=\frac{4}{5}\bar{I}_1^+$$

既然在连接处必须满足能量平衡，那么透射波电压大于入射波电压的事实将无关紧要。验证如下：如在连接处的入射功率为 P_i，那么

$$\begin{aligned}\text{反射功率 } P_r&=\Gamma_V\Gamma_I P_i=-\frac{1}{25}P_i\\ \text{透射功率 } P_t&=\tau_V\tau_I P_i=\frac{24}{25}P_i\end{aligned}\tag{7.27}$$

注意，P_r 的负号表示能量沿负 z 轴方向流动，我们发现在连接处确实满足能量平衡。

现在返回分别由式(7.18a)和式(7.18b)给出的传输线 1 上的电压和电流的解，用 $\Gamma_V\bar{V}_1^+$ 代替 $\bar{V}_1^-$，得到

$$\begin{aligned}\bar{V}_1(z)&=\bar{V}_1^+\mathrm{e}^{-\mathrm{j}\beta_1 z}+\Gamma_V\bar{V}_1^+\mathrm{e}^{\mathrm{j}\beta_1 z}\\ &=\bar{V}_1^+\mathrm{e}^{-\mathrm{j}\beta_1 z}(1+\Gamma_V\mathrm{e}^{\mathrm{j}2\beta_1 z})\end{aligned}\tag{7.27a}$$

$$\begin{aligned}\bar{I}_1(z)&=\frac{1}{Z_{01}}(\bar{V}_1^+\mathrm{e}^{-\mathrm{j}\beta_1 z}-\Gamma_V\bar{V}_1^+\mathrm{e}^{\mathrm{j}\beta_1 z})\\ &=\frac{\bar{V}_1^+}{Z_{01}}\mathrm{e}^{-\mathrm{j}\beta_1 z}(1-\Gamma_V\mathrm{e}^{\mathrm{j}2\beta_1 z})\end{aligned}\tag{7.27b}$$

传输线电压和电流的正弦时变的幅度是沿传输线距离的函数，可写为

$$\begin{aligned}|\bar{V}_1(z)|&=|\bar{V}_1^+||\mathrm{e}^{-\mathrm{j}\beta_1 z}||1+\Gamma_V\mathrm{e}^{\mathrm{j}2\beta_1 z}|\\ &=|\bar{V}_1^+||1+\Gamma_V\cos 2\beta_1 z+\mathrm{j}\Gamma_V\sin 2\beta_1 z|\\ &=|\bar{V}_1^+|\sqrt{1+\Gamma_V^2+2\Gamma_V\cos 2\beta_1 z}\end{aligned}\tag{7.28a}$$

$$\begin{aligned}|\bar{I}_1(z)| &= \frac{|\bar{V}_1^+|}{Z_{01}}|e^{-j\beta_1 z}||1 - \Gamma_V e^{j2\beta_1 z}| \\ &= \frac{|\bar{V}_1^+|}{Z_{01}}|1 - \Gamma_V \cos 2\beta_1 z - j\Gamma_V \sin 2\beta_1 z| \\ &= \frac{|\bar{V}_1^+|}{Z_{01}}\sqrt{1 + \Gamma_V^2 - 2\Gamma_V \cos 2\beta_1 z}\end{aligned} \tag{7.28b}$$

根据式(7.28a)和式(7.28b),得到以下结论:

1. 传输线电压幅度交替经历分别为$|\bar{V}_1^+|(1+|\Gamma_V|)$和$|\bar{V}_1^+|(1-|\Gamma_V|)$的极大值和极小值。在 $z=0$ 处的幅度是极大值还是极小值取决于 Γ_V 是正值还是负值。极大值和邻近的极小值之间的距离是 $\pi/2\beta_1$ 或 $\lambda_1/4$。

2. 传输线电流幅度交替经历分别为$(\bar{V}_1^+/Z_{01})(1+|\Gamma_V|)$和$(\bar{V}_1^+/Z_{01})(1-|\Gamma_V|)$的极大值和极小值。在 $z=0$ 处的幅度是极小值还是极大值取决于 Γ_V 是正值还是负值。极大值和邻近的极小值之间的距离是 $\pi/2\beta_1$ 或 $\lambda_1/4$。

已知传输线电压和电流幅度的特性,可画出电压和电流驻波图,如图 7.9 所示,假定 $\Gamma_V>0$。既然驻波图不包含类似于 7.1 节中短路传输线的理想零点,故相应称之为**部分驻波**。

驻波比(SWR)定义为驻波图的电压极大值 V_{max} 与电压极小值 V_{min} 的比值。这样,可得

$$\text{SWR} = \frac{V_{max}}{V_{min}} = \frac{|\bar{V}_1^+|(1+|\Gamma_V|)}{|\bar{V}_1^+|(1-|\Gamma_V|)} = \frac{1+|\Gamma_V|}{1-|\Gamma_V|} \tag{7.29}$$

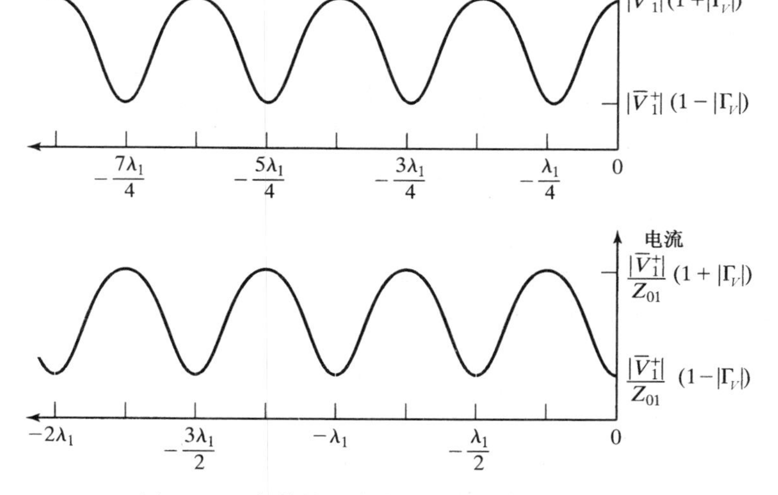

图 7.9　两条传输线端接时电压和电流的驻波图

SWR 是传输线匹配时的重要参数,指示了传输线上驻波的程度。然而,这里不再继续讨论该主题。最后,注意到对于例 7.3 的情况,传输线 1 上的 SWR 是$\left(1+\frac{1}{5}\right)\Big/\left(1-\frac{1}{5}\right)$或 1.5。既然传输线 2 无反射,其 SWR 当然与传输线 1 相同。

7.3 Smith 圆图

在 7.2 节中，分析了两条传输线连接处的反射和透射，如图 7.10 所示。本节将介绍 Smith（史密斯）圆图，它是求解传输线和许多其他问题时很有用的辅助图形。

首先传输线上给定 z 值处的传输线阻抗 $\bar{Z}(z)$ 定义为该点的复数电压与复数电流的比值，即

$$\bar{Z}(z)=\frac{\bar{V}(z)}{\bar{I}(z)} \tag{7.30}$$

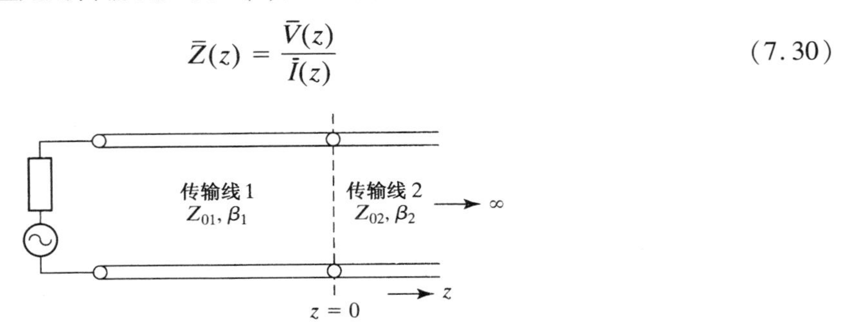

图 7.10　一条传输线端接另一条无限长的传输线

根据分别由式（7.19a）和式（7.19b）给出的传输线 2 上电压和电流的解，传输线 2 的传输线阻抗为

$$\bar{Z}_2(z)=\frac{\bar{V}_2(z)}{\bar{I}_2(z)}=Z_{02}$$

这样，传输线 2 上所有点的传输线阻抗简单等于该传输线的特性阻抗。因为该传输线无限长，因此线上只有（+）波。根据分别由式（7.18a）和式（7.18b）给出的传输线 1 上电压和电流的解，传输线 1 的传输线阻抗为

$$\begin{aligned}\bar{Z}_1(z)&=\frac{\bar{V}_1(z)}{\bar{I}_1(z)}=Z_{01}\frac{\bar{V}_1^+e^{-j\beta_1 z}+\bar{V}_1^-e^{j\beta_1 z}}{\bar{V}_1^+e^{-j\beta_1 z}-\bar{V}_1^+e^{j\beta_1 z}}\\&=Z_{01}\frac{1+\bar{\Gamma}_V(z)}{1-\bar{\Gamma}_V(z)}\end{aligned} \tag{7.31}$$

式中，

$$\bar{\Gamma}_V(z)=\frac{\bar{V}_1^-e^{j\beta_1 z}}{\bar{V}_1^+e^{-j\beta_1 z}}=\bar{\Gamma}_V(0)e^{j2\beta_1 z} \tag{7.32}$$

$$\bar{\Gamma}_V(0)=\frac{\bar{V}_1^-}{\bar{V}_1^+}=\frac{Z_{02}-Z_{01}}{Z_{02}+Z_{01}} \tag{7.33}$$

$\bar{\Gamma}_V(0)$ 是在连接点 $z=0$ 处的电压反射系数，$\bar{\Gamma}_V(z)$ 是在 z 为任意值处的电压反射系数。

为计算特定 z 值的传输线阻抗，首先依据 Z_{02} 计算 $\bar{\Gamma}_V(0)$，它是传输线 1 的端接阻抗。然后计算 $\bar{\Gamma}_V(z)=\bar{\Gamma}_V(0)e^{j2\beta_1 z}$，$\bar{\Gamma}_V(z)$ 是复数，其模与 $\bar{\Gamma}_V(0)$ 相同，相位角等于 $2\beta_1 z$ 加上 $\bar{\Gamma}_V(0)$ 的相位角。最后将 $\bar{\Gamma}_V(z)$ 的计算值代入式（7.31），得到 $\bar{Z}_1(z)$。通过应用 Smith 圆图，可避免所有这些复数运算。

Smith 圆图将归一化的传输线阻抗值映射到反射系数（$\bar{\Gamma}_V$）平面。归一化的传输线阻抗 $\bar{Z}(z)$ 是传输线阻抗与该传输线特性阻抗的比值。根据式（7.31），出于一般性考虑去掉下标 1，得到

$$\bar{Z}_n(z)=\frac{\bar{Z}(z)}{Z_0}=\frac{1+\bar{\Gamma}_V(z)}{1-\bar{\Gamma}_V(z)} \tag{7.34}$$

相反地

$$\bar{\Gamma}_V(z) = \frac{\bar{Z}_n(z) - 1}{\bar{Z}_n(z) + 1} \tag{7.35}$$

将 $\bar{Z}_n$ 写为 $\bar{Z}_n = r + jx$ 并代入式(7.35)，得到

$$|\bar{\Gamma}_V| = \left|\frac{r + jx - 1}{r + jx + 1}\right| = \frac{\sqrt{(r-1)^2 + x^2}}{\sqrt{(r+1)^2 + x^2}} \leqslant 1 \qquad 对于 r \geqslant 0$$

这样，归一化传输线阻抗的所有正值，即图 7.11 (a) 所示的复平面 $\bar{Z}_n$ 右半部分的点，映射到了复平面 $\bar{\Gamma}_V$ 上单位圆内的区域，参见图 7.11(b)。

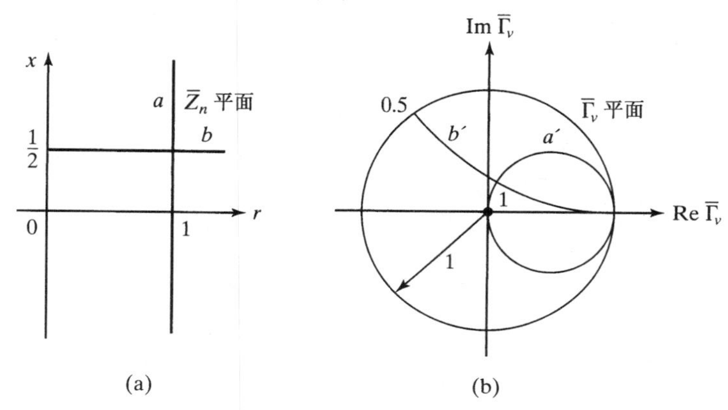

图 7.11　Smith 圆图演化的图示

现在可为 $\bar{Z}_n$ 分配数值，计算 $\bar{\Gamma}_V$ 相应的值，并将其画在 $\bar{\Gamma}_V$ 平面上，但并非指示 $\bar{\Gamma}_V$ 的值，而是 $\bar{Z}_n$ 的值。为系统完成这项工作，分配数值时选择 $\bar{Z}_n$ 平面上对应 r 为常数的等值线，例如 $r=1$ 标识的线 a，以及对应 x 为常数的等值线，例如 $x=\frac{1}{2}$标识的线 b，如图 7.11(a)所示。

通过沿线 a 选择几个点，计算相应的 $\bar{\Gamma}_V$ 的值，画在 $\bar{\Gamma}_V$ 平面上并连接起来，可得到图 7.11(b)中标识为 a'的等值线。虽然可应用解析方法证明该等值线是半径为$\frac{1}{2}$、中心在(1/2,0)的圆，但编写一个计算机程序去完成计算和绘图是一个简单任务。类似地，通过沿线 b 选择几个点并采用同样的步骤，可得到图 7.11(b)中标识为 b'的等值线。可再次应用解析方法证明该等值线是半径为 2、中心在(1,2)的圆。现在将等值线 a'上的点看成与 $r=1$ 对应的点，在旁边放置数字 1；且将等值线 b'上的点看成与 $x=\frac{1}{2}$对应的点，在旁边放置数字 0.5。那么等值线 a'和 b'的交叉点就对应着 $\bar{Z}_n = 1 + j0.5$。

当上述步骤应用到常数 r 和常数 x 的许多等值线时，这些线覆盖了 $\bar{Z}_n$ 平面的全部右半部分，就得到了 Smith 圆图。如图 7.12 所示的一个商用版本里，Smith 圆图包括在 $0 < r < \infty$ 和 $-\infty < x < \infty$ 范围以适当增量递增的常数 r 和常数 x 的等值线，因此可获得等值线间高精度的插值。

现在考虑如图 7.13 所示的传输线系统，除了在距离连接点 l 处并联了一个电纳(电抗的倒数)为 B 的电抗元件外，与图 7.10 一样。

假定 $Z_{01} = 150\ \Omega$，$Z_{02} = 50\ \Omega$，$B = -0.003$ S 和 $l = 0.375\lambda_1$，这里 λ_1 是对应于源频率的传输线 1 上的波长，应用 Smith 圆图得到如下参量，如图 7.14 所示。

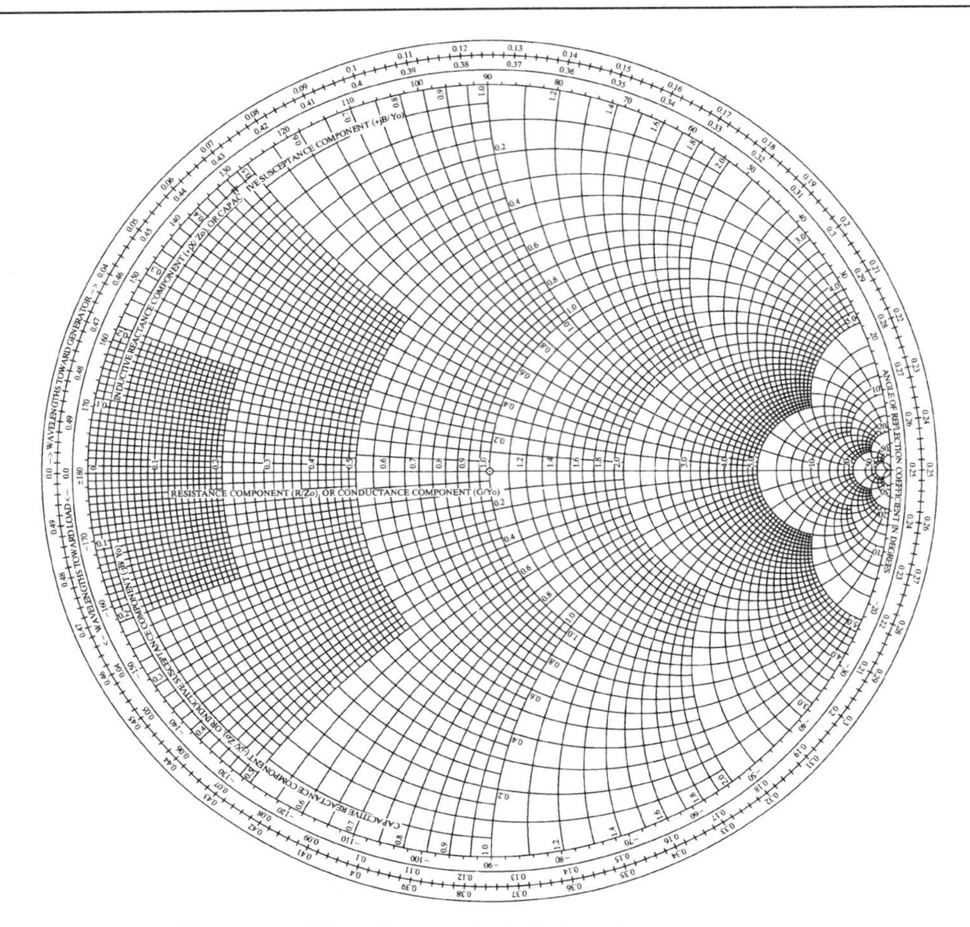

图 7.12　商用版本的 Smith 圆图(承蒙 Analog Instrument Co.,

P. O. Box 950,New Providence,NJ 07974,USA同意复制)

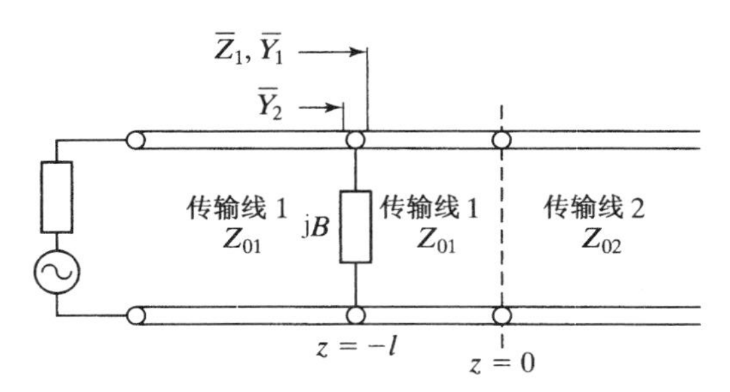

图 7.13　演示应用 Smith 圆图计算几个参量的传输线系统

1. $\bar{Z}_1$,jB 右侧的传输线阻抗:既然传输线 2 无限长,那么传输线 1 的负载就是 50 Ω。根据传输线 1 的特性阻抗进行归一化,得到传输线 1 的归一化负载阻抗为

$$\bar{Z}_n(0) = \frac{50}{150} = \frac{1}{3}$$

在图 7.14 里 Smith 圆图的点 A 定位该值,等于是计算连接处的反射系数,即 $\bar{\Gamma}_V(0)$。$z = -l = -0.375\lambda_1$ 处的反射系数等于 $\bar{\Gamma}_V(0)\mathrm{e}^{-\mathrm{j}2\beta_1 l} = \bar{\Gamma}_V(0)\mathrm{e}^{-\mathrm{j}1.5\pi}$,可通过在 Smith 圆图上移动点 A 而定位,移动中幅度保持不变,相位角减小 1.5π。这等效于在以 Smith 圆图中心为圆心的圆上

顺时针移动点 A 1.5π 或 270°，最后到达点 B。实际上，没有必要计算这个角，既然当从负载向信号源移动或反向移动时，基于半波长的完整旋转，Smith 圆图包含一个沿周线的以 λ 为单位的距离标尺。可从图 7.14 上读出点 B 的归一化阻抗，再乘以传输线的特性阻抗。这样，可得

$$\bar{Z}_1 = (0.6 - j0.8)150 = (90 - j120)\ \Omega$$

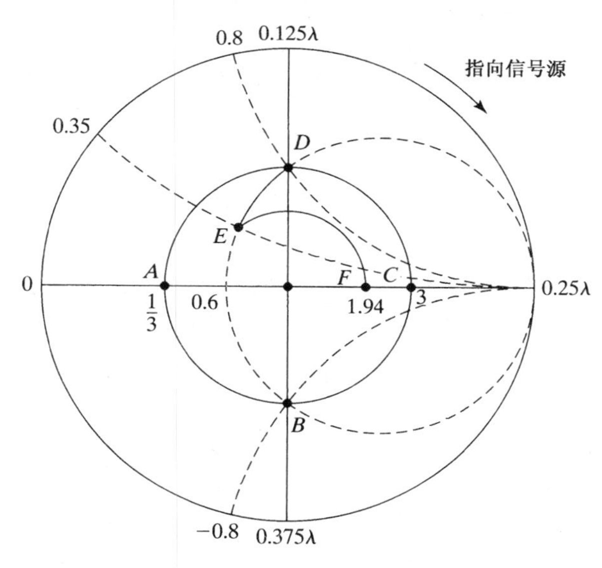

图 7.14　计算图 7.13 中传输线系统的参量时，演示 Smith 圆图的应用

2. jB 右侧的传输线 1 上的 SWR：根据式(7.29)，可得

$$\text{SWR} = \frac{1 + |\Gamma_V|}{1 - |\Gamma_V|} = \frac{1 + |\bar{\Gamma}_V|e^{j0}}{1 - |\bar{\Gamma}_V|e^{j0}} \tag{7.36}$$

将式(7.36)的右侧与式(7.34)给出的 $\bar{Z}_n$ 的表达式相比较，SWR 就等于与 $\bar{\Gamma}_V$ 相位角等于零相对应的 $\bar{Z}_n$。这样，为得到 SWR，在 Smith 圆图上定位一个点，该点有同样的 $|\bar{\Gamma}_V|$，即 $z=0$，但相位角等于零，也就是图 7.14 中的点 C；然后读出该点的归一化阻抗值。这里，该值是 3，因此所求的 SWR 是 3。事实上，这个经过点 C、圆心在 Smith 圆图中心的圆称为**等 SWR(=3)圆**，因为对于该圆上的传输线 1 的任意归一化负载阻抗，SWR 都相同(等于 3)。

3. $\bar{Y}_1$，jB 右侧的传输线导纳：任意 z 值处的归一化传输线导纳 $\bar{Y}_n$，即归一化到传输线特性导纳 Y_0(Z_0 的倒数)的传输线导纳是

$$\begin{aligned}
\bar{Y}_n(z) &= \frac{\bar{Y}(z)}{Y_0} = \frac{Z_0}{\bar{Z}(z)} = \frac{1}{\bar{Z}_n(z)} \\
&= \frac{1 - \bar{\Gamma}_V(z)}{1 + \bar{\Gamma}_V(z)} = \frac{1 + \bar{\Gamma}_V(z)e^{\pm j\pi}}{1 - \bar{\Gamma}_V(z)e^{\pm j\pi}} \\
&= \frac{1 + \bar{\Gamma}_V(z)e^{\pm j2\beta\lambda/4}}{1 - \bar{\Gamma}_V(z)e^{\pm j2\beta\lambda/4}} = \frac{1 + \bar{\Gamma}_V(z \pm \lambda/4)}{1 - \bar{\Gamma}_V(z \pm \lambda/4)} \\
&= \bar{Z}_n\left(z \pm \frac{\lambda}{4}\right)
\end{aligned} \tag{7.37}$$

这样，位于给定 z 值处的 $\bar{Y}_n$ 就等于距离该 z 值 $\lambda/4$ 的 $\bar{Z}_n$。在 Smith 圆图上，对应着过点 B 的等

SWR 圆上且与点 B 相反的点，即点 D。因此

$$\bar{Y}_{n1} = 0.6 + j0.8$$

和

$$\bar{Y}_1 = Y_{01}\bar{Y}_{n1} = \frac{1}{150}(0.6 + j0.8)$$
$$= (0.004 + j0.0053)\ \text{S}$$

事实上，Smith 圆图可代替阻抗圆图，用做导纳圆图，即知道传输线上某点的传输线导纳，可应用与阻抗情况相同的步骤得到另一点的传输线导纳。例如，为得到 $\bar{Y}_1$，定位 Smith 圆图的等 SWR 圆上与点 A 相反的点 C，可得到在 $z=0$ 处的归一化传输线导纳。然后，在等 SWR 圆上向信号源移动距离 $l(=0.375\lambda_1)$，到达点 D，即可得到与上面相同的 $\bar{Y}_1$。

4. jB 左侧的传输线 SWR：先定位 jB 左侧的归一化传输线导纳，然后确定对应 jB 左侧的传输线 1 部分的等 SWR 圆。这样，注意到 $\bar{Y}_2=\bar{Y}_1+jB$ 或 $\bar{Y}_{n2}=\bar{Y}_{n1}+jB/Y_{01}$，因此可得

$$\text{Re}[\bar{Y}_{n2}] = \text{Re}[\bar{Y}_{n1}] \tag{7.38a}$$

$$\text{Im}[\bar{Y}_{n2}] = \text{Im}[\bar{Y}_{n1}] + \frac{B}{Y_{01}} \tag{7.38b}$$

从点 D 开始，沿等实部（电导）圆到达点 E，点 E 的虚部与点 D 的虚部的差值是 B/Y_{01}，即 $-0.003/(1/150)$ 或 -0.45。然后画出过点 E 的等 SWR 圆，并在点 F 读出待求的 SWR 值。该值是 1.94。

第 4 个步骤的逆过程可确定电纳的位置和取值，以便取得电纳左侧的 SWR 为 1，即无驻波的条件。这个过程称为传输线**匹配**。消除或最小化电磁能量传输中的一些不需要的驻波的影响，从此角度看，传输线匹配很重要。

为演示匹配问题的求解，先要知道 Smith 圆图的中心点表示 SWR 为 1。因此，如果 $\bar{Y}_{n2}$ 落在 Smith 圆图的中心，就能成功匹配。既然 $\bar{Y}_{n1}$ 和 $\bar{Y}_{n2}$ 的差异仅在于式(7.38a)和式(7.38b)表示的虚数部分，那么 $\bar{Y}_{n1}$ 必须在经过 Smith 圆图中心的等电导圆（既然该圆对应着等于 1 的归一化的实部，该圆称为**单位电导圆**）上。$\bar{Y}_{n1}$ 也必须在对应着 jB 右侧传输线部分的等 SWR 圆上。因此，$\bar{Y}_{n1}$ 就在等 SWR 圆和单位电导圆的交叉点上。如图 7.15 所示，有两个这样的点，点 G 和点 H，图中点 A 和点 C 是从图 7.14 复制过来的。因此匹配问题有两个解。如果选择 G 对应 $\bar{Y}_{n1}$，那么，既然从 C 到 G 的距离是 $(0.333-0.250)\lambda_1$ 或 $0.083\lambda_1$，则 jB 必须位于 $z=-0.083\lambda_1$。为得到 jB 的值，注意到对应 G 的归一化电纳的值是 -1.16，因此 $B/Y_{01}=1.16$ 或 $jB=j1.16Y_{01}=j0.00773$ S。然而，如果选择 H 对应 $\bar{Y}_{n1}$，那么以类似的方法可发现，jB 必须位于 $z=(0.250+0.167)\lambda_1$ 或 $0.417\lambda_1$，且 jB 的值必须是 $-j0.00773$ S。

取得匹配的电抗元件 jB 通常用传输线的短路段（称为**短截线**）实现。这是由于短路传输线的输入阻抗是纯电抗的，如 7.1 节所示。将短路电路看成负载，如图 7.16 所示，并应用 Smith 圆图，可以得到所需的输入电纳对应的短截线的长度。对应短路电路的导纳是无穷大，因此归一化到短截线特性导纳的负载导纳也等于无穷大，位于图 7.15 中 Smith 圆图上的点 I。然后沿着经过点 I 的等 SWR 圆（最外面的圆）向信号源（输入）移动，直到到达对应着所需的短截线输入电纳的那点，该输入电纳已归一化到短截线的特性导纳。假定短截线的特性阻抗与传输线的一致，该值是 j1.16 或 $-$j1.16，这取决于短截线位于点 G 还是点 H。进而引向点 J 或点 K，因此对于 $jB=j1.16$，短截线的长度是 $(0.25+0.136)\lambda_1$ 或 $0.386\lambda_1$，或者对于 $jB=-j1.16$，短截线的长度是 $(0.364-0.25)\lambda_1$ 或 $0.114\lambda_1$。对于短截线位于 $z=-0.083\lambda_1$，短截线的长度是 $0.386\lambda_1$ 的解，对应的短截线的布置如图 7.17 所示。

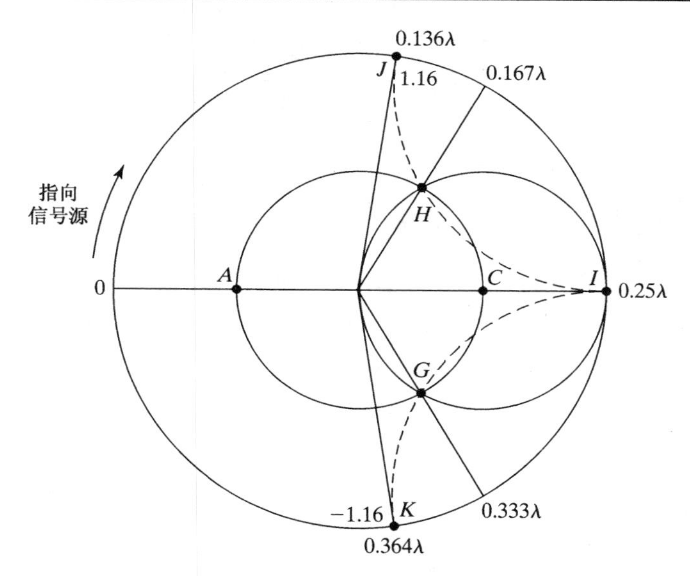

图 7.15　应用 Smith 圆图求解传输线匹配问题

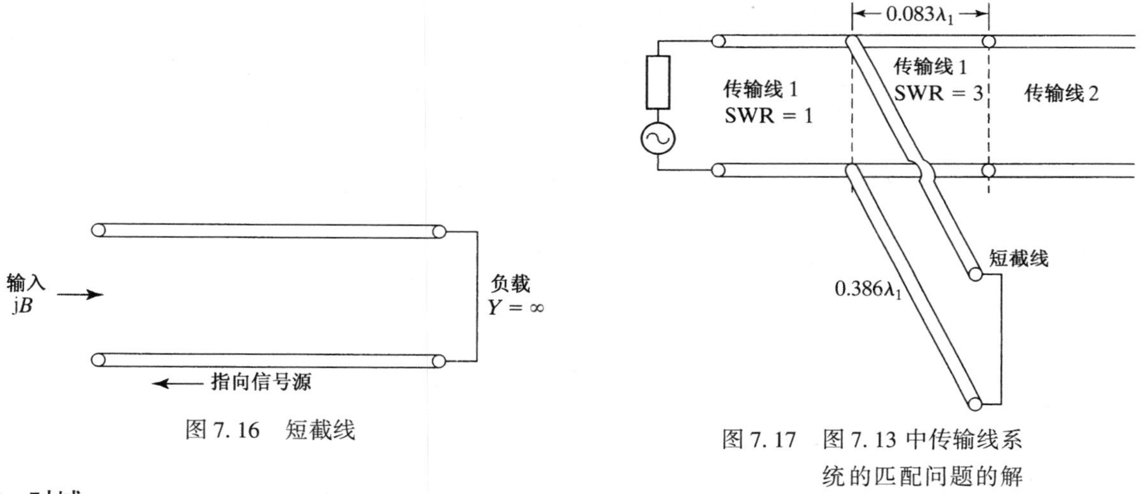

图 7.16　短截线

图 7.17　图 7.13 中传输线系统的匹配问题的解

B. 时域

对于无耗传输线,传输线方程式(6.86a)和式(6.86b)或式(7.1a)和式(7.1b)化简为

$$\frac{\partial V}{\partial z} = -\mathscr{L}\frac{\partial I}{\partial t} \tag{7.39a}$$

$$\frac{\partial I}{\partial z} = -\mathscr{C}\frac{\partial V}{\partial t} \tag{7.39b}$$

时域的解为

$$V(z,t) = Af(t - z\sqrt{\mathscr{L}\mathscr{C}}) + Bg(t + z\sqrt{\mathscr{L}\mathscr{C}}) \tag{7.40a}$$

$$I(z,t) = \frac{1}{\sqrt{\mathscr{L}/\mathscr{C}}}[Af(t - z\sqrt{\mathscr{L}\mathscr{C}}) - Bg(t + z\sqrt{\mathscr{L}\mathscr{C}})] \tag{7.40b}$$

可将解代入式(7.39a)和式(7.39b)验证。这些解表示以速度 v_p 传播的电压和电流行波。

$$v_p = \frac{1}{\sqrt{\mathscr{L}\mathscr{C}}} \tag{7.41}$$

考虑到函数f和g的参数$(t \mp z\sqrt{\mathscr{L}\mathscr{C}})$，特性阻抗为

$$Z_0 = \sqrt{\frac{\mathscr{L}}{\mathscr{C}}} \tag{7.42}$$

可根据v_p和Z_0与频率无关的事实推断出这些参量。

将式(7.40a)和式(7.40b)改写为

$$V(z,t) = V^+\left(t - \frac{z}{v_p}\right) + V^-\left(t + \frac{z}{v_p}\right) \tag{7.43a}$$

$$I(z,t) = \frac{1}{Z_0}\left[V^+\left(t - \frac{z}{v_p}\right) - V^-\left(t + \frac{z}{v_p}\right)\right] \tag{7.43b}$$

或者，理解了V^+是$(t - z/v_p)$的函数和V^-是$(t + z/v_p)$的函数，式(7.43a)和式(7.43b)可更简捷地写为

$$V = V^+ + V^- \tag{7.44a}$$

$$I = \frac{1}{Z_0}(V^+ - V^-) \tag{7.44b}$$

依据(+)和(-)波的电流，电流的解也可写为

$$I = I^+ + I^- \tag{7.45}$$

比较式(7.44b)和式(7.45)，可得

$$I^+ = \frac{V^+}{Z_0} \tag{7.46a}$$

$$I^- = -\frac{V^-}{Z_0} \tag{7.46b}$$

如果认识到在写出式(7.44a)和式(7.45)时，遵循着这样的表示法：V^+和V^-都有相同的极性，一个导体(如a)相对于另一个导体(如b)为正，且I^+和I^-都沿导体a以正z轴方向流动，沿导体b以负z轴方向流回，如图7.18所示，那么可以理解式(7.46b)中的负号了。与两个波相关联的功率流，由对应的电压和电流的乘积给出，则指向正z轴方向，如图7.18所示。这样，可得

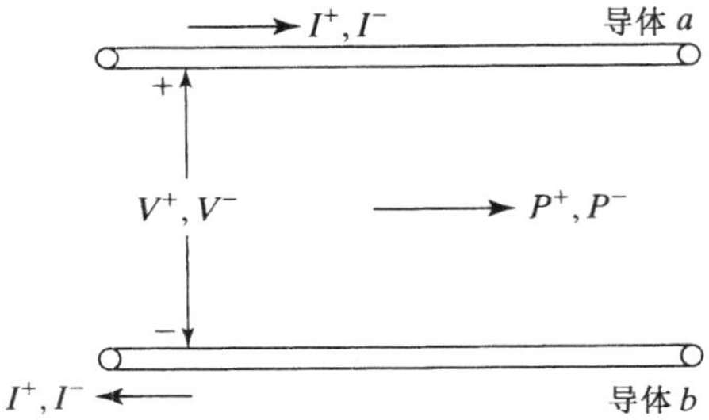

图7.18　与(+)和(-)波相关联的电压和电流的极性

$$P^+ = V^+I^+ = V^+\left(\frac{V^+}{Z_0}\right) = \frac{(V^+)^2}{Z_0} \tag{7.47a}$$

既然$(V^+)^2$总是正值，那么不管V^+在数值上是正还是负，式(7.47a)指出(+)波的功率实际上沿正z轴方向流动，也应该是正z轴方向。另一方面，有

$$P^- = V^-I^- = V^-\left(-\frac{V^-}{Z_0}\right) = -\frac{(V^-)^2}{Z_0} \tag{7.47b}$$

既然$(V^-)^2$总是正值，那么不管V^-在数值上是正还是负，式(7.47b)中的负号表示P^-是负数，因此(-)波的功率实际上沿负z轴方向流动，也应该是负z轴方向。

7.4　端接阻性负载的传输线

现在分析一个长度为 l、端接一个负载电阻 R_L 且有串联内阻为 R_g 的恒定电压源 V_0 驱动的传输线，如图 7.19 所示。注意，传输线的导体用平行双线来表示，而连接的导体的单线可表示为集总元件。假定对于 $t<0$，传输线上不存在电压和电流，且开关 S 在 $t=0$ 时刻闭合。讨论对于 $t>0$ 传输线上的瞬态波现象。传输线的特性阻抗和传播速度分别是 Z_0 和 v_p。

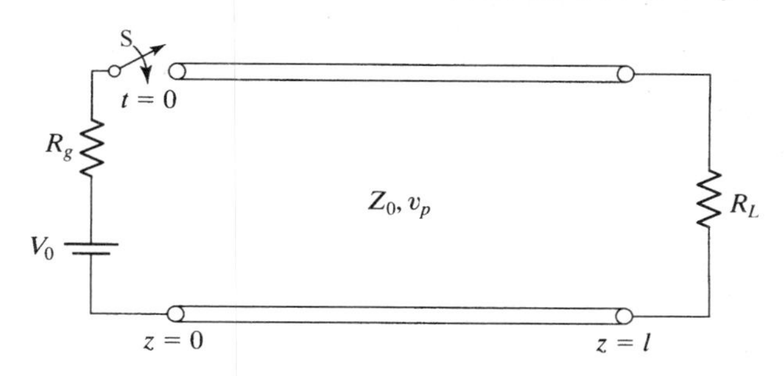

图 7.19　端接负载电阻 R_L 且有串联内阻为 R_g 的恒定电压源 V_0 驱动的传输线

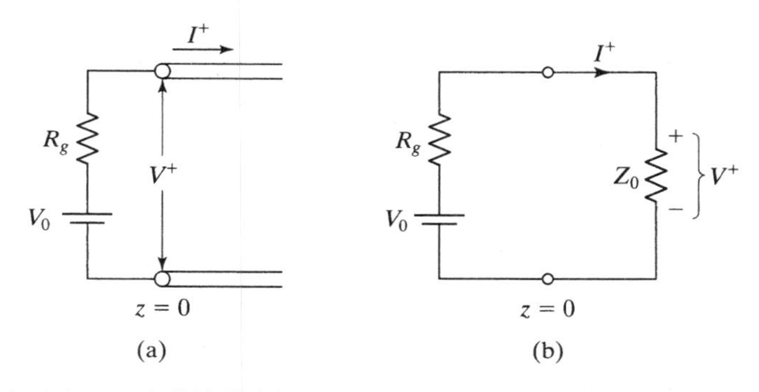

图 7.20　(a)对于图 7.19 中传输线求得(+)波在 $z=0$ 处的电压和电流；(b)图(a)的等效电路

当开关 S 在 $t=0$ 关闭时，(+)波在 $z=0$ 产生并向负载行进。令(+)波的电压和电流分别是 V^+ 和 I^+，得到 $z=0$ 处的情况，如图 7.20(a)所示。既然这个现象只是波传播的一个阶段，负载电阻还没开始起作用，因此直到(+)波到达负载，引起反射，且反射波返回到信号源，信号源才知道 R_L 的存在。这是普通(集总)电路理论和传输线(分布电路)理论之间的根本区别。在普通电路理论中，不涉及时延；电路某部分的瞬态效应立刻作用在电路的所有分支。在传输线系统中，只有经过波从第一个位置行进到第二个位置的时间间隔后，传输线上某个位置的瞬态效应才能作用到不同的位置。现在返回到图 7.20(a)的电路，各参量必须满足边界条件，即闭合回路的基尔霍夫电压定律。这样，可得

$$V_0 - I^+R_g - V^+ = 0 \tag{7.48a}$$

然而，根据式(6.31a)可知 $I^+=V^+/Z_0$。因此，可得

$$V_0 - \frac{V^+}{Z_0}R_g - V^+ = 0 \tag{7.48b}$$

或

$$V^+ = V_0\frac{Z_0}{R_g + Z_0} \tag{7.49a}$$

$$I^+ = \frac{V^+}{Z_0} = \frac{V_0}{R_g + Z_0} \tag{7.49b}$$

这样,图 7.20(a)的情况等效于图 7.20(b)中的电路;即电压源在 $z=0$ 处可视为等于传输线特性阻抗的电阻。这是所预期的,因为在 $z=0$ 处只存在(+)波且(+)波的电压与电流的比值等于 Z_0。

(+)波向负载方向行进,在 $t=l/v_p$ 到达末端。然而,在那里它并不满足边界条件,因为边界条件要求负载电阻上的电压等于电流乘以电阻值 R_L,但(+)波的电压与电流比等于 Z_0。为解决该矛盾,只有一种可能性,即引起(−)波或反射波。令反射波的电压和电流分别是 V^- 和 I^-。那么 R_L 上的总电压是 $V^+ + V^-$,且通过它的总电流是 $I^+ + I^-$,如图 7.21(a)所示。为满足边界条件,有

$$V^+ - V^- = R_L(I^+ + I^-) \tag{7.50a}$$

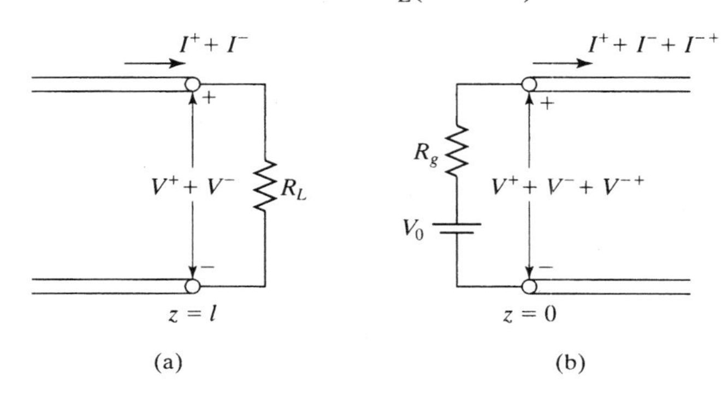

图 7.21　对于图 7.19 中的传输线求得与(a)(−)波和(b)(−+)波相关的电压和电流

根据式(7.46a)和式(7.46b),分别可知 $I^+ = V^+/Z_0$ 和 $I^- = -V^-/Z_0$。因此,可得

$$V^+ - V^- = R_L\left(\frac{V^+}{Z_0} - \frac{V^-}{Z_0}\right) \tag{7.50b}$$

或

$$V^- = V^+\frac{R_L - Z_0}{R_L + Z_0} \tag{7.51}$$

现在定义**电压反射系数**,即反射电压与入射电压的比值,由符号 Γ 表示(以前是 Γ_V)。因此

$$\Gamma = \frac{V^-}{V^+} = \frac{R_L - Z_0}{R_L + Z_0} \tag{7.52}$$

接着定义**电流反射系数**为

$$\frac{I^-}{I^+} = \frac{-V^-/Z_0}{V^+/Z_0} = -\frac{V^-}{V^+} = -\Gamma \tag{7.53}$$

现在回到反射波,可观察到反射波返回向信号源方向行进,且在 $t=2l/v_p$ 到达信号源。既然不满足 $z=0$ 处的边界条件,原先只被初始的(+)波满足,就需要引起反射的反射或再反射,且向负载行进。再反射波是(+)波,假定其电压和电流分别是 V^{-+} 和 I^{-+},上标表示这个(+)波是(−)波的结果。那么 $z=0$ 处的总的传输线电压和电流分别是 $V^+ + V^- + V^{-+}$ 和 $I^+ + I^- + I^{-+}$,如图 7.21(b)所示。为满足边界条件,有

$$V^+ + V^- + V^{-+} = V_0 - R_g(I^+ + I^- + I^{-+}) \tag{7.54a}$$

已知 $I^+ = V^+/Z_0$, $I^- = -V^-/Z_0$ 和 $I^{-+} = V^{-+}/Z_0$。因此

$$V^+ + V^- + V^{-+} = V_0 - \frac{R_g}{Z_0}(V^+ - V^- + V^{-+}) \tag{7.54b}$$

进一步,根据式(7.49a)将 V^+ 代入式(7.54b),化简并重新整理后可得

$$V^{-+}\left(1 + \frac{R_g}{Z_0}\right) = V^-\left(\frac{R_g}{Z_0} - 1\right)$$

或

$$V^{-+} = V^- \frac{R_g - Z_0}{R_g + Z_0} \tag{7.55}$$

比较式(7.55)与式(7.51),注意到再反射波将有内阻的源只视为单独的内阻,即在只涉及(−)波的范围内,电压源等效为短路电路。来自信号源的初始(+)波的恒流考虑了电压源的影响。因此,对于反射的反射,即(−+)波,只需考虑内阻 R_g。这样,电压反射系数公式(7.52)是普适公式,可反复使用。鉴于其重要性,对于某些特例 Γ 的值简要讨论如下:

1. $R_L = 0$ 或短路传输线。

$$\Gamma = \frac{0 - Z_0}{0 + Z_0} = -1$$

反射电压正好是入射电压的负值,因而维持 R_L(短路)上的电压总是零。

2. $R_L = \infty$ 或开路传输线。

$$\Gamma = \frac{\infty - Z_0}{\infty + Z_0} = 1$$

且电流反射系数 $= -\Gamma = -1$。因此,反射电流正好是入射电流的负值,因而流过 R_L(开路)的电流总是零。

3. $R_L = Z_0$ 或端接了特性阻抗的传输线。

$$\Gamma = \frac{Z_0 - Z_0}{Z_0 + Z_0} = 0$$

这相当于无反射,这就是所预期的,因为 $R_L(=Z_0)$ 与单独(+)波的电压与电流比一致。因此,没有边界条件的失效,也就不需要产生反射波。这样,在只涉及信号源的范围内,端接其特性阻抗的传输线等效为无限长传输线。

返回再反射波的讨论,该波在 $t = 3l/v_p$ 时刻到达负载,并引起另一个反射波。这个波的反弹和行进过程不停地进行,直到达到稳态。为追踪这个瞬态现象,使用**反弹图**(bounce-diagram)技术,该图的一些其他名字是**反射图**和**空间-时间图**。我们通过一个数值例子介绍反弹图。

例 7.4

考虑图 7.22 的系统,引入一个新的参量 T,它是沿传输线从 $z = 0$ 到 $z = l$ 的单向行进时间,定义为 $T(=l/v_p)$,即代替定义两个参量 l 和 v_p。应用反弹图技术,得到并画出在固定 z 值处传输线电压和电流随 t 的变化,以及在固定 t 时传输线电压和电流随 z 的变化。

构造反弹图之前,需要计算下面的参量:

$$初始(+)波传输的电压 = 100 \times \frac{60}{40+60} = 60\ \text{V}$$

$$初始(+)波传输的电流 = \frac{60}{60} = 1\ \text{A}$$

$$负载处的电压反射系数\ \Gamma_R = \frac{120-60}{120+60} = \frac{1}{3}$$

$$信号源处的电压反射系数\ \Gamma_S = \frac{40-60}{40+60} = -\frac{1}{5}$$

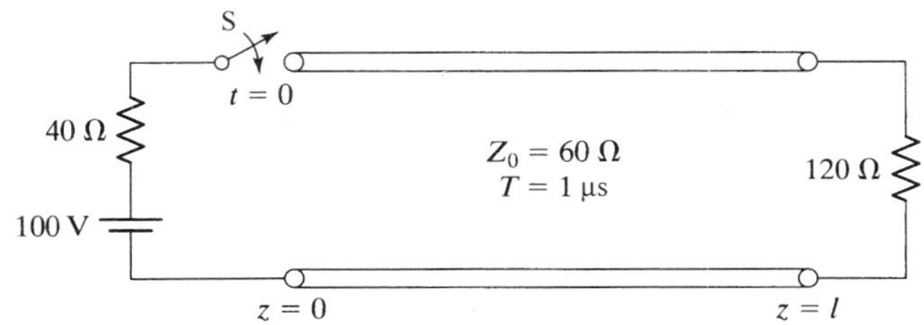

图 7.22 用于演示追踪瞬态现象的反弹图技术的传输线系统

反弹图本质上是瞬态波在传输线上反弹和行进的二维表示法。单独的电压和电流的反弹图分别如图 7.23(a)和图 7.23(b)所示。水平向表示传输线的位置(z),垂直向表示时间(t)。在图的顶部显示了两端的反射系数值,以便快速参考。注意,负载端和信号源端的电流反射系数分别是 $-\Gamma_R = -\frac{1}{3}$ 和 $-\Gamma_S = \frac{1}{5}$。图中的交叉线表示波作为 z 和 t 的函数的行进进程,在相应的每个行进段的线的旁边,近似位于线的中心,给出了每个行进段的数值。箭头指示行进方向。例如,电压反弹图上的第一条线表示 60 V 的初始(+)波用了 1 μs 到达传输线的负载端,引起一个 20 V 的反射波,反射波返回信号源端,在 2 μs 时到达信号源端,然后引起一个 −4 V 的(+)波,如此反复,不断进行这个过程。

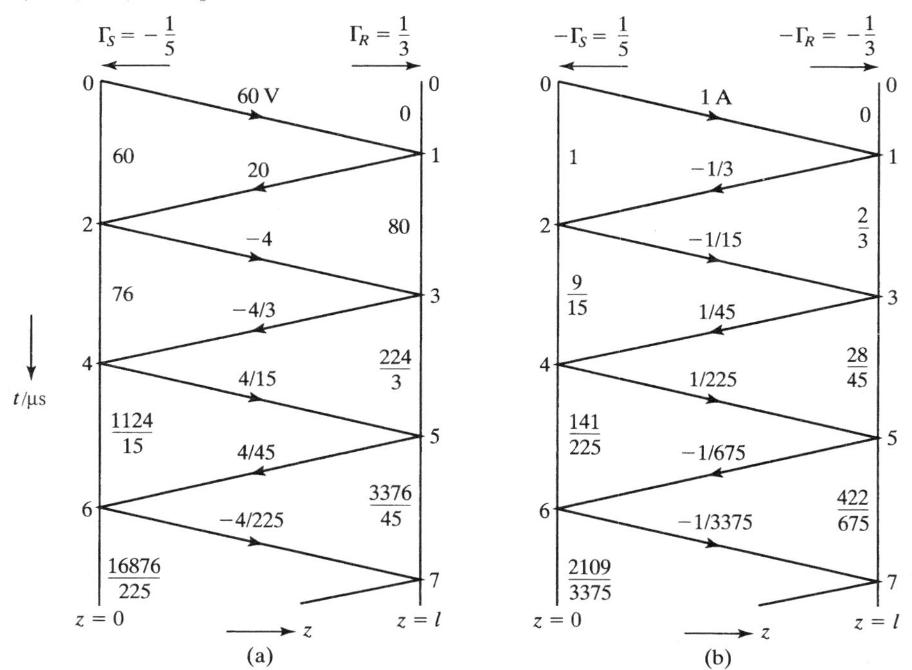

图 7.23 (a)电压反弹图和(b)电流反弹图,描述图 7.22 的系统中波的反弹和行进

为画出在任意 z 值处传输线电压和电流随时间的变化图，注意到既然电压源是恒定电压源，一旦某个 z 值处引起了波，每个单独波的电压和电流就连续且永远存在了。这样，在任意特定时刻，在某个 z 值处的电压(或电流)是在那个时间之前的相应的交叉线的所有电压(或电流)的叠加。对于 $z=0$ 和 $z=l$，这些值标注在反弹图上，分别如图 7.24(a)和图 7.24(b)所示。类似地，可观察到沿 $z=0$ 的时间轴所写的数字对三角形(▷)内的任意一对 z 和 t 实际上都有效，且沿 $z=l$ 的时间轴写的数字对三角形(◁)内的任意一对 z 和 t 实际上都有效，即可画出在任意 z 值处传输线电压和电流随时间的变化图。在图 7.24(c)中给出了 $z=l/2$ 的图。

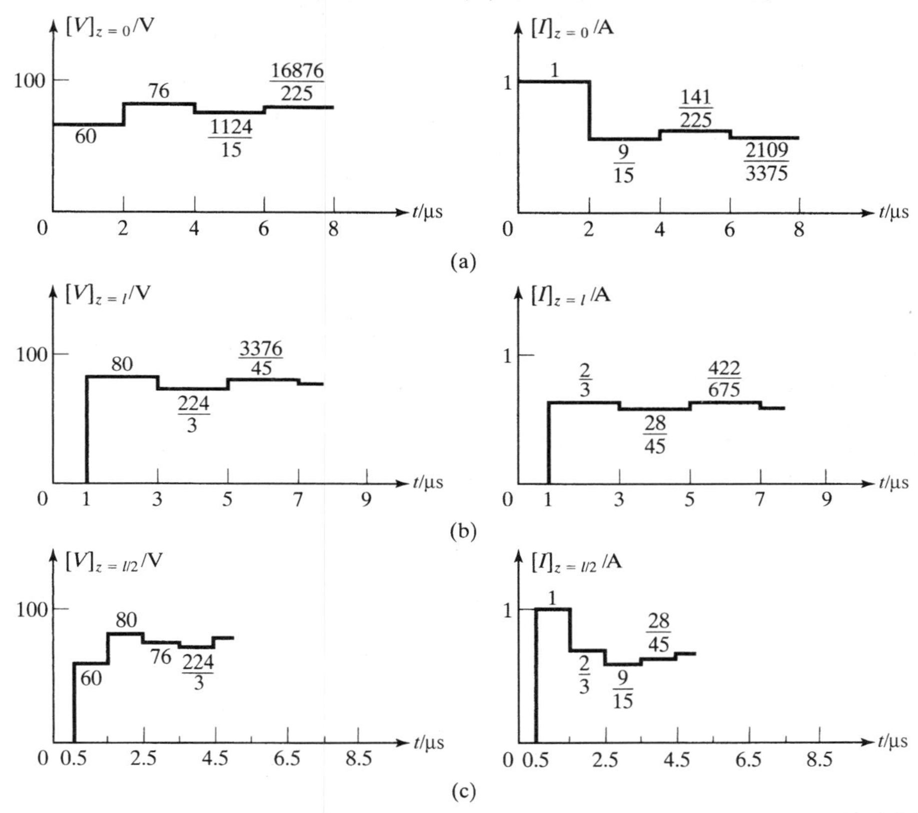

图 7.24　对于图 7.22 的系统，传输线电压和电流在(a) $z=0$，(b) $z=l$ 和(c) $z=l/2$ 的时变图

从图 7.24 可以看出，随着时间的推移，传输线电压和电流趋于收敛到特定值，可以期望是稳态值。在稳态，波形由一个单独的(+)波和一个单独的(−)波组成，单独的(+)波实际上是无数个瞬态(+)波的叠加，单独的(−)波实际上是无数个瞬态(−)波的叠加。定义稳态(+)波的电压和电流分别表示为 V_{SS}^{+} 和 I_{SS}^{+}，稳态(−)波的电压和电流分别表示为 V_{SS}^{-} 和 I_{SS}^{-}，从反弹图可得

$$V_{SS}^{+} = 60 - 4 + \frac{4}{15} - \cdots = 60\left(1 - \frac{1}{15} + \frac{1}{15^2} - \cdots\right) = 56.25\ \text{V}$$

$$I_{SS}^{+} = 1 - \frac{1}{15} + \frac{1}{225} - \cdots = 1 - \frac{1}{15} + \frac{1}{15^2} - \cdots = 0.9375\ \text{A}$$

$$V_{SS}^{-} = 20 - \frac{4}{3} + \frac{4}{45} - \cdots = 20\left(1 - \frac{1}{15} + \frac{1}{15^2} - \cdots\right) = 18.75\ \text{V}$$

$$I_{SS}^{-} = -\frac{1}{3} + \frac{1}{45} - \frac{1}{675} + \cdots = -\frac{1}{3}\left(1 - \frac{1}{15} + \frac{1}{15^2} - \cdots\right) = -0.3125\ \text{A}$$

注意到 $I_{SS}^{+}=V_{SS}^{+}/Z_0$ 和 $I_{SS}^{-}=-V_{SS}^{-}/Z_0$，可得到稳态传输线电压和电流分别为

$$V_{SS}=V_{SS}^{+}+V_{SS}^{-}=75\ \text{V}$$

$$I_{SS}=I_{SS}^{+}+I_{SS}^{-}=0.625\ \text{A}$$

如图 7.25 所示，如果电源和内阻直接与 R_L 相连，则在 R_L 上可得到相同的电压和电流。这是所预期的，因为对于稳态的恒定电压源，分布等效电路的串联电感和并联电容的特性分别类似短路电路和开路电路。

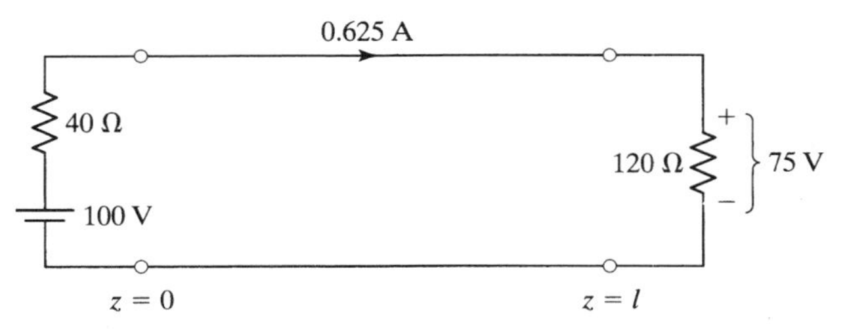

图 7.25　图 7.22 中系统的稳态等效

应用类似画出图 7.24 的方法，可画出图 7.25 的传输线电压和电流图，对于任意特定时刻，电压和电流都是沿传输线距离(z)的函数。例如，假定画出 $t=2.5\ \mu s$ 时的传输线电压图。从 $t=2.5\ \mu s$ 时的电压反弹图可知，从 $z=0$ 到 $z=l/2$ 时传输线电压是 76 V，从 $z=l/2$ 到 $z=l$ 时传输线电压是 80 V，如图 7.26(a)所示。类似地，图 7.26(b)为 $t=1\frac{1}{3}\ \mu s$ 时刻传输线电流随 z 的变化图。

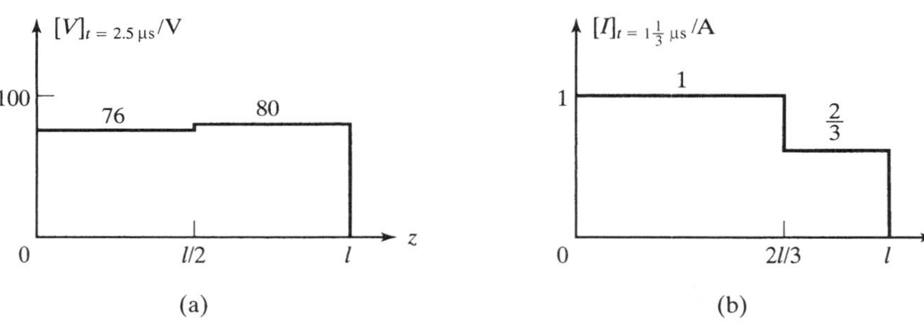

图 7.26　(a)图 7.22 中系统在 $t=2.5\ \mu s$ 时的电压随 z 的变化图；(b)图 7.22 中系统在 $t=1\frac{1}{3}\ \mu s$ 时的电流随 z 的变化图

在例 7.4 中，介绍了应用于恒定电压源的反弹图技术。如果电压源是脉冲电压源，也可应用该技术。在矩形脉冲的情况下，可将矩形脉冲表示为两个阶跃函数的叠加，如图 7.27 所示，再叠加这两个信号源的反弹图。在此过程中，需注意其中一个信号源反弹图应在大于零的时间值开始。此外，可从每个波的起始时间开始，沿时间轴画出波的时变图，并由此画出需要的图形。下面给出一个例子，演示这项技术也可用于任意形状脉冲。

例 7.5

假定图 7.22 中系统的电压源是从 $t=0$ 到 $t=1\ \mu s$ 的 100 V 矩形脉冲，扩展反弹图技术。

例如，考虑电压反弹图，在图 7.28 中复制了图 7.23(a)的部分电压反弹图，并沿时间轴画出单个脉冲的时变图，如图所示。注意，选择电压轴的正值在图左端($z=0$)的左边，图右端($z=l$)的右边。

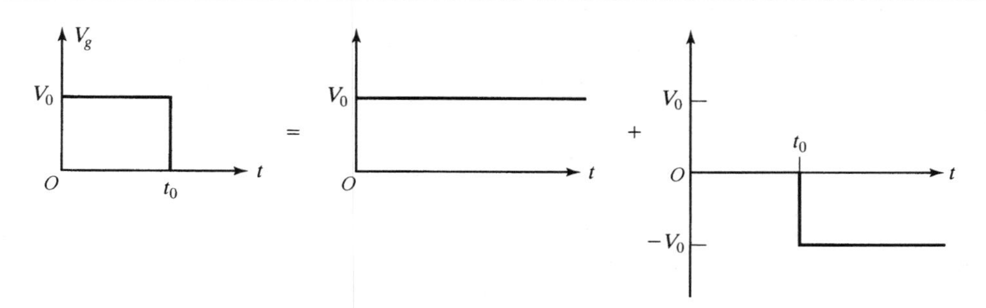

图 7.27　矩形脉冲表示为两个阶跃函数的叠加

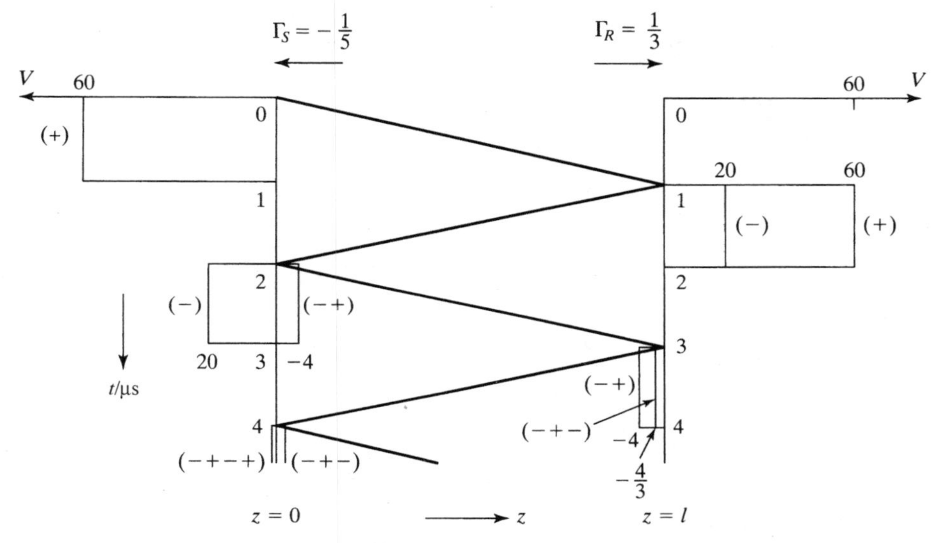

图 7.28　图 7.22 中系统的电压反弹图(电压源是从
$t=0$到$t=1$ μs的1 μs持续时间的矩形脉冲)

根据电压反弹图,可画出在 $z=0$ 和 $z=l$ 处传输线电压的时变图,分别如图 7.29(a)和图 7.29(b)所示。为画出任意 z 值处传输线电压的时变图,注意到随着时间的变化,(+)波脉冲从左到右滑下交叉线,而(−)波脉冲从右到左滑下交叉线。这样,为画出 $z=l/2$ 的图形,将 $z=0$ 的(+)波和$z=l$ 的(−)波的时间图沿时间轴向前平移 0.5 μs,即延迟 0.5 μs,再相加得到图 7.29(c)所示的图形。

基于单个脉冲沿交叉线下滑的现象,可根据反弹图画出在固定时刻传输线电压随传输线距离(z)的变化图。这样,如果要画出 $t=2.25$ μs 的图形,可取在 $z=0$ 处的所有(+)波脉冲的从时间段 $t=2.25$ μs 退回到 $t=2.25-1=1.25$ μs(因为传输线上的单向传播时间是 1 μs)的部分波形,然后放置到从 $z=0$ 到 $z=l$ 的传输线上;再取在 $z=l$ 处的所有(−)波脉冲的从时间段 $t=2.25$ μs 退回到 $t=2.25-1=1.25$ μs的部分波形,然后放置到从 $z=l$ 退回到 $z=0$ 的传输线上。在这种情况下,只有一个(+)波,就是(−+)波,且只有一个(−)波,就是(−)波本身,如图 7.30(a)和图 7.30(b)所示。传输线电压就是这两个波形的叠加,如图 7.30(c)所示。

类似地,对于电流反弹图,可画出固定 z 值处传输线电流的时变图和固定时刻 t 的传输线电流随 z 的变化图。

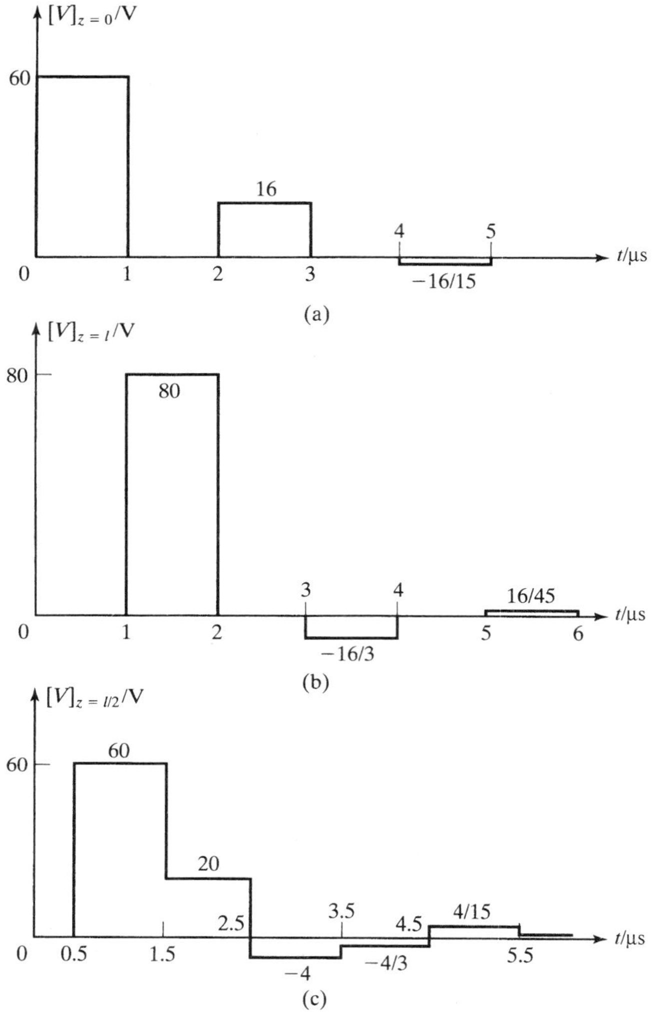

图 7.29　对于图 7.22 中的系统(电压源是从 $t=0$ 到 $t=1$ μs 的 1 μs 持续时间的矩形脉冲),当(a)$z=0$,(b)$z=l$和(c)$z=l/2$时的传输线电压时变图

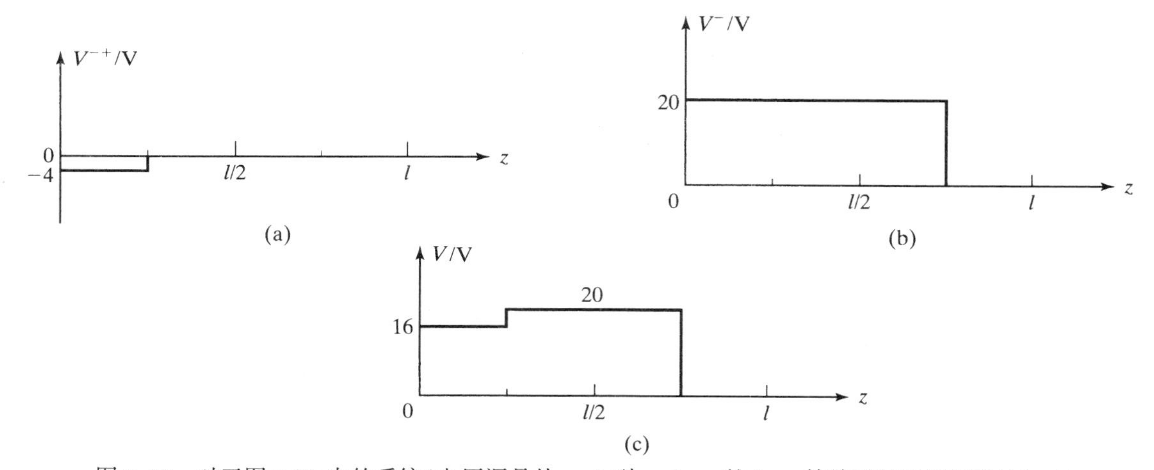

图 7.30　对于图 7.22 中的系统(电压源是从 $t=0$ 到 $t=1$ μs 的 1 μs 持续时间的矩形脉冲),在 $t=2.25$ μs时刻(a)(− +)波电压,(b)(−)波电压和(c)总的传输线电压随z的变化图

7.5 有初始条件的传输线

到目前为止，已经分析了有静态初始条件的传输线，即传输线上没有初始电压和电流。作为逻辑门互连分析的基础，需要分析有非零初始条件的传输线。首先讨论任意初始电压和电流分布的一般情况，并将电压和电流分解为(+)波和(−)波电压和电流。为此，分析图 7.31 所示的例子，两端开路的传输线在初始时刻(即 $t=0$)充电到如图所示电压和电流分布。

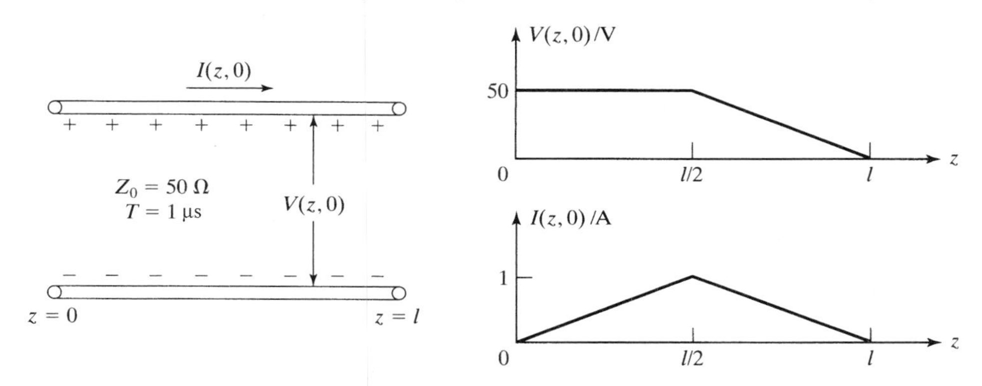

图 7.31　两端开路的传输线且在初始时刻分别充电到电压和电流分布 $V(z,0)$ 和 $I(z,0)$

将传输线电压和电流分布写为(+)波和(−)波电压和电流的和，可得

$$V^+(z,0) + V^-(z,0) = V(z,0) \tag{7.56a}$$

$$I^+(z,0) + I^-(z,0) = I(z,0) \tag{7.56b}$$

已知 $I^+ = V^+/Z_0$ 和 $I^- = -V^-/Z_0$，将其代入式(7.56b)，方程式两边再乘以 Z_0，可得

$$V^+(z,0) - V^-(z,0) = Z_0 I(z,0) \tag{7.57}$$

求解式(7.56a)和式(7.57)，可得

$$V^+(z,0) = \frac{1}{2}[V(z,0) + Z_0 I(z,0)] \tag{7.58a}$$

$$V^-(z,0) = \frac{1}{2}[V(z,0) - Z_0 I(z,0)] \tag{7.58b}$$

这样，对于图 7.31 给出的 $V(z,0)$ 和 $I(z,0)$ 分布，得到如图 7.32(a)所示的 $V^+(z,0)$ 和 $V^-(z,0)$ 分布，以及如图 7.32(b)所示的 $I^+(z,0)$ 和 $I^-(z,0)$ 分布。

假定要求解稍后时刻电压和电流分布，如 $t=0.5$ μs 时刻。那么，由于(+)波和(−)波分别在 $z=l$ 和 $z=0$ 处的开路电路传播和反射，它们分别产生(−)波和(+)波，且与两端为 1 的电压反射系数和为 −1 的电流反射系数一致。因此，在 $t=0.5$ μs，(+)波和(−)波电压和电流分布以及总分布如图 7.33 所示，图中点 A,B,C,D 分别对应图 7.32 中的点 A,B,C,D。以这种方式继续，可得到任意时刻的电压和电流分布。

假定 $t=0$ 时刻在 $z=l$ 处连接一个值为 Z_0 的电阻，而不是令其开路。则此后该末端的反射系数为零，且(+)波被电阻吸收，而不会产生(−)波。因此传输线在 $t=1.5$ μs 时刻对电阻完全放电，R_L 上的电压时变图如图 7.34 所示，其中点 A,B,C,D 分别对应图 7.32 中的点 A,B,C,D。

对于初始电压和电流均匀分布的传输线，可应用与任意初始电压和电流分布时相同的方式进行分析。此外，更简便地，可借助于叠加和反弹图进行分析。此方法的基础在于这样的事实：

对于均匀分布,传输线上所有点的传输线电压和电流为恒定值,直到某点发生变化为止。那么,该点就不满足边界条件,就引起恒定电压和电流的瞬态波,并叠加到初始分布上。下面举例演示这项技术。

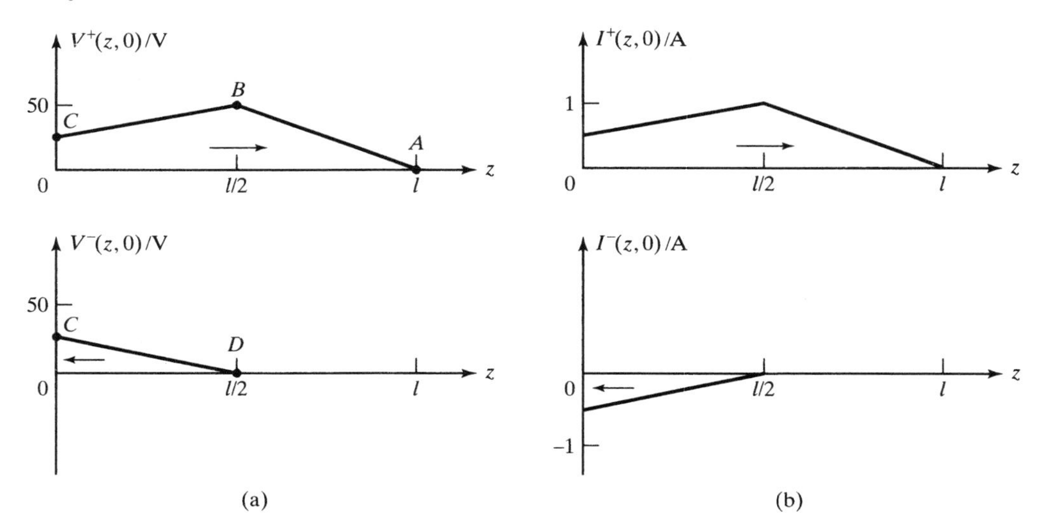

图 7.32　通过分解图 7.31 中的电压和电流分布得到的(+)波和(−)波的(a)电压分布和(b)电流分布

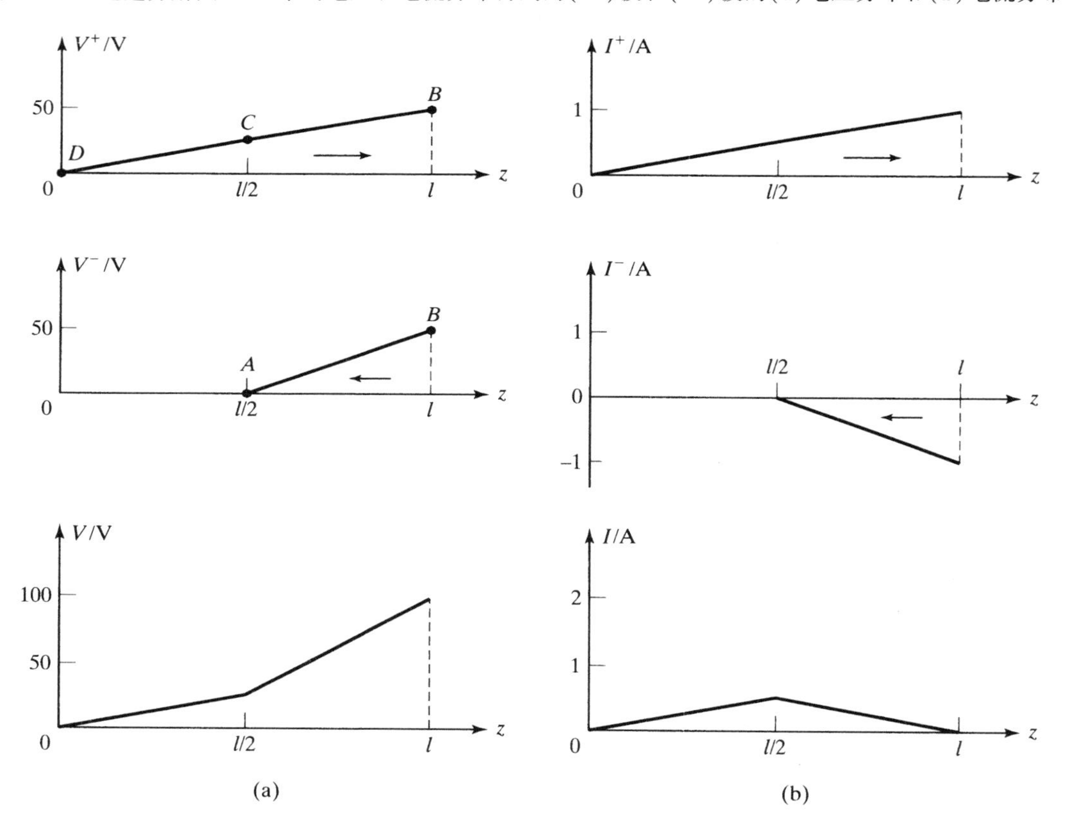

图 7.33　对于图 7.31 中的初始时刻充电的传输线,在 $t = 0.5\ \mu s$ 时刻,(+)波和(−)波及其和的(a)电压分布和(b)电流分布

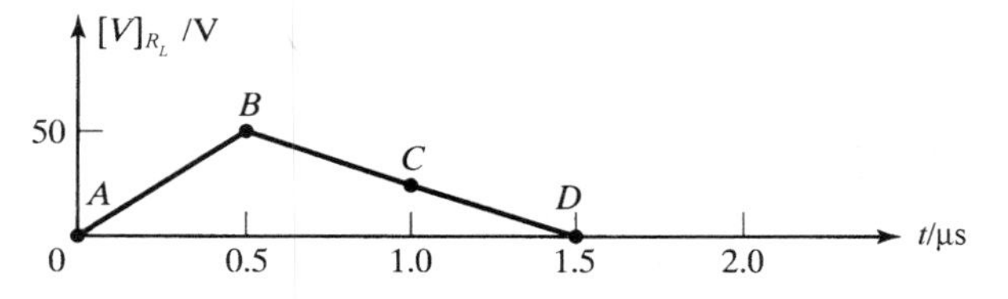

图 7.34　$R_L(=Z_0=50\ \Omega)$上的电压图，在 $t=0$ 时刻将 R_L 连接到图 7.31 中传输线的 $z=l$ 端得到的结果

例 7.6

考虑 $Z_0=50\ \Omega$ 和 $T=1\ \mu s$ 的传输线，初始充电到均匀电压 $V_0=100$ V 和零电流。在 $t=0$ 时刻将电阻 $R_L=150\ \Omega$ 连接到传输线的 $z=0$ 端，如图 7.35(a)所示。求 $t>0$ 时 R_L 上的电压时变图。

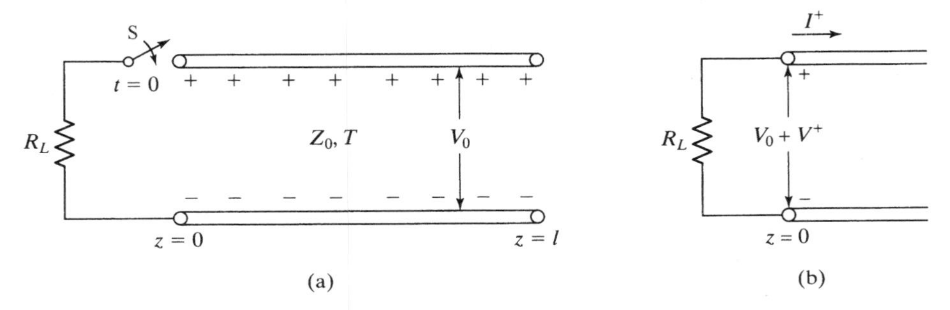

图 7.35　(a)初始充电到均匀电压 V_0 的传输线；(b)求出(a)中开关闭合时产生的瞬态(+)波引起的电压和电流

因为 R_L 连接到传输线的 $z=0$ 端，发生了变化，那么在 $z=0$ 处产生了一个(+)波，因此在该点总的传输线电压是 V_0+V^+ 且总的传输线电流是 $0+I^+$ 或 I^+，如图 7.35(b)所示。为满足在 $z=0$ 处的边界条件，可得

$$V_0+V^+=-R_LI^+ \tag{7.59}$$

已知 $I^+=V^+/Z_0$。因而，有

$$V_0+V^+=-\frac{R_L}{Z_0}V^+ \tag{7.60}$$

或

$$V^+=-V_0\frac{Z_0}{R_L+Z_0} \tag{7.61a}$$

$$I^+=-V_0\frac{1}{R_L+Z_0} \tag{7.61b}$$

对于 $V_0=100$ V，$Z_0=50\ \Omega$ 和 $R_L=150\ \Omega$，得到 $V^+=-25$ V 和 $I^+=-0.5$ A。

画出电压和电流反弹图，如图 7.36 所示。在这些反弹图中，顶部的水平线说明了初始条件，上面标出了电压值和电流值。应用通常的方法根据反弹图可画出传输线电压和电流在固定时刻 t 随 z 的变化图，也可应用通常的方法根据反弹图画出传输线电压和电流在任意 z 值处的时变图。特别有意义的是 R_L 上的电压，阐明了传输线如何向电阻放电。该电压的时变图如图 7.37 所示。

检验能量平衡也是很有用的，即验证 $t>0$ 时在 150 Ω 电阻消耗的能量等于 $t=0_-$ 存储在传输线里的能量，因为传输线是无耗的。一般而言，能量存储在传输线的电场和磁场里，能量密度分别为$\frac{1}{2}\mathscr{C}V^2$ 和$\frac{1}{2}\mathscr{L}I^2$。这样，对于均匀充电到电压 V_0 和电流 I_0 的传输线，总的电场和磁场的储能为

$$W_e = \frac{1}{2}\mathscr{C}V_0^2 l = \frac{1}{2}\mathscr{C}V_0^2 v_p T$$

$$= \frac{1}{2}\mathscr{C}V_0^2 \frac{1}{\sqrt{\mathscr{L}\mathscr{C}}} T = \frac{1}{2}\frac{V_0^2}{Z_0}T \tag{7.62a}$$

$$W_m = \frac{1}{2}\mathscr{L}I_0^2 l = \frac{1}{2}\mathscr{L}I_0^2 v_p T$$

$$= \frac{1}{2}\mathscr{L}I_0^2 \frac{1}{\sqrt{\mathscr{L}\mathscr{C}}} T = \frac{1}{2}I_0^2 Z_0 T \tag{7.62b}$$

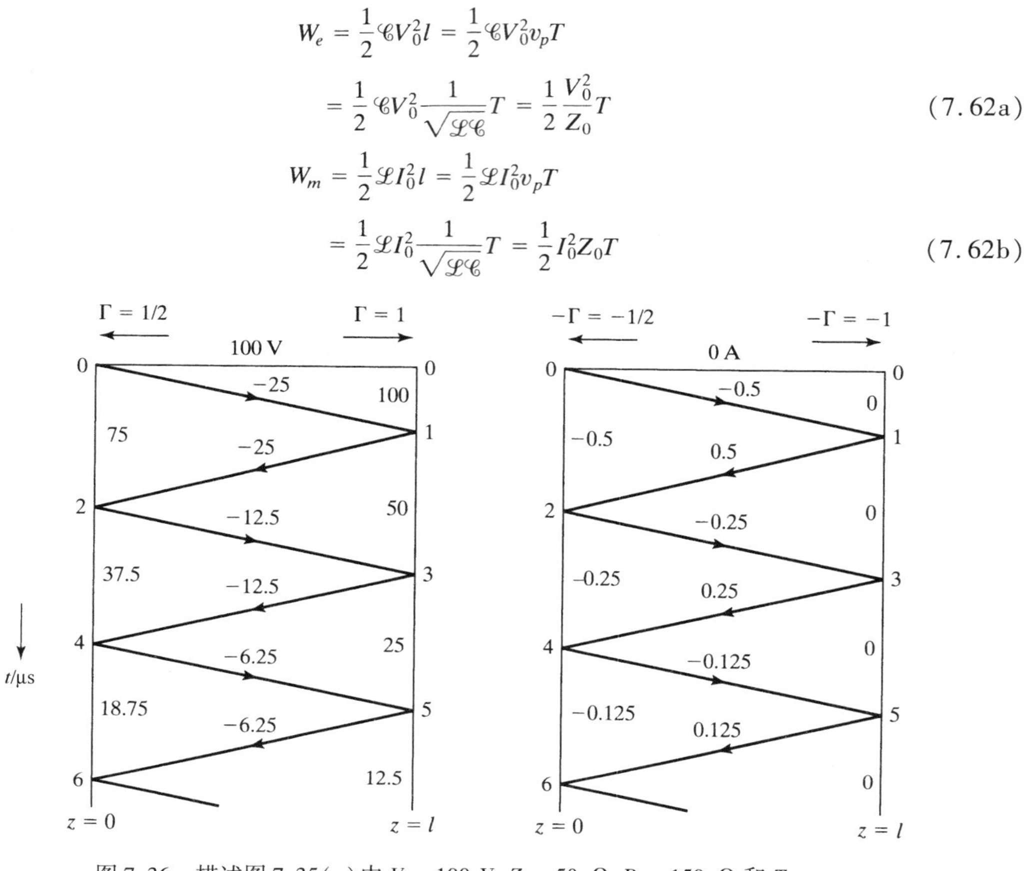

图 7.36　描述图 7.35(a)中 $V_0=100$ V,$Z_0=50$ Ω,$R_L=150$ Ω 和 $T=1$ μs的传输线在$t>0$时的瞬态现象的电压和电流反弹图

对于这种条件下的例子,既然 $V_0=100$ V,$I_0=0$ A 和 $T=1$ μs,可得 $W_e=10^{-4}$ J 和 $W_m=0$ W。这样,传输线里的总的初始储能是 10^{-4} J。现在,将耗散在电阻里的功率表示为 P_d,耗散在电阻里的能量为

$$W_d = \int_{t=0}^{\infty} P_d\,\mathrm{d}t$$

$$= \int_{0}^{2\times10^{-6}} \frac{75^2}{150}\mathrm{d}t + \int_{2\times10^{-6}}^{4\times10^{-6}} \frac{37.5^2}{150}\mathrm{d}t + \int_{4\times10^{-6}}^{6\times10^{-6}} \frac{18.75^2}{150}\mathrm{d}t + \cdots$$

$$= \frac{2\times10^{-6}}{150}\times 75^2\left(1+\frac{1}{4}+\frac{1}{16}+\cdots\right) = 10^{-4}\,\mathrm{J}$$

该值与传输线里的总的初始储能完全一致,因而满足能量平衡。

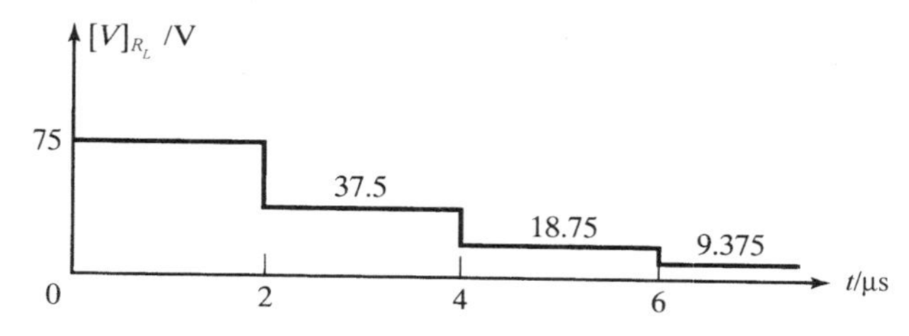

图 7.37　对于 $V_0=100$ V,$Z_0=50$ Ω,$R_L=150$ Ω 和 $T=1$ μs,图 7.35(a)中 $t>0$ 时 R_L 上电压的时变图

7.6　逻辑门之间的互连

到目前为止，关注了端接的和线性电路元件造成不连续的传输线的时域分析。对于数字电路中的互连传输线，逻辑门表现为非线性阻性端接。应用称为**负载–线技术**的图形技术，可以方便地进行分析。先举例介绍这种技术。

例 7.7

考虑如图 7.38 所示的传输线系统，传输线端接一个在图中标明了 V-I 关系的无源非线性元件。$t=0$ 时刻开关 S 闭合后，应用负载–线技术分别求解在电源端和负载端的电压 V_S 和 V_L 的时变图。

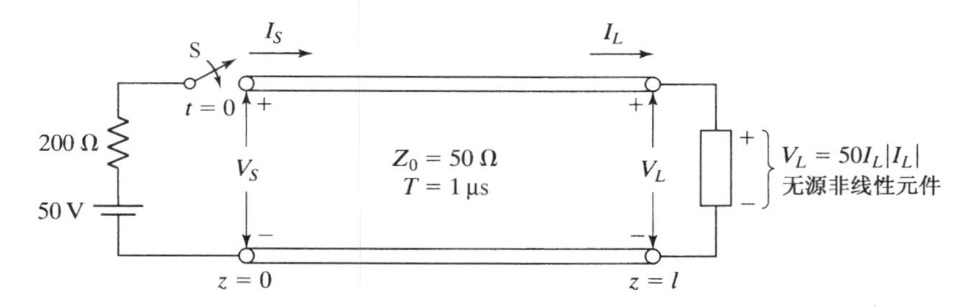

图 7.38　端接一个无源非线性元件且由串联了内阻的恒定电压源驱动的传输线

参考图 7.38 中的符号，写出在 $z=0$ 处与 $t=0_+$ 有关的下列方程：

$$50 = 200 I_S + V_S$$

$$V_S = V^+ \tag{7.63a}$$

$$I_S = I^+ = \frac{V^+}{Z_0} = \frac{V_S}{50} \tag{7.63b}$$

式中，V^+ 和 I^+ 分别是开关闭合后立刻产生的(+)波的电压和电流。可图解两个方程式(7.63a)和式(7.63b)，通过绘制直线来表示方程，如图 7.39 所示，且通过交点 A 得到 V_S 和 I_S 的值，要特别注意到式(7.63b)是斜率为 1/50 且通过原点的直线。

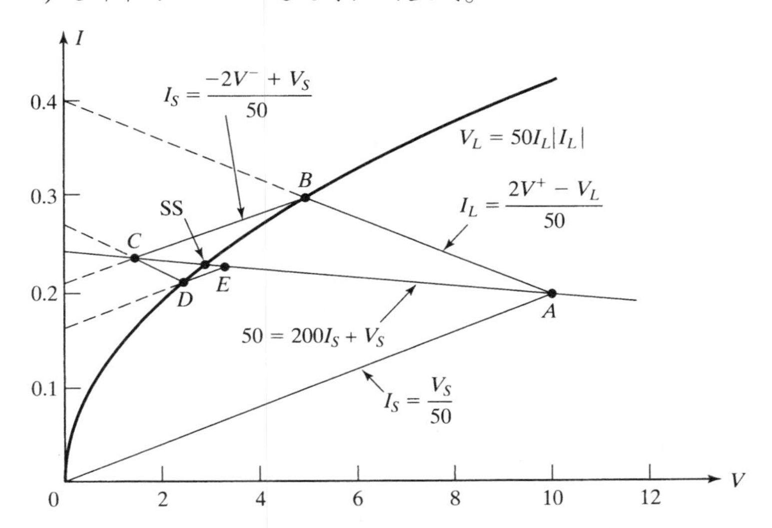

图 7.39　为求出图 7.38 中的传输线系统在 $t>0$ 时 V_S 和 V_L 的时变关系的图解法

当$(+)$波在$t=T$时刻到达负载$z=l$时，引起一个$(-)$波，则可写出在$z=l$处与$t=T_+$有关的下列方程：

$$\begin{aligned} V_L &= 50I_L|I_L| \\ V_L &= V^+ + V^- \end{aligned} \tag{7.64a}$$

$$\begin{aligned} I_L &= I^+ + I^- = \frac{V^+ - V^-}{Z_0} \\ &= \frac{V^+ - (V_L - V^+)}{50} = \frac{2V^+ - V_L}{50} \end{aligned} \tag{7.64b}$$

式中，V^-和I^-分别是$(-)$波的电压和电流。式(7.64a)表示图中的非线性曲线，式(7.64b)对应斜率为$-1/50$的直线，两者的交点就是V_L和I_L的解。根据式(7.64b)，对于$V_L=V^+$，$I_L=V^+/50$，则这条直线经过点A。这样，图7.39中的点B就给出了式(7.64a)和式(7.64b)的解。

当$(-)$波在$t=2T$时刻到达电源端$z=0$时，引起反射波，表示为$(-+)$波，则可写出在$z=0$处与$t=2T_+$有关的下列方程：

$$\begin{aligned} 50 &= 200I_S + V_S \\ V_S &= V^+ + V^- + V^{-+} \\ I_S &= I^+ + I^- + I^{-+} = \frac{V^+ - V^- + V^{-+}}{Z_0} \end{aligned} \tag{7.65a}$$

$$= \frac{V^+ - V^- + (V_S - V^+ - V^-)}{50} = \frac{-2V^- + V_S}{50} \tag{7.65b}$$

式中，V^{-+}和I^{-+}分别是$(-+)$波的电压和电流。根据式(7.65a)，对于$V_S=V^++V^-$，$I_S=(V^+-V^-)/50$，式(7.65b)表示斜率为$1/50$并经过点A的直线。这样，图7.39中的点C就给出了式(7.65a)和式(7.65b)的解。

以这种方式继续，观察到解由信号源和负载V-I特性曲线上的交点组成，通过连续画斜率为$1/Z_0$和$-1/Z_0$的直线，从原点(初始状态)开始，每条直线的起点是前一个交点，如图7.39所示。点A，C，E，…给出在$0<t<2T$，$2T<t<4T$，$4T<t<6T$，…时刻信号源端的电压和电流，而点B，D，…给出在$T<t<3T$，$3T<t<5T$，…时刻负载端的电压和电流。这样，V_S和V_L的时变图分别如图7.40(a)和图7.40(b)所示。最后，由图7.39可知在信号源和负载V-I特性曲线的交点(标为SS)处达到传输线电压和电流的稳态值。

回到例7.6，可作为反弹图技术求解的另一选择，应用负载-线技术分析均匀充电传输线系统的特性。这样，注意到图7.35中的系统在$z=0$和$z=l$处的终端电压-电流特性分别由$V=-IR_L=-150I$和$I=0$给出，且传输线的特性阻抗是50 Ω，就可以完成负载-线作图，如图7.41所示。从点A(100 V，0 A)开始，交替画出斜率为1/50和$-1/50$的直线，得到交点B，C，D，…。点B，D，F，…给出了间隔2 μs从时间$t=0$ μs，2 μs，4 μs，…开始的在端点$z=0$处的传输线电压和电流值，而点C，E，…给出了间隔2 μs从时间$t=1$ μs，3 μs，…开始的在端点$z=l$处的传输线电压和电流值。例如，负载-线作图提供的在$z=0$处的传输线电压的时变图与图7.37中的一样。

刚才演示了应用负载-线技术分析均匀初始分布传输线的过程，现在将该过程应用于图7.42(a)中的系统。图中一根传输线将两个晶体管-晶体管逻辑电路(TTL)倒相器互相连接，传输线的特性阻抗为Z_0，单向传播时间为T。正如反相器名称暗示的一样，逻辑门的输出是输入的反相。这样，如果输入在高电平(逻辑1)，输出将在低电平(逻辑0)；反之亦然。图7.42(b)显示了TTL倒相器的典型V-I特性。如图7.42(b)所示，当系统处于第一个倒相器的输出在0态的稳态时，输出 0 的特性曲线和输入特性曲线的交点确定了沿传输线的电压和电流；当系统处于第一个倒相器的输出在 1 态的稳态时，输出 1 的特性曲线和输入特性曲线的交点确定了沿传输线的电压和电流。这样，对于稳态 0 时，传输线被充电到 0.2 V；对于稳态 1 时，传输线被充电到 4 V。当第一个门从 0 态切换到 1 态时，需要研究对应跃迁的瞬态现象；反之亦然。假定传输线的 Z_0 为 30 Ω。

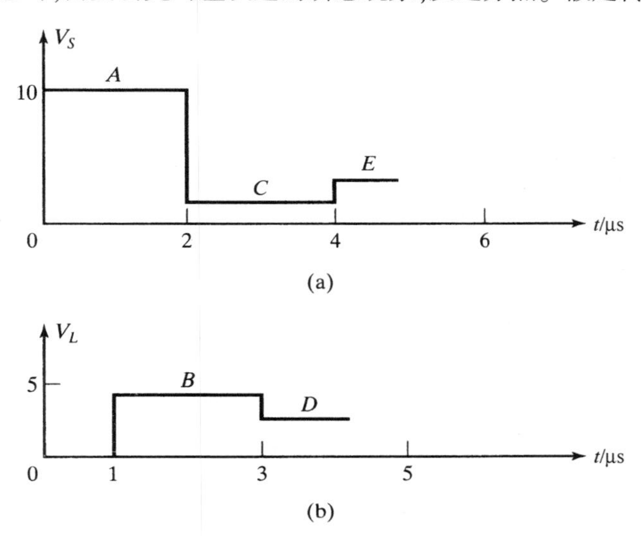

图 7.40　图 7.38 中的传输线系统的(a) V_S 和(b) V_L 的时变图。电压电平 $A, B, C, \cdots$ 对应图 7.39 中的各点

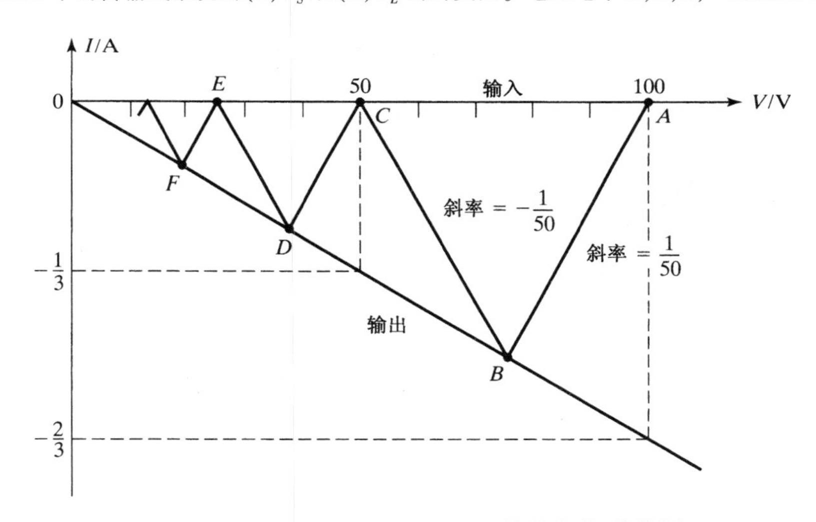

图 7.41　用于分析图 7.35(a)的系统的负载-线作图

首先分析对于从 0 态到 1 态的跃迁，按照例 7.7 中的传输线布置，可做出图 7.43(a)所示的图形。该图从对应稳态 0(初始条件)的点开始，画斜率为 1/30 的直线，与输出 1 的特性曲线相交于点 A，然后从点 A 画斜率为 $-1/30$ 的直线，与输入特性曲线相交于点 B，如此反复。根据此图，可以画出在第二个门的输入端的电压的变化图，如图 7.43(b)所示。图中的电平对应着图 7.43(a)中的点 $0, B, D, \cdots$。从图 7.43(b)可知，瞬态对系统性能的影响取决于可以可靠地被识别为逻辑 1 的最小门电平，以及从 0 到 1 的跃迁中可能超过 T 的时延。这样，如果最小电压是 2 V，则第二个门的输入要从 0 切换到 1，互连传输线将产生额外的 $2T$ 时延，因为直到 $t = 3T_+$，V_i 才会超过 2 V。

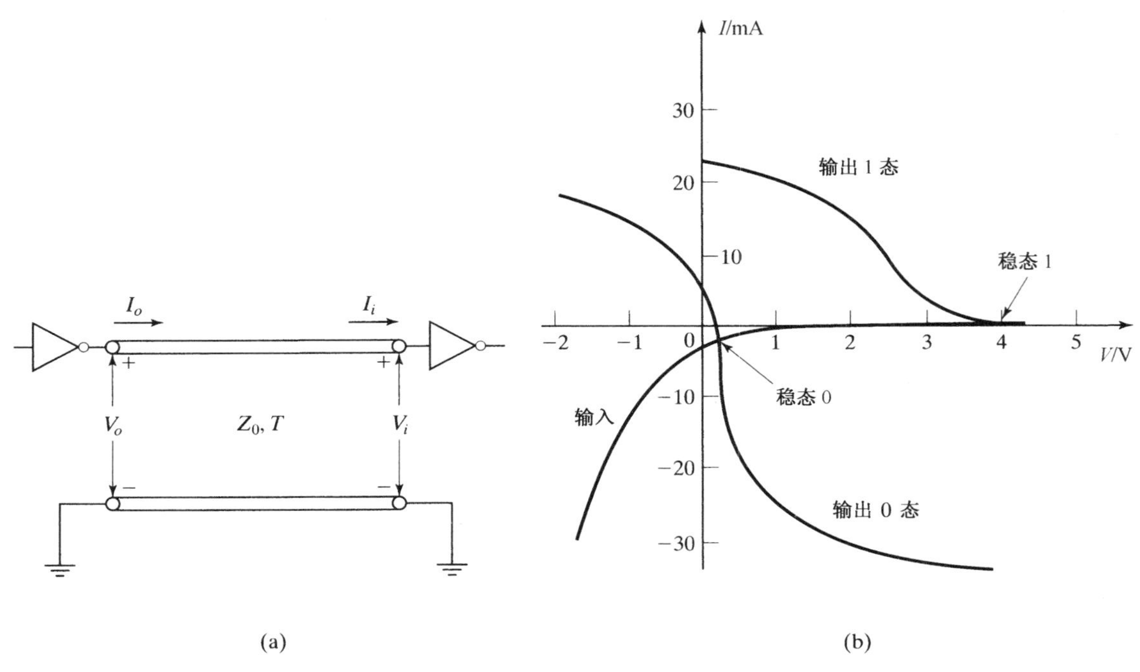

图 7.42 (a)两个逻辑门间的传输线互连;(b)逻辑门的典型 V-I 特性

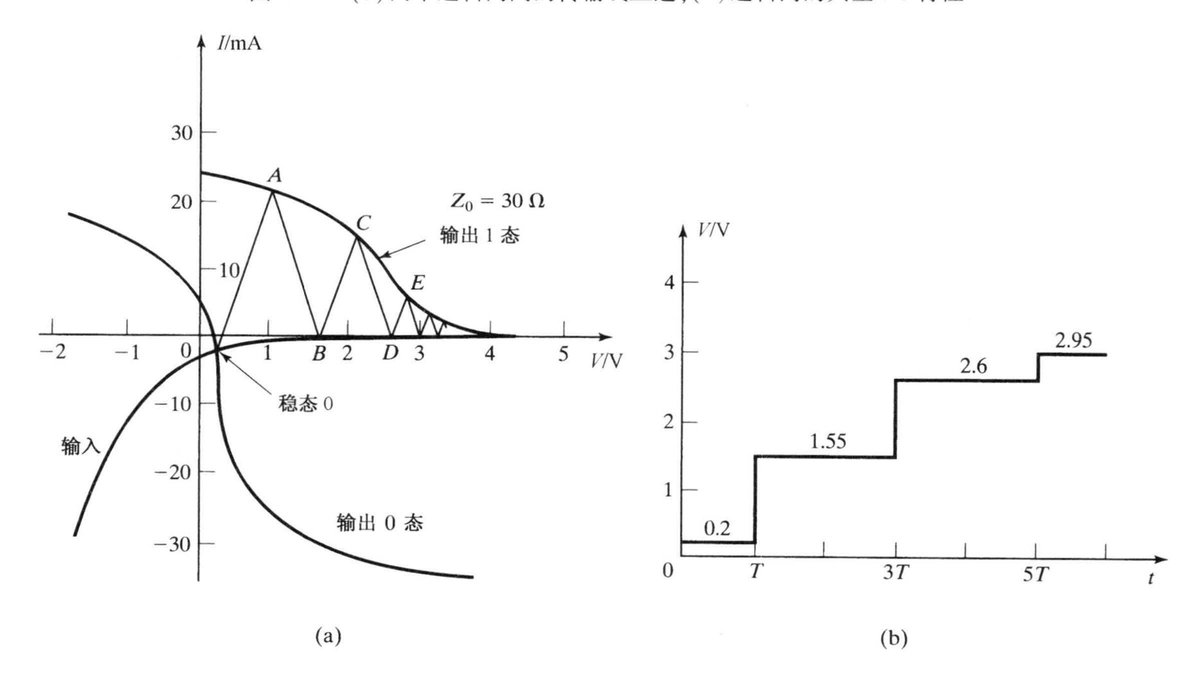

图 7.43 (a)为分析图 7.42(a)中系统的 0 到 1 跃迁,基于负载-线技术的作图;(b)从(a)的作图得到与t对应的V_i的时变图

考虑从 1 态到 0 态的下一个跃迁,我们完成如图 7.44(a)所示的作图,交叉线从对应着稳态 1 的点开始。从图中可得到 V_i 的时变图,如图 7.44(b)所示。图中的电平对应着图 7.44(a)中的点 1,B,D,…。假定可以可靠地被识别为逻辑 0 的最大门电平是 1 V,可知第二个门的输入要从 1 到 0 时,要涉及额外的 $2T$ 时延,因为直到 $t=3T_+$,V_i 才会跌落到 1 V 以下。

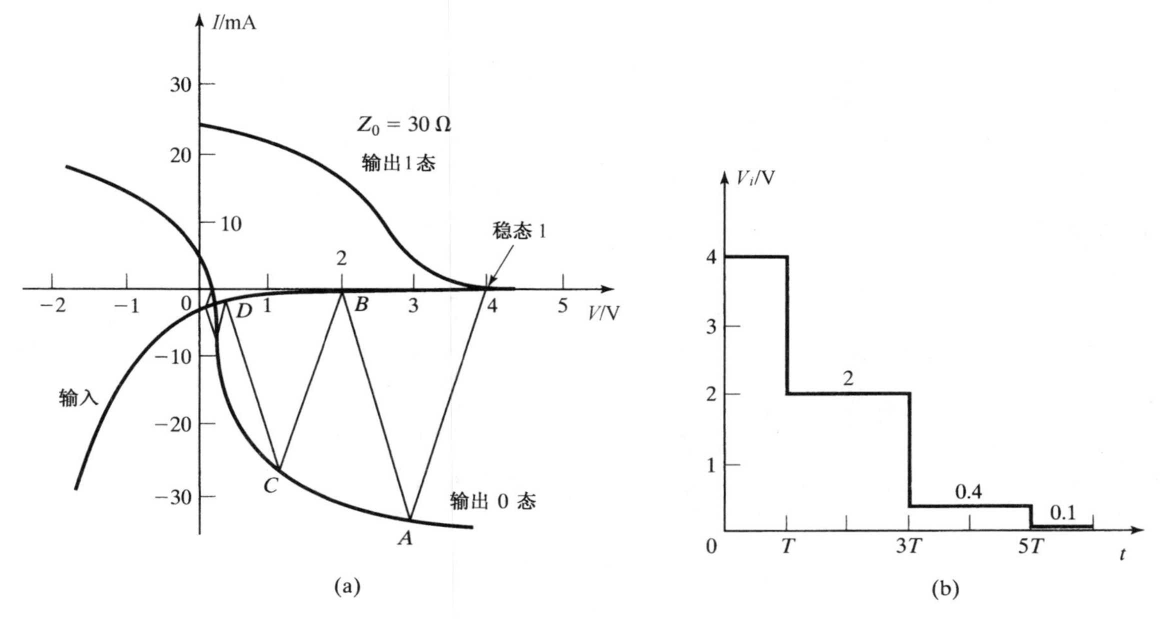

图 7.44　(a)为分析图 7.42(a)中的系统的 1 态到 0 态跃迁，基于负载-线技术的作图；(b)从(a)的作图得到与 t 对应的 V_i 的时变图

小结

在本章中，首先讨论了传输线的频域分析。传输线方程表示成复矢量形式，即

$$\frac{\partial \bar{V}}{\partial z} = -\mathrm{j}\omega\mathscr{L}\bar{I} \tag{7.66a}$$

$$\frac{\partial \bar{I}}{\partial z} = -\mathscr{G}\bar{V} - \mathrm{j}\omega\mathscr{C}\bar{V} \tag{7.66b}$$

通解为

$$\bar{V}(z) = \bar{A}\mathrm{e}^{-\bar{\gamma}z} + \bar{B}\mathrm{e}^{\bar{\gamma}z} \tag{7.67a}$$

$$\bar{I}(z) = \frac{1}{\bar{Z}_0}(\bar{A}\mathrm{e}^{-\bar{\gamma}z} - \bar{B}\mathrm{e}^{\bar{\gamma}z}) \tag{7.67b}$$

式中，

$$\bar{\gamma} = \sqrt{\mathrm{j}\omega\mathscr{L}(\mathscr{G} + \mathrm{j}\omega\mathscr{C})} \qquad [=\sqrt{\mathrm{j}\omega\mu(\sigma + \mathrm{j}\omega\epsilon)}]$$

$$\bar{Z}_0 = \sqrt{\frac{\mathrm{j}\omega\mathscr{L}}{\mathscr{G} + \mathrm{j}\omega\mathscr{C}}} \qquad \left[\neq\sqrt{\frac{\mathrm{j}\omega\mu}{\sigma + \mathrm{j}\omega\epsilon}}\right]$$

$\bar{\gamma}$ 和 $\bar{Z}_0$ 分别是传输线的传播常数和特性阻抗。对于无耗传输线($\mathscr{G}=0$)，它们可化简为

$$\bar{\gamma} = \mathrm{j}\beta = \mathrm{j}\omega\sqrt{\mathscr{L}\mathscr{C}} \qquad (=\mathrm{j}\omega\sqrt{\mu\epsilon})$$

$$\bar{Z}_0 = Z_0 = \sqrt{\frac{\mathscr{L}}{\mathscr{C}}} \qquad (\neq\sqrt{\mu/\epsilon})$$

因此对于无耗传输线，通解为

$$\bar{V}(z) = \bar{A}\mathrm{e}^{-\mathrm{j}\beta z} + \bar{B}\mathrm{e}^{\mathrm{j}\beta z} \tag{7.68a}$$

$$\bar{I}(z)=\frac{1}{Z_0}(\bar{A}e^{-j\beta z}-\bar{B}e^{j\beta z}) \tag{7.68b}$$

式(7.67a)和式(7.67b)或式(7.68a)和式(7.68b)表示在传输线导体间的媒质里传播的(+)波和(-)波的叠加,并用传输线电压和电流表示,以代替电场和磁场的表示。

通过将这些通解应用到终端短路的无耗传输线的情况下,得到相应的特解,讨论了驻波现象和由短路造成的完全反射产生的驻波图。此外,还讨论了长度为 l 的短路传输线的输入阻抗的频域特性,即

$$\bar{Z}_{\text{in}}=jZ_0\tan\beta l$$

以及(a)演示了传输线短路的定位技术中的应用,(b)了解了可由常规的(集总)电路理论假定电路元件的特性,该元件的尺寸必须是与工作频率对应的波长的一小部分。

接下来,研究了在两条无耗传输线连接处波的反射和透射。将波的反射和透射应用到连接处两侧的传输线电压和电流的通解中,推导出反射波电压与入射波电压的比值,即电压反射系数,表示为

$$\Gamma_V=\frac{Z_{02}-Z_{01}}{Z_{02}+Z_{01}}$$

式中,Z_{01}是波由此入射的传输线的特性阻抗;Z_{02}是波入射到的传输线的特性阻抗。透射波电压与入射波电压的比值,即电压透射系数,表示为

$$\tau_V=1+\Gamma_V$$

电流反射和透射系数为

$$\Gamma_I=-\Gamma_V$$
$$\tau_I=1-\Gamma_V$$

我们讨论了波在连接处的部分反射产生的驻波图,并定义了称为驻波比(SWR)的参量,SWR 是反射现象的量度标准。用 Γ_V 表示,SWR 为

$$\text{SWR}=\frac{1+|\Gamma_V|}{1-|\Gamma_V|}$$

然后介绍了 Smith 圆图,Smith 圆图是求解传输线问题的辅助图形。在讨论了 Smith 圆图的作图原理之后,演示了在传输线系统的应用,并计算了几个参量。应用 Smith 圆图求解了传输线匹配问题后,结束了本节。

本章剩余部分是传输线的时域分析。对于无耗传输线,时域的传输线方程为

$$\frac{\partial V}{\partial z}=-\mathscr{L}\frac{\partial I}{\partial t} \tag{7.69a}$$

$$\frac{\partial I}{\partial z}=-\mathscr{C}\frac{\partial V}{\partial t} \tag{7.69b}$$

这些方程的解为

$$V(z,t)=Af\left(t-\frac{z}{v_p}\right)+Bg\left(t+\frac{z}{v_p}\right) \tag{7.70a}$$

$$I(z,t)=\frac{1}{Z_0}\left[Af\left(t-\frac{z}{v_p}\right)-Bg\left(t+\frac{z}{v_p}\right)\right] \tag{7.70b}$$

式中,$Z_0=\sqrt{\mathscr{L}/\mathscr{C}}$是传输线的特性阻抗;$v_p=1/\sqrt{\mathscr{L}\mathscr{C}}$是传输线上的传播速度。

然后讨论了传输线的时域分析,该传输线的终端为负载电阻 R_L,并由串联了内阻 R_g 的恒定电压源 V_0 激励。通解式(7.70a)和式(7.70b)可简写为

$$V = V^+ + V^-$$
$$I = I^+ + I^-$$

式中,

$$I^+ = \frac{V^+}{Z_0}$$
$$I^- = -\frac{V^-}{Z_0}$$

可以发现通解由传输线两端之间瞬态(+)波和(-)波的来回反射构成。初始(+)波的电压是 $V^+Z_0/(R_g+Z_0)$。所有其他波由传输线两端的反射系数决定。负载和源端的反射系数分别为

$$\Gamma_R = \frac{R_L - Z_0}{R_L + Z_0}$$

和

$$\Gamma_S = \frac{R_g - Z_0}{R_g + Z_0}$$

在稳态中,所有瞬态波的叠加等效于一个单独的(+)波和一个单独的(-)波的和。讨论了追踪瞬态现象的反弹图技术,并将其扩展到脉冲电压源。

作为研究逻辑门互连的基础,讨论了具有非零初始条件的传输线时域分析。一般情况下,初始电压和电流分布 $V(z,0)$ 和 $I(z,0)$ 可分解为以下的(+)波和(-)波电压和电流:

$$V^+(z,0) = \frac{1}{2}[V(z,0) + Z_0I(z,0)]$$

$$V^-(z,0) = \frac{1}{2}[V(z,0) - Z_0I(z,0)]$$

$$I^+(z,0) = \frac{1}{Z_0}V^+(z,0)$$

$$I^-(z,0) = -\frac{1}{Z_0}V^-(z,0)$$

通过追踪传输线两端间的波的反射,可得到 $t>0$ 的电压和电流分布。对于均匀分布的特殊情况,将此情况看成一个瞬态波叠加到初始分布上,并应用反弹图技术,就可以更方便地进行分析。然后介绍了时域分析的负载-线技术,并将其应用到逻辑门间传输线互连的分析。

复习思考题

7.1　讨论传输线方程在频域的解。

7.2　讨论传播常数和特性阻抗,并与传输线上波的传播联系起来。

7.3　在传输线短路端要满足的边界条件是什么?

7.4　对于开路传输线,在开路端要满足的边界条件是什么?

7.5 什么是驻波？怎样才能出现纯驻波？讨论其特性并给出一个例子。
7.6 什么是驻波图？讨论短路传输线的电压和电流驻波图。
7.7 什么是开路传输线的电压和电流驻波图？
7.8 讨论短路传输线的输入电抗随频率的变化，及其在确定短路位置中的应用。
7.9 对于例 7.1 描述的传输线短路的定位过程，你能提出另一种方式吗？
7.10 讨论对于物理结构的输入特性，准静态近似有效的条件。
7.11 当频率稍微超出准静态近似有效条件时，讨论短路传输线的输入特性。
7.12 在两条传输线连接处的电压和电流的边界条件是什么？
7.13 在两条传输线连接处的电压反射系数是什么？电流反射以及电压和电流透射系数与电压反射系数的关系是什么？
7.14 在短路传输线的短路端的电压反射系数是什么？
7.15 两条传输线连接处的透射波电流能大于入射波电流吗？请解释。
7.16 什么是部分驻波？讨论与部分驻波对应的驻波图。
7.17 定义驻波比(SWR)。以下几种情况的驻波比是什么？(a)无限长传输线，(b)短路传输线，(c)开路传输线，(d)终端为其特性阻抗的传输线。
7.18 定义传输线阻抗。无限长传输线的传输线阻抗的值是什么？
7.19 Smith 圆图的作图原理是什么？Smith 圆图怎样简化了传输线问题的求解？
7.20 简要讨论归一化传输线阻抗从复平面 $\bar{Z}_n$ 到 Smith 圆图的映射过程。
7.21 为什么圆心在 Smith 圆图的中心的圆称为等 SWR 圆？在圆上何处标注相应的SWR 值？
7.22 应用 Smith 圆图，已知传输线上某点的归一化传输线阻抗，怎样找到该点的归一化传输线导纳？
7.23 简要讨论传输线匹配问题的解。
7.24 对于应用 Smith 圆图确定的必需的输入电纳，短路短截线的长度是多少？
7.25 讨论时域传输线电压和电流的通解以及简写表达式。
7.26 在集总电路的一个分路施加激励，在另一个分路得到响应；在传输线的一个位置施加激励，在另一个位置得到响应。这两种情况的本质区别是什么？
7.27 对于端接电阻并由串联了内阻的恒定电压源激励的传输线，描述传输线上瞬态波来回反射的现象。
7.28 讨论一些特殊情况下电压反射系数的值。
7.29 恒定电压源激励的传输线的稳态等效为什么？稳态的实际情况是什么？
7.30 讨论反弹图技术，该技术用于追踪恒定电压源激励的传输线上瞬态波的来回反射。
7.31 讨论反弹图技术，该技术用于追踪脉冲电压源激励的传输线上瞬态波的来回反射。
7.32 从初始电压和电流的分布，讨论如何确定在任意给定时刻初始带电传输线上的电压和电流分布。
7.33 以例题为辅助，讨论初始带电传输线向电阻的放电。
7.34 讨论反弹图技术，该技术用于具有均匀初始电压和电流分布的传输线的瞬态分析。
7.35 讨论负载-线技术，该技术用于从终端的 V-I 特性得到传输线的电源端和负载端的电压和电流的时变图。
7.36 讨论两个逻辑门的传输线互连分析。

习题

7.1　任意截面积的传输线且导体间媒质的特性为 $\sigma = 10^{-16}$ S/m, $\epsilon = 2.5\epsilon_0$ 和 $\mu = \mu_0$，已知 $\mathscr{C} = 10^{-10}$ F/m。(a)求$\mathscr{L}$和$\mathscr{G}$。(b)对于 $f = 10^6$ Hz，求 $\bar{Z}_0$。

7.2　对于例 6.9 中使用空气电介质的同轴电缆，电缆的特性阻抗是 75 Ω，求外半径与内半径的比值。

7.3　应用式(7.9a)和式(7.9b)分别给出的无耗传输线上复数传输线电压和电流的通解，得到开路传输线上复数电压和电流的特解。然后求解长度为 l 的开路传输线的输入阻抗。

7.4　选择两个频率，通过研究短路和信号源之间的驻波图并推导出其中一个频率对应的波长数目，求解例 7.1。

7.5　对于空气电介质且特性阻抗 50 Ω 的短路传输线，求传输线输入阻抗等效于以下两种情况时传输线长度的极小值。(a)100 MHz 时电感值为 0.25×10^{-6} H，(b)100 MHz 时电容值为 10^{-10} F。

7.6　传输线长度为 2 m，使用非磁性($\mu = \mu_0$)理想介质，远端短路。输入端连接变频信号源且监控流出电流。发现在 $f = 500$ MHz 时电流达到极大值，然后在 $f = 525$ MHz 时电流达到极小值。求电介质的电容率。

7.7　无耗传输线的输入端连接电压源，终端短路。信号源的频率可变且监控输入端的传输线电压和电流。发现电压在 $f = 405$ MHz 时达到极大值 10 V，电流在 $f = 410$ MHz 时达到极大值 0.2 A。(a)求传输线的特性阻抗。(b)求 407 MHz 时电压和电流的值。

7.8　假定频率小于 $0.1v_p/2\pi l$ 时满足判据 $f \ll v_p/2\pi l$，计算空气电介质的短路传输线的最大长度，该传输线的输入阻抗近似为一个电感的值，该值等于 $f = 100$ MHz 时传输线的总电感。

7.9　无耗传输线长度为 2 m，$\mathscr{L} = 0.5\,\mu_0$，$\mathscr{C} = 18\,\epsilon_0$，终端短路。(a)求相速 v_p。(b)求波长，以波长为单位，求传输线长度，以及以下每个频率的传输线输入阻抗：100 Hz；100 MHz 和 12.5 MHz。

7.10　交换 Z_{01} 和 Z_{02} 的值，重做例 7.3。

7.11　图 7.45 所示的传输线系统中，功率 P_i 从传输线 1 入射到连接处。求(a)反射回传输线 1 的功率，(b)透射到传输线 2 的功率和(c)透射到传输线 3 的功率。

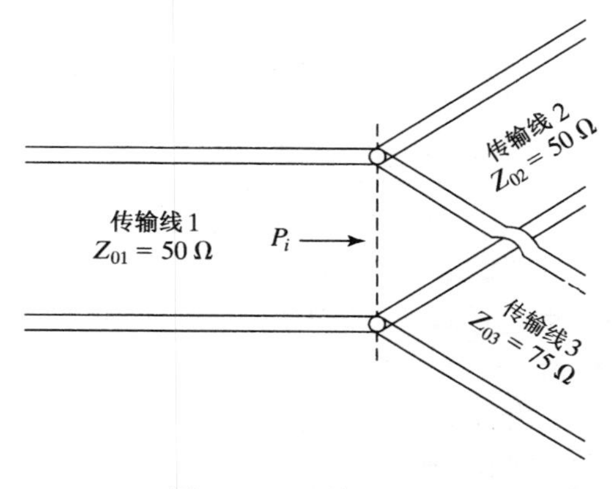

图 7.45　习题 7.11 图

7.12 通过计算图7.9中驻波图的电压极大值和电压极小值之间的一半距离的电压幅度，证实驻波图极小值图形要比极大值的陡峭。

7.13 假定无限长的特性阻抗未知的传输线与特性阻抗为50 Ω的传输线相连，且在50 Ω的传输线上测量驻波。发现驻波比是3，两个连续电压极小值距离两条传输线连接处15 cm和25 cm。求未知的特性阻抗。

7.14 假定无限长的特性阻抗未知的传输线与特性阻抗为50 Ω的传输线相连，在50 Ω的传输线上的驻波比为2。同一传输线与特性阻抗为150 Ω的传输线相连，在150 Ω的传输线上的驻波比为1.5。求未知的特性阻抗。

7.15 计算图7.11(a)中沿传输线a的几个点相应的$\bar{\Gamma}_V$的值，并证实图7.11(b)中等值线a'是半径为$\frac{1}{2}$且圆心在(1/2,0)的圆。

7.16 计算图7.11(a)中沿传输线b的几个点相应的$\bar{\Gamma}_V$的值，并证实图7.11(b)中等值线b'是半径为2且圆心在(1,2)的圆。

7.17 对于图7.13中的传输线系统，在正文中指定了Z_{01}，Z_{02}和l的值，求使jB左侧的SWR最小的B的值。SWR的极小值是什么？

7.18 在图7.13中，假定$Z_{01}=300\ \Omega$，$Z_{02}=75\ \Omega$，$B=0.002$ S且$l=0.145\lambda_1$，求(a)$\bar{Z}_1$，(b)jB右侧传输线1上的SWR，(c)$\bar{Y}_1$和(d)jB左侧传输线1上的SWR。

7.19 传输线的特性阻抗为50 Ω，端接阻抗为(73 + j0) Ω的负载。为取得传输线和负载的匹配，求特性阻抗为50 Ω的短路短截线的位置和长度。

7.20 证实式(7.40a)和式(7.40b)满足传输线方程式(7.39a)和式(7.39b)。

7.21 图7.46所示的系统中，假定V_g是100 V的恒定电压源，且开关S在$t=0$闭合。求解并作图：(a)在$t=0.2$ μs时传输线电压随z的变化；(b)在$t=0.4$ μs时传输线电流随z的变化；(c)在$z=30$ m处传输线电压随t的变化；(d)在$z=-40$ m处传输线电流随t的变化。

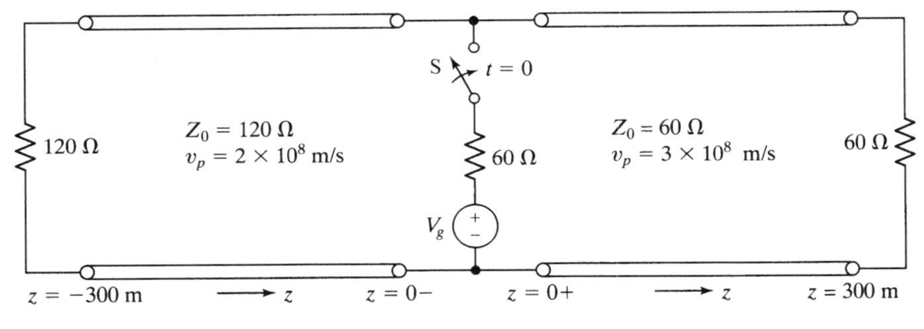

图7.46 习题7.21图

7.22 在图7.47(a)所示的系统中，开关S在$t=0$闭合。在$z=0$和$z=l$处传输线电压随时间变化，前5 μs的观测结果分别如图7.47(b)和图7.47(c)所示。求V_0，R_g，R_L和T的值。

7.23 图7.48所示的系统在稳态。求(a)传输线电压和电流，(b)(+)波的电压和电流，(c)(−)波的电压和电流。

7.24 在图7.49所示的系统中，开关S在$t=0$闭合。假定$V_g(t)$是90 V的直流电压，画出电压和电流的反弹图。根据反弹图，画出：(a)在$z=0$，$z=l$和$z=l/2$处传输线电压和电流随t(一直到$t=7.25$ μs)的变化；(b)在$t=1.2$ μs和$t=3.5$ μs时传输线电压和电流随z的变化。

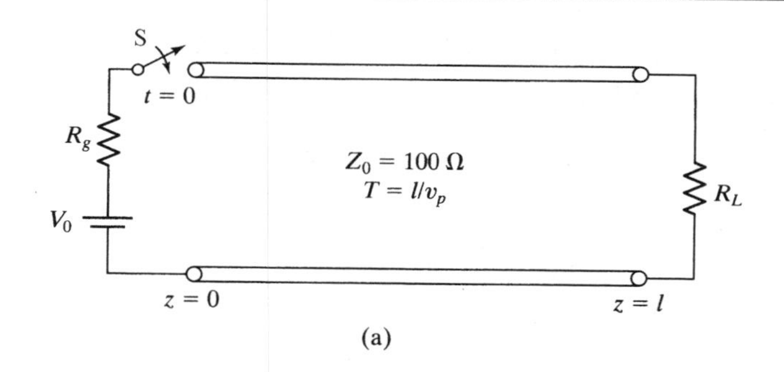

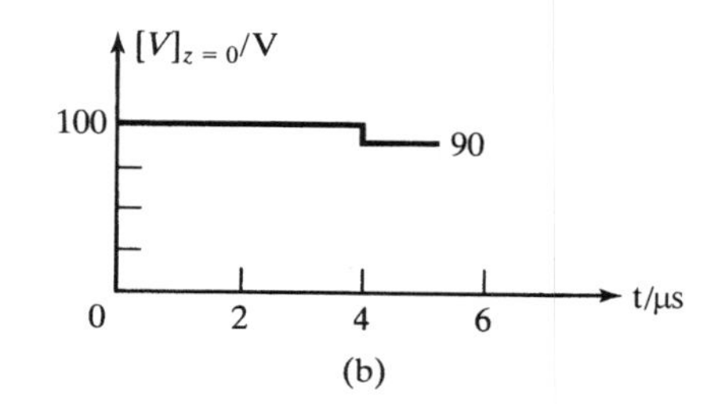

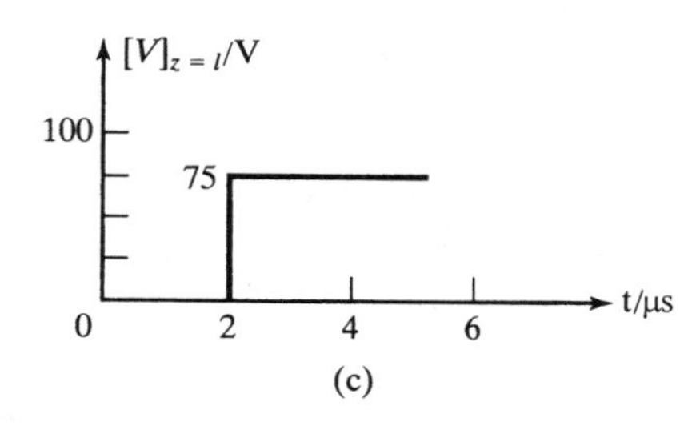

图 7.47　习题 7.22 图

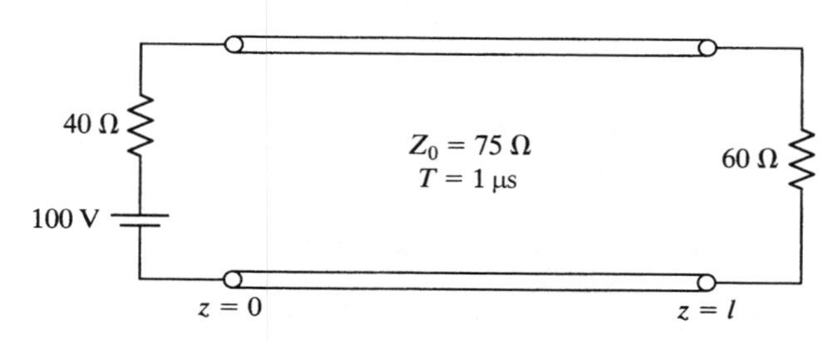

图 7.48　习题 7.23 图

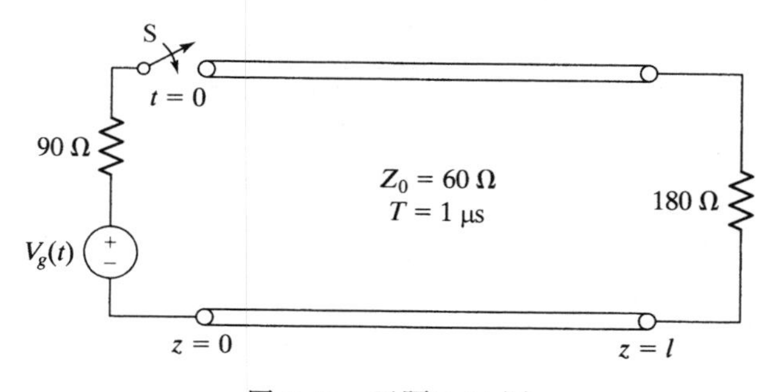

图 7.49　习题 7.24 图

7.25　假定 V_g 是三角形脉冲，如图 7.50 所示，重做习题 7.21。

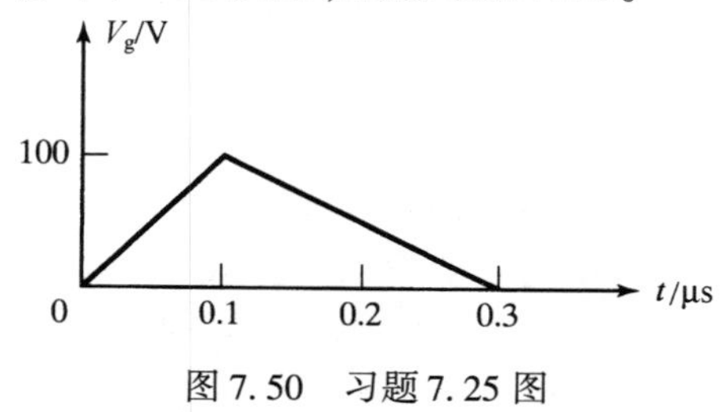

图 7.50　习题 7.25 图

7.26 对于习题7.24中的系统,假定电压源的持续时间不是无限长,而是0.3 μs。求解并画出在 $t=1.2$ μs 和 $t=3.5$ μs 时传输线电压和电流随 z 的变化。

7.27 在图7.51所示的系统中,开关S在 $t=0$ 闭合。求解并画出:(a)在 $t=2\frac{1}{2}$ μs 时传输线电压随 z 的变化;(b)在 $t=2\frac{1}{2}$ μs 时传输线电流随 z 的变化;(c)在 $z=l$ 处传输线电压随 t(一直到 $t=4$ μs)的变化。

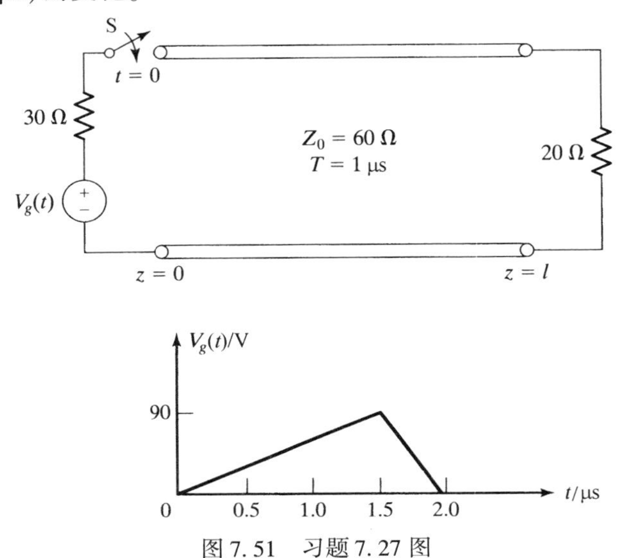

图7.51 习题7.27图

7.28 在图7.52所示的系统中,开关S在 $t=0$ 闭合。画出电压和电流反弹图并画出:(a)在 $z=0$,$z=l$ 处传输线电压和电流随 t 的变化;(b)在 $t=2,9/4,5/2,11/4$ 和3 μs 时传输线电压和电流随 z 的变化。注意,信号源电压的周期是2 μs,等于传输线上双向行进时间。

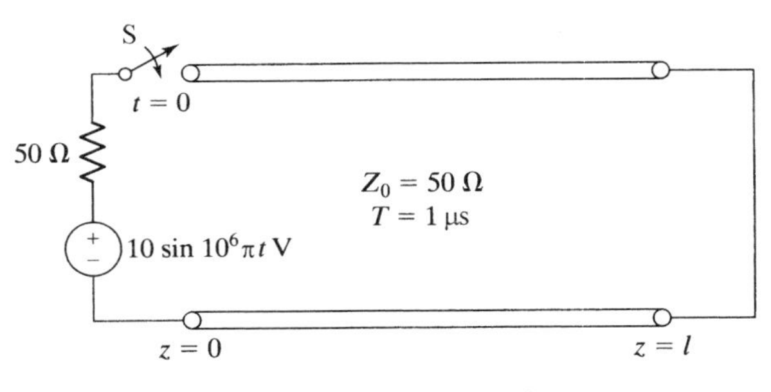

图7.52 习题7.28图

7.29 在图7.53所示的系统中,一个图中已标注伏–安特性的非线性元件连接到在 $t=0$ 时初始带电的传输线。求解开关闭合后非线性元件上的瞬时电压。

7.30 在图7.54所示的系统中,开关闭合后建立了稳态条件。在 $t=0$ 时开关S打开。(a)以反弹图为辅助,求解并画出 $t\geqslant 0$ 时150 Ω 电阻上的电压。(b)证实开关打开后耗散在150 Ω 电阻里的总能量与开关打开前传输线存储的能量完全一样。

7.31 在图7.55所示的系统中,开关闭合后建立了稳态条件。在 $t=0$ 时开关S打开。(a)画

出 $t=0_-$ 时沿系统的电压和电流。(b)求解 $t=0_-$ 时传输线的总的储能。(c)求解并画出 $t>0$ 时两个电阻上的电压。(d)从(c)图求解 $t>0$ 时耗散在电阻里的总能量。

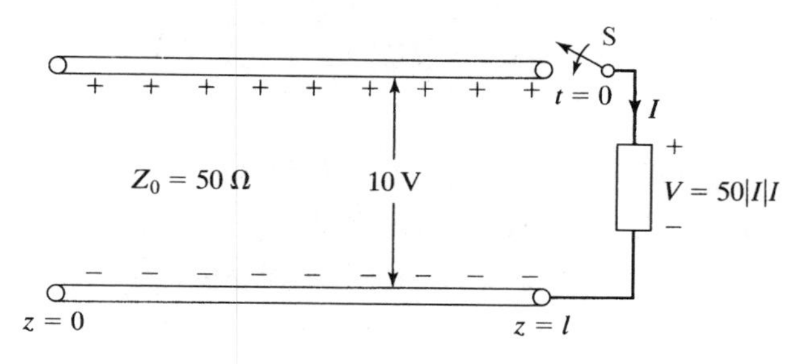

图 7.53　习题 7.29 图

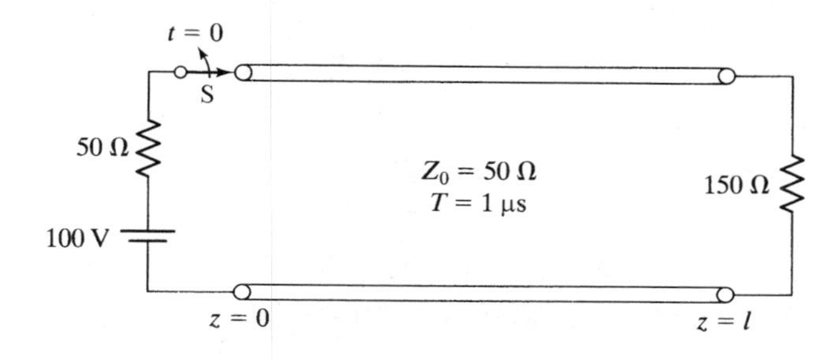

图 7.54　习题 7.30 图

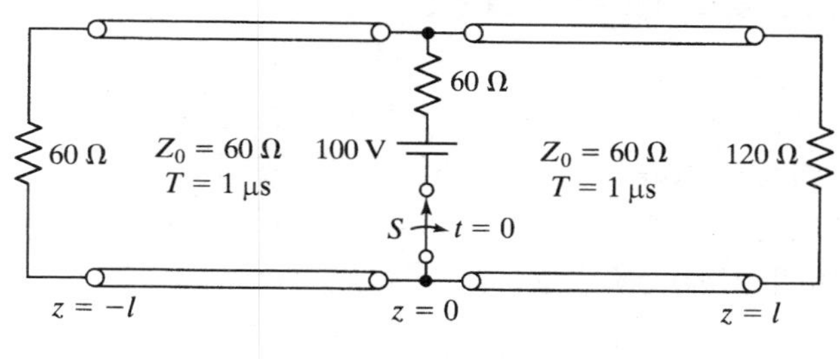

图 7.55　习题 7.31 图

7.32　对于习题 7.24 中的系统,应用负载-线技术,求解并画出在 $z=0$,$z=l$ 处传输线电压和电流随 t(一直到 $t=5.25\ \mu s$)的变化。再从负载-线技术作图中得到传输线电压和电流的稳态值。

7.33　对于习题 7.29 中的系统,应用负载-线技术,求解并画出在 $z=0$,$z=l$ 处传输线电压和电流从 $t=0$ 到 $t=7l/v_p$ 随 t 的变化。

7.34　对于图 7.42(a)的逻辑门互连的例子,重复 $Z_0=50\ \Omega$ 的负载-线作图并画出 0 态到 1 态和 1 态到 0 态跃迁时 V_i 的时变图。

7.35　对于图 7.42(a)的逻辑门互连的例子,求解(a)Z_0 的极小值,使得从 0 态到 1 态跃迁时电压 V_i 在 $t=T+$ 达到 2 V,(b)Z_0 的极小值,使得从 1 态到 0 态跃迁时电压 V_i 在 $t=T+$ 达到 1 V。

第8章 波导原理

在第6章中，介绍了传输线，在第7章中，研究了传输线的分析方法。了解了传输线是由两根(或多根)平行导体组成的。在本章中将学习波导原理。波导对电磁波的导行是通过电磁波在波导内进行多次斜反射实现的，而传输线则是电磁波沿着平行于传输线导体方向的传播进行导行的。

在介绍波导时，首先考虑平行平板波导，平行平板波导由两个平行平面导体组成，接着将它扩展到矩形波导。矩形波导是横截面为矩形的中空金属管，是一种常见的波导。还将学习波导的截止特性，也就是在特定频率范围内的电磁波将不能在波导中传播。波导的另一个特性就是色散，即波导中传播不同频率的电磁波具有不同的相速。为了更好地了解波导的色散特性，将介绍群速的概念。接下来还将讨论谐振腔和光波导的工作原理，谐振腔是谐振电路在微波状态下的等效形式。

还将研究平面波在两种不同电介质边界上的反射和折射现象。最后介绍介质板波导，当电磁波的入射角大于某一临界角时，基于分界面会发生内部全反射的现象。

8.1 沿任意方向传播的均匀平面波

在第4章中，通过讨论一个位于 xy 平面内的无限大电流面，介绍了沿 z 方向传播的均匀平面波。如果无限大电流面与 xy 面有一个夹角，均匀平面波的传播方向就不再是 z 方向。因此，下面就讨论均匀平面波在与负 x 轴有一个角度 θ 的 z' 方向上传播，如图8.1所示。设电场方向为 y 方向，其磁场方向如图中所示，所以 $\mathbf{E}\times\mathbf{H}$ 指向 z' 方向。

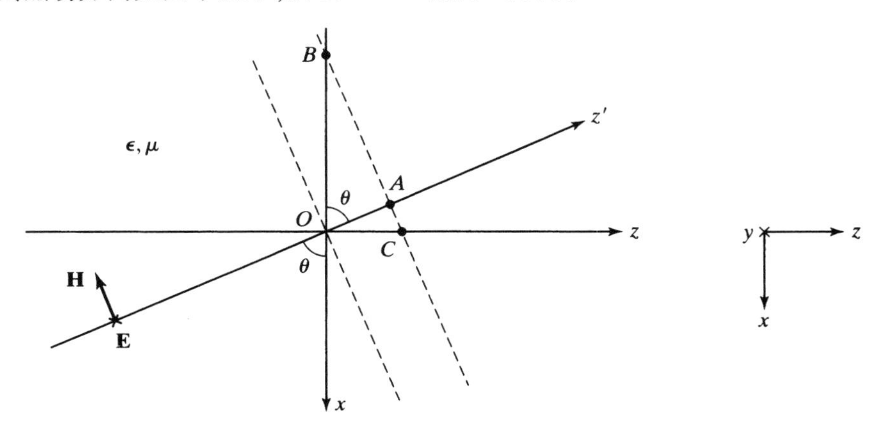

图8.1 xz 平面中的均匀平面波在与负 x 轴夹角为 θ 的 z' 方向传播

均匀平面波的电场可以表示为

$$\mathbf{E} = E_0 \cos(\omega t - \beta z')\, \mathbf{a}_y \tag{8.1}$$

式中，$\beta = \omega\sqrt{\mu\epsilon}$ 是相位常数，表示在一个确定的时间电磁波沿 z' 方向传播时相位改变的速率。

由图 8.2(a)的结构有下式成立：

$$z' = -x\cos\theta + z\sin\theta \tag{8.2}$$

这样就可推出

$$\begin{aligned}\mathbf{E} &= E_0\cos[\omega t - \beta(-x\cos\theta + z\sin\theta)]\,\mathbf{a}_y \\ &= E_0\cos[\omega t - (-\beta\cos\theta)x - (\beta\sin\theta)z]\,\mathbf{a}_y \\ &= E_0\cos(\omega t - \beta_x x - \beta_z z)\,\mathbf{a}_y\end{aligned} \tag{8.3}$$

式中，$\beta_x = -\beta\cos\theta$ 和 $\beta_z = \beta\sin\theta$ 分别表示沿正 x 方向和正 z 方向的相位常数。

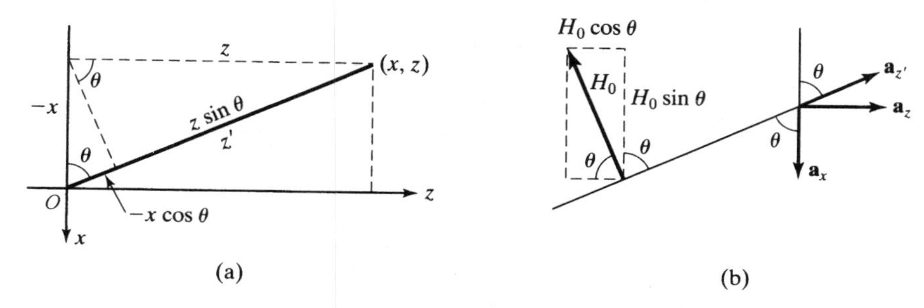

图 8.2　与图 8.1 中均匀平面波场表达式有关的结构图

注意到 $|\beta_x|$ 和 $|\beta_z|$ 比沿着电磁波传播方向上的相位常数 β 小，这也能够从图 8.1 中看出，两个等相面是 z' 轴上穿过 O 点和 A 点画出的虚线。因为在两个等相面上沿着 x 方向的距离 OB 等于 $OA/\cos\theta$，所以相位沿着 x 方向随距离变化的速率等于

$$\beta\frac{OA}{OB} = \frac{\beta(OA)}{OA/\cos\theta} = \beta\cos\theta$$

β_x 中的负号只是简单地表示相对于 x 轴电磁波沿负 x 方向传播。类似地，由于在两个等相面上沿着 z 方向的距离 OC 等于 $OA/\sin\theta$，因此相位沿着 z 方向随距离变化的速率等于

$$\beta\frac{OA}{OC} = \frac{\beta(OA)}{OA/\sin\theta} = \beta\sin\theta$$

由于电磁波沿着正 z' 方向传播，因此 β_z 为正数。进一步可知

$$\beta_x^2 + \beta_z^2 = (-\beta\cos\theta)^2 + (\beta\sin\theta)^2 = \beta^2 \tag{8.4}$$

并且

$$-\cos\theta\,\mathbf{a}_x + \sin\theta\,\mathbf{a}_z = \mathbf{a}_{z'} \tag{8.5}$$

其中，$\mathbf{a}_z'$ 是沿着 z' 方向的单位矢量，如图 8.2(b)所示。因此，矢量

$$\boldsymbol{\beta} = (-\beta\cos\theta)\mathbf{a}_x + (\beta\sin\theta)\mathbf{a}_z = \beta_x\mathbf{a}_x + \beta_z\mathbf{a}_z \tag{8.6}$$

完整地定义了波的传播方向和沿着传播方向的相位常数。因此，矢量 $\boldsymbol{\beta}$ 称为**传播矢量**。

波的磁场表达式可以写为

$$\mathbf{H} = \mathbf{H}_0\cos(\omega t - \beta z') \tag{8.7}$$

式中，

$$|\mathbf{H}_0| = \frac{E_0}{\sqrt{\mu/\epsilon}} = \frac{E_0}{\eta} \tag{8.8}$$

因为均匀平面波的电场强度与磁场强度的幅度之比等于媒质的本征阻抗。从图8.2(b)的结构可以看出

$$\mathbf{H}_0 = H_0(-\sin\theta\,\mathbf{a}_x - \cos\theta\,\mathbf{a}_z) \tag{8.9}$$

因此,利用式(8.9)并且用式(8.2)代替z',可以得到

$$\begin{aligned}\mathbf{H} &= H_0(-\sin\theta\,\mathbf{a}_x - \cos\theta\,\mathbf{a}_z)\cos[\omega t - \beta(-x\cos\theta + z\sin\theta)]\\ &= -\frac{E_0}{\eta}(\sin\theta\,\mathbf{a}_x + \cos\theta\,\mathbf{a}_z)\cos[\omega t - \beta_x x - \beta_z z]\end{aligned} \tag{8.10}$$

将前面的处理方法应用到均匀平面波在三维坐标中任意方向上的传播,如图8.3所示,β_x,β_y和β_z分别表示沿x,y和z方向的相位常数,可以写出电场的表达式为

$$\begin{aligned}\mathbf{E} &= \mathbf{E}_0\cos(\omega t - \beta_x x - \beta_y y - \beta_z z + \phi_0)\\ &= \mathbf{E}_0\cos[\omega t - (\beta_x\mathbf{a}_x + \beta_y\mathbf{a}_y + \beta_z\mathbf{a}_z)\cdot(x\mathbf{a}_x + y\mathbf{a}_y + z\mathbf{a}_z) + \phi_0]\\ &= \mathbf{E}_0\cos(\omega t - \boldsymbol{\beta}\cdot\mathbf{r} + \phi_0)\end{aligned} \tag{8.11}$$

式中,

$$\boldsymbol{\beta} = \beta_x\mathbf{a}_x + \beta_y\mathbf{a}_y + \beta_z\mathbf{a}_z \tag{8.12}$$

是传播矢量,

$$\mathbf{r} = x\mathbf{a}_x + y\mathbf{a}_y + z\mathbf{a}_z \tag{8.13}$$

是位置矢量,并且ϕ_0是$t=0$时刻在原点处的相位。位置矢量是从原点指向(x,y,z)点的矢量,因此x,y和z分别是沿着x,y和z方向的分量。电磁波的磁场表达式为

$$\mathbf{H} = \mathbf{H}_0\cos(\omega t - \boldsymbol{\beta}\cdot\mathbf{r} + \phi_0) \tag{8.14}$$

式中,

$$|\mathbf{H}_0| = \frac{|\mathbf{E}_0|}{\eta} \tag{8.15}$$

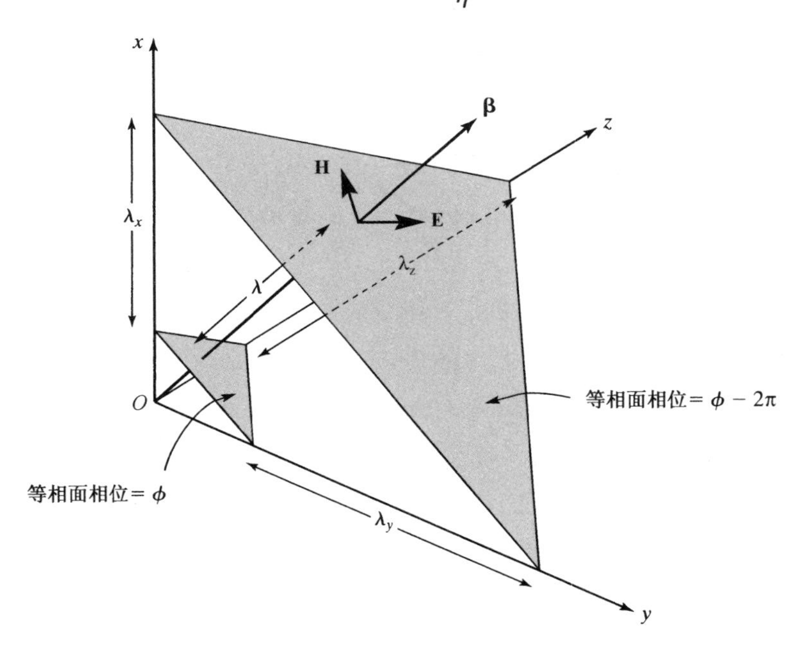

图8.3 均匀平面波沿任意方向传播的不同量值

因为 $\mathbf{E}$,$\mathbf{H}$ 和传播方向互相垂直,所以

$$\mathbf{E}_0 \cdot \boldsymbol{\beta} = 0 \tag{8.16a}$$

$$\mathbf{H}_0 \cdot \boldsymbol{\beta} = 0 \tag{8.16b}$$

$$\mathbf{E}_0 \cdot \mathbf{H}_0 = 0 \tag{8.16c}$$

特别地,$\mathbf{E} \times \mathbf{H}$ 应该指向传播矢量 $\boldsymbol{\beta}$ 的方向,如图 8.3 所示,所以 $\boldsymbol{\beta} \times \mathbf{E}_0$ 应该指向 $\mathbf{H}_0$ 的方向。因此将式(8.16)和式(8.15)组合,可以得到

$$\begin{aligned}\mathbf{H}_0 &= \frac{\mathbf{a}_\beta \times \mathbf{E}_0}{\eta} = \frac{\mathbf{a}_\beta \times \mathbf{E}_0}{\sqrt{\mu/\epsilon}} = \frac{\omega\sqrt{\mu\epsilon}\mathbf{a}_\beta \times \mathbf{E}_0}{\omega\mu} \\ &= \frac{\beta\mathbf{a}_\beta \times \mathbf{E}_0}{\omega\mu} = \frac{\boldsymbol{\beta} \times \mathbf{E}_0}{\omega\mu}\end{aligned} \tag{8.17}$$

式中,$\mathbf{a}_\beta$ 是沿着 $\boldsymbol{\beta}$ 方向的单位矢量。因此

$$\mathbf{H} = \frac{1}{\omega\mu}\boldsymbol{\beta} \times \mathbf{E} \tag{8.18}$$

重新观察图 8.3,可以定义几个与任意方向传播的均匀平面波相关的量。视在波长 λ_x,λ_y 和 λ_z 分别表示在某一固定时间沿 x,y 和 z 坐标轴相位差为 2π 的两个相邻等相面之间的距离,如图 8.3 所示。根据 β_x,β_y 和 β_z 分别表示沿 x,y 和 z 轴的相位常数的定义,可以得到

$$\lambda_x = \frac{2\pi}{\beta_x} \tag{8.19a}$$

$$\lambda_y = \frac{2\pi}{\beta_y} \tag{8.19b}$$

$$\lambda_z = \frac{2\pi}{\beta_z} \tag{8.19c}$$

沿着传播方向的波长 λ 与 λ_x,λ_y 和 λ_z 之间满足下面的关系:

$$\begin{aligned}\frac{1}{\lambda^2} &= \frac{1}{(2\pi/\beta)^2} = \frac{\beta^2}{4\pi^2} = \frac{\beta_x^2 + \beta_y^2 + \beta_z^2}{4\pi^2} \\ &= \frac{1}{\lambda_x^2} + \frac{1}{\lambda_y^2} + \frac{1}{\lambda_z^2}\end{aligned} \tag{8.20}$$

沿 x,y 和 z 轴的视在相速 v_{px},v_{py} 和 v_{pz} 分别代表电磁波的相位随时间沿各自坐标轴前进的速度,因此

$$v_{px} = \frac{\omega}{\beta_x} \tag{8.21a}$$

$$v_{py} = \frac{\omega}{\beta_y} \tag{8.21b}$$

$$v_{pz} = \frac{\omega}{\beta_z} \tag{8.21c}$$

沿传播方向的相速 v_p 与 v_{px},v_{py} 和 v_{pz} 满足下面的关系:

$$\begin{aligned}\frac{1}{v_p^2} &= \frac{1}{(\omega/\beta)^2} = \frac{\beta^2}{\omega^2} = \frac{\beta_x^2 + \beta_y^2 + \beta_z^2}{\omega^2} \\ &= \frac{1}{v_{px}^2} + \frac{1}{v_{py}^2} + \frac{1}{v_{pz}^2}\end{aligned} \tag{8.22}$$

沿着坐标轴的视在波长和视在相速分别大于沿着波的传播方向的实际波长和实际相速。可以通过下面的例子来理解这个物理现象。我们知道海洋中的海波拍打在海岸上时都会与海岸形成一个夹角，两个连续的浪峰沿着海岸线的距离要大于沿着垂直于浪峰方向测量相同的两个浪峰之间的距离。同样地，为了和这个独特的浪峰保持同步而不是沿着垂直于浪峰的方向，观察者沿海岸线必须跑得更快些。下面讨论一个例子。

例 8.1

一个频率为 30 MHz 的均匀平面波在自由空间传播，电场矢量为

$$\mathbf{E} = 5(\mathbf{a}_x + \sqrt{3}\mathbf{a}_y)\cos[6\pi \times 10^7 t - 0.05\pi(3x - \sqrt{3}y + 2z)]\ \text{V/m}$$

计算磁场以及相关参量。

对比式(8.11)中 $\mathbf{E}$ 的一般表达式，可以得到

$$\mathbf{E}_0 = 5(\mathbf{a}_x + \sqrt{3}\mathbf{a}_y)$$

$$\begin{aligned}\boldsymbol{\beta}\cdot\mathbf{r} &= 0.05\pi(3x - \sqrt{3}y + 2z)\\ &= 0.05\pi(3\mathbf{a}_x - \sqrt{3}\mathbf{a}_y + 2\mathbf{a}_z)\cdot(x\mathbf{a}_x + y\mathbf{a}_y + z\mathbf{a}_z)\end{aligned}$$

$$\boldsymbol{\beta} = 0.05\pi(3\mathbf{a}_x - \sqrt{3}\mathbf{a}_y + 2\mathbf{a}_z)$$

$$\begin{aligned}\boldsymbol{\beta}\cdot\mathbf{E}_0 &= 0.05\pi(3\mathbf{a}_x - \sqrt{3}\mathbf{a}_y + 2\mathbf{a}_z)\cdot 5(\mathbf{a}_x + \sqrt{3}\mathbf{a}_y)\\ &= 0.25\pi(3 - 3) = 0\end{aligned}$$

因此，满足式(8.16a)；$\mathbf{E}_0$ 垂直于 $\boldsymbol{\beta}$。

$$\beta = |\boldsymbol{\beta}| = 0.05\pi|3\mathbf{a}_x - \sqrt{3}\mathbf{a}_y + 2\mathbf{a}_z| = 0.05\pi\sqrt{9+3+4} = 0.2\pi$$

$$\lambda = \frac{2\pi}{\beta} = \frac{2\pi}{0.2\pi} = 10\ \text{m}$$

这与自由空间频率为$(3\times10^8)/10$ Hz 或 30 MHz 的电磁波对应。传播方向沿着单位矢量

$$\mathbf{a}_\beta = \frac{\boldsymbol{\beta}}{|\boldsymbol{\beta}|} = \frac{3\mathbf{a}_x - \sqrt{3}\mathbf{a}_y + 2\mathbf{a}_z}{\sqrt{9+3+4}} = \frac{3}{4}\mathbf{a}_x - \frac{\sqrt{3}}{4}\mathbf{a}_y + \frac{1}{2}\mathbf{a}_z$$

由式(8.17)有

$$\begin{aligned}\mathbf{H}_0 &= \frac{1}{\omega\mu_0}\boldsymbol{\beta}\times\mathbf{E}_0\\ &= \frac{0.05\pi\times5}{6\pi\times10^7\times4\pi\times10^{-7}}(3\mathbf{a}_x - \sqrt{3}\mathbf{a}_y + 2\mathbf{a}_z)\times(\mathbf{a}_x + \sqrt{3}\mathbf{a}_y)\\ &= \frac{1}{96\pi}\begin{vmatrix}\mathbf{a}_x & \mathbf{a}_y & \mathbf{a}_z\\ 3 & -\sqrt{3} & 2\\ 1 & \sqrt{3} & 0\end{vmatrix}\\ &= \frac{1}{48\pi}(-\sqrt{3}\mathbf{a}_x + \mathbf{a}_y + 2\sqrt{3}\mathbf{a}_z)\end{aligned}$$

因此

$$\mathbf{H} = \frac{1}{48\pi}(-\sqrt{3}\mathbf{a}_x + \mathbf{a}_y + 2\sqrt{3}\mathbf{a}_z)\cos[6\pi\times10^7 t - 0.05\pi(3x - \sqrt{3}y + 2z)]\ \text{A/m}$$

为了验证刚刚求出的 $\mathbf{H}$ 的表达式，注意到

$$\mathbf{H}_0 \cdot \boldsymbol{\beta} = \left[\frac{1}{48\pi}(-\sqrt{3}\mathbf{a}_x + \mathbf{a}_y + 2\sqrt{3}\mathbf{a}_z)\right] \cdot [0.05\pi(3\mathbf{a}_x - \sqrt{3}\mathbf{a}_y + 2\mathbf{a}_z)]$$

$$= \frac{0.05}{48}(-3\sqrt{3} - \sqrt{3} + 4\sqrt{3}) = 0$$

$$\mathbf{E}_0 \cdot \mathbf{H}_0 = 5(\mathbf{a}_x + \sqrt{3}\mathbf{a}_y) \cdot \frac{1}{48\pi}(-\sqrt{3}\mathbf{a}_x + \mathbf{a}_y + 2\sqrt{3}\mathbf{a}_z)$$

$$= \frac{5}{48\pi}(-\sqrt{3} + \sqrt{3}) = 0$$

$$\frac{|\mathbf{E}_0|}{|\mathbf{H}_0|} = \frac{5|\mathbf{a}_x + \sqrt{3}\mathbf{a}_y|}{(1/48\pi)|-\sqrt{3}\mathbf{a}_x + \mathbf{a}_y + 2\sqrt{3}\mathbf{a}_z|} = \frac{5\sqrt{1+3}}{(1/48\pi)\sqrt{3+1+12}}$$

$$= \frac{10}{1/12\pi} = 120\pi = \eta_0$$

这样，式(8.16b)、式(8.16c)和式(8.15)均被满足。

进一步可以求出

$$\beta_x = 0.05\pi \times 3 = 0.15\pi$$

$$\beta_y = -0.05\pi \times \sqrt{3} = -0.05\sqrt{3}\pi$$

$$\beta_z = 0.05\pi \times 2 = 0.1\pi$$

可以得到

$$\lambda_x = \frac{2\pi}{\beta_x} = \frac{2\pi}{0.15\pi} = \frac{40}{3}\text{ m} = 13.333\text{ m}$$

$$\lambda_y = \frac{2\pi}{|\beta_y|} = \frac{2\pi}{0.05\sqrt{3}\pi} = \frac{40}{\sqrt{3}}\text{ m} = 23.094\text{ m}$$

$$\lambda_z = \frac{2\pi}{\beta_z} = \frac{2\pi}{0.1\pi} = 20\text{ m}$$

$$v_{px} = \frac{\omega}{\beta_x} = \frac{6\pi \times 10^7}{0.15\pi} = 4 \times 10^8\text{ m/s}$$

$$v_{py} = \frac{\omega}{|\beta_y|} = \frac{6\pi \times 10^7}{0.05\sqrt{3}\pi} = 4\sqrt{3} \times 10^8\text{ m/s} = 6.928 \times 10^8\text{ m/s}$$

$$v_{pz} = \frac{\omega}{\beta_z} = \frac{6\pi \times 10^7}{0.1\pi} = 6 \times 10^8\text{ m/s}$$

最后为了验证式(8.20)和式(8.22)，可以算出

$$\frac{1}{\lambda_x^2} + \frac{1}{\lambda_y^2} + \frac{1}{\lambda_z^2} = \frac{1}{(40/3)^2} + \frac{1}{(40/\sqrt{3})^2} + \frac{1}{20^2}$$

$$= \frac{9}{1600} + \frac{3}{1600} + \frac{4}{1600} = \frac{1}{100} = \frac{1}{10^2} = \frac{1}{\lambda^2}$$

和

$$\frac{1}{v_{px}^2} + \frac{1}{v_{py}^2} + \frac{1}{v_{pz}^2} = \frac{1}{(4 \times 10^8)^2} + \frac{1}{(4\sqrt{3} \times 10^8)^2} + \frac{1}{(6 \times 10^8)^2}$$

$$= \frac{1}{16 \times 10^{16}} + \frac{1}{48 \times 10^{16}} + \frac{1}{36 \times 10^{16}}$$

$$= \frac{1}{9 \times 10^{16}} = \frac{1}{(3 \times 10^8)^2} = \frac{1}{v_p^2}$$

8.2 平行平板波导的横电波

现在讨论以 z 轴对称的两个均匀平面波的叠加，如图 8.4 所示，两个电场分别为

$$\mathbf{E}_1 = E_0 \cos(\omega t - \boldsymbol{\beta}_1 \cdot \mathbf{r})\mathbf{a}_y$$
$$= E_0 \cos(\omega t + \beta x \cos\theta - \beta z \sin\theta)\mathbf{a}_y \tag{8.23a}$$
$$\mathbf{E}_2 = -E_0 \cos(\omega t - \boldsymbol{\beta}_2 \cdot \mathbf{r})\mathbf{a}_y$$
$$= -E_0 \cos(\omega t - \beta x \cos\theta - \beta z \sin\theta)\mathbf{a}_y \tag{8.23b}$$

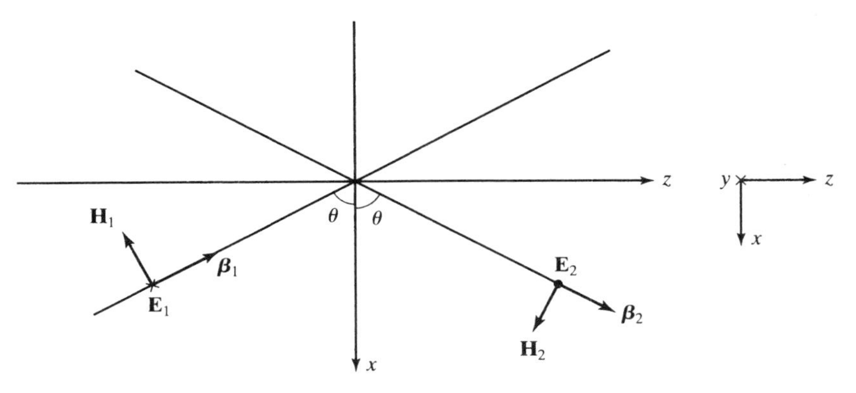

图 8.4 关于 z 轴对称的两个均匀平面波的叠加

式中，$\beta = \omega\sqrt{\mu\epsilon}$，$\epsilon$ 和 μ 分别是媒质的介电常数和磁导率，与电场对应的磁场强度为

$$\mathbf{H}_1 = \frac{E_0}{\eta}(-\sin\theta\,\mathbf{a}_x - \cos\theta\,\mathbf{a}_z)\cos(\omega t + \beta x \cos\theta - \beta z \sin\theta) \tag{8.24a}$$

$$\mathbf{H}_2 = \frac{E_0}{\eta}(\sin\theta\,\mathbf{a}_x - \cos\theta\,\mathbf{a}_z)\cos(\omega t - \beta x \cos\theta - \beta z \sin\theta) \tag{8.24b}$$

式中，$\eta = \sqrt{\mu/\epsilon}$。两个波的合成电场和合成磁场可以表示为

$$\mathbf{E} = \mathbf{E}_1 + \mathbf{E}_2$$
$$= E_0[\cos(\omega t - \beta z \sin\theta + \beta x \cos\theta) -$$
$$\cos(\omega t - \beta z \sin\theta - \beta x \cos\theta)]\mathbf{a}_y$$
$$= -2E_0 \sin(\beta x \cos\theta)\sin(\omega t - \beta z \sin\theta)\mathbf{a}_y \tag{8.25a}$$

$$\mathbf{H} = \mathbf{H}_1 + \mathbf{H}_2$$
$$= -\frac{E_0}{\eta}\sin\theta\,[\cos(\omega t - \beta z \sin\theta + \beta x \cos\theta) -$$
$$\cos(\omega t - \beta z \sin\theta - \beta x \cos\theta)]\mathbf{a}_x -$$
$$\frac{E_0}{\eta}\cos\theta\,[\cos(\omega t - \beta z \sin\theta + \beta x \cos\theta) +$$
$$\cos(\omega t - \beta z \sin\theta - \beta x \cos\theta)]\mathbf{a}_z$$
$$= \frac{2E_0}{\eta}\sin\theta \sin(\beta x \cos\theta)\sin(\omega t - \beta z \sin\theta)\mathbf{a}_x -$$
$$\frac{2E_0}{\eta}\cos\theta\cos(\beta x \cos\theta)\cos(\omega t - \beta z \sin\theta)\mathbf{a}_z \tag{8.25b}$$

由于因子 $\sin(\beta x\cos\theta)$ 和 $\cos(\beta x\cos\theta)$ 与 x 有关,因子 $\sin(\omega t-\beta z\sin\theta)$ 和 $\cos(\omega t-\beta z\sin\theta)$ 与 z 有关,合成场在 x 方向有驻波特征,在 z 方向有行波特征,因此,两个不同时刻的电场,有沿 x 方向的驻波以及沿着 z 方向整体移动的行波,如图 8.5 所示。实际上,可以求出坡印亭矢量为

$$\begin{aligned}\mathbf{P} &= \mathbf{E}\times\mathbf{H} = E_y\mathbf{a}_y\times(H_x\mathbf{a}_x+H_z\mathbf{a}_z)\\&= -E_yH_x\mathbf{a}_z+E_yH_z\mathbf{a}_x\\&= \frac{4E_0^2}{\eta}\sin\theta\sin^2(\beta x\cos\theta)\sin^2(\omega t-\beta z\sin\theta)\mathbf{a}_z+\\&\quad\frac{E_0^2}{\eta}\cos\theta\sin(2\beta x\cos\theta)\sin 2(\omega t-\beta z\sin\theta)\mathbf{a}_x\end{aligned}\tag{8.26}$$

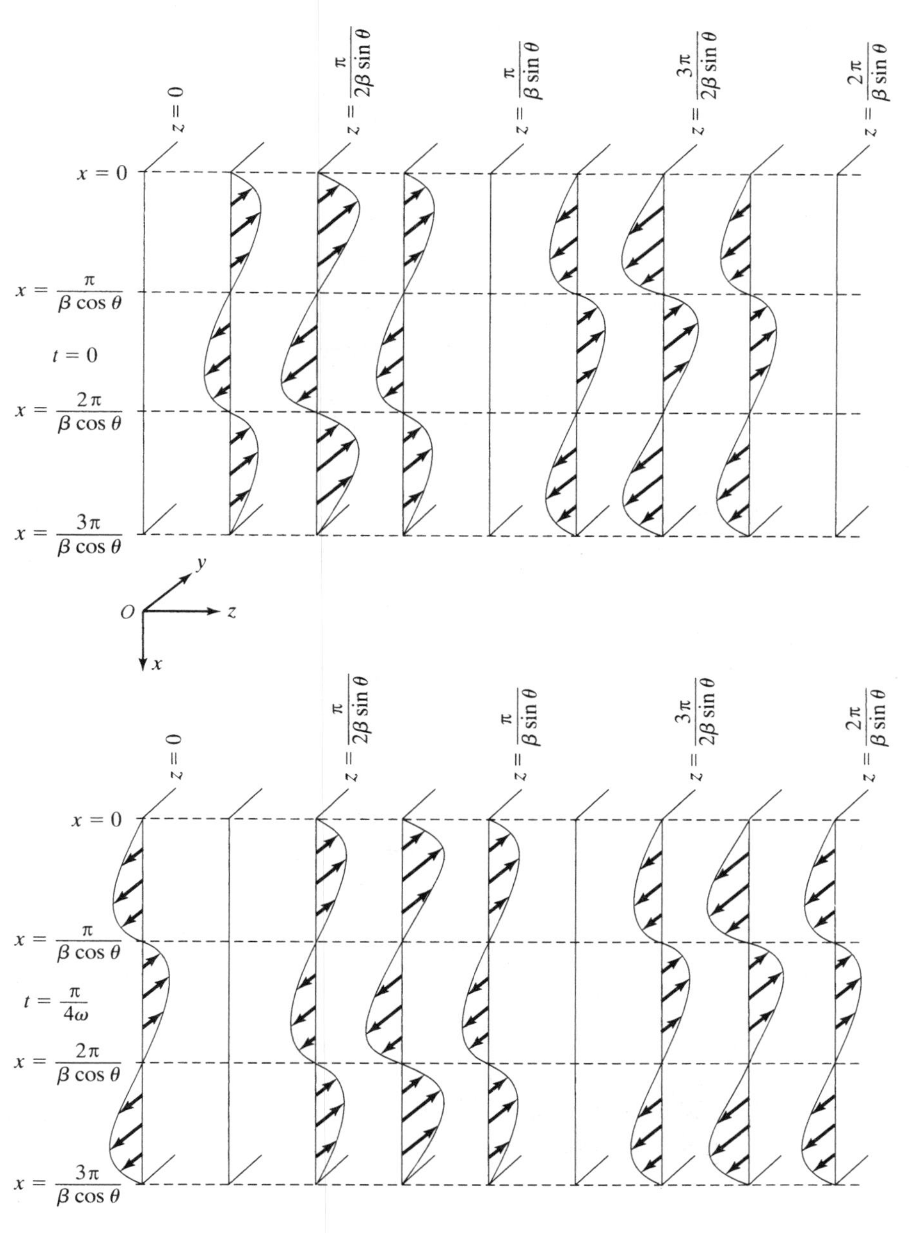

图 8.5　x 方向的驻波沿 z 方向整体移动

坡印亭矢量的时间平均值表示为

$$\langle \mathbf{P} \rangle = \frac{4E_0^2}{\eta}\sin\theta\sin^2(\beta x\cos\theta)\langle\sin^2(\omega t - \beta z\sin\theta)\rangle\mathbf{a}_z + \frac{E_0^2}{\eta}\cos\theta\sin(2\beta x\cos\theta)\langle\sin 2(\omega t - \beta z\sin\theta)\rangle\mathbf{a}_x = \frac{2E_0^2}{\eta}\sin\theta\sin^2(\beta x\cos\theta)\mathbf{a}_z \tag{8.27}$$

因此,平均功率流全部沿 z 方向流动,这也验证了场的表达式。因为合成电场垂直于 z 方向,即平均能量流动的方向;而另一方面,合成磁场则不满足这种情况,称这种合成波为**横电波**或 TE 波。

从 TE 波的电场表达式(8.25a)和式(8.25b)可以看出,当 $\sin(\beta x\cos\theta)=0$ 时,电场为零或

$$\beta x\cos\theta = \pm m\pi \qquad m = 0, 1, 2, 3, \cdots$$

$$x = \pm\frac{m\pi}{\beta\cos\theta} = \pm\frac{m\lambda}{2\cos\theta} \qquad m = 0, 1, 2, 3, \cdots \tag{8.28}$$

式中,

$$\lambda = \frac{2\pi}{\beta} = \frac{2\pi}{\omega\sqrt{\mu\epsilon}} = \frac{1}{f\sqrt{\mu\epsilon}}$$

因此,如果在这些平面中放置理想导体平板,电磁波将会在没有干扰的条件下传播。似乎这些导电平板并不存在,因为这些平面满足电场切向分量在理想导体表面为零的边界条件。因为 H_x 在这些平面上为零,所以磁场的法向分量也满足在理想导体表面为零的边界条件。

如果考虑任何两个相邻的平面,均匀平面波将会在两个平面间发生斜反射,如图 8.6 中所示的 $x=0$ 和 $x=\lambda/(2\cos\theta)$ 的两个平面,因此 z 方向的导行波和能量都平行于平面。这就是**平行平板波导**或平行板波导。而在平行板传输线中均匀平面波则沿着平行于板的方向传播。从图 8.6 所示的斜反射波的等相面可以看出,$\lambda/(2\cos\theta)$ 仅仅是电磁波在 x 方向的视在波长的一半,x 方向是平行平板的法线方向。因此,电场在 x 方向有一半的视在波长。如果在平面 $x=0$ 和 $x=m\lambda/(2\cos\theta)$ 放置两个理想导体板,那么电磁场在两板之间的 x 方向有 m 个半视在波长,而电磁场在 y 方向没有变化。因此,电磁场与 $\text{TE}_{m,0}$**模**对应,其中下标 m 与 x 方向有关,表示 x 方向的半视在波长的个数为 m 个,下标 0 与 y 方向有关,表示 y 方向的半视在波长的个数为零。

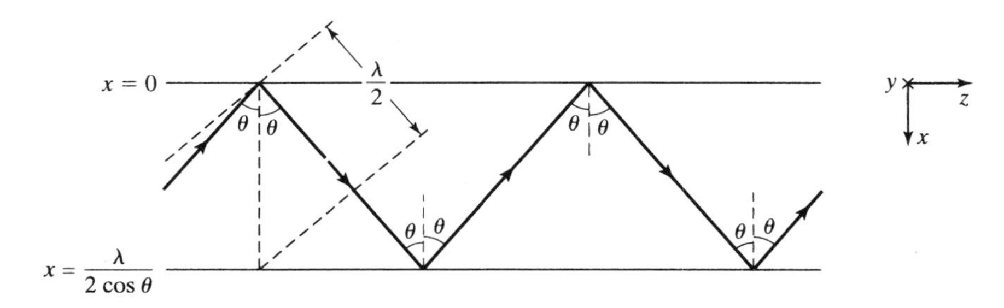

图 8.6　均匀平面波在两个平行理想导体板间的斜反射

下面考虑在平面 $x=0$ 和 $x=a$ 放置理想导体板的平行板波导,即两板之间有一个固定的距离 a,如图 8.7(a)所示。那么,对于板中导行的 $\text{TE}_{m,0}$ 波,从式(8.28)可得到

$$a = \frac{m\lambda}{2\cos\theta}$$

或

$$\cos\theta = \frac{m\lambda}{2a} = \frac{m}{2a}\frac{1}{f\sqrt{\mu\epsilon}} \tag{8.29}$$

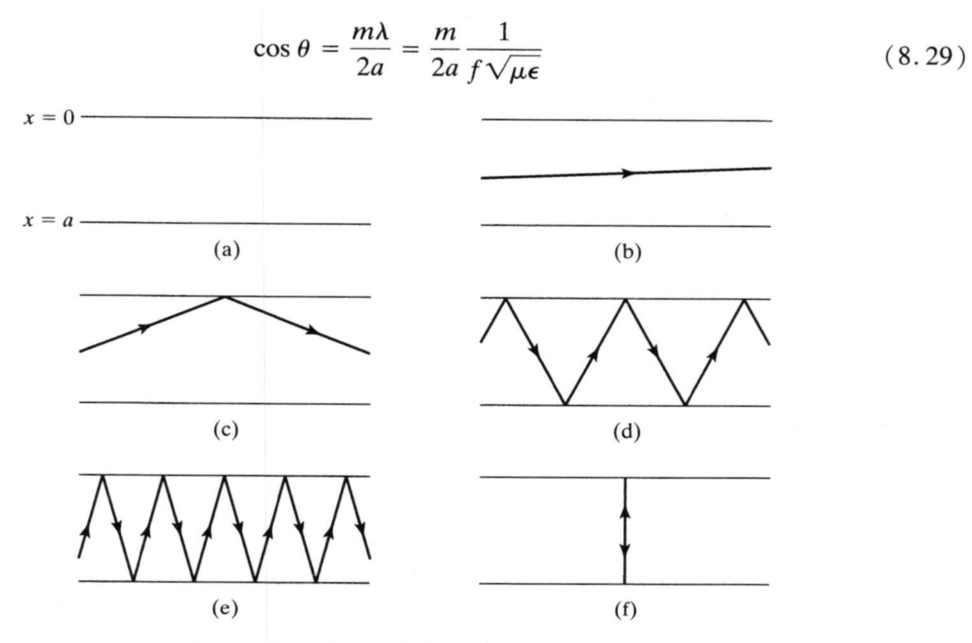

图 8.7　平行平板波导的截止现象示意图

因此,不同波长(或频率)的电磁波在两板之间发生角度 θ 不同的斜反射。对波长非常小(频率非常高)的电磁波来说,$m\lambda/2a$ 非常小,$\cos\theta\approx 0$,$\theta\approx 90°$,电磁波将会在两板之间传播,与传输线的传播特性相同,如图 8.7(b)所示。随着 λ 增加(f 减小),$m\lambda/2a$ 增加,θ 降低,电磁波的反射将会越来越倾斜,如图 8.7(c)至图 8.7(e)所示,直到 λ 等于 $2a/m$,即 $\cos\theta=1$,$\theta=0°$,电磁波在垂直于平板方向上下来回地反射,如图 8.7(f)所示,没有任何平行于平板的导行。在 $\lambda > 2a/m$,$m\lambda/2a>1$,$\cos\theta>1$ 时,θ 没有实数解,表明满足这些波长的波导模式,电磁波将不会传播。此时波长满足的条件称为**截止**条件。

截止波长,用 λ_c 表示,按上述条件可写为

$$\lambda_c = \frac{2a}{m} \tag{8.30}$$

这仅仅是间距 a 等于半波长 m 倍的情况下的截止波长。只有电磁波的工作波长 λ 小于其特定模式的截止波长 λ_c 时,电磁波才有可能发生传播。截止频率可以表示为

$$f_c = \frac{m}{2a\sqrt{\mu\epsilon}} \tag{8.31}$$

只有电磁波的工作频率 f 大于其传播模式时的截止频率 f_c 时,电磁波才有可能发生传播。所以,当给定工作频率,只要电磁波的截止波长大于其工作波长或者截止频率小于其工作频率,满足此条件的所有模式的电磁波均可以传播。

将式(8.29)中的 $2a/m$ 用 λ_c 代替,可以得到

$$\cos\theta = \frac{\lambda}{\lambda_c} = \frac{f_c}{f} \tag{8.32a}$$

$$\sin\theta = \sqrt{1-\cos^2\theta} = \sqrt{1-\left(\frac{\lambda}{\lambda_c}\right)^2} = \sqrt{1-\left(\frac{f_c}{f}\right)^2} \tag{8.32b}$$

$$\beta\cos\theta = \frac{2\pi}{\lambda}\frac{\lambda}{\lambda_c} = \frac{2\pi}{\lambda_c} = \frac{m\pi}{a} \tag{8.32c}$$

$$\beta\sin\theta = \frac{2\pi}{\lambda}\sqrt{1-\left(\frac{\lambda}{\lambda_c}\right)^2} \tag{8.32d}$$

从式(8.32d)可以看出,沿着 z 方向的相位常数,也就是 $\beta\sin\theta$,当 $\lambda<\lambda_c$ 时为实数,当 $\lambda>\lambda_c$ 时为虚数,这也再一次解释了截止现象。现在定义波导波长 λ_g 为电磁波沿着 z 方向,即沿着波导的波长,可以表示为

$$\lambda_g = \frac{2\pi}{\beta\sin\theta} = \frac{\lambda}{\sqrt{1-(\lambda/\lambda_c)^2}} = \frac{\lambda}{\sqrt{1-(f_c/f)^2}} \tag{8.33}$$

这仅仅是发生斜反射的均匀平面波沿 z 方向的视在波长。沿着波导轴向的相速是发生斜反射的均匀平面波沿 z 方向的视在相速:

$$v_{pz} = \frac{\omega}{\beta\sin\theta} = \frac{v_p}{\sin\theta} = \frac{v_p}{\sqrt{1-(\lambda/\lambda_c)^2}} = \frac{v_p}{\sqrt{1-(f_c/f)^2}} \tag{8.34}$$

注意到沿着波导轴向的相速与频率有关,因此**色散**是电磁波沿轴向传播的一个特征。将在8.3节中讨论色散的特性。

最后,将式(8.32a)至式(8.32d)代入电磁场的表达式(8.25a)和式(8.25b)中,可以得到

$$\mathbf{E} = -2E_0\sin\left(\frac{m\pi x}{a}\right)\sin\left(\omega t-\frac{2\pi}{\lambda_g}z\right)\mathbf{a}_y \tag{8.35a}$$

$$\mathbf{H} = \frac{2E_0}{\eta}\frac{\lambda}{\lambda_g}\sin\left(\frac{m\pi x}{a}\right)\sin\left(\omega t-\frac{2\pi}{\lambda_g}z\right)\mathbf{a}_x - \frac{2E_0}{\eta}\frac{\lambda}{\lambda_c}\cos\left(\frac{m\pi x}{a}\right)\cos\left(\omega t-\frac{2\pi}{\lambda_g}z\right)\mathbf{a}_z \tag{8.35b}$$

这些在平行平板波导中 $TE_{m,0}$ 模的电磁场表达式不包括角度 θ。这些表达式清楚地表示了在 x 方向上场的驻波特性,在两板之间有 m 个的半正弦变化。下面举一个例子。

例 8.2

假定平板波导的两个平面之间的距离 a 为 5 cm,判断当频率 $f=10\,000$ MHz 时,可以传输哪些 $TE_{m,0}$ 模。

根据式(8.30),$TE_{m,0}$ 模的截止波长为

$$\lambda_c = \frac{2a}{m} = \frac{10}{m}\text{cm} = \frac{0.1}{m}\text{m}$$

这个结果与平板间的介质无关,如果平板之间的媒质是自由空间,则 $TE_{m,0}$ 模的截止频率为

$$f_c = \frac{3\times10^8}{\lambda_c} = \frac{3\times10^8}{0.1/m} = 3m\times10^9\ \text{Hz}$$

频率 $f=10\,000$ MHz,传输模式为 $TE_{1,0}$ 模($f_c=3\times10^9$ Hz),$TE_{2,0}$ 模($f_c=6\times10^9$ Hz)以及 $TE_{3,0}$ 模($f_c=9\times10^9$ Hz)。

对于上述每一种传输模式,分别利用式(8.32a)、式(8.33)和式(8.34)可以算出 θ,λ_g 和 v_{pz}。

计算结果列表如下：

模　式	λ_c/cm	f_c/MHz	θ/deg	λ_g/cm	v_{pz}/(m/s)
$TE_{1,0}$	10	3000	72.54	3.145	3.145×10^8
$TE_{2,0}$	5	6000	53.13	3.75	3.75×10^8
$TE_{3,0}$	3.33	9000	25.84	6.882	6.882×10^8

8.3 色散和群速

在8.2节中，对于传播的频率范围，沿着平行平板波导轴向的相速和波长可以表示为

$$v_{pz} = \frac{v_p}{\sqrt{1-(f_c/f)^2}} \tag{8.36}$$

和

$$\lambda_g = \frac{\lambda}{\sqrt{1-(f_c/f)^2}} \tag{8.37}$$

式中，$v_p = 1/\sqrt{\mu\epsilon}$；$\lambda = v_p/f = 1/f\sqrt{\mu\epsilon}$；$f_c$ 是截止频率。对于一种特定的模式来说，沿着波导轴向传播的电磁波的相速随着频率发生变化。由于导行波传播的这种特性，一个由不同频率分量的信号组成的频带，其场图在沿着波导传播时不能保持相同的相位关系，这种现象称为**色散**，色散这个术语来自于棱镜对颜色的色散现象。

为了讨论色散，考虑两个无限长平行移动的火车 A 和 B，其中一辆火车在另一辆的下方，并且每一辆火车由相同大小的货车车厢和同样的波浪形顶部构成，如图8.8所示。A，B 两辆火车两个相邻的车厢顶部分别相距50 m和90 m，并且两辆火车的速度分别为20 m/s和30 m/s。如果两辆车0号车厢的顶部排成一条线且定位在 $t=0$ 时刻，如图8.8(a)所示，则随着时间的推移，两辆车0号车厢的顶部将不在同一直线上，譬如在 $t=1$ 时刻，如图8.8(b)所示。这是因为火车 B 比火车 A 移动的快。但是在同一时刻，两节 -1 号车厢的距离却缩短了。这种现象将会持续下去直到 $t=4$ s时，火车 A 的 -1 号车厢移动了80 m，而火车 B 的 -1 号车厢移动了120 m，如图8.8(c)所示，因此，这两节 -1 号车厢的顶部又在一条直线上。对于一直观察这一组火车运动的观察者来说，虽然这两辆火车分别移动了80 m和120 m，但这个火车组看起来却只移动了30 m的距离。因此，所谓**群速**就是作为一个整体的群体移动的速度。在上述例子中，群速分别为30 m/4 s或7.5 m/s。

两个不同频率的电磁波在平行平板波导上传播的情况和上面讨论的两辆火车的情况很相似。两节连续车厢的顶部距离可以类比为波导波长，火车的速度可以类比为沿着轴向的相速。因此，对应频率 f_A 和 f_B 的两个相同模式的电磁波传播的场的形式，这两个电磁波的波导波长分别为 λ_{gA} 和 λ_{gB}，沿着波导轴向的相速分别为 v_{pzA} 和 v_{pzB}，图8.9给出了 $TE_{1,0}$ 模的电场示意图。如果两个电磁波的0号正峰值设定在 $t=0$ 时刻，如图8.9(a)所示，随着单个波以其自己的相速沿着波导传播，这两个顶峰便不在同一直线上，但是经过一段时间 Δt 后，当0号峰值处传播了 Δz 距离后，两个 -1 号的正峰值将会在同一直线上，如图8.9(b)所示。因为电磁波 A 的 -1 号峰值在 Δt 时间内以相速 v_{pzA} 传播了 $\lambda_{gA}+\Delta z$ 距离，而电磁波 B 的 -1 号峰值同样在 Δt 时间内以相速 v_{pzB} 传播了 $\lambda_{gB}+\Delta z$ 距离，因此有

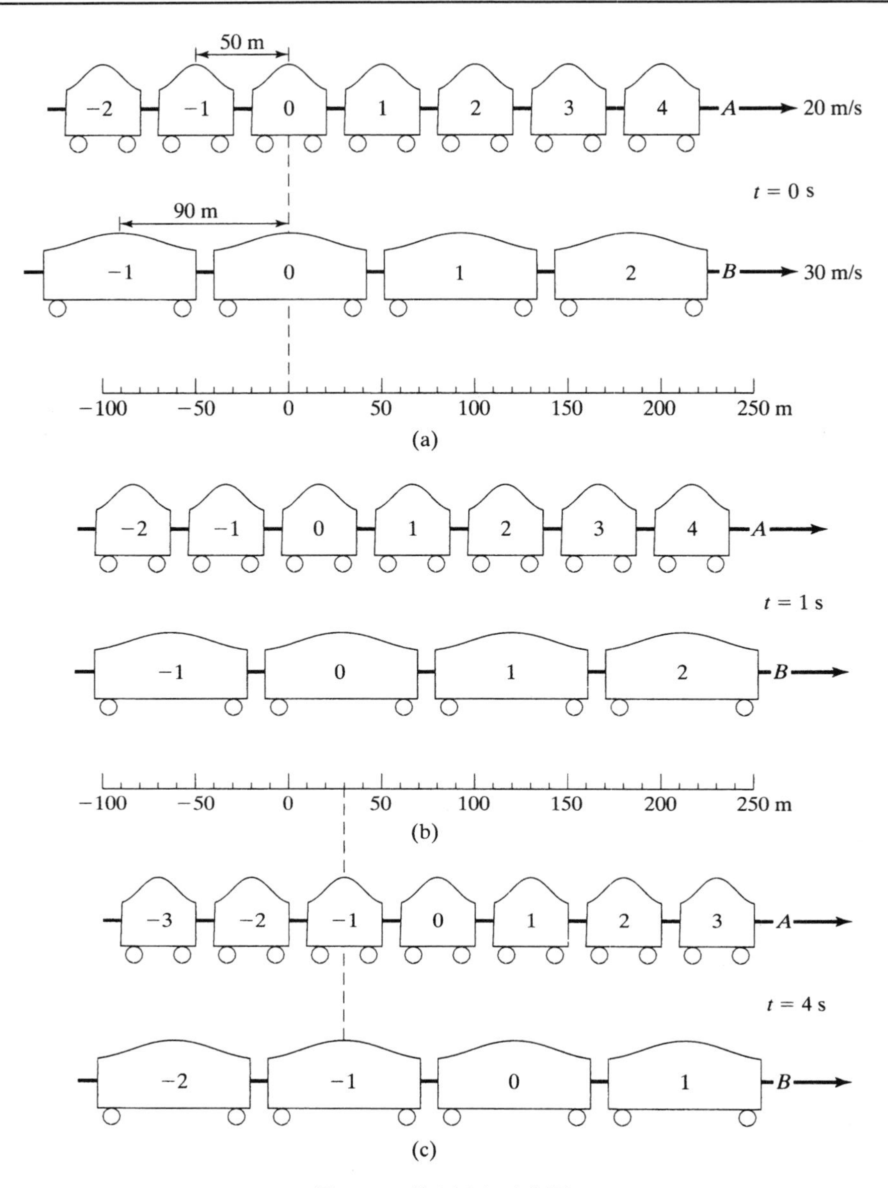

图 8.8 群速概念示意图

$$\lambda_{gA} + \Delta z = v_{pzA}\Delta t \tag{8.38a}$$

$$\lambda_{gB} + \Delta z = v_{pzB}\Delta t \tag{8.38b}$$

求解式(8.38a)和式(8.38b)中的 Δt 和 Δz,可以得到

$$\Delta t = \frac{\lambda_{gA} - \lambda_{gB}}{v_{pzA} - v_{pzB}} \tag{8.39a}$$

和

$$\Delta z = \frac{\lambda_{gA} v_{pzB} - \lambda_{gB} v_{pzA}}{v_{pzA} - v_{pzB}} \tag{8.39b}$$

群速 v_g 可以表示为

$$v_g = \frac{\Delta z}{\Delta t} = \frac{\lambda_{gA} v_{pzB} - \lambda_{gB} v_{pzA}}{\lambda_{gA} - \lambda_{gB}} = \frac{\lambda_{gA}\lambda_{gB} f_B - \lambda_{gB}\lambda_{gA} f_A}{\lambda_{gA}\lambda_{gB}\left(\dfrac{1}{\lambda_{gB}} - \dfrac{1}{\lambda_{gA}}\right)}$$

$$= \frac{f_B - f_A}{\dfrac{1}{\lambda_{gB}} - \dfrac{1}{\lambda_{gA}}} = \frac{\omega_B - \omega_A}{\beta_{zB} - \beta_{zA}} \tag{8.40}$$

式中，β_{zA}和β_{zB}是沿着波导轴向分别与频率f_A和f_B对应的相位常数。因此，包含不同频率信号的群速是两个角频率差值与相应的沿着波导轴向的相位常数差值的比值。

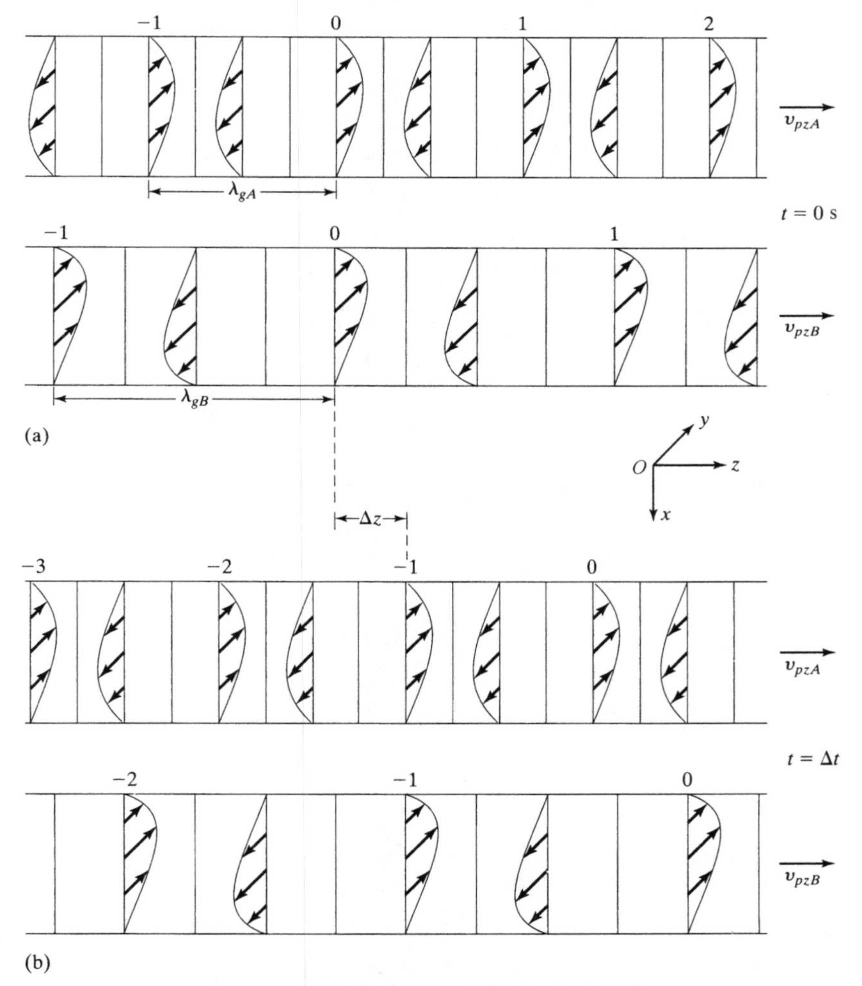

图 8.9 导行波传播的群速的概念示意图

如果有一个信号包含多种频率，可以利用其中一对频率的信号通过式(8.40)得到群速。一般而言，所得到的一系列群速值将会有所不同。事实上，当电磁波在平行板波导上传播时就是这种情况，图 8.10 为与平行板波导对应的 ω-β_z 曲线，可以得到

$$\beta_z = \frac{2\pi}{\lambda_g} = \frac{2\pi}{\lambda}\sqrt{1 - \left(\frac{\lambda}{\lambda_c}\right)^2} = \omega\sqrt{\mu\epsilon}\sqrt{1 - \left(\frac{f_c}{f}\right)^2} \tag{8.41}$$

这个曲线称为 ω-β_z **曲线**或**色散曲线**。

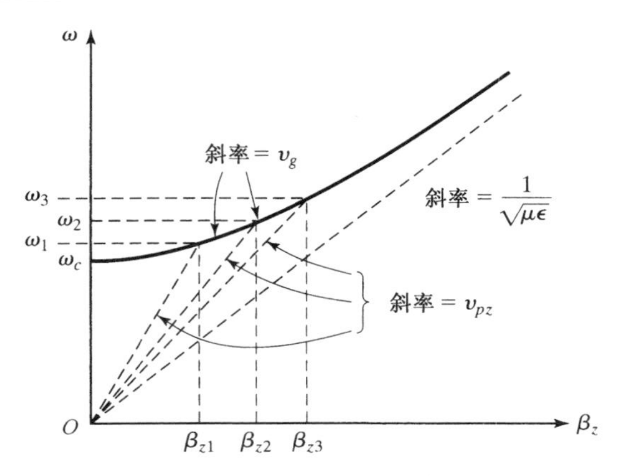

图 8.10 平行平板波导的色散曲线

在色散曲线上，特定频率下的相速 ω/β_z 由原点到所在点的直线的斜率决定（见图 8.10 所示的三个频率 $\omega_1,\omega_2,\omega_3$）。一对频率对应的群速是该两点连线的斜率，如在图 8.10 中的曲线上，两个频率点 ω_1,ω_2 和 ω_2,ω_3 的连线的斜率即为对应的群速。因为曲线是非线性的，所以所得到的两个群速值是不一样的，因此无法从频率 $\omega_1,\omega_2,\omega_3$ 中得到一个确定的群速值。

但是，如果三个频率值非常接近，即为窄带信号的情况，则可以把色散曲线中心频率的切线斜率看成整个电磁波群的群速。因此，与窄带信号中心主要频率 ω 对应的群速可以表示为

$$v_g = \frac{\mathrm{d}\omega}{\mathrm{d}\beta_z} \tag{8.42}$$

如果考虑平行板波导，则从(8.41)可以得到

$$\begin{aligned}\frac{\mathrm{d}\beta_z}{\mathrm{d}\omega} &= \sqrt{\mu\epsilon}\sqrt{1-\left(\frac{f_c}{f}\right)^2} + \omega\sqrt{\mu\epsilon}\cdot\frac{1}{2}\left(1-\frac{f_c^2}{f^2}\right)^{-1/2}\frac{f_c^2}{\pi f^3} \\ &= \sqrt{\mu\epsilon}\left(1-\frac{f_c^2}{f^2}+\frac{\omega}{2\pi}\frac{f_c^2}{f^3}\right)\left(1-\frac{f_c^2}{f^2}\right)^{-1/2} \\ &= \sqrt{\mu\epsilon}\left(1-\frac{f_c^2}{f^2}\right)^{-1/2}\end{aligned}$$

和

$$v_g = \frac{\mathrm{d}\omega}{\mathrm{d}\beta_z} = \frac{1}{\sqrt{\mu\epsilon}}\sqrt{1-\frac{f_c^2}{f^2}} = v_p\sqrt{1-\left(\frac{f_c}{f}\right)^2} \tag{8.43}$$

对于例 8.2，当 f = 10 000 MHz 时，三种传播模式 $\mathrm{TE}_{1,0}$，$\mathrm{TE}_{2,0}$ 和 $\mathrm{TE}_{3,0}$ 的群速分别为 2.862×10^8 m/s，2.40×10^8 m/s 和 1.308×10^8 m/s。从式(8.36)和式(8.43)可知

$$v_{pz}v_g = v_p^2 \tag{8.44}$$

一个幅度调制的窄带信号，载频为 ω，调制频率为低频 $\Delta\omega$，且满足 $\Delta\omega \ll \omega$，可以表示为

$$E_x(t) = E_{x0}(1 + m\cos\Delta\omega\cdot t)\cos\omega t \tag{8.45}$$

式中，m 为调制比率。这种信号实际上等效为频率为 $\omega-\Delta\omega,\omega,\omega+\Delta\omega$ 的三个非调制信号的叠加，通过对式(8.45)的右半部分进行扩展，可以看出这种等效。因此

$$E_x(t) = E_{x0}\cos\omega t + mE_{x0}\cos\omega t\cos\Delta\omega\cdot t$$
$$= E_{x0}\cos\omega t + \frac{mE_{x0}}{2}[\cos(\omega-\Delta\omega)t + \cos(\omega+\Delta\omega)t] \quad (8.46)$$

频率 $\omega-\Delta\omega$,$\omega+\Delta\omega$ 为两个边频。当幅度调制信号在有色散的信道传播时,比如平行板波导,不同的频率分量将会发生与相位常数对应的相移。因此,如果 $\beta_z-\Delta\beta_z$,β_z 和 $\beta_z+\Delta\beta_z$ 分别是与 $\omega-\Delta\omega$,ω 和 $\omega+\Delta\omega$ 相对应的相位常数,假设窄带信号的色散曲线为线性的,则幅度调制波可以表示为

$$\begin{aligned}E_x(z,t) &= E_{x0}\cos(\omega t-\beta_z z) + \\ &\quad \frac{mE_{x0}}{2}\{\cos[(\omega-\Delta\omega)t-(\beta_z-\Delta\beta_z)z] + \\ &\quad \cos[(\omega+\Delta\omega)t-(\beta_z+\Delta\beta_z)z]\} \\ &= E_{x0}\cos(\omega t-\beta_z z) + \\ &\quad \frac{mE_{x0}}{2}\{\cos[(\omega t-\beta_z z)-(\Delta\omega\cdot t-\Delta\beta_z\cdot z)] + \\ &\quad \cos[(\omega t-\beta_z z)+(\Delta\omega\cdot t-\Delta\beta_z\cdot z)]\} \\ &= E_{x0}\cos(\omega t-\beta_z z) + mE_{x0}\cos(\omega t-\beta_z z)\cos(\Delta\omega\cdot t-\Delta\beta_z\cdot z) \\ &= E_{x0}[1+m\cos(\Delta\omega\cdot t-\Delta\beta_z\cdot z)]\cos(\omega t-\beta_z z)\end{aligned} \quad (8.47)$$

这表明,虽然载频相应于相位常数 β_z 发生了相移,但调制包络和信息按照群速 $\Delta\omega/\Delta\beta_z$ 进行传播,如图 8.11 所示。考虑到这个现象并且因为 v_g 小于 v_p,所以 v_{pz} 大于 v_p 并不和相对论发生矛盾。因为经常必须利用一些调制技术将信息从一点传送到另一点,在色散信道中信息从一点到达另一点的时间总是要多于信息在非色散介质中传播所需要的时间。

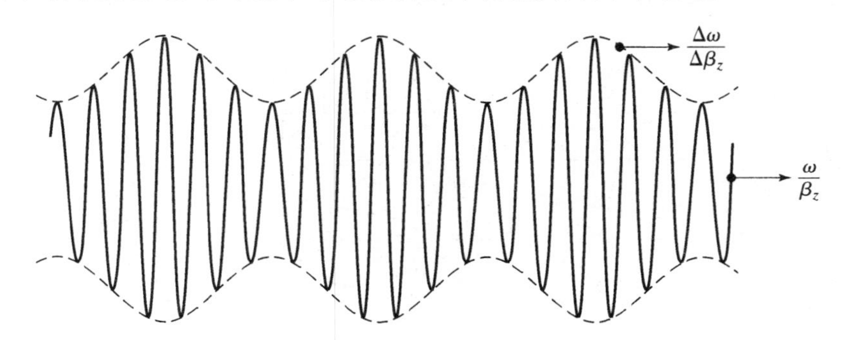

图 8.11 调制包络以群速运动的示意图

8.4 矩形波导和谐振腔

到目前为止,已经把讨论的范围仅限于 $TE_{m,0}$ 波在平行平板波导内的传播。回顾 8.2 节中的内容,平行平板波导由在平面 $x=0$ 和 $x=a$ 的理想导电壁构成,并且 $TE_{m,0}$ 模的电场仅有 y 分量,在 x 方向只有 m 个半正弦变化,而在 y 方向上没有变化。如果在两个恒定的 y 平面引入两个理想导电平板,如 $y=0$ 和 $y=b$ 处,则场的分布将保持不变,因为电场完全在平行板的法线方向,所以两个平面都满足电场切向分量为零的边界条件。因此可以得到在 xy 平面内横截面为矩形的金属管,如图 8.12 所示。这种结构的波导称为**矩形波导**,这是一种很普遍的波导形式。

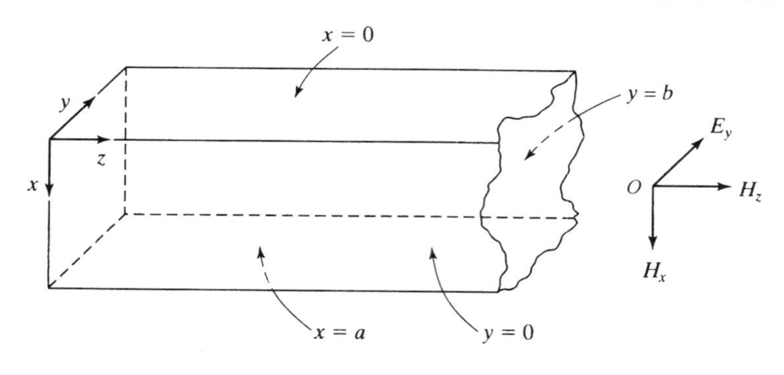

图 8.12　矩形波导

平行平板波导 $TE_{m,0}$ 模的电场表达式满足矩形波导的边界条件，平行平板波导的这些表达式和所有的讨论完全满足 $TE_{m,0}$ 模在矩形波导中传播的情况。$TE_{m,0}$ 模的产生是由于均匀平面波在 y 方向有电场分量且在导电壁 $x=0$ 和 $x=a$ 之间发生斜反射，并且相关的截止条件有电磁波在垂直于这两个波导壁之间来回反射的特征，如图 8.13(a) 所示。对于截止状态，a 的尺寸等于 m 倍的半波长，则有

$$[\lambda_c]_{TE_{m,0}} = \frac{2a}{m} \tag{8.48}$$

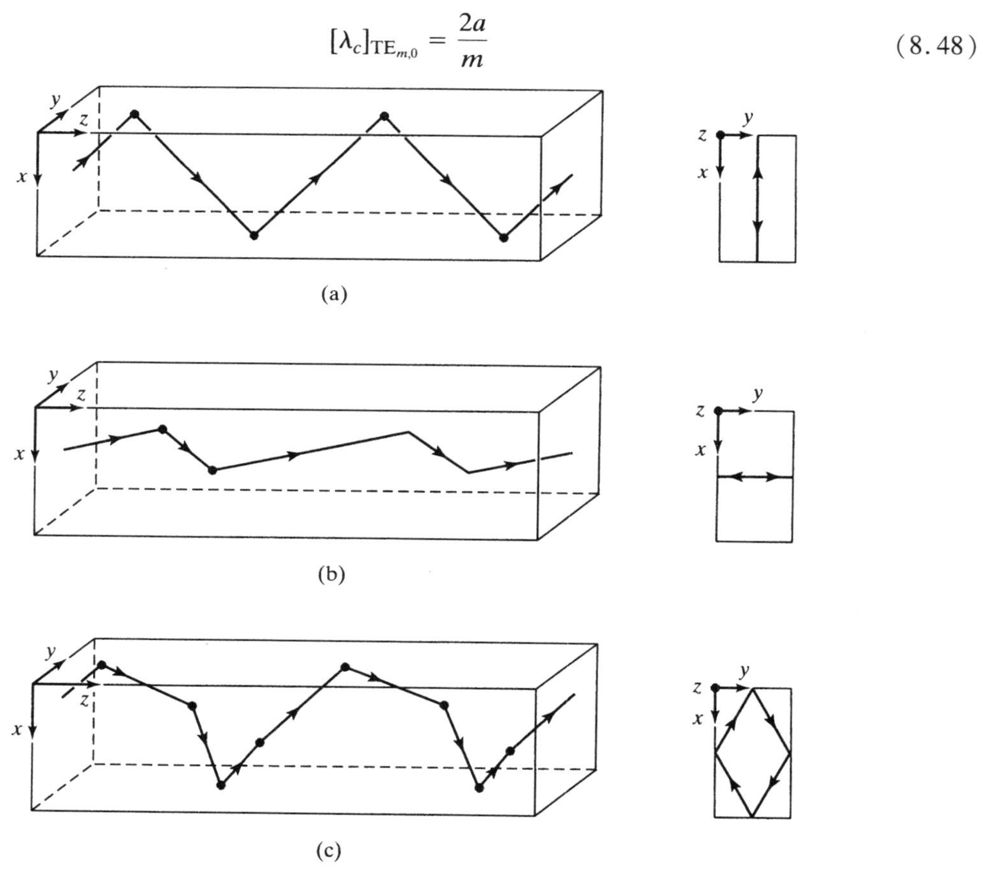

图 8.13　矩形波导内 (a) $TE_{m,0}$ 模，(b) $TE_{0,n}$ 模和 (c) $TE_{m,n}$ 模的传播和截止

类似地，也可以得到沿 x 方向有电场分量且在导电壁 $y=0$ 和 $y=b$ 之间发生斜反射的均匀平面波，并且相关的截止条件有电磁波在垂直于这两个波导壁之间来回反射的特征，如图 8.13(b) 所

示,导致$TE_{0,n}$模在x方向无变量,而在y方向有n个半正弦变化。对于截止状态,b的尺寸等于n倍的半波长,则有

$$[\lambda_c]_{TE_{0,n}} = \frac{2b}{n} \tag{8.49}$$

甚至也可以得到$TE_{m,n}$模在x方向有m个半正弦波的变化,在y方向有n个半正弦波的变化,这主要是由于均匀平面波的电场既有x分量又有y分量,并且在所有4个波导壁之间发生斜反射,并且相关的截止条件有电磁波在所有4个波导壁之间来回斜反射的特征,例如图8.13(c)所示。对于截止条件,a的尺寸等于沿x方向的m倍的半视在波长,b的尺寸等于沿y方向的n倍的半视在波长,由此可以得到

$$\frac{1}{[\lambda_c]^2_{TE_{m,n}}} = \frac{1}{(2a/m)^2} + \frac{1}{(2b/n)^2} \tag{8.50}$$

或

$$[\lambda_c]_{TE_{m,n}} = \frac{1}{\sqrt{(m/2a)^2 + (n/2b)^2}} \tag{8.51}$$

通过两个磁场完全在y方向的均匀平面波的叠加开始,重复8.2节对导波的所有讨论,由此可以得到**横磁波**或**TM波**,这样命名是因为这些电磁波的磁场没有z分量,但是电场有z分量。考虑到截止现象,这些模式被同样状态下相应的TE模所支配。在矩形波导中,不能有任何$TM_{m,0}$和$TM_{0,n}$模,因为作为所有4个波导壁的切向,电场的z分量需要x和y方向的正弦变化以满足4个波导壁电场切向分量为零的边界条件。因此,对于矩形波导中的$TM_{m,n}$模,m和n都不能为零,并且截止波长与$TE_{m,n}$模相同,即为

$$[\lambda_c]_{TM_{m,n}} = \frac{1}{\sqrt{(m/2a)^2 + (n/2b)^2}} \tag{8.52}$$

前面对矩形波导中传播模式的讨论可以表明,一个给定频率的信号可以传输多种模式,即截止频率小于信号频率或者截止波长大于信号波长的所有模式都可以传输。然而,波导可以被设计成只传输一种模式,即只有满足最低截止频率或者最大截止波长的模式可以进行传播。这个模式称为**主模**。从式(8.48),式(8.49),式(8.51)和式(8.52)可以看出,主模是$TE_{1,0}$模或者$TE_{0,1}$模,取决于尺寸a和尺寸b哪一个比较大。按照惯例,较大的尺寸指定为a,因此$TE_{1,0}$模为主模。现在考虑一个例子。

例8.3

计算涉及主模截止频率的最低4个截止频率,矩形波导的尺寸分别如下列三种情况所示。(i)$b/a=1$,(ii) $b/a=1/2$,(iii) $b/a=1/3$。如果给定$a=3$ cm,频率$f=9000$ MHz时,找出上述三种情况下的传输模式。

从截止波长的表示式(8.51)和式(8.52)可知,对于$TE_{m,n}$模,$m=0,1,2,3,\cdots,n=0,1,2,3,\cdots$,$m$和$n$不能同时为零;但对于$TM_{m,n}$模,$m=1,2,3,\cdots,n=1,2,3,\cdots$,$m$和$n$都不能为零,有

$$\lambda_c = \frac{1}{\sqrt{(m/2a)^2 + (n/2b)^2}}$$

对应的截止频率的表达式为

$$f_c = \frac{v_p}{\lambda_c} = \frac{1}{\sqrt{\mu\epsilon}}\sqrt{\left(\frac{m}{2a}\right)^2 + \left(\frac{n}{2b}\right)^2}$$

$$= \frac{1}{2a\sqrt{\mu\epsilon}}\sqrt{m^2 + \left(n\frac{a}{b}\right)^2}$$

主模 $TE_{1,0}$的截止频率为 $1/2a\sqrt{\mu\epsilon}$。因此

$$\frac{f_c}{[f_c]_{TE_{1,0}}} = \sqrt{m^2 + \left(n\frac{a}{b}\right)^2}$$

通过指定不同对的 m 和 n 值,对应不同的 b/a 值,$f_c/[f_c]_{TE_{1,0}}$最低的 4 个值可以计算出来,计算结果与对应的模式如图 8.14 所示。

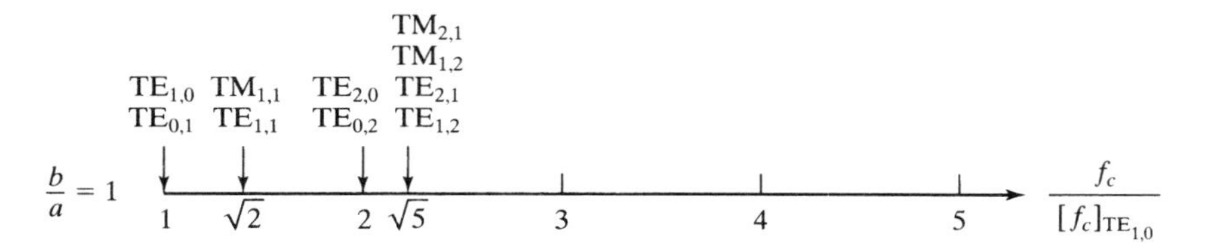

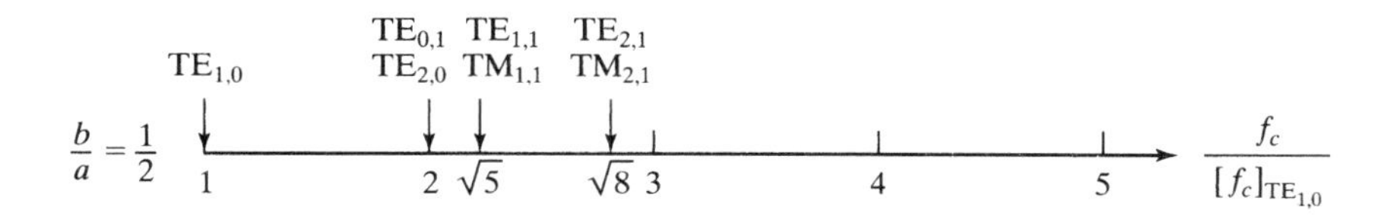

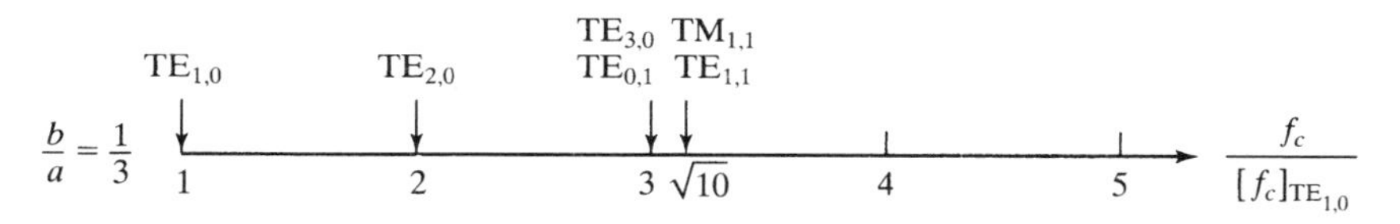

图 8.14 三种不同矩形波导尺寸的四个最低模式的截止频率

对于 $a = 3$ cm,假设波导介质是自由空间,

$$[f_c]_{TE_{1,0}} = \frac{1}{2a\sqrt{\mu\epsilon}} = \frac{3 \times 10^8}{2 \times 0.03} = 5000\text{ MHz}$$

这样,对于信号频率为 $f = 9000$ MHz,所有 $f_c/[f_c]_{TE_{1,0}}$小于 1.8 的模式都可以传输,这些模式是

$TE_{1,0}, TE_{0,1}, TM_{1,1}, TE_{1,1}$ 对于 $b/a = 1$
$TE_{1,0}$ 对于 $b/a = 1/2$
$TE_{1,0}$ 对于 $b/a = 1/3$

从图 8.14 可以看出,对于 $b/a \leq 1/2$,对应于 $TE_{2,0}$模的第 2 个最低截止频率是主模 $TE_{1,0}$截止频率的两倍,由于这个原因,矩形波导的尺寸 b 一般选择小于或等于 $a/2$,以便能够在一个完整的倍频程(2 的因子)频率范围内得到单模传输。

现在分析矩形波导沿正 z 方向和负 z 方向等幅传播的导波。这种电磁波可以通过在恒定的 z 平面用理想导电平板作为终端获得,恒定的 z 平面就是波导的横平面。由于理想导电平板的全反射,除了沿 x 方向和 y 方向有驻波之外,电磁场将沿着波导轴方向,也就是沿 z 方向也形成驻波。沿着波导轴的驻波模式在终端平板上和在距终端 $\lambda_g/2$ 整数倍的平行平面上有横向电场的

零点，在这些平面上放置理想导体将不会对场发生干扰，因为在这些平面上满足电场的切向分量为零的边界条件。

相反地，如果在相距 d 的两个恒定 z 平面上放置两个理想导体平板，为了满足边界条件，d 必须等于 $\lambda_g/2$ 的整数倍。这样可以得到一个在 x，y 和 z 方向尺寸分别为 a，b 和 d 的矩形盒，如图 8.15 所示。这种结构叫做**谐振腔**，它是低频集中参数谐振电路在微波频段的对应物，因为它可以在满足上述条件的频率上发生振荡，即

$$d = l\frac{\lambda_g}{2}, \qquad l = 1, 2, 3, \cdots \tag{8.53}$$

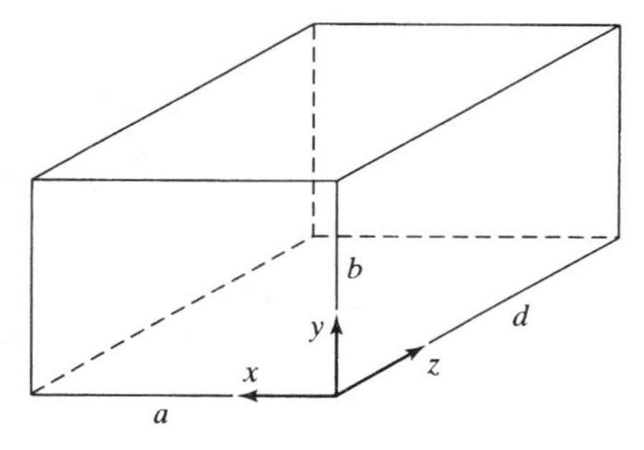

图 8.15　矩形谐振腔

被满足。考虑到 λ_g 为均匀平面波沿着 z 方向发生斜反射的视在波长，场在 x 方向上有 m 个半正弦变化，在 y 方向上有 n 个半正弦变化，在 z 方向上有 l 个半正弦变化，可以计算出与振荡模式对应的波长为

$$\frac{1}{\lambda_{\text{osc}}^2} = \frac{1}{(2a/m)^2} + \frac{1}{(2b/n)^2} + \frac{1}{(2d/l)^2} \tag{8.54}$$

或

$$\lambda_{\text{osc}} = \frac{1}{\sqrt{(m/2a)^2 + (n/2b)^2 + (l/2d)^2}} \tag{8.55}$$

那么振荡频率的表达式为

$$f_{\text{osc}} = \frac{v_p}{\lambda_{\text{osc}}} = \frac{1}{\sqrt{\mu\epsilon}}\sqrt{\left(\frac{m}{2a}\right)^2 + \left(\frac{n}{2b}\right)^2 + \left(\frac{l}{2d}\right)^2} \tag{8.56}$$

模式以 $\text{TE}_{m,n,l}$ 和 $\text{TM}_{m,n,l}$ 的三下标形式表示。因为 m，n 和 l 能够设定为整数值的集合，对于给定尺寸的谐振腔，可以确定无数个振荡频率。下面举例说明。

例 8.4

空气填充的矩形谐振腔，尺寸大小为 $a = 4$ cm，$b = 2$ cm，$d = 4$ cm，计算三个最低振荡频率，对每一个频率，确定关于 z 方向为横向的振荡模式。

将 $\mu = \mu_0$，$\epsilon = \epsilon_0$，以及 a，b，d 的尺寸代入式(8.56)，可以得到

$$f_{\text{osc}} = 3 \times 10^8\sqrt{\left(\frac{m}{0.08}\right)^2 + \left(\frac{n}{0.04}\right)^2 + \left(\frac{l}{0.08}\right)^2}$$
$$= 3750\sqrt{m^2 + 4n^2 + l^2}\ \text{MHz}$$

给 m，n 和 l 赋予整数值的组合，注意对于 TM 模，m 和 n 不能同时为零，可以求出三个最低的振荡频率为

$3750 \times \sqrt{2} = 5303$ MHz　　对于 $\text{TE}_{1,0,1}$ 模

$3750 \times \sqrt{5} = 8385$ MHz　　对于 $\text{TE}_{0,1,1}$，$\text{TE}_{2,0,1}$，和 $\text{TE}_{1,0,2}$ 模

$3750 \times \sqrt{6} = 9186$ MHz　　对于 $\text{TE}_{1,1,1}$ 和 $\text{TM}_{1,1,1}$ 模

8.5 平面波的反射和透射

一个均匀平面波斜入射到两种理想介质之间的平面边界,入射波与边界法线的夹角为 θ_i,如图 8.16 所示。为了满足两种媒质边界的边界条件,可以确定反射波和透射波。θ_r 为反射角,θ_t 为透射角。不必写出电磁场的表达式,就可以找出 θ_i,θ_r 和 θ_t 之间的关系,因为入射波、反射波和透射波需要在边界上保持一致,它们平行于边界的视在相速必须相等,即

$$\frac{v_{p1}}{\sin\theta_i}=\frac{v_{p1}}{\sin\theta_r}=\frac{v_{p2}}{\sin\theta_t} \tag{8.57}$$

式中,$v_{p1}(=1/\sqrt{\mu_1\epsilon_1})$ 和 $v_{p2}(=1/\sqrt{\mu_2\epsilon_2})$ 分别为媒质 1 和媒质 2 中沿着波的传播方向的相速。

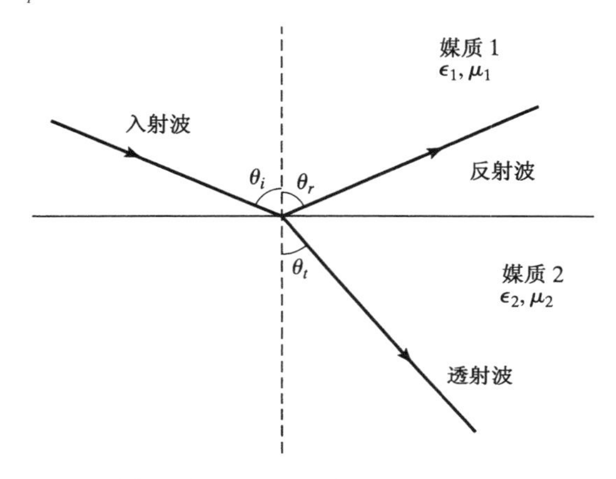

图 8.16 均匀平面波斜入射到两种不同理想介质的平面边界的反射和透射

从式(8.57)可以得到

$$\sin\theta_r=\sin\theta_i \tag{8.58}$$

$$\sin\theta_t=\frac{v_{p2}}{v_{p1}}\sin\theta_i=\sqrt{\frac{\mu_1\epsilon_1}{\mu_2\epsilon_2}}\sin\theta_i \tag{8.59}$$

或

$$\theta_r=\theta_i \tag{8.60}$$

$$\theta_t=\arcsin\left(\sqrt{\frac{\mu_1\epsilon_1}{\mu_2\epsilon_2}}\sin\theta_i\right) \tag{8.61}$$

式(8.60)称为**反射定律**,式(8.61)称为**折射定律**或**斯涅耳(Snell)定律**。斯涅耳定律通常根据折射率来计算,折射率用符号 n 来表示,定义为自由空间的光速和媒质中的相速之比。因此,如果$n_1(=c/v_{p1})$ 和 $n_2(=c/v_{p2})$ 分别为媒质 1 和媒质 2 中的(相位)折射率,那么

$$\theta_t=\arcsin\left(\frac{n_1}{n_2}\sin\theta_i\right) \tag{8.62}$$

对于 $\mu_1=\mu_2=\mu_0$ 的两种电介质来说,通常情况下式(8.62)可以简化为

$$\theta_t=\arcsin\left(\sqrt{\frac{\epsilon_1}{\epsilon_2}}\sin\theta_i\right) \tag{8.63}$$

现在考虑边界上的反射系数和透射系数的表达式,将分为两种情况来讨论这个问题:(1)线性极化波的电场矢量平行于界面;(2)线性极化波的磁场矢量平行于界面。反射定律和折射定律对两种情况都成立,因为它们是由入射波、反射波和透射波平行于边界的视在相速必须相等得到的。

电场矢量平行于界面的几何关系可由图 8.17 看出,图中界面为 $x=0$ 的平面,并且下标 i,r 和 t 与电磁场符号相关联,分别表示入射波、反射波和透射波。入射面,也就是包含分界面法线和传播矢量的平面,假定在 xz 平面内,因此电场矢量完全在 y 方向。对应的磁场矢量如图 8.17 所示,满足 **E**,**H** 和 **β** 互相垂直并构成右旋矢量组。因为电场矢量垂直于入射平面,这种情况和垂直极化相符合。入射角假定为 θ_1。根据式(8.60)的反射定律,反射角也为 θ_1。假设 θ_2 为透射角,通过折射定律与 θ_1 有关系,由式(8.61)给出。

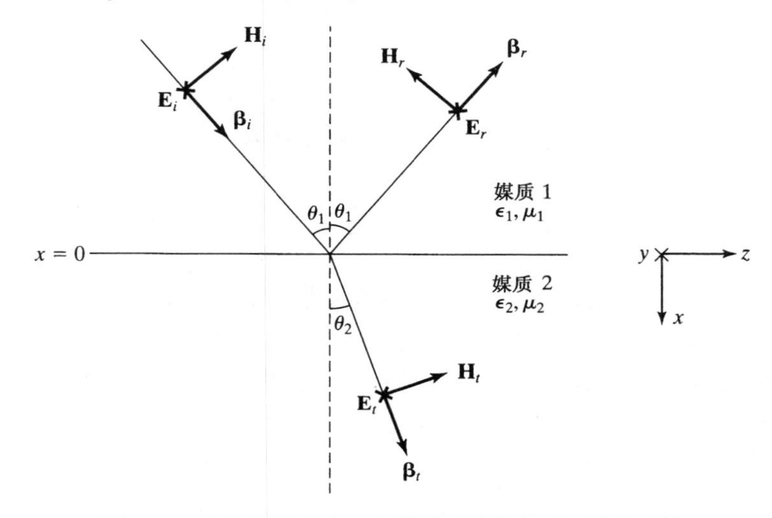

图 8.17　电场矢量垂直于入射平面的均匀平面波在理想介质边界斜入射的反射系数和透射系数的确定

在 $x=0$ 的边界上满足的边界条件有:(1)电场强度的切向分量连续;(2)磁场强度的切向分量连续。因此,在 $x=0$ 的界面上有

$$E_{yi} + E_{yr} = E_{yt} \tag{8.64a}$$

$$H_{zi} + H_{zr} = H_{zt} \tag{8.64b}$$

依据总电场表示出式(8.64a)和式(8.64b)中对应的量,可以得到

$$E_i + E_r = E_t \tag{8.65a}$$

$$H_i \cos\theta_1 - H_r \cos\theta_1 = H_t \cos\theta_2 \tag{8.65b}$$

从均匀平面波的特性之一可知

$$\frac{E_i}{H_i} = \frac{E_r}{H_r} = \eta_1 = \sqrt{\frac{\mu_1}{\epsilon_1}} \tag{8.66a}$$

$$\frac{E_t}{H_t} = \eta_2 = \sqrt{\frac{\mu_2}{\epsilon_2}} \tag{8.66b}$$

将式(8.66a)和式(8.66b)代入式(8.65b),重新整理可得

$$E_i - E_r = E_t \frac{\eta_1}{\eta_2} \frac{\cos\theta_2}{\cos\theta_1} \tag{8.67}$$

利用式(8.65a)和式(8.67)求解 E_i 和 E_r，可以得出

$$E_i = \frac{E_t}{2}\left(1 + \frac{\eta_1}{\eta_2}\frac{\cos\theta_2}{\cos\theta_1}\right) \tag{8.68a}$$

$$E_r = \frac{E_t}{2}\left(1 - \frac{\eta_1}{\eta_2}\frac{\cos\theta_2}{\cos\theta_1}\right) \tag{8.68b}$$

定义反射系数 $\Gamma_\perp$ 和透射系数 $\tau_\perp$ 为

$$\Gamma_\perp = \frac{E_r}{E_i} = \frac{E_{yr}}{E_{yi}} \tag{8.69a}$$

$$\tau_\perp = \frac{E_t}{E_i} = \frac{E_{yt}}{E_{yi}} \tag{8.69b}$$

式中，下标⊥表示垂直极化。从式(8.68a)和式(8.68b)，可以得到

$$\Gamma_\perp = \frac{\eta_2\cos\theta_1 - \eta_1\cos\theta_2}{\eta_2\cos\theta_1 + \eta_1\cos\theta_2} \tag{8.70a}$$

$$\tau_\perp = \frac{2\eta_2\cos\theta_1}{\eta_2\cos\theta_1 + \eta_1\cos\theta_2} \tag{8.70b}$$

式(8.70a)和式(8.70b)分别称为垂直极化的**菲涅耳反射系数**和**透射系数**。

在讨论式(8.70a)和式(8.70b)得出的结论之前，首先推导电磁波的磁场矢量平行于界面对应的表达式。图8.18表示出这种情况下的几何关系。这里，入射面仍然选择为 xz 平面，所以磁场矢量完全在 y 方向上。对应的电场矢量也可通过 $\mathbf{E}$，$\mathbf{H}$ 和 $\boldsymbol{\beta}$ 形成的右手正交矢量组确定。因为电场矢量平行于入射面，这种情况与平行极化相符合。

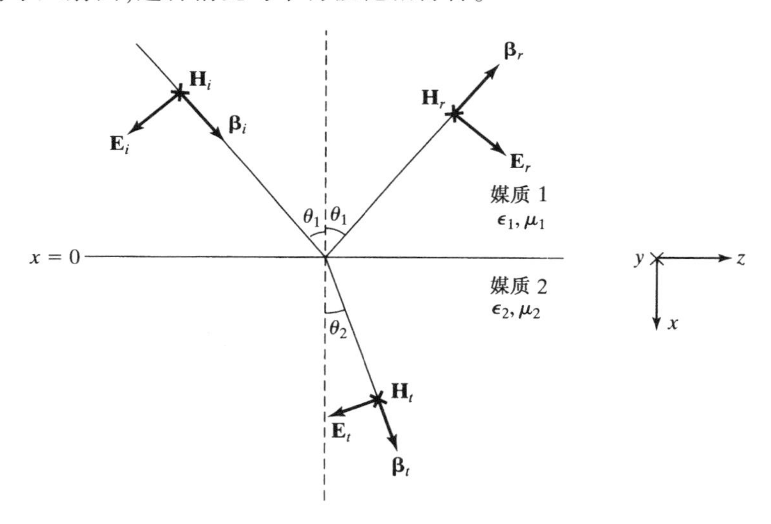

图8.18　电场矢量平行于入射平面的均匀平面波在理想介质边界斜入射的反射系数和透射系数的确定

$x=0$ 的边界再一次满足的边界条件有：(1)电场强度的切向分量连续；(2)磁场强度的切向分量连续。因此，在 $x=0$ 的界面上有

$$E_{zi} + E_{zr} = E_{zt} \tag{8.71a}$$

$$H_{yi} + H_{yr} = H_{yt} \tag{8.71b}$$

依据总电场表示出式(8.71a)和式(8.71b)中对应的量，并且利用式(8.66a)和式(8.66b)，可以得到

$$E_i - E_r = E_t \frac{\cos\theta_2}{\cos\theta_1} \tag{8.72a}$$

$$E_i + E_r = E_t \frac{\eta_1}{\eta_2} \tag{8.72b}$$

利用式(8.72a)和式(8.72b)求解 E_i 和 E_r，可以得到

$$E_i = \frac{E_t}{2}\left(\frac{\eta_1}{\eta_2} + \frac{\cos\theta_2}{\cos\theta_1}\right) \tag{8.73a}$$

$$E_r = \frac{E_t}{2}\left(\frac{\eta_1}{\eta_2} - \frac{\cos\theta_2}{\cos\theta_1}\right) \tag{8.73b}$$

定义反射系数 $\Gamma_{\parallel}$ 和透射系数 $\tau_{\parallel}$ 为

$$\Gamma_{\parallel} = -\frac{E_r}{E_i} \tag{8.74a}$$

$$\tau_{\parallel} = \frac{E_t}{E_i} \tag{8.74b}$$

式中，下标 $\parallel$ 表示平行极化。从式(8.73a)和式(8.73b)，可以得到

$$\Gamma_{\parallel} = \frac{\eta_2\cos\theta_2 - \eta_1\cos\theta_1}{\eta_2\cos\theta_2 + \eta_1\cos\theta_1} \tag{8.75a}$$

$$\tau_{\parallel} = \frac{2\eta_2\cos\theta_1}{\eta_2\cos\theta_2 + \eta_1\cos\theta_1} \tag{8.75b}$$

从式(8.74a)和式(8.74b)中得到

$$\frac{E_{zr}}{E_{zi}} = \frac{E_r\cos\theta_1}{-E_i\cos\theta_1} = -\frac{E_r}{E_i} = \Gamma_{\parallel} \tag{8.76a}$$

$$\frac{E_{zt}}{E_{zi}} = \frac{-E_t\cos\theta_2}{-E_i\cos\theta_1} = \tau_{\parallel}\frac{\cos\theta_2}{\cos\theta_1} \tag{8.76b}$$

式(8.75a)和式(8.75b)分别称为平行极化的**菲涅耳反射系数**和**透射系数**。

针对以下几种情况，讨论由式(8.70a)、式(8.70b)、式(8.75a)和式(8.75b)确定的反射系数和透射系数得出的结果。

1. 对于 $\theta_1 = 0$，即均匀平面波在边界上垂直入射的情况，$\theta_2 = 0$，并且

$$\Gamma_{\perp} = \frac{\eta_2 - \eta_1}{\eta_2 + \eta_1}, \qquad \Gamma_{\parallel} = \frac{\eta_2 - \eta_1}{\eta_2 + \eta_1}$$

$$\tau_{\perp} = \frac{2\eta_2}{\eta_2 + \eta_1}, \qquad \tau_{\parallel} = \frac{2\eta_2}{\eta_2 + \eta_1}$$

因此，两种情况下的反射系数和透射系数应该相等，因为对于垂直入射，除了将场沿平行于界面旋转 90°之外，在两种极化之间没有什么区别。

2. 如果 $\cos\theta_2 = 0$，则 $\Gamma_{\perp} = 1$，$\Gamma_{\parallel} = -1$，也就是

$$\sqrt{1 - \sin^2\theta_2} = \sqrt{1 - \frac{\mu_1\epsilon_1}{\mu_2\epsilon_2}\sin^2\theta_1} = 0$$

或

$$\sin\theta_1 = \sqrt{\frac{\mu_2\epsilon_2}{\mu_1\epsilon_1}} \tag{8.77}$$

这里利用式(8.61)给出的折射定律,用 $\sin\theta_1$ 来表示 $\sin\theta_2$,在通常情况下,如果假设 $\mu_2=\mu_1=\mu_0$,则式(8.77)在 $\epsilon_2<\epsilon_1$ 的情况下对于 θ_1 有实数解。因此,对于 $\epsilon_2<\epsilon_1$,也就是从高介电常数的电介质透射到低介电常数的电介质,存在临界入射角 θ_c,可表示为

$$\theta_c=\arcsin\sqrt{\frac{\epsilon_2}{\epsilon_1}} \tag{8.78}$$

对于 $\theta_2=90°$,$|\Gamma_\perp|=1$ 以及 $|\Gamma_\parallel|=1$。对于 $\theta_1>\theta_c$,$\sin\theta_2>1$,$\cos\theta_2$ 成为虚数,并且 $\Gamma_\perp$ 和 $\Gamma_\parallel$ 成为复数,但是它们的幅度为1,就发生**全反射**,即入射波的时间平均功率被全部反射,边界条件则通过媒质2中的衰减场来满足。为了解释衰减的本质,利用图8.17或图8.18的几何关系做参考,即

$$\beta_{x2}^2+\beta_{z2}^2=\beta_t^2=\omega^2\mu_2\epsilon_2$$

或

$$\beta_{x2}^2=\omega^2\mu_2\epsilon_2-\beta_{z2}^2$$

对于 $\theta_1=\theta_c$,$\beta_{z2}=\beta_{z1}=\omega^2\mu_1\epsilon_1\sin^2\theta_c=\omega^2\mu_2\epsilon_2$ 以及 $\beta_{x2}^2=0$。因此,对于 $\theta_1>\theta_c$,$\beta_{z2}=\beta_{z1}=\omega^2\mu_1\epsilon_1\sin^2\theta_1>\omega^2\mu_2\epsilon_2$ 以及 $\beta_{x2}^2<0$。因此,β_{x2} 应该被 $-\mathrm{j}\alpha_{x2}$ 替代,对应地是电场在 x 方向指数衰减,没有传播波特性。全反射现象是光波导的基本原理,因为如果有一个介电常数为 ϵ_1 的介质板,夹在介电常数为 $\epsilon_2<\epsilon_1$ 的两个介质平板之间,如果一个电磁波以大于临界角的入射角入射,就有可能在介质板内实现导波的传输,这部分内容将在8.6节中学习。

3. 对于 $\eta_2\cos\theta_1=\eta_1\cos\theta_2$,$\Gamma_\perp=0$,也就是

$$\eta_2\sqrt{1-\sin^2\theta_1}=\eta_1\sqrt{1-\frac{\mu_1\epsilon_1}{\mu_2\epsilon_2}\sin^2\theta_1}$$

或

$$\sin^2\theta_1=\frac{\eta_2^2-\eta_1^2}{\eta_2^2-\eta_1^2(\mu_1\epsilon_1/\mu_2\epsilon_2)}=\mu_2\frac{\mu_2-\mu_1(\epsilon_2/\epsilon_1)}{\mu_2^2-\mu_1^2} \tag{8.79}$$

对于在两种电介质材料之间传播的一般情况,即对于 $\mu_2=\mu_1$ 且 $\epsilon_2\neq\epsilon_1$,式(8.79)对于 θ_1 没有实数解,因此在垂直极化的情况下,没有反射系数为零的入射角。

4. 对于 $\eta_2\cos\theta_2=\eta_1\cos\theta_1$,$\Gamma_\parallel=0$,也就是

$$\eta_2\sqrt{1-\frac{\mu_1\epsilon_1}{\mu_2\epsilon_2}\sin^2\theta_1}=\eta_1\sqrt{1-\sin^2\theta_1}$$

或

$$\sin^2\theta_1=\frac{\eta_2^2-\eta_1^2}{\eta_2^2(\mu_1\epsilon_1/\mu_2\epsilon_2)-\eta_1^2}=\epsilon_2\frac{(\mu_2/\mu_1)\epsilon_1-\epsilon_2}{\epsilon_1^2-\epsilon_2^2} \tag{8.80}$$

如果假设 $\mu_2=\mu_1$,则式(8.80)可简化为

$$\sin^2\theta_1=\frac{\epsilon_2}{\epsilon_1+\epsilon_2}$$

也可以表示为

$$\cos^2\theta_1=1-\sin^2\theta_1=\frac{\epsilon_1}{\epsilon_1+\epsilon_2}$$

和

$$\tan\theta_1 = \sqrt{\frac{\epsilon_2}{\epsilon_1}}$$

因此,存在一个入射角 θ_p,可以表示为

$$\theta_p = \arctan\sqrt{\frac{\epsilon_2}{\epsilon_1}} \tag{8.81}$$

当 $\theta = \theta_p$ 时,水平极化波的反射系数为零,因此对于平行极化的情况可以发生全透射。

5. 观察情况 3 和情况 4,对于一个入射角为 θ_p 的椭圆极化波,反射波是垂直于入射面的线性极化波。因此入射角 θ_p 称为**极化角**,也称为**布儒斯特角**。与布儒斯特角有关的现象有一些应用。其中一个例子就是在气体激光器内,一个法布里-珀罗谐振腔的镜面之间以布儒斯特角放置玻璃窗密封的放电管,如图 8.19 所示,为了减小来自放电管末端的反射,使得激光器的运行被管外的镜子所控制。

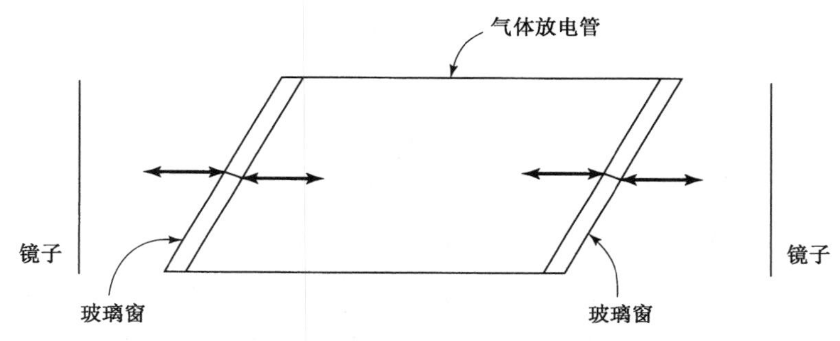

图 8.19　布儒斯特角效应在气体激光器中的应用

下面看一个例子。

例 8.5

均匀平面波的入射电场为

$$\mathbf{E}_i = E_0\left(\frac{\sqrt{3}}{2}\mathbf{a}_x - \frac{1}{2}\mathbf{a}_z\right)\cos\left[6\pi\times 10^9 t - 10\pi(x+\sqrt{3}z)\right]$$

从真空入射到 $\epsilon = 1.5\epsilon_0, \mu = \mu_0$ 的介质中,如图 8.20 所示。计算反射波和透射波的电场表达式。

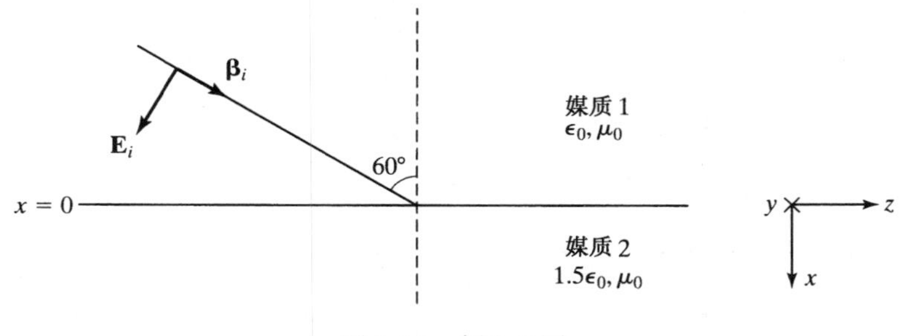

图 8.20　例 8.5 图

从 $\mathbf{E}_i$ 可知入射波的传播矢量为

$$\boldsymbol{\beta}_i = 10\pi(\mathbf{a}_x + \sqrt{3}\mathbf{a}_z) = 20\pi\left(\frac{1}{2}\mathbf{a}_x + \frac{\sqrt{3}}{2}\mathbf{a}_z\right)$$

入射角为 60°。注意到电场矢量垂直于 $\boldsymbol{\beta}_i$ 而且在入射面内,因此与图 8.18 的平行极化一致。

为了得到所求的场，首先利用式(8.63)计算，并参考图8.18中的标示，这样

$$\sin\theta_2 = \sqrt{\frac{\epsilon_0}{1.5\epsilon_0}}\sin 60° = \frac{1}{\sqrt{2}}$$

或 $\theta_2 = 45°$。然后从式(8.75a)和式(8.75b)，以及式(8.76a)至式(8.76b)，有

$$\Gamma_{\parallel} = \frac{(\eta_0/\sqrt{1.5})\cos 45° - \eta_0\cos 60°}{(\eta_0/\sqrt{1.5})\cos 45° + \eta_0\cos 60°} = \frac{2-\sqrt{3}}{2+\sqrt{3}} = 0.072$$

$$\tau_{\parallel} = \frac{2(\eta_0/\sqrt{1.5})\cos 60°}{(\eta_0/\sqrt{1.5})\cos 45° + \eta_0\cos 60°} = \frac{2\sqrt{2}}{2+\sqrt{3}} = 0.758$$

$$\frac{E_r}{E_i} = -0.072$$

$$\frac{E_t}{E_i} = 0.758$$

最后，借助于图8.21得到

$$\boldsymbol{\beta}_r = 20\pi\left(-\frac{1}{2}\mathbf{a}_x + \frac{\sqrt{3}}{2}\mathbf{a}_z\right) = 10\pi(-\mathbf{a}_x + \sqrt{3}\mathbf{a}_z)$$

和

$$\boldsymbol{\beta}_t = 20\pi\sqrt{1.5}\left(\frac{1}{\sqrt{2}}\mathbf{a}_x + \frac{1}{\sqrt{2}}\mathbf{a}_z\right) = 10\sqrt{3}\pi(\mathbf{a}_x + \mathbf{a}_z)$$

写出反射波电场和透射波电场分别为

$$\mathbf{E}_r = -0.072E_0\left(\frac{\sqrt{3}}{2}\mathbf{a}_x + \frac{1}{2}\mathbf{a}_z\right)\cos[6\pi\times 10^9 t + 10\pi(x - \sqrt{3}z)]$$

和

$$\mathbf{E}_t = 0.758E_0\left(\frac{1}{\sqrt{2}}\mathbf{a}_x - \frac{1}{\sqrt{2}}\mathbf{a}_z\right)\cos[6\pi\times 10^9 t - 10\sqrt{3}\pi(x + z)]$$

注意到当 $x=0$ 时，$E_{zi}+E_{zr}=E_{zt}$ 且 $E_{xi}+E_{xr}=1.5E_{xt}$，因此电场确实满足边界条件。

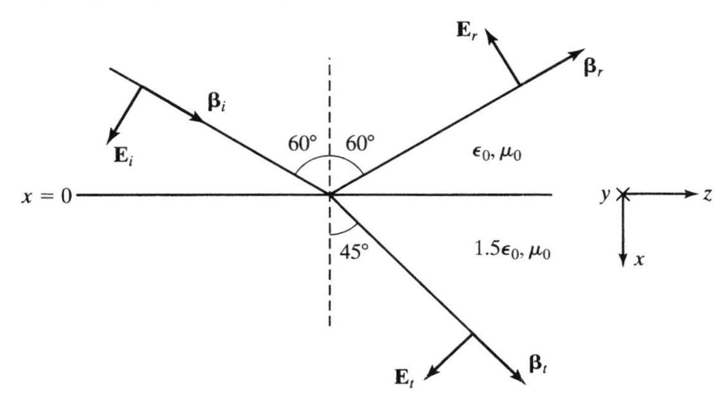

图8.21 对于例8.5求解反射波和透射波电场表达式的示意图

8.6 介质板波导

在8.5节中,学习了电磁波从介电常数为ϵ_1的电介质斜入射到另一种介电常数为ϵ_2的电介质中,且$\epsilon_2<\epsilon_1$,当入射角θ_i大于临界角θ_c的情况下发生全反射,θ_c由下式确定:

$$\theta_c=\arcsin\sqrt{\frac{\epsilon_2}{\epsilon_1}} \tag{8.82}$$

其中假设各处$\mu=\mu_0$。在本节中,将讨论构成薄膜波导基础的介质板波导,这种介质板波导在集成光学中被广泛应用。

介质板波导由一块介电常数为ϵ_1的介质板夹在介电常数小于ϵ_1的两层介质板中间构成。为简单起见,可以考虑对称波导,即ϵ_1介质板两边介质的介电常数相等,并且等于ϵ_2,如图8.22所示。然后电磁波以$\theta_i>\theta_c$入射到介质板,其中θ_c由式(8.82)给出,这样在介质板内有可能得到导波的传播,如图8.22所示。如果介质板的厚度d和电磁波的频率给定,那么只有在θ_i的值为离散的情况下,导行才能够发生。换句话说,仅仅满足全反射的条件是不能确保给定频率的电磁波的导行的。

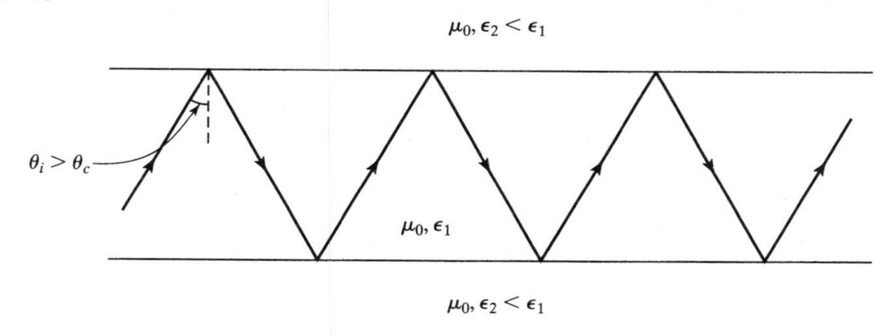

图8.22 介质板波导中的全反射

θ_i允许的值取决于自身一致性条件,这可以利用图8.23的结构来解释。如果点A在指定为1的等相面上,接着等相面通过点B移到位置1′,在界面$x=d/2$处发生发射,产生指定为2的等相面,然后经过点C移向位置2′,在界面$x=-d/2$处发生发射,产生指定为3的等相面,最终经过点A移向位置3′。这样可以看到经历的整个相移必须等于2π的整数倍。如果λ_0是自由空间与电磁波的频率相对应的波长,则自身一致性条件可以表示为

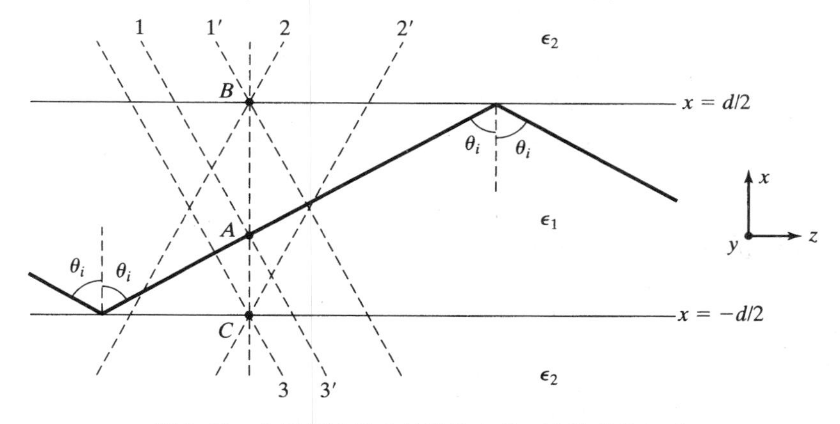

图8.23 介质板波导中导波的自身一致性条件解释

$$\frac{2\pi\sqrt{\epsilon_{r1}}}{\lambda_0}(AB\cos\theta_i) + \underline{/\bar{\Gamma}_B} + \frac{2\pi\sqrt{\epsilon_{r1}}}{\lambda_0}(BC\cos\theta_i) + \underline{/\bar{\Gamma}_A} + \frac{2\pi\sqrt{\epsilon_{r1}}}{\lambda_0}(CA\cos\theta_i) = 2m\pi \qquad m = 0, 1, 2, \cdots \tag{8.83}$$

式中，$\bar{\Gamma}_A$ 和 $\bar{\Gamma}_B$ 分别为在分界面 $x = -d/2$ 和 $x = d/2$ 的反射系数，并且 $\epsilon_{r1} = \epsilon_1/\epsilon_0$。回顾在全反射的条件下，反射系数[参见式(8.70a)和式(8.75a)]为复数且它们的幅值为1。对于对称波导，$\bar{\Gamma}_A = \bar{\Gamma}_B$。这样，用 $\bar{\Gamma}$ 代替 $\bar{\Gamma}_A$ 和 $\bar{\Gamma}_B$，用 $2d$ 代替 $(AB + BC + CA)$，式(8.83)可写为

$$\frac{4\pi d\sqrt{\epsilon_{r1}}}{\lambda_0}\cos\theta_i + 2\underline{/\bar{\Gamma}} = 2m\pi \qquad m = 0, 1, 2, \cdots$$

或

$$\frac{2\pi d\sqrt{\epsilon_{r1}}}{\lambda_0}\cos\theta_i + \underline{/\bar{\Gamma}} = m\pi \qquad m = 0, 1, 2, \cdots \tag{8.84}$$

为了进一步讨论，需要像8.5节定义的那样，区分垂直极化和水平极化，因为两种情况下的反射系数不同。这里仅仅考虑垂直极化的情况，垂直极化的情况与TE模相符合，因为电场没有纵向或者 z 向分量。因此，将下式

$$\cos\theta_1 = \cos\theta_i$$

和

$$\begin{aligned}\cos\theta_2 &= \sqrt{1 - \sin^2\theta_2} \\ &= \mathrm{j}\sqrt{\sin^2\theta_2 - 1} \\ &= \mathrm{j}\sqrt{\frac{\epsilon_1}{\epsilon_2}\sin^2\theta_i - 1}\end{aligned}$$

代入式(8.70a)，有

$$\bar{\Gamma}_\perp = \frac{\eta_2\cos\theta_i - \mathrm{j}\eta_1\sqrt{(\epsilon_1/\epsilon_2)\sin^2\theta_i - 1}}{\eta_2\cos\theta_i + \mathrm{j}\eta_1\sqrt{(\epsilon_1/\epsilon_2)\sin^2\theta_i - 1}} \tag{8.85}$$

因此

$$\begin{aligned}\underline{/\bar{\Gamma}_\perp} &= -2\arctan\frac{\eta_1\sqrt{(\epsilon_1/\epsilon_2)\sin^2\theta_i - 1}}{\eta_2\cos\theta_i} \\ &= -2\arctan\frac{\sqrt{\sin^2\theta_i - (\epsilon_2/\epsilon_1)}}{\cos\theta_i}\end{aligned} \tag{8.86}$$

将式(8.86)代入式(8.84)，可以得到

$$\frac{2\pi d\sqrt{\epsilon_{r1}}}{\lambda_0}\cos\theta_i - 2\arctan\frac{\sqrt{\sin^2\theta_i - (\epsilon_2/\epsilon_1)}}{\cos\theta_i} = m\pi \qquad m = 0, 1, 2, \cdots$$

或

$$\tan\left(\frac{\pi d\sqrt{\epsilon_{r1}}}{\lambda_0}\cos\theta_i - \frac{m\pi}{2}\right) = \frac{\sqrt{\sin^2\theta_i - (\epsilon_2/\epsilon_1)}}{\cos\theta_i} \qquad m = 0, 1, 2, \cdots$$

或

$$\tan[f(\theta_i)] = \begin{cases} g(\theta_i) & m = 0, 2, 4, \cdots \\ -\dfrac{1}{g(\theta_i)} & m = 1, 3, 5, \cdots \end{cases} \tag{8.87}$$

式中，

$$f(\theta_i)=\frac{\pi d\sqrt{\epsilon_{r1}}}{\lambda_0}\cos\theta_i \tag{8.88a}$$

$$g(\theta_i)=\frac{\sqrt{\sin^2\theta_i-(\epsilon_2/\epsilon_1)}}{\cos\theta_i} \tag{8.88b}$$

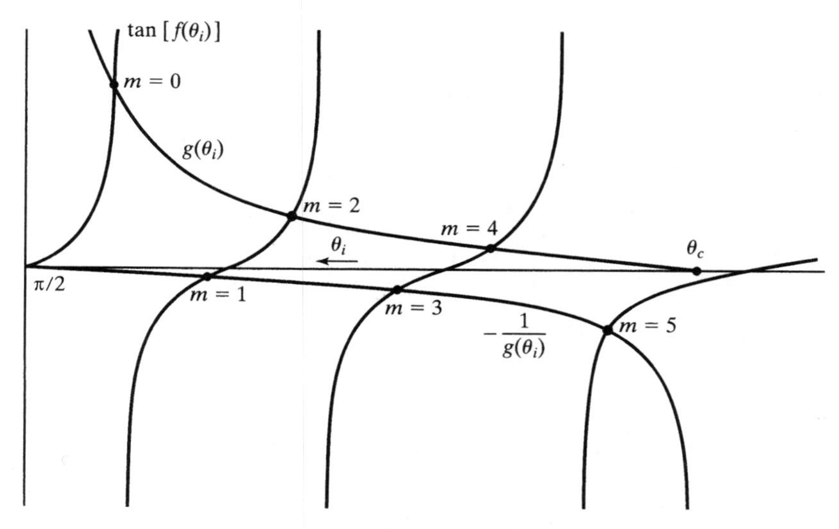

图 8.24　方程式(8.87)的解的图形结构

式(8.87)为介质板中导行 TE 波的特征方程。对于给定的 ϵ_1，ϵ_2，d 和 λ_0，θ_i 的解，可以通过描绘式(8.87)两边与 θ_i 有关的曲线的交点来确定。这种方法的特点如图 8.24 所示。每一个解都与一种模式相对应。从式(8.88a)和图 8.24 中看出，对于一组给定的 ϵ_1 和 ϵ_2，随着 d/λ_0 的比值越来越小，θ_i 的解也越少，因为 $\tan[f(\theta_i)]$的图形在 $\theta_i=\pi/2$ 和 $\theta_i=\theta_c$ 之间的分支数变得越来越少。也可以看出，即使对于任意低的 d/λ_0 值，即大的 λ_0 值或者低频率来说，对于给定的 d 总有一个解。

除了图形解以外，对于特定的 ϵ_{r1}，ϵ_{r2}，d 和 λ_0，也可以利用计算机来求解式(8.87)得到允许的 θ_i 值。在 $\epsilon_{r1}=4$，$\epsilon_{r2}=1$，$d=10$ mm 和 $\lambda_0=5$ mm 的情况下，计算出的 θ_i 值列在表 8.1 中。

表 8.1　介质板波导允许的 θ_i 值

m	θ_i/deg
0	83.427 83
1	76.777 56
2	69.962 63
3	62.878 05
4	55.384 28
5	47.282 83
6	38.302 25

现在回到图 8.24，规定与这些解相关的模式为 TE_m 模，其中 $m=0,1,2,\cdots$，与图中的 m 值相对应。从图 8.24 中注意到对于 TE_m 模，如果 $f(\theta_c)<m\pi/2$，当 $m>1$ 时解不存在。因此，截止条件为

$$\frac{\pi d\sqrt{\epsilon_{r1}}}{\lambda_0}\cos\theta_c < \frac{m\pi}{2}$$

$$\frac{\pi d\sqrt{\epsilon_{r1}}}{\lambda_0}\sqrt{1-\frac{\epsilon_2}{\epsilon_1}} < \frac{m\pi}{2}$$

$$\lambda_0 > \frac{2d\sqrt{\epsilon_{r1}-\epsilon_{r2}}}{m} \tag{8.89}$$

其中已经用到式(8.82)。截止频率为

$$f_c = \frac{c}{\lambda_0} = \frac{mc}{2d\sqrt{\epsilon_{r1}-\epsilon_{r2}}}$$

基模,即 TE_0 模,没有截止频率。因此

$$f_c = \frac{mc}{2d\sqrt{\epsilon_{r1}-\epsilon_{r2}}} \qquad m = 0, 1, 2, \cdots \tag{8.90}$$

例 8.6

如图 8.23 所示的对称介质板波导,令 $\epsilon_1 = 2.56\epsilon_0$,$\epsilon_2 = \epsilon_0$,$d = 10\lambda_0$。求出介质板波导中能够传输的 TE 模的数量。

由式(8.90)有

$$f_c = \frac{mc}{20\lambda_0\sqrt{2.56-1}}$$

$$= \frac{mf}{24.98} \qquad m = 0, 1, 2, \cdots$$

当 $m > 24$,$f_c > f$,模式截止。因此,能够传输的 TE 模的数量为 25,与 $m = 0,1,2,\cdots,24$ 对应。

介质板波导的所有讨论同样也适用于 TM 模,只需要用 $\bar{\Gamma}_{\parallel}$ 代替式(8.84)中的 $\bar{\Gamma}_{\perp}$,就可以推出 TM 模导行波的特征方程。该问题将留在习题 8.32 中进行。最后通过对一种通用形式的光波导——光纤的简单介绍,结束本节的内容。

光纤的命名源于它纤细的外观,典型的光纤由纤芯和包层组成,有圆柱形的横截面,如图 8.25(a)所示。纤芯材料的介电常数要大于包层材料的介电常数,这样在纤芯和包层的分界面上,并且在纤芯内入射的电磁波存在一个临界角,因此电磁波在纤芯内可以发生全反射。这种现象可以从穿过轴线的纵向横截面观察到,如图 8.25(b)所示,可将此处的光纤与图 8.22 所示的介质板波导进行比较。虽然包层对纤芯内波的导行不是必须的,因为纤芯材料的介电常数大于自由空间的介电常数,但包层具有两方面的作用:(a)借助光纤的结构,避免了散射和电磁场的失真。因为电磁场在纤芯外呈指数衰减,因此在包层外是可以忽略的。(b)与没有包层的情况相比,可以允许在更大半径的纤芯内进行单模传输。

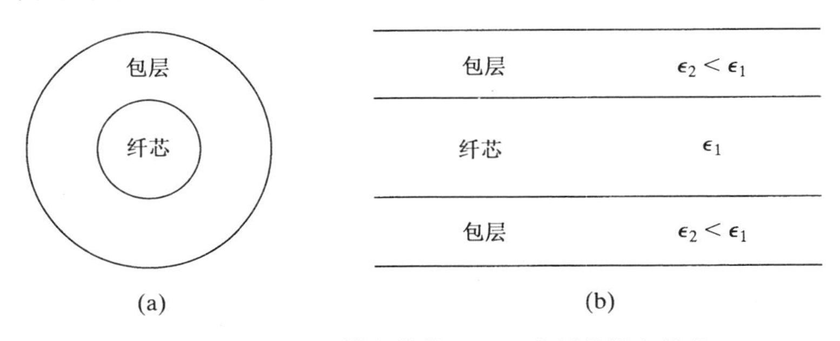

图 8.25 (a)光纤的横向横截面;(b)光纤的纵向横截面

小结

在本章中，学习了波导原理。为了介绍导波现象，首先学习了如何写出坐标轴中沿任意方向传播的均匀平面波的电场和磁场表达式。这些表达式可以表示成

$$\mathbf{E} = \mathbf{E}_0 \cos(\omega t - \boldsymbol{\beta} \cdot \mathbf{r} + \phi_0)$$
$$\mathbf{H} = \mathbf{H}_0 \cos(\omega t - \boldsymbol{\beta} \cdot \mathbf{r} + \phi_0)$$

式中，$\boldsymbol{\beta}$ 和 $\mathbf{r}$ 为传播矢量和位置矢量，分别表示为

$$\boldsymbol{\beta} = \beta_x \mathbf{a}_x + \beta_y \mathbf{a}_y + \beta_z \mathbf{a}_z$$
$$\mathbf{r} = x\mathbf{a}_x + y\mathbf{a}_y + z\mathbf{a}_z$$

并且ϕ_0 为电磁波在 $t = 0$ 时刻在原点处的相位。$\boldsymbol{\beta}$ 的大小等于 $\omega\sqrt{\mu\epsilon}$，为沿电磁波的传播方向的相位常数。$\boldsymbol{\beta}$ 的方向为电磁波的传播方向。我们知道

$$\mathbf{E}_0 \cdot \boldsymbol{\beta} = 0$$
$$\mathbf{H}_0 \cdot \boldsymbol{\beta} = 0$$
$$\mathbf{E}_0 \cdot \mathbf{H}_0 = 0$$

即 $\mathbf{E}_0$，$\mathbf{H}_0$ 和 $\boldsymbol{\beta}$ 相互正交，并且

$$\frac{|\mathbf{E}_0|}{|\mathbf{H}_0|} = \eta = \sqrt{\frac{\mu}{\epsilon}}$$

同样，由于 $\mathbf{E} \times \mathbf{H}$ 的方向应该沿着传播矢量 $\boldsymbol{\beta}$ 的方向，那么有下式成立：

$$\mathbf{H} = \frac{1}{\omega\mu} \boldsymbol{\beta} \times \mathbf{E}$$

β_x，β_y 和 β_z 分别为沿 x，y 和 z 轴的相位常数。沿着三个坐标轴的视在波长和视在相速分别为

$$\lambda_i = \frac{2\pi}{\beta_i} \qquad i = x, y, z$$
$$v_{pi} = \frac{\omega}{\beta_i} \qquad i = x, y, z$$

通过讨论两个沿不同方向传播的均匀平面波的叠加，并且在恰当的平面放置两块理想导体，使得电场满足切向分量为零的边界条件，介绍了平行平板波导。合成波是横电波或者 TE 波，因为电场完全垂直于平均能流，即波导轴向，但是磁场则不满足。根据均匀平面波传播理论，这种现象为均匀平面波沿着波导在两种导体之间的斜入射。如果两个波导导体有固定间距 a，则不同频率的电磁波发生斜入射的角度不同，如果间距 a 等于平板法向半个视在波长的整数 m 倍，那么电场在平板的法向就有 m 个半正弦变化。这些与 $\mathrm{TE}_{m,0}$模对应，其中下标 0 表示在平行于平板的方向和垂直于波导轴的方向上没有电场分量。当工作频率使得间距 a 等于 m 倍的半波长时，电磁波垂直于平板来回反射，没有沿波导轴向的导行，这样就产生了截止条件。因此，$\mathrm{TE}_{m,0}$模的截止波长为

$$\lambda_c = \frac{2a}{m}$$

截止频率为

$$f_c = \frac{v_p}{\lambda_c} = \frac{m}{2a\sqrt{\mu\epsilon}}$$

在 $\lambda < \lambda_c$ 或者 $f > f_c$ 时，一个给定频率的信号可以传输所有模式。对于频率的传播范围，沿波导轴向的波长即波导波长，以及沿着波导轴向的相速分别为

$$\lambda_g = \frac{\lambda}{\sqrt{1-(\lambda/\lambda_c)^2}} = \frac{\lambda}{\sqrt{1-(f_c/f)^2}}$$

$$v_{pz} = \frac{v_p}{\sqrt{1-(\lambda/\lambda_c)^2}} = \frac{v_p}{\sqrt{1-(f_c/f)^2}}$$

色散现象是由于沿着波导轴向的相速与频率有关而产生的，并且也介绍了群速的概念。群速为窄带调制信号在色散信道上传播时包络运动的速度，因此群速为信息传输的速度。可以表示为

$$v_g = \frac{d\omega}{d\beta_z} = v_p\sqrt{1-\left(\frac{f_c}{f}\right)^2}$$

式中，β_z 为沿着波导轴向的相位常数。

将平行平板波导扩展到矩形波导，矩形波导是横截面为矩形的金属管。通过考虑横截面的尺寸为 a 和 b 的矩形波导，讨论了横向电场或 TE 模以及横向磁场或 TM 模，并且知道 $TE_{m,n}$ 模中的 m 或 n 可以为零，但是 $TM_{m,n}$ 模中 m 和 n 都不能为零，这里 m 和 n 分别为沿着尺寸 a 和 b 方向场的半正弦变化的个数。$TE_{m,n}$ 模和 $TM_{m,n}$ 模的截止波长为

$$\lambda_c = \frac{1}{\sqrt{(m/2a)^2 + (n/2b)^2}}$$

有最大截止波长或最小截止频率的模式为主模，$TE_{1,0}$ 模就是主模。波导通常设计成仅仅传输主模的单模传输。

通过在矩形波导相距半个波导波长整数倍的横截面上放置两个理想导体，介绍了矩形谐振腔，它是低频电路理论中集中参数谐振电路的微波对应物。如果矩形谐振腔的尺寸分别为 a，b 和 d，则 $TE_{m,n,l}$ 和 $TM_{m,n,l}$ 模对应的谐振频率为

$$f_{osc} = \frac{1}{\sqrt{\mu\epsilon}}\sqrt{\left(\frac{m}{2a}\right)^2 + \left(\frac{n}{2b}\right)^2 + \left(\frac{l}{2d}\right)^2}$$

式中，l 为沿着尺寸 d 方向的场的半正弦变化的个数。

接下来，又讨论了均匀平面波在两种理想介质边界上的斜入射。得出了**反射定律**和**折射定律**分别为

$$\theta_r = \theta_i$$

$$\theta_t = \arcsin\left(\sqrt{\frac{\mu_1\epsilon_1}{\mu_2\epsilon_2}}\sin\theta_i\right)$$

式中，θ_i，θ_r 和 θ_t 分别为均匀平面波从介质 1（ϵ_1，μ_1）向介质 2（ϵ_2，μ_2）入射的入射角、反射角和透射角。折射定律也称为**斯涅耳（Snell）定律**。然后推出了垂直极化和平行极化情况下反射系数和透射系数的表达式。在假设 $\mu_1 = \mu_2$ 的条件下，这些表达式揭示了以下结果：(1) 如果电磁波从高介电常数的媒质向低介电常数的媒质入射，入射临界角为

$$\theta_c = \arcsin\sqrt{\frac{\epsilon_2}{\epsilon_1}}$$

超出临界角的范围,将会发生全反射;(2)对于平行极化的情况,存在一个入射角,称为**布儒斯特角**,可以表示为:

$$\theta_p = \arctan\sqrt{\frac{\epsilon_2}{\epsilon_1}}$$

此时平行极化波的反射系数为零。

接下来,介绍了介质板波导,介电常数为 ϵ_1 的介质板,被介电常数 $\epsilon_2 < \epsilon_1$ 的两层介质夹在中间。如果电磁波以大于临界角的 θ_i 入射,将会发生全发射,这就有可能在介质板内得到导波的传播。对于给定的频率,与反射波相关满足自身一致性条件的 θ_i 值则对应几个模式。针对 TE 模,推导了计算 θ_i 值的特征方程并且讨论了它们的解。这些模式被指定为 TE_m 模,它们的截止频率为

$$f_c = \frac{mc}{2d\sqrt{\epsilon_{r1} - \epsilon_{r2}}} \qquad m = 0, 1, 2, \cdots$$

式中,d 为介质板的厚度。基模或主模为 TE_0 模,没有截止频率。最后介绍了光纤,结束了本章的讨论。

复习思考题

8.1　什么是传播矢量?解释它的大小和方向的意义。

8.2　以任意方向传播的均匀平面波,讨论沿着坐标轴的相位常数为什么小于沿着传播方向的相位常数。

8.3　写出沿任意方向传播的均匀平面波的电场和磁场的表达式,并且列出电场、磁场和传播矢量满足的所有条件。

8.4　什么是视在波长?为什么它们大于沿着传播方向的波长。

8.5　什么是视在相速?为什么它们大于沿着传播方向的相速。

8.6　讨论互成角度传播的两个均匀平面波,如何叠加可以产生一个包含驻波并沿垂直于驻波方向整体移动的合成波?

8.7　什么是横电波?讨论 $TE_{m,0}$ 模术语的起因。

8.8　横磁波有怎样的特征?

8.9　将均匀平面波在平行平板波导中的导行与在平行平面传输线中的导行现象进行比较。

8.10　讨论波导中的截止频率是如何产生的。

8.11　基于截止现象,解释截止波长和两个平行平板波导之间距离的关系。

8.12　截止波长是否和波导中的介质有关?截止频率是否和波导中的介质有关?

8.13　什么是波导波长?

8.14　给出频率与沿着轴向相速有关的物理解释。

8.15　解释色散现象。

8.16　利用具体实例,讨论群速的概念。

8.17　什么是色散图?解释从色散图中如何确定相速和群速。

8.18　什么时候把群速归因于多个频率组成的信号是有意义的?为什么?

8.19　讨论窄带幅度调制信号在色散信道中的传输。

8.20 讨论矩形波导中与传输模式有关的术语。

8.21 基于截止现象,解释截止波长和矩形波导尺寸之间的关系。

8.22 为什么不存在沿着矩形波导的一个边没有场分量的横磁模?

8.23 什么是主模?为什么波导设计为只允许主模传输?

8.24 为什么矩形波导的窄边尺寸 b 一般选择为小于或等于宽边尺寸 a 的一半?

8.25 什么是谐振腔?

8.26 矩形谐振腔的尺寸如何决定谐振腔的谐振频率?

8.27 讨论入射波、反射波和透射波在两种介质边界需要满足的条件。

8.28 什么是折射定律?

8.29 入射面的含义是什么?针对电介质分界面的斜入射,区分与反射系数和透射系数推导有关的两种不同的线极化。

8.30 简述在电介质分界面上斜入射波的菲涅耳反射系数和透射系数的定义。

8.31 什么是全反射?讨论反射系数的本质,以及入射角大于发生全反射的临界角满足边界条件的方式。

8.32 什么是布儒斯特角?椭圆极化波以布儒斯特角在介质界面上入射,反射波是什么极化?讨论布儒斯特角效应的应用。

8.33 通过讨论介质板波导,讨论光波导的原理。

8.34 解释介质板波导导行的自身一致性条件。

8.35 讨论介质板波导中传输模式的个数和介质板厚度 d 与波长 λ_0 的比值的关系。

8.36 针对介质板波导中的 TE 模式,详细说明主模并且讨论相关的截止条件。

8.37 比较金属波导和光波导上的截止现象。

8.38 简要介绍光纤。

习题

8.1 假设 x 轴和 y 轴分别指向东和指向北,计算在自由空间中传播,频率为 15 MHz 的均匀平面波在东以北 30°传播矢量的表达式。

8.2 均匀平面波在理想介质中传播,$\epsilon=4.5\epsilon_0$ 和 $\mu=\mu_0$,传播矢量为

$$\boldsymbol{\beta}=2\pi(3\mathbf{a}_x+4\mathbf{a}_y+5\mathbf{a}_z)$$

求:(a)沿着坐标轴的视在波长和(b)沿着坐标轴的相速。

8.3 均匀平面波在自由空间中传播,沿着 x 轴和 y 轴的视在相速分别为 $6\sqrt{2}\times10^8$ m/s 和 $2\sqrt{3}\times10^8$ m/s,确定电磁波的传播方向。

8.4 均匀平面波在理想介质 $\epsilon=9\epsilon_0$ 和 $\mu=\mu_0$ 中传播,电场矢量为

$$\mathbf{E}=10(-\mathbf{a}_x-2\sqrt{3}\mathbf{a}_y+\sqrt{3}\mathbf{a}_z)\cos[16\pi\times10^6t-0.04\pi(\sqrt{3}x-2y-3z)]$$

求:(a)频率,(b)传播方向,(c)沿传播方向的波长,(d)沿 x 轴、y 轴和 z 轴的视在波长和(e)沿 x 轴、y 轴和 z 轴的视在相速。

8.5 已知

$$\mathbf{E}=10\mathbf{a}_x\cos[6\pi\times10^7t-0.1\pi(y+\sqrt{3}z)]$$

(a)确定给定的 $\mathbf{E}$ 是否表示均匀平面波在自由空间传播的电场。(b)如果(a)的答案为"是",求出对应的磁场矢量 $\mathbf{H}$。

8.6　已知

$$\mathbf{E}=(\mathbf{a}_x-2\mathbf{a}_y-\sqrt{3}\mathbf{a}_z)\cos[15\pi\times10^6t-0.05\pi(\sqrt{3}x+z)]$$

$$\mathbf{H}=\frac{1}{60\pi}(\mathbf{a}_x+2\mathbf{a}_y-\sqrt{3}\mathbf{a}_z)\cos[15\pi\times10^6t-0.05\pi(\sqrt{3}x+z)]$$

(a)验证这些场是否表示一个均匀平面波在理想介质中的传播。(b)求出该媒质的介电常数和磁导率。

8.7　两个幅度相同 25 MHz 的均匀平面波在自由空间传播,它们的电场沿着 y 方向,波的传播方向分别沿着 $\mathbf{a}_z$ 方向和$\frac{1}{2}(\sqrt{3}\mathbf{a}_x+\mathbf{a}_z)$。(a)求出合成波的传播方向。(b)求出合成波沿传播方向的波长和垂直于传播方向的波长。

8.8　证明$\langle\sin^2(\omega t-\beta z\sin\theta)\rangle$和$\langle\sin^2(\omega t-\beta z\sin\theta)\rangle$分别等于 1/2 和 0。

8.9　一个平行平板波导的板间介质 $\epsilon=9\epsilon_0$,$\mu=\mu_0$,6000 MHz 高出具有最小截止频率的主模截止频率的 20%。计算平行平板波导的间距 a。

8.10　平行平板波导的间距 a 为 4 cm,其中板间电介质 $\epsilon=4\epsilon_0$,$\mu=\mu_0$。对频率为 6000 MHz 电磁波,确定 $\text{TE}_{m,0}$的传输模式,并求出每种模式的 f_c,θ 和 λ_g。

8.11　平行平板波导的间距 a 为 5 cm,两板之间的电介质为自由空间。振荡器的基频为 1800 MHz,并且富含谐波,如果用该振荡器激励波导,求出只能传输 $\text{TE}_{1,0}$模的所有频率。

8.12　两个均匀平面波叠加形成的合成波的电场和磁场分别表示如下:

$$\mathbf{E}=E_{x0}\cos\beta_x x\cos(\omega t-\beta_z z)\mathbf{a}_x+E_{z0}\sin\beta_x x\sin(\omega t-\beta_z z)\mathbf{a}_z$$
$$\mathbf{H}=H_{y0}\cos\beta_x x\cos(\omega t-\beta_z z)\mathbf{a}_y$$

(a)求出坡印亭矢量的时间平均值。(b)讨论合成波的特性。

8.13　空气介质平行板波导的间距 a 为 5 cm,通过在波导端口建立下面的电场分布:

$$\mathbf{E}=10(\sin 20\pi x+0.5\sin 60\pi x)\sin 10^{10}\pi t\mathbf{a}_y$$

在波导中激励出横电场模式,试确定传输模式,并求出传播电磁波的电场表达式。

8.14　对于图 8.8 中的两列火车,如果火车 B 的速度分别为(a)36 m/s 和(b)40 m/s,而不是 30 m/s,求群速,并利用图形讨论结果。

8.15　间距 a 为 2.5 cm 的平行平板波导中填充 $\epsilon=9\epsilon_0$ 和 $\mu=\mu_0$ 的理想介质,波导中传播两个频率为 2400 MHz 和 2500 MHz 的电磁波,计算群速。

8.16　窄带调制信号的载频为 5000 MHz,在间距 a 为 5 cm 的空气平行板波导中传播。求出调制包络传播的速度。

8.17　ω-β_z 的关系为

$$\omega=\omega_0+k\beta_z^2$$

其中 ω_0 和 k 为正常数,求:(a)$\omega=1.5\omega_0$,(b)$\omega=2\omega_0$ 和(c)$\omega=3\omega_0$ 三种情况下的相速和群速。

8.18　针对平行板波导,证明斜反射波等相面上的一点,沿着斜反射波方向以相速传播,沿着与波导轴平行的方向以群速传播。

8.19　对于一个空气电介质矩形波导,尺寸 $a=3$ cm 和 $b=1.5$ cm,求出 $f=12\ 000$ MHz 时的所有传输模式。

8.20　对于尺寸 $a=5$ cm 和 $b=5/3$ cm 的介质矩形波导,电介质 $\epsilon=9\epsilon_0$,$\mu=\mu_0$,求出 $f=2500$ MHz 时的所有传输模式。

8.21 对于工作频率$f=3000$ MHz,确定空气电介质矩形波导尺寸 a 和 b,要求 $TE_{1,0}$模传输有30%安全系数($f=1.30f_c$),并且频率低于相邻高次模截止频率的30%。

8.22 对于 $a=2.5$ cm,$b=2$ cm 和 $d=5$ cm 的空气电介质矩形谐振腔,求出最低的5个谐振频率,并确定每个频率的模式。

8.23 $a=b=d=2$ cm 的矩形谐振腔,填充介质 $\epsilon=9\epsilon_0$,$\mu=\mu_0$,求出最低的3个谐振频率,并确定每个频率的模式。

8.24 在图8.16中,如果 $\epsilon_1=4\epsilon_0$,$\epsilon_2=9\epsilon_0$,$\mu_1=\mu_2=\mu_0$。(a)$\theta_t=30°$,求出 θ_t。(b)如果 $\theta_t=90°$,判断是否存在入射临界角。

8.25 在图8.16中,如果 $\epsilon_1=4\epsilon_0$,$\epsilon_2=2.25\epsilon_0$,$\mu_1=\mu_2=\mu_0$。(a)$\theta_t=30°$,求出 θ_t。(b)如果 $\theta_t=90°$,求出临界入射角 θ_c 的值。

8.26 在例8.5中,假设

$$E_i=E_0(\mathbf{a}_x-\mathbf{a}_z)\cos[6\pi\times10^8t-\sqrt{2}\pi(x+z)]$$

并且入射角为45°。求出反射波和入射波的电场表达式。

8.27 重复习题8.26的计算,如果

$$\mathbf{E}_i=E_0\mathbf{a}_y\cos[6\pi\times10^8t-\sqrt{2}\pi(x+z)]$$

8.28 在例8.5中,假设媒质2的介电常数 ϵ_2 未知,有下式存在:

$$\mathbf{E}_i=E_0\left(\frac{\sqrt{3}}{2}\mathbf{a}_x-\frac{1}{2}\mathbf{a}_z\right)\cos[6\pi\times10^9t-10\pi(x+\sqrt{3}z)]+$$

$$E_0\mathbf{a}_y\sin[6\pi\times10^9t-10\pi(x+\sqrt{3}z)]$$

(a)如果反射波为线性极化波,求出 ϵ_2 值。

(b)利用(a)中求出的 ϵ_2,求出反射波和透射波的电场表达式。

8.29 集成光学中的薄膜波导包含一个基底,其上覆镀薄膜的折射率(c/v_p)大于基底的折射率。薄膜上方的电介质为空气,基底和薄膜的相对介电常数分别等于2.25和2.4。求出薄膜中全反射波的最小反射角,假设基底和薄膜介质的$\mu=\mu_0$。

8.30 对于对称电介质板波导,$\epsilon_1=2.25\epsilon_0$,$\epsilon_2=\epsilon_0$。(a)已知 $d/\lambda_0=10$,求出可传输的TE模的个数。(b)如果波导仅仅传输一个TE模,求出最大的 d/λ_0 值。

8.31 设计一个对称介质板波导,其中 $\epsilon_{r1}=2.25$ 和 $\epsilon_{r2}=2.13$,确定 d/λ_0 的值,要求 TE_1 模工作在高于其截止频率的20%。

8.32 在平行极化情况下,与TM模对应,推导对称介质板波导中导行波的特征方程。在图8.18中,$H_r/H_i=E_r/E_i=-\Gamma_{\parallel}$,其中 $\Gamma_{\parallel}$ 由式(8.75a)给出,证明特征方程由下式确定:

$$\tan[f(\theta_i)]=\begin{cases} g(\theta_i) & m=0,2,4,\cdots \\ -\dfrac{1}{g(\theta_i)} & m=1,3,5,\cdots \end{cases}$$

式中,

$$f(\theta_i)=\frac{\pi d\sqrt{\epsilon_{r1}}}{\lambda_0}\cos\theta_i$$

$$g(\theta_i)=\frac{\sqrt{\sin^2\theta_i-(\epsilon_2/\epsilon_1)}}{(\epsilon_2/\epsilon_1)\cos\theta_i}$$

第9章 天线基础

在前面的章节中,学习了电磁波的传播和传输。除了这些内容,其余与电磁波现象有关的重要内容还有电磁波的辐射。事实上,第4章中在推导电流密度时间上简谐变化、空间上均匀分布的无限大面电流产生的电磁场时,已经涉及了电磁波辐射的原理。无限大的面电流会产生均匀的平面波,从电流面向其两侧**辐射**出去。那时已经指出,无限大面电流是一个理想化的、假想的源。根据至今在工程电磁学基础的学习中掌握的经验,现在要学习实际的天线辐射原理,这就是本章的目标。

本章首先推导电流元天线的电磁场,电流元天线称为**赫兹振子**。学习完赫兹振子的辐射特性之后,将考虑一个半波振子的例子来演示叠加原理的应用,将任意的线天线表示成一系列赫兹振子的叠加。还将讨论实际的天线阵列的原理和镜像天线的原理。最后,简单讨论天线的接收特性,并学习接收特性与辐射特性的互易性。

9.1 赫兹振子

赫兹振子是由载有交变电流 $I(t)$ 的一段长度无限小的导线构成的基本天线,如图9.1所示。为了维持导线内的电流,在导线的两端放置两个点电荷 $Q_1(t)$ 和 $Q_2(t)$,从而满足电荷守恒定律。因此,如果

$$I(t) = I_0 \cos \omega t \tag{9.1}$$

则有

$$\frac{\mathrm{d}Q_1}{\mathrm{d}t} = I(t) = I_0 \cos \omega t \tag{9.2a}$$

$$\frac{\mathrm{d}Q_2}{\mathrm{d}t} = -I(t) = -I_0 \cos \omega t \tag{9.2b}$$

和

$$Q_1(t) = \frac{I_0}{\omega} \sin \omega t \tag{9.3a}$$

$$Q_2(t) = -\frac{I_0}{\omega} \sin \omega t = -Q_1(t) \tag{9.3b}$$

由式(9.1)、式(9.3a)和式(9.3b) 分别给出 I, Q_1 和 Q_2 随时间的变化情况。在图9.2中使用曲线和赫兹振子一系列的状态描述了一个完整周期的变化情况。振子箭头的不同大小表示电流的不同强度,而+和-的数目则表示电荷的多少。

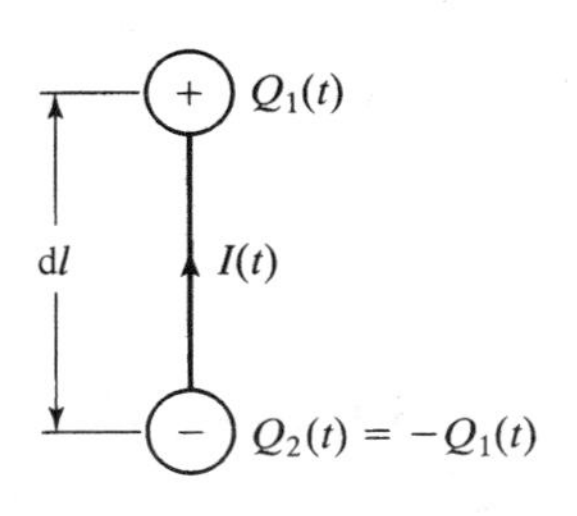

图9.1 赫兹振子

为了获得赫兹振子的电磁场,基于前几章获得的知识,采用如下的一种基于直觉的方法:从第1章学习的应用中已经得到了点电荷产生的电场和电流元产生的磁场的表达式,将其同赫兹振子联系起

来,可以认为赫兹振子的场遵循电荷和电流同样的时间变化。然而,之前场的表达式并没有考虑时变的电场和磁场会产生波的传播的实际情况。因此,要根据波的传播的知识将之前的表达式进行扩展,然后检验得到的结果是否满足麦克斯韦方程组。如果不满足麦克斯韦方程组,则必须对表达式进行修改,使得它们满足麦克斯韦方程组,并且在波的传播效应很小的区域,即和赫兹振子相距的距离和波长相比很小的地方,这些场的表达式可以简化为之前推导的形式。

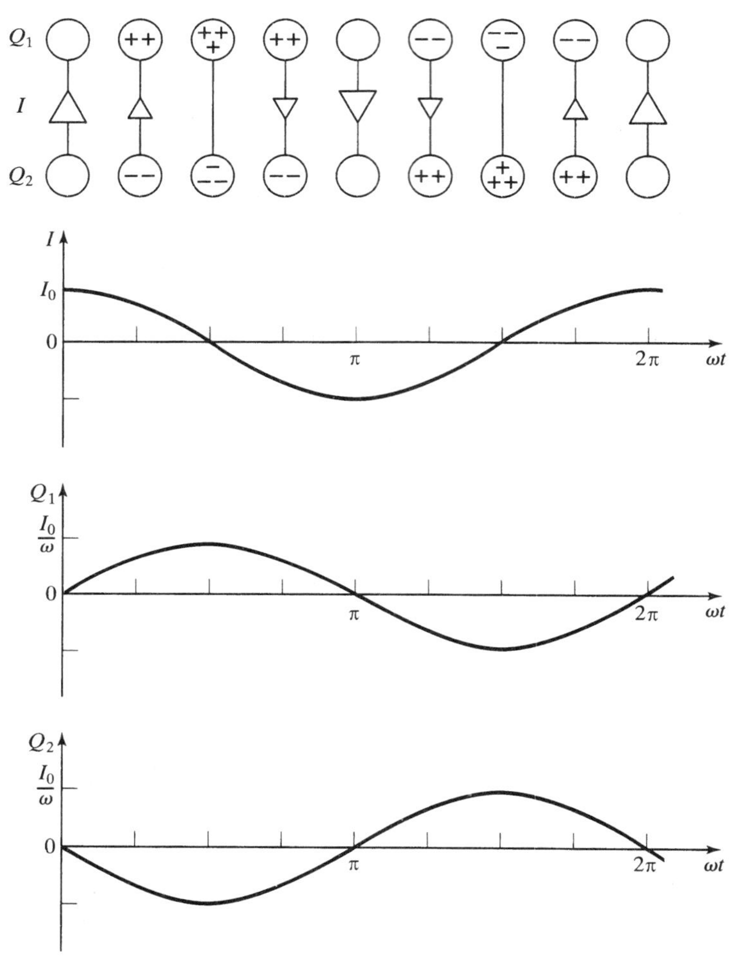

图 9.2 赫兹振子的电荷和电流随时间的变化情况

按照上面提出的方法,将振子放在坐标原点,电流的方向沿 z 轴,如图 9.3 所示。首先应用 1.5 节和 1.6 节中学习的简单定律来推导场的表达式。根据实际问题的对称性,采用球坐标系更简单一些。如果读者对球坐标系不是很熟悉的话,建议先阅读附录 A 的内容。这里简要复习一下。球坐标中的一个点由球心在原点的球面、以原点为顶点、以 z 轴为对称轴的圆锥面和一个包含 z 轴的平面相交的点定义。因此,球坐标系中的一个点,如 P 点,其坐标为 r——从原点到 P 点的径向距离,θ——从原点到 P 点径向的直线和 z 轴之间的夹角,ϕ——P 点在 xy 平面的投影与原点之间的连线与正 x 轴之间的夹角,如图 9.3 所示。在 P 点处的一个矢量可以使用该点处的分别指向 r,θ 和ϕ方向的 $\mathbf{a}_r$,$\mathbf{a}_\theta$ 和 $\mathbf{a}_\phi$这三个单位矢量来表示。需要注意的是,这三个单位矢量不像笛卡儿坐标系中的单位矢量 $\mathbf{a}_x$,$\mathbf{a}_y$ 和 $\mathbf{a}_z$ 那样是常矢量。

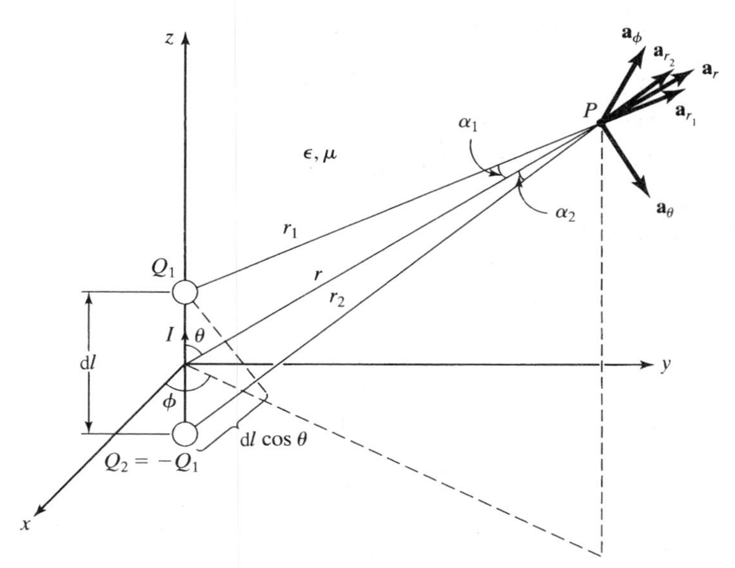

图 9.3 确定赫兹振子的电磁场

现在利用点电荷产生的电场的表达式——式(1.52),可以写出如图 9.3 中放置的两个点电荷 Q_1 和 $-Q_1$ 在 P 点处产生的电场为

$$\mathbf{E} = \frac{Q_1}{4\pi\epsilon r_1^2}\mathbf{a}_{r_1} - \frac{Q_1}{4\pi\epsilon r_2^2}\mathbf{a}_{r_2} \tag{9.4}$$

式中,r_1 和 r_2 分别是 Q_1 和 $Q_2(=-Q_1)$ 到 P 点的距离;$\mathbf{a}_{r1}$ 和 $\mathbf{a}_{r2}$ 分别是由 Q_1 和 Q_2 指向 P 点的单位矢量,如图 9.3 所示。注意到

$$\mathbf{a}_{r_1} = \cos\alpha_1\,\mathbf{a}_r + \sin\alpha_1\,\mathbf{a}_\theta \tag{9.5a}$$

$$\mathbf{a}_{r_2} = \cos\alpha_2\,\mathbf{a}_r - \sin\alpha_2\,\mathbf{a}_\theta \tag{9.5b}$$

可以得到 P 点处的电场的 r 和 θ 方向的分量为

$$E_r = \frac{Q_1}{4\pi\epsilon}\left(\frac{\cos\alpha_1}{r_1^2} - \frac{\cos\alpha_2}{r_2^2}\right) \tag{9.6a}$$

$$E_\theta = \frac{Q_1}{4\pi\epsilon}\left(\frac{\sin\alpha_1}{r_1^2} + \frac{\sin\alpha_2}{r_2^2}\right) \tag{9.6b}$$

对于电流元的长度 dl 的无限小量,即 d$l \ll r$,有

$$\begin{aligned}\left(\frac{\cos\alpha_1}{r_1^2} - \frac{\cos\alpha_2}{r_2^2}\right) &\approx \frac{1}{r_1^2} - \frac{1}{r_2^2} \\ &= \frac{(r_2 - r_1)(r_2 + r_1)}{r_1^2 r_2^2} \approx \frac{(\mathrm{d}l\cos\theta)\,2r}{r^4} \\ &= \frac{2\,\mathrm{d}l\cos\theta}{r^3}\end{aligned} \tag{9.7a}$$

和

$$\left(\frac{\sin\alpha_1}{r_1^2} + \frac{\sin\alpha_2}{r_2^2}\right) \approx \frac{2\sin\alpha_1}{r^2} \approx \frac{\mathrm{d}l\sin\theta}{r^3} \tag{9.7b}$$

这里对于 $dl \ll r$ 做了 $(r_2 - r_1) \approx dl\cos\theta$ 和 $\sin\alpha_1 \approx [(dl/2)\sin\theta]/r$ 的近似。这些表达式在 $dl \to 0$ 的极限下是精确的。分别将式(9.7a)和式(9.7b)代入到式(9.6a)和式(9.6b)中,可以得到两个点电荷在 P 点处产生的电场为

$$\mathbf{E} = \frac{Q_1\, dl}{4\pi\epsilon r^3}(2\cos\theta\, \mathbf{a}_r + \sin\theta\, \mathbf{a}_\theta) \tag{9.8}$$

注意 $Q_1 dl$ 是赫兹振子的电偶极矩。

使用式(1.68)给出的毕奥-萨伐尔定律定律,可以写出图 9.3 中的无限小的电流元在 P 点处产生的磁场为

$$\mathbf{H} = \frac{\mathbf{B}}{\mu} = \frac{I\, dl\, \mathbf{a}_z \times \mathbf{a}_r}{4\pi r^2}$$

$$= \frac{I\, dl \sin\theta}{4\pi r^2}\mathbf{a}_\phi \tag{9.9}$$

将式(9.8)和式(9.9)分别给出的 **E** 和 **H** 的表达式进行扩展,注意到当电荷和电流随时间变化时,场也随时间变化,会形成波的传播。因此,空间中的场点不是同步感应到源量的时变效应,而是要有时间上的一个滞后。时间的滞后等于波从源点传播到场点所用的时间,即 r/v_p 或 $\beta r/\omega$,这里 $v_p(=1/\sqrt{\mu\epsilon})$ 和 $\beta(=\omega\sqrt{\mu\epsilon})$ 是相速度和相位常数。因此,对于

$$Q_1 = \frac{I_0}{\omega}\sin\omega t \tag{9.10}$$

$$I = I_0 \cos\omega t \tag{9.11}$$

可以凭直觉认为点 P 处的场为

$$\mathbf{E} = \frac{[(I_0/\omega)\sin\omega(t - \beta r/\omega)]\, dl}{4\pi\epsilon r^3}(2\cos\theta\, \mathbf{a}_r + \sin\theta\, \mathbf{a}_\theta)$$

$$= \frac{I_0\, dl \sin(\omega t - \beta r)}{4\pi\epsilon\omega r^3}(2\cos\theta\, \mathbf{a}_r + \sin\theta\, \mathbf{a}_\theta) \tag{9.12a}$$

$$\mathbf{H} = \frac{[I_0\cos\omega(t - \beta r/\omega)]\, dl}{4\pi r^2}\sin\theta\, \mathbf{a}_\phi$$

$$= \frac{I_0\, dl\cos(\omega t - \beta r)}{4\pi r^2}\sin\theta\, \mathbf{a}_\phi \tag{9.12b}$$

然而对于赫兹振子,场的直觉预期是有问题的。场没有满足麦克斯韦方程组中的旋度方程:

$$\nabla \times \mathbf{E} = -\frac{\partial \mathbf{B}}{\partial t} = -\mu\frac{\partial \mathbf{H}}{\partial t} \tag{9.13a}$$

$$\nabla \times \mathbf{H} = \mathbf{J} + \frac{\partial \mathbf{D}}{\partial t} = \epsilon\frac{\partial \mathbf{E}}{\partial t} \tag{9.13b}$$

(考虑到理想介质,这里令 $\mathbf{J}=0$)。例如,验证 **H** 的旋度方程。首先根据附录 B 得到一个矢量在球坐标系下的旋度展开式为

$$\nabla \times \mathbf{A} = \frac{1}{r\sin\theta}\left[\frac{\partial}{\partial\theta}(A_\phi\sin\theta) - \frac{\partial A_\theta}{\partial\phi}\right]\mathbf{a}_r + \frac{1}{r}\left[\frac{1}{\sin\theta}\frac{\partial A_r}{\partial\phi} - \frac{\partial}{\partial r}(rA_\phi)\right]\mathbf{a}_\theta + \frac{1}{r}\left[\frac{\partial}{\partial r}(rA_\theta) - \frac{\partial A_r}{\partial\theta}\right]\mathbf{a}_\phi \tag{9.14}$$

因此有

$$\begin{aligned}\nabla\times\mathbf{H} &= \frac{1}{r\sin\theta}\frac{\partial}{\partial\theta}\left[\frac{I_0\,\mathrm{d}l\cos(\omega t-\beta r)}{4\pi r^2}\sin^2\theta\right]\mathbf{a}_r - \\ &\quad \frac{1}{r}\frac{\partial}{\partial r}\left[\frac{I_0\,\mathrm{d}l\cos(\omega t-\beta r)}{4\pi r}\sin\theta\right]\mathbf{a}_\theta \\ &= \frac{I_0\,\mathrm{d}l\cos(\omega t-\beta r)}{4\pi r^3}(2\cos\theta\,\mathbf{a}_r+\sin\theta\,\mathbf{a}_\theta) - \\ &\quad \frac{\beta I_0\,\mathrm{d}l\sin(\omega t-\beta r)}{4\pi r^2}\sin\theta\,\mathbf{a}_\theta \\ &= \epsilon\frac{\partial\mathbf{E}}{\partial t} - \frac{\beta I_0\,\mathrm{d}l\sin(\omega t-\beta r)}{4\pi r^2}\sin\theta\,\mathbf{a}_\theta \\ &\neq \epsilon\frac{\partial\mathbf{E}}{\partial t}\end{aligned} \tag{9.15}$$

对于赫兹振子,推导的场的表达式不满足麦克斯韦方程组的原因可以通过4.6节中学习的坡印亭矢量的认识来帮助理解,那时已经知道天线远区的场与场点到天线的距离成反比。之前推导的表达式没有包含距离倒数的相关项,因此表达式是不完整的。完整场的表达式除了包含式(9.12a)和式(9.12b)的各项外,还必须包含 $1/r$ 的项。由于对于 r 很小的情况,$1/r \ll 1/r^2 \ll 1/r^3$,含有 $1/r$ 又含有 $\sin\theta$ 的项填加到式(9.12a)和式(9.12b),能够保证在振子的近场区的场仍然与式(9.12a)和式(9.12b)给出的场基本相同。而对于 r 很大的情况,$1/r \gg 1/r^2 \gg 1/r^3$,$1/r$ 的项是主要的项。

因此,修改式(9.12b)给出的 **H** 的表达式,按照下面的表达式添加包含 $1/r$ 的项:

$$\mathbf{H} = \frac{I_0\,\mathrm{d}l\sin\theta}{4\pi}\left[\frac{\cos(\omega t-\beta r)}{r^2}+\frac{A\cos(\omega t-\beta r+\delta)}{r}\right]\mathbf{a}_\phi \tag{9.16}$$

式中,A 和 δ 是待定的常数。由式(9.13b)给出的 **H** 的麦克斯韦旋度方程组,有

$$\begin{aligned}\epsilon\frac{\partial\mathbf{E}}{\partial t} &= \nabla\times\mathbf{H} = \frac{1}{r\sin\theta}\frac{\partial}{\partial\theta}(H_\phi\sin\theta)\,\mathbf{a}_r - \frac{1}{r}\frac{\partial}{\partial r}(rH_\phi)\,\mathbf{a}_\theta \\ &= \frac{2I_0\,\mathrm{d}l\cos\theta}{4\pi}\left[\frac{\cos(\omega t-\beta r)}{r^3}+\frac{A\cos(\omega t-\beta r+\delta)}{r^2}\right]\mathbf{a}_r + \\ &\quad \frac{I_0\,\mathrm{d}l\sin\theta}{4\pi}\left[\frac{\cos(\omega t-\beta r)}{r^3}-\frac{\beta\sin(\omega t-\beta r)}{r^2}- \right. \\ &\quad \left.\frac{A\beta\sin(\omega t-\beta r+\delta)}{r}\right]\mathbf{a}_\theta\end{aligned} \tag{9.17}$$

$$\begin{aligned}\mathbf{E} &= \frac{2I_0\,\mathrm{d}l\cos\theta}{4\pi\epsilon\omega}\left[\frac{\sin(\omega t-\beta r)}{r^3}+\frac{A\sin(\omega t-\beta r+\delta)}{r^2}\right]\mathbf{a}_r + \\ &\quad \frac{I_0\,\mathrm{d}l\sin\theta}{4\pi\epsilon\omega}\left[\frac{\sin(\omega t-\beta r)}{r^3}+\frac{\beta\cos(\omega t-\beta r)}{r^2}+\right. \\ &\quad \left.\frac{A\beta\cos(\omega t-\beta r+\delta)}{r}\right]\mathbf{a}_\theta\end{aligned} \tag{9.18}$$

根据由式(9.13a)给出的 **E** 的麦克斯韦旋度方程组,有

$$\mu\frac{\partial \mathbf{H}}{\partial t} = -\nabla \times \mathbf{E} = -\frac{1}{r}\left[\frac{\partial}{\partial r}(rE_\theta) - \frac{\partial E_r}{\partial \theta}\right]\mathbf{a}_\phi$$

$$= \frac{I_0 \mathrm{d}l \sin\theta}{4\pi\epsilon\omega}\left[\frac{2\beta\cos(\omega t - \beta r)}{r^3} - \frac{2A\sin(\omega t - \beta r + \delta)}{r^3} - \frac{\beta^2\sin(\omega t - \beta r)}{r^2} - \frac{A\beta^2\sin(\omega t - \beta r + \delta)}{r}\right]\mathbf{a}_\phi \tag{9.19}$$

$$\mathbf{H} = \frac{I_0\,\mathrm{d}l\sin\theta}{4\pi}\left[\frac{2\sin(\omega t - \beta r)}{\beta r^3} + \frac{2A\cos(\omega t - \beta r + \delta)}{\beta^2 r^3} + \frac{\cos(\omega t - \beta r)}{r^2} + \frac{A\cos(\omega t - \beta r + \delta)}{r}\right]\mathbf{a}_\phi \tag{9.20}$$

然而,必须将式(9.20)中包含的 $1/r^3$ 项去掉,因为对于 r 很小的情况,场主要取决于 $1/r^3$ 项,而式(9.12b)要求场在近区场主要取决于 $1/r^2$ 项。式(9.20)也必须和式(9.16)一致,因为是从式(9.16)推导式(9.18),然后得到式(9.20)。因此,应该令

$$\frac{2\sin(\omega t - \beta r)}{\beta r^3} + \frac{2A\cos(\omega t - \beta r + \delta)}{\beta^2 r^3} = 0 \tag{9.21}$$

由式(9.21)可以得到

$$\delta = \frac{\pi}{2} \tag{9.22a}$$

$$A = \beta \tag{9.22b}$$

将式(9.22a)和式(9.22b)代入式(9.18)和式(9.20),可以得到

$$\mathbf{E} = \frac{2I_0\,\mathrm{d}l\cos\theta}{4\pi\epsilon\omega}\left[\frac{\sin(\omega t - \beta r)}{r^3} + \frac{\beta\cos(\omega t - \beta r)}{r^2}\right]\mathbf{a}_r + \frac{I_0\,\mathrm{d}l\sin\theta}{4\pi\epsilon\omega}\left[\frac{\sin(\omega t - \beta r)}{r^3} + \frac{\beta\cos(\omega t - \beta r)}{r^2} - \frac{\beta^2\sin(\omega t - \beta r)}{r}\right]\mathbf{a}_\theta \tag{9.23a}$$

$$\mathbf{H} = \frac{I_0\,\mathrm{d}l\sin\theta}{4\pi}\left[\frac{\cos(\omega t - \beta r)}{r^2} - \frac{\beta\sin(\omega t - \beta r)}{r}\right]\mathbf{a}_\phi \tag{9.23b}$$

E 和 **H** 的两个表达式满足麦克斯韦方程组的两个旋度方程,对 r 很小($\beta r \ll 1$)的情况,分别简化为式(9.12a)和式(9.12b),而对于 r 很大($\beta r >> 1$)的情况,场与 r 成反比。式(9.23a)和式(9.23b)表示了赫兹振子的完整电磁场。

9.2 辐射电阻和方向性系数

在 9.1 节中推导了赫兹振子的完整电磁场的表达式,这些表达式看起来非常复杂。幸运的是,很少用到赫兹振子的完整电磁场的表达式,因为通常只是关心远离振子处的场,远区的场主要由$1/r$ 项决定。然而,为了获得 $1/r$ 项的振幅和相位,必须推导完整场的表达式,$1/r$ 项的振幅和相位与赫兹振子的电流的幅度和相位有关。而且,通过这些练习可以学习怎样基于之前学过的知识通过直觉和推理来解决难题。

从式(9.23a)和式(9.23b)可以得到一个沿 z 轴放置、长度为 $\mathrm{d}l$ 的赫兹振子,载有电流为

$$I = I_0 \cos \omega t \tag{9.24}$$

在距离振子距离为 r 的地方产生的电场和磁场为

$$\begin{aligned}\mathbf{E} &= -\frac{\beta^2 I_0\, \mathrm{d}l \sin\theta}{4\pi\epsilon\omega r}\sin(\omega t - \beta r)\,\mathbf{a}_\theta \\ &= -\frac{\eta\beta I_0\, \mathrm{d}l \sin\theta}{4\pi r}\sin(\omega t - \beta r)\,\mathbf{a}_\theta \end{aligned}\tag{9.25a}$$

$$\mathbf{H} = -\frac{\beta I_0\, \mathrm{d}l \sin\theta}{4\pi r}\sin(\omega t - \beta r)\,\mathbf{a}_\phi \tag{9.25b}$$

这些场称为**辐射场**,因为这些场是对振子时间平均辐射功率有贡献的所有场的分量(参见习题9.6)。再讨论这些场的本质之前,首先搞清楚**远离振子**的含义。为此,考察式(9.23b)给出的完整磁场的表达式,注意到 $1/r^2$ 项和 $1/r$ 项的振幅的比值为 $1/\beta r$。因此对于 $\beta r \gg 1$ 或 $r \gg \lambda/2\pi$, $1/r^2$ 项相对于 $1/r$ 项可以忽略掉。因此,即使是距离振子只有几个波长的区域,场也主要是辐射场。

回到由式(9.25a)和式(9.25b)给出的辐射场的表达式,注意到在任意一个给定的点,(a)电场(E_θ)、磁场(H_ϕ)和传播方向(r)之间都是相互垂直的,(b) E_θ 和 H_ϕ 的比值等于 η,为介质的本征阻抗,这些是均匀平面波的特征。然而,场的相位在 $r=$ 常数的曲面上是一致的,即等相位面为以振子为球心的球面,而场的振幅在 $(\sin\theta)/r=$ 常数的曲面上是一致的。所以,辐射场只是局域的均匀平面波,只在给定的点处与 r 方向垂直的无限小的面元上是均匀平面波。

辐射场的坡印亭矢量为

$$\begin{aligned}\mathbf{P} &= \mathbf{E}\times\mathbf{H} \\ &= E_\theta\mathbf{a}_\theta \times H_\phi\mathbf{a}_\phi = E_\theta H_\phi\,\mathbf{a}_r \\ &= \frac{\eta\beta^2 I_0^2 (\mathrm{d}l)^2 \sin^2\theta}{16\pi^2 r^2}\sin^2(\omega t - \beta r)\,\mathbf{a}_r \end{aligned}\tag{9.26}$$

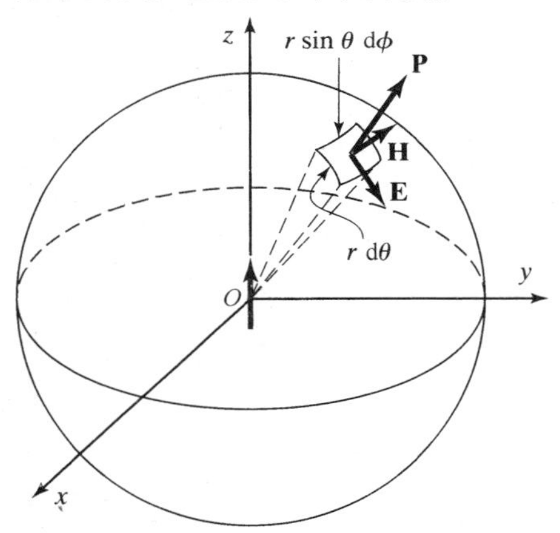

图9.4　计算赫兹振子的辐射功率

通过计算坡印亭矢量在包围振子的任意曲面上的面积分,可以得到从曲面流出的功率流,即振子**辐射**的功率。为了计算方便,选择振子为球心、半径为 r 的球面,如图9.4所示。注意到在球面上的微分面元为 $(r\mathrm{d}\theta)(r\sin\theta\mathrm{d}\phi)\mathbf{a}_r$ 或 $r^2\sin\theta\mathrm{d}\theta\mathrm{d}\phi\,\mathbf{a}_r$,得到瞬时的辐射功率为

$$\begin{aligned}P_{\mathrm{rad}} &= \int_{\theta=0}^{\pi}\int_{\phi=0}^{2\pi}\mathbf{P}\cdot r^2\sin\theta\,\mathrm{d}\theta\,\mathrm{d}\phi\,\mathbf{a}_r \\ &= \int_{\theta=0}^{\pi}\int_{\phi=0}^{2\pi}\frac{\eta\beta^2 I_0^2(\mathrm{d}l)^2\sin^3\theta}{16\pi^2}\sin^2(\omega t - \beta r)\,\mathrm{d}\theta\,\mathrm{d}\phi \\ &= \frac{\eta\beta^2 I_0^2(\mathrm{d}l)^2}{8\pi}\sin^2(\omega t - \beta r)\int_{\theta=0}^{\pi}\sin^3\theta\,\mathrm{d}\theta \\ &= \frac{\eta\beta^2 I_0^2(\mathrm{d}l)^2}{6\pi}\sin^2(\omega t - \beta r) \\ &= \frac{2\pi\eta I_0^2}{3}\left(\frac{\mathrm{d}l}{\lambda}\right)^2\sin^2(\omega t - \beta r)\end{aligned}\tag{9.27}$$

振子辐射的时间平均功率,即 P_{rad} 在电流变化的一个周期上的平均值为

$$\begin{aligned}\langle P_{\text{rad}}\rangle &= \frac{2\pi\eta I_0^2}{3}\left(\frac{\mathrm{d}l}{\lambda}\right)^2\langle\sin^2(\omega t-\beta r)\rangle \\ &= \frac{\pi\eta I_0^2}{3}\left(\frac{\mathrm{d}l}{\lambda}\right)^2 \\ &= \frac{1}{2}I_0^2\left[\frac{2\pi\eta}{3}\left(\frac{\mathrm{d}l}{\lambda}\right)^2\right]\end{aligned} \tag{9.28}$$

现在定义称为天线的**辐射电阻**的量,用 R_{rad} 来表示,它是一个虚拟的电阻值,当相同振幅的电流流过电阻时,这个电阻消耗的平均功率与天线的平均辐射功率相同。阻值为 R 的电阻,通有电流 $I_0\cos\omega t$ 时,其消耗的平均功率为 $\frac{1}{2}I_0^2R$,由式(9.28)可得赫兹振子的辐射电阻为

$$R_{\text{rad}} = \frac{2\pi\eta}{3}\left(\frac{\mathrm{d}l}{\lambda}\right)^2\ \Omega \tag{9.29}$$

对于自由空间,$\eta=\eta_0=120\pi\ \Omega$,则

$$R_{\text{rad}} = 80\pi^2\left(\frac{\mathrm{d}l}{\lambda}\right)^2\ \Omega \tag{9.30}$$

给出一个具体数值的实例,$(\mathrm{d}l/\lambda)=0.01$,$R_{rad}=80\pi^2(0.01)^2=0.08\ \Omega$。所以对于振幅为 1 A 的电流,平均辐射功率为 0.04 W。这说明振子长度为 0.01λ 的天线不是一个好的辐射器。

由式(9.29)注意到辐射电阻,也就是辐射功率是与电气长度的平方成正比的,电气长度为以波长表示的振子的物理长度。然而式(9.29)只有在 $\mathrm{d}l/\lambda$ 的值很小的时候才有效,因为 $\mathrm{d}l/\lambda$ 的值不是很小的话,天线上的电流强度就不是均匀的,在推导辐射场的时候必须考虑电流在天线上的这种变化,因此辐射电阻也必然要考虑这种影响。在 9.3 节讨论半波振子天线的时候,将要对此做相应的处理。半波振子是指其长度等于半个波长。

下面来考察赫兹振子辐射的方向特性。从式(9.25a)和式(9.25b)可以看到,对于一个固定的 r,场的振幅与 $\sin\theta$ 成正比。从式(9.26)可以看到,对于一个固定的 r,功率密度与 $\sin^2\theta$ 成正比。因此,一个观察者在以振子为球心的假想的球面上的不同点会观测到不同的振幅的场和不同的功率密度。在图 9.5(a)中,通过将球面上不同的点分配一个长度与这些点处的坡印亭矢量成正比的矢量,对功率密度的方向性进行了说明。可以看到,功率密度在 $\theta=\pi/2$ 时最大,即在与振子的轴垂直的平面内,向振子的轴逼近时,功率密度持续减小,当方向和振子的轴一致时,功率密度变为零。

习惯上,使用**辐射方向图**来描述辐射特性 ,如图 9.5(b)所示,图 9.5(b)可以想象这样得到:通过将图 9.5(a)中的球面半径跟随该点处的坡印亭矢量收缩为零,然后将这些坡印亭矢量的末端连接起来。因此,从振子点到辐射方向图上的点的距离是与该点方向上的功率密度成正比的。类似地,基于场与 $\sin\theta$ 的相关性,场的辐射方向图绘制如图 9.5(c)所示。考虑到场与 ϕ 无关,图 9.5(b)和图 9.5(c)的辐射方向图对于任意包含振子轴的平面都是成立的。实际上,三维的辐射方向图可以想象成绕振子轴旋转这些曲线而得到。对于一个通常的情况,辐射可能与 ϕ 有关,因此有必要画出 $\theta=\pi/2$ 的平面的辐射方向图。赫兹振子的情况只是一个以振子为中心的圆。

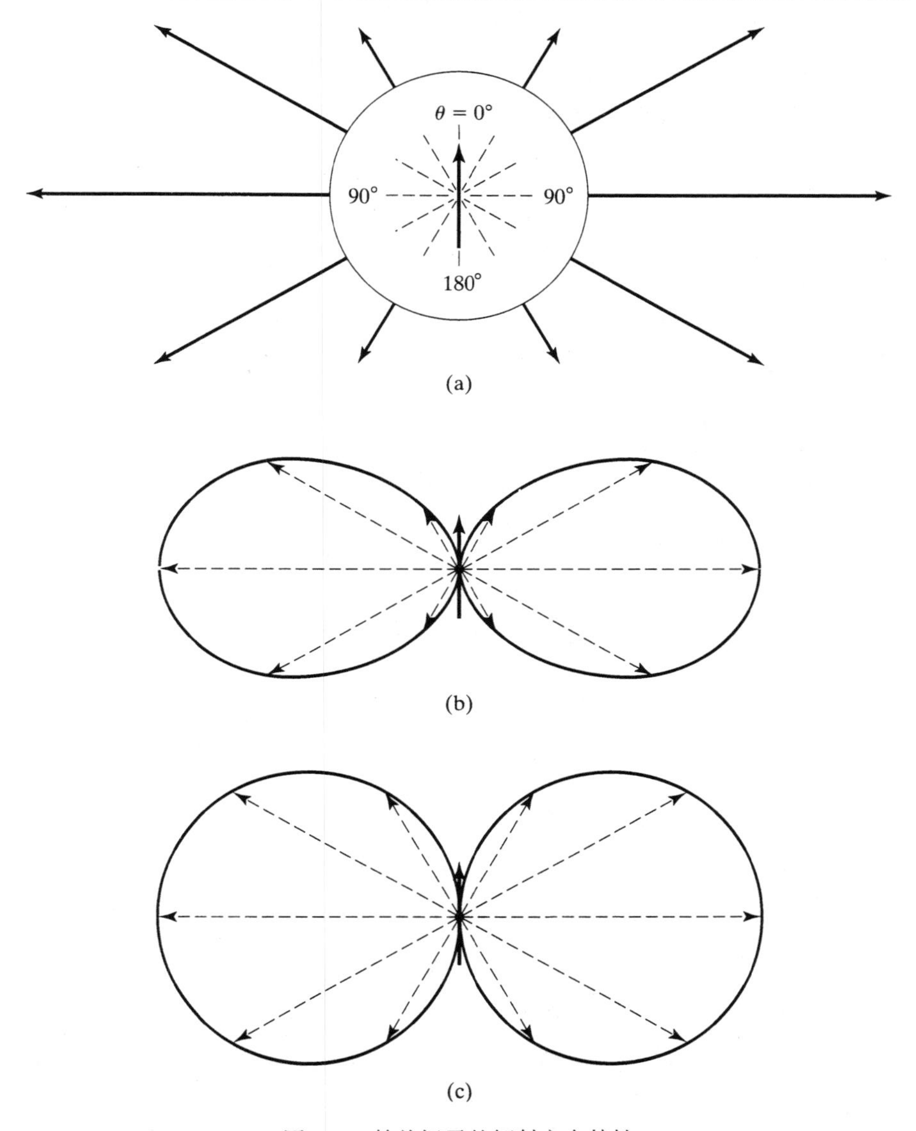

图9.5　赫兹振子的辐射方向特性

现在定义称为天线的**方向性系数**的参数,用符号 D 表示,是天线辐射的最大功率密度与平均功率密度的比值。为了详述 D 的定义,设想将图9.5(a)中的一些矢量变短,而将其他的一些矢量变长,使得所有的矢量有相同的长度,即将天线辐射的功率均匀分配到所有的方向上。辐射方向图变成无方向性的,所有方向上的功率密度相同,都小于原来方向图中的最大功率密度。显而易见,天线的辐射方向图的方向性越强,方向性系数的值越大。

由式(9.26),可以得到赫兹振子辐射的最大功率密度为

$$
\begin{aligned}
[P_r]_{\max} &= \frac{\eta\beta^2 I_0^2(\mathrm{d}l)^2[\sin^2\theta]_{\max}}{16\pi^2 r^2}\sin^2(\omega t-\beta r)\\
&= \frac{\eta\beta^2 I_0^2(\mathrm{d}l)^2}{16\pi^2 r^2}\sin^2(\omega t-\beta r)
\end{aligned}
\tag{9.31}
$$

将式(9.27)给出的辐射功率除以半径为 r 的球表面的面积 $4\pi r^2$,即得到平均功率密度为

$$[P_r]_{av} = \frac{P_{rad}}{4\pi r^2} = \frac{\eta\beta^2 I_0^2 (dl)^2}{24\pi^2 r^2}\sin^2(\omega t - \beta r) \tag{9.32}$$

所以,可以得到赫兹振子的方向性系数的值为

$$D = \frac{[P_r]_{max}}{[P_r]_{av}} = 1.5 \tag{9.33}$$

为了将方向性系数的计算推广到任意的辐射方向图,考虑

$$P_r = \frac{P_0 \sin^2(\omega t - \beta r)}{r^2} f(\theta, \phi) \tag{9.34}$$

式中,P_0 为一个常数;$f(\theta,\phi)$ 是功率密度辐射方向图的函数。则

$$[P_r]_{max} = \frac{P_0 \sin^2(\omega t - \beta r)}{r^2}[f(\theta,\phi)]_{max}$$

$$\begin{aligned}[P_r]_{av} &= \frac{P_{rad}}{4\pi r^2} \\ &= \frac{1}{4\pi r^2}\int_{\theta=0}^{2\pi}\int_{\phi=0}^{\pi}\frac{P_0\sin^2(\omega t - \beta r)}{r^2} f(\theta,\phi)\,\mathbf{a}_r \cdot r^2 \sin\theta\, d\theta\, d\phi\, \mathbf{a}_r \\ &= \frac{P_0\sin^2(\omega t - \beta r)}{4\pi r^2}\int_{\theta=0}^{\pi}\int_{\phi=0}^{2\pi} f(\theta,\phi)\sin\theta\, d\theta\, d\phi\end{aligned}$$

$$D = 4\pi\frac{[f(\theta,\phi)]_{max}}{\displaystyle\int_{\theta=0}^{\pi}\int_{\phi=0}^{2\pi} f(\theta,\phi)\sin\theta\, d\theta\, d\phi} \tag{9.35}$$

例 9.1

计算功率密度辐射方向图的函数 $f(\theta,\phi) = \sin^2\theta\cos^2\theta$ 对应的方向性系数。

由式(9.35)可得

$$\begin{aligned}D &= 4\pi\frac{[\sin^2\theta\cos^2\theta]_{max}}{\displaystyle\int_{\theta=0}^{\pi}\int_{\phi=0}^{2\pi}\sin^3\theta\cos^2\theta\, d\theta\, d\phi} \\ &= 4\pi\frac{\left[\frac{1}{4}\sin^2 2\theta\right]_{max}}{2\pi\displaystyle\int_{\theta=0}^{\pi}(\sin^3\theta - \sin^5\theta)\, d\theta} \\ &= \frac{1}{2}\times\frac{1}{(4/3) - (16/15)} \\ &= 1\frac{7}{8}\end{aligned}$$

作为方向的函数,天线的辐射功率密度与平均功率密度的比值由 $Df(\theta,\phi)$ 给出。这个量称为**天线的方向增益**。另一个有用的参数是天线的功率增益,该参数考虑天线的欧姆功率损耗。功率增益用符号 G 表示,与方向增益成正比,比例系数为天线的功率效率,功率效率为天线辐射的功率与激励源提供给天线的功率的比值。

9.3 半波振子

9.2 节得到了赫兹振子的辐射场，赫兹振子是一个长度无限小的基本的天线。对于一个具有特定电流分布的任意长度的天线，可以将该天线分成一系列的赫兹振子，然后将这些赫兹振子的辐射场叠加，这样就得到了该天线的辐射场。在本节中，针对常用的天线形式——半波振子天线来阐述这样的处理过程。

半波振子是长度 L 等于 $\lambda/2$ 的直导线天线，在天线的中部馈电，其上的电流分布为

$$I(z) = I_0 \cos\frac{\pi z}{L}\cos\omega t \qquad \text{对于} -\frac{L}{2} < z < \frac{L}{2} \tag{9.36}$$

这里假定振子沿 z 轴放置，其中心位于原点，如图 9.6(a)所示。从图 9.6(a)中可以看出，电流的振幅沿天线作余弦变化，在天线的末端为零，在中央处为最大值。为了理解这种电流分布是怎样形成的，可以将半波振子想象为开路的传输线，在距传输线末端 $\lambda/4$ 处将传输线弯折与传输线垂直。图 9.6(b)给出了开路传输线的电流驻波模式。在开路点电流为零，距开路点 $\lambda/4$ 处电流值为最大，即 a 和 a' 点。所以，当导线在 a 和 a' 处垂直弯折时，就形成了如图 9.6(a)所示的半波振子。

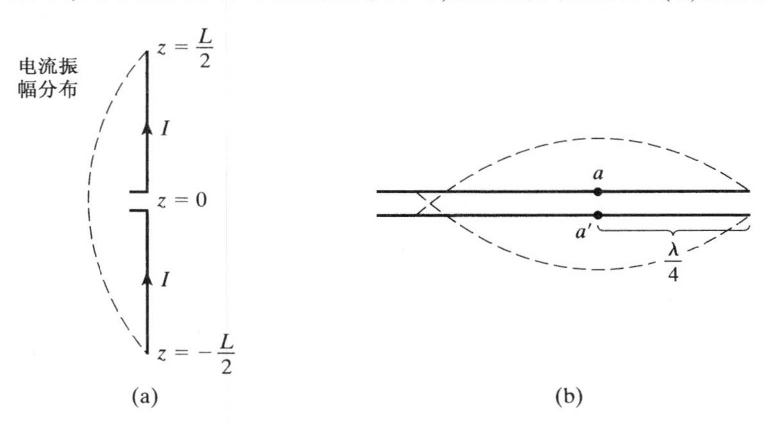

图 9.6　(a)半波振子；(b)使用开路的传输线说明半波振子的演化

现在为了求半波振子的辐射场，将其分解成很多的赫兹振子，每一个赫兹振子的长度为 $\mathrm{d}z'$，如图 9.7 所示。考虑位于距离原点为 z' 的赫兹振子，由式(9.36)得到其中的电流为 $I_0\cos(\pi z'/L)\cos\omega t$。由式(9.25a)和式(9.25b)，这个赫兹振子在与它距离 r' 的 P 点处产生的辐射场为

$$\mathrm{d}\mathbf{E} = -\frac{\eta\beta I_0\cos(\pi z'/L)\,\mathrm{d}z'\sin\theta'}{4\pi r'}\sin(\omega t - \beta r')\,\mathbf{a}_{\theta'} \tag{9.37a}$$

$$\mathrm{d}\mathbf{H} = -\frac{\beta I_0\cos(\pi z'/L)\,\mathrm{d}z'\sin\theta'}{4\pi r'}\sin(\omega t - \beta r')\,\mathbf{a}_{\phi} \tag{9.37b}$$

式中，θ' 是由电流元到 P 点的直线与 z 轴的夹角；$\mathbf{a}_{\theta'}$ 是垂直于电流元与 P 点连线的单位矢量，如图 9.7 所示。半波振子的整个电流分布产生的辐射场为

$$\begin{aligned}\mathbf{E} &= \int_{z'=-L/2}^{L/2}\mathrm{d}\mathbf{E}\\ &= -\int_{z'=-L/2}^{L/2}\frac{\eta\beta I_0\cos(\pi z'/L)\sin\theta'\,\mathrm{d}z'}{4\pi r'}\sin(\omega t - \beta r')\,\mathbf{a}_{\theta'}\end{aligned} \tag{9.38a}$$

$$\mathbf{H} = \int_{z'=-L/2}^{L/2} \mathrm{d}\mathbf{H}$$

$$= -\int_{z'=-L/2}^{L/2} \frac{\beta I_0 \cos(\pi z'/L) \sin\theta' \mathrm{d}z'}{4\pi r'} \sin(\omega t - \beta r') \mathbf{a}_\phi \tag{9.38b}$$

式中，r'，θ'和 $\mathbf{a}_{\theta'}$是 z'的函数。

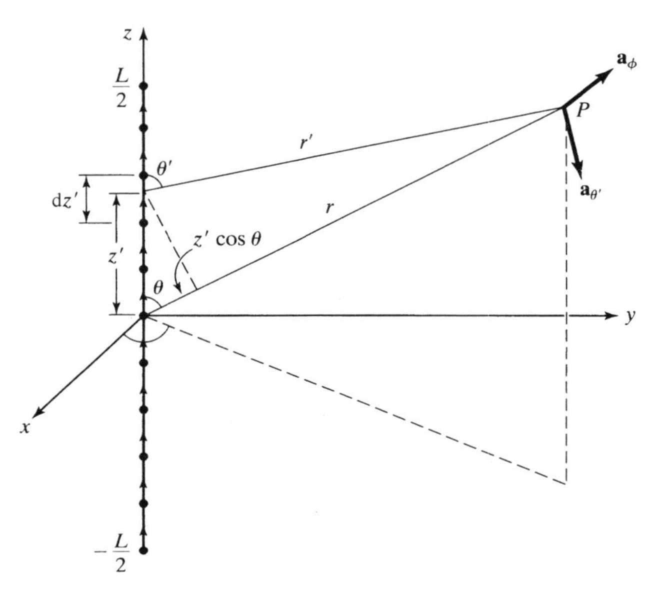

图 9.7　半波振子辐射场的确定

对于辐射场，r'至少为几个波长的大小，所以 $r' \gg L$。因为 $\mathbf{a}_{\theta'}$和 θ'在 $-L/2 < z' < L/2$ 的区间变化很小，所以可以认为 $\mathbf{a}_{\theta'} \approx \mathbf{a}_\theta$，$\theta' \approx \theta$。同样的原因，在振幅系数中也可以认为 $r' \approx r$，但是在相位系数中 r'用 $r - z'\cos\theta$ 来代替，因为在 $-L/2 < z' < L/2$ 区间，$\sin(\omega t - \beta r') = \sin(\omega t - \pi r'/L)$变化很大。所以，有

$$\mathbf{E} = E_\theta \mathbf{a}_\theta$$

式中，

$$E_\theta = -\int_{z'=-L/2}^{L/2} \frac{\eta\beta I_0 \cos(\pi z'/L) \sin\theta}{4\pi r} \sin(\omega t - \beta r + \beta z' \cos\theta) \mathrm{d}z'$$

$$= -\frac{\eta(\pi/L) I_0 \sin\theta}{4\pi r} \int_{z'=-L/2}^{L/2} \cos\frac{\pi z'}{L} \sin\left(\omega t - \frac{\pi}{L} r + \frac{\pi}{L} z' \cos\theta\right) \mathrm{d}z'$$

$$= -\frac{\eta I_0}{2\pi r} \frac{\cos[(\pi/2)\cos\theta]}{\sin\theta} \sin\left(\omega t - \frac{\pi}{L} r\right) \tag{9.39a}$$

类似地，

$$\mathbf{H} = H_\phi \mathbf{a}_\phi$$

式中，

$$H_\phi = -\frac{I_0}{2\pi r} \frac{\cos[(\pi/2)\cos\theta]}{\sin\theta} \sin\left(\omega t - \frac{\pi}{L} r\right) \tag{9.39b}$$

半波振子的辐射场的坡印亭矢量为

$$\begin{aligned}\mathbf{P} &= \mathbf{E} \times \mathbf{H} = E_\theta H_\phi \mathbf{a}_r \\ &= \frac{\eta I_0^2}{4\pi^2 r^2} \frac{\cos^2[(\pi/2)\cos\theta]}{\sin^2\theta} \sin^2\left(\omega t - \frac{\pi}{L}r\right) \mathbf{a}_r \end{aligned} \tag{9.40}$$

半波振子的辐射功率为

$$\begin{aligned} P_{\mathrm{rad}} &= \int_{\theta=0}^{\pi} \int_{\phi=0}^{2\pi} \mathbf{P} \cdot r^2 \sin\theta \, \mathrm{d}\theta \, \mathrm{d}\phi \, \mathbf{a}_r \\ &= \int_{\theta=0}^{\pi} \int_{\phi=0}^{2\pi} \frac{\eta I_0^2}{4\pi^2} \frac{\cos^2[(\pi/2)\cos\theta]}{\sin\theta} \sin^2\left(\omega t - \frac{\pi}{L}r\right) \mathrm{d}\theta \, \mathrm{d}\phi \\ &= \frac{\eta I_0^2}{\pi} \sin^2\left(\omega t - \frac{\pi}{L}r\right) \int_{\theta=0}^{\pi/2} \frac{\cos^2[(\pi/2)\cos\theta]}{\sin\theta} \mathrm{d}\theta \\ &= \frac{0.609\eta I_0^2}{\pi} \sin^2\left(\omega t - \frac{\pi}{L}r\right) \end{aligned} \tag{9.41}$$

时间平均辐射功率为

$$\begin{aligned} \langle P_{\mathrm{rad}} \rangle &= \frac{0.609\eta I_0^2}{\pi} \left\langle \sin^2\left(\omega t - \frac{\pi}{L}r\right) \right\rangle \\ &= \frac{1}{2} I_0^2 \left(\frac{0.609\eta}{\pi}\right) \end{aligned} \tag{9.42}$$

所以,半波振子的辐射电阻为

$$R_{\mathrm{rad}} = \frac{0.609\eta}{\pi}\ \Omega \tag{9.43}$$

在自由空间中,$\eta = \eta_0 = 120\pi\ \Omega$,则

$$R_{\mathrm{rad}} = 0.609 \times 120 = 73\ \Omega \tag{9.44}$$

现在讨论半波振子的方向特性,由式(9.39a)和式(9.39b)注意到场的辐射方向图是 $\left[\cos\left(\frac{\pi}{2}\cos\theta\right)\right]\Big/\sin\theta$,而功率密度的辐射方向图为 $\left[\cos^2\left(\frac{\pi}{2}\cos\theta\right)\right]\Big/\sin^2\theta$。这两个方向图分别在图 9.8(a)和图 9.8(b)中给出,可以看出半波振子的方向图比赫兹振子的相应方向图的方向性稍强一些。要计算半波振子的方向性系数,由式(9.40)得到最大的功率密度为

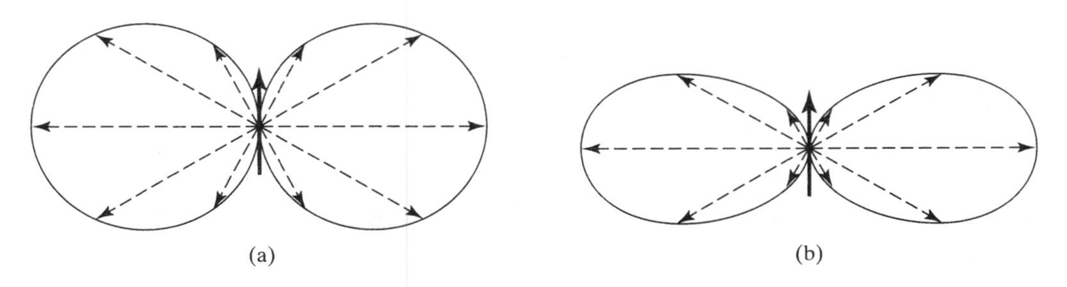

图 9.8　对于半波振子,(a)场的辐射方向图和(b)功率密度的辐射方向图

$$[P_r]_{\max} = \frac{\eta I_0^2}{4\pi^2 r^2}\left\{\frac{\cos^2[(\pi/2)\cos\theta]}{\sin^2\theta}\right\}_{\max}\sin^2\left(\omega t - \frac{\pi}{L}r\right)$$

$$= \frac{\eta I_0^2}{4\pi^2 r^2}\sin^2\left(\omega t - \frac{\pi}{L}r\right) \tag{9.45}$$

平均功率密度由 P_{rad}除以 $4\pi r^2$ 得到,为

$$[P_r]_{\text{av}} = \frac{0.609\eta I_0^2}{4\pi^2 r^2}\sin^2\left(\omega t - \frac{\pi}{L}r\right) \tag{9.46}$$

所以,半波振子的方向性系数为

$$D = \frac{[P_r]_{\max}}{[P_r]_{\text{av}}} = \frac{1}{0.609} = 1.642 \tag{9.47}$$

9.4 天线阵列

在 4.5 节中,通过考虑具有均匀电流密度的两个平行的、无限大面电流构成的阵列,已经阐述了天线阵列的原理。那时已经了解到通过适当地选择两个面电流之间的间距以及电流密度的振幅和相位,就能够获得所需的辐射特性。然而,无限大面电流是一个假想的天线,其产生的场是真正的均匀平面波,沿着垂直于面电流的一维方向传播。现在已经获得实际天线的知识,本节讨论这些天线的阵列。

讨论的最简单的天线阵列是包括两个赫兹振子的情况,赫兹振子的方向与 z 轴平行,两个赫兹振子放置在 x 轴的两侧,距离原点的距离相同,如图 9.9 所示。考虑两个振子的电流振幅相等的情况,但是两个电流之间存在 α 的相位差。因此,如果 $I_1(t)$ 和 $I_2(t)$ 分别表示$(d/2, 0, 0)$和$(-d/2, 0, 0)$处的振子中的电流,则

$$I_1 = I_0\cos\left(\omega t + \frac{\alpha}{2}\right) \tag{9.48a}$$

$$I_2 = I_0\cos\left(\omega t - \frac{\alpha}{2}\right) \tag{9.48b}$$

为简单起见,考虑 xz 平面内的一个点 P,计算两个振子的阵列在该点产生的场。为此,由式(9.25a)得到单个的阵子在 P 点处产生的电场为

$$\mathbf{E}_1 = -\frac{\eta\beta I_0 \mathrm{d}l\sin\theta_1}{4\pi r_1}\sin\left(\omega t - \beta r_1 + \frac{\alpha}{2}\right)\mathbf{a}_{\theta_1} \tag{9.49a}$$

$$\mathbf{E}_2 = -\frac{\eta\beta I_0 \mathrm{d}l\sin\theta_2}{4\pi r_2}\sin\left(\omega t - \beta r_2 - \frac{\alpha}{2}\right)\mathbf{a}_{\theta_2} \tag{9.49b}$$

式中,θ_1,θ_2,r_1,r_2,$\mathbf{a}_{\theta 1}$和 $\mathbf{a}_{\theta 2}$如图 9.9 所示。

对于 $r \gg d$ 的点,即对于远离天线阵列的点,这是天线研究感兴趣的区域,可以认为 $\theta_1 \approx \theta_2$ 和 $\mathbf{a}_{\theta 1} \approx \mathbf{a}_{\theta 2} \approx \mathbf{a}_\theta$。在振幅系数中也可以认为 $r_1 \approx r_2 \approx r$,但是在相位系数中,$r_1$ 和 r_2 分别用下面的式子代替:

$$r_1 \approx r - \frac{d}{2}\cos\psi \tag{9.50a}$$

$$r_2 \approx r + \frac{d}{2}\cos\psi \tag{9.50b}$$

式中,ψ是原点到 P 点直线与振列的轴,即 x 轴之间的夹角,如图 9.9 所示。因此,得到合成的场为

$$\begin{aligned}\mathbf{E} &= \mathbf{E}_1 + \mathbf{E}_2 \\ &= -\frac{\eta\beta I_0\,\mathrm{d}l\sin\theta}{4\pi r}\left[\sin\left(\omega t - \beta r + \frac{\beta \mathrm{d}}{2}\cos\psi + \frac{\alpha}{2}\right) + \right. \\ &\left. \sin\left(\omega t - \beta r - \frac{\beta \mathrm{d}}{2}\cos\psi - \frac{\alpha}{2}\right)\right]\mathbf{a}_\theta \\ &= -\frac{2\eta\beta I_0\,\mathrm{d}l\sin\theta}{4\pi r}\cos\left(\frac{\beta d\cos\psi + \alpha}{2}\right)\sin(\omega t - \beta r)\mathbf{a}_\theta\end{aligned} \tag{9.51}$$

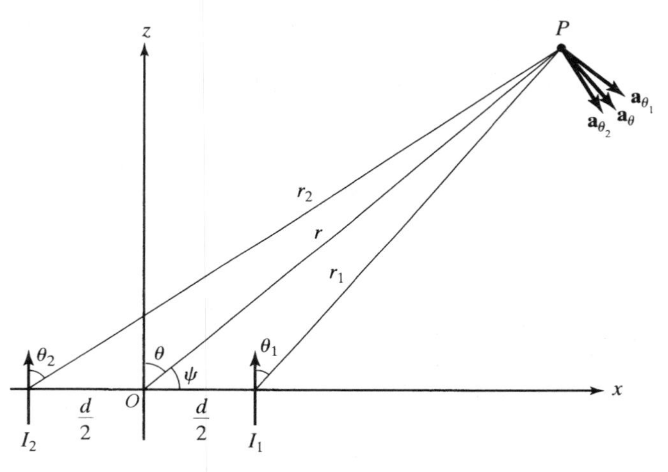

图 9.9　两个赫兹振子构成的天线阵列的辐射场的计算

将式(9.51)与位于原点处的单一的振子在 P 点处产生的场的表达式进行对比,可以发现阵列的合成场只是等于单一振子的场乘以系数 $2\cos\left(\frac{\beta d\cos\psi + \alpha}{2}\right)$,该系数称为**阵列系数**或**阵因子**。因此,合成场的辐射方向图为由单一振子的场的辐射方向图 $\sin\theta$ 与天线阵列的辐射方向图 $\left|\cos\left(\frac{\beta d\cos\psi + \alpha}{2}\right)\right|$ 的乘积。将上述的三个方向图分别称为**合成方向图**、**单元方向图**和**阵列方向图**。很明显,阵列方向图和单个的天线的性质无关,只要单个的天线之间的间距相同,载有的电流的振幅和相位差的相互关系相同,则阵列方向图相同。还可以看出,阵列方向图在所有包含阵列轴的平面内都是相同的。换言之,三维的阵列方向图只不过是将 xz 平面内的阵列方向图绕着 x 轴,也即阵列的轴,旋转得到的方向图。

例 9.2

对于载有相同振幅电流的两个天线构成的阵列,考虑几组不同的 d 和 α 情况下的阵列方向图。

第一种情况:$d = \lambda/2, \alpha = 0$。阵列方向图为

$$\left|\cos\left(\frac{\beta\lambda}{4}\cos\psi\right)\right| = \cos\left(\frac{\pi}{2}\cos\psi\right)$$

图 9.10(a)中给出了该阵列方向图。它在垂直阵列轴的方向上有最大值,而在沿着阵列轴的方向有零值。这样的方向图称为**边射方向图**。

第二种情况：$d=\lambda/2, \alpha=\pi$。阵列方向图为

$$\left|\cos\left(\frac{\beta\lambda}{4}\cos\psi+\frac{\pi}{2}\right)\right| = \left|\sin\left(\frac{\pi}{2}\cos\psi\right)\right|$$

图 9.10(b)给出了该阵列方向图。它在沿着阵列轴的方向有最大值，而在垂直阵列轴的方向上有零值。这样的方向图称为**端射方向图**。

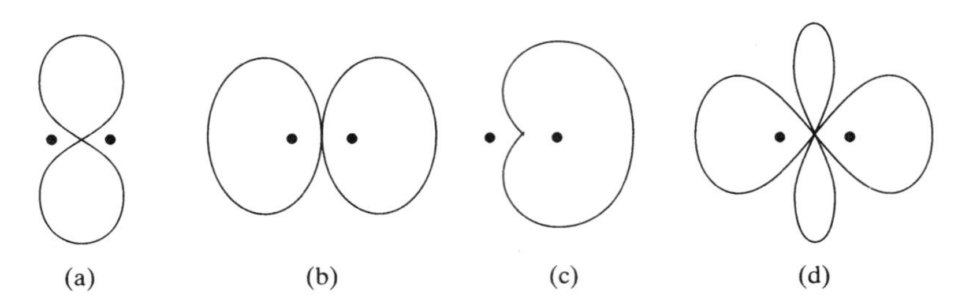

图 9.10 载有相同振幅电流的两个天线构成的天线阵列的阵列方向图。(a) $d=\lambda/2, \alpha=0$; (b) $d=\lambda/2, \alpha=\pi$; (c) $d=\lambda/4, \alpha=-\pi/2$; (d) $d=\lambda, \alpha=0$

第三种情况：$d=\lambda/4, \alpha=-\pi/2$。阵列方向图为

$$\left|\cos\left(\frac{\beta\lambda}{8}\cos\psi-\frac{\pi}{4}\right)\right| = \cos\left(\frac{\pi}{4}\cos\psi-\frac{\pi}{4}\right)$$

图 9.10(c)中给出了该阵列方向图。它在$\psi=0$的方向上有最大值，而在$\psi=\pi$的方向上为零值。这也是一种端射方向图，但是只指向一侧。这种情况与 4.5 节中的情况是一样的。

第四种情况：$d=\lambda, \alpha=0$。阵列方向图为

$$\left|\cos\left(\frac{\beta\lambda}{2}\cos\psi\right)\right| = |\cos(\pi\cos\psi)|$$

图 9.10(d)给出了该阵列方向图。它在$\psi=0°, 90°, 180°$和$270°$方向上有最大值，而在$\psi=60°, 120°, 240°$和$300°$的方向上有零值。

接下来，通过将单元方向图乘以阵列方向图来得到两个赫兹振子的阵列的合成方向图。赫兹振子的单元方向图在振子平面内是$\sin\theta$，考虑d和α分别等于$\lambda/2$和0的情况下的阵列方向图如图 9.10(a)所示，可以得到xz平面内的合成方向图如图 9.11(a)所示。在xy平面内，即垂直于振子轴的平面内，单元方向图为一个圆，所以合成方向图与阵列方向图一样，如图 9.11(b)所示。

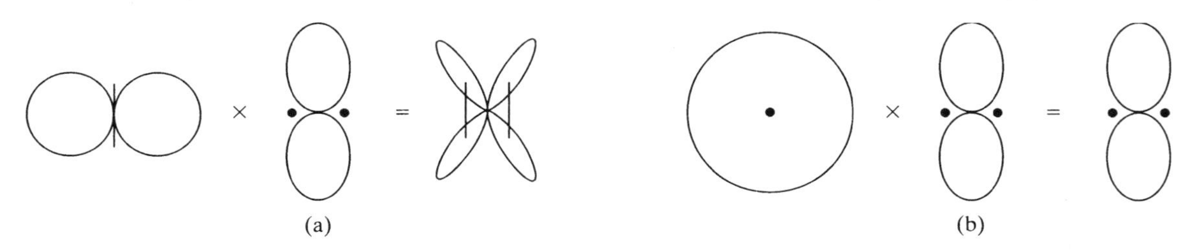

图 9.11 单元方向图与阵列方向图相乘确定合成方向图

例 9.3

在例 9.2 中阐述了通过将单元方向图和阵列方向图相乘得到合成方向图的过程，该方法可以扩展到包含任意数目天线的阵列的情况中。例如，考虑包含 4 个相同的天线构成的线性阵列，天线之间间隔$\lambda/2$，相位相同，如图 9.12(a)所示，计算合成的方向图。

为了获得四元阵列的合成方向图,用两个相隔 λ 的二元阵列来代替该四元阵列,如图9.12(b)所示,二元阵列中的每一个天线为构成间隔为 $\lambda/2$ 的二元阵列的一个单元。单元方向图则为图9.10(a)所示的方向图。阵列方向图则为9.10(d)所示的方向图,即两个各向同性的辐射器间隔 $d=\lambda$,相位差 $\alpha=0$ 的情况下的方向图。四元阵列的合成方向图是这两个方向图的乘积,如图9.12(c)所示。如果四元阵列中的单个天线不是各向同性的话,则该方向图变成了确定新的合成方向图所需的阵列方向图。

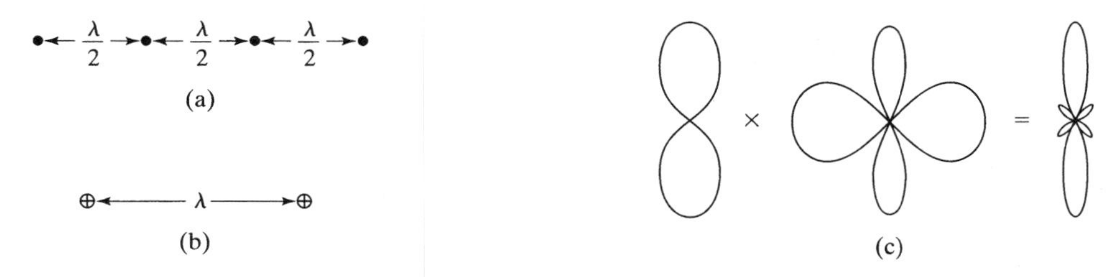

图9.12 四元各向同性天线的线性阵列的合成方向图的确定

9.5 镜像天线

到目前为止,所讨论的天线都是处于无限大的媒质中的,所以天线向各方向辐射的波不会发生任何的反射。然而,即使没有其他的障碍物存在,实际上也必须考虑大地的影响。此处,认为大地是理想导体是合理的。因此,本节考虑天线位于无限大的平的理想导体表面上方的情况,然后引入镜像源的概念,镜像源的概念在处理静态场的问题中非常有用。

考虑赫兹振子垂直放置在平的理想导体表面的上方,与理想导体表面的距离为 h,如图9.13(a)所示。因为电磁波不能进入理想导体内部,如5.5节学到的那样,理想导体上方的赫兹振子辐射的电磁波在理想导体表面会发生反射,如图9.13(a)所示的两个方向的入射。对于一个给定的入射到导体表面的入射波,反射角等于入射角,这个结论可以简单地由以下的原因得出:(a)反射波一定远离导体表面传播,(b)与导体表面平行的入射波和反射波的视在波长一定相等,(c)合成电场的切向分量在导体表面上一定等于零,这也决定了反射波电场的极化。

如果将两个反射波沿反方向延伸,则它们会相交于一点,该点位于导体表面下方,距离导体表面的距离与振子距离导体表面的距离一样为 h。因此,反射波好像是从另一个天线辐射出来的,而这个天线是真实天线由理想导体形成的像。这个镜像天线也一定是垂直放置的,否则就不能满足导体表面上所有点处的电磁场切向分量等于零的边界条件,镜像天线也一定具有与真实天线一样的辐射方向图,如图9.13(a)所示。特别地,镜像天线中的电流方向也与真实天线中的电流方向一样,这样才能保证和反射波的极性一致。因此可以看出,镜像振子的电荷符号与真实天线相应的电荷符号相反。

类似的推理可以应用于振子水平放置于导体表面上方的情况,如图9.13(b)所示。可以看出,镜像天线中的电流方向与真实天线中的电流方向相反。这又导致了镜像天线中的电荷符号与真实天线中相应的电荷符号相反。实际上,这一点在任何情况下都是如此。

从前面的讨论可以看出,天线在有导体存在的情况下形成的场与真实天线和镜像天线构成的阵列的合成场是一样的。当然,在导体内部是没有场的。镜像天线只不过是一个虚拟的天线,用来简化导体外部场的求解。之所以可以简化求解,是因为可以使用9.4节中掌握的天线阵列的知识来确定天线的辐射方向图。例如，导体上方 $\lambda/2$ 处垂直放置赫兹振子，垂直平面内的辐射方向图为单元方向图，即单个的振子在其轴所在的平面内的辐射方向图，与两个各向同性的天线相距 λ、同相馈电的天线阵列的阵列辐射方向图相乘。辐射方向图的相乘以及合成场在图 9.14 中给出。振子水平放置情况下的辐射方向图可以用相似的方法获得。

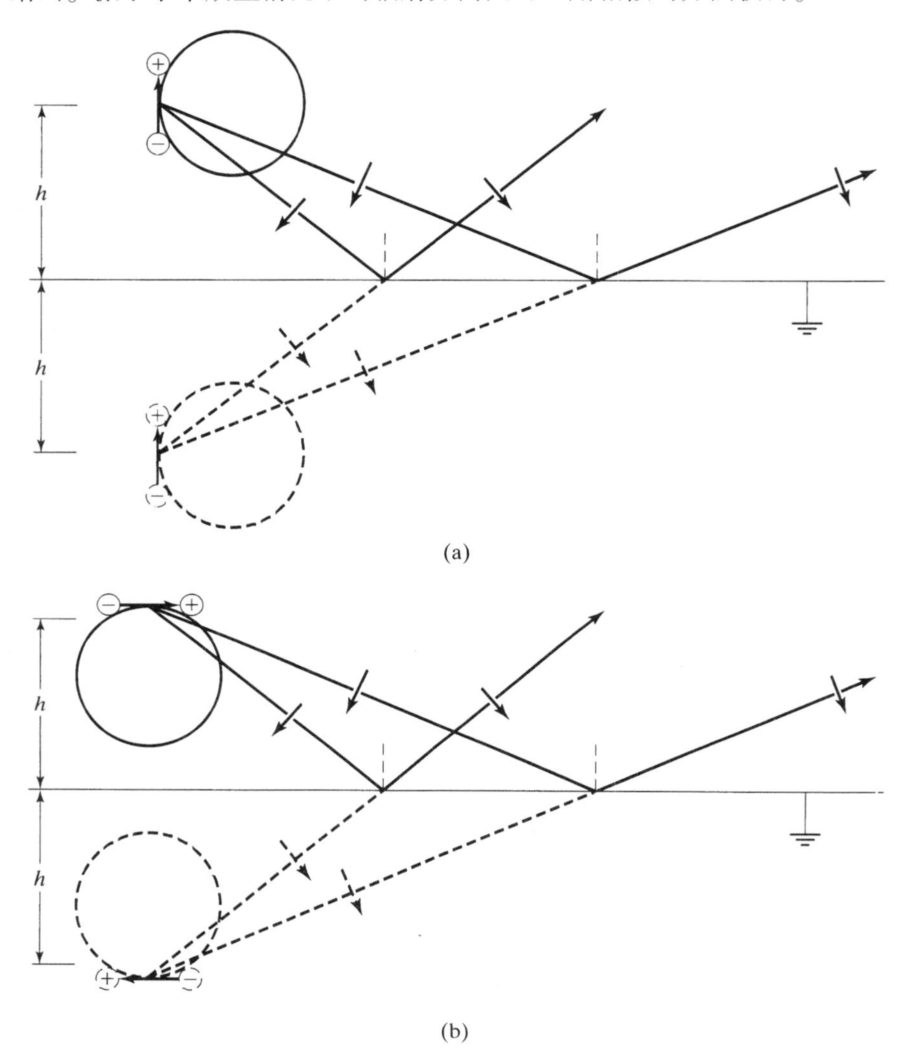

图 9.13　镜像天线概念的图示。(a)平的理想导体上方垂直放置赫兹振子；(b)平的理想导体上方水平放置赫兹振子

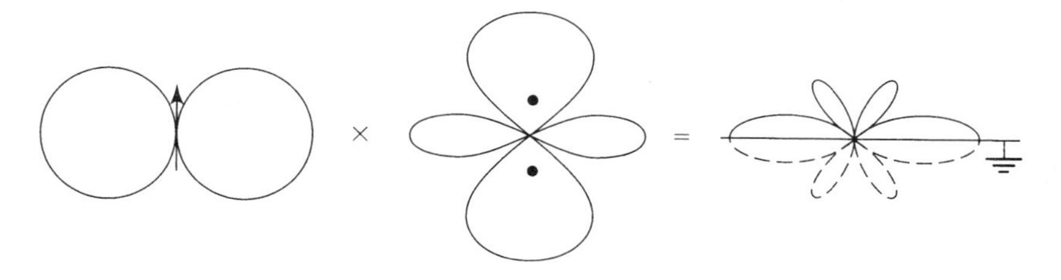

图 9.14　平的理想导体表面上方垂直放置的振子在垂直平面内的辐射方向图的确定

9.6 接收特性

至此,已经讨论了天线的辐射特性。幸运的是,在讨论接收特性时不必重复所有的辐射特性的推导,因为互易定理指出天线的接收方向图与其辐射方向图是一样的。为了使用简单的术语来说明这一点,而非使用互易定理的一般证明,考虑如图 9.15 中所示的位于原点的赫兹振子,其方向沿着 z 轴。已经知道其辐射方向图由 $\sin\theta$ 给出,辐射场的极化特性为电场位于包含振子轴的平面内。

为了研究赫兹振子的接收特性,假设天线位于另一个天线的辐射场中,所以入射波本质上是均匀平面波。因此,考虑电场 **E** 在振子平面内的均匀平面波,以与振子轴成 θ 的角度入射到振子上,如图 9.15 所示。那么入射电场和振子平行的分量为 $E\sin\theta$。由于振子的长度无限小,振子感应的电压,即电场强度沿振子长度的线积分,等于 $(E\sin\theta)\,\mathrm{d}l$ 或者 $E\mathrm{d}l\sin\theta$。这说明,对于入射波场的一个给定的振幅,振子中感应的电压与 $\sin\theta$ 成正比。而且,对于电场垂直于振子轴平面的入射均匀平面波,振子感应的电压为零,即振子对电场垂直于振子轴平面的极化不发生响应。这些特性与振子的辐射特性是互易的。由于任意的天线都可分解成一系列的赫兹振子,所以互易定理对任意的天线都是成立的。因此,任意的发射天线都可用做接收天线,反之亦然。

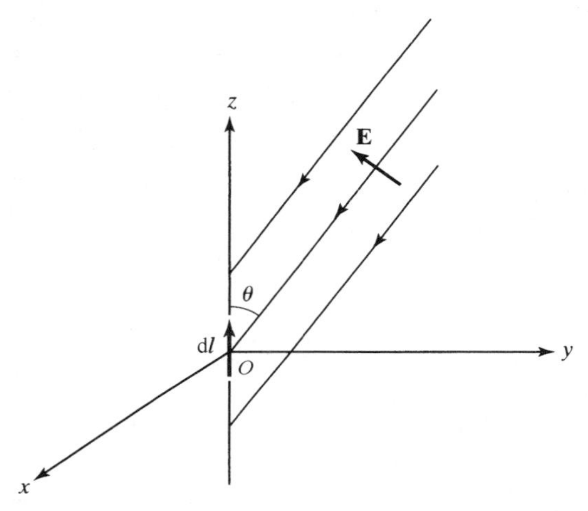

图 9.15　赫兹振子的接收特性的研究

下面简单讨论一种常见的接收天线——环形天线。环形天线的一种简单形式是有两个端子的环形的导线。将环形天线的轴沿 z 轴放置,如图 9.16 所示,并且认为天线的电长度是短的,即天线的尺寸相对于入射波长是小的,从而场在环形天线的面积上的空间变化是可以忽略的。对于入射到环形天线的均匀平面波,可以求得环中感应的电压,即使用法拉第定律计算电场强度绕环路的线积分。如果 **H** 是入射波的磁场强度,则感应电压的大小为

$$
\begin{aligned}
|V| &= \left|-\frac{\mathrm{d}}{\mathrm{d}t}\int_{\text{环的面积}}\mathbf{B}\cdot\mathrm{d}\mathbf{S}\right| \\
&= \left|-\mu\frac{\mathrm{d}}{\mathrm{d}t}\int_{\text{环的面积}}\mathbf{H}\cdot\mathrm{d}S\,\mathbf{a}_z\right| \\
&= \mu A\left|\frac{\partial H_z}{\partial t}\right| \qquad (9.52)
\end{aligned}
$$

式中,A 是环形天线的面积。所以,环形天线对磁场完全平行于环形天线平面的波,即磁场完全垂直于振子轴平面的波,不发生响应。

对于磁场在振子轴平面内的波,以与振子轴成 θ 的角度入射到环形天线,如图 9.16 所示,$H_z = H\sin\theta$,所以感应电压的大小为

$$|V| = \mu A\left|\frac{\partial H}{\partial t}\right| \sin\theta \tag{9.53}$$

所以,环形天线的接收方向图为 $\sin\theta$,与沿环形天线轴放置的赫兹振子是一样的。然而,环形天线对磁场在其轴平面内的极化响应最好,而赫兹振子对电场在其轴平面内的极化响应最好。

例 9.4

接收天线的方向特性可以用来定位入射信号源。为了说明这一原理,考虑两个垂直的环形天线,编号为 1 和 2,分别放置在 x 轴上 $x=0$ m 和 $x=200$ m 的地方。绕 z 轴旋转环形天线,发现当天线 1 位于 xz 平面内时,天线中没有(或有最小的)感应信号,当天线 2 和 x 轴成 5°的夹角时,其中没有(或有最小的)感应的信号,如图 9.17 中的俯视图所示。求信号源的位置。

由于环形天线的接收特性是波沿着天线轴线到达环形天线时在天线中没有信号感应出来,当两个环形天线如此放置都没有接收到(或有最小的)信号,因此信号源位于两个环形天线的轴线的交叉点上。通过简单的几何计算,得到信号位于 y 轴上,在 $y=200/\tan 5°$ 或 2.286 km 的位置。

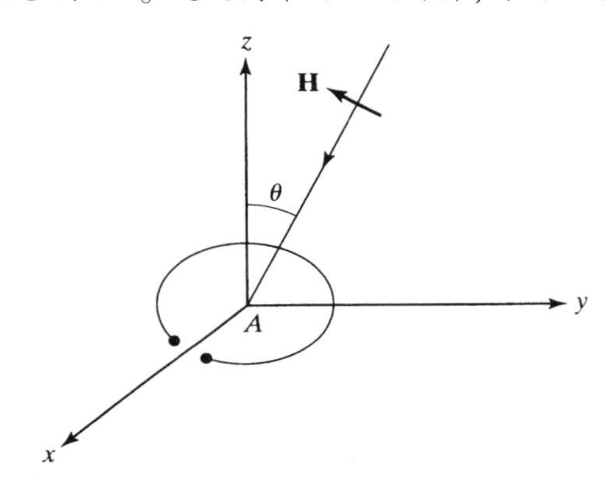

图 9.16 环形天线

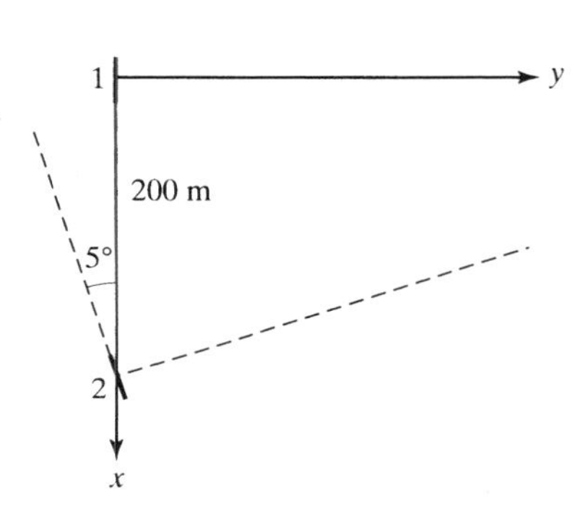

图 9.17 使用两个环形天线定位入射信号源的俯视图

天线接收特性的一个有用的参数是有效面积,用 A_e 来表示,定义为传输到和天线相连的匹配负载的平均功率与正确极化的入射波在天线处的平均功率密度的比值。阻抗匹配的条件是负载阻抗等于天线阻抗的共轭。

下面分析赫兹振子并推导其有效面积的表达式。首先,参考图 9.18 所示的等效电路,$\bar{V}_{oc}$ 为在天线的两个端子之间感应的开路电压,$\bar{Z}_A = R_A + jX_A$ 为天线的阻抗,$\bar{Z}_L = \bar{Z}_A^*$ 是负载阻抗,输出到匹配负载的平均功率为

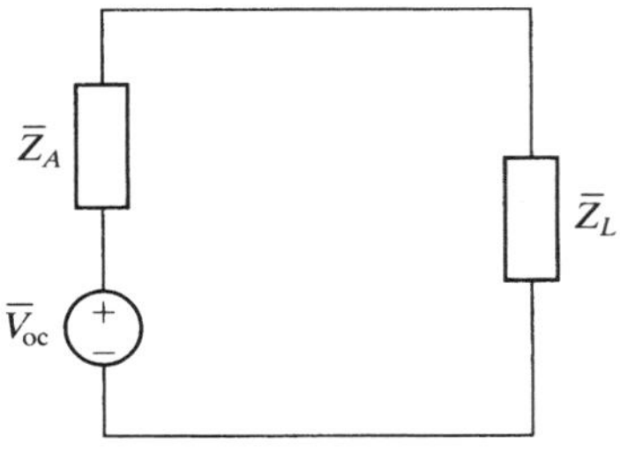

图 9.18 接有负载的接收天线等效电路图

$$P_R = \frac{1}{2}\left(\frac{|\bar{V}_{oc}|}{2R_A}\right)^2 R_A = \frac{|\bar{V}_{oc}|^2}{8R_A} \tag{9.54}$$

对于长度为 l 的赫兹振子,开路电压为

$$\bar{V}_{oc} = \bar{E}l \tag{9.55}$$

式中,$\bar{E}$ 为极化方向与振子轴平行的线极化的入射波的电场。将式(9.55)代入式(9.54),得到

$$P_R = \frac{|\bar{E}|^2 l^2}{8R_A} \tag{9.56}$$

对于无耗的振子，$R_A = R_{rad} = 80\pi^2(l/\lambda)^2$，所以

$$P_R = \frac{|\bar{E}|^2\lambda^2}{640\pi^2} \tag{9.57}$$

天线上的平均功率密度为

$$\frac{|\bar{E}|^2}{2\eta_0} = \frac{|\bar{E}|^2}{240\pi} \tag{9.58}$$

所以，有效面积为

$$A_e = \frac{|\bar{E}|^2\lambda^2/640\pi^2}{|\bar{E}|^2/240\pi} = \frac{3\lambda^2}{8\pi} \tag{9.59}$$

或

$$A_e = 0.1194\lambda^2 \tag{9.60}$$

在实际的天线中，由于天线中的损耗 R_A 比 R_{rad}要大，有效面积要比式(9.60)给出的结果小。将式(9.59)重写为

$$A_e = 1.5 \times \frac{\lambda^2}{4\pi}$$

由赫兹振子的方向性系数为1.5，得到

$$A_e = \frac{\lambda^2}{4\pi}D \tag{9.61}$$

虽然该结果是由赫兹振子推导出来的，但是该结果对任意的天线都是成立的。

下面推导 **Friis 传输公式**，该公式是通信链路计算的重要公式。考虑两个天线，一个发射天线，一个接收天线，两者相距 d。假设两个天线的取向和极化是匹配的，接收到的信号为最大化。如果 P_T 是发射天线的发射功率，接收天线处的功率密度为$(P_T/4\pi d^2)D_T$，其中 D_T 是发射天线的方向性系数。与天线连接的匹配负载接收到的功率为

$$P_R = \frac{P_T D_T}{4\pi d^2}A_{eR} \tag{9.62}$$

式中，A_{eR}为接收天线的有效面积。所以，P_R 与 P_T 的比值为

$$\frac{P_R}{P_T} = \frac{D_T A_{eR}}{4\pi d^2} \tag{9.63}$$

用 A_{eT}来表示发射天线接收时的有效面积，应用式(9.61)，得到

$$\frac{P_R}{P_T} = \frac{A_{eT}A_{eR}}{\lambda^2 d^2} \tag{9.64}$$

式(9.64)即为 Friis 传输公式。对于给定的一对发射天线和接收天线，相距给定距离 d 的情况下，式(9.64)给出了 P_R/P_T 的最大值。如果天线取向接收的信号不是最大，或存在极化的不匹配，或接收天线的阻抗不匹配，则 P_R/P_T 比式(9.64)给出的值要小。天线中的损耗也会使 P_R/P_T 的值降低。

通过将式(9.63)中的 A_{eR}用接收天线的方向性系数 D_R 表示，如果该天线用于发射的话，可以得到式(9.64)的替代公式为

$$\frac{P_R}{P_T}=\frac{D_T D_R \lambda^2}{16\pi^2 d^2} \tag{9.65}$$

小结

在本章中,学习了天线的原理。首先介绍了赫兹振子,它是一个电流元天线。然后基于前几章掌握的知识使用了直觉的方法推导了赫兹振子的完整电磁场。对于单位长度,沿 z 轴放置在原点的赫兹振子,载有电流

$$I(t)=I_0\cos\omega t$$

得到赫兹振子产生的完整电磁场为

$$\mathbf{E}=\frac{2I_0\,\mathrm{d}l\cos\theta}{4\pi\epsilon\omega}\left[\frac{\sin(\omega t-\beta r)}{r^3}+\frac{\beta\cos(\omega t-\beta r)}{r^2}\right]\mathbf{a}_r+$$

$$\frac{I_0\,\mathrm{d}l\sin\theta}{4\pi\epsilon\omega}\left[\frac{\sin(\omega t-\beta r)}{r^3}+\frac{\beta\cos(\omega t-\beta r)}{r^2}-\frac{\beta^2\sin(\omega t-\beta r)}{r}\right]\mathbf{a}_\theta$$

$$\mathbf{H}=\frac{I_0\,\mathrm{d}l\sin\theta}{4\pi}\left[\frac{\cos(\omega t-\beta r)}{r^2}-\frac{\beta\sin(\omega t-\beta r)}{r}\right]\mathbf{a}_\phi$$

式中,$\beta=\omega\sqrt{\mu\epsilon}$是相位常数。

对于 $\beta r\gg1$ 或 $r\gg\lambda/2\pi$,完整场表达式中只有包含 $1/r$ 的项比较重要,由于与它们相比其他项相比可以忽略。所以,对于 $r\gg\lambda/2\pi$,赫兹振子的场为

$$\mathbf{E}=-\frac{\eta\beta I_0\,\mathrm{d}l\sin\theta}{4\pi r}\sin(\omega t-\beta r)\,\mathbf{a}_\theta$$

$$\mathbf{H}=-\frac{\beta I_0\,\mathrm{d}l\sin\theta}{4\pi r}\sin(\omega t-\beta r)\,\mathbf{a}_\phi$$

式中,$\eta=\sqrt{\mu/\epsilon}$是媒质的本征阻抗。这些场称为辐射场,对应着从振子辐射出的局域均匀平面波,只有完整场的这些分量对平均辐射功率有贡献。求得的赫兹振子的平均辐射功率为

$$\langle P_{\mathrm{rad}}\rangle=\frac{1}{2}I_0^2\left[\frac{2\pi\eta}{3}\left(\frac{\mathrm{d}l}{\lambda}\right)^2\right]$$

将上式括号中的量定义为辐射电阻。天线的辐射电阻 R_{rad}是一个虚拟的电阻,当相同振幅的电流通过该电阻时,电阻消耗的平均功率与天线辐射的平均功率相等。所以,对于赫兹振子,有

$$R_{\mathrm{rad}}=\frac{2\pi\eta}{3}\left(\frac{\mathrm{d}l}{\lambda}\right)^2$$

接着考察了赫兹振子的辐射场的方向特性,方向特性由场的表达式中的系数 $\sin\theta$ 和功率密度中的系数 $\sin^2\theta$ 表征。讨论了辐射方向图和天线的方向性系数的概念。天线的方向性系数 D 定义为天线的最大功率密度与平均功率密度的比值。对于赫兹振子,有

$$D=1.5$$

对于功率密度方向图为 $f(\theta,\phi)$ 的一般情况,方向性系数为

$$D=4\pi\frac{[f(\theta,\phi)]_{\max}}{\int_{\theta=0}^{\pi}\int_{\phi=0}^{2\pi}f(\theta,\phi)\sin\theta\,\mathrm{d}\theta\,\mathrm{d}\phi}$$

研究了半波振子,推导了其辐射场,演示了通过将任意长度和任意电流分布的线天线分解成一系列的赫兹振子,然后将赫兹振子的场叠加起来获得辐射场的方法。中心馈电、长度为$L(=\lambda/2)$的半波振子,沿z轴放置,其中心位于原点,其电流分布为

$$I(z) = I_0 \cos\frac{\pi z}{L}\cos\omega t \qquad 对于 -\frac{L}{2} < z < \frac{L}{2}$$

其辐射场为

$$\mathbf{E} = -\frac{\eta I_0}{2\pi r}\frac{\cos[(\pi/2)\cos\theta]}{\sin\theta}\sin\left(\omega t - \frac{\pi}{L}r\right)\mathbf{a}_\theta$$

$$\mathbf{H} = -\frac{I_0}{2\pi r}\frac{\cos[(\pi/2)\cos\theta]}{\sin\theta}\sin\left(\omega t - \frac{\pi}{L}r\right)\mathbf{a}_\phi$$

根据这些场,绘制了半波振子的辐射方向图,计算了半波振子的辐射电阻和方向性系数,为

$$R_{\text{rad}} = 73\ \Omega \qquad 对于自由空间$$
$$D = 1.642$$

然后讨论了天线阵列,介绍了单元方向图与阵列方向图相乘获取合成方向图的技术。对于由两个天线构成的阵列,两个天线间距为d,馈以振幅相同、相位相差α的电流,得到了场的阵列方向图为$|\cos[(\beta d\cos\psi+\alpha)/2]|$,这里$\psi$为与阵列轴成的角度,研究了几组$d$和$\alpha$取值情况下的阵列方向图。例如,对于$d=\lambda/2$和$\alpha=0$,方向图对应阵列轴的最大边辐射,而对于$d=\lambda/2$和$\alpha=\pi$,方向图对应阵列轴的最大端辐射。

为了考虑大地对天线的影响,在理想导体中引入镜像天线的概念,有大地存在的情况下,讨论了将阵列的技术应用于求解真实天线和镜像天线的合成方向图的方法。

最后,讨论的是天线的接收特性,其中特别讨论了:(1)通过赫兹振子的简单情况,讨论了天线的接收特性和辐射特性的互易性;(2)考虑了环形天线,演示了使用其方向性定位信号源的应用;(3)引入了有效面积的概念,并推导了 Friis 传输公式。

复习思考题

9.1 什么是赫兹振子?

9.2 讨论赫兹振子的电流和电荷的时间变化。

9.3 简要描述球坐标系。

9.4 解释为什么使用球坐标系求解赫兹振子的场更容易。

9.5 讨论基于时变电磁场的现象对赫兹振子的时变电流和电荷的场进行直觉推广的推理过程。

9.6 解释由直觉推导的赫兹振子的时变电流和电荷形成的场为什么不满足麦克斯韦方程组。

9.7 简要总结解决直觉推导的赫兹振子的场与麦克斯韦方程组不一致的推理过程。

9.8 讨论赫兹振子的完整场的特性。

9.9 查阅另一本适当的参考书,对其求赫兹振子的电磁场的方法与本书使用的方法进行比较。

9.10 什么是辐射场?为什么辐射场是重要的?

9.11 讨论辐射场的特性。

9.12 定义天线的辐射电阻。

9.13 为什么赫兹振子的辐射场的表达式对任意长度的线性天线不适用?

9.14 解释为什么功率线不是好的辐射器？

9.15 什么是辐射方向图？

9.16 讨论赫兹振子的功率密度的辐射方向图。

9.17 定义天线的方向性系数。赫兹振子的方向性系数是什么？

9.18 一个假想的天线，其在半球的空间里向所有的方向辐射相等，其方向性系数为多少？

9.19 怎样求任意长度和任意电流分布的天线的辐射场？

9.20 讨论怎样由开路传输线演化成半波振子。

9.21 证明在确定半波振子的辐射场时在计算积分中的近似是合理的。

9.22 半波振子的辐射电阻和方向性系数的值是多少？

9.23 什么是天线阵列？

9.24 证明在确定二元天线阵列的合成场时做的近似是合理的。

9.25 为什么式(8.47a)和式(8.47b)中相位系数中的 r_1 和 r_2 不能认为等于 r？但是在振幅系数中却可以认为等于 r？

9.26 什么是阵因子？给出阵因子的物理解释。

9.27 讨论单元方向图和阵列方向图，以及利用二者的乘积来获得阵列的合成方向图的过程。

9.28 区分边射辐射方向图和端射辐射方向图。

9.29 讨论使用镜像天线的概念求解天线附近有理想导体情况时的辐射场。

9.30 什么决定了镜像天线中相对于真实天线的电流方向？

9.31 镜像天线的概念怎样简化了理想导体表面上方的天线形成的辐射场的求解？

9.32 讨论天线的发射特性和接收特性的互易性，能否想出互易性不成立的情况？

9.33 环形天线的接收方向图是什么？

9.34 怎样放置环形天线以接收(a)最大的信号和(b)最小的信号？

9.35 讨论环形天线的接收特性的方向性在无线电信号源定位方面的应用。

9.36 接收天线的有效面积是怎样定义的？

9.37 总结赫兹振子的有效面积的表达式的推导。

9.38 讨论 Friis 传输方程的推导。

习题

9.1 长度为 0.1 m 的赫兹振子相关的电偶极矩为

$$\mathbf{p} = 10^{-9}\sin 2\pi \times 10^7 t\mathbf{a}_z \text{ C} \cdot \text{m}$$

求振子中的电流。

9.2 计算式(9.12a)给出的 $\mathbf{E}$ 的旋度，证明其旋度不等于 $-\mu\dfrac{\partial \mathbf{H}}{\partial t}$，这里 $\mathbf{H}$ 由式(9.12b)给出。

9.3 证明在 $\omega \to 0$ 的极限情况下，式(9.23a)和式(9.23b)给出的完整场的表达式分别趋于式(9.12a)和式(9.12b)。

9.4 证明式(9.25a)和式(9.25b)给出的辐射场不能满足麦克斯韦方程组的两个旋度方程。

9.5 求式(9.23a)中辐射场项的振幅在 r 为何值时等于 θ 方向分量的其余两项的合成振幅。

9.6 求赫兹振子的完整电磁场的坡印亭矢量，证明 $1/r^3$ 和 $1/r^2$ 项对振子的平均功率流没有贡献。

9.7 自由空间中长度为 1 m 的直导线，载有均匀电流 $10\cos 4\pi \times 10^6 t$ A。(a) 计算与导线垂直方向距导线 10 km 处的电场强度的振幅。(b) 计算辐射电阻和平均辐射功率。

9.8 计算长直功率线每千米的辐射电阻。就功率线作为辐射器的效率做出评价。

9.9 为了在振子的边射方向距离赫兹振子 1 km 处产生的电场强度的峰值振幅能够达到 0.01 V/m,求赫兹振子的平均辐射功率需为多少?

9.10 位于原点的赫兹振子,沿 x 轴放置,载有的电流为 $I_1 = I_0 \cos \omega t$。另有一个相同长度的赫兹振子也放置在原点,但是沿 z 轴放置,载有的电流为 $I_2 = I_0 \sin \omega t$。求下面各点处的辐射电场的极化:(a) x 轴上的点,(b) z 轴上的点,(c) y 轴上的点,(d) 在直线 $x = y, z = 0$ 上的点。

9.11 两个天线的最大辐射功率密度相同,方向性系数分别为 D_1 和 D_2,辐射电阻分别为 R_{rad1} 和 R_{rad2},求两个天线中的电流的比值。

9.12 位于原点处的天线的功率密度的辐射方向图与 θ 相关,与 $\sin^4\theta$ 成正比,求天线的方向性系数。

9.13 位于原点处的天线,功率密度的辐射方向图与 θ 有关,其关系为

$$f(\theta,\phi) = \begin{cases} \csc^2\theta & \pi/6 \leqslant \theta \leqslant \pi/2 \\ 0 & \theta \text{ 取其他值} \end{cases}$$

求天线的方向性系数。

9.14 图 9.7 中,取 $L = 2$ m,对于 $-L/2 < z' < L/2$,考察下列各点处的 r' 和 $\pi r'/L$ 的变化情况:(a) xy 平面上 $r = 1$ km 处,(b) z 轴上 $r = 1$ km 处。

9.15 将 $0 < \theta < \pi/2$ 的区间分为 9 等份,数值计算

$$\int_{\theta=0}^{\pi/2} \frac{\cos^2[(\pi/2)\cos\theta]}{\sin\theta} d\theta$$

的值。

9.16 完成式(9.39a)中积分的值时省略的步骤。

9.17 为了在半波振子的边射方向 1 km 处产生电场强度峰值振幅达到 0.01 V/m,求半波振子需要的平均辐射功率。

9.18 将半波振子的辐射电阻的正确的值与使用赫兹振子的辐射电阻的表达式得到的错误的值进行比较。

9.19 短振子是长度比波长短的、中央馈电的直导线天线。其电流振幅的分布可近似为由中央处的最大值线性减小到端点处的零值。所以,对于长度为 L、沿 z 轴放置在 $z = -L/2$ 与 $z = L/2$ 区间的短振子,其电流分布如下:

$$I(z) = \begin{cases} I_0\left(1 + \dfrac{2z}{L}\right)\cos \omega t & -\dfrac{L}{2} < z < 0 \\ I_0\left(1 - \dfrac{2z}{L}\right)\cos \omega t & 0 < z < \dfrac{L}{2} \end{cases}$$

(a) 求短振子的辐射场,(b) 求短振子的辐射电阻和方向性系数。

9.20 对于例 9.2 中的两天线阵列,求下列情况的阵列方向图,并绘制出来。(a) $d = \lambda/4$, $\alpha = \pi/2$,(b) $d = 2\lambda, \alpha = 0$。

9.21 对于例 9.2 中的两天线阵列,令 $d = \lambda/4$,求 α 为何值时,阵列方向图的最大值在 $\psi = \pm 60°$ 的方向上,并绘制其阵列方向图。

9.22 求 8 个各向同性的天线构成的线性阵列,当天线间距为 $d = \lambda/2$,电流大小相同,电流的相位相同的情况下的合成方向图。

9.23　求三个各向同性的天线构成的线性阵列，当天线间距为 $d=\lambda/2$，电流大小的比例为 1:2:1，电流的相位相同的情况下的合成方向图。

9.24　对于图 9.9 中的两个赫兹振子的天线阵列，求 $d=\lambda/2$，$\alpha=\pi$ 时 xz 平面内的合成方向图并绘制。

9.25　对于图 9.9 中的两个赫兹振子的天线阵列，求 $d=\lambda/4$，$\alpha=-\pi/2$ 时 xz 平面内的合成方向图并绘制。

9.26　对于位于平的理想导体表面上方 $\lambda/4$ 处的水平赫兹振子，求下列平面内的辐射方向图并绘制出来：(a) 与天线的轴垂直的竖直的平面，(b) 包含天线轴的竖直平面。

9.27　对于位于平的理想导体表面上方 $\lambda/4$ 处的竖直赫兹振子，求竖直平面内的辐射方向图和方向性系数。

9.28　赫兹振子与角反射器垂直放置，角反射器由互相垂直的两个平的理想导体组成，如图 9.19 的截面图所示。(a) 定位满足角反射器表面的边界条件所需的镜像天线。(b) 求截面内的辐射方向图并绘制。

9.29　如果图 9.19 中赫兹振子与两个平面的距离相等，与顶角部的距离为 $\lambda/2$，求远离顶角部方向振子边射方向某点处的辐射场与没有角反射器的情况下的辐射场的比值。

9.30　两个相同的赫兹振子位于原点，分别沿 x 轴和 y 轴放置，称为绕杆式天线，用于接收沿 z 轴到达的圆极化信号。确定怎样组合两个天线中感应的电压以使得绕杆式天线能够响应顺时针方向旋转的圆极化(从天线的角度)，而不响应逆时针旋转的圆极化？

9.31　面积为 1 m^2 的垂直环形天线距离理想导体平面上方的长度为 $\lambda/4$ 的垂直线天线10 km (垂直线天线的方向性系数为 3.28，参见习题 9.27)，工作频率为 2 MHz。环形天线的取向使得接收到的信号最强，当平均辐射功率为 10 kW 时，求环形天线中感应的电压的振幅。

9.32　干涉仪包含两个相距 d 的相同天线构成的阵列。证明均匀平面波以与阵列的轴成ψ的角度入射到阵列上，如图 9.20 所示，在天线 1 和天线 2 中感生的电压的相位差 $\Delta\phi$为$(2\pi d/\lambda)\cos\psi$，这里 λ 是入射波的波长。对于 $d=2\lambda$ 和 $\Delta\phi=30°$，求所有可能的ψ。要考虑由 $\pm 2n\pi$ 带来的相位测量的多值性，这里 n 为整数。

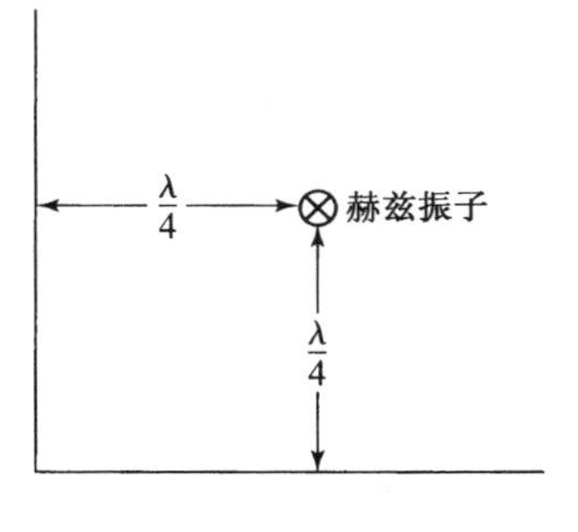

图 9.19　习题 9.28 图

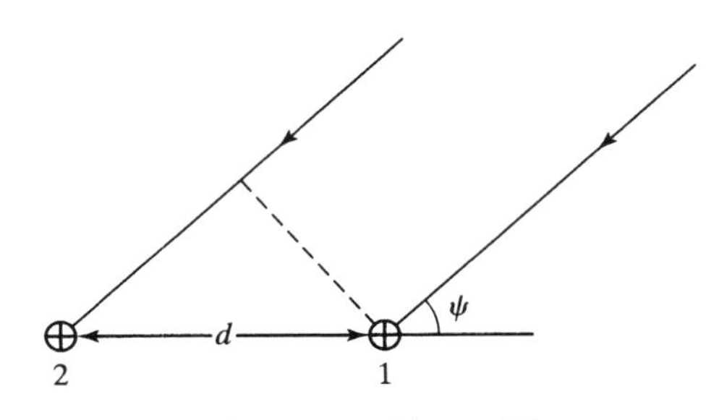

图 9.20　习题 9.32 图

9.33　工作在 30 MHz 的通信链路，使用半波振子作为发射天线，小的环形天线(方向性系数为 1.5)作为接收天线，距离为 100 km。天线的取向为接收信号最大的方向，并且接收天线与负载阻抗是匹配的。如果接收的平均功率为 1 μW，求发射天线中的激励电流的最大值振幅 I_0 需要至少为多少。假设天线是无耗的。

第10章 补充主题

在第1章中,学习了基本数学工具与矢量和场的物理概念。在第2章和第3章中,学习了电磁场基本定律,即麦克斯韦方程组,先是积分形式,然后是微分形式。从第4章到第9章,扩展到了与电气和计算机工程有关的基础电磁场的概念和现象,包括电磁波的传播、传输和辐射,以及揭示物理结构频域特性的准静态波。

本章也是最后一章致力于6个独立的主题,每个主题既以从第4章到第9章的某个或多个章节为基础,也是对它们的补充。可随以之为基础的相关章节,单独学习这6个主题。虽然这些补充主题彼此无关,但共同的目的是为了说明一个概念、现象或应用,扩展在前面对应章节中学到的知识。

10.1 电离媒质中波的传播

在第4章中,学习了在自由空间里的均匀平面波的传播。在本节中,将之扩展到电离媒质中。电离媒质的一个例子是地球的电离层,位于地球上方,从近似50 km扩展到超过1000 km的上层大气区域。在此区域,主要因为太阳紫外线的辐射,组成气体被电离,因而生成由带正电的离子和电子组成的产物,在入射波的场的影响下,离子和电子可自由运动。然而,由于带正电的离子比电子重得多,因此离子相对静止。电子的运动产生电流,该电流影响波的传播。

事实上,在1.5节介绍了均匀密度 N 的电子云在时变电场影响下的运动。该电场表示为

$$\mathbf{E} = E_0 \cos \omega t \, \mathbf{a}_x \tag{10.1}$$

并且发现产生的电流密度为

$$\mathbf{J} = \frac{Ne^2}{m\omega} E_0 \sin \omega t \, \mathbf{a}_x = \frac{Ne^2}{m} \int \mathbf{E} \, \mathrm{d}t \tag{10.2}$$

式中,e 和 m 分别是电子的电量和质量。基于电子受到施加电场的力的作用而持续加速的机理,得到此结果。在电离媒质情况下,电子运动却受到电子与重粒子和其他电子碰撞的阻碍。将忽略这些碰撞,以及与波联系在一起的磁场的微小影响。

在无界的电离媒质中,均匀平面波沿 z 轴传播,电场指向 x 轴,可得

$$\frac{\partial E_x}{\partial z} = -\frac{\partial B_y}{\partial t} = -\mu_0 \frac{\partial H_y}{\partial t} \tag{10.3a}$$

$$\frac{\partial H_y}{\partial z} = -J_x - \frac{\partial D_x}{\partial t} = -\frac{Ne^2}{m} \int E_x \, \mathrm{d}t - \epsilon_0 \frac{\partial E_x}{\partial t} \tag{10.3b}$$

对 z 微分式(10.3a),并从式(10.3b)中代入 $\partial H_y/\partial z$,得到波动方程

$$\begin{aligned}\frac{\partial^2 E_x}{\partial z^2} &= -\mu_0 \frac{\partial}{\partial t}\left[-\frac{Ne^2}{m} \int E_x \, \mathrm{d}t - \epsilon_0 \frac{\partial E_x}{\partial t}\right] \\ &= \frac{\mu_0 Ne^2}{m} E_x + \mu_0 \epsilon_0 \frac{\partial^2 E_x}{\partial t^2}\end{aligned} \tag{10.4}$$

相应的均匀平面波的解为

$$E_x = E_0 \cos(\omega t - \beta z) \tag{10.5}$$

将式(10.5)代入式(10.4)中并化简,可得

$$\begin{aligned}\beta^2 &= \omega^2\mu_0\epsilon_0 - \frac{\mu_0 N e^2}{m}\\ &= \omega^2\mu_0\epsilon_0\left(1 - \frac{Ne^2}{m\epsilon_0\omega^2}\right)\end{aligned}$$

这样,电离媒质中波传播的相位常数为

$$\beta = \omega\sqrt{\mu_0\epsilon_0\left(1 - \frac{Ne^2}{m\epsilon_0\omega^2}\right)} \tag{10.6}$$

该结果表明,电离媒质的特性就像自由空间的介电常数一样通过乘以因子$[1-(Ne^2/m\epsilon_0\omega^2)]$进行了修正。因而可写为

$$\beta = \omega\sqrt{\mu_0\epsilon_{\text{eff}}} \tag{10.7}$$

式中,

$$\epsilon_{\text{eff}} = \epsilon_0\left(1 - \frac{Ne^2}{m\epsilon_0\omega^2}\right) \tag{10.8}$$

是**电离媒质**的等效介电常数。注意,当$\omega\to\infty$时,$\epsilon_{\text{eff}}\to\epsilon_0$,且其特性就像自由空间。既然式(10.2)表明当$\omega\to\infty$时,$\mathbf{J}\to 0$,这也是所预期的。当$\omega$从$\infty$开始减小,$\epsilon_{\text{eff}}$变得越来越小,直到$\omega$等于$\sqrt{Ne^2/m\epsilon_0}$,$\epsilon_{\text{eff}}$变为零。因此对于$\omega > \sqrt{Ne^2/m\epsilon_0}$,$\epsilon_{\text{eff}}$是正值,$\beta$是实数,电场的解仍是传播模式的波;对于$\omega < \sqrt{Ne^2/m\epsilon_0}$,$\epsilon_{\text{eff}}$是负值,$\beta$变成虚数,电场的解是凋落模式。

这样,频率$f > \sqrt{Ne^2/4\pi^2 m\epsilon_0}$的波在电离媒质中传播,频率$f < \sqrt{Ne^2/4\pi^2 m\epsilon_0}$的波不能在电离媒质中传播。物理量$\sqrt{Ne^2/4\pi^2 m\epsilon_0}$称为**等离子体频率**,用符号$f_N$表示。代入$e$,$m$和$\epsilon_0$的值,可得

$$f_N = \sqrt{80.6N}\ \text{Hz} \tag{10.9}$$

式中,N是每立方米的电子数量。可将ϵ_{eff}写为

$$\epsilon_{\text{eff}} = \epsilon_0\left(1 - \frac{f_N^2}{f^2}\right) \tag{10.10}$$

进一步,在传播模式的频率范围内,即$f > f_N$,相速为

$$\begin{aligned}v_p &= \frac{1}{\sqrt{\mu_0\epsilon_{\text{eff}}}} = \frac{1}{\sqrt{\mu_0\epsilon_0(1 - f_N^2/f^2)}}\\ &= \frac{c}{\sqrt{1 - f_N^2/f^2}}\end{aligned} \tag{10.11}$$

式中,$c = 1/\sqrt{\mu_0\epsilon_0}$是光在自由空间的速度。从式(10.11),观察到$v_p > c$且相速是波频率的函数。$v_p > c$的事实不与相对论冲突,因为由$v_p$与$f$的相关性导致的媒质色散本质确保信息总是以小于$c$的速度传播。在8.3节讨论了**色散**主题。

为把所学的电离媒质中的传播应用到地球的电离层,首先简要描述一下电离层。地球上方电离层电子密度随高度的典型分布如图10.1所示。电子密度分为称为D,E和F层的几层,层中电离化随每天时段、季节、太阳黑子周期和地理位置而变化。为每层指派字母的命名法归应于英格兰的Appleton,他在1925年用实验方法演示了无线电波被电离层反射,且在大约同一时间美国的Breit和Tuve也演示了此实验。在Appleton的早期著作中,他习惯上将他所辨认出的从第一层

反射回的波的电场写为 E。后来,当他辨认出更高高度的第二层时,他将该层反射回的波的电场写为 F。再后来,他推测在前两层下面可能有第三层,这样决定将可能存在的更低的层命名为 D,从而将字母表前面的字母留给其他可能未发现的、还要更低的层。后来电子确实在 D 区探测到的。

D 区从 50 km 扩展到大约 90 km。既然不能忽略在 D 区内电子和重粒子的碰撞,D 区主要为吸收区。E 区从大约 90 km 扩展到大约 150 km。E 层电子密度的白天和季节的变化与太阳的天顶角强烈相关。在 F 区,两层中较低的一层指定为 F1 层,而较高的一层,也是更强电离的一层,指定为 F2 层。F1 层的凸点通常位于 160 km 和 200 km 之间。在此之上,F2 层的电子密度随高度而增大,一般在 250 km 和 400 km 之间的某个高度达到峰值。在此峰值之上,电子密度随高度单调递减。F1 的凸点只在白天出现。夜间,F1 和 F2 层可看成单一的F 层。既然 F2 层的电子浓度最大,那么从无线通信的角度看,F2 层是最重要的。自相矛盾的是,F2 层也有几个异常之处。

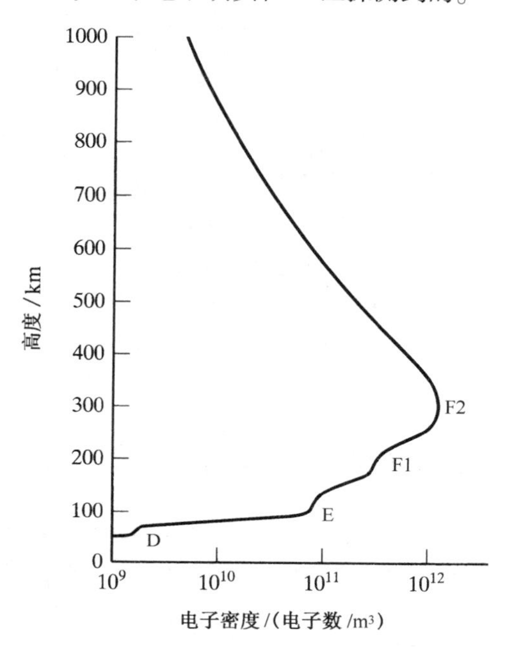

图 10.1　电离层电子密度随地球上方高度变化的典型分布

由于地球磁场的存在,电离层中波的传播很复杂。如果忽略地球的磁场,那么对于来自地面发射机的频率为 f 的波,垂直入射到电离层,根据传播条件 $f>f_N$,易知波最远可传播到 $f=f_N$ 时的高度,且由于超过该高度后波不能传播,波在该高度被反射。这样,由于等离子频率的最大值对应着 F2 层电子密度的峰值,如果波的频率小于等离子频率的最大值,那么波就无法穿过电离层。因此,为与轨道在电离层峰值上方的卫星通信,必须采用大于或等离子频率最大值的频率,最大等离子频率也称为**临界频率**。虽然这个临界频率是时间、季节、太阳黑子周期和地理位置的函数,但是该频率不大于 15 MHz,也可能低至几兆赫。对于斜入射到电离层的波,波的频率大于临界频率,一直到临界频率的三倍,都可能发生反射。因此,对于地面到卫星的通信,通常采用大于 40 MHz 的频率。低频允许远距离传播,通过电离层的反射进行地面到地面的通信。这种传播模式就是熟知的**天波模式**。对于几千赫甚至更低量级的甚低频,电离层的下边界和地面构成一个波导,因此允许传播波导模式。

本节,学习了在电离媒质中,只有频率超出对应着电子密度的等离子频率后,波才能传播。将此原则应用到地球的电离层,发现这给卫星通信设置了频率下限。

复习思考题

10.1　什么是电离媒质?什么影响电离媒质里波的传播?

10.2　给出电离媒质的等效介电常数与频率相关的物理解释。

10.3　讨论电离媒质的传播条件。

10.4　什么是等离子频率?等离子频率与电子密度的关系?

10.5　简要描述地球的电离层,并讨论电离层如何影响通信。

习题

10.1 证明$\sqrt{Ne^2/m\epsilon_0}$的单位是 s^{-1}，$e^2/4\pi^2 m\epsilon_0$ 等于 80.6。

10.2 假定电离层可表示为电子密度的抛物线分布，为

$$N(h)=\frac{10^{14}}{80.6}\left[1-\left(\frac{h-300}{100}\right)^2\right]\text{电子数/m}^3 \qquad 200<h<400$$

其中，h 是高度，单位为 km。(a)求频率为 8 MHz 的垂直入射波能被反射的高度。(b)求在高度为 220 km 时被反射的垂直入射波的频率。(c)最低频率是多少？低于此频率，通信信号不可能穿过电离层的峰值。

10.3 频率为 10 MHz 的均匀平面波，垂直于厚度 50 km 的电离媒质层传播，且均匀等离子频率是 8 MHz，求(a)电离媒质层中的相速，(b)电离媒质层中的波长和(c)波在电离媒质层中传播的波长数。

10.2 各向异性媒质中波的传播

在 5.1 节，学习了称为**各向异性电介质材料**的某些电介质材料，**D** 通常不与 **E** 平行，且 **D** 和 **E** 的关系由 3×3 矩阵组成的电容率张量表示。类似地，在 5.2 节学习了某些磁性材料的各向异性特性。基于各向异性媒质中波的传播特性，有几个重要的应用。然而，通用的处理方法是很复杂的。因此，研究两个简单例子。

对于第一个例子，各向异性电介质材料的 **D** 和 **E** 的关系为

$$\begin{bmatrix} D_x \\ D_y \\ D_z \end{bmatrix} = \begin{bmatrix} \epsilon_{xx} & 0 & 0 \\ 0 & \epsilon_{yy} & 0 \\ 0 & 0 & \epsilon_{zz} \end{bmatrix} \begin{bmatrix} E_x \\ E_y \\ E_z \end{bmatrix} \tag{10.12}$$

且磁导率为 μ_0。通过选择适当的坐标系，在某些各向异性液体和晶体中可以产生这种电容率张量的简单构成。容易看出，这种情况的特性极化都是线性的，指向坐标轴，而且 x，y 和 z 向极化的有效电容率分别是 ϵ_{xx}，ϵ_{yy} 和 ϵ_{zz}。这里考虑沿 z 向传播的均匀平面波。这种波通常包含场的 x 和 y 分量，可被分解为两个波，一个波有 x 向的电场，另一个波有 y 向的电场。这些波的分量就像在各向同性媒质中一样在各向异性媒质中单独传播，然而，既然有效电容率不同，波分量的相速也就不同。因此，两个波的相位关系以及合成波的极化，随着沿传播方向的传播距离而变化。

现在定量研究前面的讨论，电场在 $z=0$ 处线极化的波表示为

$$\mathbf{E}(0) = (E_{x0}\,\mathbf{a}_x + E_{y0}\,\mathbf{a}_y)\cos\omega t \tag{10.13}$$

假定只有(+)波，在任意 z 值处的电场为

$$\mathbf{E}(z) = E_{x0}\cos(\omega t-\beta_1 z)\,\mathbf{a}_x + E_{y0}\cos(\omega t-\beta_2 z)\,\mathbf{a}_y \tag{10.14}$$

式中，

$$\beta_1 = \omega\sqrt{\mu_0\epsilon_{xx}} \tag{10.15a}$$

$$\beta_2 = \omega\sqrt{\mu_0\epsilon_{yy}} \tag{10.15b}$$

分别是相应的 x 极化分量和 y 极化分量的相位常数。这样，电场的 x 分量和 y 分量的相位差为

$$\Delta\phi = (\beta_2-\beta_1)z \tag{10.16}$$

当合成波沿 z 轴传播时，从 $z=0$ 处的零变为 $z=\pi/2(\beta_2-\beta_1)$ 的 $\pi/2$，再变为 $z=\pi/(\beta_2-\beta_1)$ 的

π,等等。这样,合成波的极化由 $z=0$ 处的线极化变为 $z>0$ 处的椭圆极化,在 $z=\pi/(\beta_2-\beta_1)$ 处又变为线极化,但旋转了的角度,如图 10.2 所示。其后,又变成椭圆极化,在 $z=2\pi/(\beta_2-\beta_1)$ 处回到初始的线极化,等等。

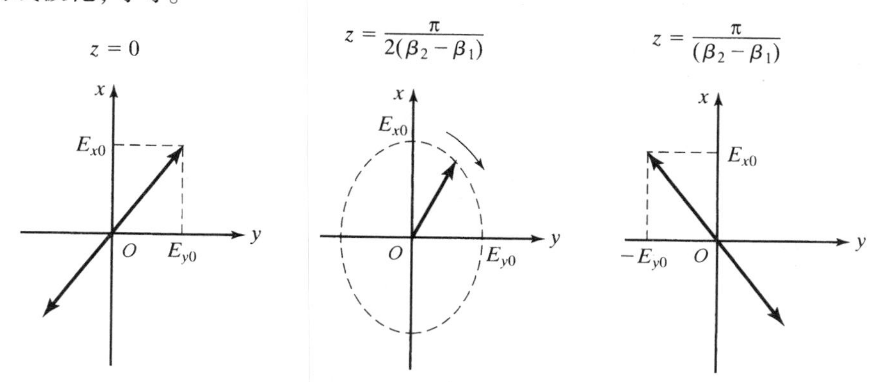

图 10.2 在由式(10.12)表示的各向异性媒质中传播的波的极化变化

对于第二个例子,考虑在铁氧体媒质中的传播。铁氧体是这样一类磁性材料,当受直流磁化场控制时,可表现出各向异性磁特性。既然由这种各向异性引起的 **B** 分量和 **H** 分量之间的关系产生了相位差,就适宜使用相量符号并用相量分量表示这种关系。对于沿波的传播方向,假定为 z 向,施加了直流磁场的情况,这种关系表示为

$$\begin{bmatrix}\bar{B}_x\\ \bar{B}_y\\ \bar{B}_z\end{bmatrix}=\begin{bmatrix}\mu & -\mathrm{j}\kappa & 0\\ \mathrm{j}\kappa & \mu & 0\\ 0 & 0 & \mu_0\end{bmatrix}\begin{bmatrix}\bar{H}_x\\ \bar{H}_y\\ \bar{H}_z\end{bmatrix} \tag{10.17}$$

式中,μ 和 κ 取决于材料、直流磁场的强度和波的频率。

为求解特性极化,从式(10.17)可得

$$\bar{B}_x=\mu\bar{H}_x-\mathrm{j}\kappa\bar{H}_y \tag{10.18a}$$

$$\bar{B}_y=\mathrm{j}\kappa\bar{H}_x+\mu\bar{H}_y \tag{10.18b}$$

令 $\bar{B}_x/\bar{B}_y$ 等于 $\bar{H}_x/\bar{H}_y$,可得

$$\frac{\mu\bar{H}_x-\mathrm{j}\kappa\bar{H}_y}{\mathrm{j}\kappa\bar{H}_x+\mu\bar{H}_y}=\frac{\bar{H}_x}{\bar{H}_y}$$

$\bar{H}_x/\bar{H}_y$ 的解为

$$\frac{\bar{H}_x}{\bar{H}_y}=\pm\mathrm{j} \tag{10.19}$$

此结果相当于 H_x 和 H_y 等幅且相位差为 ±90°。这样,两种特性极化都是圆极化的,沿 z 轴看旋转方向相反。

对应特性阻抗的铁氧体的有效磁导率为

$$\begin{aligned}\frac{\bar{B}_x}{\bar{H}_x}&=\frac{\mu\bar{H}_x-\mathrm{j}\kappa\bar{H}_y}{\bar{H}_x}\\ &=\mu-\mathrm{j}\kappa\frac{\bar{H}_y}{\bar{H}_x}\\ &=\mu\mp\kappa\qquad \text{对于 }\frac{\bar{H}_x}{\bar{H}_y}=\pm\mathrm{j}\end{aligned} \tag{10.20}$$

与特性波传播联系在一起的相位常数为

$$\beta_{\pm} = \omega\sqrt{\epsilon(\mu \mp \kappa)} \tag{10.21}$$

式中，下标+和-分别是指 $\bar{H}_x/\bar{H}_y = +\mathrm{j}$ 和 $\bar{H}_x/\bar{H}_y = -\mathrm{j}$。从式(10.21)可知，如果$(\mu - \kappa) < 0$，$\beta_+$变为虚数。当这种情况发生时，对于这种特性极化，波不能传播。因而，从此以后假定波频率是两种特性波都能传播的频率。

现在考虑波的磁场在 $z=0$ 处的 x 方向是线性极化的情况，即

$$\mathbf{H}(0) = H_0 \cos \omega t\, \mathbf{a}_x \tag{10.22}$$

然后将式(10.22)表示为在 xy 平面旋转方向相反的两个圆极化磁场的叠加：

$$\begin{aligned}\mathbf{H}(0) = &\left(\frac{H_0}{2}\cos \omega t\, \mathbf{a}_x + \frac{H_0}{2}\sin \omega t\, \mathbf{a}_y\right) + \\ &\left(\frac{H_0}{2}\cos \omega t\, \mathbf{a}_x - \frac{H_0}{2}\sin \omega t\, \mathbf{a}_y\right)\end{aligned} \tag{10.23}$$

式(10.23)右侧第一对括号内的圆极化磁场相当于

$$\frac{\bar{H}_x}{\bar{H}_y} = \frac{H_0/2}{-\mathrm{j}H_0/2} = +\mathrm{j}$$

反之，第二对括号内的圆极化磁场相当于

$$\frac{\bar{H}_x}{\bar{H}_y} = \frac{H_0/2}{\mathrm{j}H_0/2} = -\mathrm{j}$$

假定波沿正 z 轴传播，在任意 z 值处的磁场为

$$\begin{aligned}\mathbf{H}(z) = &\left[\frac{H_0}{2}\cos(\omega t - \beta_+ z)\,\mathbf{a}_x + \frac{H_0}{2}\sin(\omega t - \beta_+ z)\,\mathbf{a}_y\right] + \\ &\left[\frac{H_0}{2}\cos(\omega t - \beta_- z)\,\mathbf{a}_x - \frac{H_0}{2}\sin(\omega t - \beta_- z)\,\mathbf{a}_y\right] \\ = &\left[\frac{H_0}{2}\cos\left(\omega t - \frac{\beta_+ + \beta_-}{2}z - \frac{\beta_+ - \beta_-}{2}z\right)\mathbf{a}_x + \right. \\ &\left.\frac{H_0}{2}\sin\left(\omega t - \frac{\beta_+ + \beta_-}{2}z - \frac{\beta_+ - \beta_-}{2}z\right)\mathbf{a}_y\right] + \\ &\left[\frac{H_0}{2}\cos\left(\omega t - \frac{\beta_+ + \beta_-}{2}z + \frac{\beta_+ - \beta_-}{2}z\right)\mathbf{a}_x - \right. \\ &\left.\frac{H_0}{2}\sin\left(\omega t - \frac{\beta_+ + \beta_-}{2}z + \frac{\beta_+ - \beta_-}{2}z\right)\mathbf{a}_y\right] \\ = &\left[H_0\cos\left(\frac{\beta_- - \beta_+}{2}z\right)\mathbf{a}_x + H_0\sin\left(\frac{\beta_- - \beta_+}{2}z\right)\mathbf{a}_y\right]\cdot \\ &\cos\left(\omega t - \frac{\beta_+ + \beta_-}{2}z\right)\end{aligned} \tag{10.24}$$

式(10.24)给出的结果说明磁场的 x 分量和 y 分量在任意给定 z 值处同相。因此，对于所有的 z 值，该磁场都是线极化的。然而，极化方向是 z 的函数，因为

$$\frac{H_y}{H_x}=\frac{H_0\sin\left[(\beta_- - \beta_+)/2\right]z}{H_0\cos\left[(\beta_- - \beta_+)/2\right]z}=\tan\frac{\beta_- - \beta_+}{2}z \tag{10.25}$$

因此磁场矢量与 x 轴的夹角是$[(\beta_- - \beta_+)/2]z$。这样,极化方向按速率$(\beta_- - \beta_+)/2$ 旋转,与 z 成线性关系。这种现象称为**法拉第旋转**,并借助于图 10.3 做了演示。任意一列中的图对应着固定的 z 值,反之,任意一行中的图对应着固定的时间 t。在 $z=0$ 处,场是沿 x 轴的线极化,且是两个反向旋转的圆极化场的叠加,如第一列的时间序列图所示。如果媒质是各向同性的,那么这两个反向旋转的圆极化场随 z 的变化经历相同的相位滞后,且场保持沿 x 轴的线极化,如第二列和第三列的虚线所示。对于各向异性媒质,两个圆极化场随 z 的变化经历不等量的相位滞后。因此,两个场的叠加产生与 x 轴有夹角的线极化,且夹角随 z 线性增大,如第二列和第三列的实线所示。

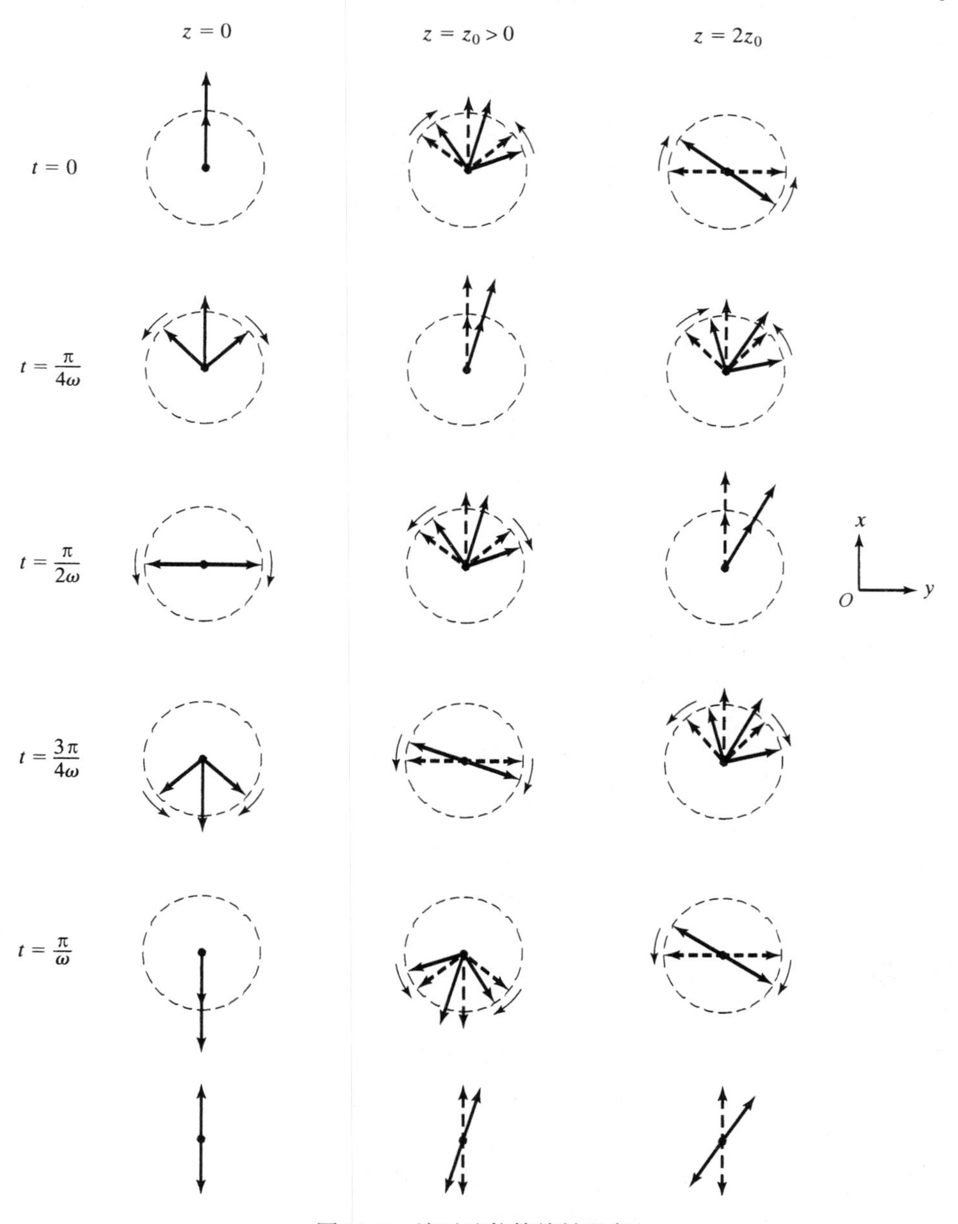

图 10.3　演示法拉第旋转现象

刚才讨论的铁氧体中的法拉第旋转现象构成了一些微波设备的应用基础。该现象本身并不局限于铁氧体。例如,浸入直流磁场中的电离媒质具有各向异性属性,引起一个线极化波的法拉第旋转,该波沿直流磁场传播。这种情况的一个自然界的例子是在电离层沿地球磁场的传播。磁光开关是一个应用法拉第旋转的简单的现代例子。事实上,法拉第旋转最初就是在光状态发现的。

磁光开关是通过开、关电流来调制激光束的设备。电流产生磁场,磁场使以石榴石为基质的磁铁-石榴石薄膜里的磁化矢量旋转,光波穿过薄膜平面。当光波进入薄膜时,光波场是垂直于薄膜平面的线极化。如果切断电路里的电流,则磁化矢量垂直于波的传播方向,波穿出薄膜且极化不变,如图 10.4(a)所示。如果开启了电路里的电流,则磁化矢量平行于波的传播方向,光波经历法拉第旋转,且极化旋转 90°后穿出薄膜,如图 10.4(b)所示。光束离开薄膜后,通过偏光镜,该偏光镜可吸收初始极化的光波,而允许极化旋转 90°的光波通过。这样,通过电路里电流的开关切换,就可以开关光束。以这种方式,光束可传送任何编码信息。

在本节中,讨论了各向异性媒质中波的传播。特别地,在铁氧体中,沿外加直流磁场方向传播的线极化波会出现法拉第旋转现象。关于会发生法拉第旋转的媒质,简要提到了其他例子。最后,讨论了磁光开关的操作,这是一种应用法拉第旋转调制光束的设备。

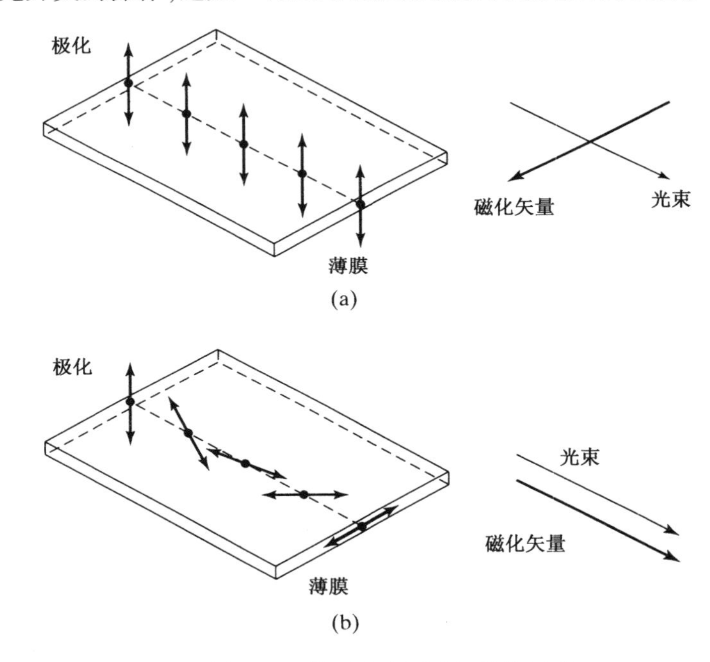

图 10.4　演示磁光开关的操作原理

复习思考题

10.6　基于波分解为特性波的方法,讨论各向异性媒质中波传播的原理。

10.7　什么时候波在各向异性媒质中传播时没有改变极化?

10.8　什么是法拉第旋转?什么时候在各向异性媒质里发生法拉第旋转?

10.9　查阅相关的参考书籍,列出三个法拉第旋转的应用。

10.10　什么是磁光开关?讨论磁光开关的操作。

习题

10.4 对于 **D** 和 **E** 的关系由式(10.12)给出的各向异性媒质,假定 $\epsilon_{xx}=4\epsilon_0$,$\epsilon_{yy}=9\epsilon_0$ 和 $\epsilon_{zz}=2\epsilon_0$。平面波的频率为 10^9 Hz,沿 z 轴传播,传播一段距离后,x 分量和 y 分量之间的相位差为 π,求解该距离。

10.5 证明对于在各向异性媒质中传播的平面波,**E** 和 **H** 之间的夹角一般不等于 90°。对于习题10.4中的各向异性媒质,**E** 为线极化,方向沿 x 轴和 y 轴之间的角等分线,求解 **E** 和 **H** 之间的夹角。

10.6 对于频率为 ω 的波,式(10.17)的磁导率矩阵中的μ 和 κ 为

$$\mu=\mu_0\left[1+\frac{\omega_0\omega_M}{\omega_0^2-\omega^2}\right]$$

$$\kappa=-\mu_0\frac{\omega\omega_M}{\omega_0^2-\omega^2}$$

式中,$\omega_0=\mu_0|e|H_0/m$;$\omega_M=\mu_0|e|M_0/m$;H_0 是直流磁场;M_0 是当没有波时,材料中每单位体积的磁偶极矩;e 是电子的电量;m 是电子的质量。(a)证明 $\bar{H}_x/\bar{H}_y=\pm\mathrm{j}$ 时,对应这种特性极化的有效磁导率是 $\mu_0\left[1+\dfrac{\omega_M}{\omega_0\mp\omega}\right]$。(b)对于 $\omega_M=5\times10^{10}$ rad/s,如果 $\omega_0=1.5\times10^{10}$ rad/s 且 $\epsilon=9\epsilon_0$,以度/厘米为单位计算沿 z 轴的法拉第旋转角。

10.7 对于铁氧体,习题10.6中定义的物理量,证明当 $\omega_0\ll\omega$ 和 $\omega_M\ll\omega$ 时,沿 z 轴每单位距离的法拉第旋转是$\dfrac{\omega_M}{2}\sqrt{\mu_0\epsilon}$。如果 $\omega_M=5\times10^{10}$ rad/s,$\epsilon=9\epsilon_0$,以度/厘米为单位计算法拉第旋转的值。

10.3 电磁兼容和屏蔽

正如前言中提到的,电磁场无处不在。每当打开电力开关或其他电子设备开关时;每当按下计算机键盘或手机按键时;每当对有关日常电子设备进行相似操作时,电磁场都起着作用。当有意做这些事时,结果就是,电磁能量可能造成特定系统对不同系统的无意干扰,或特定系统某一部分对另一部分的无意干扰。例如,当一个收音机放在计算机旁边的时候,接收的 FM 调频信号就混入了噪声。由于计算机的数字电路的辐射会被收音机天线作为噪声接收,因而降低了收音机的性能。这个计算机就被称为造成了无线电电磁干扰(EMI)。EMI 说明了设计与电磁环境兼容系统的需要,构成了电磁兼容(EMC)领域。

电磁兼容由 IEC(国际电工委员会)定义为"器件、设备单元或系统在其电磁环境中性能正常,且未引入同一电磁环境中的其他设备不可抵抗的电磁骚扰"。电磁骚扰可能是电磁噪声,不需要的信号,或是传输媒质自身的改变。系统如果满足:(1)不会对其他系统造成干扰,(2)对其他系统的发射不敏感,(3)不会干扰系统自身,则被认为是电磁兼容的。

在系统的 EMC 分析和设计工作中,不管准静态概念是否适用都经常被用到,因为与场的完整解分析比较,它是简单的。从第6章知道:当系统的物理尺寸远小于工作频率对应的波长时,可以应用准静态近似。因此,分为以下三种情况:

1. 当系统在三维方向上都是电小尺寸的，也就是说，当它的物理尺寸在三维上都是小于工作频率对应的波长。这样准静态近似就可以在三个方向上使用，并且系统可以由等效电路代替，电路分析的方法就可以使用了。
2. 当系统的物理尺寸在两个方向上小于波长，在第三个方向上尺寸与波长可相比拟或大于波长时，则系统变成沿着长方向扩展的传输线。
3. 当它的物理尺寸在三个方向上都和波长可相比拟或大于波长时，就要用麦克斯韦方程组的完整解进行全波分析。

一般来说，信号频谱由各个频率成分组成。以上提及的波长是指最短的有效波长，也就是说，信号频谱中重要的最高频率所对应的波长。

如图 10.5 所示，所有的电磁兼容问题可以被分为三部分：(a) 骚扰源，(b) 敏感设备，(c) 从发射源到敏感设备的耦合途径。在上述计算机造成调频收音机噪声的例子中，噪声源就是计算机，敏感设备就是收音机，耦合途径就是从计算机的数字电路到收音机天线之间的媒质。

图 10.5 电磁兼容问题的三要素

可以通过减小或消除电磁干扰来解决电磁兼容问题，需使用以下三个方法中的一个或几个：(1) 减小引起电磁干扰问题的源的发射，(2) 降低电磁干扰敏感设备的敏感度，(3) 降低耦合途径的有效性。尽管往往解决电磁兼容问题唯一可选的方法是第三种，但是这里首先分析应用前两种方法的一个简单例子。

在 $z=0$ 平面的一对平行双线，间距为 a，携带电流为 $I(t)$，方向相反，如图 10.6 所示。把面积为 A 的金属环放置于环平面（xy 平面），环心和平行线中心的距离为 d，$d \gg a$。平行双线的电流就会产生磁场，根据法拉第定理，在环路闭合区产生时变的磁通量，因而环路上就会有感应电压，引起 EMI 问题。EMC 问题就是要找到使环路 EMI 最小的方法。

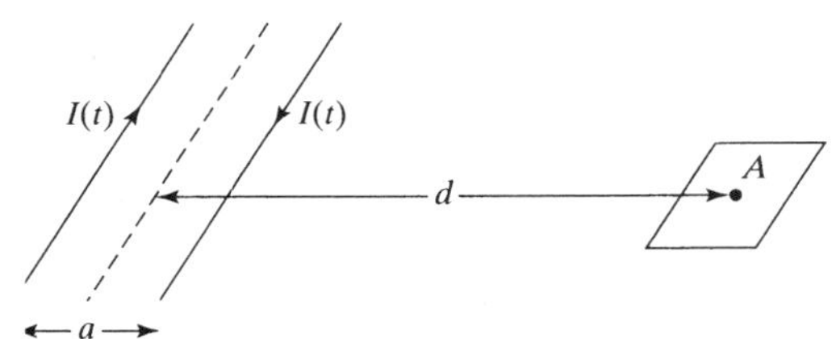

图 10.6 为演示电磁兼容问题，在平行线场中金属环的布置

平行双线产生的场可以用如下方式计算：在线的横截平面上，场分布与同样几何配置相应的静态场的空间特性相同。因此，把例 2.9 中一根长线产生的场的结论应用到两根线，引入时变量，在环心平行双线产生的磁通密度为

$$\text{环心的}\,\mathbf{B} = \frac{\mu_0 I(t)}{2\pi}\left[\frac{1}{(d-a/2)} - \frac{1}{(d+a/2)}\right] \tag{10.26a}$$

在环的法线方向。对于 $d \gg a$，有

$$\text{环心的}\,\mathbf{B} \approx \frac{\mu_0 a I(t)}{2\pi d^2} \tag{10.26b}$$

由于与环与线的距离相比，环的面积很小，因此可以假定环面上的磁场不会显著变化。同样地假定适用于电流，则电流引起的磁场在 z 方向不会显著变化，得到闭合环路的磁通量为

$$\psi = \frac{\mu_0 a A I(t)}{2\pi d^2} \tag{10.27}$$

则环上感应的电压为

$$V = -\frac{d\psi}{dt} = -\frac{\mu_0 a A}{2\pi d^2}\frac{dI(t)}{dt} \tag{10.28}$$

对于 $I(t) = I_0\cos\omega t$，有

$$V = \frac{\mu_0 a A I_0 \omega}{2\pi d^2}\sin\omega t \tag{10.29}$$

从式(10.29)可以看出，若要感应电压很小，则 I_0，a，A，ω 必须尽可能地小，d 必须尽可能地大。在实际情况下，一些参数可能是固定的，只有一些参数是可变的。如果环的大小不可变，通过旋转环，使环与线平面成一定角度，可减小环的有效面积。当角度为直角的时候，磁场和环面积平行，感应电压为零，消除了电磁兼容问题。如果双线之间的距离可以变化，另一种减小电磁干扰问题的办法就是减小双线间的距离，如果可能的话，使用双绞线。从式(10.29)得出的另一个重要的结论就是：环上的电压及电磁干扰随频率的增高而增大。这意味着对于非正弦源，骚扰的各频率分量与频率成正比。

如上所述，通常解决电磁兼容问题的唯一有效方法就是降低耦合途径的有效性。因此，理解耦合机制很重要。取决于骚扰源和敏感设备的不同距离，可以采用不同的分析技术。对于短距离的，可以用电路模型，把电场耦合表示为容性耦合，把磁场耦合表示为感性耦合。在10.4节中有一个容性和感型耦合的例子，专门分析传输线串扰，串扰指波沿一条传输线传播时，在邻近第二条传输线上感应一个波而导致的干扰。当骚扰源和敏感设备有公用导线时，导线的共模阻抗引起干扰。因此，这种耦合称为**共模阻抗耦合**，应用电路技术进行分析。对于骚扰源和敏感设备相距较远的情况下，涉及到两者之间的媒质，可以用场的方法来分析从骚扰源到媒质的辐射以及辐射能量从媒质到敏感设备的传输。

解决电磁兼容问题的技术，也就是说通过降低耦合途径的有效性减小电磁干扰对敏感设备的影响，归为以下四类：(a)合适摆放元器件和电缆，(b)系统接地和搭接，(c)浪涌抑制和滤波，(d)屏蔽。这些技术各自的范围都很广阔。这里仅仅讨论屏蔽主题，使用第5章和第7章的知识，举一个例子。例如，用平面金属板屏蔽来自远端骚扰源的入射波。

有关这个问题的几何结构如图10.7所示，媒质1和媒质3是自由空间，媒质2是厚度为 d 的金属板。角频率为 ω 的均匀平面波从媒质1垂直入射到金属面。媒质1和媒质3的传输特性参数如下：

$$\bar{\gamma}_1 = \bar{\gamma}_3 = j\beta_0 = j\omega/c \tag{10.30a}$$

$$\bar{\eta}_1 = \bar{\eta}_3 = \eta_0 = 120\pi \tag{10.30b}$$

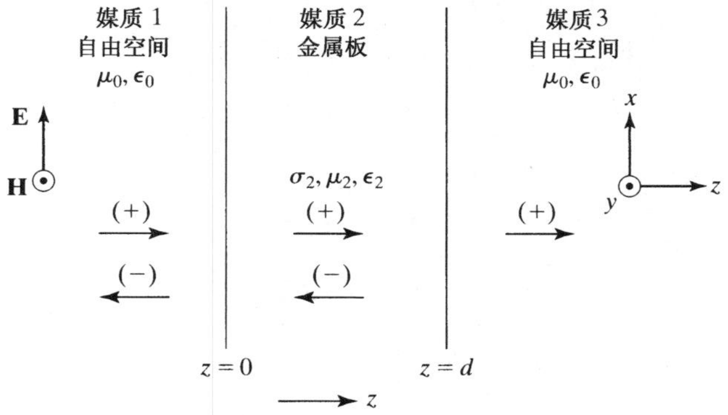

图10.7　用于分析金属板屏蔽的布置的几何结构

媒质 2 的传输特性参数如下：

$$\bar{\gamma}_2 = \sqrt{j\omega\mu_2(\sigma_2 + j\omega\epsilon_2)} \tag{10.31a}$$

$$\bar{\eta}_2 = \sqrt{\frac{j\omega\mu_2}{\sigma_2 + j\omega\epsilon_2}} \tag{10.31b}$$

要求分析系统在媒质 1 和媒质 3 之间的屏蔽效能。**屏蔽效能**或**屏蔽因子**表示为 S，定义为媒质 1 的入射电场幅度和媒质 3 的透射电场幅度的比值。

入射波在边界 $z=0$ 处引起反射波和透射波，反射波在媒质 1 沿 z 方向反向传播，透射波在媒质 2 中沿正 z 方向传播。当媒质 2 中的透射波到达边界 $z=d$ 时，又引起向边界 $z=0$ 反向传播的反射波，以及进入媒质 3 的透射波。当反射波到达边界 $z=0$ 时，又会产生它自身的反射波，并叠加到由来自媒质 1 的入射波产生的早先的透射波上。它也会产生一个透射波进入媒质 1，沿 z 方向传播。进入媒质 1 和媒质 3 中的透射波将不会产生反射，因为假定在 z 的正方向和负方向媒质都扩展到无穷远。但是，在媒质 2 中每个波在入射到的边界都会产生反射波和透射波。在稳态，所有这些波叠加起来，等效为在媒质 1 中有一个单一的（+）波和一个单一的（-）波，在媒质 2 中有一个单一的（+）波和一个单一的（-）波，在媒质 3 有一个单一的（+）向波。因此，在三种媒质中波的复数电场和磁场的分量可写为

媒质 1：

$$\bar{E}_{x1} = \bar{A}_1 e^{-j\beta_0 z} + \bar{B}_1 e^{j\beta_0 z} \tag{10.32a}$$

$$\bar{H}_{y1} = \frac{1}{\eta_0}\left(\bar{A}_1 e^{-j\beta_0 z} - \bar{B}_1 e^{j\beta_0 z}\right) \tag{10.32b}$$

媒质 2：

$$\bar{E}_{x2} = \bar{A}_2 e^{-\bar{\gamma}_2 z} + \bar{B}_2 e^{\bar{\gamma}_2 z} \tag{10.33a}$$

$$\bar{H}_{y2} = \frac{1}{\bar{\eta}_2}\left(\bar{A}_2 e^{-\bar{\gamma}_2 z} - \bar{B}_2 e^{\bar{\gamma}_2 z}\right) \tag{10.33b}$$

媒质 3：

$$\bar{E}_{x3} = \bar{A}_3 e^{-j\beta_0 z} \tag{10.34a}$$

$$\bar{H}_{y3} = \frac{1}{\eta_0}\bar{A}_3 e^{-j\beta_0 z} \tag{10.34b}$$

根据定义，屏蔽因子 S 等于 $|\bar{A}_1|/|\bar{A}_3|$。为了求解这个量，注意到常数 $\bar{A}_1$，$\bar{A}_2$，$\bar{A}_3$，$\bar{B}_1$ 和 $\bar{B}_2$ 与边界 $z=0$ 和 $z=d$ 的边界条件有关，如下所示：

$$\bar{E}_{x1} = \bar{E}_{x2} \text{ 和 } \bar{H}_{y1} = \bar{H}_{y2} \text{ 在 } z = 0 \text{ 处} \tag{10.35a}$$

$$\bar{E}_{x2} = \bar{E}_{x3} \text{ 和 } \bar{H}_{y2} = \bar{H}_{y3} \text{ 在 } z = d \text{ 处} \tag{10.35b}$$

因而，得到

$$\bar{A}_1 + \bar{B}_1 = \bar{A}_2 + \bar{B}_2 \tag{10.36a}$$

$$\frac{1}{\eta_0}(\bar{A}_1 - \bar{B}_1) = \frac{1}{\bar{\eta}_2}(\bar{A}_2 - \bar{B}_2) \tag{10.36b}$$

$$\bar{A}_2 e^{-\bar{\gamma}_2 d} + \bar{B}_2 e^{\bar{\gamma}_2 d} = \bar{A}_3 e^{-j\beta_0 d} \tag{10.36c}$$

$$\frac{1}{\bar{\eta}_2}(\bar{A}_2 e^{-\bar{\gamma}_2 d} - \bar{B}_2 e^{\bar{\gamma}_2 d}) = \frac{1}{\eta_0}\bar{A}_3 e^{-j\beta_0 d} \tag{10.36d}$$

利用 $\bar{A}_3$ 求解式(10.36c)和式(10.36d)中的 $\bar{A}_2$ 和 $\bar{B}_2$，得到

$$\bar{A}_2 = \bar{A}_3 \frac{1}{1+\bar{\Gamma}_{23}} e^{-j\beta_0 d} e^{\bar{\gamma}_2 d} \tag{10.37a}$$

$$\bar{B}_2 = \bar{A}_2 \bar{\Gamma}_{23} e^{-2\bar{\gamma}_2 d} \tag{10.37b}$$

式中，

$$\bar{\Gamma}_{23} = \frac{\eta_0 - \bar{\eta}_2}{\bar{\eta}_0 + \bar{\eta}_2} \tag{10.38}$$

当单一瞬态(+)波从媒质2入射到边界 $z=d$ 处时，$\bar{\Gamma}_{23}$ 是电场的反射系数，类似于传输线分析中的电压反射系数。将式(10.37b)代入式(10.36a)和式(10.36b)消去 $\bar{B}_2$，利用 $\bar{A}_2$ 求解 $\bar{A}_1$，得到

$$\bar{A}_1 = \bar{A}_2 \frac{1+\bar{\Gamma}_{12}\bar{\Gamma}_{23}e^{-2\bar{\gamma}_2 d}}{1+\Gamma_{12}} \tag{10.39}$$

式中，

$$\bar{\Gamma}_{12} = \frac{\bar{\eta}_2 - \eta_0}{\bar{\eta}_2 + \eta_0} \tag{10.40}$$

当单一瞬态(+)波从媒质1入射到边界 $z=0$ 处时，$\bar{\Gamma}_{12}$ 是电场的反射系数。注意到 $\bar{\Gamma}_{12} = -\bar{\Gamma}_{23}$。从式(10.39)和式(10.37a)，得到

$$\frac{\bar{A}_1}{\bar{A}_3} = \frac{1+\bar{\Gamma}_{12}\bar{\Gamma}_{23}e^{-2\gamma_2 d}}{(1+\bar{\Gamma}_{12})(1+\bar{\Gamma}_{23})} e^{-j\beta_0 d} e^{\bar{\gamma}_2 d} \tag{10.41}$$

屏蔽因子为

$$S = \frac{|\bar{A}_1|}{|\bar{A}_3|} = \frac{|1+\bar{\Gamma}_{12}\bar{\Gamma}_{23}e^{-2\gamma_2 d}| e^{\alpha_2 d}}{|1+\bar{\Gamma}_{12}||1+\bar{\Gamma}_{23}|} \tag{10.42}$$

也可用公式表示单个瞬态波在 $z=d$ 和 $z=0$ 间来回反射的解，写出单个波传播的场表达式并把它们叠加起来，而得到这个结果(参见习题10.8)。式(10.42)的三个组成部分标识为

$e^{\alpha_2 d}$——金属板中衰减(A)

$\left(\dfrac{1}{|1+\bar{\Gamma}_{12}||1+\bar{\Gamma}_{23}|}\right)$——从自由空间进入金属板，从金属板进入自由空间的传输(T)

$(1+\bar{\Gamma}_{12}\bar{\Gamma}_{23}e^{-2\bar{\gamma}_2 d})$——金属板中的多次反射($M$)

对于金属板的良导体频率范围($\sigma_2 \gg \omega\epsilon_2$)，可以简化式(10.42)给出的 S 的一般表达式。对于良导体，由5.4节可得

$$\bar{\eta}_2 \approx (1+j)\sqrt{\pi f \mu_2/\sigma_2} \tag{10.43}$$

并且 $|\bar{\eta}_2| \ll \eta_0$，因此 $\bar{\Gamma}_{12} \approx -1$，$\bar{\Gamma}_{23} \approx 1$，$(1+\bar{\Gamma}_{12}) \approx 2\bar{\eta}_2/\eta_0$，$(1+\bar{\Gamma}_{23}) \approx 2$。对于良导体来说，$\alpha_2 = \beta_2 \approx \sqrt{\pi f \mu_2 \sigma_2}$，因而

$$S \approx \frac{\eta_0}{4|\bar{\eta}_2|}|1 - e^{-2\alpha_2 d}e^{-j2\alpha_2 d}| e^{\alpha_2 d} \tag{10.44}$$

利用趋肤深度$\delta = 1/\alpha = 1/\sqrt{\pi f \mu_2 \sigma_2}$,良导体中场幅度降低为原来的$e^{-1}$时经过的距离可表示为

$$S \approx \frac{\eta_0}{4|\bar{\eta}_2|}|1 - e^{-2d/\delta}e^{-j2d/\delta}|e^{d/\delta} \tag{10.45}$$

用分贝表示为

$$\begin{aligned} S(\text{dB}) = & 20\lg(\eta_0/4|\bar{\eta}_2|) + \\ & 20\lg|1 - e^{-2d/\delta}e^{-j2d/\delta}| + \\ & 20\lg e^{d/\delta} \end{aligned} \tag{10.46}$$

公式右边的三项分别表示三个组成部分:T,M和A。

举一个数值例子,对于铜板来说,$\sigma_i = 5.80 \times 10^7$ S/m,$\mu_2 = \mu_0$,$\epsilon_2 = \epsilon_0$,$\delta = 0.066/\sqrt{f}$ m,$|\bar{\eta}_2| = 3.69 \times 10^{-7}\sqrt{f}\ \Omega$。对于给定的$d$和$f$,可以确定$T$,$M$和$A$,进而计算出。表10.1给出了4组的$d$和$f$值下这些参数的值。

表10.1 对于图10.7的屏蔽布置,几组d和f值下T,M,A和S的值

d/mm	f/MHz	δ/mm	$\|\bar{\eta}_2\|/\Omega$	d/δ	T/dB	M/dB	A/dB	S/dB
1	1	0.066	3.69×10^{-4}	15.15	108.14	约0	131.59	239.73
1	0.1	0.209	1.167×10^{-4}	4.785	118.14	约0	41.56	159.70
0.001	1	0.066	3.69×10^{-4}	0.015	108.14	−27.59	0.13	80.68
0.001	0.1	0.209	1.167×10^{-4}	0.0048	118.14	−37.27	0.042	80.91

从表10.1可以得出如下结论:

1. 对于厚的金属板,M近似为零,因而是不重要的。
2. 对于薄的金属板,A是可忽略的,M是很重要的。此外,因为M是负值,意味着场被增强而不是衰减,这是与屏蔽的目的相违背的。
3. 对于薄金属板,减少频率增加T,但是却与M的增加成反比。
4. T与厚度无关。

本节介绍了电磁兼容的主题,如何设计与电磁环境兼容的电子系统。电磁兼容问题可以分为三个部分:(a)骚扰源,(b)敏感设备,(c)耦合途径。可以通过三种途径来解决:(a)降低骚扰源的发射,(b)降低敏感设备的敏感度,(c)降低耦合途径的有效性,通常这是唯一可用的办法。关于第三种办法有一些措施,提供了一个电磁屏蔽的例子,用金属板屏蔽来自远端骚扰源的入射平面波。

复习思考题

10.11 描述电磁干扰和电磁兼容,IEEE定义的电磁兼容是什么?

10.12 概述三种系统电磁兼容设计的规则。

10.13 详述并讨论电磁兼容问题中的三个部分。

10.14 讨论金属环放置在平行双线场中的电磁干扰例子,以及最小化电磁干扰的方法。

10.15　概述用金属板屏蔽来自远端骚扰源的入射平面波问题的解决方法。

10.16　什么是**屏蔽因子**？对于平面金属板布置，讨论屏蔽因子的三个组成部分。

习题

10.8　对于图10.7的布置，写出所有单个瞬态波的场表达式，然后叠加起来，用公式表示在 $z=d$ 和 $z=0$ 之间来回反射的单个瞬态波的解，求屏蔽系数的表达式。

10.9　计算厚度为0.01 mm的铜板，在频率为1 MHz时的屏蔽系数。

10.10　计算厚度为0.01 mm的铜板，在频率为10 MHz时的屏蔽系数。材料的参数如下：$\sigma=5.80\times10^6$ S/m，$\mu=500\mu_0$，$\epsilon=\epsilon_0$。

10.4　传输线的串扰

当两条传输线彼此靠近的时候，一条传输线称为主线，沿其传播的电磁波将会在另一条线（次线）上产生感应波，这是由于两条传输线间的容性（电场）耦合和感性（磁场）耦合，导致线间的不需要的串扰现象。以图10.8(a)的布置举例说明，它是印刷电路板(PCB)图，其中有两条放置很近的传输线。图10.8(b)是等效分布电路，$\mathscr{C}_m$ 和 $\mathscr{L}_m$ 分别表示传输线单位长度上的耦合电容和耦合电感。

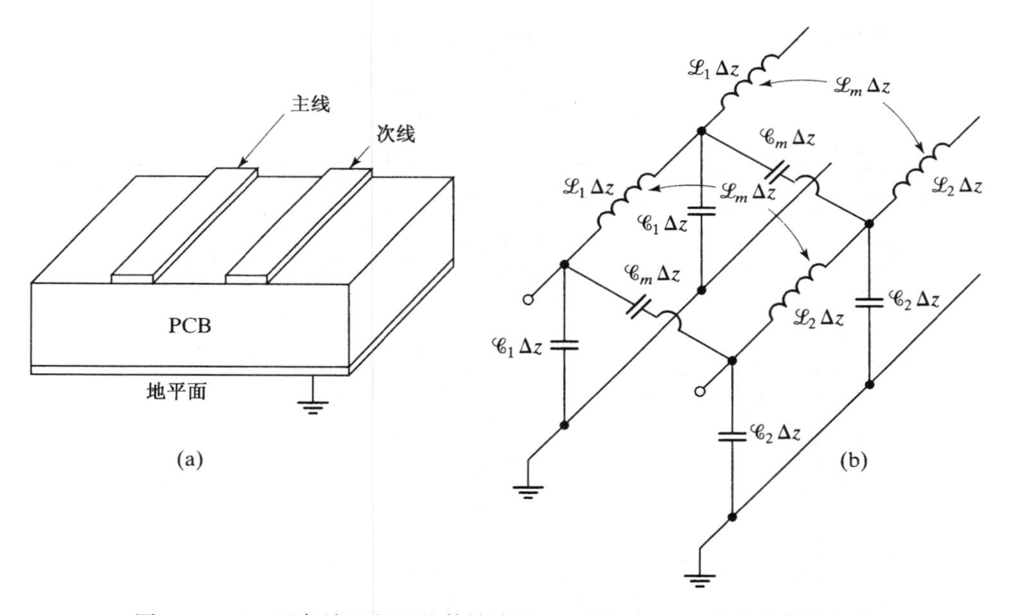

图10.8　(a)两条放置很近的传输线的PCB图；(b)(a)的分布等效电路

在本节中，已知主线上的波，为确定次线上的感应波，将分析一对耦合传输线。认为两根线具有相同的特性阻抗、相同的传输速度、长度和终端阻抗匹配，这样在每条线末端都是没有反射的。为了简化分析，假定两条传输线具有相同的特性阻抗、传播速度和长度，并端接其特性阻抗，因此每条传输线的末端都不会发生反射。为了便于分析，假定耦合很弱，这样可以忽略次线感应波对主线的影响。因此，仅考虑从主线到次线的串扰，反之则不然。简单地说，当(+)波在主线上从信号源向负载正向传播时,传输线的每个无限小长度都会在次线相邻的无限小长度上感应出电压和电流,在次线上引起(+)波和(-)波。将无限小长度的贡献叠加起来,就给出了次线上特定位置的的感应电压和感应电流。

一对耦合线的主线为传输线1,次线为传输线2,如图10.9所示。当$t=0$时刻开关S闭合时,(+)波源于传输线1上的$z=0$处,向负载传播。考虑一段在传输线1的$z=\xi$处的微分长度$\mathrm{d}\xi$,传输线1充电至(+)波的电压和电流,求出对传输线2上感应电压和电流的贡献。

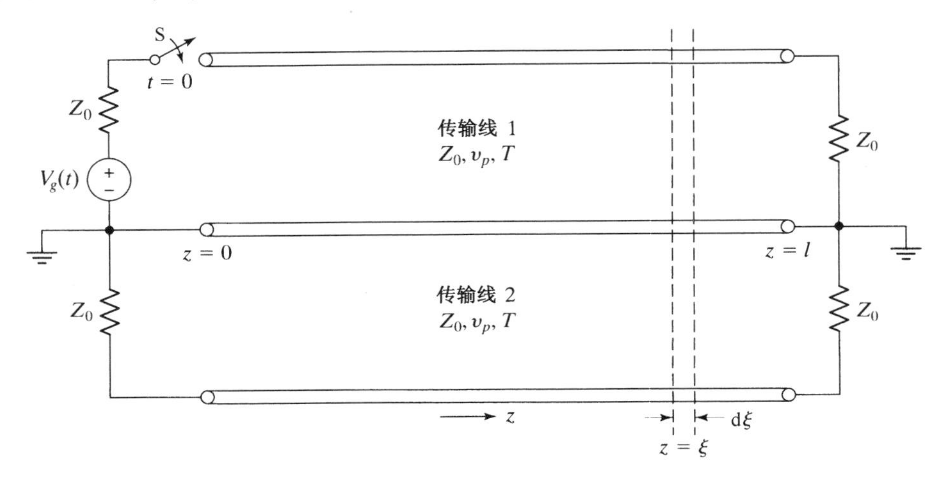

图10.9 串扰分析中的耦合传输线对

容性耦合感应出差模串扰电流ΔI_{c2},流入传输线2的未接地导体,为

$$\Delta I_{c2}(\xi,t)=\mathscr{C}_m\Delta\xi\frac{\partial V_1(\xi,t)}{\partial t} \tag{10.47a}$$

式中,$V_1(\xi,t)$是传输线1的电压。这个感应电流用一个理想电流源建模,在传输线上的$z=\xi$与传输线2并联,如图10.10(a)所示。从电流源向$z=\xi$两端看特性阻抗,则等效电路如图10.10(b)所示。这样,在传输线2上$z=\xi$左右两边产生出$\frac{1}{2}Z_0\Delta I_{c2}$的电压,分别作为前向和后向串扰电压传播。

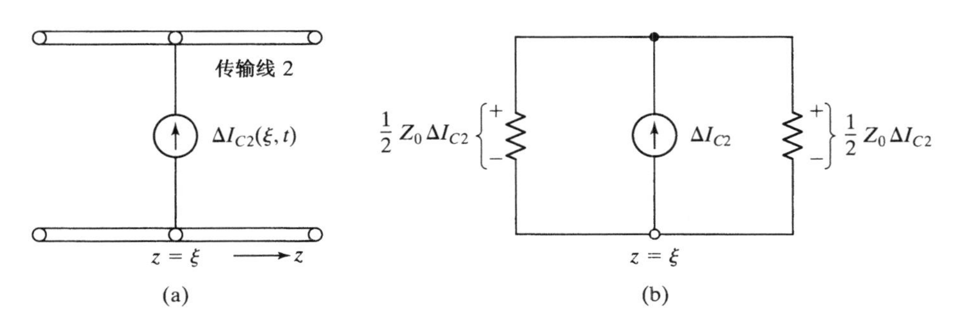

图10.10 (a)串扰分析中的容性耦合建模;(b)(a)的等效电路

感性耦合感应出的差模串扰电压ΔV_{c2}为

$$\Delta V_{c2}(\xi,t)=\mathscr{L}_m\Delta\xi\frac{\partial I_1(\xi,t)}{\partial t} \tag{10.47b}$$

感应电压可以用一个理想电压源建模,在传输线2上$z=\xi$处串联,如图10.11(a)所示。依照楞

次定律，传输线 2 上的感应电流产生磁通，抵抗传输线 1 的电流产生的磁通的变化，即可确定电压源的极性。从电压源看两端的传输线特性阻抗，则等效电路如图 10.11(b)所示。这样，在传输线 2 上左右两边分别产生$\frac{1}{2}\Delta V_{c2}$和$-\frac{1}{2}\Delta V_{c2}$的电压，分别作为后向和前向串扰电压传播。

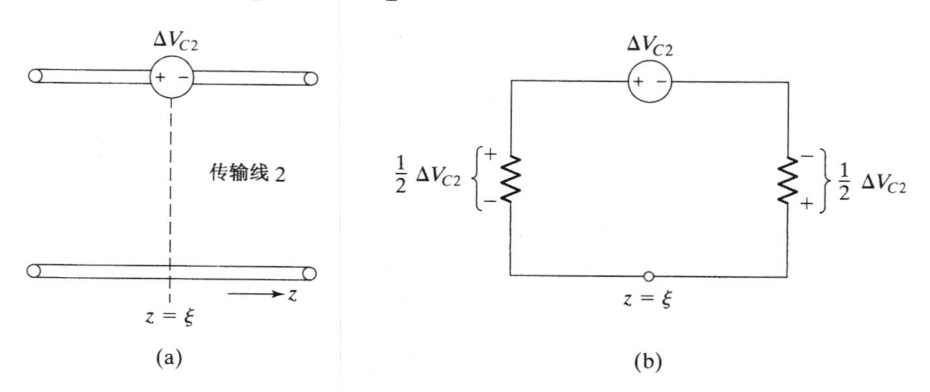

图 10.11　(a)串扰分析中的感性耦合建模；(b)(a)的等效电路

结合容性耦合和感性耦合的贡献，得出在 $z=\xi$左右两边产生的总的差模电压分别为

$$\Delta V_2^+ = \frac{1}{2}Z_0\,\Delta I_{c2} - \frac{1}{2}\Delta V_{c2} \tag{10.48a}$$

$$\Delta V_2^- = \frac{1}{2}Z_0\,\Delta I_{c2} + \frac{1}{2}\Delta V_{c2} \tag{10.48b}$$

将式(10.47a)和式(10.47b)代入式(10.48a)和式(10.48b)，得到

$$\Delta V_2^+(\xi,t) = \left[\frac{1}{2}\mathscr{C}_m Z_0\frac{\partial V_1(\xi,t)}{\partial t} - \frac{1}{2}\mathscr{L}_m\frac{\partial I_1(\xi,t)}{\partial t}\right]\Delta\xi$$

$$= \frac{1}{2}\left(\mathscr{C}_m Z_0 - \frac{\mathscr{L}_m}{Z_0}\right)\frac{\partial V_1(\xi,t)}{\partial t}\Delta\xi \tag{10.49a}$$

$$\Delta V_2^-(\xi,t) = \frac{1}{2}\left(\mathscr{C}_m Z_0 + \frac{\mathscr{L}_m}{Z_0}\right)\frac{\partial V_1(\xi,t)}{\partial t}\Delta\xi \tag{10.49b}$$

这里依照(+)波的电压和电流之间的关系，代入公式 $I_1 = V_1/Z_0$。

应用式(10.49a)和式(10.49b)并叠加，由传输线 1 上电压为 $V_1(t-z/v_p)$的波感应的、传输线 2 上任何位置上的电压即可得到。因此，注意到在 $t+(z-\xi)/v_p$ 时刻，传输线 2 上 $z>\xi$处受到 V_1 在给定 t 时刻 $z=\xi$处的影响，可以写出

$$V_2^+(z,t) = \int_0^z \frac{1}{2}\left(\mathscr{C}_m Z_0 - \frac{\mathscr{L}_m}{Z_0}\right)\frac{\partial}{\partial t}\left[V_1\left(t - \frac{\xi}{v_p} - \frac{z-\xi}{v_p}\right)\right]\mathrm{d}\xi$$

$$= \frac{1}{2}\left(\mathscr{C}_m Z_0 - \frac{\mathscr{L}_m}{Z_0}\right)\int_0^z \frac{\partial V_1(t-z/v_p)}{\partial t}\mathrm{d}\xi \tag{10.50}$$

或

$$V_2^+(z,t) = zK_f V_1'(t - z/v_p) \tag{10.51}$$

式中定义

$$K_f = \frac{1}{2}\left(\mathscr{C}_m Z_0 - \frac{\mathscr{L}_m}{Z_0}\right) \tag{10.52}$$

并且与 V_1 相关联的首项表示对时间的微分。参量 K_f 称为**前向串扰系数**。注意到式(10.50)的积分上限是 z,因为传输线 1 上给定位置 z 右边的电压对传输线 2 上同样位置处的前向串扰电压没有贡献。式(10.51)给出的结果说明,前向串扰电压与 z 和主线电压的时间导数成正比。

为求出 $V_2^-(z,t)$,注意到在 $t+(\xi-z)/v_p$ 时刻,传输线 2 上 $z<\xi$处受到 V_1 在给定 t 时刻$z=\xi$处的影响,因而

$$\begin{aligned}V_2^-(z,t) &= \int_z^l \frac{1}{2}\left(\mathscr{C}_m Z_0 + \frac{\mathscr{L}_m}{Z_0}\right)\frac{\partial}{\partial t}\left[V_1\left(t-\frac{\xi}{v_p}-\frac{\xi-z}{v_p}\right)\right]\mathrm{d}\xi \\ &= \frac{1}{2}\left(\mathscr{C}_m Z_0 + \frac{\mathscr{L}_m}{Z_0}\right)\int_z^l \frac{\partial}{\partial t}\left[V_1\left(t+\frac{z}{v_p}-\frac{2\xi}{v_p}\right)\right]\mathrm{d}\xi \\ &= -\frac{1}{4}v_p\left(\mathscr{C}_m Z_0 + \frac{\mathscr{L}_m}{Z_0}\right)\int_z^l \frac{\partial}{\partial \xi}\left[V_1\left(t+\frac{z}{v_p}-\frac{2\xi}{v_p}\right)\right]\mathrm{d}\xi \\ &= -\frac{1}{4}v_p\left(\mathscr{C}_m Z_0 + \frac{\mathscr{L}_m}{Z_0}\right)\left[V_1\left(t+\frac{z}{v_p}-\frac{2\xi}{v_p}\right)\right]_{\xi=z}^{l}\end{aligned} \qquad (10.53)$$

或

$$V_2^-(z,t) = K_b\left[V_1\left(t-\frac{z}{v_p}\right) - V_1\left(t-\frac{2l}{v_p}+\frac{z}{v_p}\right)\right] \qquad (10.54)$$

式中定义了**后向串扰系数**

$$K_b = \frac{1}{4}v_p\left(\mathscr{C}_m Z_0 + \frac{\mathscr{L}_m}{Z_0}\right) \qquad (10.55)$$

注意到式(10.53)的积分下限是 z,因为传输线 1 上给定位置 z 左边的电压对传输线 2 上同样位置处的前向串扰电压没有贡献。

举例阐明式(10.51)和式(10.54)的应用,令 $V_g(t)$(参见图 10.9)为图 10.12 所示的函数,其中在 $T_0<T(=l/v_p)$。要求确定传输线 2 上的(+)波电压和(−)波电压。

图 10.12　图 10.9 中系统的信号源电压

注意到

$$V_1(t) = \frac{1}{2}V_g(t) = \begin{cases}(V_0/T_0)t & \text{对于} 0<t<T_0 \\ V_0 & \text{对于 } t>T_0\end{cases}$$

因此

$$V_1'(t) = \begin{cases}V_0/T_0 & \text{对于 } 0<t<T_0 \\ 0 & \text{对于 } t>T_0\end{cases}$$

使用式(10.51),将传输线 2 上的(+)波电压写为

$$
\begin{aligned}
V_2^+(z,t) &= zK_f V_1'(t - z/v_p) \\
&= \begin{cases} zK_f V_0/T_0 & \text{对于 } 0 < (t - z/v_p) < T_0 \\ 0 & t \text{ 为其他值} \end{cases} \\
&= \begin{cases} zK_f V_0/T_0 & \text{对于 } (z/v_p) < t < (z/v_p + T_0) \\ 0 & t \text{ 为其他值} \end{cases} \\
&= \begin{cases} zK_f V_0/T_0 & \text{对于 } (z/l)T < t < [(z/l)t + T_0] \\ 0 & t \text{ 为其他值} \end{cases}
\end{aligned}
$$

如图 10.13 中的三维图所示，在 z 为常数的任一横截面上是一个 $(z/l)T<t<(z/l)T+T_0$ 的脉冲，电压为 zK_fV_0/T_0。注意到显示的脉冲电压是负值，这是因为通常感性耦合的影响大于容性耦合的影响，因此 K_f 是负值。

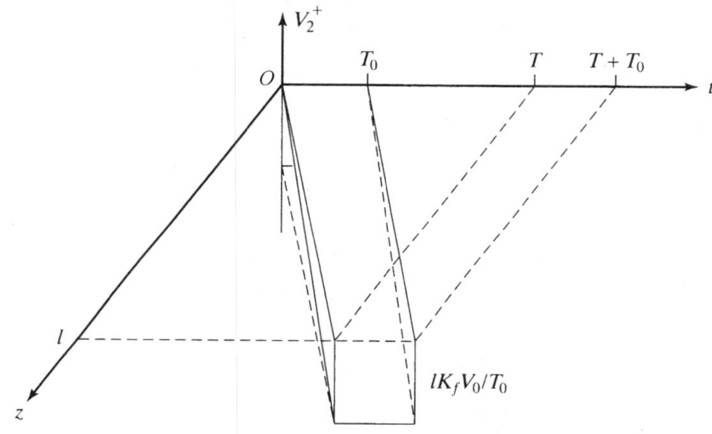

图 10.13　对于图 10.9 所示的系统，具有图 10.12 中的 $V_g(t)$，系统前向串扰电压的三维描述

使用式(10.54)，将(-)波电压写为

$$
V_2^-(z,t) = K_b[V_1(t - z/v_p) - V_1(t - 2l/v_p + z/v_p)]
$$

式中，

$$
\begin{aligned}
V_1\left(t - \frac{z}{v_p}\right) &= \begin{cases} \dfrac{V_0}{T_0}\left(t - \dfrac{z}{v_p}\right) & \text{对于 } 0 < \left(t - \dfrac{z}{v_p}\right) < T_0 \\ V_0 & \text{对于 } \left(t - \dfrac{z}{v_p}\right) > T_0 \end{cases} \\
&= \begin{cases} \dfrac{V_0}{T_0}\left(t - \dfrac{z}{l}T\right) & \text{对于 } \dfrac{z}{l}T < t < \left(\dfrac{z}{l}T + T_0\right) \\ V_0 & \text{对于 } t > \left(\dfrac{z}{l}T + T_0\right) \end{cases}
\end{aligned}
$$

$$
\begin{aligned}
V_1\left(t - \frac{2l}{v_p} + \frac{z}{v_p}\right) &= \begin{cases} \dfrac{V_0}{T_0}\left(t - \dfrac{2l}{v_p} + \dfrac{z}{v_p}\right) & \text{对于 } 0 < \left(t - \dfrac{2l}{v_p} + \dfrac{z}{v_p}\right) < T_0 \\ V_0 & \text{对于 } \left(t - \dfrac{2l}{v_p} + \dfrac{z}{v_p}\right) > T_0 \end{cases} \\
&= \begin{cases} \dfrac{V_0}{T_0}\left(t - 2T + \dfrac{z}{l}T\right) & \text{对于 } \left(2T - \dfrac{z}{l}T\right) < t < \left(2T - \dfrac{z}{l}T + T_0\right) \\ V_0 & \text{对于 } t > \left(2T - \dfrac{z}{l}T + T_0\right) \end{cases}
\end{aligned}
$$

对于$(z/l)T+T_0<2T-(z/l)T$的z值,两个电压和(-)波电压如图10.14所示。图10.15显示了$V_2^-(z,t)$的三维图,其中在任意给定的等z平面的横截面上,给出那个z值的$V_2^-(z,t)$的时变图。注意到z从零变化到l,V_2^-的波形从梯形脉冲变到三角形脉冲,其中梯形脉冲在$z=0$处的高度为K_bV_0,而三角形脉冲在$z=(1-T_0/2T)l$处的高度为K_bV_0,宽度为$2T_0$。然后又变成梯形脉冲,但其在$z=l$处的高度从K_bV_0持续降低到零。

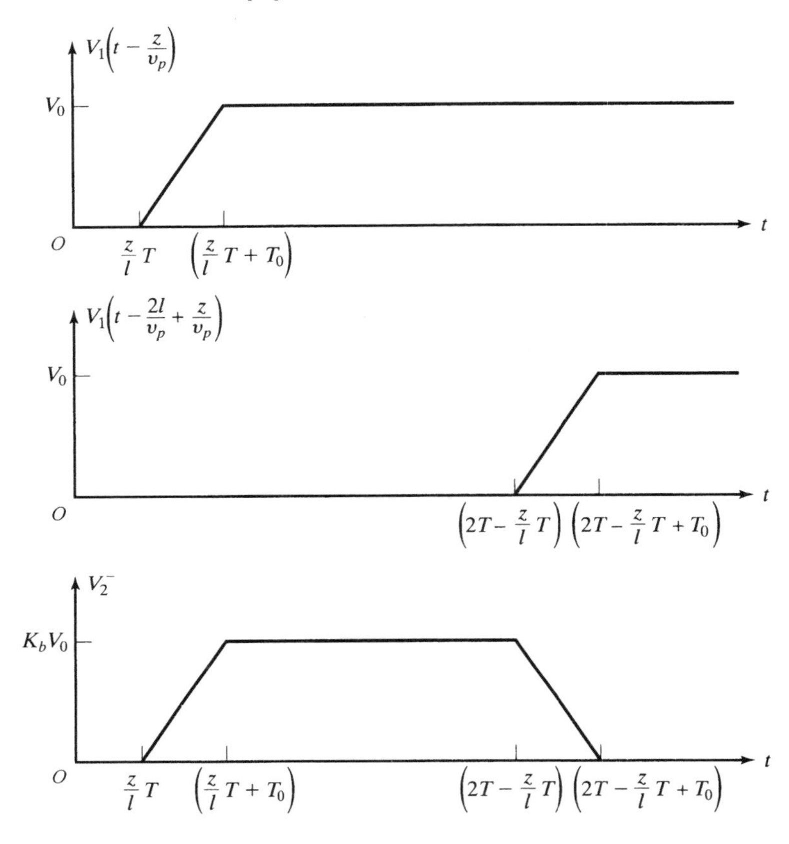

图10.14 对于图10.9所示的系统,具有图10.12中的$V_g(t)$,系统后向串扰电压的确定

在本节中,通过分析双线之间的弱耦合,学习了传输线的串扰。对于主线上给定的波,串扰包括前向波和后向波,感应在次线上,分别由前向串扰系数和后向串扰系数决定。举例说明了对于主线上的特定激励,如何确定串扰电压。

复习思考题

10.17 简要讨论两条传输线间串扰的弱耦合分析。

10.18 讨论对传输线上串扰的容性耦合和感性耦合建模。

10.19 讨论并区别前向串扰系数和后向串扰系数与传输线参数的相关性。

10.20 概述对于主线上的给定激励,如何确定在次线上感应的前向串扰电压和后向串扰电压。

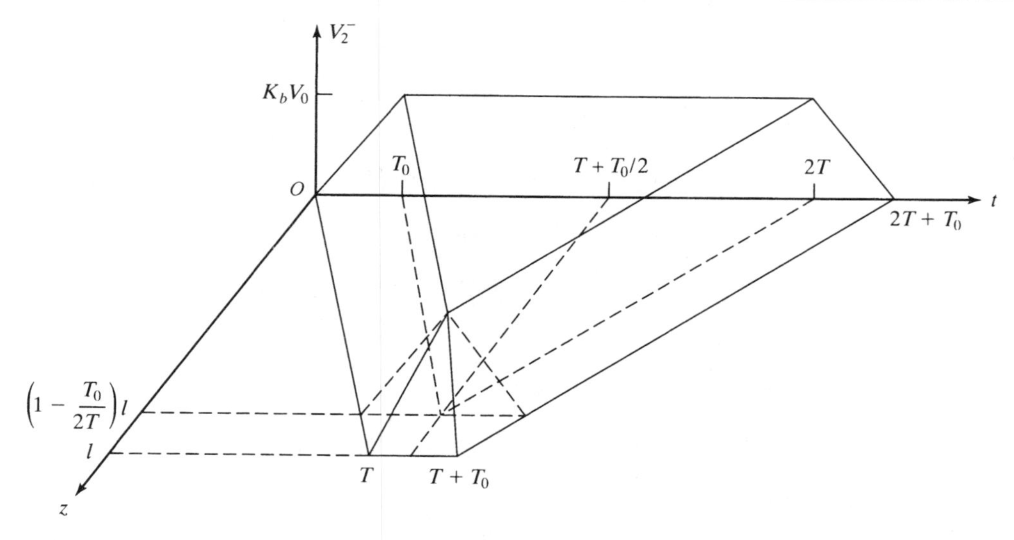

图 10.15　对于图 10.9 所示的系统，具有图 10.12 中的 $V_g(t)$，系统后向串扰电压的三维描述

习题

10.11　对于图 10.9 中的系统，假定 $V_g(t)$ 是如图 10.16 所示的函数，而不是图 10.12 中的函数。求解并绘图：(a) $V_2^+(l,t)$；(b) $V_2^-(0,t)$；(c) $V_2^-(0.8l,t)$。

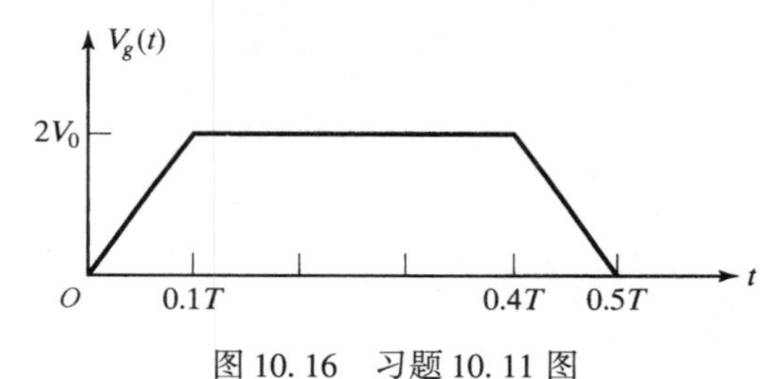

图 10.16　习题 10.11 图

10.12　对于图 10.9 中的系统，假定

$$V_g(t)=\begin{cases}2V_0\sin 2\pi t/T & 0<t<T\\ 0 & t\text{ 为其他值}\end{cases}$$

求解并绘图：(a) $V_2^+(l,t)$；(b) $V_2^-(0,t)$；(c) $V_2^-(0.75l,t)$。

10.13　对于图 10.9 中的系统，假定 $K_b/K_f=-25v_p$，并且 $T_0=0.2T$，$V_g(t)$ 由图 10.12 给出，求解并绘图：(a) $V_2^+(z,1.1T)$；(b) $V_2^-(z,1.1T)$；(c) $V_2(z,1.1T)$。

10.5　平行板波导的不连续性

在 8.2 节中，介绍了在平行板波导中的 $\mathrm{TE}_{m,0}$ 波。现在考虑在平行板波导中电介质不连续处的反射和透射，如图 10.17 所示。如果一个 $\mathrm{TE}_{m,0}$ 波从第 1 段入射到连接处，则会产生一个反射波返回第 1 段。假定在第 2 段中该模可以传播，还会产生一个透射波进入第 2 段。在电介质不连续的地方，这些入射波、反射波和透射波对应的场必须满足边界条件。在 5.5 节中已经推导过这些边界条件。以 i，r 和 t 来分别表示入射波、反射波和透射波，根据在电介质不连续处 $\mathbf{E}$ 的切

向分量的连续性,可得

$$E_{yi} + E_{yr} = E_{yt} \quad 在 z = 0 处 \tag{10.56}$$

根据在电介质不连续处 **H** 的切向分量的连续性,可得

$$H_{xi} + H_{xr} = H_{xt} \quad 在 z = 0 处 \tag{10.57}$$

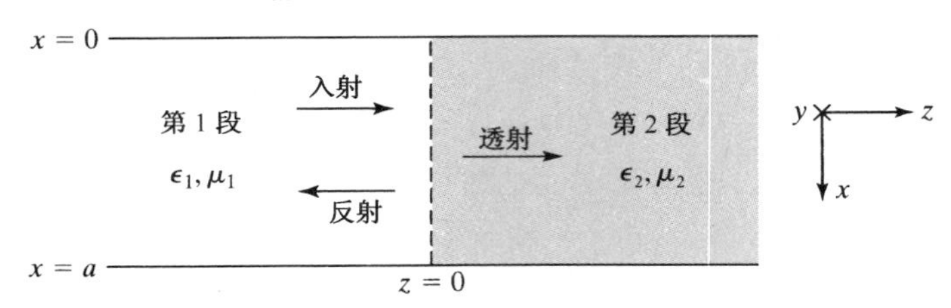

图 10.17 分析平行板波导的电介质不连续处的反射和透射

定义第 1 段的波导特性阻抗为 η_{g1},写为

$$\eta_{g1} = \frac{E_{yi}}{-H_{xi}} \tag{10.58}$$

由于 $\mathbf{a}_y \times (-\mathbf{a}_x) = \mathbf{a}_z$,注意到 η_{g1} 就是沿 $\mathrm{TE}_{m,0}$ 波的切向电场和磁场的简单比值,切向电场和切向磁场产生沿波导传输的时间平均能流。将式(8.35a)和式(8.35b)应用到第 1 段,得到

$$\eta_{g1} = \eta_1 \frac{\lambda_{g1}}{\lambda_1} = \frac{\eta_1}{\sqrt{1-(\lambda_1/\lambda_c)^2}} = \frac{\eta_1}{\sqrt{1-(f_{c1}/f)^2}} \tag{10.59}$$

如果认为 E_{yi} 和 $-H_{xi}$ 分别类似于 V^+ 和 V^-,波导特性阻抗就类似于传输线的特性阻抗。就反射波的场来说,可得

$$\eta_{g1} = -\left(\frac{E_{yr}}{-H_{xr}}\right) = \frac{E_{yr}}{H_{xr}} \tag{10.60}$$

这个结果从下面这个事实也可得到:对于反射波,功率流方向是 $-z$ 轴,且因为 $\mathbf{a}_y \times \mathbf{a}_x = -\mathbf{a}_z$,$\eta_{g1}$ 等于 E_{yr}/H_{xr}。对于透射波的场,可得

$$\frac{E_{yt}}{-H_{xt}} = \eta_{g2} \tag{10.61}$$

式中,

$$\eta_{g2} = \eta_2 \frac{\lambda_{g2}}{\lambda_2} = \frac{\eta_2}{\sqrt{1-(\lambda_2/\lambda_c)^2}} = \frac{\eta_2}{\sqrt{1-(f_{c2}/f)^2}} \tag{10.62}$$

是第 2 段的波导特性阻抗。

使用式(10.58)、式(10.60)和式(10.61),式(10.57)可写为

$$\frac{E_{yi}}{\eta_{g1}} - \frac{E_{yr}}{\eta_{g1}} = \frac{E_{yt}}{\eta_{g2}} \tag{10.63}$$

求解式(10.56)和式(10.63),得到

$$E_{yi}\left(1 - \frac{\eta_{g2}}{\eta_{g1}}\right) + E_{yr}\left(1 + \frac{\eta_{g2}}{\eta_{g1}}\right) = 0 \tag{10.64}$$

或连接处的反射系数为

$$\Gamma = \frac{E_{yr}}{E_{yi}} = \frac{\eta_{g2} - \eta_{g1}}{\eta_{g2} + \eta_{g1}} \tag{10.65}$$

连接处的透射系数为

$$\tau = \frac{E_{yt}}{E_{yi}} = \frac{E_{yi} + E_{yr}}{E_{yi}} = 1 + \Gamma \tag{10.66}$$

Γ,τ 的表达式类似在 7.2 节中得到的传输线不连续处的反射系数和透射系数。因此，在连接处的反射和透射的范围内，可以用特性阻抗等于波导特性阻抗的传输线来代替波导部分，如图 10.18 所示。注意到不同于无耗线的特性阻抗是与频率无关的常数，无耗波导的波导特性阻抗是频率的函数。

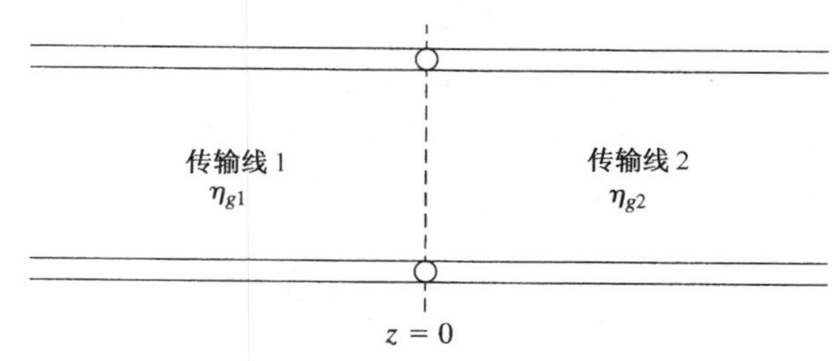

图 10.18　平行板波导不连续性的传输线等效

给出一个计算 Γ 和 τ 的数值例子，考虑如图 10.19 所示的平行板波导的不连续性，频率 f 为 5000 MHz 的 $TE_{1,0}$ 波从自由空间入射到连接处。

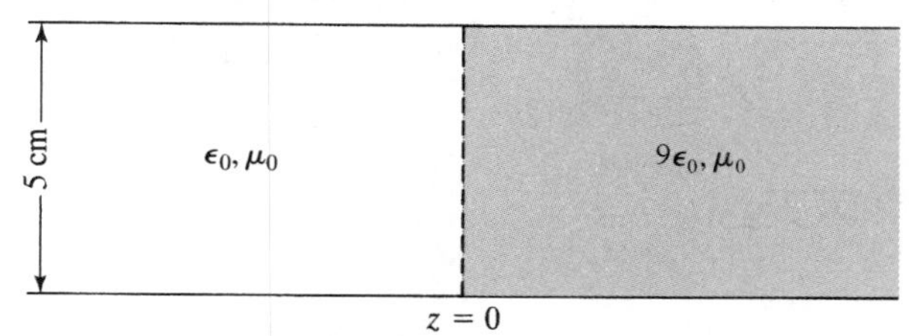

图 10.19　演示在平行板波导的不连续处反射系数和透射系数的计算

对于 $TE_{1,0}$ 模式，$\lambda_c = 2a = 10$ cm，与介质无关。对于 $f = 5000$ MHz，

$$\lambda_1 = \text{自由空间一侧的波长} = \frac{3\times10^8}{5\times10^9} = 6 \text{ cm}$$

$$\lambda_2 = \text{电介质一侧的波长} = \frac{3\times10^8}{\sqrt{9}\times5\times10^9} = \frac{6}{3} = 2 \text{ cm}$$

因为在两边 $\lambda < \lambda_c$，所以 $TE_{1,0}$ 模式在两边都能传播。因此

$$\eta_{g1} = \frac{\eta_1}{\sqrt{1-(\lambda_1/\lambda_c)^2}} = \frac{120\pi}{\sqrt{1-(6/10)^2}} = 471.24\ \Omega$$

$$\eta_{g2} = \frac{\eta_2}{\sqrt{1-(\lambda_2/\lambda_c)^2}} = \frac{120\pi/\sqrt{9}}{\sqrt{1-(2/10)^2}} = \frac{40\pi}{\sqrt{1-0.04}} = 128.25\ \Omega$$

$$\Gamma = \frac{\eta_{g2}-\eta_{g1}}{\eta_{g2}+\eta_{g1}} = \frac{128.25-471.24}{128.25+471.24} = -0.572$$

$$\tau = 1 + \Gamma = 1 - 0.572 = 0.428$$

对于 $f = 4000$ MHz，得到 $\Gamma = -0.629$ 和 $\tau = 0.371$。

在本节中，讨论了用传输线近似的方法来解决波导中不连续处的反射和透射问题。用特性阻抗等于波导特性阻抗的传输线代替波导，然后像传输线一样计算反射系数和透射系数。对于

TE 模式,波导特性阻抗 η_g 是切向电场和切向磁场的比值,即

$$\eta_g = \frac{\eta}{\sqrt{1-(\lambda/\lambda_c)^2}} = \frac{\eta}{\sqrt{1-(f_c/f)^2}} \tag{10.67}$$

复习思考题

10.21 定义波导特性阻抗。

10.22 为什么波导特性阻抗与波导中媒质的本征阻抗不同?给出一个物理解释。

10.23 讨论使用传输线近似法解决波导不连续处的反射和传输问题。

10.24 为什么在给定模式下的无耗波导不连续处的反射系数和透射系数与频率有关,而两条无耗传输线的连接处的反射系数和透射系数与频率无关。

习题

10.14 对于图 10.19 所示的平行板波导的不连续性,求解 $f=7500$ MHz 时的反射系数和透射系数,传播模式为(a) $TE_{1,0}$模式和(b) $TE_{2,0}$模式。

10.15 尺寸为 $a=4$ cm 的平行板波导,左边填充了介质 $\epsilon=4\epsilon_0$,$\mu=\mu_0$,右边填充了介质$\epsilon=9\epsilon_0$,$\mu=\mu_0$。对于 $TE_{1,0}$波,频率为 2500 MHz,从左边入射到不连续处,求解反射系数和透射系数。

10.16 假定如图 10.19 所示的平行板波导右边介质的电容率未知。如果频率 5000 MHz 的 $TE_{1,0}$波,从自由空间入射到连接处的反射系数是 -0.2643,求解介质的电容率。

10.6 矢量磁位和环天线

在 6.1 节中,已知

$$\nabla \times \mathbf{E} = 0$$

对于静电场,**E** 可以表达为一个标量的梯度,即

$$\mathbf{E} = -\nabla V$$

然后为求解静电场,继续讨论标量电位及其应用。在本节中,将介绍一个计算磁场的相似方法,即矢量磁位。当扩展到时变情况时,矢量磁位对于确定天线的场很有用。

为介绍矢量磁位的概念,回顾一下:不管静态的还是时变的,磁通密度的散度都是等于零的,即

$$\nabla \cdot \mathbf{B} = 0 \tag{10.68}$$

如果矢量的散度为零,那么这个矢量就可以表示为另一个矢量的旋度,因为一个矢量旋度的散度一定是为零的。在笛卡儿坐标系下展开即可看出,如下所示:

$$\nabla\cdot\nabla\times\mathbf{A} = \left(\mathbf{a}_x\frac{\partial}{\partial x}+\mathbf{a}_y\frac{\partial}{\partial y}+\mathbf{a}_z\frac{\partial}{\partial z}\right)\cdot\begin{vmatrix}\mathbf{a}_x & \mathbf{a}_y & \mathbf{a}_z\\ \frac{\partial}{\partial x} & \frac{\partial}{\partial y} & \frac{\partial}{\partial z}\\ A_x & A_y & A_z\end{vmatrix}$$

$$= \begin{vmatrix}\frac{\partial}{\partial x} & \frac{\partial}{\partial y} & \frac{\partial}{\partial z}\\ \frac{\partial}{\partial x} & \frac{\partial}{\partial y} & \frac{\partial}{\partial z}\\ A_x & A_y & A_z\end{vmatrix} = 0$$

因此，磁场矢量 **B** 可以表示为矢量 **A** 的旋度，即

$$\mathbf{B} = \nabla \times \mathbf{A} \tag{10.69}$$

矢量 **A** 称为矢量磁位或矢量位，类似于标量电位 V。

如果能得到无限小电流元的 **A**，就可以得到一个给定电流分布的 **A**，并且根据式(10.69)可以确定 **B**。因此考虑一个位于坐标原点，沿 z 轴方向的长度为 dl 的无限小电流元，如图 10.20 所示。首先假定电流是常数，等于 I，从式(1.68)注意到由电流元引起的点 P 处的磁场为

$$\mathbf{B} = \frac{\mu}{4\pi}\frac{I\,d\mathbf{l} \times \mathbf{a}_r}{r^2} \tag{10.70}$$

式中，r 是电流元到 P 点的距离；$\mathbf{a}_r$ 是由电流元指向点 P 的单位矢量。**B** 表示为

$$\mathbf{B} = \frac{\mu}{4\pi}I\,d\mathbf{l} \times \left(-\nabla\frac{1}{r}\right) \tag{10.71}$$

并使用矢量恒定式

$$\mathbf{A} \times \nabla V = V\nabla \times \mathbf{A} - \nabla \times (V\mathbf{A}) \tag{10.72}$$

可以得到

$$\mathbf{B} = -\frac{\mu I}{4\pi r}\nabla \times d\mathbf{l} + \nabla \times \left(\frac{\mu I\,d\mathbf{l}}{4\pi r}\right) \tag{10.73}$$

因为 dl 是常数，因此 $\nabla \times d\mathbf{l} = 0$，式(10.73)可简化为

$$\mathbf{B} = \nabla \times \left(\frac{\mu I\,d\mathbf{l}}{4\pi r}\right) \tag{10.74}$$

比较式(10.74)和式(10.69)，由位于原点的电流元产生的矢量磁位可简化为

$$\mathbf{A} = \frac{\mu I\,d\mathbf{l}}{4\pi r} \tag{10.75}$$

因此，幅度与离开电流元的径向距离成反比(类似于点电荷产生的标量电位与距离成反比)，方向与电流元平行。

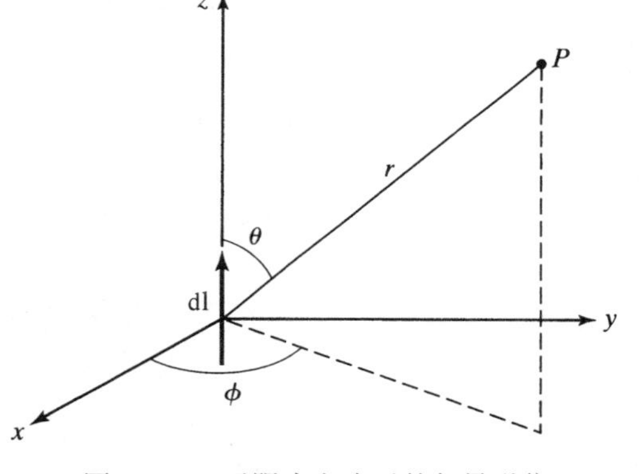

图 10.20　无限小电流元的矢量磁位

假定电流元是时变的，为

$$I = I_0\cos\omega t$$

直觉上期望相应的矢量磁位也是以同样的方式时变的，但带有一个时延因子，就像在 9.1 节中讨论的由时变电流元(赫兹振子)产生的电磁场的计算。为了验证这种直觉期望，从式(9.23b)注意到时变电流元引起的磁场为

$$\begin{aligned}
\mathbf{B} = \mu\mathbf{H} &= \frac{\mu I_0\,dl\sin\theta}{4\pi}\left[\frac{\cos(\omega t - \beta r)}{r^2} - \frac{\beta\sin(\omega t - \beta r)}{r}\right]\mathbf{a}_\phi \\
&= \frac{\mu I_0\,d\mathbf{l}}{4\pi} \times \left\{\left[\frac{\cos(\omega t - \beta r)}{r^2} - \frac{\beta\sin(\omega t - \beta r)}{r}\right]\mathbf{a}_r\right\} \\
&= \frac{\mu I_0\,d\mathbf{l}}{4\pi} \times \left\{-\nabla\left[\frac{\cos(\omega t - \beta r)}{r}\right]\right\}
\end{aligned}$$

使用与恒定电流时同样的方式可得到矢量磁位为

$$\mathbf{A} = \frac{\mu I_0\,d\mathbf{l}}{4\pi r}\cos(\omega t - \beta r) \tag{10.76}$$

比较式(10.75)和式(10.76),发现对矢量磁位的直觉是正确的,与9.1节中场的情况不同。考虑到包含了相位滞后因子βr,式(10.76)给出的结果就是众所周知的矢量滞后位。

为演示式(10.76)应用的例子,考虑一个圆环天线,它的圆周远远小于边长,因此可以认为它是一个电小天线。在这种条件下,可以认为环里的电流沿环是均匀的。回顾9.6节,介绍了作为接收天线的电小环天线。假定环位于xy平面,中心位于原点,如图10.21所示,并且沿ϕ方向,环电流的大小为$I = I_0 \cos \omega t$。考虑到圆关于z轴的对称性,不失一般性,考虑xz平面的点P来求矢量磁位。为此,把环分为一串无限小电流元。考虑这样一个电流元,$\mathrm{d}\mathbf{l} = a d\alpha(-\sin \alpha \mathbf{a}_x + \cos \alpha \mathbf{a}_y)$,如图10.21所示,得到电流元产生的点$P$的矢量磁位为

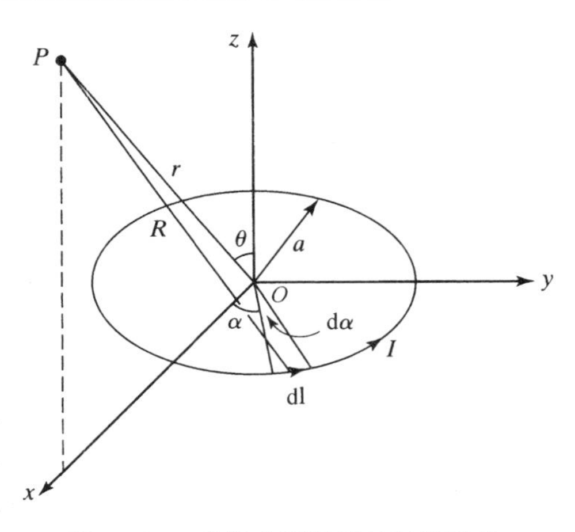

图10.21 求解小环天线的矢量磁位

$$\mathrm{d}\mathbf{A} = \frac{\mu I_0 a\, \mathrm{d}\alpha\,(-\sin\alpha\,\mathbf{a}_x + \cos\alpha\,\mathbf{a}_y)}{4\pi R}\cos(\omega t - \beta R) \tag{10.77}$$

式中,

$$\begin{aligned} R &= [(r\sin\theta - a\cos\alpha)^2 + (a\sin\alpha)^2 + (r\cos\theta)^2]^{1/2} \\ &= [r^2 + a^2 - 2ar\sin\theta\cos\alpha]^{1/2} \end{aligned} \tag{10.78}$$

整个电流环在点P的矢量磁位为

$$\begin{aligned} \mathbf{A} &= \int_{\alpha=0}^{2\pi} \mathrm{d}\mathbf{A} \\ &= -\left[\int_{\alpha=0}^{2\pi} \frac{\mu I_0 a \sin\alpha\,\mathrm{d}\alpha}{4\pi R}\cos(\omega t - \beta R)\right]\mathbf{a}_x + \\ &\quad \left[\int_{\alpha=0}^{2\pi} \frac{\mu I_0 a \cos\alpha\,\mathrm{d}\alpha}{4\pi R}\cos(\omega t - \beta R)\right]\mathbf{a}_y \end{aligned} \tag{10.79}$$

然而,式(10.79)右边的第一个积分为零,因为xz平面对称位置的电流元的作用相互抵消了。为得到任意点$P(r,\theta,\phi)$的一般化结果,用$\mathbf{a}_\phi$替代第二项中的$\mathbf{a}_y$,然后得到

$$\mathbf{A} = \left[\int_{\alpha=0}^{2\pi} \frac{\mu I_0 a \cos\alpha\,\mathrm{d}\alpha}{4\pi R}\cos(\omega t - \beta R)\right]\mathbf{a}_\phi \tag{10.80}$$

尽管式(10.80)的计算是复杂的,但是可以做一些近似来求解**辐射场**。对于这些场,假定在积分的幅度因子中的参量R等于r。对于相位因子中的R,写为

$$\begin{aligned} R &= r\left[1 + \frac{a^2}{r^2} - \frac{2a}{r}\sin\theta\cos\alpha\right]^{1/2} \\ &\approx r\left[1 - \frac{a}{r}\sin\theta\cos\alpha\right] \end{aligned} \tag{10.81}$$

因此,对于辐射场,有

$$\mathbf{A} = \left[\int_{\alpha=0}^{2\pi} \frac{\mu I_0 a \cos\alpha\,\mathrm{d}\alpha}{4\pi r}\cos(\omega t - \beta r + \beta a \sin\theta\cos\alpha)\right]\mathbf{a}_\phi \tag{10.82}$$

现在,因为 $2\pi a \ll \lambda$ 或 $\beta a \ll 1$,可以得出

$$\cos(\omega t - \beta r + \beta a \sin\theta\cos\alpha) \approx \cos(\omega t - \beta r) - \beta a \sin\theta\cos\alpha\sin(\omega t - \beta r) \tag{10.83}$$

把式(10.83)代入式(10.82)并计算积分,得到

$$\mathbf{A} = -\frac{\mu I_0 \pi a^2 \beta \sin\theta}{4\pi r}\sin(\omega t - \beta r)\,\mathbf{a}_\phi \tag{10.84}$$

得到了待求的矢量磁位,现在确定辐射场。由式(10.69)得到

$$\begin{aligned}\mathbf{H} &= \frac{\mathbf{B}}{\mu} = \frac{1}{\mu}\nabla\times\mathbf{A}\\ &= -\frac{1}{\mu r}\frac{\partial}{\partial r}(rA_\phi)\,\mathbf{a}_\theta\\ &= -\frac{I_0\pi a^2\beta^2\sin\theta}{4\pi r}\cos(\omega t - \beta r)\,\mathbf{a}_\theta\end{aligned} \tag{10.85}$$

由 $\nabla\times\mathbf{H} = \dfrac{\partial\mathbf{D}}{\partial t} = \epsilon\dfrac{\partial\mathbf{E}}{\partial t}$,可得

$$\begin{aligned}\frac{\partial\mathbf{E}}{\partial t} &= \frac{1}{\epsilon}\nabla\times\mathbf{H} = \frac{1}{\epsilon r}\frac{\partial}{\partial r}(rH_\theta)\,\mathbf{a}_\phi\\ &= -\frac{I_0\pi a^2\beta^3\sin\theta}{4\pi\epsilon r}\sin(\omega t - \beta r)\,\mathbf{a}_\phi\\ \mathbf{E} &= \frac{I_0\pi a^2\beta^3\sin\theta}{4\pi\omega\epsilon r}\cos(\omega t - \beta r)\,\mathbf{a}_\phi\\ &= \frac{\eta I_0\pi a^2\beta^2\sin\theta}{4\pi r}\cos(\omega t - \beta r)\,\mathbf{a}_\phi\end{aligned} \tag{10.86}$$

分别将式(10.85)和式(10.86)与式(9.25a)和式(9.25b)比较,注意到小电流环的辐射场和沿电流环的轴对准的无限小电流元的场存在对偶性。

进一步处理,得到坡印亭矢量,因此使用9.2节中用于赫兹振子的类似步骤,得出环天线产生的瞬时辐射功率和时间平均功率。因此

$$\begin{aligned}\mathbf{P} &= \mathbf{E}\times\mathbf{H} = E_\phi\mathbf{a}_\phi\times H_\theta\mathbf{a}_\theta = -E_\phi H_\theta\mathbf{a}_r\\ &= \frac{\eta\beta^4 I_0^2\pi^2 a^4\sin^2\theta}{16\pi^2 r^2}\cos^2(\omega t - \beta r)\,\mathbf{a}_r\\ P_{\text{rad}} &= \int_{\theta=0}^{\pi}\int_{\phi=0}^{2\pi}\mathbf{P}\cdot r^2\sin\theta\,d\theta\,d\phi\,\mathbf{a}_r\\ &= \int_{\theta=0}^{\pi}\int_{\phi=0}^{2\pi}\frac{\eta\beta^4 I_0^2\pi^2 a^4\sin^3\theta}{16\pi^2}\cos^2(\omega t - \beta r)\,d\theta\,d\phi\\ &= \frac{\eta\beta^4 I_0^2\pi^2 a^4}{6\pi}\cos^2(\omega t - \beta r)\\ \langle P_{\text{rad}}\rangle &= \frac{\eta\beta^4 I_0^2\pi^2 a^4}{6\pi}\langle\cos^2(\omega t - \beta r)\rangle\\ &= \frac{1}{2}I_0^2\left[\frac{8\pi^5\eta}{3}\left(\frac{a}{\lambda}\right)^4\right]\end{aligned}$$

环形天线的辐射电阻为

$$R_{\text{rad}} = \frac{8\pi^5\eta}{3}\left(\frac{a}{\lambda}\right)^4 \tag{10.87}$$

对于自由空间，$\eta = \eta_0 = 120\pi\ \Omega$，并且

$$R_{\text{rad}} = 320\pi^6\left(\frac{a}{\lambda}\right)^4 = 20\pi^2\left(\frac{2\pi a}{\lambda}\right)^4 \tag{10.88}$$

比较该结果和由式(9.30)给出的赫兹振子的辐射电阻，注意到电小环天线的辐射电阻与其电尺寸(周长/波长)的4次方成正比，而赫兹振子的辐射电阻与其电尺寸(长度/波长)的平方成正比。小环天线的方向性和赫兹振子的方向性是相同的，都为1.5，正如式(9.33)给出的。在两种情况下，波印廷矢量都是正比于 $\sin^2\theta$ 的。

本节引入了矢量磁位，作为计算由电流分布引起的磁场的工具。特别地，推导了赫兹振子的矢量滞后位的表达式，并且以小环天线的例子演示了应用。推导了环天线的辐射场，并和赫兹振子比较了相关特性。

复习思考题

10.25 为什么磁通量密度矢量可以表达为另一个矢量的旋度？

10.26 讨论由无限小电流元引起的矢量磁位和由于点电荷引起的标量电位之间的相似性。

10.27 解释术语**矢量滞后位**中的**滞后**指什么。

10.28 讨论应用矢量磁位计算天线的电磁场。

10.29 讨论小环天线的辐射场和位于环中心并沿轴对齐的赫兹振子的场之间的对偶性。

10.30 比较小环天线和赫兹振子的辐射电阻和方向性。

习题

10.17 在笛卡儿坐标下，证明

$$\mathbf{A} \times \nabla V = V\,\nabla \times \mathbf{A} - \nabla \times (V\mathbf{A})$$

10.18 对于9.3节中的半波振子，确定辐射场的矢量磁位。计算辐射场，并与9.3节中的结论比较来验证结果。

10.19 在自由空间中，半径1 m的圆环天线带有均匀分布的电流 $10\cos 4\pi\times10^6 t$A。(a)计算在距离环平面10 km处的电场强度。(b)计算辐射电阻和环辐射的时间平均功率。

10.20 求解赫兹振子的长度，在与习题10.19中同样电流大小、同样频率下，赫兹振子与习题10.19的环天线辐射相同的时间平均功率。

附录 A　圆柱坐标系和球坐标系

在 1.2 节中，学习了笛卡儿坐标系是由一组三个相互垂直的面定义的，所有的面都是平面。圆柱坐标系和球坐标系也包括一组三个相互垂直的面。对于圆柱坐标系，三个面中一个是圆柱面其他两个是平面，如图 A.1(a)所示。其中一个平面与笛卡儿坐标系中 z = 常数的面相同。第二个平面包含 z 轴并与一个参考面的夹角为ϕ，为了方便，参考面通常选择为笛卡儿坐标系的 xz 平面。因此，第二个平面就可以用ϕ = 常数来定义。圆柱面取 z 轴作为它的轴，由于从 z 轴到柱面上的点的径向距离 r 是一个常数，圆柱面就可以用 r = 常数来定义。因此，确定一个点的圆柱坐标的三个正交面就是 r = 常数、ϕ = 常数以及 z = 常数。这些坐标中只有两个坐标(r 和 z)表示距离，第三个坐标(ϕ)是一个角度。在整个空间中，r 的变化范围从 0 到∞，θ 的变化范围从 0 到 2π，z 的变化范围从 $-\infty$ 到∞。

圆柱坐标系的原点由面 $r=0$，$\phi=0$ 和 $z=0$ 确定。空间中任何其他的点可通过坐标增加适当的量得到的三个相互正交的面的交点来确定。例如，三个面 $r=2$，$\phi=\pi/4$ 和 $z=3$ 相交可确定点 $A(2,\pi/4,3)$，如图 A.1(a)中所示。这三个正交面确定了三条相互垂直的曲线，其中两条是直线，第三条是一个圆。作出的单位矢量 $\mathbf{a}_r$，$\mathbf{a}_\phi$和 $\mathbf{a}_z$ 是在 A 点处这三条曲线的切向，并且分别指向 r，ϕ和 z 值增加的方向。这三个单位矢量构成一组相互正交的单位矢量，可以描述画在 A 点处的矢量。用类似的方法，可以作出圆柱坐标系中其他任意一点的单位矢量。例如，图 A.1(a)中的点 $B(1,3\pi/4,5)$。从图 A.1(a)中可以看出，B 点的单位矢量 $\mathbf{a}_r$ 和 $\mathbf{a}_\phi$与 A 点对应的单位矢量并不平行，因此与笛卡儿坐标系不同，圆柱坐标系的单位矢量 $\mathbf{a}_r$ 和 $\mathbf{a}_\phi$不是处处都有相同的方向，也就是说，它们是不均匀的，是变矢量，仅有单位矢量 $\mathbf{a}_z$ 和笛卡儿坐标系一致，是常矢量。最后，注意到图 A.1(a)中ϕ的选择，即从正 x 轴向正 y 轴增加，坐标系是右手系，即 $\mathbf{a}_r\times\mathbf{a}_\phi=\mathbf{a}_z$。

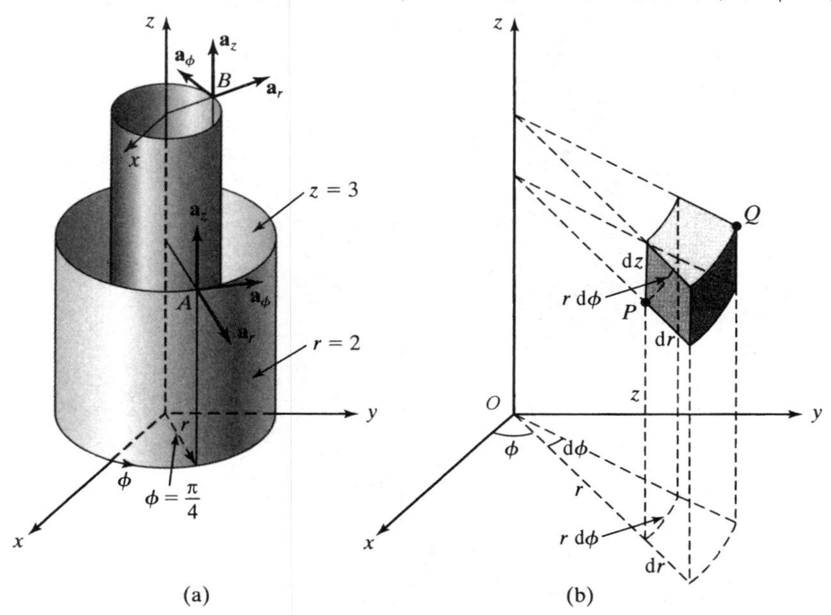

图 A.1　圆柱坐标系。(a) 正交面和单位矢量；(b) 增量坐标形成的微分体积元

为了得到圆柱坐标系中的微分长度元、面元和体积元，考虑两个点 $P(r,\phi,z)$ 和 $Q(r+\mathrm{d}r,\phi+\mathrm{d}\phi,z+\mathrm{d}z)$，其中 Q 点是通过将 P 点的每一个坐标值增加一个无限小的量得到的，如图 A.1(b)所示。由于 $\mathrm{d}r$, $\mathrm{d}\phi$和 $\mathrm{d}z$ 无限小，因此在 P 点相交的三个正交面，与在 Q 点相交的另外三个正交面确定了一个可以被看成矩形的六面体，形成矩形六面体相邻边的三个微分长度元分别是 $\mathrm{d}r\mathbf{a}_r$, $r\mathrm{d}\phi\,\mathbf{a}_\phi$和 $\mathrm{d}z\mathbf{a}_z$。从 P 点到 Q 点的矢量微分线元 $\mathrm{d}\mathbf{l}$ 可以表示为

$$\mathrm{d}\mathbf{l} = \mathrm{d}r\,\mathbf{a}_r + r\,\mathrm{d}\phi\,\mathbf{a}_\phi + \mathrm{d}z\,\mathbf{a}_z \tag{A.1}$$

由微分长度元对形成的微分面元为

$$\pm\mathrm{d}S\,\mathbf{a}_z = \pm(\mathrm{d}r)(r\,\mathrm{d}\phi)\mathbf{a}_z = \pm\mathrm{d}r\,\mathbf{a}_r \times r\,\mathrm{d}\phi\,\mathbf{a}_\phi \tag{A.2a}$$

$$\pm\mathrm{d}S\,\mathbf{a}_r = \pm(r\,\mathrm{d}\phi)(\mathrm{d}z)\mathbf{a}_r = \pm r\,\mathrm{d}\phi\,\mathbf{a}_\phi \times \mathrm{d}z\,\mathbf{a}_z \tag{A.2b}$$

$$\pm\mathrm{d}S\,\mathbf{a}_\phi = \pm(\mathrm{d}z)(\mathrm{d}r)\mathbf{a}_\phi = \pm\mathrm{d}z\,\mathbf{a}_z \times \mathrm{d}r\,\mathbf{a}_r \tag{A.2c}$$

最后，由三个微分长度元形成的体积微元 $\mathrm{d}v$，即矩形盒的体积为

$$\mathrm{d}v = (\mathrm{d}r)(r\,\mathrm{d}\phi)(\mathrm{d}z) = r\,\mathrm{d}r\,\mathrm{d}\phi\,\mathrm{d}z \tag{A.3}$$

对于球坐标系，三个相互正交的面为一个球面、一个锥面和一个平面，如图 A.2(a)所示。其中平面和圆柱坐标系中ϕ = 常数的平面一样。球的原点作为中心。由于从原点到球面上点的径向距离 r 是一个常数，因此这个面可以由 r = 常数来定义。球坐标中的 r 不应与圆柱坐标中的 r 相混淆，当这两个坐标出现在同一表达式中，应该用下标 c 和 s 区分圆柱面和球面。锥顶在原点，并且锥面关于 z 轴对称。由于角度 θ 是锥面和 z 轴的夹角，因此这个面可以由 θ = 常数来定义。这样，确定某一点球坐标的三个正交面就是 r = 常数、ϕ = 常数和 θ = 常数。三个坐标中只有 r 表示距离，其他两个坐标(θ 和ϕ)都表示角度。在整个空间中，r 的变化范围从 0 到∞，θ 的变化范围从 0 到 π，ϕ的变化范围从 0 到 2π。

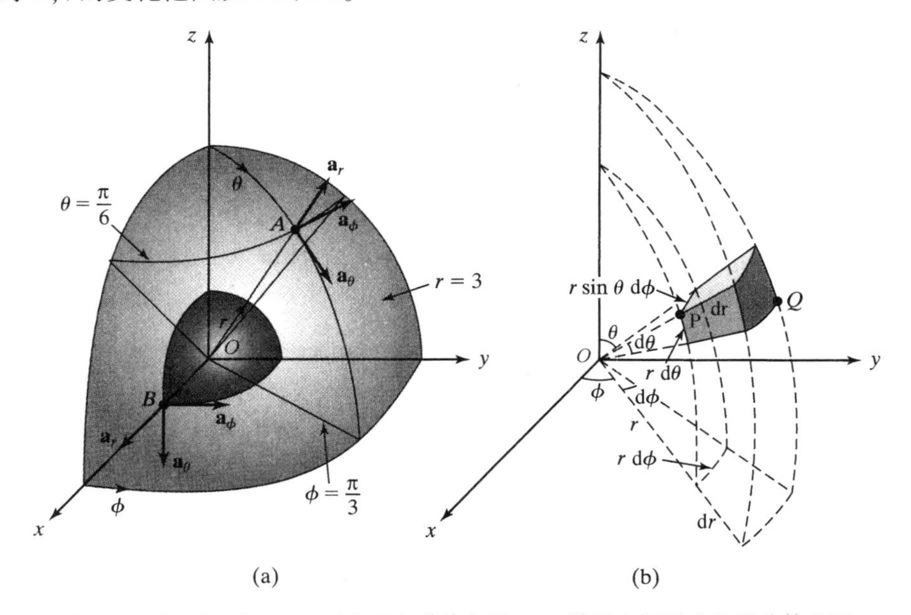

图 A.2 球坐标系。(a) 正交面和单位矢量；(b)增量坐标形成的微分体积元

球坐标系的原点由面 $r=0$, $\theta=0$ 和$\phi=0$ 确定。空间中任何其他的点可通过坐标增加适当的量得到的三个相互正交的面的交点来确定。例如，三个面 $r=3$, $\phi=\pi/3$ 和 $\theta=\pi/6$ 相交可确

定点 $A(3,\pi/6,\pi/3)$，如图 A.2(a)中所示。这三个正交面确定了三条相互正交的曲线，其中一条是直线，另两条是圆。作出的单位矢量 $\mathbf{a}_r$，$\mathbf{a}_\theta$ 和 $\mathbf{a}_\phi$ 是在 A 点处这三条曲线的切向，分别指向 r，θ 和 ϕ 增加的方向。这三个单位矢量构成一组相互正交的单位矢量，可以描述画在 A 点处的矢量。用类似的方法，可以作出球坐标中任意一点的单位矢量。例如，图 A.2(a)中的点 $B(1,\pi/2,0)$。从图 A.2(a)中可以看出，B 点的单位矢量 $\mathbf{a}_r$，$\mathbf{a}_\theta$ 和 $\mathbf{a}_\phi$ 与 A 点对应的单位矢量并不平行，这样，球坐标系的全部单位矢量 $\mathbf{a}_r$，$\mathbf{a}_\theta$ 和 $\mathbf{a}_\phi$ 不是处处都有相同的方向，也就是说，它们是不均匀的，是变矢量。最后，注意到图 A.2(a)中 θ 的选择，即从正 z 轴向 xy 平面增加，坐标系是右手系，即 $\mathbf{a}_r\times\mathbf{a}_\theta=\mathbf{a}_\phi$。

为了得到球坐标系中的微分长度元、面元和体积元，考虑两个点 $P(r,\theta,\phi)$ 和 $Q(r+\mathrm{d}r,\theta+\mathrm{d}\theta,\phi+\mathrm{d}\phi)$，其中 Q 点是通过将 P 点的每一个坐标值增加一个无限小的量得到的，如图 A.2(b)所示。由于 $\mathrm{d}r$，$\mathrm{d}\theta$ 和 $\mathrm{d}\phi$ 无限小，因此在 P 点相交的三个正交面，与在 Q 点相交的另外三个正交面确定了一个可以被看成矩形的盒子，形成矩形盒相邻边的三个微分长度元为 $\mathrm{d}r\mathbf{a}_r$，$r\mathrm{d}\theta\mathbf{a}_\theta$ 和 $r\sin\theta\mathrm{d}\phi\,\mathbf{a}_\phi$。从 P 点到 Q 点的矢量微分线元 $\mathrm{d}\mathbf{l}$ 可以表示为

$$\mathrm{d}\mathbf{l}=\mathrm{d}r\,\mathbf{a}_r+r\,\mathrm{d}\theta\,\mathbf{a}_\theta+r\sin\theta\,\mathrm{d}\phi\,\mathbf{a}_\phi \tag{A.4}$$

由微分长度元对形成的微分面元为

$$\pm\mathrm{d}S\,\mathbf{a}_\phi=\pm(\mathrm{d}r)(r\,\mathrm{d}\theta)\mathbf{a}_\phi=\pm\mathrm{d}r\,\mathbf{a}_r\times r\,\mathrm{d}\theta\,\mathbf{a}_\theta \tag{A.5a}$$

$$\pm\mathrm{d}S\,\mathbf{a}_r=\pm(r\,\mathrm{d}\theta)(r\sin\theta\,\mathrm{d}\phi)\mathbf{a}_r=\pm r\,\mathrm{d}\theta\,\mathbf{a}_\theta\times r\sin\theta\,\mathrm{d}\phi\,\mathbf{a}_\phi \tag{A.5b}$$

$$\pm\mathrm{d}S\,\mathbf{a}_\theta=\pm(r\sin\theta\,\mathrm{d}\phi)(\mathrm{d}r)\mathbf{a}_\theta=\pm r\sin\theta\,\mathrm{d}\phi\,\mathbf{a}_\phi\times\mathrm{d}r\,\mathbf{a}_r \tag{A.5c}$$

最后，体积微元 $\mathrm{d}v$ 可以由三个微分长度元得到，即矩形盒的体积为

$$\mathrm{d}v=(\mathrm{d}r)(r\,\mathrm{d}\theta)(r\sin\theta\,\mathrm{d}\phi)=r^2\sin\theta\,\mathrm{d}r\,\mathrm{d}\theta\,\mathrm{d}\phi \tag{A.6}$$

在电磁场的学习中，能够将点的坐标或画在某点的矢量从一个坐标系转换到另一个坐标系有时是非常有用的，特别是从笛卡儿坐标系转化为圆柱坐标系，或反变化，以及从笛卡儿坐标系转化为球坐标系，或反变化。为了导出坐标系的转换关系，考虑图 A.3(a)，图中给出了在三种不同坐标系中与 P 点坐标相关的几何关系。因此，从简单的几何关系考虑，可得

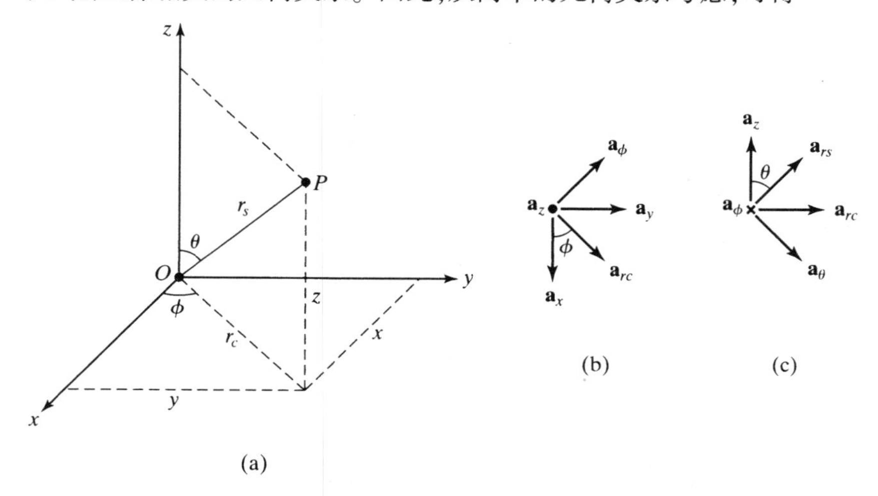

图 A.3　(a) 某点的坐标从一个坐标系转换到另一个坐标系；(b)和(c) 依据笛卡儿坐标系的单位矢量分别表示圆柱坐标系和球坐标系的单位矢量

$$x = r_c\cos\phi \qquad y = r_c\sin\phi \qquad z = z \tag{A.7}$$

$$x = r_s\sin\theta\cos\phi \qquad y = r_s\sin\theta\sin\phi \qquad z = r_s\cos\theta \tag{A.8}$$

相反地,可得

$$r_c = \sqrt{x^2 + y^2} \qquad \phi = \arctan\frac{y}{x} \qquad z = z \tag{A.9}$$

$$r_s = \sqrt{x^2 + y^2 + z^2} \qquad \theta = \arctan\frac{\sqrt{x^2 + y^2}}{z} \qquad \phi = \arctan\frac{y}{x} \tag{A.10}$$

关系式(A.7)表示从圆柱坐标系到笛卡儿坐标系的转换,关系式(A.9)则相反。关系式(A.8)表示从球坐标系到笛卡儿坐标系的的转换,关系式(A.10)则相反。

下面讨论矢量从一个坐标系到另一个坐标系的转换。为此目的,需要将第一个坐标系的每一个单位矢量根据它的分量沿第二个坐标系的单位矢量来表示。从两个矢量点积的定义可知,一个单位矢量沿另一个单位矢量的分量,即两个单位矢量夹角的余弦,简单地就是两个单位矢量的点积。这样,考虑圆柱坐标系和笛卡儿坐标系的一组单位矢量,参照图 A.3(b),可以得到

$$\mathbf{a}_{rc}\cdot\mathbf{a}_x = \cos\phi \qquad \mathbf{a}_{rc}\cdot\mathbf{a}_y = \sin\phi \qquad \mathbf{a}_{rc}\cdot\mathbf{a}_z = 0 \tag{A.11a}$$

$$\mathbf{a}_{\phi}\cdot\mathbf{a}_x = -\sin\phi \qquad \mathbf{a}_{\phi}\cdot\mathbf{a}_y = \cos\phi \qquad \mathbf{a}_{\phi}\cdot\mathbf{a}_z = 0 \tag{A.11b}$$

$$\mathbf{a}_z\cdot\mathbf{a}_x = 0 \qquad \mathbf{a}_z\cdot\mathbf{a}_y = 0 \qquad \mathbf{a}_z\cdot\mathbf{a}_z = 1 \tag{A.11c}$$

类似地,对球坐标系和笛卡儿坐标系的一组单位矢量,同样参照图 A.3(c)和图 A.3(b),可以得到

$$\mathbf{a}_{rs}\cdot\mathbf{a}_x = \sin\theta\cos\phi \qquad \mathbf{a}_{rs}\cdot\mathbf{a}_y = \sin\theta\sin\phi \qquad \mathbf{a}_{rs}\cdot\mathbf{a}_z = \cos\theta \tag{A.12a}$$

$$\mathbf{a}_{\theta}\cdot\mathbf{a}_x = \cos\theta\cos\phi \qquad \mathbf{a}_{\theta}\cdot\mathbf{a}_y = \cos\theta\sin\phi \qquad \mathbf{a}_{\theta}\cdot\mathbf{a}_z = -\sin\theta \tag{A.12b}$$

$$\mathbf{a}_{\phi}\cdot\mathbf{a}_x = -\sin\phi \qquad \mathbf{a}_{\phi}\cdot\mathbf{a}_y = \cos\phi \qquad \mathbf{a}_{\phi}\cdot\mathbf{a}_z = 0 \tag{A.12c}$$

下面通过一个例子阐述这些关系的使用方法。

例 A.1 考虑在点(3,4,5)处的矢量 $3\mathbf{a}_x + 4\mathbf{a}_y + 5\mathbf{a}_z$,将该矢量变换到球坐标系。

首先,根据式(A.10),可以得到点(3,4,5)对应的球坐标:

$$r_s = \sqrt{3^2 + 4^2 + 5^2} = 5\sqrt{2}$$

$$\theta = \arctan\frac{\sqrt{3^2 + 4^2}}{5} = \arctan 1 = 45°$$

$$\phi = \arctan\frac{4}{3} = 53.13°$$

从关系式(A.12),在所考虑的点处有

$$\begin{aligned}\mathbf{a}_x &= \sin\theta\cos\phi\,\mathbf{a}_{rs} + \cos\theta\cos\phi\,\mathbf{a}_{\theta} - \sin\phi\,\mathbf{a}_{\phi}\\ &= 0.3\sqrt{2}\mathbf{a}_{rs} + 0.3\sqrt{2}\mathbf{a}_{\theta} - 0.8\mathbf{a}_{\phi}\\ \mathbf{a}_y &= \sin\theta\sin\phi\,\mathbf{a}_{rs} + \cos\theta\sin\phi\,\mathbf{a}_{\theta} + \cos\phi\,\mathbf{a}_{\phi}\\ &= 0.4\sqrt{2}\mathbf{a}_{rs} + 0.4\sqrt{2}\mathbf{a}_{\theta} + 0.6\mathbf{a}_{\phi}\\ \mathbf{a}_z &= \cos\theta\,\mathbf{a}_{rs} - \sin\theta\,\mathbf{a}_{\theta} = 0.5\sqrt{2}\mathbf{a}_{rs} - 0.5\sqrt{2}\mathbf{a}_{\theta}\end{aligned}$$

可得

$$\begin{aligned}3\mathbf{a}_x + 4\mathbf{a}_y + 5\mathbf{a}_z = {}&(0.9\sqrt{2} + 1.6\sqrt{2} + 2.5\sqrt{2})\mathbf{a}_{rs} +\\ &(0.9\sqrt{2} + 1.6\sqrt{2} - 2.5\sqrt{2})\mathbf{a}_{\theta} + (-2.4 + 2.4)\mathbf{a}_{\phi} = 5\sqrt{2}\mathbf{a}_{rs}\end{aligned}$$

这个结果与预期相符合,因为给定矢量的分量等于确定它的点的坐标。因此,它的大小就等于从原点到该点的距离,即该点的球坐标 r;它的方向沿着从原点到该点所画的直线,即沿着该点的单位矢量 $\mathbf{a}_{rs}$。实际上,给定矢量是矢量 $x\mathbf{a}_x + y\mathbf{a}_y + z\mathbf{a}_z = r_s\mathbf{a}_{rs}$ 的特殊情况,称为**位置矢量**,因为它与从原点到点(x,y,z)画出的矢量相同。

复习思考题

A. 1　确定圆柱坐标系的三个正交面是什么?

A. 2　圆柱坐标变量的变化范围是多少?

A. 3　在圆柱坐标系中哪些单位矢量不是常矢量?

A. 4　验证在点(1,0,2)处的矢量 $3\mathbf{a}_r + 4\mathbf{a}_\phi + 5\mathbf{a}_z$ 与在点(2,π/2,3)处的矢量 $3\mathbf{a}_r + 4\mathbf{a}_\phi + 5\mathbf{a}_z$ 是否相同。

A. 5　圆柱坐标系中微分长度矢量是什么?

A. 6　确定球坐标系的三个正交面是什么?

A. 7　球坐标变量的变化范围是多少?

A. 8　在球坐标系中哪些单位矢量不是常矢量?

A. 9　验证在点(1,π/2,0)处的矢量 $3\mathbf{a}_r + 4\mathbf{a}_\theta$ 与在点(2,0,π/2)处的矢量 $3\mathbf{a}_r + 4\mathbf{a}_\theta$ 是否相同?

A. 10　球坐标系中微分长度矢量是什么?

A. 11　给出一个点的矢量从一个坐标系转换到另一个坐标系的过程。

A. 12　圆柱坐标系中的位置矢量表示什么?

习题

A. 1　用笛卡儿坐标系表示圆柱坐标系中从点 $P(2,\pi/3,1)$ 到点 $Q(4,2\pi/3,2)$ 画出的矢量。

A. 2　用笛卡儿坐标系表示球坐标系中从点 $P(1,\pi/3,\pi/4)$ 到点 $Q(2,2\pi/3,3\pi/4)$ 画出的矢量。

A. 3　确定在点(1,π/4,2)处的矢量 $\mathbf{a}_r + \mathbf{a}_\phi + 2\mathbf{a}_z$ 与在点(2,π/2,3)处的矢量 $\sqrt{2}\mathbf{a}_r + 2\mathbf{a}_z$ 是否相同。

A. 4　确定在点(2,π/3,π/6)处的矢量 $3\mathbf{a}_r + \sqrt{3}\mathbf{a}_\theta - 2\mathbf{a}_\phi$ 与在点(1,π/6,π/3)处的矢量 $\mathbf{a}_r + \sqrt{3}\mathbf{a}_\theta - 2\sqrt{3}\mathbf{a}_\phi$ 是否相同。

A. 5　计算圆柱坐标中点(1,0,0)处的单位矢量 $\mathbf{a}_r$ 与点(2,π/4,1)处的单位矢量 $\mathbf{a}_\phi$ 的点积和差积。

A. 6　计算球坐标中点(1,π/4,0)处的单位矢量 $\mathbf{a}_r$ 与点(2,π/2,π/2)处的单位矢量 $\mathbf{a}_\theta$ 的点积和差积。

A. 7　将在点(5,12,4)处的矢量 $5\mathbf{a}_x + 12\mathbf{a}_y + 6\mathbf{a}_z$ 变换到圆柱坐标系。

A. 8　将在点(3,4,5)处的矢量 $3\mathbf{a}_x + 4\mathbf{a}_y - 5\mathbf{a}_z$ 变换到球坐标系。

附录 B 圆柱坐标系和球坐标系中的旋度、散度和梯度

在 3.1 节,3.4 节和 6.1 节中,分别介绍了旋度、散度和梯度,并推导了笛卡儿坐标系中相应的表达式。在本附录中,将推导圆柱坐标系和球坐标系中相应的表达式。首先是圆柱坐标系,从附录 A 可知,相交于 $P(r,\theta,\phi)$ 点的三个正交曲面和相交于 $Q(r+\mathrm{d}r,\phi+\mathrm{d}\,\phi,z+\mathrm{d}z)$ 点的三个正交曲面定义了无穷小的六面体,如图 B.1 所示。

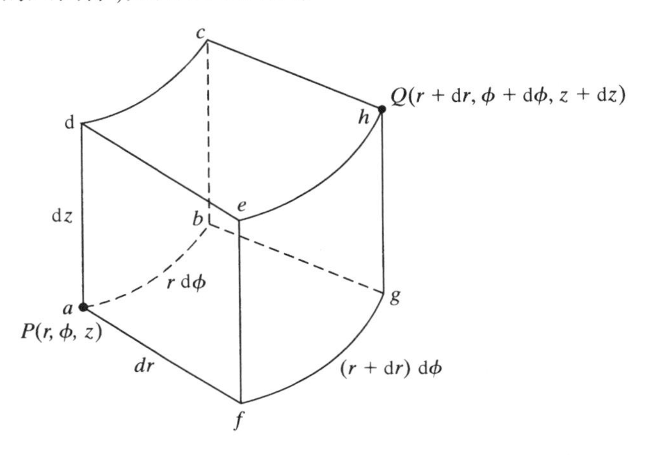

图 B.1 圆柱坐标中坐标增量构成的无穷小六面体

3.3 节中引入的矢量的旋度的基本定义为

$$\nabla\times\mathbf{A}=\lim_{\Delta S\to 0}\left[\frac{\oint_C \mathbf{A}\cdot\mathrm{d}\mathbf{l}}{\Delta S}\right]_{\max}\mathbf{a}_n \tag{B.1}$$

借助于图 B.1,$\nabla\times\mathbf{A}$ 的分量如下所示:

$$\begin{aligned}
(\nabla\times\mathbf{A})_r &= \lim_{\substack{\mathrm{d}\phi\to 0\\ \mathrm{d}z\to 0}}\frac{\oint_{abcda}\mathbf{A}\cdot\mathrm{d}\mathbf{l}}{\text{面积}\,abcd}\\
&= \lim_{\substack{\mathrm{d}\phi\to 0\\ \mathrm{d}z\to 0}}\frac{\left\{\begin{array}{l}[A_\phi]_{(r,z)}r\,\mathrm{d}\phi+[A_z]_{(r,\phi+\mathrm{d}\phi)}\,\mathrm{d}z\\ -[A_\phi]_{(r,z+\mathrm{d}z)}r\,\mathrm{d}\phi-[A_z]_{(r,\phi)}\,\mathrm{d}z\end{array}\right\}}{r\,\mathrm{d}\phi\,\mathrm{d}z}\\
&= \lim_{\mathrm{d}\phi\to 0}\frac{[A_z]_{(r,\phi+\mathrm{d}\phi)}-[A_z]_{(r,\phi)}}{r\,\mathrm{d}\phi}+\lim_{\mathrm{d}z\to 0}\frac{[A_\phi]_{(r,z)}-[A_\phi]_{(r,z+\mathrm{d}z)}}{\mathrm{d}z}\\
&= \frac{1}{r}\frac{\partial A_z}{\partial\phi}-\frac{\partial A_\phi}{\partial z}
\end{aligned} \tag{B.2a}$$

$$(\nabla\times\mathbf{A})_\phi = \lim_{\substack{\mathrm{d}z\to 0\\ \mathrm{d}r\to 0}}\frac{\oint_{adefa}\mathbf{A}\cdot\mathrm{d}\mathbf{l}}{\text{面积}\,adef}$$

$$= \lim_{\substack{dz\to 0\\ dr\to 0}} \frac{\left\{\begin{array}{l}[A_z]_{(r,\phi)}\,dz + [A_r]_{(\phi,z+dz)}\,dr\\ -[A_z]_{(r+dr,\phi)}\,dz - [A_r]_{(\phi,z)}\,dr\end{array}\right\}}{dr\,dz}$$

$$= \lim_{dz\to 0}\frac{[A_r]_{(\phi,z+dz)} - [A_r]_{(\phi,z)}}{dz} + \lim_{dr\to 0}\frac{[A_z]_{(r,\phi)} - [A_z]_{(r+dr,\phi)}}{dr}$$

$$= \frac{\partial A_r}{\partial z} - \frac{\partial A_z}{\partial r} \tag{B.2b}$$

$$(\nabla\times\mathbf{A})_z = \lim_{\substack{dr\to 0\\ d\phi\to 0}}\frac{\oint_{afgba}\mathbf{A}\cdot d\mathbf{l}}{\text{面积}\,afgb}$$

$$= \lim_{\substack{dr\to 0\\ d\phi\to 0}} \frac{\left\{\begin{array}{l}[A_r]_{(\phi,z)}\,dr + [A_\phi]_{(r+dr,z)}(r+dr)\,d\phi\\ -[A_r]_{(\phi+d\phi,z)}\,dr - [A_\phi]_{(r,z)}r\,d\phi\end{array}\right\}}{r\,dr\,d\phi}$$

$$= \lim_{dr\to 0}\frac{[rA_\phi]_{(r+dr,z)} - [rA_\phi]_{(r,z)}}{r\,dr} + \lim_{d\phi\to 0}\frac{[A_r]_{(\phi,z)} - [A_r]_{(\phi+d\phi,z)}}{r\,d\phi}$$

$$= \frac{1}{r}\frac{\partial}{\partial r}(rA_\phi) - \frac{1}{r}\frac{\partial A_r}{\partial \phi} \tag{B.2c}$$

结合式(B. 2a)、式(B. 2b)和式(B. 2c),圆柱坐标系中矢量旋度的表达式为

$$\nabla\times\mathbf{A} = \left[\frac{1}{r}\frac{\partial A_z}{\partial\phi} - \frac{\partial A_\phi}{\partial z}\right]\mathbf{a}_r + \left[\frac{\partial A_r}{\partial z} - \frac{\partial A_z}{\partial r}\right]\mathbf{a}_\phi + \frac{1}{r}\left[\frac{\partial}{\partial r}(rA_\phi) - \frac{\partial A_r}{\partial\phi}\right]\mathbf{a}_z$$

$$= \begin{vmatrix} \dfrac{\mathbf{a}_r}{r} & \mathbf{a}_\phi & \dfrac{\mathbf{a}_z}{r}\\ \dfrac{\partial}{\partial r} & \dfrac{\partial}{\partial \phi} & \dfrac{\partial}{\partial z}\\ A_r & rA_\phi & A_z \end{vmatrix} \tag{B.3}$$

为得到散度的表达式,应用 3. 6 节中引入的矢量散度的基本定义,有

$$\nabla\cdot\mathbf{A} = \lim_{\Delta v\to 0}\frac{\oint_S\mathbf{A}\cdot d\mathbf{S}}{\Delta v} \tag{B.4}$$

对于图 B. 1 中的六面体,计算式(B. 4)的右侧,可得

$$\nabla\cdot\mathbf{A} = \lim_{\substack{dr\to 0\\ d\phi\to 0\\ dz\to 0}} \frac{\left\{\begin{array}{l}[A_r]_{r+dr}(r+dr)\,d\phi\,dz - [A_r]_r r\,d\phi\,dz + [A_\phi]_{\phi+d\phi}\,dr\,dz\\ -[A_\phi]_\phi\,dr\,dz + [A_z]_{z+dz}r\,dr\,d\phi - [A_z]_z r\,dr\,d\phi\end{array}\right\}}{r\,dr\,d\phi\,dz}$$

$$= \lim_{dr\to 0}\frac{[rA_r]_{r+dr} - [rA_r]_r}{r\,dr} + \lim_{d\phi\to 0}\frac{[A_\phi]_{\phi+d\phi} - [A_\phi]_\phi}{r\,d\phi} +$$

$$\lim_{dz\to 0}\frac{[A_z]_{z+dz} - [A_z]_z}{dz}$$

$$= \frac{1}{r}\frac{\partial}{\partial r}(rA_r) + \frac{1}{r}\frac{\partial A_\phi}{\partial\phi} + \frac{\partial A_z}{\partial z} \tag{B.5}$$

为得到标量梯度的表达式,从附录 A 可得坐标中微分长度元为

$$\mathrm{d}\mathbf{l} = \mathrm{d}r\,\mathbf{a}_r + r\,\mathrm{d}\phi\,\mathbf{a}_\phi + \mathrm{d}z\,\mathbf{a}_z \tag{B.6}$$

因而

$$\begin{aligned}
\mathrm{d}\Phi &= \frac{\partial\Phi}{\partial r}\mathrm{d}r + \frac{\partial\Phi}{\partial\phi}\mathrm{d}\phi + \frac{\partial\Phi}{\partial z}\mathrm{d}z \\
&= \left(\frac{\partial\Phi}{\partial r}\mathbf{a}_r + \frac{1}{r}\frac{\partial\Phi}{\partial\phi}\mathbf{a}_\phi + \frac{\partial\Phi}{\partial z}\mathbf{a}_z\right)\cdot(\mathrm{d}r\,\mathbf{a}_r + r\,\mathrm{d}\phi\,\mathbf{a}_\phi + \mathrm{d}z\,\mathbf{a}_z) \\
&= \nabla\Phi\cdot\mathrm{d}\mathbf{l}
\end{aligned} \tag{B.7}$$

$$\nabla\Phi = \frac{\partial\Phi}{\partial r}\mathbf{a}_r + \frac{1}{r}\frac{\partial\Phi}{\partial\phi}\mathbf{a}_\phi + \frac{\partial\Phi}{\partial z}\mathbf{a}_z \tag{B.8}$$

现在转向球坐标系,从附录 A 可知,相交于 $P(r,\theta,\phi)$ 点的三个正交曲面和相交于 $Q(r+\mathrm{d}r,\theta+\mathrm{d}\theta,\phi+\mathrm{d}\,\phi)$ 点的三个正交曲面定义了无穷小的六面体,如图 B.2 所示。根据式(B.1)给出的矢量旋度的基本定义,然后借助于图 B.2,可知$\nabla\times\mathbf{A}$ 的分量如下所示:

$$\begin{aligned}
(\nabla\times\mathbf{A})_r &= \lim_{\substack{\mathrm{d}\theta\to0\\ \mathrm{d}\phi\to0}}\frac{\oint_{abcda}\mathbf{A}\cdot\mathrm{d}\mathbf{l}}{\text{面积}\,abcd} \\
&= \lim_{\substack{\mathrm{d}\theta\to0\\ \mathrm{d}\phi\to0}}\frac{\left\{\begin{array}{l}[A_\theta]_{(r,\phi)}r\,\mathrm{d}\theta + [A_\phi]_{(r,\theta+\mathrm{d}\theta)}r\sin(\theta+\mathrm{d}\theta)\,\mathrm{d}\phi \\ -[A_\theta]_{(r,\phi+\mathrm{d}\phi)}r\,\mathrm{d}\theta - [A_\phi]_{(r,\theta)}r\sin\theta\,\mathrm{d}\phi\end{array}\right\}}{r^2\sin\theta\,\mathrm{d}\theta\,\mathrm{d}\phi} \\
&= \lim_{\mathrm{d}\theta\to0}\frac{[A_\phi\sin\theta]_{(r,\theta+\mathrm{d}\theta)} - [A_\phi\sin\theta]_{(r,\theta)}}{r\sin\theta\,\mathrm{d}\theta} + \\
&\quad \lim_{\mathrm{d}\phi\to0}\frac{[A_\theta]_{(r,\phi)} - [A_\theta]_{(r,\phi+\mathrm{d}\phi)}}{r\sin\theta\,\mathrm{d}\phi} \\
&= \frac{1}{r\sin\theta}\frac{\partial}{\partial\theta}(A_\phi\sin\theta) - \frac{1}{r\sin\theta}\frac{\partial A_\theta}{\partial\phi}
\end{aligned} \tag{B.9a}$$

$$\begin{aligned}
(\nabla\times\mathbf{A})_\theta &= \lim_{\substack{\mathrm{d}\phi\to0\\ \mathrm{d}r\to0}}\frac{\oint_{adefa}\mathbf{A}\cdot\mathrm{d}\mathbf{l}}{\text{面积}\,adef} \\
&= \lim_{\substack{\mathrm{d}\phi\to0\\ \mathrm{d}r\to0}}\frac{\left\{\begin{array}{l}[A_\phi]_{(r,\theta)}r\sin\theta\,\mathrm{d}\phi + [A_r]_{(\theta,\phi+\mathrm{d}\phi)}\,\mathrm{d}r \\ -[A_\phi]_{(r+\mathrm{d}r,\theta)}(r+\mathrm{d}r)\sin\theta\,\mathrm{d}\phi - [A_r]_{(\theta,\phi)}\,\mathrm{d}r\end{array}\right\}}{r\sin\theta\,\mathrm{d}r\,\mathrm{d}\phi} \\
&= \lim_{\mathrm{d}\phi\to0}\frac{[A_r]_{(\theta,\phi+\mathrm{d}\phi)} - [A_r]_{(\theta,\phi)}}{r\sin\theta\,\mathrm{d}\phi} + \\
&\quad \lim_{\mathrm{d}r\to0}\frac{[rA_\phi]_{(r,\theta)} - [rA_\phi]_{(r+\mathrm{d}r,\theta)}}{r\,\mathrm{d}r} \\
&= \frac{1}{r\sin\theta}\frac{\partial A_r}{\partial\phi} - \frac{1}{r}\frac{\partial}{\partial r}(rA_\phi)
\end{aligned} \tag{B.9b}$$

$$(\nabla\times\mathbf{A})_\phi = \lim_{\substack{\mathrm{d}r\to0\\ \mathrm{d}\theta\to0}}\frac{\oint_{afgba}\mathbf{A}\cdot\mathrm{d}\mathbf{l}}{\text{面积}\,afgb}$$

$$= \lim_{\substack{dr \to 0 \\ d\theta \to 0}} \frac{\left\{ \begin{array}{l} [A_r]_{(\theta,\phi)}\, dr + [A_\theta]_{(r+dr,\phi)}(r + dr)\, d\theta \\ -\, [A_r]_{(\theta+d\theta,\phi)}\, dr - [A_\theta]_{(r,\phi)} r\, d\theta \end{array} \right\}}{r\, dr\, d\theta}$$

$$= \lim_{dr \to 0} \frac{[rA_\theta]_{(r+dr,\phi)} - [rA_\theta]_{(r,\phi)}}{r\, dr} +$$

$$\lim_{d\theta \to 0} \frac{[A_r]_{(\theta,\phi)}\, dr - [A_r]_{(\theta+d\theta,\phi)}\, dr}{r\, d\theta}$$

$$= \frac{1}{r}\frac{\partial}{\partial r}(rA_\theta) - \frac{1}{r}\frac{\partial A_r}{\partial \theta} \qquad \text{(B. 9c)}$$

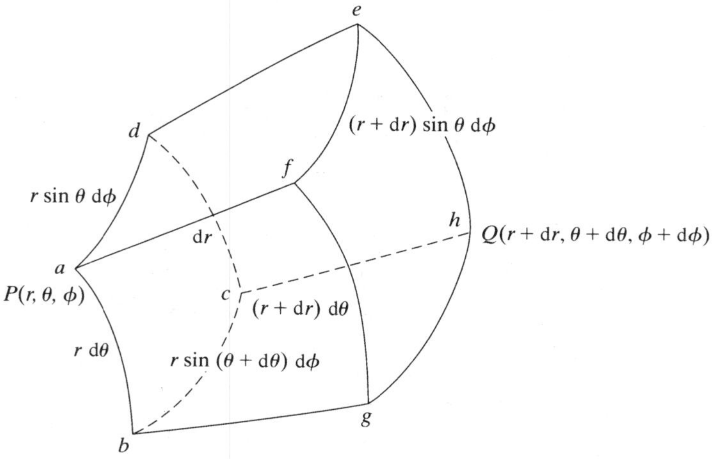

图 B. 2　球坐标中坐标增量构成的无穷小六面体

结合式(B. 9a)、式(B. 9b)和式(B. 9c),球坐标系中矢量旋度的表达式为

$$\nabla \times \mathbf{A} = \frac{1}{r\sin\theta}\left[\frac{\partial}{\partial\theta}(A_\phi \sin\theta) - \frac{\partial A_\theta}{\partial\phi}\right]\mathbf{a}_r + \frac{1}{r}\left[\frac{1}{\sin\theta}\frac{\partial A_r}{\partial\phi} - \frac{\partial}{\partial r}(rA_\phi)\right]\mathbf{a}_\theta + \frac{1}{r}\left[\frac{\partial}{\partial r}(rA_\theta) - \frac{\partial A_r}{\partial\theta}\right]\mathbf{a}_\phi$$

$$= \begin{vmatrix} \dfrac{\mathbf{a}_r}{r^2\sin\theta} & \dfrac{\mathbf{a}_\theta}{r\sin\theta} & \dfrac{\mathbf{a}_\phi}{r} \\ \dfrac{\partial}{\partial r} & \dfrac{\partial}{\partial\theta} & \dfrac{\partial}{\partial\phi} \\ A_r & rA_\theta & r\sin\theta\, A_\phi \end{vmatrix} \qquad \text{(B. 10)}$$

为得到散度的表达式,应用式(B. 4)给出的矢量散度的基本定义,对于图 B. 2 中的六面体,计算方程式的右侧,可得

$$\nabla \cdot \mathbf{A} = \lim_{\substack{dr \to 0 \\ d\theta \to 0 \\ d\phi \to 0}} \frac{\left\{ \begin{array}{l} [A_r]_{r+dr}(r + dr)^2 \sin\theta\, d\theta\, d\phi - [A_r]_r r^2 \sin\theta\, d\theta\, d\phi + \\ [A_\theta]_{\theta+d\theta} r\sin(\theta + d\theta)\, dr\, d\phi - [A_\theta]_\theta r\sin\theta\, dr\, d\phi + \\ [A_\phi]_{\phi+d\phi} r\, dr\, d\theta - [A_\phi]_\phi r\, dr\, d\theta \end{array} \right\}}{r^2 \sin\theta\, dr\, d\theta\, d\phi}$$

$$= \lim_{dr\to 0}\frac{[r^2A_r]_{r+dr}-[r^2A_r]_r}{r^2\,dr}+\lim_{d\theta\to 0}\frac{[A_\theta\sin\theta]_{\theta+d\theta}-[A_\theta\sin\theta]_\theta}{r\sin\theta\,d\theta}+$$

$$\lim_{d\phi\to 0}\frac{[A_\phi]_{\phi+d\phi}-[A_\phi]_\phi}{r\sin\theta\,d\phi}$$

$$=\frac{1}{r^2}\frac{\partial}{\partial r}(r^2A_r)+\frac{1}{r\sin\theta}\frac{\partial}{\partial\theta}(A_\theta\sin\theta)+\frac{1}{r\sin\theta}\frac{\partial A_\phi}{\partial\phi} \tag{B.11}$$

为得到标量梯度的表达式,从附录 A 可得球坐标中微分长度元为

$$d\mathbf{l}=dr\,\mathbf{a}_r+r\,d\theta\,\mathbf{a}_\theta+r\sin\theta\,d\phi\,\mathbf{a}_\phi \tag{B.12}$$

从而

$$\begin{aligned}d\Phi&=\frac{\partial\Phi}{\partial r}dr+\frac{\partial\Phi}{\partial\theta}d\theta+\frac{\partial\Phi}{\partial\phi}d\phi\\&=\left(\frac{\partial\Phi}{\partial r}\mathbf{a}_r+\frac{1}{r}\frac{\partial\Phi}{\partial\theta}\mathbf{a}_\theta+\frac{1}{r\sin\theta}\frac{\partial\Phi}{\partial\phi}\mathbf{a}_\phi\right)\cdot(dr\,\mathbf{a}_r+r\,d\theta\,\mathbf{a}_\theta+r\sin\theta\,d\phi\,\mathbf{a}_\phi)\\&=\nabla\Phi\cdot d\mathbf{l}\end{aligned} \tag{B.13}$$

因此

$$\nabla\Phi=\frac{\partial\Phi}{\partial r}\mathbf{a}_r+\frac{1}{r}\frac{\partial\Phi}{\partial\theta}\mathbf{a}_\theta+\frac{1}{r\sin\theta}\frac{\partial\Phi}{\partial\phi}\mathbf{a}_\phi \tag{B.14}$$

复习思考题

B.1 简要讨论矢量旋度的基本定义。

B.2 证明应用矢量旋度的基本定义可分别确定旋度的每个分量。

B.3 怎样依据圆柱坐标系和球坐标中矢量分量的横向导数,概括矢量旋度的各分量的解释?

B.4 简要讨论矢量散度的基本定义。

B.5 怎样依据圆柱坐标系和球坐标中矢量分量的纵向导数,概括矢量散度的各分量的解释?

B.6 提供标量梯度的分量的一般性解释。

习题

B.1 计算圆柱坐标中下列每个矢量的旋度和散度:(a)$r\cos\phi\,\mathbf{a}_r-r\sin\phi\,\mathbf{a}_\phi$;(b)$\frac{1}{r}\mathbf{a}_r$;(c)$\frac{1}{r}\mathbf{a}_\phi$。

B.2 计算圆柱坐标中下列每个标量的梯度:(a)$\frac{1}{r}\cos\phi$;(b)$r\sin\phi$。

B.3 计算圆柱坐标中拉普拉斯展开式,即标量梯度的散度。

B.4 计算球坐标中下列每个矢量的旋度和散度:(a)$r^2\mathbf{a}_r+r\sin\theta\mathbf{a}_\theta$;(b)$\frac{e^{-r}}{r}\mathbf{a}_\theta$;(c)$\frac{1}{r^2}\mathbf{a}_r$。

B.5 计算球坐标中下列每个标量的梯度:(a)$\frac{\sin\theta}{r}$;(b)$r\cos\theta$。

B.6 计算球坐标中拉普拉斯展开式,即标量梯度的散度。

附录 C 单位和量纲

1960 年,在法国巴黎举行的第十一届度量衡总会上正式地确立了国际单位制。国际单位制是合理化的米-千克-秒-安培(MKSA)单位系统的扩展版本,基于六个根本或基本的单位。这六个基本的单位是长度、质量、时间、电流、温度和发光强度的单位。

长度的国际单位是米。1 米正好等于氪 86 原子中的电子在能级 $2p_{10}$ 和 $5d_5$ 之间的非受扰跃迁在真空中辐射的桔红线的波长的 1 650 763. 73 倍。质量的国际单位是千克。1 千克是国际千克原器的质量,国际千克原器是由国际计量局保存在法国的塞夫勒市的一个铂铱合金圆柱体。时间的国际单位是秒,为铯 133 原子在基态 $^2S_{1/2}$ 两个超精细能级($F=4, M=0$ 和 $F=3, M=0$)之间跃迁辐射周期的 9 192 631 770 倍。

在电流的国际单位定义之前,先定义力的单位——牛顿。牛顿由基本单位米、千克和秒以下面的方式推出。因为速度是距离随时间的变化率,其单位为米每秒。由于加速度是速度随时间的变化率,其单位为米每秒每秒或米每秒方。由于力是质量乘以加速度,其单位为千克·米每秒方,也称为牛顿。所以,1 牛顿是对 1 千克的质量产生 1 米每平方秒的加速度所施加的力。电流的国际单位为安培,现在可以定义了。在两个直的、无限长的、可忽略截面积的平行导体通有的恒定电流,当两个导体相距 1 米放置,在真空中每米导体的长度上产生 2×10^{-7} 牛顿的力时电流的大小。

温度的国际单位为开尔文。它是基于热动力学的温度度量,将三相的水作为一个基本的温度点,该温度点为 273. 16 开尔文。发光强度的国际单位为坎德拉。坎德拉是这样定义的:黑体辐射器在铂的凝固点时的发光强度为 60 坎德拉每平方厘米。

已经定义了 6 个国际单位制的基本单位。两个增补的单位是平面角的弧度和立体角的球面度。其他的单位都是导出的单位。例如,电荷的单位库仑,是 1 安培的电流 1 秒钟运送的电荷量;能量的单位焦耳,是对质点施加 1 牛顿的力,质点在力的方向上移动了 1 米,力所做的功;功率的单位瓦特,是每秒能够产生 1 焦耳的功率;电位差的单位伏特,是导线中电流为恒定的 1 安培,导线中两点之间消耗的功率为 1 瓦特时,导线中两点之间的电位差,等等。本书中用到的各种物理量的单位在表 C. 1 中列出,同时也列出了这些物理量的符号和量纲。

表 C. 1 物理量的符号、单位和量纲

物 理 量	符 号	单位(符号)	量 纲
导纳	$\bar{Y}$	西门子(S)	$M^{-1}L^{-2}TQ^2$
面积	A	平方米(m^2)	L^2
衰减常数	α	奈培/米(Np/m)	L^{-1}
电容	C	法拉(F)	$M^{-1}L^{-2}T^2Q^2$
单位长度的电容	$\mathscr{C}$	法拉/每米(F/m)	$M^{-1}L^{-3}T^2Q^2$
笛卡儿坐标	x	米(m)	L
	y	米(m)	L
	z	米(m)	L

（续表）

物 理 量	符 号	单位(符号)	量 纲
特性导纳	Y_0	西门子(S)	$M^{-1}L^{-2}TQ^2$
特性阻抗	Z_0	欧姆(Ω)	$ML^2T^{-1}Q^{-2}$
电荷	Q,q	库仑(C)	Q
电导	G	西门子(S)	$M^{-1}L^{-2}TQ^2$
单位长度电导	$\mathscr{G}$	西门子/米(S/m)	$M^{-1}L^{-3}TQ^2$
传导电流密度	$\mathbf{J}_c$	安培/平方米(A/m²)	$L^{-2}T^{-1}Q$
电导率	σ	西门子/米(S/m)	$M^{-1}L^{-3}TQ^2$
电流	I	安培(A)	$T^{-1}Q$
截止频率	f_c	赫兹(Hz)	T^{-1}
截止波长	λ_c	米(m)	L
圆柱坐标	r,r_c	米(m)	L
	ϕ	弧度	—
	z	米(m)	L
微分线元	$d\mathbf{l}$	米(m)	L
微分面元	$d\mathbf{S}$	平方米(m²)	L^2
微分体积元	dv	立方米(m³)	L^3
方向性系数	D	—	—
电通量密度	$\mathbf{D}$	库仑/平方米(C/m²)	$L^{-2}C$
电偶极矩	$\mathbf{p}$	库仑·米(C·m)	LQ
电场强度	$\mathbf{E}$	伏特/米(V/m)	$MLT^{-2}Q^{-1}$
电位	V	伏特(V)	$ML^2T^{-2}Q^{-1}$
电极化率	χ_e	—	—
电子密度	N	(米)$^{-3}$(m^{-3})	L^{-3}
电子	e	库仑(C)	Q
能量	W	焦耳(J)	ML^2T^{-2}
能量密度	w	焦耳/立方米(J/m³)	$ML^{-1}T^{-2}$
力	$\mathbf{F}$	牛顿(N)	MLT^{-2}
频率	f	赫兹(Hz)	T^{-1}
群速度	v_g	米/秒(m/s)	LT^{-1}
波导特性阻抗	η_g	欧姆(Ω)	$ML^2T^{-1}Q^{-2}$
波导波长	λ_g	米(m)	L
阻抗	$\bar{Z}$	欧姆(Ω)	$ML^2T^{-1}Q^{-2}$
电感	L	亨利(H)	ML^2Q^{-2}
单位长度电感	$\mathscr{L}$	亨利/米(H/m)	MLQ^{-2}
本征阻抗	η	欧姆(Ω)	$ML^2T^{-1}Q^{-2}$
长度	l	米(m)	L
线电荷密度	ρ_L	库仑/米(C/m)	$L^{-1}Q$
磁偶极矩	$\mathbf{m}$	安培·平方米(A·m²)	$L^2T^{-1}Q$
磁场强度	$\mathbf{H}$	安培/米(A/m)	$L^{-1}T^{-1}Q$
磁通量	ψ	韦伯(Wb)	$ML^2T^{-1}Q^{-1}$
磁通密度	$\mathbf{B}$	特斯拉或韦伯/平方米(T或Wb/m²)	$MT^{-1}Q^{-1}$
磁导率	χ_m	—	—
磁矢量位	$\mathbf{A}$	韦伯/米(Wb/m)	$MLT^{-1}Q^{-1}$
磁化电流密度	$\mathbf{J}_m$	安培/平方米(A/m²)	$L^{-2}T^{-1}Q$
磁化强度	$\mathbf{M}$	安培/米(A/m)	$L^{-1}T^{-1}Q$

（续表）

物　理　量	符　　号	单位（符号）	量　　纲
质量	m	千克（kg）	M
迁移率	μ	平方米/（伏特·秒）[$m^2/(V \cdot s)$]	$M^{-1}TQ$
磁导率	μ	亨利/米（H/m）	MLQ^{-2}
真空磁导率	μ_0	亨利/米（H/m）	MLQ^{-2}
介电常数	ϵ	法拉/米（F/m）	$M^{-1}L^{-3}T^2Q^2$
真空介电常数	ϵ_0	法拉/米（F/m）	$M^{-1}L^{-3}T^2Q^2$
相位常数	β	弧度/米（rad/m）	L^{-1}
相速度	v_p	米/秒（m/s）	LT^{-1}
等离子体频率	f_N	赫兹（Hz）	T^{-1}
极化电流密度	$\mathbf{J}_p$	安培/平方米（A/m^2）	$L^{-2}T^{-1}Q$
极化强度	$\mathbf{P}$	库仑/平方米（C/m^2）	$L^{-2}Q$
功率	P	瓦特（W）	ML^2T^{-3}
功率密度	p	瓦特/平方米（W/m^2）	MT^{-3}
坡印亭矢量	$\mathbf{P}$	瓦特/平方米（W/m^2）	MT^{-3}
传播常数	$\bar{\gamma}$	米$^{-1}$（m^{-1}）	L^{-1}
传播矢量	$\boldsymbol{\beta}$	弧度/米（rad/m）	L^{-1}
角频率	ω	弧度/秒（rad/s）	T^{-1}
辐射电阻	R_{rad}	欧姆（Ω）	$ML^2T^{-1}Q^{-2}$
电抗	X	欧姆（Ω）	$ML^2T^{-1}Q^{-2}$
反射系数	Γ	—	—
折射率	n	—	—
相对磁导率	μ_r	—	—
相对介电常数	ϵ_r	—	—
电阻	R	欧姆（Ω）	$ML^2T^{-1}Q^{-2}$
屏蔽系数	S	—	—
趋肤深度	δ	米（m）	L
球坐标	r, rs	米（m）	L
	θ	弧度（rad）	—
	ϕ	弧度（rad）	—
驻波比	SWR	—	—
表面电荷密度	ρ_S	库仑/平方米（C/m^2）	$L^{-2}Q$
面电流密度	$\mathbf{J}_S$	安培/米（A/m）	$L^{-1}T^{-1}Q$
电纳	B	西门子（S）	$M^{-1}L^{-2}TQ^2$
时间	t	秒（s）	T
传输系数	$\boldsymbol{\tau}$	—	—
单位法向矢量	$\mathbf{a}_n$	—	—
速度	v	米/秒（m/s）	LT^{-1}
真空中的光速	c	米/秒（m/s）	LT^{-1}
电压	V	伏特（V）	$ML^2T^{-2}Q^{-1}$
体积	V	立方米（m^3）	L^3
体电荷密度	ρ	库仑/立方米（C/m^3）	$L^{-3}Q$
体电流密度	$\mathbf{J}$	安培/平方米（A/m^2）	$L^{-2}T^{-1}Q$
波长	λ	米（m）	L
功	W	焦耳（J）	ML^2T^{-2}

量纲是检验推导方程正确性的一种简便的方法。一个给定的物理量的量纲可以表示为一组基本量纲的某种组合。这些基本的量纲有质量(M)、长度(L)和时间(T)。在电磁学中,通常的做法是以电荷(Q)作为基本的量纲,而不是电流。对于表C.1中的物理量,这四个基本的量纲就已经足够了。例如,速度的量纲是长度(L)除以时间(T),即LT^{-1};加速度的量纲是长度(L)除以时间的平方(T^2),即LT^{-2};力的量纲是质量(M)乘以加速度(LT^{-2})即MLT^{-2};安培的量纲是电荷(Q)除以时间(T),即QT^{-1};等等。

为了说明应用量纲来检验推导的方程的正确性,考虑真空中电磁波相速度的方程:

$$v_p = \frac{1}{\sqrt{\mu_0 \epsilon_0}}$$

由于已知v_p的量纲是LT^{-1}。所以,要证明$1/\sqrt{\mu_0\epsilon_0}$的量纲也是LT^{-1}。为此,由库仑定律有

$$\epsilon_0 = \frac{Q_1 Q_2}{4\pi F R^2}$$

所以,ϵ_0的量纲是$Q^2/[(MLT^{-2})(L^2)]$或$M^{-1}L^{-3}T^2Q^2$。考虑两个互相平行的、无限小的电流元,两者的连线与电流元垂直,由安培力定律,可以得到

$$\mu_0 = \frac{4\pi F R^2}{(I_1\,\mathrm{d}l_1)(I_2\,\mathrm{d}l_2)}$$

所以,μ_0的量纲是$[(MLT^{-2})(L^2)]/(QT^{-1}L)^2$或$MLQ^{-2}$。现在可以得到$1/\sqrt{\mu_0\epsilon_0}$的量纲为$1/\sqrt{(M^{-1}L^{-3}T^2Q^2)(MLQ^{-2})}$或$LT^{-1}$,和$v_p$的量纲是一样的。然而,需要指出的是,方程两边的量纲相等并不能充分证明方程的正确性,因为没有量纲的常数也可能有错误。

不必总是参考量纲表来检验推导的方程的正确性。例如,假设已经推导了传输线特性阻抗的表达式为$\sqrt{\mathscr{L}/\mathscr{C}}$,希望验证$\sqrt{\mathscr{L}/\mathscr{C}}$确实具有阻抗的量纲,为此,写出

$$\sqrt{\frac{\mathscr{L}}{\mathscr{C}}} = \sqrt{\frac{\omega\mathscr{L}l}{\omega\mathscr{C}l}} = \sqrt{\frac{\omega L}{\omega C}} = \sqrt{(\omega L)\left(\frac{1}{\omega C}\right)}$$

可以从电路理论的知识知道,ωL和$1/\omega C$分别是L和C的电抗,具有阻抗的量纲。所以,可以得出结论,$\sqrt{\mathscr{L}/\mathscr{C}}$具有$\sqrt{(\text{阻抗})^2}$的量纲或阻抗的量纲。

奇数编号习题答案

第1章

1.1　(a)2 m；　(b)0.8 m 向北和0.4 m 向东；　(c)0.8944 m

1.5　21

1.7　$2\mathbf{a}_x + 2\mathbf{a}_y + 2\mathbf{a}_z$

1.9　$(4\mathbf{a}_x - 5\mathbf{a}_y + 3\mathbf{a}_z)/5\sqrt{2}$；　$6\sqrt{2}$

1.11　$(4\mathbf{a}_x + 4\mathbf{a}_y + \mathbf{a}_z)\mathrm{d}z$

1.13　$(4\mathbf{a}_x - \mathbf{a}_y)/\sqrt{17}$

1.15　$x + y + z =$ 常数

1.17　$\omega(-y\mathbf{a}_x + x\mathbf{a}_y)$

1.19　传播方向沿负 z 方向

1.21　(a)线；　(b)圆；　(c)椭圆

1.23　椭圆极化

1.25　$5\cos(\omega t + 6.87°)$

1.27　$\sqrt{8\pi\epsilon_0 l^2 mg}$

1.29　$\dfrac{0.0555Q}{\epsilon_0}(\mathbf{a}_x + \mathbf{a}_y + \mathbf{a}_z)$ N/C

1.31　$\dfrac{10^{-7}}{\pi\epsilon_0}\sum_{i=1}^{50}(2i-1)[10^{-4}(2i-1)^2+1]^{-3/2}\mathbf{a}_y$

1.33　$\dfrac{4\times10^{-7}}{\pi\epsilon_0}\sum_{i=1}^{50}\sum_{j=1}^{50}[10^{-4}(2i-1)^2+10^{-4}(2j-1)^2+1]^{-3/2}\mathbf{a}_z$

1.35　(a) $0.4485\times10^{-6}\sin 2\pi\times10^7 t\mathbf{a}_x$ A/m²；　(b) $0.4485\times10^{-8}\sin 2\pi\times10^7 t$ A

1.37　$\mathrm{d}\mathbf{F}_1 = 0$；　$\mathrm{d}\mathbf{F}_2 = \dfrac{\mu_0}{4\pi}I_1 I_2\mathrm{d}x\mathrm{d}y\ \mathbf{a}_x$

1.39　(a) $(5\times10^{-5}\mu_0/\pi)\mathbf{a}_z$；　(b) $-(10^{-4}\mu_0/4\pi)\mathbf{a}_z$

1.41　$0.179\mu_0 I\mathbf{a}_z$

1.43　$-v_0 B_0(14\mathbf{a}_y + 7\mathbf{a}_z)$

第2章

2.1　0.855

2.3　1

2.7　1/6

2.9　$\dfrac{(4n^2-1)(1-\mathrm{e}^{-1})}{12n^3(1-\mathrm{e}^{-1/n})}\mathrm{e}^{-1/2n}$；　0.208 25，0.210 09，0.210 70，0.210 71

2.11 16π

2.13 30 A

2.15 $-B_0bv_0\left(\frac{1}{x_0+a}-\frac{1}{x_0}\right)$

2.17 $B_0b\omega\ln\frac{x_0+a}{x_0}\sin\omega t-B_0bv_0\left(\frac{1}{x_0+a}-\frac{1}{x_0}\right)\cos\omega t$

2.19 $2B_0\omega\sin\omega t$

2.21 0

2.23 (a) 0；(b) I_1-I_2

2.25 当 $r<a$ 时，$\frac{J_0r}{2}$，当 $r>a$ 时，$\frac{J_0a^2}{2r}$，其中 r 是距轴的径向距离，方向环绕导线的轴

2.27 (a) $I/4$；(b) $I/4$

2.29 0.316 06 C

2.31 当 $r<a$ 时，$\rho_0r/3\epsilon_0$，当 $r>a$ 时，$\rho_0a^3/3\epsilon_0r^2$，其中 r 为场点与电荷中心的径向距离，方向为离开电荷中心的径向指向

2.33 -1 A

2.35 $\pi^2/2$

第3章

3.1 $\omega B_0\frac{z^2}{2}\sin\omega t\mathbf{a}_x$

3.3 (a) $z\mathbf{a}_x+x\mathbf{a}_y+y\mathbf{a}_z$；(b) 0

3.5 $\frac{1}{3}\times10^{-7}\cos(6\pi\times10^8t-2\pi z)\mathbf{a}_y$ Wb/m^2

3.7 $\mathbf{B}=-\omega\mu_0\epsilon_0E_0\frac{z^3}{3}\cos\omega t\mathbf{a}_y$

$\mathbf{E}=-\omega^2\mu_0\epsilon_0E_0\frac{z^4}{12}\sin\omega t\mathbf{a}_x$

3.9 $\mathbf{E}=10\cos(6\pi\times10^8t-2\pi z)\mathbf{a}_x$

$\mathbf{B}=\frac{10^{-7}}{3}\cos(6\pi\times10^8t-2\pi z)\mathbf{a}_y$

3.11 当 $-a<z<0$ 时，$J_0(a+z)\mathbf{a}_y$，当 $0<z<a$ 时，$J_0(a-z)\mathbf{a}_y$，当 z 取其他值时，0

3.13 旋度除了有 x 方向的分量在 y 方向也有分量

3.15 旋度只有 z 方向的分量

3.17 对任意的闭合曲线 C，$\oint_C\mathbf{A}\cdot d\mathbf{l}=0$

3.19 (a) $3(x^2+y^2+z^2)$；(b) 0

3.21 (a) $-x\mathbf{a}_z,y$；(b) $-\mathbf{a}_z,0$；(c) 0,1；(d) 0,0

3.23 当 $-a<x<a$ 时，$\frac{\rho_0}{2a\epsilon_0}(x^2-a^2)\mathbf{a}_x$，当 x 取其他值时，0

3.25 (a)和(c)

3.27 $\nabla\cdot\mathbf{r}=3$

3.29 $\oint_S \mathbf{A} \cdot d\mathbf{S} = 2\pi, \nabla \cdot \mathbf{A} = 3$

3.31 0

第4章

4.1 (a) 0.2 A； (b) 0； (c) 0.2 A

4.3 (a) $0.2 \cos \omega t$ A； (b) $0.2 \sin \omega t$ A； (c) $0.2828\sin(\omega t + 45°)$ A

4.5 (a) 对于 $z = 0\pm$，$\pm 0.0368\cos \omega t\mathbf{a}_y$； (b) 对于 $z = 0\pm$，$\pm 0.0135 \cos \omega t\mathbf{a}_y$

4.7 对于 $z < -a$，$J_0 \dfrac{a}{2}\mathbf{a}_y$； 对于 $-a < z < 0$，$-J_0\left(z + \dfrac{z^2}{2a}\right)\mathbf{a}_y$；

对于 $0 < z < a$，$-J_0\left(z - \dfrac{z^2}{2a}\right)\mathbf{a}_y$ ；对于 $z > a$，$-J_0 \dfrac{a}{2}\mathbf{a}_y$

4.9 对于 $x < -a$，$-(\rho_0 a/\epsilon_0)\mathbf{a}_x$； 对于 $-a < x < a$，$(\rho_0 x/\epsilon_0)\mathbf{a}_x$； 对于 $x > a$，$(\rho_0 a/\epsilon_0)\mathbf{a}_x$

4.15 $(t - z\sqrt{\mu_0\epsilon_0})^2$ 对应(+)波； $(t + z\sqrt{\mu_0\epsilon_0})^2$ 对应(−)波

4.17 $C = \dfrac{\eta_0 J_{S0}}{2}$

对于例4.13，当 $z \gtrless 0$ 时，$E_x = \dfrac{\eta_0 J_{S0}}{2}(t \mp z\sqrt{\mu_0\epsilon_0})^2$ 和当 $z \gtrless 0$ 时，$H_y = \pm\dfrac{E_x}{\eta_0}$

4.19 当 $z \gtrless 0$ 时，$\mathbf{E} = [0.1\eta_0\cos(6\pi \times 10^8 t \mp 2\pi z) + 0.05\eta_0\cos(12\pi \times 10^8 t \mp 4\pi z)]\mathbf{a}_x$

当 $z \gtrless 0$ 时，$\mathbf{H} = \pm\dfrac{E_x}{\eta_0}\mathbf{a}_y$

4.21 间距 $= \lambda/4$； 振幅 $= J_{S0}, \dfrac{1}{3}J_{S0}$； 相位不同 $= \pi/2$

4.23 (a)右旋圆； (b)左旋圆

4.25 $\dfrac{E_0}{2}[\cos(\omega t + \beta z)\mathbf{a}_x - \sin(\omega t + \beta z)\mathbf{a}_y] + \dfrac{E_0}{2}[\cos(\omega t + \beta z)\mathbf{a}_x + \sin(\omega t + \beta z)\mathbf{a}_y]$

4.27 $1.25E_0\left[\cos\left(2\pi \times 10^8 t - \dfrac{2\pi}{3}z + 0.2048\pi\right)\mathbf{a}_x + \sin\left(2\pi \times 10^8 t - \dfrac{2\pi}{3}z + 0.2048\pi\right)\mathbf{a}_y\right]$

4.29 (a)与图4.17相同，除了向左位移1/3 μs；

(b) 当 $300(n - 1/3) < |z| < 300\,n$ 时，75.4 V/m； 当 $300(n - 1) < |z| < 300(n - 1/3)$，$n = 1, 2, 3, \cdots$ 时，−37.7 V/m

(c) 当 $300(n - 1) < |z| < 300(n - 2/3)$ 时，$0.2z/|z|$ A/m； 当 $300(n - 2/3) < |z| < 300\,n$，$n = 1, 2, 3, \cdots$ 时，$-0.1z/|z|$ A/m

4.31 30 mV/m

第5章

5.1 (a) 0.1724×10^{-4} V/m，0.1724×10^{-6} V，0.1724×10^{-5} Ω

(b) 0.2857×10^{-4} V/m，0.2857×10^{-6} V，0.2857×10^{-5} Ω

(c) 250 V/m，2.5 V，25 Ω

5.3 1.5245×10^{-19} s

5.5 (a) $-8.667 \times 10^{-7}\sin 2\pi \times 10^9 t$ A

(b) $-2.778 \times 10^{-6}\sin 2\pi \times 10^9 t$ A

(c) $-4.444 \times 10^{-5}\sin 2\pi \times 10^9 t$ A

5.7 (a) $\epsilon_0 E_0(4\mathbf{a}_x + 2\mathbf{a}_y + 2\mathbf{a}_z)$

(b) $8\epsilon_0 E_0(\mathbf{a}_x + \mathbf{a}_y + \mathbf{a}_z)$

(c) $0.5E_0(3\mathbf{a}_x - \mathbf{a}_y - \mathbf{a}_z)$

5.9 $|e|^2 B_0 a^2/2m$, 0.7035×10^{-18} A · m^2

5.11 $0.5 \times 10^{-6}\sin 2\pi z$ A

5.13 $\dfrac{\partial^2 \bar{H}_y}{\partial z^2} = \bar{\gamma}^2 \bar{H}_y$

5.15 0.000 83 Np/m, 4.7562×10^{-3} rad/m, $1.321\,05 \times 10^8$ m/s, 1321.05 m, (161.102 + j28.115) Ω

5.17 当 $z \gtrless 0$ 时, $\mathbf{E} = 3.736e^{\mp 0.0404z}\cos\left(2\pi \times 10^6 t \mp 0.0976z + \dfrac{\pi}{8}\right)\mathbf{a}_x$

当 $z \gtrless 0$ 时, $\mathbf{H} = \pm 0.05e^{\mp 0.0404z}\cos(2\pi \times 10^6 t \mp 0.0976z)\mathbf{a}_y$

5.19 16.09 m, 1.917:1, 90°相位差

5.21 (a) 30 MHz; (b) 5 m; (c) 1.5×10^8 m/s; (d) $4\epsilon_0$;

(e) $\dfrac{1}{6\pi}\cos(6\pi \times 10^7 t - 0.4\pi z)\mathbf{a}_y$ A/m

5.23 (a) 与图4.17相同

(b) 当 $100(n-1/3) < |z| < 100n$ 时, 75.4 V/m; 当 $100(n-1) < |z| < 100(n-1/3)$, $n = 1, 2, 3, \cdots$时, −37.7 V/m

(c) 当 $100(n-1) < |z| < 100(n-2/3)$时, $0.6z/|z|$ A/m; 当 $100(n-2/3) < |z| < 100n$, $n = 1, 2, 3, \cdots$时, $-0.3z/|z|$ A/m

5.25 (a) 0.0211 Np/m, 18.73 rad/m, 0.3354×10^8 m/s, 0.3354 m, 42.15 Ω

(b) $2\pi \times 10^{-3}$ Np/m, $2\pi \times 10^{-3}$ rad/m, 10^7 m/s, 1000 m, $2\pi(1 + j)$ Ω

5.27 $E_0(4\mathbf{a}_x + 2\mathbf{a}_y - 6\mathbf{a}_z)$, $H_0(4\mathbf{a}_x - 3\mathbf{a}_y)$

5.29 $2\epsilon_0$

5.31 是

5.33 $4|D_0|$

5.35 (b) $\dfrac{E_0}{120\pi}\cos 10\pi x \sin 3\pi \times 10^9 t\mathbf{a}_y$

(c) $\dfrac{E_0}{120\pi}\sin 3\pi \times 10^9 t\mathbf{a}_z$(在两个面)

5.37 (a) 4; (b) 16; (c) 4/9

5.39 $\mathbf{E}_r = -E_0\cos(\omega t + \beta z)\mathbf{a}_x$, $\mathbf{H}_r = \dfrac{E_0}{\eta}\cos(\omega t + \beta z)\mathbf{a}_y$

$\mathbf{E} = 2E_0 \sin \omega t \sin \beta z\mathbf{a}_x$, $\mathbf{H} = \dfrac{2E_0}{\eta}\cos \omega t \cos \beta z\mathbf{a}_y$

$[\mathbf{J}_S]_{z=0} = \dfrac{2E_0}{\eta}\cos \omega t\mathbf{a}_x$

第6章

6.1 (a) $\dfrac{x\mathbf{a}_x + y\mathbf{a}_y + z\mathbf{a}_z}{\sqrt{x^2 + y^2 + z^2}}$; (b) $yz\mathbf{a}_x + zx\mathbf{a}_y + xy\mathbf{a}_z$

6.3 $\frac{1}{3\sqrt{5}}(5\mathbf{a}_x+2\mathbf{a}_y+4\mathbf{a}_z)$

6.5 2.121

6.7 $Q/30\pi\epsilon_0$

6.9 $V=\frac{10^{-5}}{\pi\epsilon_0}\sum_{i=1}^{50}[10^{-4}(2i-1)^2+y^2]^{-1/2}$

$\mathbf{E}=\frac{10^{-5}}{\pi\epsilon_0}\sum_{i=1}^{50}[10^{-4}(2i-1)^2+1]^{-3/2}\mathbf{a}_y$

6.11 (a) $-\frac{4\epsilon_0V_0}{9d^2}\left(\frac{x}{d}\right)^{-2/3}$； (b) $[\rho_S]_{x=0}=0,[\rho_S]_{x=d}=\frac{4\epsilon_0V_0}{3d}$

6.13 当$-\frac{d}{2}<x<\frac{d}{2}$时，$V=-\frac{kx^3}{6\epsilon}+\frac{kd^2x}{8\epsilon}$

6.15 (a) 当$0<x<t$时，$\frac{\epsilon_1(d-t)+\epsilon_2(t-x)}{\epsilon_1(d-t)+\epsilon_2t}V_0$； 当$t<x<d$时，$\frac{\epsilon_1(d-t)}{\epsilon_1(d-t)+\epsilon_2t}V_0$

(b) $\frac{\epsilon_1(d-t)}{\epsilon_1(d-t)+\epsilon_2t}V_0$

(c) $\frac{\epsilon_1\epsilon_2wl}{\epsilon_1(d-t)+\epsilon_2t}$

6.17 $\frac{\mu_1\mu_2}{\mu_1+\mu_2}\left(\frac{2\mathrm{d}l}{w}\right)$

6.19 $\bar{Y}_{\text{in}}=\mathrm{j}\omega\frac{\epsilon wl}{d}\left(1+\frac{\omega^2\mu\epsilon l^2}{3}\right)$； 等效电路是$C=\frac{\epsilon wl}{d}$和$\frac{1}{3}L$串联，其中$L=\frac{\mu\mathrm{d}l}{w}$

6.21 (b) $\bar{Z}_{\text{in}}=\frac{\mathrm{j}\omega\mu\mathrm{d}l}{w}\left(1-\frac{\mathrm{j}\omega\mu\sigma l^2}{3}\right)$； 等效电路是电感$L$和电阻$3R$并联，其中$L=\mu dl/w$，$R=d/\sigma lw$

6.23 (a) $2\pi\cos(2\pi\times10^6t-0.02\pi z)$ V

(b) $0.25\cos(2\pi\times10^6t-0.02\pi z)$ A

(c) $0.5\pi\cos^2(2\pi\times10^6t-0.02\pi z)$ W

6.29 $\mathscr{L}=0.429\mu,\mathscr{C}=2.333\epsilon,\mathscr{G}=2.333\sigma$； 精确值分别是$0.4192\mu$，$2.3855\epsilon$和$2.3855\sigma$

6.31 $\frac{1}{9}\mu,9\epsilon,9\sigma$

第7章

7.1 (a) $\mathscr{L}=0.278\times10^{-6}$ H/m，$\mathscr{G}=4.524\times10^{-16}$ S/m

(b) $(52.73+\mathrm{j}0)\,\Omega$

7.3 $\bar{V}(z)=2\bar{A}\cos\beta z,\bar{I}(z)=-\mathrm{j}\frac{2\bar{A}}{Z_0}\sin\beta z;\bar{Z}_{\text{in}}=-\mathrm{j}Z_0\cot\beta l$

7.5 (a) 0.602 86 m； (b) 1.352 86 m

7.7 (a) 50 Ω； (b) 8.09 V；0.1176 A

7.9 (a) 10^8 m/s； (b) 10^6 m，2×10^{-6}，j0.000 79 Ω；1 m，2，0；8 m，0.25，∞

7.11 (a) $\frac{1}{16}P_i$； (b) $\frac{9}{16}P_i$； (c) $\frac{3}{8}P_i$

7.13　150 Ω

7.17　−0.005 33 S, 1.667

7.19　0.14λ, 0.192λ

7.21　(a) 对于 $-40<z<60$ m, 40 V; z 为其他值, 0

(b) 对于 $0<z<120$ m, $\frac{2}{3}$ A; 对于 -80 m $<z<0$, $-\frac{1}{3}$ A; z 为其他值, 0

(c) 对于 $0<t<0.1$ μs, 0; 对于 $t>0.1$ μs, 40 V

(d) 对于 $0<t<0.2$ μs, 0; 对于 $t>0.2$ μs, $-\frac{1}{3}$ A

7.23　(a) 60 V, 1 A;　(b) 67.5 V, 0.9 A;　(c) −7.5 V, 0.1 A

7.25

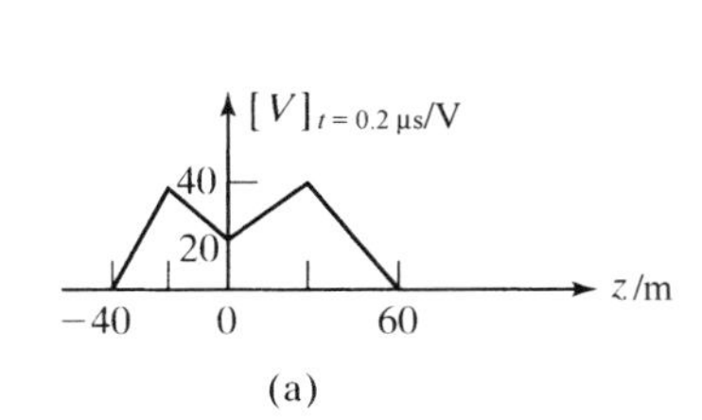

(a)

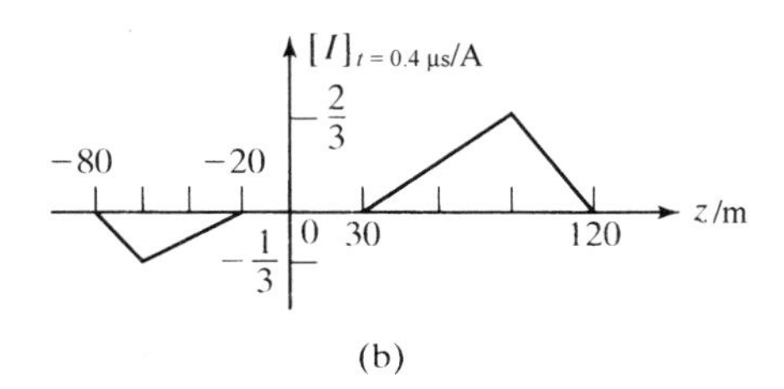

(b)

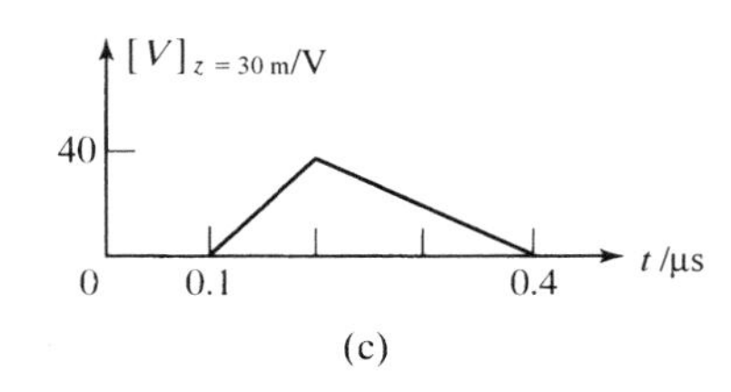

(c)

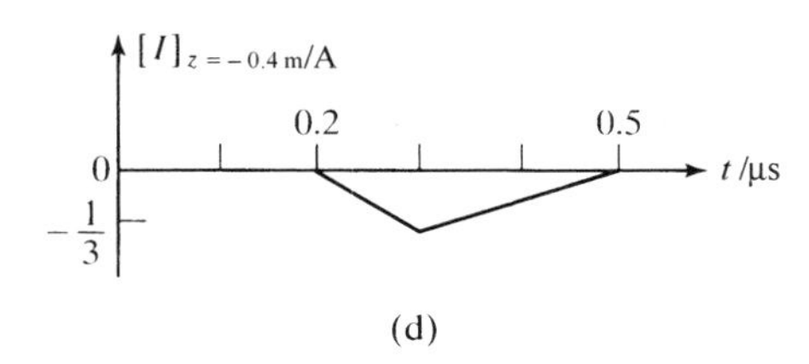

(d)

7.27

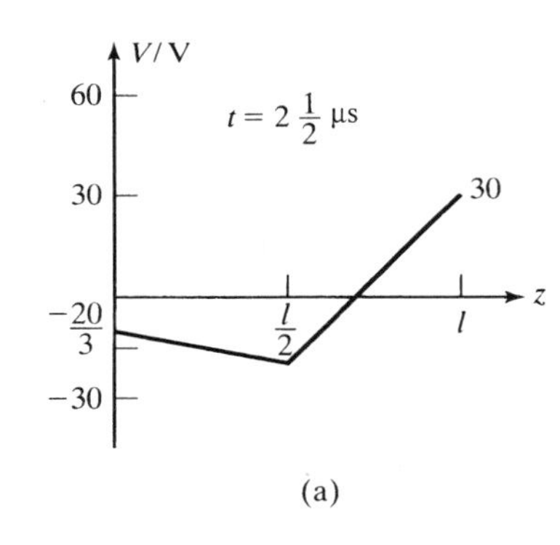

(a)

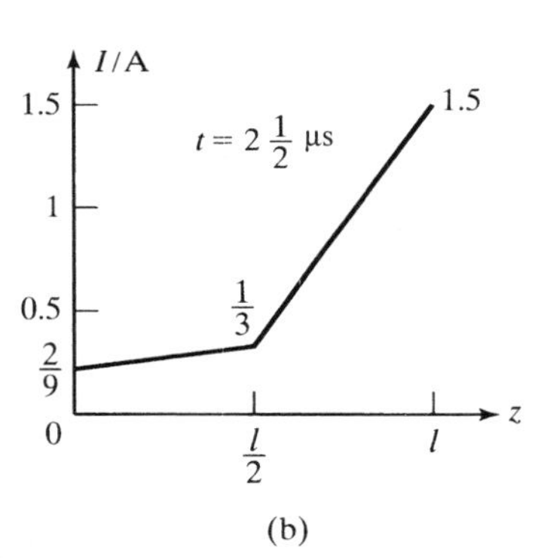

(b)

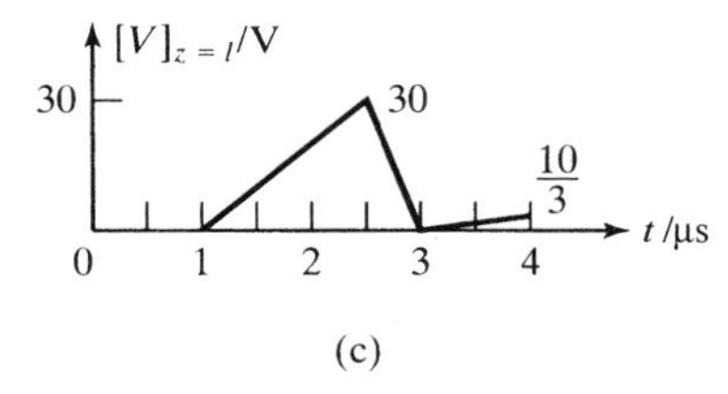

(c)

7.29　1.46 V

7.31　(a) 当 $-l<z<l$ 时, 40 V; 当 $-l<z<0$ 时, $-\frac{2}{3}$ A; 当 $0<z<l$ 时, $\frac{1}{3}$ A

(b) $\frac{130}{3}\times10^{-6}$ J

(c) 对于 $0<t<1\ \mu s$,60 Ω 上电压 =40 V;对于 $1<t<3\ \mu s$,10 V;对于 t 为其他值,0;对于 $0<t<1\ \mu s$,120 Ω 上电压 =40 V;对于 t 为其他值,0

(d) $\frac{130}{3}\times10^{-6}$ J。

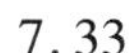

7.33

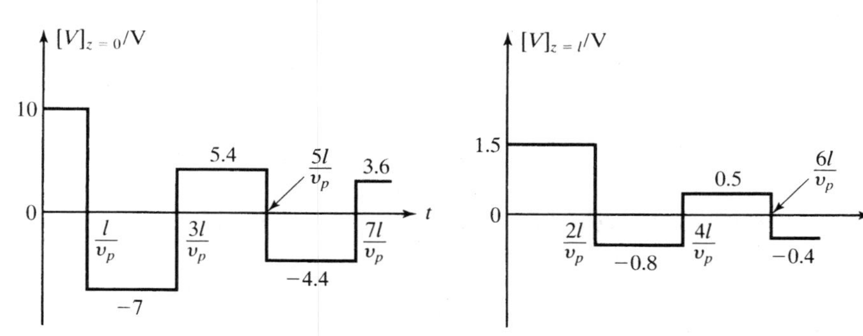

7.35 (a) 38.4 Ω; (b) 48.4 Ω

第 8 章

8.1 $0.05\pi(\sqrt{3}\mathbf{a}_x+\mathbf{a}_z)$

8.3 $\frac{1}{2\sqrt{2}}\mathbf{a}_x+\frac{\sqrt{3}}{2}\mathbf{a}_y+\frac{1}{2\sqrt{2}}\mathbf{a}_z$

8.5 (a)是; (b)$\frac{1}{24\pi}(\sqrt{3}\mathbf{a}_y-\mathbf{a}_z)\cos[6\pi\times10^7t-0.1\pi(y+\sqrt{3}z)]$

8.7 (a) $\frac{1}{2}(\mathbf{a}_x+\sqrt{3}\mathbf{a}_z)$; (b) $8\sqrt{3}$ m,24 m

8.9 1 cm

8.11 3600 MHz,5400 MHz

8.13 $TE_{1,0}$模式;$10\sin 20\pi x\sin\left(10^{10}\pi t-\frac{80\pi}{3}z\right)\mathbf{a}_y$

8.15 0.5769×10^8 m/s

8.17 (a) $2.121\sqrt{k\omega_0}$,$1.414\sqrt{k\omega_0}$; (b) $2\sqrt{k\omega_0}$,$2\sqrt{k\omega_0}$; (c) $2.121\sqrt{k\omega_0}$,$2.828\sqrt{k\omega_0}$

8.19 $TE_{1,0}$,$TE_{0,1}$,$TE_{2,0}$,$TE_{1,1}$和 $TM_{1,1}$

8.21 6.5 cm,3.5 cm

8.23 3535.5 MHz($TE_{1,0,1}$,$TE_{0,1,1}$),4330.1 MHz($TE_{1,1,1}$,$TM_{1,1,1}$),5590.2 MHz($TE_{2,0,1}$,$TE_{0,2,1}$,$TE_{1,0,2}$,$TE_{0,1,2}$)

8.25 (a) 41.81°; (b) 48.6°

8.27 $\mathbf{E}_r=-0.1716E_0\mathbf{a}_y\cos[6\pi\times10^8t+\sqrt{2}\pi(x-z)]$

$\mathbf{E}_t=0.8284E_0\mathbf{a}_y\cos[6\pi\times10^8t-\sqrt{2}\pi(\sqrt{2}x+z)]$

8.29 75.52°

8.31 $\sqrt{3}$

第 9 章

9.1 $0.2\pi\cos 2\pi\times10^7t$ A

9.5 0.2λ

9.7 (a) 1.257×10^{-3} V/m; (b) $R_{rad}=0.0351\ \Omega, \langle P_{rad}\rangle = 1.7546$ W

9.9 1.111 W

9.11 $\sqrt{(D_2R_{rad2})/(D_1R_{rad1})}$

9.13 $1\frac{7}{8}$

9.15 0.609 43

9.17 1.015 W

9.19 (a) $E_\theta = \dfrac{-\eta\beta LI_0\sin\theta}{8\pi r}\sin(\omega t-\beta r), H_\phi = \dfrac{E_\theta}{\eta}$

(b) $R_{rad}=20\pi^2(L/\lambda)^2, D=1.5$

9.21 $-\dfrac{\pi}{4}, \cos\left(\dfrac{\pi}{4}\cos\psi-\dfrac{\pi}{8}\right)$

9.23 $\cos^2\left(\dfrac{\pi}{2}\cos\psi\right)$

9.25 $\left|\cos\psi\cos\left(\dfrac{\pi}{4}\cos\psi-\dfrac{\pi}{4}\right)\right|$

9.27 $\left[\cos\left(\dfrac{\pi}{2}\cos\theta\right)\right]\Big/\sin\theta$,其中 θ 为与垂直方向的夹角,$D=3.284$

9.29 4

9.31 0.005 87 V

9.33 13.262 A

第10章

10.3 (a) 5×10^8 m/s; (b) 50 m; (c) 1000

10.5 101.31°

10.7 143.24

10.9 121.71 dB

10.11 (a) 对于 $T<t<1.1T, 10lK_fV_0/T$;对于 $1.4T<t<1.5T, -10lK_fV_0/T$;对于 t 为其他值,0

(b)

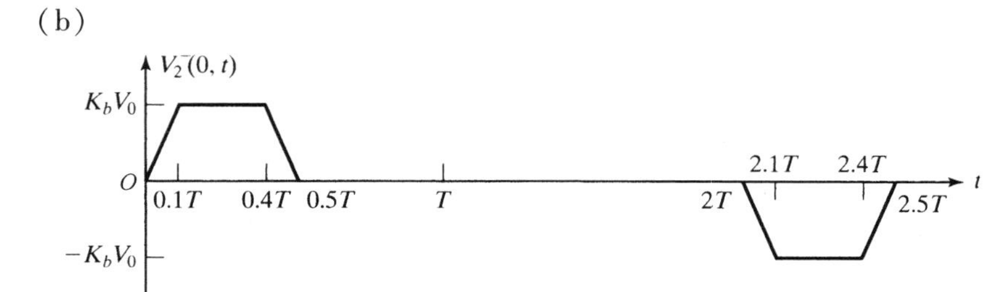

(c)

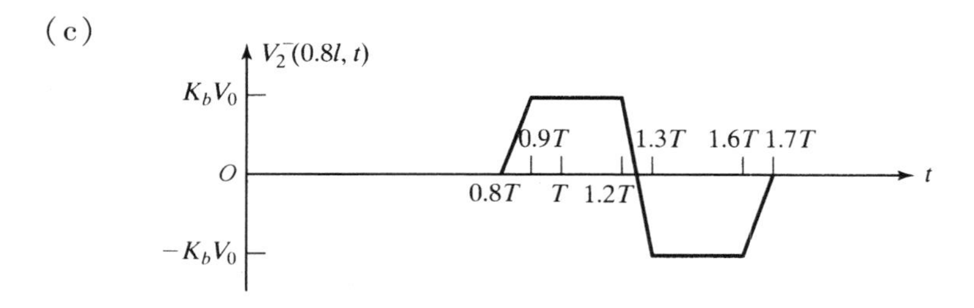

10.13 (a) 对于 $0.9l < z < l$, $-0.2\ K_b V_0(z/l)$

(b) 对于 $0 < z < 0.9l, K_b V_0$; 对于 $0.9l < z < l, 10K_b V_0(1 - z/l)$

(c) 对于 $0 < z < 0.9l, K_b V_0$; 对于 $0.9l < z < l, K_b V_0(10 - 10.2z/l)$

10.15 $\Gamma = -0.3252, \tau = 0.6748$

10.19 (a) 0.1654×10^{-3} V/m; (b) $R_{\text{rad}} = 0.6077 \times 10^{-3}\ \Omega, \langle P_{\text{rad}} \rangle = 0.0304$ W

附录 A

A.1 $-3\mathbf{a}_x + \sqrt{3}\mathbf{a}_y + \mathbf{a}_z$

A.3 相等

A.5 $-\dfrac{1}{\sqrt{2}}, \dfrac{1}{\sqrt{2}}\mathbf{a}_z$

A.7 $13\mathbf{a}_r + 6\mathbf{a}_z$

附录 B

B.1 (a) $-\sin\phi\ \mathbf{a}_z, \cos\phi$; (b) 0,0 除了 $r = 0$ 处; (c) 0,除了 $r = 0$ 处,0

B.3 $\dfrac{1}{r}\dfrac{\partial}{\partial r}\left(r\dfrac{\partial \Phi}{\partial r}\right) + \dfrac{1}{r^2}\dfrac{\partial^2 \Phi}{\partial \phi^2} + \dfrac{\partial^2 \Phi}{\partial z^2}$

B.5 (a) $-\dfrac{1}{r^2}(\sin\theta\mathbf{a}_r - \cos\theta\mathbf{a}_\theta)$; (b) $\cos\theta\mathbf{a}_r - \sin\theta\mathbf{a}_\theta$

推荐深入阅读的相关书籍

Adler, R. B., L. J. Chu, and R. M. Fano, *Electromagnetic Energy Transmission and Radiation*, John Wiley & Sons, Inc., New York, 1960.

Bansal, R. (Ed.), *Handbook of Engineering Electromagnetics*, Marcel Dekker, Inc., New York, 2004.

Davidson, C. W., *Transmission Lines for Communications*, John Wiley & Sons, Inc., New York, 1978.

Fano, R. M., L. J. Chu, and R. B. Adler, *Electromagnetic Fields, Energy, and Forces*, John Wiley & Sons, Inc., New York, 1960.

Hayt, W. H., Jr., and J. A. Buck, *Engineering Electromagnetics*, 6th ed., McGraw-Hill Book Company, Inc., New York, 2001.

Jordan, E. C., and K. G. Balmain, *Electromagnetic Waves and Radiating Systems*, 2nd ed., Prentice-Hall, Inc., Englewood Cliffs, N. J., 1968.

Kraus, J. D., and D. A. Fleisch, *Electromagnetics with Applications*, 5th ed., McGraw-Hill Book Company, Inc., New York, 1999.

Matick, R. E., *Transmission Lines for Digital and Communication Networks*, IEEE Press, New York, 1995.

Ramo, S., J. R. Whinnery, and T. Van Duzer, *Fields and Waves in Communication Electronics*, 3rd ed., John Wiley & Sons, Inc., New York, 1994.

Rao, N. N., *Basic Electromagnetics with Applications*, Prentice-Hall, Inc., Englewood Cliffs, N. J., 1972.

Rao, N. N., *Elements of Engineering Electromagnetics*, 6th ed., Pearson Prentice-Hall, Upper Saddle River, N. J., 2004.

Rosenstark, S., *Transmission Lines in Computer Engineering*, McGraw-Hill Book Company, Inc., New York, 1994.

中英文术语对照

A

A, *see* Magnetic vector potential **A**,见矢量磁位
Acceptor 接受体
Addition 加法
  of complex numbers 复数的
  of vectors 矢量的
Admittance 导纳
  characteristic 特性
  input 输入
Ampere, definition of 安培,定义的
Ampere 's circuital law 安培环路定律
  in differential form 微分形式
Ampere 's law of force 安培力定律
Amplitude modulated signal 幅度调制信号
  group velocity for 群速
Anisotropic dielectric 各向异性介质
  effective permittivity of 的有效介电常数
  wave propagation in 波传播在
Anisotropic dielectric materials 各向异性介质材料
Anisotropic magnetic material 各向异性磁性材料
  effective permeability of 的有效磁导率
Anisotropic magnetic materials 各向异性磁性材料
Antenna 天线
  directivity of 的方向性
  half -wave dipole, *see* Half-wave dipole 半波极子,见半波极子
  Hertzian dipole, *see* Hertzian dipole 赫兹极子,见赫兹极子
  image 镜像
  loop, *see* Loop antenna 环,见环天线
  radiation pattern 辐射方向图
  radiation resistance of 的辐射电阻
  short dipole 短极子
Antenna array 天线阵
  group pattern for 阵(群)方向图
  of two current sheets 两个电流面的
  resultant pattern for 合成方向图
Antenna arrays 天线阵
  of two Hertzian dipoles 两个赫兹极子的
  radiation patterns for 辐射方向图
  in sea water 在海水中
  receiving properties of 的接收特性
Antiferromagnetic material 抗磁性材料
Apparent phase velocity 可视(视在)相速
Apparent wavelength 可视(视在)波长
Array factor 阵因子,阵列系数
Atom, classical model of 原子,传统模型
Attenuation constant 衰减常数
  for good conductor 对良导体
  for imperfect dielectric 对非理想介质
  units of 的单位

B

B, *see* Magnetic flux density **B**,见磁通密度
B – H curve **B – H** 曲线
Biot-Savart law 毕奥-萨伐尔定律
Bounce diagram 反弹图
Bounce diagram technique 反弹图技术
  for arbitrary voltage source 对任意电压源
  for constant voltage source 对恒定电压源
  for initially charged line 对初始充电线
Bound electrons 束缚电子
Boundary condition 边界条件
  at transmission line short circuit 在短路传输线上
  for normal component of **B** **B** 的法向分量
  for normal component of **D** **D** 的法向分量
Boundary conditions 边界条件
  at dielectric interface 在介质表面
  at transmission line junction 在传输线的连接端
  on perfect conductor surface 在理想导体表面
Brewster angle 布儒斯特角
Broadside radiation pattern 边射式天线阵

C

Cable, coaxial, *see* Coaxial cable 电缆,同轴,见同轴电缆
Candela, definition of (新)烛光,的定义
Capacitance 电容
  for parallel-plate arrangement 平行板放置
  stray 寄生(杂散)
Capacitance per unit length 电位长度的电容

for arbitrary line 对任意线
for coaxial cable 同轴线,同轴电缆
for parallel-plate line 平行线
related to conductance per unit length 与单位长度的电导有关的
related to inductance per unit length 与单位长度的电感有关的
Capacitive coupling 容性耦合
modeling for 调制
Capacitor 电容器
energy stored in 能量存储在
Cartesian coordinate system 笛卡儿(直角)坐标系
arbitrary curve in 任意曲线在
arbitrary surface in 任意面在
coordinates for 坐标
curl in 旋度在
differential length vector in 微分长度矢量在
differential lengths 微分长度
differential surfaces 微分面积
differential volume 微分体积
divergence in 散度在
gradient in 梯度在
Laplacian in 拉普拉斯算子在
orthogonal surfaces 正交面
unit vectors 单位矢量
Cavity resonator 空腔谐振器
frequencies of oscillation 振荡频率
Characteristic impedance 特性阻抗
for lossless line 对无耗线
Characteristic polarizations 极化特性
Charge 电荷
conservation of 的守恒
line 线
magnetic 磁
of an electron 一个电子的
point, *see* Point charge 点,见点电荷
surface 面
Charge density 电荷密度
line 线
surface 面
volume 体
Circuit, distributed 电路,分布的
Circuit parameters 电路参数
Circuit theory 电路理论
Circuital law, Ampere's, *see* Ampere's circuital law 环路定律,安培的,见安培环路定律
Circuits, Lumped 电路,集总的
Circular polarization 圆极化
clockwise 顺时针
counterclockwise 逆时针
left-handed 左手
right-handed 右手
Circulation 环量
per unit area 每单位面积
Cladding, of optical fiber 包层,光纤的
Closed path, line integral around 闭合回路,线积分环绕
Closed surface integral 闭合面积分
Coaxial cable 同轴电缆
capacitance per unit length of 电位长度的电容
conductance per unit length of 单位长度的电导
field map for 场图
inductance per unit length of 电位长度的电感
Common impedance coupling 共阻抗耦合
Communication 通信
from earth to moon 从地球到月亮
from earth to satellite 从地球到卫星
ground-to-ground 地到地
under water 水下
Commutative property of vector 矢量的交换特性
dot product 点积
Complete standing waves 完全(纯)驻波
Complex number, conversion into exponential form 复数,转换成指数形式
Complex numbers, addition of 复数,的加法
Conductance 电导
for parallel-plate arrangement 平行板放置
Conductance per unit length 单位长度的电导
for arbitrary line 对任意线
for coaxial cable 对同轴电缆
for parallel-plate line 对平行线
related to capacitance per unit length 与单位长度的电容有关的
Conduction 传导
Conduction current 传导电流
power dissipation due to 能量损耗起因于
Conduction current density 传导电流密度
relationship with **E** 与 **E** 的关系
Conductivities, table of 电导率,的表格
Conductivity 电导率
for conductors 对导体
for semiconductors 对半导体
Conductor 导体
decay of charge placed inside 内部电荷的减少
good, *see* Good conductor 良,见良导体
perfect, *see* Perfect conductor 理想,见理想导体
power dissipation density in 能力损耗密度在……
Conservation of charge 电荷的守恒
law of 的定律
Conservative field 保守场
Constant of universal gravitation 宇宙万有引力常数

Constant phase surfaces 等相位面
far from a physical antenna 远离实际天线
for uniform plane wave 对均匀平面波
Constant SWR circle 等 SWR(驻波比)圆
Constitutive relations 本构关系
Continuity equation (电流)连续性方程
Coordinates 坐标系
Cartesian 笛卡儿(直角)的
cylindrical 圆柱的
relationships between 两者的关系
spherical 球的
Core, of optical fiber 芯, 光纤的
Corner reflector 角反射器
Coulomb, as unit of charge 库仑, 作为电荷的单位
Coulomb's law 库仑定律
Critical angle 临界角
Critical frequency 临界频率
Cross product of vectors 矢量的叉乘
distributive property of 的分布特性
Crosstalk 串扰
explained 解释
modeling for capacitive coupling 容性耦合的模型
modeling for inductive coupling 感性耦合的模型
weak coupling analysis for 弱耦合分析
Crosstalk coefficient 串扰系数
backward 反向(后向)
forward 正向(前向)
Crosstalk voltage 串扰电压
Crosstalk voltages, example of determination of 串扰电压, 的确定的例子
Curl 旋度
divergence of 的散度
of gradient of scalar 标量梯度的
physical interpretation of 的物理解释
Curl meter 旋度表
Current 电流
conduction 传导
crossing a line 垂直穿过一条线
crossing a surface 垂直穿过一个面
displacement 位移
magnetization 磁化
polarization 极化
Current density 电流密度
conduction 传导
due to motion of electron cloud 源于电子云的运动
surface 面
volume 体
Current element 电流元
magnetic field on 的磁场
magnetic force on 在……上的磁力
Current enclosed by closed path 闭合回路包围的电流
uniqueness of 的唯一性, 的单值性
Current loop, *see also* Loop antenna 电流环, 见环天线
dipole moment of 的偶极矩
vector potential due to 矢量位源于
Current reflection coefficient 电流反射系数
Current sheet, infinite plane, *see* Infinite plane current sheet 电流面, 无限大平面, 见无限大电流面
Current transmission coefficient 电流传输系数
Curve, equation for 曲线, 方程
Curvilinear squares 曲线正方形
Cutoff condition 截止条件
Cutoff frequencies 截止频率
Cutoff frequency 截止频率
of dominant mode 主模的
Cutoff wavelength 截止波长
Cutoff wavelengths 截止波长
Cylindrical coordinate system 圆柱坐标系
curl in 旋度在
differential length vector in 微分长度矢量在
divergence in 散度在
gradient in 梯度在
limits of coordinates 坐标区域(范围)
orthogonal surfaces 正交面

D

D, *see* Displacement flux density **D**, 见位移通量密度
Degree Kelvin, definition of 度(开氏)绝对
Del operator Del(∇)算子
Density 密度
charge, *see* Charge density 电荷, 见电荷密度
current, *see* Current density 电流, 见电流密度
Depletion layer 过渡层
Depth, skin 深度, 趋肤
Derived equation, checking the validity of 派生方程, 检查正确性(有效性)
Diamagnetic materials, values of χ_m for 抗磁性材料, χ_m 的值
Diamagnetism 抗磁性
Dielectric 电介质
Imperfect, *see* Imperfect dielectric 非理想, 见非理想介质
Perfect, *see* Perfect dielectric 理想, 见理想介质
Dielectric constant 介电常数
Dielectric interface 介质表面
boundary conditions at 边界条件
oblique incidence of uniform plane, waves on 均匀平面波的斜入射在……
Dielectrics 电介质

anisotropic 各向异性
linear isotropic 线性各向同性
polarization in ……中的极化
table of relative permittivities for 相对介电常数(电容率)表
Dielectric slab waveguide 介质平板波导
description 描述
propagating TE modes in TE模的传播在
self -consistency condition for waveguiding in 波导的自相容条件
TE modes in TE模在
TM modes in TM模在
Differential 微分
net longitudinal 总的纵向
net right-lateral 总右旋
right-lateral 右旋
Differential length vector 微分长度矢量
Differentiallengths 微分长度
Differential surface,as a vector 微分面,作为一个矢量
Differential surfaces 微分面积
Differential volume 微分体积
Dimensions 量纲
table of 的表格
Diode 二极管
tunnel 隧道
vacuum 真空
Dipole 偶极子(振子)
electric,*see* Electric dipole 电的,见电偶极子
half-wave,*see* Half-wave dipole 半波,见半波振子
Hertzian,*see* Hertzian dipole 赫兹,见赫兹振子
magnetic,*see* Magnetic dipole 磁,见磁偶极子
short 短
Dipole moment 偶极矩
electric 电
magnetic 磁
of current loop 电流环的
Dipole moment per unit volume 每单位体积的偶极矩
Direction lines 有向线
for point charge field 对点电荷的场
Directive gain,of an antenna 方向增益,一个天线的
Directivity 方向性
definition of 的定义
for arbitrary radiation pattern 对任意辐射方向图
of half-wave dipole 半波振子的
of Hertzian dipole 赫兹振子的
of loop antenna 环天线的
Discharge tube,in gas lasers 放电管道,在气体激光
Dispersion 色散
Dispersion diagram 色散图
Displacement current 位移电流
in a capacitor 在电容中
Displacement current density 位移通量(电通量)密度
Displacement flux 位移通量
Displacement flux density 位移通量密度
divergence of 的散度
due to point charge 源于点电荷的
relationship with **E** 与**E**的关系
Displacement vector,*see* Displacement flux density 位移矢量,见位移通量密度
Distributed circuit 分布参数电路
physical interpretation of 的物理解释
Distributive property 分布特性
of vector cross product 矢量叉积的
of vector dot product 矢量点积的
Divergence 散度
of curl of a vector 一个矢量的旋度的
of gradient of scalar 标量的梯度的
Divergence meter 散度表
Divergence theorem 散度定理
verification of 的证明(验证)
Division of vector by a scalar 矢量被标量相除
Dominant mode 主模
cutoff frequency of 的截止频率
Donor 施者,给予体
Dot product of vectors 矢量的点积
commutative property of 的交换特性
distributive property of 的分配特性
Drift velocity 漂移速度

E

E,*see* Electric field intensity **E**,见电场强度
Effective area 有效面积
for Hertzian dipole 对赫兹振子
Effective permeabilities,of ferrite medium 有效磁导率,铁氧体媒质的
Effective permeability, of anisotropic magnetic material 有效磁导率,各向异性磁性材料的
Effective permittivity 有效介电常数
of anisotropic dielectric 各向异性介质的
of ionized medium 电离的媒质
Electrets 永久极化的电介质
Electric dipole 电偶极子
dipole moment of 偶极矩的
schematic representation of 图示的
torque on 转矩
Electric dipole moment,definition of 电偶极矩,的定义
Electric energy density 电能量密度
in free space 在自由空间

in material medium 在材料媒质中
Electric field 电场
energy density in 能量密度在
energy storage in 能量存储在
far from a physical antenna 远离实际天线
Gauss 'law for 高斯定理
induced 被感应的
motion of electron cloud in 电子云的运动
source of 的源
static, *see* Static electric field 静态的,见静电场
Electric field intensity 电场强度
curl of 的旋度
due to charge distribution 源于电荷分布
due to point charge 源于点电荷
due to point charges 源于多个点电荷
relationship with **D** 与 **D** 的关系
Electric force 电场力
between two point charges 两个点电荷之间的
on a test charge 试验电荷上的
Electric polarization, *see* Polarization in dielectrics 电极化,见介质中极化
Electric potential, *see also* Potential field 电位,也见位场
Electric potential difference, *see* Potential difference 电位差,见位差
Electric susceptibility 电极化率
Electromagnetic compatibility 电磁兼容
defined 定义,解释
example of solution of problem of 问题解决的例子
methods of solution of problem of 问题解决的方法
Electromagnetic field 电磁场
due to current sheet 源于电流面
due to Hertzian dipole 源于赫兹振子
power flow density in 能流密度
Electromagnetic interference 电磁干扰
Electromagnetic waves 电磁波
guiding of, *see also* Waveguide 的导行,也见波导
prediction of 的预测
propagation of, *see also* Wave propaganon 的传播,也见波的传播
qualitative discussion 定性讨论
radiation and propagation of 的辐射和传播
radiation of, *see also* Radiation 的辐射,也见辐射
transmission of, *see also* Transmissionlines 的传输,也见传输线
Electromagnetostatic field 静态电磁场
Electromotive force 电动势
motional 动生,动态的
Electron 电子
charge of 的电荷
mobility of 的移动
Electron cloud, motion in electric field 电子云,在电场中的运动
Electron density, related to plasma frequency 电子密度,与等离子频率有关
Electronic orbit 电子轨道
Electronic polarization 电子极化
Electrons 电子
conduction 传导
free 自由
Electroquasistatic fields 电准静态场
Electrostatic fields, *see also* Static electric field 静态电场,也见静态电场
Elliptical polarization 椭圆极化
clockwise 顺时针
counterclockwise 逆时针
left-handed 左手
right-handed 右手
EMC, *see* Electromagnetic compatibility EMC,见电磁兼容
EMI, *see* Electromagnetic interference EMI,见电磁干扰
Emf, *see* Electromotive force Emf,见电动势
Endfire radiation pattern 端射式辐射方向图
Energy density 能量密度
in electric field 在电场中
in magnetic field 在磁场中
Energy storage 能量存储
in electric field 在电场中
in magnetic field 在磁场中
Equipotential surfaces 等位面
for point charge 对点电荷的

F

Fabrv-Perot resonator 法布里-珀罗谐振器
Faraday rotation 法拉第旋转
Faraday 's law 法拉第定律
Ferrimagnetic material (亚)铁磁性材料
Ferrites 铁氧体
characteristic polarizations for 特征极化
effective permeabilities for 有效磁导率
wave propagation in 波传播在
Ferroelectric materials 铁电材料,强电介质
Ferromagnetic materials (亚)铁磁性材料
Field 场
electric, *see* Electric field 电的,见电场
gravitational 万有引力的
magnetic, *see* Magnetic field 磁,见磁场
Field intensity 场强度
Electric, *see* Electric field intensity 电的,见电场强度

Magnetic, *see* Magnetic field intensity　磁的,见磁场强度

Field map　场图

for arbitrary line　对任意线

for coaxial cable　对同轴线

Field mapping, determination of line parameters from　场图,线参数的确定

Fields　场

conservative　守恒

electrostatic　静电场

magnetostatic　静磁场

quasistatic, *see also* Quasistatic fields　准静态,也见准静态场

radiation, *see also* Radiation fields　辐射,也见辐射场

scalar, *see also* Scalar fields　标量,也见标量场

sinusoidally time-varying　正弦时变

static, *see also* Static fields　静态,也见静态场

time-varying　时变

vector, *see also* Vector fields　矢量,也见矢量场

Flux　通量

displacement　电位移

magnetic　磁

Flux density　通量密度

displacement, *see* Displacement flux density　电位移,见位移通量(电通量)密度

magnetic, *see* Magnetic flux density　磁,见磁通密度

Flux lines　通量线

Force　力

Ampere 's law of　的安培定律

electric, *see* Electric force　电,见电场力

gravitational　万有引力

magnetic, *see* Magnetic force　磁,见磁力

Free electrons　自由电子

Free space　自由空间(真空)

intrinsic impedance of　的本征(固有)阻抗

permeability of　的磁导率

permittivity of　的电导率(电容率)

velocity of light in　光的速度在……

wave propagation in　波传播在……

Frequencies of oscillation, for cavity resonator　振荡频率,对空腔谐振器

Frequency　频率

plasma　等离子体

times wavelength　时间波长

Fresnel coefficients　菲涅耳系数(因数)

for parallel polarization　对平行极化

for perpendicular polarization　对垂直极化

reflection　反射

transmission　传输

Friis transmission formula　Friis 传输公式

G

Gas lasers　气体光激射器

Gauss 'law for the electric field　电场的高斯定律

Gauss 'law for the magnetic field　磁场的高斯定律

Good conductor　良导体

attenuation constant for　衰减常数

intrinsic impedance for　(固有)本征阻抗

phase constant for　相位常数

skin effect in　趋肤效应在……

wave propagation in　波传播在……

Gravitational field　万有引力场

Gravitational force　万有引力

Ground, effect on antenna　地,对天线的影响

Group pattern　群方向图

Group patterns, determination of　群方向图,的定义

Group velocity　群速

concept of　的概念

for a pair frequencies　对称(一对)频率

for amplitude modulated signal　幅度调制信号

for narrowband signal　窄带信号

in parallel-plate waveguide　在平行板波导内

Guide characteristic impedance　波导特性阻抗

compared to characteristic impedance　与特性阻抗的比较

Guide wavelength　波导波长

H

H, *see* Magnetic field intensity　**H**,见磁场强度

Half-wave dipole　半波振子(极子)

directivity of　的方向性

evolution of　的发展,的演变

radiation fields for　辐射场

radiation patterns for　辐射方向图

radiation resistance for　辐射距离

Hertzian dipole　赫兹振子(极子)

above perfect conductor surface　在理想导体表面上的

charges and currents associated with　与……有关的电荷和电流

electromagnetic field for　电磁场

receiving properties of　的接收性能

retarded potential for　推迟位(延迟位)

time-average radiated power　时间平均的辐射能量

Hertzian dipoles, array of　赫兹振子(极子),的阵列

Holes　孔

mobility of　的迁移

Hysteresis　磁滞

Hysteresis curve　磁滞回线

I

Image antennas 镜像天线
illustration of 的图示
Impedance 阻抗
characteristic 特性
input 输入
intrinsic, *see also* Intrinsic impedance 固有的(本征的),也见本征阻抗
line 线
Imperfect dielectric 非理想介质
attenuation constant for 衰减常数
intrinsic impedance for 本征阻抗
phase constant for 相位常数
wave propagation in 波传播在……
Induced electric field 感生(感应)电场
Inductance, definition of 电感,的定义
Inductance per unit length 每单位长度的电感
for arbitrary line 对任意线
for coaxial cable 对同轴电缆
for parallel-plate line 对平行双线
related to capacitance perunit length 与单位长度电容有关
Inductive coupling 感性耦合
modeling for 模型
Inductor 电感器
energy stored in 能量存储在
Infinite plane current sheet 无限大电流面
as an idealized source 作为一个理想源
electromagnetic field due to 电磁场源于
magnetic field adjacent to 相邻的(邻近的)磁场
nonsinusoidal excitation 非正弦激励
radiation from 从……辐射
Input behavior, for low frequencies 输入特性,对低频
Input impedance 输入阻抗
low frequency behavior of 的低频特性
of short-circuited line 短路线的
Input reactance, of short-circuited line 输入电抗,短路线的
Insulators 绝缘体
Integral 积分
closed line, *see* Circulation 闭合线,见环量
closed surface 闭合面
Integrated optics 集成光学
Interferometer 干涉仪,干扰计
Internal inductance 内部电感
International system of units 国际单位制
Intrinsic impedance 本征阻抗
for free space 对自由空间
for good conductor 对良导体
for imperfect dielectric 对非理想介质
for material medium 对材料媒质
for perfect dielectric 对理想介质
Ionic polarization 离子极化
Ionized medium 离子化介质
condition for propagation in 传输的条件
effective permittivity of 的等效介电常数
example of 的例子
phase velocity in 相速
Ionosphere 电离层
condition for reflection of wave 波的反射条件

J

J, *see* Volume current density J,见体电流密度
$\mathbf{J}_c$, *see* Conduction current density J_c,传导电流密度
Joule, definition of 焦耳,的定义
Junction, *p*, *n* 结,p-n 结

K

Kelvin degree, definition of 绝对温度,的定义
Kilogram, definition of 千克,的定义
Kirchhoff's current law 基尔霍夫电流定律
Kirchhoff's voltage law 基尔霍夫电压定律

L

Laplace's equation 拉普拉斯方程
in one dimension 一维
Laplacian 拉普拉斯算子
Laser beam 激光束
Lasers, gas 激光,气体
Law of conservation of charge 电荷守恒定律
in differential form 微分形式
Law of reflection 反射定律
Law of refraction 折射定律
Lenz's law 楞次定律
Light, velocity of, *see* Velocity of light 光,的速度,见光速
Line admittance 线导纳
normalized 归一化的
Line charge 线电荷
Line charge density 线电荷密度
Line current, magnetic field due to 线电流,磁场源于
Line impedance 线阻抗
from the Smith Chart 从史密斯圆图
Line integral of **E**, physical meaning of **E** 的线积分,的物理含义
direction, *see* Direction lines 方向,见有向线段
transmission, *see* Transmission lines 传输线,见传输线
Load line technique 负载线技术

for initially charged line 对初始带电的传输线
for interconnections between two TTL inverters 对两个 TTL 导向器的互联
Logic gates, interconnections between 逻辑门,在……内部连接
Loop antenna 环天线
directivity of 的方向性
magnetic vector potential for 矢量磁位
power radiated by 能量辐射
radiation fields of 的辐射场
radiation resistance of 的辐射电阻
receiving properties of 的接收特性
Lorentz force equation 洛伦兹力方程
Loss tangent 损耗角
Lossless line 无耗线
Low frequency behavior, determination of 低频特性,的确定
via quasistatics 经过准静态
Lumped circuits 集总电路

M

Magnetic charge 磁荷
Magnetic dipole 磁偶极子
schematic representation of 的电路表示
torque on 在……上偏转
Magnetic dipole moment, definition of 磁偶极矩,的定义
Magnetic dipole moment per unit volume, *see* Magnetization vector 每单位体积的磁偶极矩,见磁化强度矢量
Magnetic energy density 磁能量密度
Magnetic field 磁场
energy density in 能量密度
energy storage in 能量存储在
far from a physical antenna 远离实际天线
Gauss 'law for 高斯定律
inside a good conductor 在良导体内部
realizability of 的可实现性
source of 的源
Magnetic field intensity 磁场强度
adjacent to current sheet 靠近电流面
due to current distribution 源于电流分布
due to infinitely long wire of current 源于无限长载流导线
relationship with **B** 与 **B** 的关系
Magnetic flux, crossing a surface 磁通,垂直穿过一个面
Magnetic flux density 磁通密度
divergence of 的散度
due to current element 源于电流元
relationship with **H** 与 **H** 的关系
Magnetic force 磁力
between two current elements 两个电流元之间
in terms of current 依据电流
on a moving charge 在运动电荷上的
Magnetic materials 磁性材料
Magnetic susceptibilities, values of 磁化率,磁敏感度,的值
Magnetic susceptibility 磁化率,磁敏感度
Magnetic vector potential 矢量磁位
application of 的应用
due to current element 源于电流元
for circular loop antenna 对圆环天线
for Hertzian dipole 对赫兹振子
relationship with **B** 与 **B** 的关系
Magnetization 磁化强度
Magnetization current 磁化电流
Magnetization current density 磁化电流强度
Magnetization vector 磁化强度矢量
in magnetic iron-garnet film 磁铁榴子石胶片
relationship with **B** 与 **B** 的关系
Magnetomotive force 磁动势
Magneto-optical switch 磁光开关
Magnetoquasistatic fields 磁准静态场
Magnetostatic fields, *see also* Static magnetic field 静磁场,也见静磁场
Magnitude of vector 矢量的幅度
Mass 质量
Matching, transmission line 匹配传输线
Materials 物质,材料
antiferromagnetic 反铁磁性的
classification of 的分类
conductive, *see* Conductors 传导的,导电的,见导体
diamagnetic, *see* Diamagnetic materials 抗磁性,见抗磁材料
ferrimagnetic (亚)铁磁性
ferroelectric 铁电体,强介质
ferromagnetic 铁磁的,强磁的
magnetic, *see* Magnetic materials 磁性,见磁性材料
paramagnetic, *see* Paramagnetic materials 顺磁性的,见顺磁材料
Maxwell 's curl equations 麦克斯韦旋度方程
for material medium 对物质媒质
for static fields 对静电场
successive solution of 的连续解
Maxwell 's equations 麦克斯韦方程组
as a set oflaws 作为一组定律
for static fields 对静态场
in differential form 的微分形式
in integral form 的积分形式
independence of 与……无关,不依赖
Meter, definition of 米,的定义
MKSA system of units MKSA 单位制
Mmr, *see* Magnetomotive force Mmf,见磁动势
Mobility 迁移,移动

Mode, Dominant, *see* Dominant mode 模式,主要的,支配的,主模
Modes 模式
Moment 矩
  electric dipole 电偶极矩
  magnetic dipole 磁偶极矩
Moving charge, magnetic force on 运动电荷,磁力作用在……上
Multiplication of vector, by a scalar 矢量的相乘,被一个标量

N

Newton, definition of 牛顿,的定义
Newton 's law of gravitation 牛顿万有引力定律
Newton 's third law 牛顿第三定律
Normal component of **B**, boundary condition for **B** 的法向分量,边界条件
Normal component of **D**, boundary condition for **D** 的法向分量,边界条件
Normal vector to a surface 面的法向矢量
  from cross product 从点积
  from gradient 从梯度
Normalized line admittance 归一化线导纳
Normalized line impedance 归一化线阻抗
Nucleus (原子、晶)核

O

Ohm 's law 欧姆定律
ω-β_z diagram 曲线
Operator, del 算子,∇
Optical fiber 光纤
Optical waveguides, principle of 光波导,的原理
Orbit, electronic 轨道,电子的
Orientational polarization 取向极化
Origin 原点

P

Paddle wheel 桨轮
Parallel-plate arrangement 平行平板放置
  electromagnetostatic field analysis of 静态电磁场分析
  electroauasistatic field analysis of 准静态电场分析
  electrostatic field analysis of 静态电场分析
  low frequency input behavior 低频输入特性
  magnetoquasistatic field analysis of 准静磁场分析
  magnetostatic field analysis of 静磁场分析
Parallel, plate transmission line 平行板传输线
  capacitance per unit length for 每单位长度的电容
  conductance per unit length for 每单位长度的电导
  inductance per unit length for 每单位长度的电感
  parameters for 对……参数
  power flow along 沿……功率流
  voltage and current along 沿……电压和电流
Parallel-plate waveguide 平行板波导
  cutoff frequencies for 截止频率
  cutoff wavelengths for 截止波长
  discontinuity in 在……不连续(不均匀)处
  group velocity in 群速在……
  guide wavelength in 波导波长在……
  phase velocity along 相速沿……
  $TE_{m,0}$ mode fields in $TE_{m,0}$模场在……
  $TE_{m,0}$ modes in $TE_{m,0}$模在……
Parallel polarization 平行极化
  Fresnel coefficients for 菲涅耳系数(因数)
Parallelepiped, volume of 平行六面体的
Paramagnetic materials 顺磁材料(物质)
  values of χ_m χ_m 的值
  Paramagnetism for 顺磁性
Partial standing waves 部分驻波
  standing wave patterns for 驻波图……
Pattern multiplication 方向图相乘
Perfect dielectric 理想介质
  boundary conditions 边界条件
  phase constant for 相位常数
  phase velocity in 相速
  wave propagation in 波传播
Permanent magnetization 永久磁化
Permeability 磁导率
  effective 有效的
  of magnetic material 磁性材料的
  relative 相对的
Permeability tensor 磁导率张量
Permittivity 电容率,介电常数
  effective 有效的
  of dielectric material 电介质的
  of free space 自由空间的
  relative 相对的
Permittivity tensor 介电常数张量
Perpendicular polarization 垂直极化
Phase constant 相位常数
  for good conductor 对良导体
  for ionized medium 对电离媒质
  for imperfect dielectric 对非理想介质
  for material medium 对材料媒质
  for perfect dielectric 对理想介质
Phase velocity 相速
  along guide axis 沿导波轴
Phasor technique, review of 相量技术,的复习

Plane surface, equation for 平面波,方程
Plane wave, uniform, *see* Uniform plane wave 平面波,均匀,见均匀平面波
Plasma frequency 等离子体频率
  definition of 的定义
  related to electron density 与电子密度有关
p-n junction semiconductor p-n 结半导体
  analysis of 的分析
  equipotential surfaces for 等势面
  potential field of 的位场
Poisson 's equation 泊松方程
  application of 的应用
Polarization current 极化电流
Polarization current density 极化电流密度
Polarization in dielectrics 介质中的极化
  electronic 电子
  ionic 离子
  orientational 取向
Polarization of vector fields 矢量场的极化
  of uniform plane wave fields 均匀平面波场
Polarization vector 极化矢量
Polarizer 偏振镜,极化镜
Polarizing angle 起偏振角
Position vector 位置矢量
Potential 位
  Electric, *see* Electric potential 电,见电位
  magnetic vector, *see* Magnetic vector potential 磁矢量,见矢量磁位
  retarded 延迟,推迟
Potential difference 位不同
  compared to voltage 与电压比较
Potential field, of point charge 位场,点电荷的
Power 能量,功率
  carried by an electromagnetic wave 一个电磁波载有的
  dissipated in a conductor 导体损耗的功率
  radiated by half-wave dipole 半波振子的辐射功率
  radiated by Hertzian dipole 赫兹振子的辐射功率
  radiated by loop antenna 环形天线的辐射功率
  time-average 时间平均
Power balance, at junction of transmission lines 功率(能量)平衡,传输线连接处
Power density, associated with an electromagnetic field 能量密度,与电磁场有关的
Power dissipation density 能量损耗密度
Powar flow 功率流
  along parallel-plate line 沿平行双线的
  along short-circuited line 沿短路线
  in parallel-plate waveguide 在平行板波导内
Poynting 's theorem 坡印亭定理
Poynting vector 坡印亭矢量
  for half-wave dipole fields 对半波振子场
  for Hertzian dipole fields 对赫兹振子场
  for loop antenna fields 对环形天线场
  for TE waves 对 TE 波
Propagating modes, determination of 传输(传播)模式,的定义
Propagation 传输(传播)
  sky wave mode of 的天波模式
  waveguide mode of 的波导模式
Propagation constant 传输(传播)常数
Propagation vector 传输(传播)矢量

Q

Quasistatic approximation 准静态近似
  condition for validity 有效的条件
Quasistatic extension 准静态推广
  analysis beyond 超出……的分析
  of static field solution 静态场解的
Quasistatic fields 准静态场

R

Radiation 辐射
  far from a physical antenna 远离实际天线
  from current sheet 从电流元
Radiation fields 辐射场
  for half-wave dipole 对半波振子
  for Hertzian dipole 对赫兹振子
  for loop antenna 对环形天线
Radiation pattern 辐射方向图
  broadside 边射
  endfire 端射(轴向辐射的)
Radiation patterns 辐射方向图
  for antenna above perfect conductor 位于理想导体上部的
  for antenna arrays 对天线阵
Radiation resistance 辐射电阻
Radio communication 无线电通信
Rationalized MKSA units 合理化 MKSA 单位制
Receiving properties 接收性能
Reciprocity 互易性
Rectangular waveguide 矩形波导
  determination of propagating modes in 传输模式的确定
Reflection coefficient 反射系数
  at boundary between material media 在两种材料媒质边界上
  at waveguide discontinuity 在波导不连续处

current 电流
for oblique incidence 对斜入射
voltage 电压
Reflection condition, for incidence on ionosphere 反射条件,对电离层的入射
Reflection diagram 反射图
Reflection of plane waves 平面波的反射
Refraction of plane waves 平面波的折射
Rerractive index 折射系数
Resonator, cavity, *see* Cavity resonator 谐振器,空腔,见空腔谐振器
Resultant patterns, determination of 合成方向图,的确定
Retarded potential 滞后位
Right-hand screw rule 右手螺旋法则
Right-handed coordinate system 右手坐标系
Right-lateral differential, net 右旋微分,总

S

Scalar 标量
Laplacian of 的拉普拉斯算子
Scalar fields 标量场
sinusoidally time-varying 正弦时变
Scalar product, *see* Dot product of vectors 标量积,见矢量的点积
Scalar triple product 标量的三倍积
Semiconductor, *p-n* junction 半导体,p-n 结
Semiconductors 半导体
conductivity of 的电导率
Separation of variables technique 分离变量技术
Shielded strip line 屏蔽带状线
Shielding 屏蔽
Shielding arrangement, example of analysis of 屏蔽布局,的分析例子
Shielding effectiveness 屏蔽效率
Shielding factor 屏蔽系数
Short circuit, location of 短路,的位置
Short-circuited line 短路线
input impedance of 的输入阻抗
instantaneous power flow down 瞬时功率流下行
standing wave patterns for 驻波图形
voltage and current on 在……上的电压和电流
Short dipole 短极子
Signal source, location of 信号源,的位置
Sine functions, addition of 正弦函数,的加法
Sinusoidally time-varying fields 正弦时变场
Skin depth 趋肤深度
for copper 对铜
Skin effect 趋肤效应
Smith Chart 史密斯圆图
use as admittance chart 作为导纳圆图
Snell 's law 斯涅耳定律
Space charge layer 空间电荷层
Standing wave patterns 驻波图
for partial standing wave 对部分驻波
for short-circuited line 对短路线
Standing wave ratio 驻波比
Static electric field, *see also* Electrostatic fields 静电场,也见静态场
conservative property of 的守恒特性
in terms of potential 依据电位
Static fields 静态场
Maxwell 's equations for 麦克斯韦方程组
subdivision of 再分(重分)
Static magnetic field, *see also* Magnetostatic fields 静磁场,也见静磁场
determination of 的确定
Stoke 's theorem 斯托克斯定理
verification of 的验证
Stray capacitance 杂散电容
Stream lines 流量线
Stub 短截线
Subtraction of vectors 矢量的减法
Surface 面
Differential, *see* Differential surface 微分,见微分面积(面元)
Surface charge 面电荷
Surface charge density 面电荷密度
Surface current density 面电流密度
Surface integral 面积分
closed 闭合的
evaluation of 的发展(演变)
to volume integral 到体积分
Surfaces 面
constant phase, *see* Constant phase surfaces 等相位,见等相位面
Equipotential, *see* Equipotential surfaces 等势,见等势面
Susceptibmty 敏感度,极化率
electric 电的
magnetic 磁的
SWR, *see* Standing wave ratio SWR,见驻波比

T

Table 表
of conductivities 电导率的
of dimensions 量纲的
of relative permittivities 相对介电常数的
of transmission line parameters 传输线参数的
Tangential component of **E**, boundary condition for **E** 的

切向分量,边界条件
Tangential component of **H**, boundary condition for **H** 的切向分量,边界条件
$TE_{0,n}$ modes $TE_{0,n}$模
TE_m modes, in a dielectric slab guide TE_m 模,在介质平板波导
$TE_{m,0}$ modes $TE_{m,0}$模
field expressions for 场表示
guide characteristic impedance for 导波特性阻抗
in parallel-plate waveguide 在平行金属波导内
in rectangular waveguide 在矩形波导
$TE_{m,n}$ modes $TE_{m,n}$模
$TE_{m,n,l}$ modes, in cavity resonator $TE_{m,n,l}$模,在空腔谐振器中
TE wave TE 波
TEM wave TEM 波
Thin film waveguide 薄膜波导
Time-average power 时间平均功率(能量)
radiated by half-wave dipole 半波振子辐射的
radiated by Hertzian dipole 赫兹振子辐射的
radiate by loop antenna 环形天线辐射的
Time-average power flow 时间平均功率流(能流)
along short-circuited line 沿短路线
Time-average Poynting vector 时间平均坡印亭矢量
Time constant, for decay of charge inside a conductor 时间常数,在导体内部的电荷减少
$TM_{m,n}$ modes $TM_{m,n}$模
$TM_{m,n,l}$ modes, in cavity resonator $TM_{m,n,l}$模,在空腔谐振器中
TM wave TM 波
Torque 转矩
on electric dipole 电偶极子上的
on magnetic dipole 磁偶极子上的
Total internal reflection 内部全反射
Transmission coefficient 传输系数
at boundary between material media 在两种媒质边界上
at waveguide discontinuity 在波导不连续处
for oblique incidence 对斜入射
Transmission line 传输线
characteristic impedance of 的特性阻抗
compared to waveguide 与波导的比较
field mapping 场图
location of short circuit in 短路在……中的位置
parallel-plate, *see* Parallel-plate transmission line 平行板,见平行板传输线
propagation constant for 传输常数
short-circuited, *see* Short-circuited line 短路,见短路线
Transmission-line admittance, *see* Line admittance 传输线导纳,见线导纳
Transmission-line discontinuity 传输线的不连续性
reflection coefficients 反射系数
transmission coefficients 传输系数
Transmission-line equations 传输线方程
circuit representation of 的电路表示
in phasor form 以相量形式
Transmission-line equivalent, for waveguide discontinuity 传输线等效,对波导不连续处
Transmission-line impedance, *see* Line impedance 传输线阻抗,见线阻抗
Transmission-line matching 传输线匹配
Transmission-line parameters 传输线参数
for arbitrary line 对任意线
for coaxial cable 对同轴电缆
for parallel-plate line 对平行金属线
Transmission lines 传输线
crosstalk on, *see* also Crosstalk 在……上的串扰,也见串扰
power balance at junction of 在结处的功率平衡
Transverse electric wave 横电波
Transverse electromagnetic wave 横电磁波
Transverse magnetic wave 横磁波
Transverse plane 横面
Traveling wave 行波
negative going 负向运动
positive going 正向运动
TTL inverters, interconnection between TTL 变换器,在……之间内部连接
Tunnel diode 隧道二极管

U

Uniform plane wave 均匀平面波
guided between perfect conductors 在两个理想导体之间导引
oblique incidence on a dielectric 介质面上的斜入射
parameters associated with 与……有关的参数
radiation from current sheet 电流元的辐射
terminology 术语,专门名词
Uniform plane wave fields 均匀平面波的场
from nonsinusoidal excitation 从正弦激励
magnetization induced by 感生磁化
polarization induced by 感生极化
polarization of 的极化
reflection and refraction of 的反射和折射
Uniform plane wave in three dimensions 三维均匀平面波
propagation vector for 的传播矢量
Uniform plane wave propagation, *see* Wave propagation 均

匀平面波的传播,见波传播
Uniform plane waves 均匀平面波
bouncing obliquely of 斜向跳动
reflection and transmission of 的反射和传输
superposition of 的叠加
Unit conductance circle 单位电导圆
Unit pattern 单元方向图
Unit vector 单位矢量
Unit vector normal to a surface 垂直于面的单位矢量
from cross product 从叉积
from gradient 从梯度
Unit vectors 单位矢量
cross products of 的叉积
dot products of 的点积
Units 单位
International system of 的国际系统
MKSA rationalized MKSA 合理化

V

V, *see* Electric potential; and Voltage **V**,见电位;和电压
Vacuum diode 真空二极管
Vector 矢量
circulation of 的环量
curl of, *see* Curl 的旋度,见旋度
divergence of, *see* Divergence 的散度,见散度
division by a scalar 被标量相除
magnitude of 的幅度,振幅
multiplication by a scalar 被标量相乘
position 位置
unit 单位
Vector algebra, summary of rules of 矢量代数,的规则总结(归纳)
Vector fields 矢量场
graphical description of 的图形说明
sinusoidally time-varying 正弦时变
Vector potential, *see* Magnetic vector potential 矢量位,见矢量磁位
Vector product, *see* Cross product of vectors 矢量积,见矢量的叉积
Vectors 矢量
addition of 的加法
cross product of 的叉积
dot product of 的点积
examples of 的例子
scalar triple product of 的标量三倍积
subtraction of 的减法
unit, *see* Unit vectors 单位,见单位矢量
Velocity 速度
drift 漂移
group, *see* Group velocity 群,见群速
phase, *see* Phase velocity 相,见相速
Velocity of light, in free space 光速,在自由空间
Velocity of propagation 传播速度
Volt, definition of 伏(特),的定义
Voltage 电压
compared to potential difference 与电位的不同
Voltage reflection coefficient 电压反射系数
Voltage transmission coefficient 电压传输系数
Volume, differential, *see* Differential volume 体积,微分,微分体积(体积元)
Volume charge density 体电荷密度
units of 的单位
Volume current density, *see also* Current density 体电流密度
Volume integral, evaluation of 体积分,的计算

W

Watt, definition of 瓦(特),的定义
Wave equation 波动方程
for ionized medium 对离子媒质
for material medium 对材料媒质
Wave motion 波运动
Wave propagation 波传播
in anisotropic dielectric 在各向异性介质中
in ferrite medium 在铁氧体材料中
in free space 在自由空间
in good conductor 在良导体中
in imperfect dielectric 在非理想介质中
in ionized medium 在离子介质中
in material medium 在材料媒质中
in perfect dielectric 在理想介质中
in terms of circuit quantities 依据电路数量
Waveguide 波导
compared to transmission line 与传输线比较
optical 光的
parallel -plate, *see* Parallel-plate waveguide 平行板,见平行板波导
rectangular, *see* Rectangular waveguide 矩形,见矩形波导
thin-film 薄膜
Wavelength 波长
apparent 视在的,可视的
guide 导引
times frequency 乘频率
Work, in movement of charge in electric field 功,电荷在电场中运动